实例28　制作多彩迷宫

实例29　制作炫光花朵

实例148　制作包装盒

实例145　设计网站页面

实例146　制作iphone手机

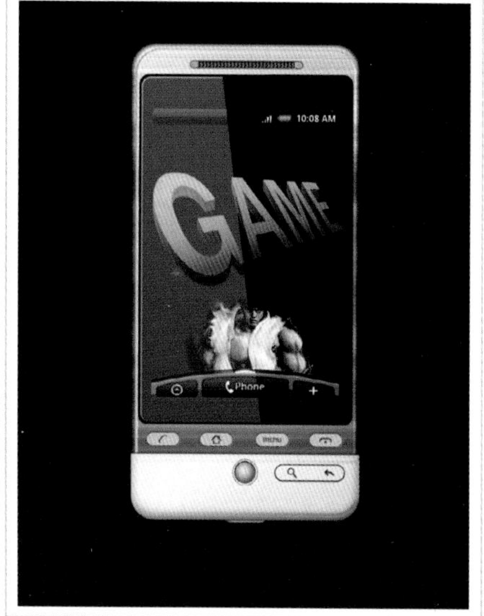

实例37　立体字

实例149　特效设计

实例77　拼贴效果照片

实例144　制作商业海报

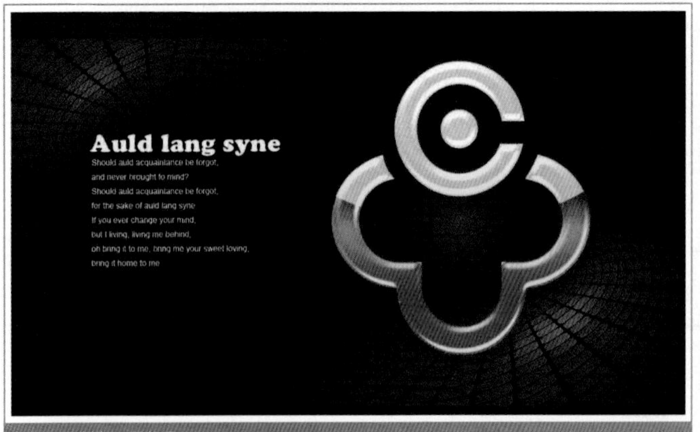

实例30 制作水晶效果

实例43 玻璃字

实例41 水滴字

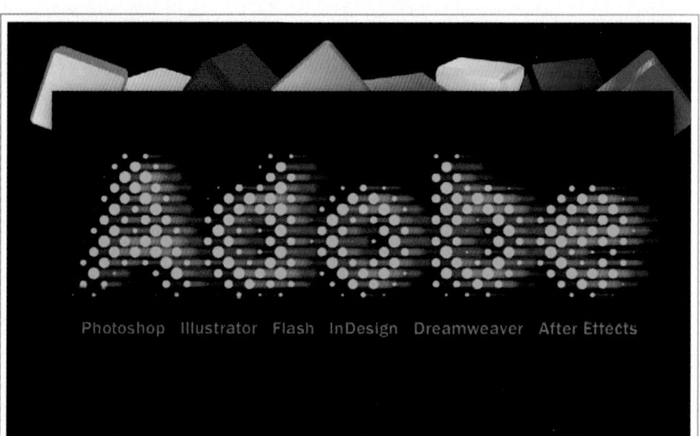

实例34 圆点字

实例40 不锈钢字

实例44 糖果字

实例45 个性印章字

实例36 霓虹灯字

本书精彩实例

实例47　塑料充气字

Color

多彩花布店
地址：朝阳区建国路1101号
电话：010-65658888

实例35　布纹字

实例46　透明亚克力字

实例42　网点字

实例38　玉石字

实例31　制作金属雕像效果

实例39　钻石字

实例33　制作像素拉伸效果

实例27 制作全景地球

实例102 调整色彩平衡

实例72 瘦脸术

实例117 开心果

实例106 可选颜色校正

实例99 校正色偏

实例18 使用图层蒙版

实例111 使用魔棒工具抠图

实例12 创建自定义画笔

实例112　使用快速选择工具抠图

实例104　照片滤镜

实例122　神奇气泡

实例94　反转负冲效果

实例71　去除多余对象

实例93　阿宝色效果

实例115　通道抠婚纱

实例89　明信片效果

实例91　非主流效果

实例116 抽出滤镜抠像

实例138 制作循环特效

实例76 堆积效果照片

实例120 超现实主义图像合成

实例88 卡角效果像框

实例150 时尚插画设计

实例103　制作局部黑白效果

实例90　邮票效果

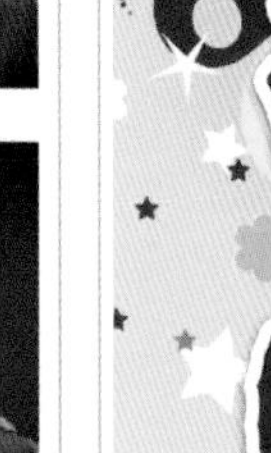

实例75　制作证件照

实例17　使用图层样式

实例119　涂鸦风格插画

实例19　使用剪贴蒙版

实例126　合成HDR图像

实例121　优雅写真

实例26 制作胶质按钮

实例24 使用滤镜

实例85 水彩画效果

实例135 制作3D光盘

实例56 制作印花图案

实例83 雪景效果

实例142 制作拼图

实例134 制作3D易拉罐

实例84 雨景效果

实例141 制作编织效果

实例80 鱼眼镜头效果

实例143 制作燃烧火焰

实例20 使用矢量蒙版

实例109 替换特定颜色

实例92　Lab纯净蓝色

实例74　磨皮

实例87　涂写效果边框

实例79　变焦镜头爆炸效果

实例78　发黄旧照片

实例81　浅景深效果

实例118 咖啡的诱惑

实例32 制作冰雕效果

徐培育 等编著

登峰造极之径系列

Photoshop CS5中文版从入门到精通150例

机械工业出版社
CHINA MACHINE PRESS

本书全彩印刷，采用适合初学者逐步深入学习Photoshop的设计思路，以全实例的形式详细介绍Photoshop CS5。实例类型全面、丰富，技术性和针对性较强，基本涵盖了Photoshop CS5的全部重要功能和主要的应用领域。读者通过动手操作，可以轻松、快速掌握Photoshop CS5，制作出精美的作品。

本书分为12章，共包含150个实例。第1章的实例安排是从Photoshop CS5的基本操作方法入手，逐渐深入到图层、蒙版、通道、文字、滤镜等核心功能。初学者可以在短时间内掌握最实用的操作技术，做到快速上手。第2~12章讲解质感与效果表现、特效字、纹理与图案、数码照片处理、图像调色、抠图、图像合成、动作、视频与动画、外挂滤镜和平面设计实例。

本书的配套光盘中包含所有实例的素材和最终效果文件。此外，还附赠了大量资源，包括动作库、画笔库、形状库、样式库、渐变库、PSD分层模板和视频教学录像。

本书适合Photoshop初级用户和从事平面广告设计、网页设计、包装设计、插画设计、影视后期处理的人员学习使用，也可作为高等学校美术专业和平面设计培训班的教材或学习辅导书。

图书在版编目（CIP）数据

Photoshop CS5中文版从入门到精通150例 / 徐培育等编著．—2版．—北京：机械工业出版社，2011.6
（登峰造极之径系列）
ISBN 978-7-111-34169-7

Ⅰ．①P…　Ⅱ．①徐…　Ⅲ．①图像处理软件，Photoshop CS5　Ⅳ．①TP391.41

中国版本图书馆CIP数据核字（2011）第067586号

机械工业出版社（北京市百万庄大街22号　邮政编码100037）
责任编辑：孙　业
责任印制：乔　宇

北京汇林印务有限公司印刷

2011年7月第2版 · 第1次印刷

210mm×285mm · 15.75印张 · 8插页 · 734千字

0001－4000册

标准书号：ISBN 978-7-111-34169-7

ISBN 978-7-111-89451-935-1（光盘）

定价：69.80元（含1DVD）

凡购本书，如有缺页、倒页、脱页，由本社发行部调换

电话服务
社服务中心：（010）88361066
销售一部：（010）68326294
销售二部：（010）88379649
读者购书热线：（010）88379203

网络服务
门户网：http://www.cmpbook.com
教材网：http://www.cmpedu.com

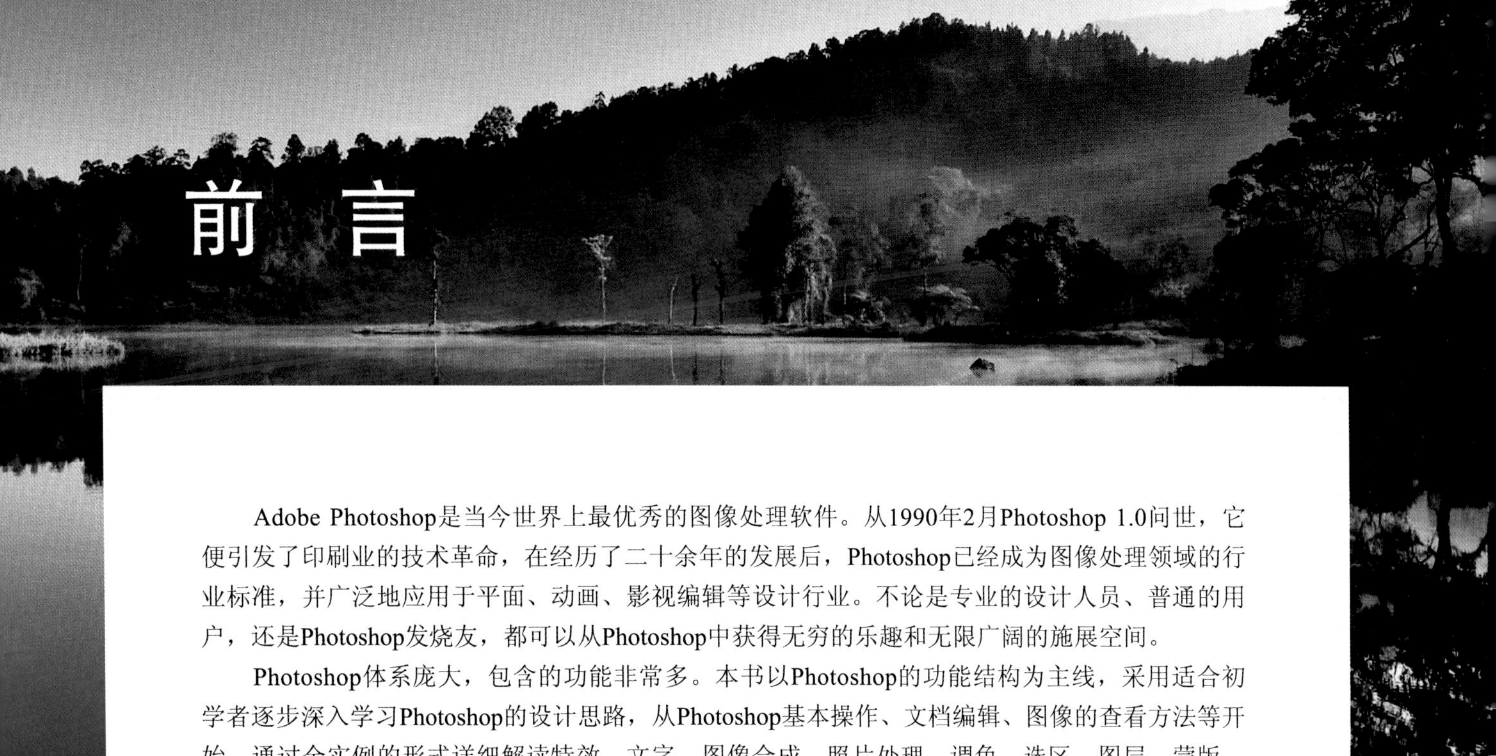

前 言

Adobe Photoshop是当今世界上最优秀的图像处理软件。从1990年2月Photoshop 1.0问世，它便引发了印刷业的技术革命，在经历了二十余年的发展后，Photoshop已经成为图像处理领域的行业标准，并广泛地应用于平面、动画、影视编辑等设计行业。不论是专业的设计人员、普通的用户，还是Photoshop发烧友，都可以从Photoshop中获得无穷的乐趣和无限广阔的施展空间。

Photoshop体系庞大，包含的功能非常多。本书以Photoshop的功能结构为主线，采用适合初学者逐步深入学习Photoshop的设计思路，从Photoshop基本操作、文档编辑、图像的查看方法等开始，通过全实例的形式详细解读特效、文字、图像合成、照片处理、调色、选区、图层、蒙版、通道、动作、3D、视频、动画、滤镜等重要功能。实例类型丰富，针对性和实用性强，并且与软件功能结合紧密，基本涵盖了Photoshop CS5的全部重要功能和主要的应用领域。

本书分为12章。第1章介绍Photoshop基础知识，精选了Photoshop当中最常用和最具实用性的功能，帮助读者快速掌握Photoshop的操作方法和使用技巧，加深对软件功能的理解，并为后面的学习打下基础。

第2章讲解胶质按钮、全景地球、多彩迷宫、炫彩花朵、水晶效果、金属效果、冰雕效果、像素拉伸等效果与质感表现方法。

第3章讲解圆点字、布纹字、霓虹灯字、钻石字、不锈钢字、水滴字、糖果字、透明亚克力字等14款特效字的制作方法，可以帮助读者切实提高文字的设计与表现能力。

第4章讲解常用的纹理与图案的表现方法，内容涉及布料、皮革、毛线、迷彩、蜡染、花纹等。

第5、6章讲解数码照片处理与图像调色方法，包括照片的裁剪、调整影调、调色、人像磨皮和美容、特效制作、摄影效果模拟、艺术效果加工，以及怎样使用Photoshop中的各种调色工具。

第7、8章讲解选区、抠图与图像合成技术。

第9、10章讲解动作、自动化、视频、动画和3D技术。

第11、第12章讲解怎样使用外挂滤镜制作特效，以及制作平面设计作品，解析平面设计流程和表现技巧。

本书的配套光盘中包含所有实例的素材和最终效果文件。此外，还附赠了大量资源，包括动作库、画笔库、形状库、样式库、渐变库、PSD分层模板和视频教学录像。

本书主要由徐培育编写，此外，参与编写的还有徐晶、马波、季春建、包娜、贾一、王晓琳、王淑贤、李锐、李哲、王熹、王欣、白雪峰、周亚威、邹士恩、李宏宇、刘军良、谭丽丽、贾劲松、李宏桐、崔建新、许乃宏、张颖、杨秀英、陈晓利、范春荣、姜成增、李志华。

编者

光盘内容介绍

海量光盘内容

光盘中提供了本书所有实例的素材文件、最终效果PSD分层文件。此外还附赠了大量Photoshop素材资源，包括30个照片处理动作库、40个形状库、50个PSD分层素材模板、100个样式库、200个画笔库、500个超酷渐变。

渐变库

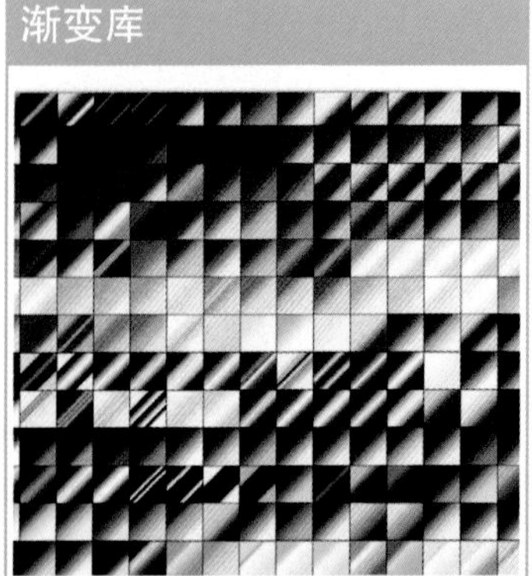

样式库

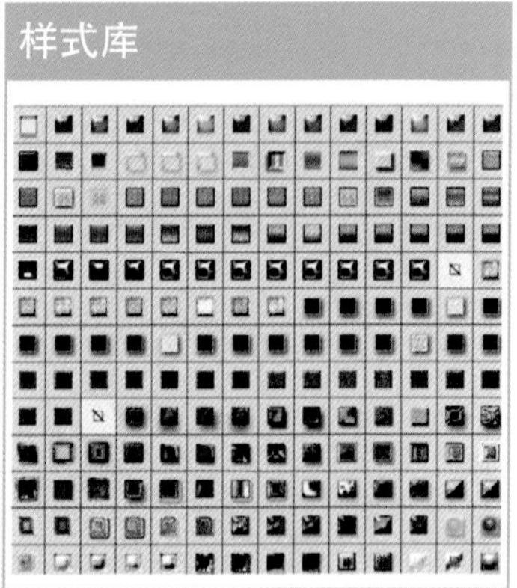

超多视频教学录像

为了便于读者学习，光盘中还提供了23个Photoshop基本功能视频教学录像，以及本书50个实例的视频教学录像。

画笔库

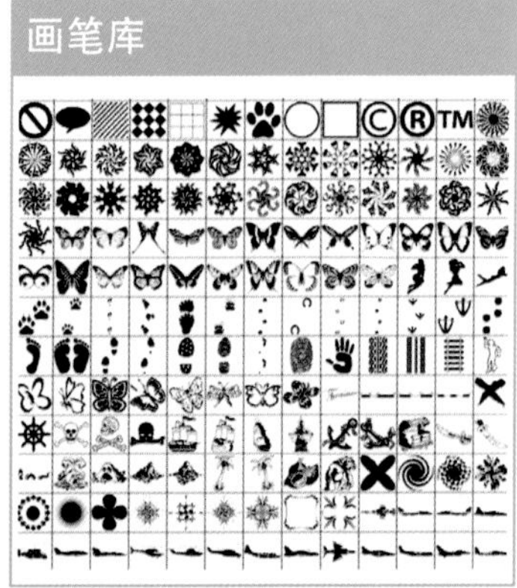

PSD模板

动作库

形状库

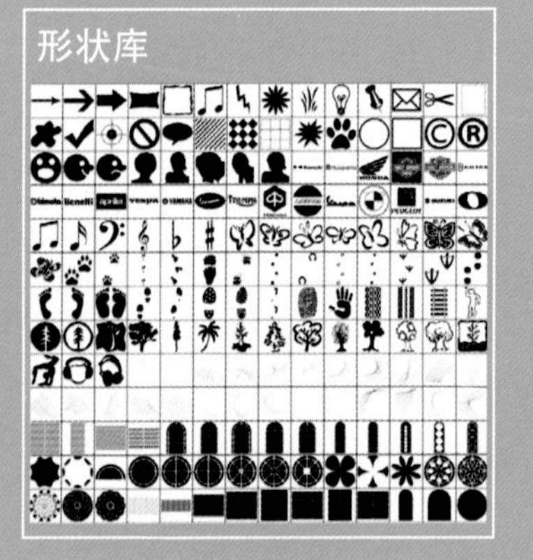

目 录

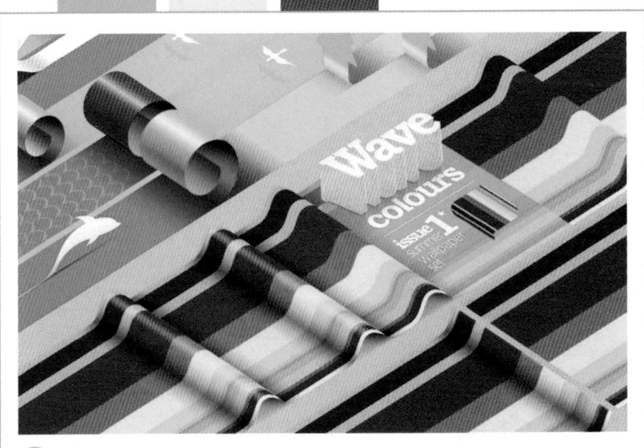
Wave
colours
issue 1

GRAND HOT
COFFEE+DRINK+FOOD
TAXI

：学习重点　　：视频教学录像

第1章　基础操作实例

学习要点：

- 创建和使用选区
- 使用“图层”面板
- 使用图层样式
- 创建和编辑图层蒙版
- 创建不同类型的文字
- 使用滤镜库和智能滤镜

案例数量：

25个Photoshop基本功能实例

内容总览：

Adobe公司的Photoshop是目前最优秀的图像处理软件之一，它可用于编辑图像、处理照片、制作特效、绘画、制作网页图像、制作动画、编辑视频和3D模型。本章通过实例来学习Photoshop CS5的基本使用方法，包括如何使用工具、命令、面板，如何创建和保存文档、查看图像、撤销操作等。同时，还要初步了解选区、图层、路径、蒙版、通道等软件核心功能。

Photoshop 实例1 认识Photoshop操作界面

难度级别：★

学习目标：Photoshop CS5的工作界面由文档窗口、程序栏、菜单栏、工具箱、工具选项栏、面板等构成。本实例介绍了这些组件的用途。

技术要点：通过快捷键选择工具、执行菜单中的命令。

素材位置：素材/第1章/实例1-1、实例1-2

01 双击桌面的Photoshop图标，运行Photoshop。执行“文件”→“打开”命令，弹出“打开”对话框，单击鼠标并拖出一个矩形选框，同时选择光盘中的两个文件，如图1-1所示，单击“打开”按钮或按下回车键，将它们打开，如图1-2所示。

图1-1

02 文档窗口是编辑图像的区域，当同时打开多个图像文件时，就会创建多个文档窗口。单击标题栏中的一个文档名称，即可将其设置为当前操作的窗口，如图1-3所示，也可以按下〈Ctrl+Tab〉快捷键按照顺序切换各个窗口，或者按下〈Ctrl+Shift+Tab〉快捷键，按照相反的顺序切换窗口。

03 将光标放在一个窗口的标题栏上，单击并将它从选项卡中拖出，它就会成为可以任意移动位置的浮动窗口，如图1-4所示。拖动浮动窗口的边角，可以调整窗口的大小，如图1-5所示。拖动一个浮动窗口的标题栏至选项卡，可以将该窗口重新停放到选项卡中。单击一个窗口右上角的×按钮，可以关闭该窗口。如果要关闭所有窗口，可在一个文档的标题栏上右击，打开菜单选择“关闭全部”命令。

图1-2

图1-3

图1-4

图1-5

04 下面再来看一下如何使用工具。Photoshop CS5的工具箱中包含了用于创建和编辑图像、图稿和页面元素的各种工具，默认情况下它们呈单排显示，如图1-6所示。单击工具箱顶部的双箭头，可切换为双排显示，如图1-7所示。

图1-6

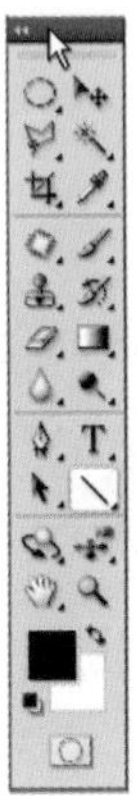

图1-7

05 单击工具箱中的一个工具即可选择该工具，如图1-8所示。右下角带有三角形的工具图标表示这是一个工具组，在这样的工具上单击并按住鼠标按键会显示隐藏的工具，如图1-9所示，将光标移至隐藏的工具上然后放开鼠标，即可选择该工具，如图1-10所示。

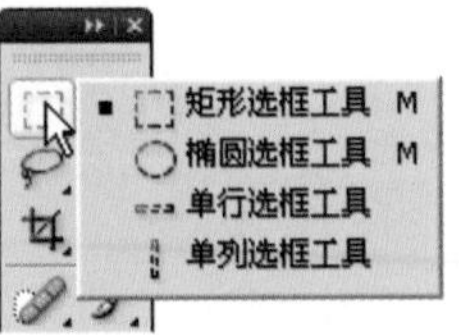

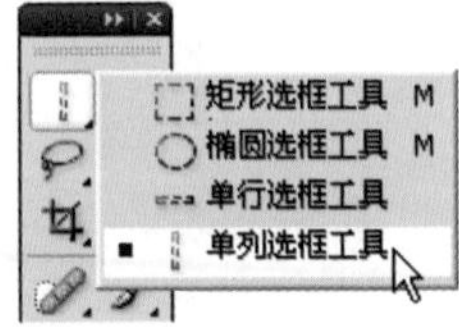

图1-8 图1-9 图1-10

06 在工具箱中选择一个工具后，可以在工具选项栏中设置它的属性。例如，图1-11为选择画笔工具时所显示的选项。

图1-11

07 再来看一下怎样使用菜单命令。Photoshop CS5的菜单栏中包含11个主菜单，单击一个菜单的名称即可打开此菜单，如图1-12所示。带有黑色三角标记的命令表示还包含下级菜单，如图1-13所示。选择一个命令即可执行该命令。

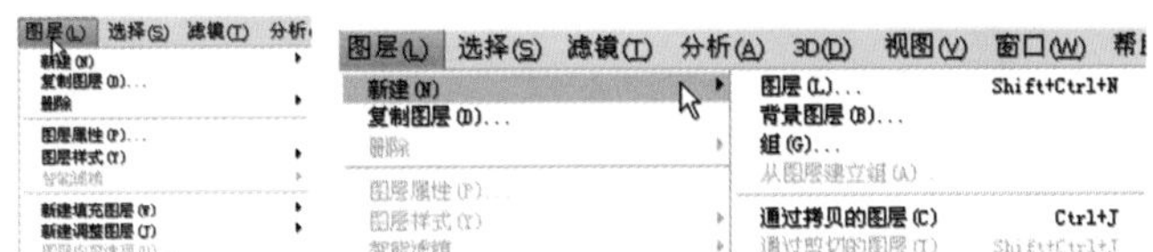

图1-12 图1-13

Photoshop允许用户使用快捷键来选择工具或执行菜单中的命令。例如，按下〈V〉键，可以选择移动工具，按下〈Ctrl+A〉快捷键，可以执行“选择”→“全部”命令。要查看工具的快捷键，可将光标停留在一个工具上。要查看命令的快捷键，可打开菜单，命令右侧显示了其快捷键。

08 面板用于配合编辑图像、设置工具参数和选项内容。用户可以在“窗口”菜单中选择显示或者隐藏一个或多个面板，如图1-14所示。默认情况下，面板位于窗口右侧，它们以选项卡的形式成组出现，如图1-15所示。单击面板组右上角的双箭头图标，可以将面板折叠为图标状，如图1-16所示，再次单击，则重新展开面板组。

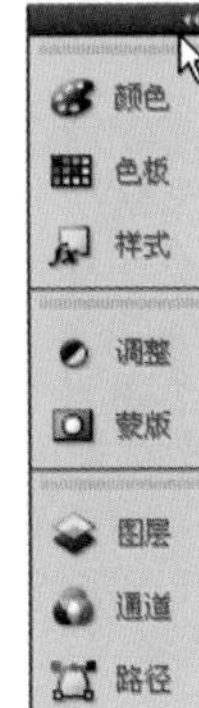

图1-14 图1-15 图1-16

STEP 09 如果要显示面板组中的一个面板，可单击该面板的名称，如图1-17所示。如果要将面板从组中分离出来，可以将面板的名称拖到窗口的空白处，它就会成为可以放在任意位置的浮动面板，如图1-18所示。如果要将浮动面板放回到面板组中，可以将面板的名称重新拖回面板组。此外，单击面板右上角的按钮还可以打开面板菜单，如图1-19所示。

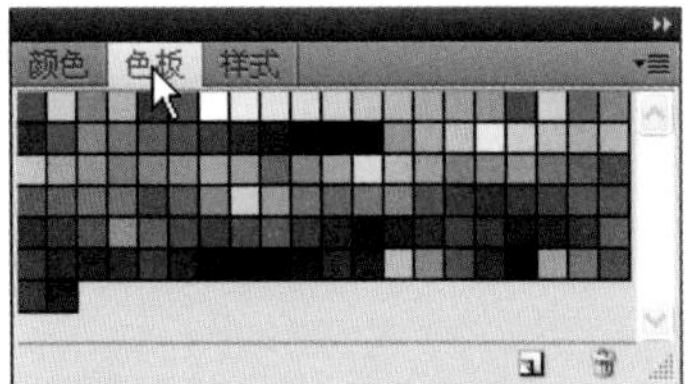

图1-17

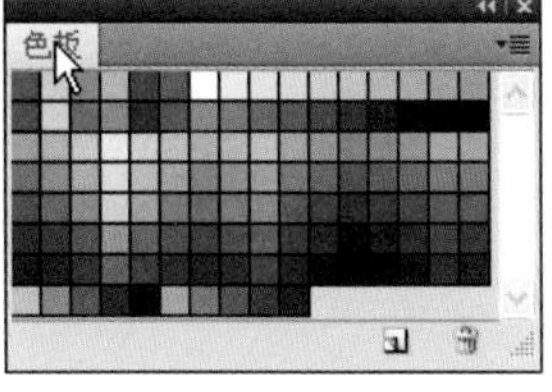

图1-18

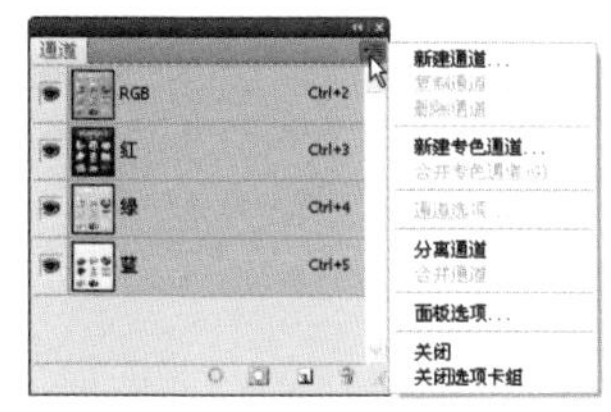

图1-19

创建空白文件

难度级别：★

学习目标：学习空白文件的创建方法。

技术要点：了解A4、照片等预设尺寸文件的快速创建方法。

STEP 01 执行“文件”→“新建”命令，或按下〈Ctrl+N〉快捷键，打开“新建”对话框，如图1-20所示。

图1-20

STEP 02 输入文件的名称，设置文件的大小、分辨率、颜色模式和背景内容等选项，单击“确定”按钮，即可创建一个空白文件，如图1-21所示。

图1-21

STEP 03 “新建”对话框中包含常用的A4、照片、Web等预设尺寸，用户可以在“预设”下拉列表中选择一个选项，然后在“大小”下拉列表中选择具体的文件，Photoshop就会自动生成文件所需的大小、分辨率和颜色模式。例如，如果要创建一个用于打印的A4文件，可选择以下选项，如图1-22、图1-23所示。

图1-22

图1-23

提示

分辨率是指1英寸（或1厘米）的长度内能够排列多少个像素，它的单位通常用像素/英寸来表示。图像的分辨率越高，包含的像素就越多，图像效果也会更好。一般情况下，用于屏幕显示或者网络的图像分辨率为72像素/英寸；用于喷墨打印机打印的图像分辨率为100～150像素/英寸；用于印刷的图像分辨率为300像素/英寸。

Photoshop 实例3 打开、保存与关闭文件

难度级别：★

学习目标：学习文件的打开、保存和关闭方法。

技术要点：了解各种文件格式的特点。

素材位置：素材/第1章/实例3

01 在Photoshop中编辑一个已有的图像前，先要将其打开。执行“文件”→“打开”命令，或按下〈Ctrl+O〉快捷键，弹出“打开”对话框，选择要打开的文件，如图1-24所示，单击“打开”按钮或按下回车键，即可打开它，如图1-25所示。如果要选择多个文件，可按住〈Ctrl〉键单击它们。

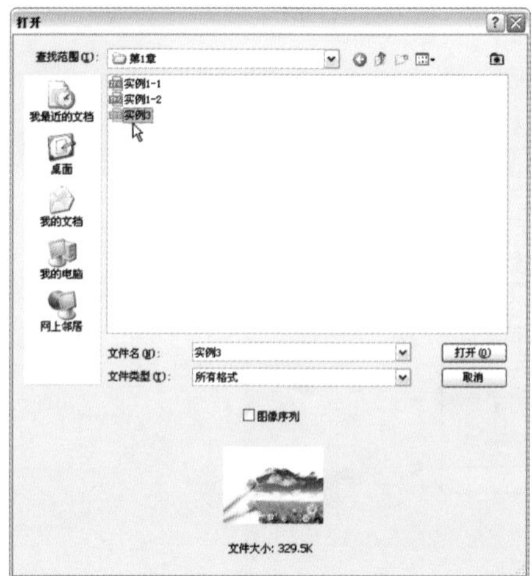

图1-24

图1-25

02 如果要打开最近使用过的文件，则可在“文件”→“最近打开文件”下拉菜单中选择该文件，直接将其打开。默认情况下，该菜单中可以保留最近打开的10个文件的名称。

03 对打开的图像进行编辑以后，可执行“文件”→“存储”命令，或按下〈Ctrl+S〉快捷键保存对文件做的修改，文件会以原来的格式存储。如果当前文件是新创建的文件或首次存储，则会弹出“存储为”对话框，如图1-26所示。单击“保存在”选项右侧的按钮，选择文件的保存位置，然后在“文件名”选项中输入文件的名称，在“格式”下拉列表中选择文件的存储格式，如图1-27所示，单击“保存”按钮即可存储文件。

图1-26

Photoshop (*.PSD;*.PDD)
BMP (*.BMP;*.RLE;*.DIB)
CompuServe GIF (*.GIF)
Dicom (*.DCM;*.DC3;*.DIC)
Photoshop EPS (*.EPS)
Photoshop DCS 1.0 (*.EPS)
Photoshop DCS 2.0 (*.EPS)
FXG (*.FXG)
IFF 格式 (*.IFF;*.TDI)
JPEG (*.JPG;*.JPEG;*.JPE)
PCX (*.PCX)
Photoshop PDF (*.PDF;*.PDP)
Photoshop Raw (*.RAW)
PICT 文件 (*.PCT;*.PICT)
Pixar (*.PXR)
PNG (*.PNG)
Scitex CT (*.SCT)
Targa (*.TGA;*.VDA;*.ICB;*.VST)
TIFF (*.TIF;*.TIFF)
便携位图 (*.PBM;*.PGM;*.PPM;*.PNM;*.PFM;
大型文档格式 (*.PSB)

图1-27

04 完成图像的编辑以后，可执行“文件”→“关闭”命令，或者单击文档窗口右上角的按钮来关闭当前文件。

提示

文件格式决定了图像数据的存储内容和存储方式，以及文件是否与一些应用程序兼容。

PSD格式：Photoshop默认的文件格式，它支持所有Photoshop特性，可以保存图层、蒙版、通道和任何一种颜色模式。使用PSD格式保存文件的优点是，以后无论什么时候打开文件，都可以在文件原有的基础上对图层、蒙版等进行编辑和修改。

JPEG格式：由联合图像专家组制定的文件格式，常用于保存照片、网络上使用的图像。该格式可以压缩文件，减少文件占用的存储空间。

TIFF格式：印刷用图像所使用的格式，几乎所有的绘画、图像编辑和页面排版程序都支持该格式。

GIF 格式：基于在网络上传输图像而创建的文件格式。

PDF格式：主要用于网络出版。

EPS格式：可以同时包含矢量图形和位图。几乎所有的图形、图表和页面排版程序都支持该格式。

大型文档格式（PSB）：支持宽度或高度最大为 30万像素的文档，以及所有 Photoshop 功能，并且可以将高动态范围 32 位/通道图像存储为 PSB 文件。

Photoshop 实例4

查看图像

难度级别：★☆

学习目标：在Photoshop中编辑图像时，需要经常放大或缩小窗口的显示比例，以便处理图像的细节、观察整体效果。下面介绍相关操作方法。

技术要点：掌握抓手工具缩放窗口的方法。

素材位置：素材/第1章/实例4

01 按下〈Ctrl+O〉快捷键打开一个文件，如图1-28所示。选择抓手工具，按住〈Alt〉键（光标变为缩小状）在窗口内单击可以缩小窗口的显示比例，如图1-29所示。

图1-28

图1-29

02 按住〈Ctrl〉键（光标变为放大状）单击可以放大窗口的显示比例，如图1-30所示。

03 如果按住〈Ctrl〉键单击并拖出一个矩形选框，如图1-31所示，则放开鼠标后，可以将选框内的图像放大至整个窗口，如图1-32所示。

04 放大窗口以后，单击并拖动鼠标（放开快捷键）即可移动画面，如图1-33所示。如果同时按住鼠标按键和〈H〉键，窗口中就会显示全部图像并出现一个矩形框，如图1-34所示；移动鼠标，可将该矩形框定位在需要查看的图像区域，如图1-35所示；放开鼠标和快捷键即可快速转到这一图像区域，如图1-36所示。

图1-30

图1-31

图1-32

图1-33

图1-34

图1-35

图1-36

提示

使用缩放工具在图像中单击可以放大窗口，按住〈Alt〉键单击则缩小窗口，连续单击可以按照预设的百分比逐级放大和缩小窗口。此外，使用绝大多数工具时，按住键盘中的空格键都可以切换为抓手工具，因此，在处理图像时可以按住空格键拖动鼠标来移动画面。此外，如果按住〈Alt〉键，然后滚动鼠标中间的滚轮，也可以进行缩放窗口的操作。

Photoshop 实例5 使用辅助工具

难度级别：★☆

学习目标：标尺、参考线、智能参考线和网格等工具都是辅助工具，它们不能用于编辑图像，但可以帮助用户定位图像或测量，在进行对齐、复制等操作时非常有用。本实例学习这些辅助工具的使用方法。

技术要点：让标尺的原点与标尺刻度记号对齐。

素材位置：素材/第1章/实例5

01 按下〈Ctrl+O〉快捷键打开一个文件，如图1-37所示。

02 执行“视图”→“标尺”命令，或按下〈Ctrl+R〉快捷键，在窗口的顶部和左侧显示标尺，如图1-38所示。

图1-37

图1-38

step 03 默认情况下，左上角标尺上的（0, 0）标志为标尺的原点。如果要从图像上的特定点开始进行测量，可以改变原点的位置，操作方法是将光标放在原点上，单击并向右下方拖动，图像上会显示一组十字线，如图1-39所示，将十字线拖放到一点后放开鼠标，该处便成为原点，如图1-40所示。

图1-39

图1-40

提示

拖动十字线时，如果按住〈Shift〉键操作，可以使标尺原点与标尺刻度记号对齐。如果要将原点恢复到默认位置，可在标尺左上角，即在原先的（0, 0）标志处双击。

step 04 下面来看一下怎样使用参考线。参考线是显示在图像上方的一些不会打印出来的线条，当显示标尺以后，只要将光标放在水平标尺上，如图1-41所示，单击并向下拖动鼠标，即可拖出水平参考线，如图1-42所示。

图1-41

图1-42

step 05 同样，在垂直标尺上可以拖出垂直参考线，如图1-43所示。如果要调整参考线的位置，可以选择移动工具，将光标放在参考线上，光标会变为⟺或⇕状的双箭头，单击并拖动鼠标即可移动参考线，如图1-44所示。

图1-43

图1-44

step 06 执行“视图”→“显示”→“参考线”命令隐藏参考线。使用移动工具按住〈Alt〉键拖动图像进行复制，在拖动的过程中会出现智能参考线，如图1-45、图1-46所示，通过它可以锁定水平、垂直方向移动对象。此外，绘制形状、创建选区或切片时，智能参考线也会自动出现。

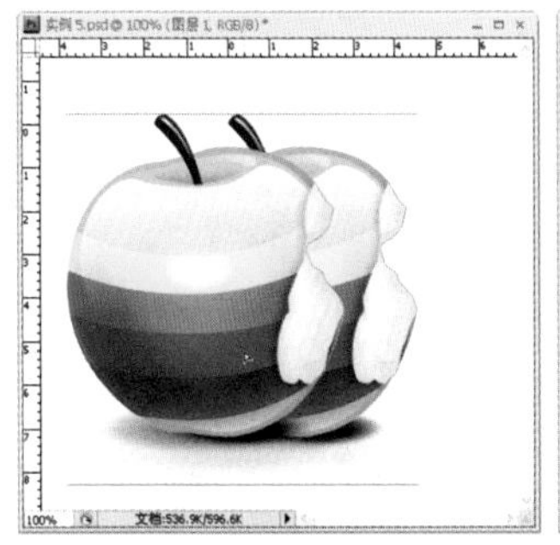

图1-45

图1-46

提示

如果要删除参考线，可以将它拖回标尺。如果要删除所有参考线，可执行“视图”→“清除参考线”命令。

Photoshop 实例6

撤销操作和还原图像

难度级别：★☆

学习目标：在编辑图像的过程中，如果操作出现了失误，或者对当前的效果不满意，就需要撤销操作，恢复图像。本实例学习操作的撤销方法。

技术要点：使用“历史记录”面板撤销操作。

素材位置：素材/第1章/实例6

如果要撤销一步操作，返回到上一步编辑状态，可执行“编辑”→“还原”命令，或按下〈Ctrl+Z〉快捷键。如果要撤销多步操作，则可以连续按下〈Alt+Ctrl+Z〉快捷键。执行“还原”命令后，“编辑”菜单中会出现一个“重做”命令，执行该命令可以恢复被撤销的操作。如果连续撤销了操作，则可连续按下〈Shift+Ctrl+Z〉键，逐步恢复被撤销的操作。

下面来介绍另外一种还原图像的方法。

STEP 01 按下〈Ctrl+O〉快捷键打开一个文件，如图1-47所示。执行“窗口”→“历史记录”命令，打开“历史记录”面板，如图1-48所示。

图1-47

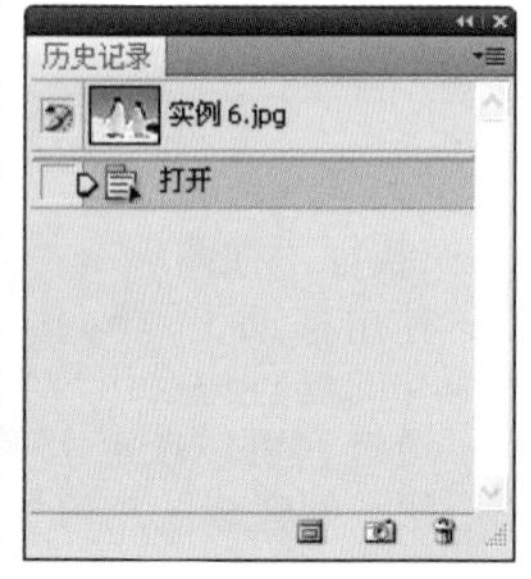

图1-48

STEP 02 选择快速选择工具，将光标放在企鹅上，单击并在它们身体上拖动鼠标创建选区，将企鹅选中，如图1-49所示。按下〈Shift+Ctrl+I〉快捷键反选，选择背景，如图1-50所示。

图1-49

图1-50

STEP 03 执行“滤镜”→“素描”→“绘图笔”命令，打开“滤镜库”，设置参数如图1-51所示，单击“确定”按钮关闭对话框，按下〈Ctrl+D〉快捷键取消选择，效果如图1-52所示。

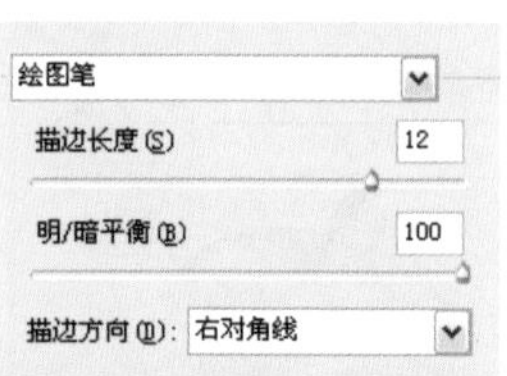

图1-51

图1-52

STEP 04 观察“历史记录”面板可以看到，在图像处理过程中，每一步操作都被记录到了该面板中，如图1-53所示。下面来通过“历史记录”面板进行还原操作。单击“快速选择”操作步骤，如图1-54所示，可以将图像恢复为该步骤时的状态，如图1-55所示。

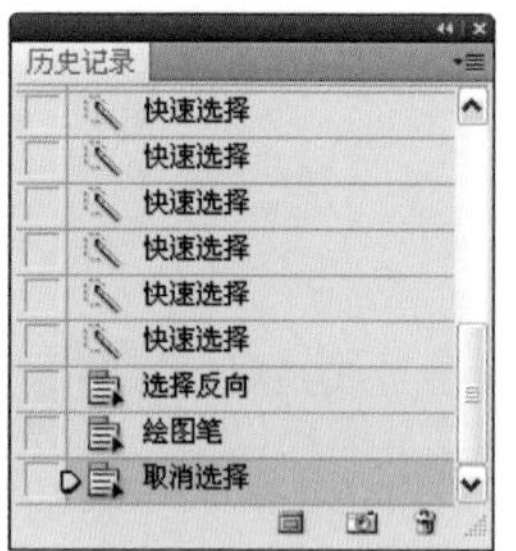

图1-53

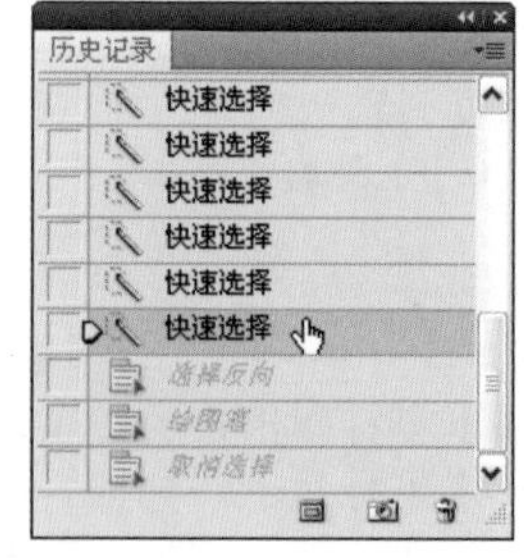

图1-54

图1-55

05 如果要将图像恢复为打开时的状态，可单击面板顶部的缩览图，如图1-56、图1-57所示。

06 如果要恢复所有被撤销的操作，则单击面板中的最后一步操作，如图1-58所示。此外，在编辑图像的过程中，还可以单击创建新快照按钮，将关键步骤创建为快照，这样以后想要恢复到这一步骤时，单击该快照即可，如图1-59所示。

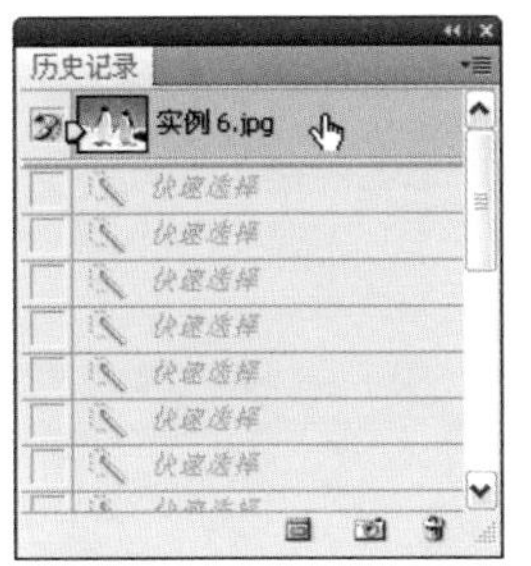

图1-56

图1-57

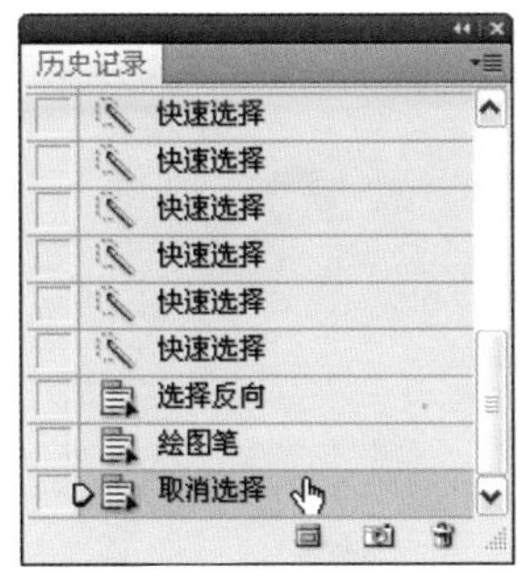

图1-58

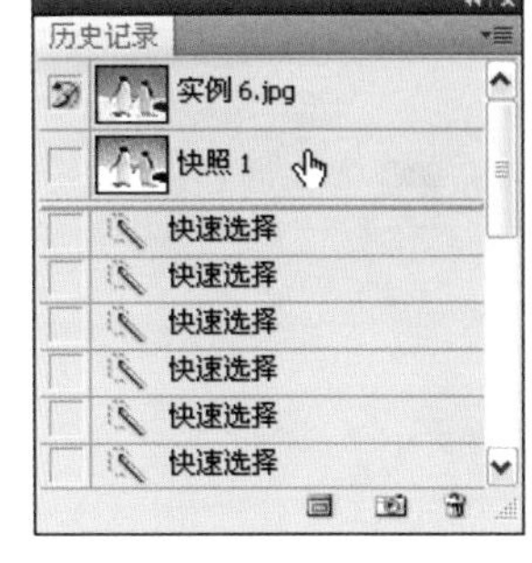

图1-59

提示

默认情况下，“历史记录”面板只能保留20步操作。如果要增加历史记录的保存数量，可以执行“编辑”→“首选项”→“性能”命令，在打开的“首选项”对话框，在“历史记录”选项中设置。但需要注意的是，历史记录会占用内存，因此不宜设置得过多。

Photoshop 实例7

移动、复制与变换

难度级别：★☆

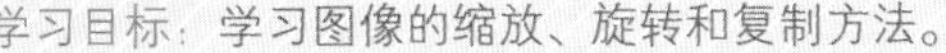

学习目标：学习图像的缩放、旋转和复制方法。

技术要点：掌握等比缩放、锁定15°的倍数旋转等技术。

素材位置：素材/第1章/实例7

01 按下〈Ctrl+O〉快捷键打开一个文件，如图1-60所示。在“图层”面板中单击“图层1”，选择该图层，如图1-61所示。下面来编辑该图层中的人物图像。

图1-60

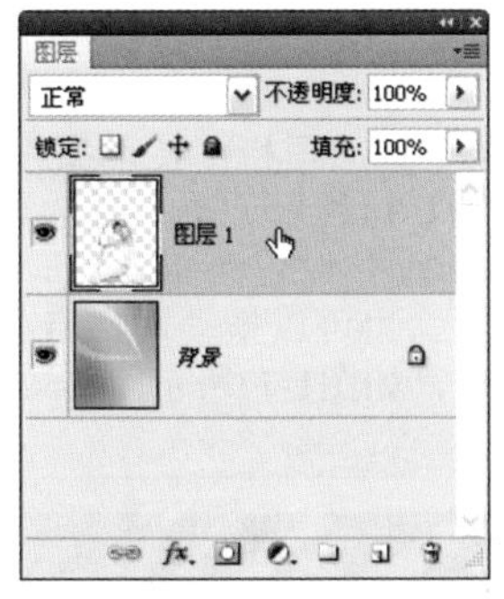

图1-61

02 选择移动工具，在图像中单击并拖动鼠标即可移动图像。如果按住〈Alt〉键拖动，则可以复制对象，如图1-62所示，同时，“图层”面板中也会由此而生成一个副本图层，如图1-63所示。

03 按下〈Delete〉键，将复制的图像删除，下面来进行变换操作。执行“编辑”→“自由变换”命令，或按下〈Ctrl+T〉快捷键显示定界框。定界框中心有一个中心点，在旋转或缩放时，对象会以该点为基准产生变换。定界框四周的小方块是控制点，将光标放在控制点上，光标会变为↔、↕、⤡、⤢状，单击并拖动鼠标可以拉伸对象，如图1-64所示。按住〈Shift〉键拖动，则可进行等比缩放，如图1-65所示。

图1-62

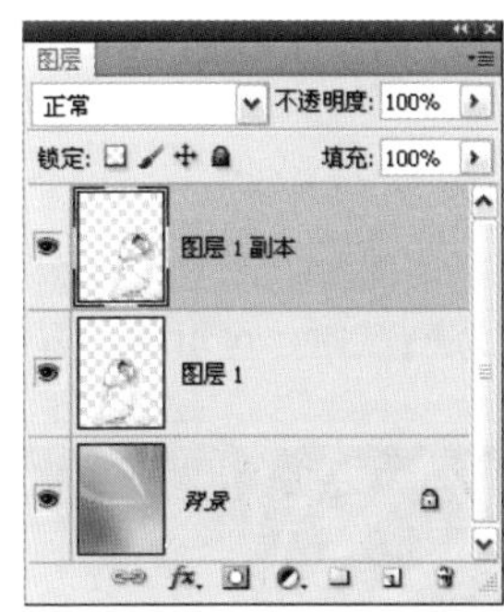

图1-63

04 将光标放在定界框外，光标会变为↻状，单击并拖动鼠标可以旋转对象，如图1-66所示。如果按住〈Shift〉键拖动，则可以将旋转角度限制为15°的倍数，如图1-67所示为旋转90°的效果。操作完成后，可以按下回车键确认。如果要取消操作，可按下〈Esc〉键。

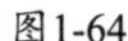
图1-64

图1-65

图1-66

图1-67

扭曲与变形

难度级别：★☆

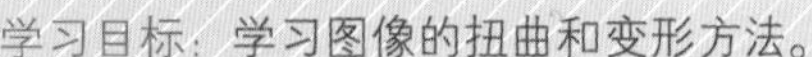
学习目标：学习图像的扭曲和变形方法。

技术要点：通过在工具选项栏中输入数值来进行移动、旋转、扭曲等操作。

素材位置：素材/第1章/实例8

01 按下〈Ctrl+O〉快捷键打开一个文件，如图1-68所示。在“图层”面板中单击要进行变换操作的图层，如图1-69所示。

图1-68

图1-69

02 按下〈Ctrl+T〉快捷键显示定界框，将光标放在定界框外，按住〈Shift+Ctrl〉键，当光标变为▶↔状时，单击并拖动鼠标可沿水平方向斜切对象，如图1-70所示。当光标变为▶↕状时，可沿垂直方向斜切对象，如图1-71所示。

图1-70

图1-71

03 将光标放在控制点上，按住〈Ctrl〉键，当光标变为▶状时，单击并拖动鼠标可自由扭曲对象，如图1-72所示。将光标放在控制点上，按住〈Shift+Ctrl+Alt〉键，当光标变为▶状时，单击并拖动鼠标可以进行透视变换，如图1-73所示。

图1-72

图1-73

04 在工具选项栏中按下按钮，图像上会出现变形网格，如图1-74所示，在工具选项栏左侧列表中可以选择一种变形样式并设置变形参数，如图1-75所示，效果如图1-76所示。也可以拖动网格点和控制手柄进行更加自由的变形处理，如图1-77所示。

图1-74

图1-75

图1-76

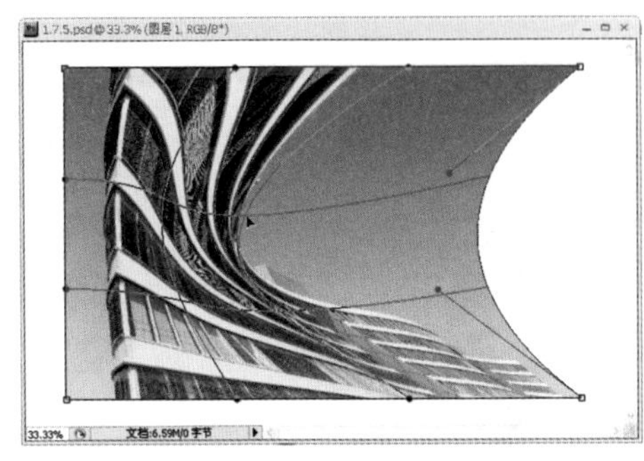

图1-77

05 按下〈Esc〉键取消变换，再来看一下怎样进行精确变换操作。按下〈Ctrl+T〉快捷键重新显示定界框，工具选项栏中会显示变换选项，如图1-78所示，在选项中输入数值然后按下回车键，即可进行相应的变换操作。其中，在“X”或“Y”文本框中输入数值，可以沿水平或垂直方向移动对象；在“W”和“H”文本框内输入数值，可以改变对象的宽度和高度，如果按下这两个选项中间的 按钮，则可进行等比缩放；如果要旋转，可在 文本框内输入旋转角度；如果要进行水平和垂直方向的斜切，可在“H”和“V”文本框中输入数值。

图1-78

Photoshop 实例9

操控变形

难度级别：★★

学习目标：操控变形是Photoshop CS5新增的变形功能，它比变形网格还要强大。进行变形处理时，用户可以在图像的任意位置放置图钉，再通过图钉来扭曲图像。本实例学习怎样通过操控变形扭曲图像的局部内容。

技术要点：扭曲图像时，保持人物的结构和比例。

素材位置：素材/第1章/实例9

实例效果位置：实例效果/第1章/实例9

01 按下〈Ctrl+O〉快捷键打开一个文件，如图1-79所示。单击人物所在的“图层1”，将它选择，如图1-80所示。

图1-79

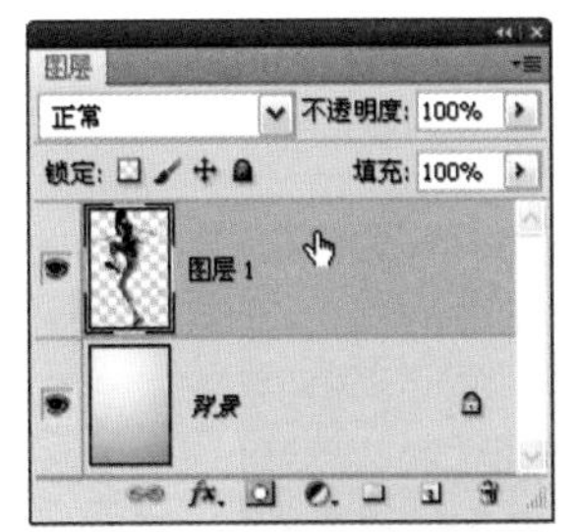

图1-80

02 执行“编辑”→“操控变形”命令，图像上会显示出变形网格。在工具选项栏中将“浓度”设置为“较少点”，如图1-81所示，减少网格的密度，以便更加清楚地观察图像，如图1-82所示。

图1-81

图1-82

03 在人物身体的关节处单击，放置图钉，如图1-83所示。拖动腿部的两个图钉，将腿抬起，使人物呈现跳跃状态，如图1-84所示。如果要删除一个图钉，可按住〈Alt〉

键单击它。如果要删除所有图钉，可在变形网格上右击，打开快捷菜单，选择“移去所有图钉”命令。

图1-83

图1-84

04 拖动人物手臂上的图钉，对手臂进行扭曲，如图1-85所示。按下回车键确认变换操作，如图1-86所示。

图1-85

图1-86

提示 “操控变形”命令不能用于编辑“背景”图层。不过，按住〈Alt〉键双击“背景”图层，将它转换为普通图层以后，就可以进行操控变形处理。

设置前景色和背景色

学习目标：学习使用“拾色器”、“颜色”面板、“色板”面板设置前景色和背景色。

技术要点：前景色、背景色的切换和恢复方法。

工具箱底部重叠在一起的小方块用来设置前景色和背景色。默认的前景色为黑色，背景色为白色，如图1-87所示。前景色决定了使用绘图工具（画笔和铅笔工具）绘制的线条以及使用文字工具创建的文字的颜色，背景色决定了使用橡皮擦工具擦除背景时呈现的颜色。此外，有些滤镜也会用到前景色和背景色。下面通过具体操作介绍它们的使用方法。

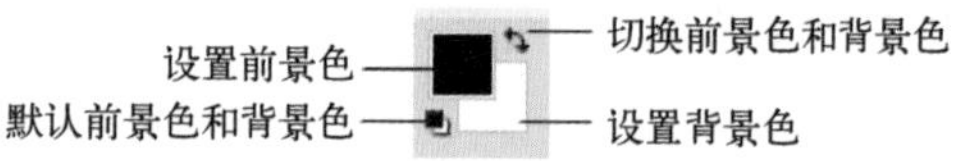

设置前景色　切换前景色和背景色
默认前景色和背景色　设置背景色

图1-87

01 单击前景色图标，如图1-88所示，打开“拾色器”（如果要修改背景色，可单击背景色图标）。在竖直的渐变条上单击定义颜色范围，如图1-89所示，在色域中单击可以调整当前设定的颜色的深浅，如图1-90所示。

图1-88

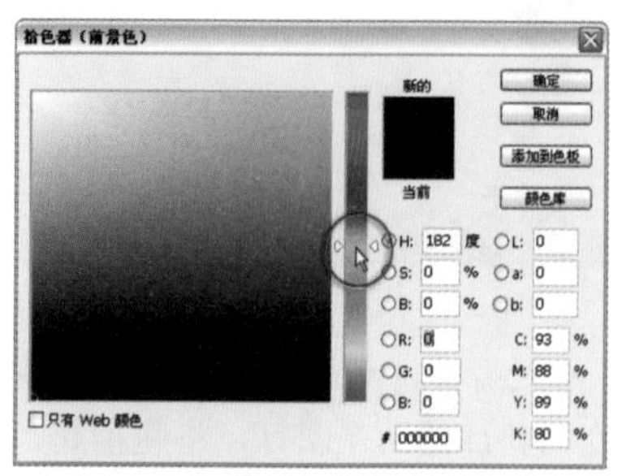

图1-89

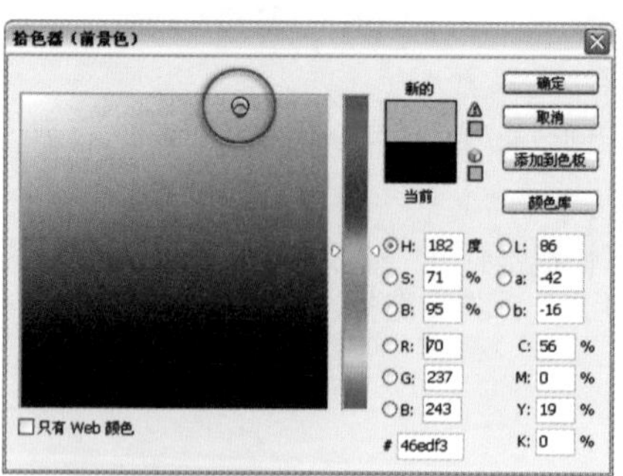

图1-90

02 如果要调整颜色的饱和度，可勾选S单选钮，如图1-91所示，然后拖动渐变条进行调整，如图1-92所示。

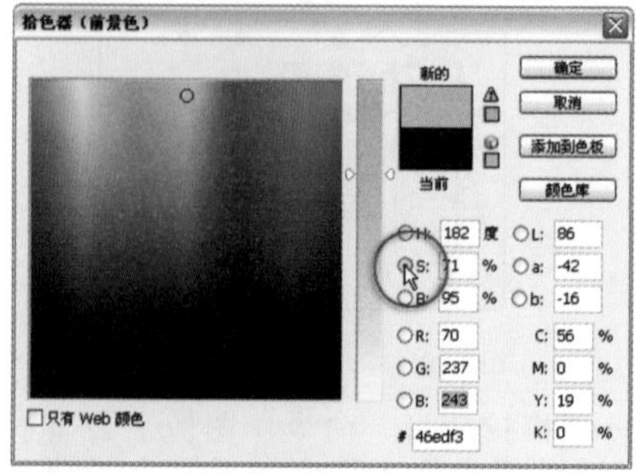

图1-91

03 如果要调整颜色的亮度，可勾选B单选钮，如图1-93

所示，然后拖动颜色条进行调整，如图1-94所示。调整完成后，单击“确定”按钮关闭对话框，如图1-95所示为调整后的前景色。

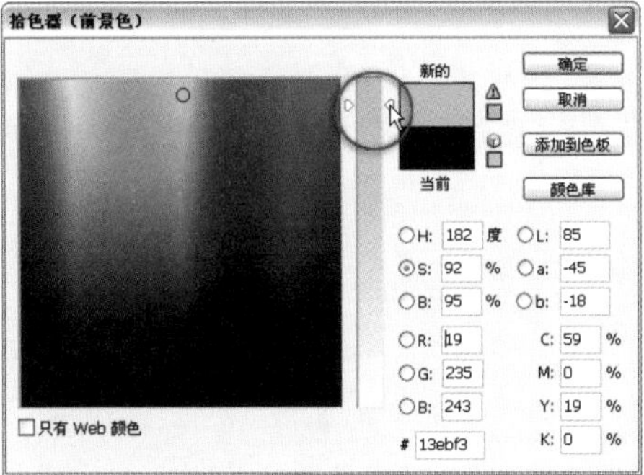

图1-92

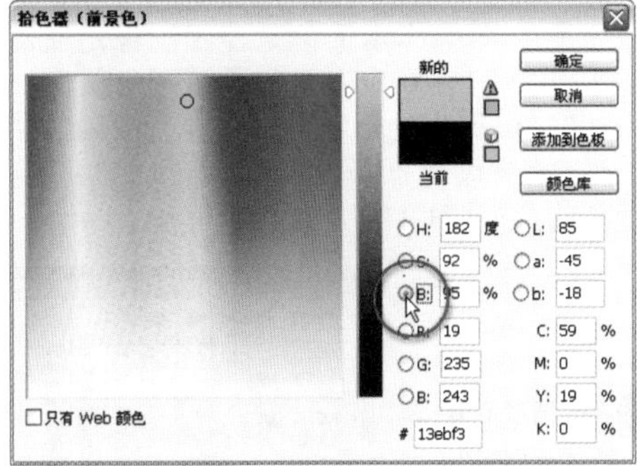

图1-93

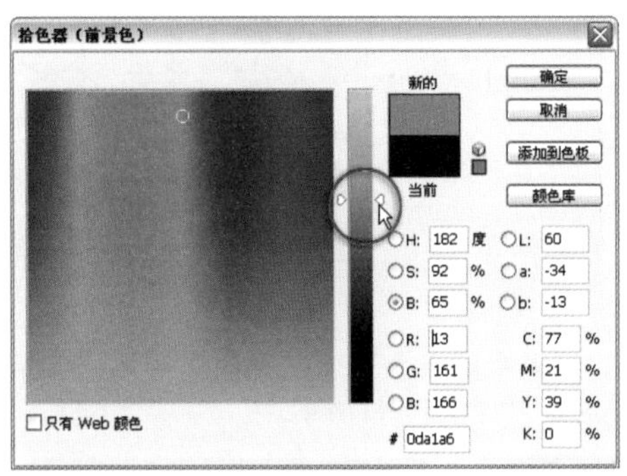

图1-94

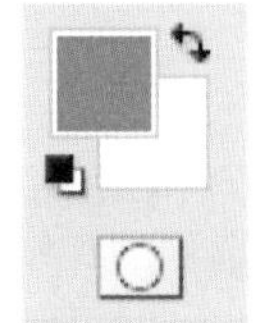

图1-95

04 下面再来看一下怎样使用“颜色”面板调整颜色。打开“颜色”面板，面板中显示了工具箱中的前景色的颜色值，如图1-96所示。要编辑前景色，可单击前景色块，如图1-97所示，要编辑背景色，则单击背景色块，如图1-98所示。

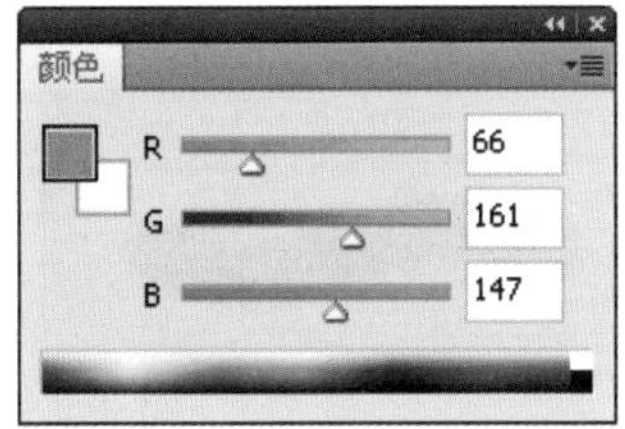

图1-96

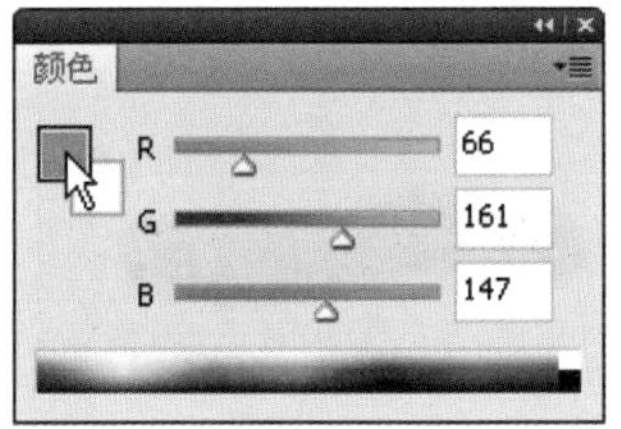

图1-97

05 确定好要编辑的内容后，拖动滑块即可调整颜色，如图1-99所示。也可以在颜色滑块右侧的文本框中输入颜色值来精确地定义颜色。

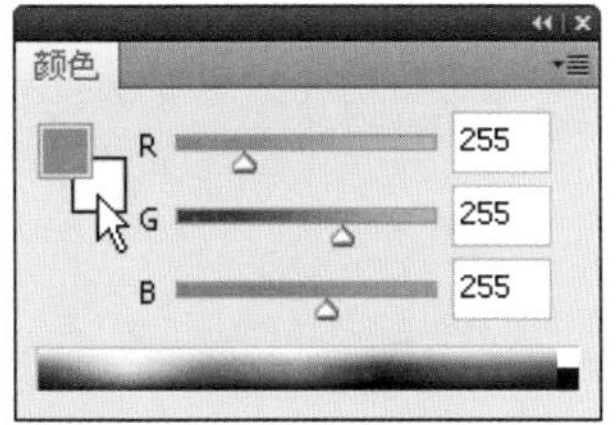

图1-98

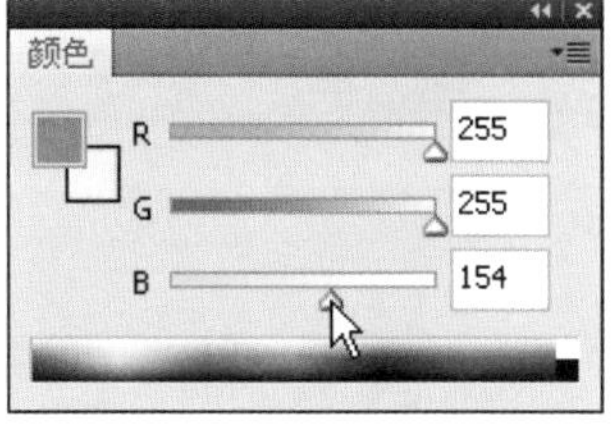

图1-99

06 此外，“色板”面板也可用于设置颜色，如图1-100所示。将光标放在一个预设的颜色上，光标会变为吸管，单击鼠标，可以拾取该颜色并设置为前景色，如图1-101所示。按住〈Ctrl〉键单击，则可将拾取的颜色设置为背景色。

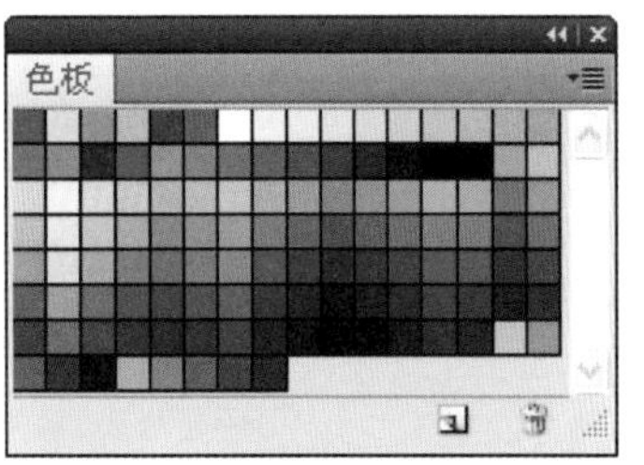

图1-100

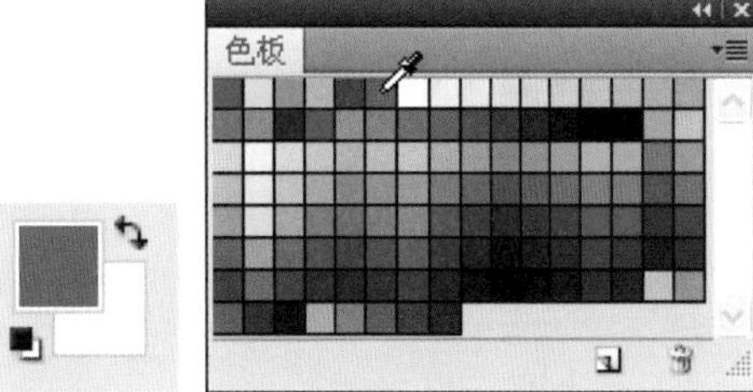

图1-101

提示

使用工具箱中的吸管工具在图像上单击，可拾取单击点的颜色并将其设置为前景色；按住〈Alt〉键单击，则可拾取颜色并将其设置为背景色。

07 如果要互换前景色和背景色的颜色，可单击图标或按下〈X〉键，如图1-102所示。如果想将它们恢复为默认的颜色（前景色为黑色，背景色为白色），可单击图标或按下〈D〉键，如图1-103所示。

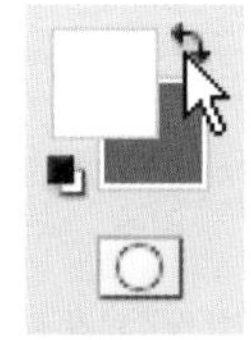

图1-102

图1-103

Photoshop 实例11

使用画笔工具

 难度级别：★★☆ 

学习目标：画笔工具用前景色绘制线条，可以产生类似于传统的毛笔效果。它不仅用于绘画，还可以用来修改蒙版和通道，是最常用的工具之一。本实例介绍画笔工具和“画笔”面板的使用方法。

技术要点：柔角笔尖和尖角笔尖的设置方法，载入外部的画笔库。

素材位置：素材/第1章/实例11

STEP 01 选择画笔工具以后，需要先在工具选项栏中设置工具的属性，如图1-104所示，然后在画面单击并拖动鼠标即可绘制线条。如果要使线条变得透明，可在工具选项栏中降低画笔工具的“不透明度”值。

图1-104

STEP 02 单击画笔图标右侧的按钮，可以打开画笔下拉面板，在面板中可以选择一种笔尖，并修改它的直径和硬度，如图1-105、图1-106所示。

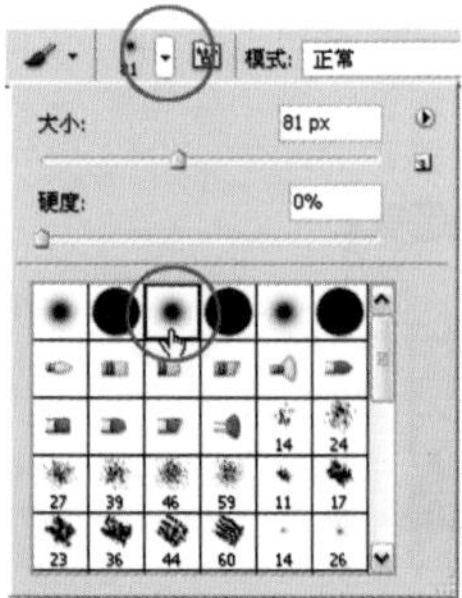

图1-105

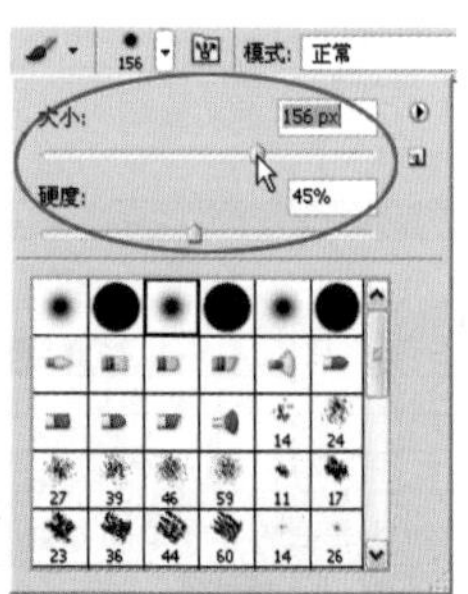

图1-106

STEP 03 单击工具选项栏中的按钮，或执行“窗口”→“画笔”命令，打开“画笔”面板，该面板中包含了更多的画笔设置选项，如图1-107所示。

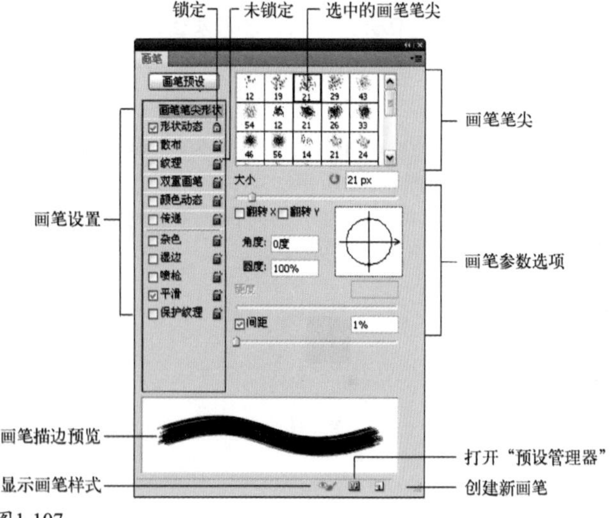

图1-107

STEP 04 Photoshop提供了3种类型的笔尖，即毛刷笔尖、图像样本笔尖和圆形笔尖，如图1-108所示。毛刷笔尖可创建逼真的、带有纹理的笔触。图像样本笔尖是使用图像定义的笔尖。圆形笔尖最常用，它又分为尖角和柔角两种类型，将笔尖硬度设置为100%可得到尖角笔尖，它具有清晰的边缘，如图1-109所示；笔尖硬度低于100%时可得到柔角笔尖，它的边缘是模糊的，如图1-110所示。

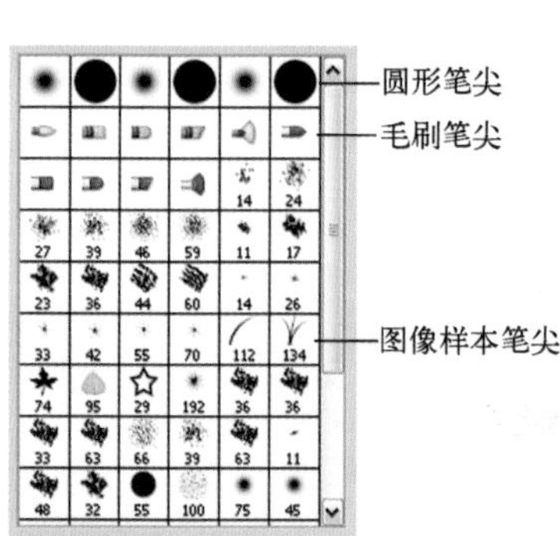

图1-108

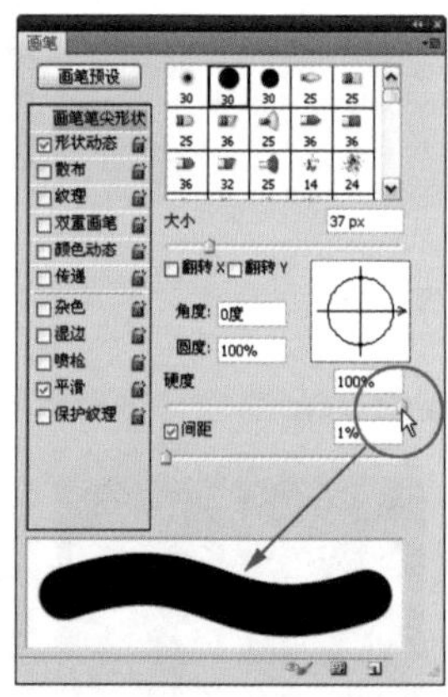

图1-109

STEP 05 单击面板左侧列表中的一个选项，面板右侧就会显示该选项的详细设置内容，如图1-111所示。

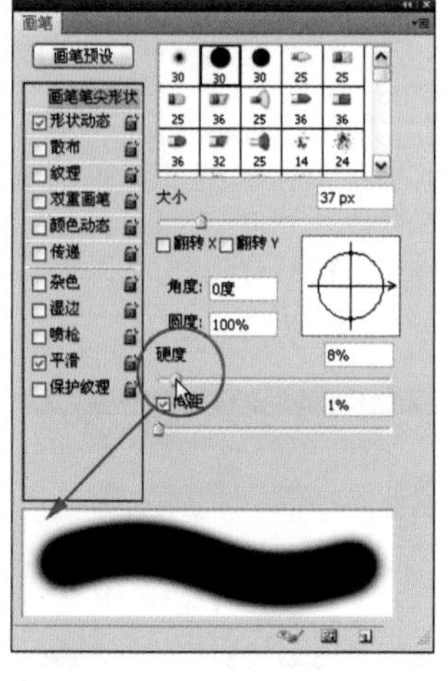

图1-110

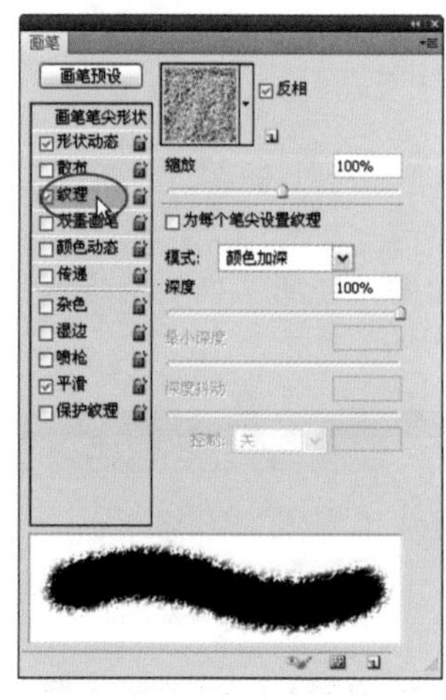

图1-111

STEP 06 在画笔下拉面板菜单中，Photoshop提供了大量的画笔库。选择其中的一个，如图1-112所示；弹出提示，如图1-113所示；单击“追加”按钮，可以将画笔库中的画笔添加到面板中，如图1-114所示。

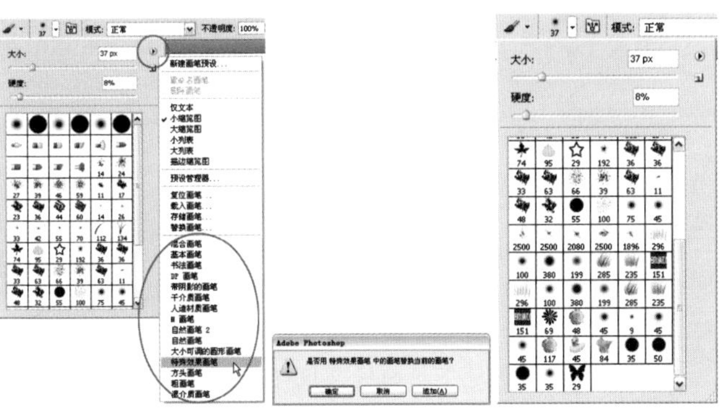

图1-112　　图1-113　　图1-114

07 此外，Photoshop还支持外部的画笔库。执行面板菜单中的“载入画笔”命令，在弹出的“载入”对话框中选择光盘中的一个画笔文件，如图1-115所示，单击“载入”按钮将其加载到面板中，如图1-116所示。如果要将面板中的画笔恢复为默认的状态，可执行面板菜单中的“复位画笔”命令。

图1-115

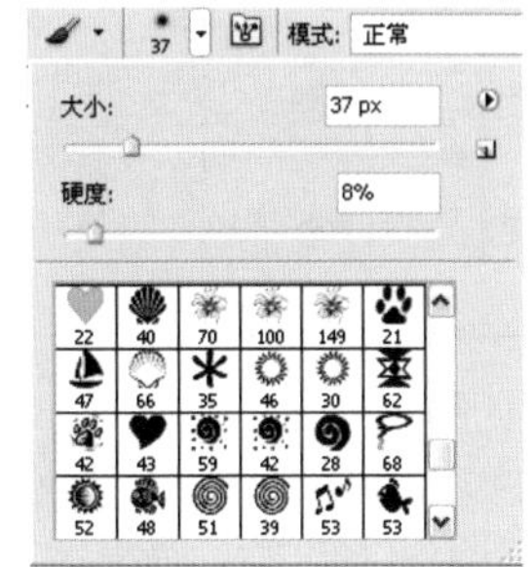

图1-116

提示

“画笔”面板可用于画笔、铅笔、历史记录画笔、历史记录艺术画笔、仿制图章、图案图章、橡皮擦、模糊、锐化、涂抹、加深、减淡和海绵等绘画和修饰工具。

Photoshop 实例12 创建自定义画笔

难度级别：★★

学习目标：学习使用人物图像创建图像样本画笔。

技术要点：了解羽化对于画笔边缘的影响。

素材位置：素材/第1章/实例12-1、实例12-2

实例效果位置：实例效果/第1章/实例12

01 按下〈Ctrl+O〉快捷键打开一个文件，如图1-117所示。

02 选择椭圆选框工具，在工具选项栏中设置羽化为20px，创建一个选区，选中要定义为画笔的图像，如图1-118所示。对选区设置羽化以后，所得到的画笔的边缘会呈现逐渐淡出的效果，如果要使画笔具有清晰而准确的边缘，则不要设置羽化。

图1-117　　图1-118

03 执行“编辑”→“定义画笔预设”命令，打开如图1-119所示的对话框，输入画笔的名称，单击“确定”按钮即可将所选图像定义为画笔。

04 选择画笔工具，打开“画笔”面板，找到新建的画笔，如图1-120所示。打开一个文件，如图1-121所示。

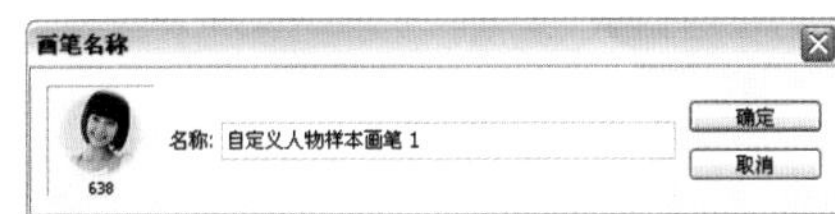

图1-119

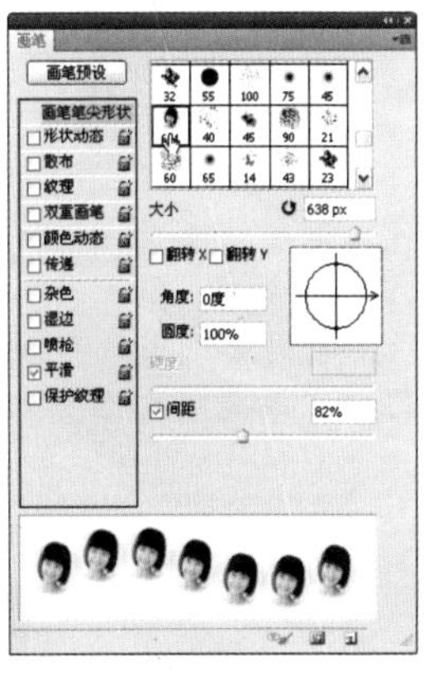

图1-120

图1-121

05 单击“图层”面板底部的按钮，新建一个图层，如图1-122所示。将前景色设置为红色，如图1-123所示。

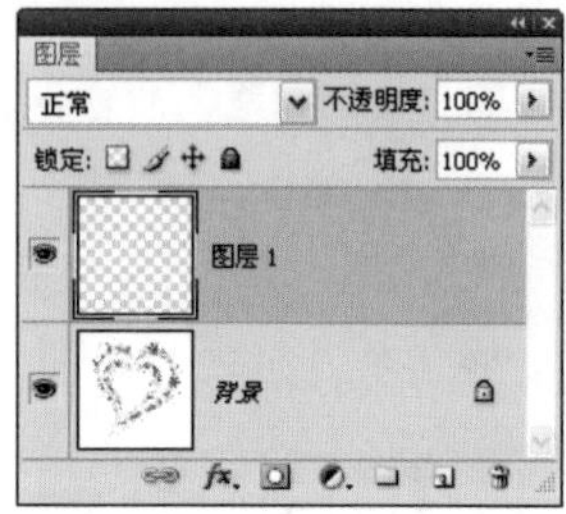
图1-122

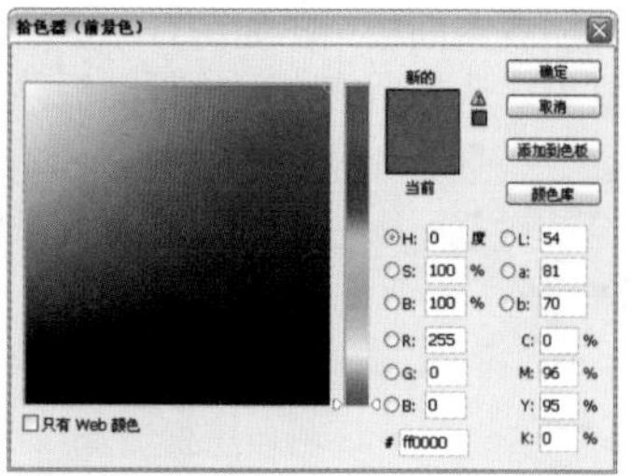
图1-123

06 使用画笔工具在心形中心单击，绘制人物图案，如图1-124所示。再单击按钮，新建一个图层。在工具选项栏中设置工具的不透明度为50%，在“画笔”面板中将主直径调小（70～170px之间），在心形周围单击并拖动鼠标，绘制出如图1-125所示的效果。

图1-124

图1-125

提示 创建新画笔或者载入画笔库以后，如果想要将它们删除，恢复为默认的画笔，可以打开工具选项栏中的画笔下拉面板，执行面板菜单中的“复位画笔”命令。

Photoshop 实例13 使用渐变工具

 难度级别：★★ 

学习目标：渐变工具是最常用的工具之一，它用于创建多种颜色混合的渐变效果，可以用来填充图像、图层蒙版和通道。本实例学习实色渐变、杂色渐变和透明渐变的设置方法。

技术要点：了解色标的用途，以及怎样修改它的颜色和不透明度。

01 选择渐变工具，工具选项栏中会显示它的设置选项，如图1-126所示。Photoshop提供了5种类型的渐变，按下相应的渐变按钮以后，在画面单击并拖动鼠标即可填充渐变，各种渐变效果如图1-127所示。

图1-126

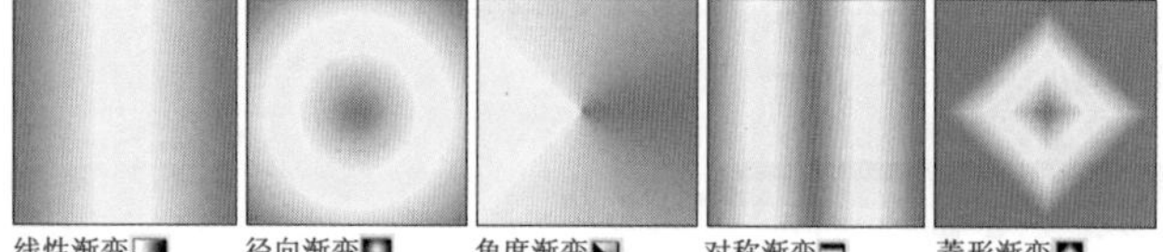

图1-127

02 下面来设置渐变颜色。Photoshop提供了一些预设的渐变颜色，可单击渐变色条右侧的按钮，在打开的下拉面板中选择，如图1-128所示。如果要调整渐变颜色，可直接单击渐变色条，打开“渐变编辑器”来进行编辑，如图1-129所示。

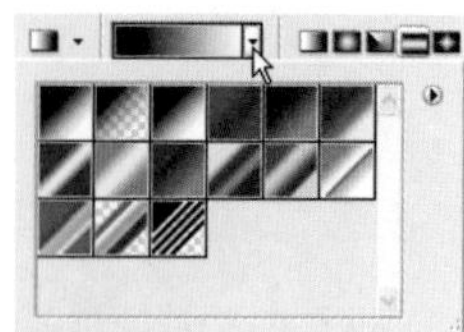
图1-128

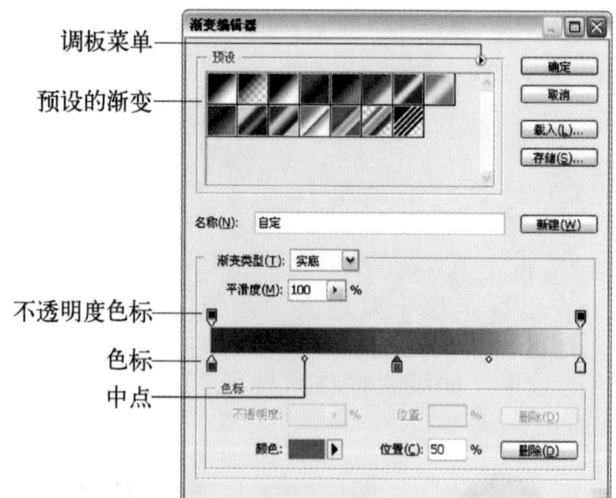

图1-129

03 在渐变条下方单击可添加色标，如图1-130所示。如果要删除色标，可单击色标，然后按下“删除”按钮，如图1-131所示，也可直接将它拖动到渐变色条之外。

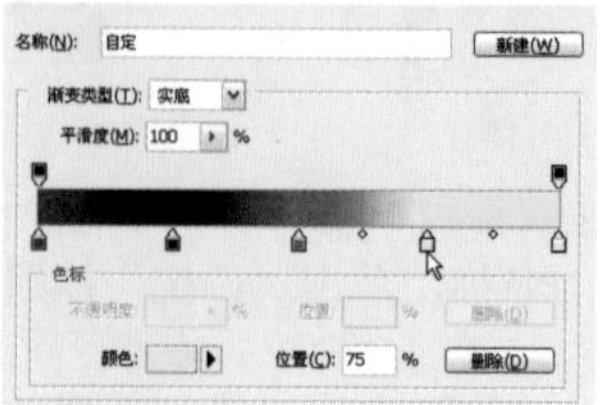
图1-130

图1-131

STEP 04 单击一个色标即可选择该色标，“颜色”选项中会显示它的颜色，如图1-132所示。单击“颜色”选项右侧的颜色块，或双击色标都可以打开“拾色器”修改色标的颜色，如图1-133所示、图1-134所示。

图1-132

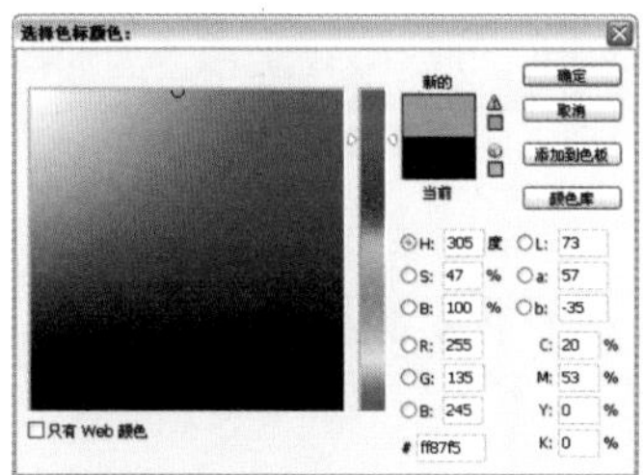

图1-133

STEP 05 拖动色标可以调整渐变颜色的混合位置，如图1-135、图1-136所示。拖动两个色标之间的中点图标（菱形图标），可调整中点两侧颜色的混合位置，如图1-137所示。

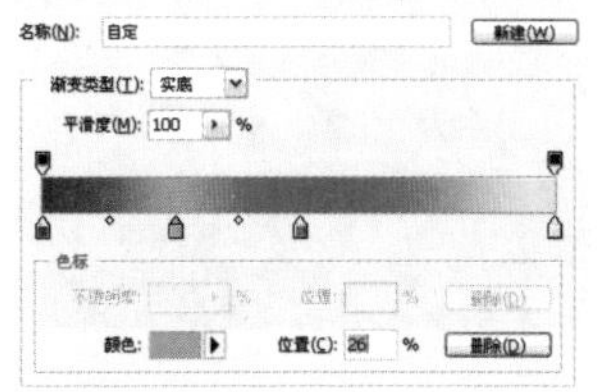

图1-134

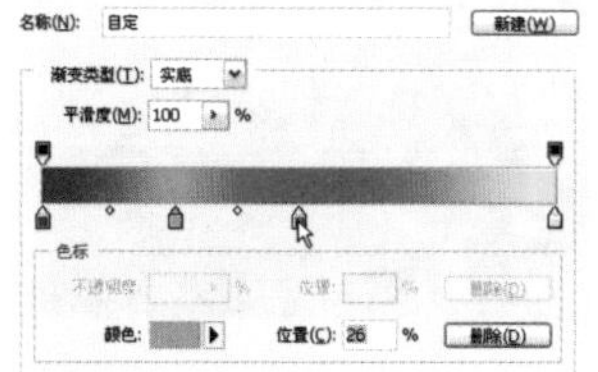

图1-135

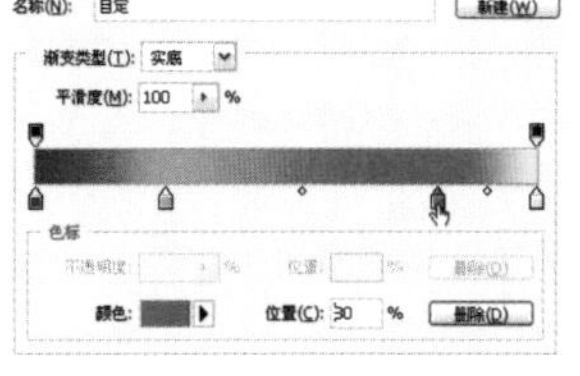

图1-136

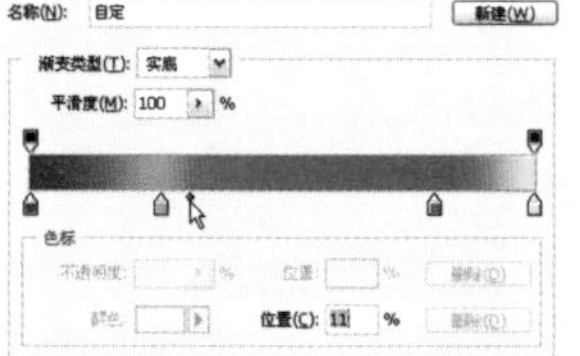

图1-137

STEP 06 下面来设置杂色渐变。在“渐变类型”下拉列表中选择“杂色”选项，即可转换为杂色渐变，如图1-138所示。调整“粗糙度”值可以控制相邻的两种颜色之间的过渡效果。该值越小，颜色转换越平滑，如图1-139所示；该值越大，颜色的转换越生硬，如图1-140所示。

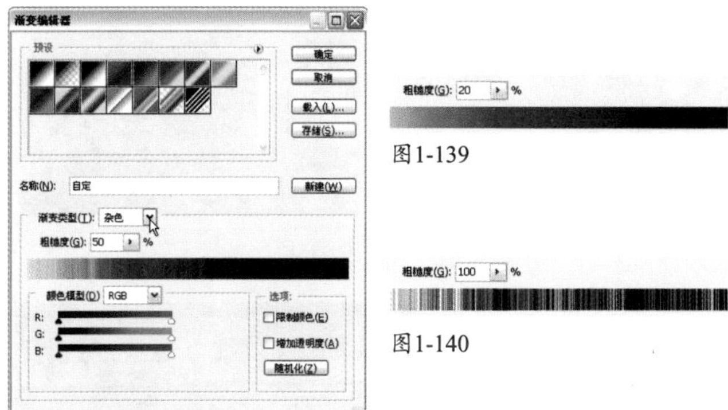

图1-138

图1-139

图1-140

STEP 07 在“颜色模型”下拉列表中可以选择使用RGB、HSB和LAB颜色模型随机产生杂色渐变，每一种颜色模型都有其对应的颜色滑块，如图1-141~图1-143所示，拖动滑块可以调整渐变颜色，如图1-144、图1-145所示。

图1-141

图1-142

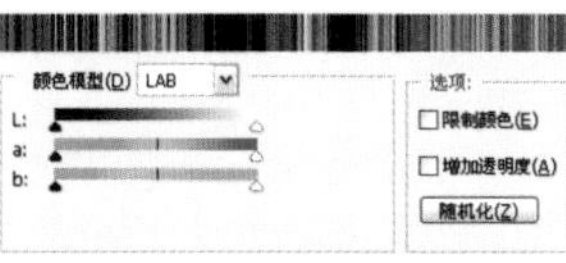

图1-143

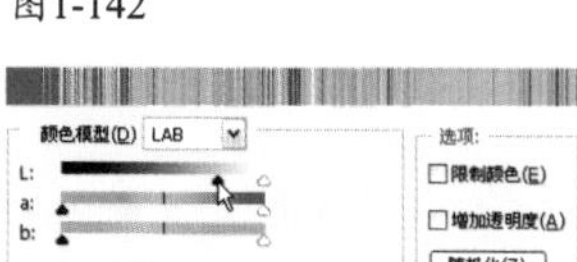

图1-144

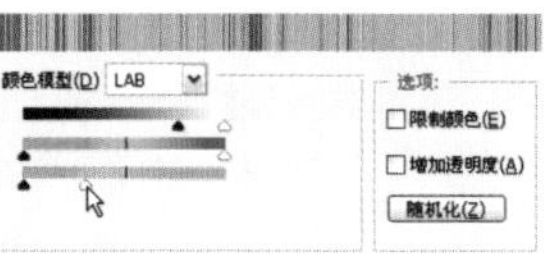

图1-145

提示

选择“限制颜色”选项，可防止渐变颜色过于饱和而无法打印。选择“增加透明度”选项，可以向渐变中添加透明像素，生成带有透明度的杂色渐变。单击“随机化”按钮，可随机生成新的渐变。

STEP 08 下面设置透明渐变。透明渐变的特点是可以在渐变中包含透明像素。在“渐变类型”下拉列表中选择“实底”，然后在渐变条上方单击，添加不透明度色标，如图1-146、图1-147所示。

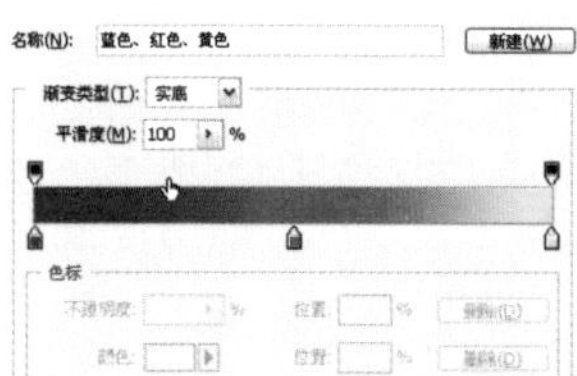

图1-146

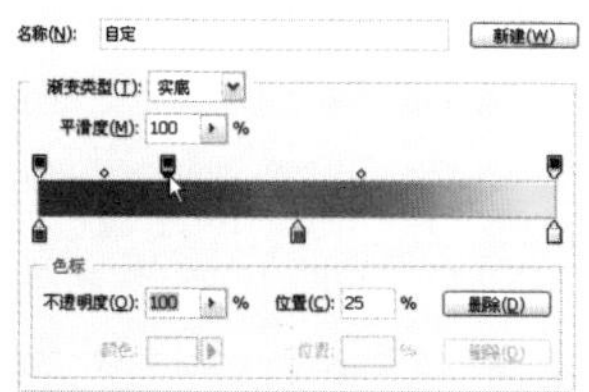

图1-147

STEP 09 选择不透明度色标，降低其“不透明度”值，即可使其呈现透明效果，如图1-148所示。拖动不透明度色标可调整它的位置，如图1-149所示，拖动中点（菱形图标），可调整该图标一侧的颜色与透明色的混合位置，如图1-150所示。

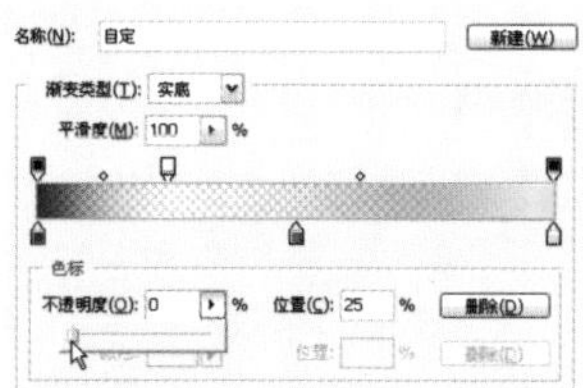

图1-148

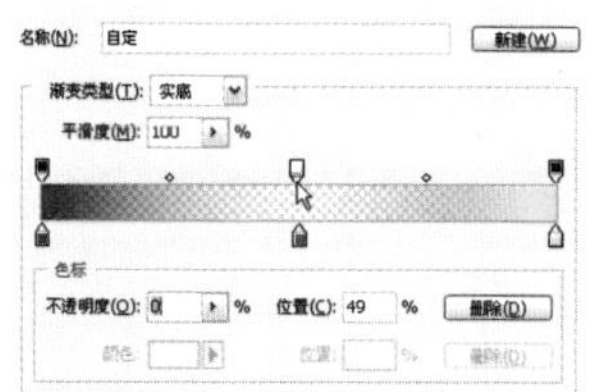

图1-149

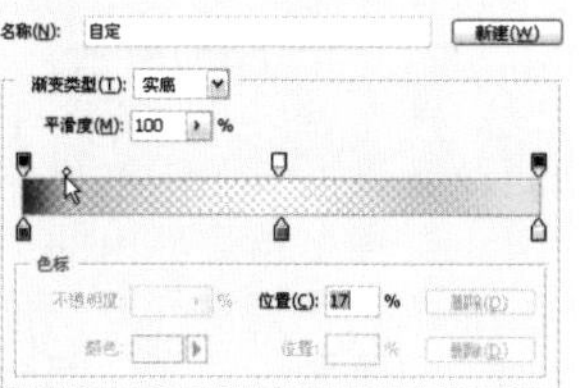

图1-150

Photoshop
实例14

创建和使用选区

 难度级别：★★☆ 

学习目标：如果要在Photoshop中处理图像的局部，首先要通过选区将需要处理的对象选中，使之与其他图像隔离开，这样编辑图像时其他内容就不会受到影响了。本实例介绍选区的具体作用，以及怎样编辑选区。

技术要点：技术要点：选区运算、保存和载入选区。

素材位置：素材/第1章/实例14-1、实例14-2

实例效果位置：实例效果/第1章/实例14

01 按下〈Ctrl+O〉快捷键打开一个文件，如图1-151所示。选择矩形选框工具[]，在画面中单击并向右下角拖动鼠标创建矩形选区，选中中间的图像，如图1-152所示。

图1-151

图1-152

02 按下〈Ctrl+U〉快捷键打开“色相/饱和度”对话框，拖动“色相”滑块调整颜色，如图1-153、图1-154所示，可以看到，只有选中的图像改变了颜色，选区外的图像没有受到影响。单击“确定”按钮关闭对话框。

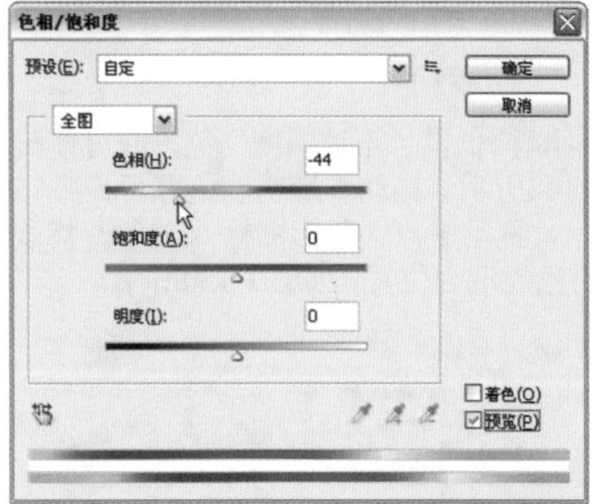

图1-153

03 执行“选择”→“反向”命令，或按下〈Shift+Ctrl+I〉快捷键反转选区，选择未选中的部分，如图1-155所示。按下〈Ctrl+U〉快捷键打开“色相/饱和度”对话框调整颜色，如图1-156所示，然后关闭对话框，如图1-157所示。

04 执行“选择”→“取消选择”命令，或按下〈Ctrl+D〉快捷键取消选择。执行“选择”→“全部”命令，或按下〈Ctrl+A〉快捷键，可以选择文档边界内的全部图像，如图1-158所示。按下〈Ctrl+U〉快捷键打开“色相/饱和度”对话框调整颜色，此时，整个图像的颜色都会发生转变，如图1-159、图1-160所示。

图1-154

图1-155

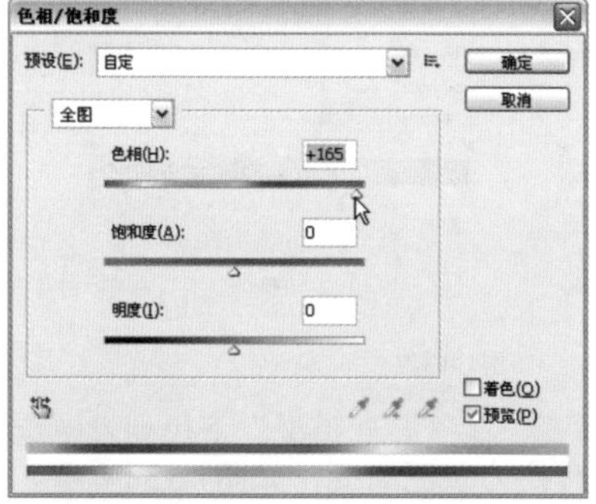

图1-156

图1-157

图1-158

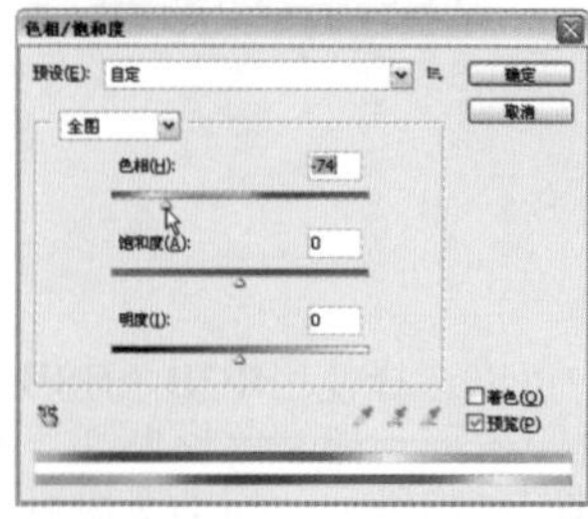

图1-159

图1-160

提示

取消选择以后，如果要恢复被取消的选区，可以执行“选择”→“重新选择”命令。此外，执行“视图”→“显示”→“选区边缘”命令，或按下〈Ctrl+H〉快捷键可以隐藏（或重新显示）选区，但被隐藏的选区仍然存在于图像中。需要仔细观察选区边缘图像的变化效果（如用滤镜处理图像）时，隐藏选区非常有用。

05 下面来看一下怎样编辑选区。打开一个文件，使用矩形选框工具（套索工具、魔棒工具也可）创建选区，如图1-161所示。按下工具选项栏中的新选区按钮，如图1-162所示，然后将光标放在选区内，光标会变为状，单击并拖动鼠标可以移动选区，如图1-163所示。按下〈→〉、〈←〉、〈↑〉、〈↓〉键能够以1像素的距离轻移选区。

图1-161

图1-162

图1-163

06 如果图像中已经有了一个或多个选区，则使用选框工具、套索工具和魔棒工具继续创建新的选区时，可以在工具选项栏中设置选区的运算方式，使新选区与原有的选区进行运算。下面看一下怎样操作。按下〈Ctrl+D〉快捷键取消选择。使用矩形选框工具在画面中单击并拖动鼠标创建一个选区，如图1-164所示。选择椭圆选框工具，在工具选项栏中按下添加到选区按钮，如图1-165所示，在左侧拖动鼠标创建一个圆形选区，新选区会添加到原有的选区中，如图1-166所示。

图1-164

图1-165

图1-166

07 按下〈Ctrl+Z〉快捷键撤销操作。按下从选区减去按钮，此时创建新选区时可在原有选区中减去当前绘制的选区，如图1-167、图1-168所示。

图1-167　图1-168

08 按下〈Ctrl+Z〉快捷键撤销操作。按下与选区交叉按钮，此时创建新选区时，只保留原有选区与当前创建的选区相交的部分，如图1-169、图1-170所示。

图1-169　图1-170

09 创建选区以后，为了防止操作失误而造成选区丢失，或者以后要使用该选区，可以将选区保存。执行“选择”→“存储选区”命令，打开“存储选区”对话框，输入选区的名称，如图1-171所示，单击“确定”按钮，可以将选区保存到通道中，如图1-172所示。也可以直接单击“通道”面板中的按钮来保存选区。

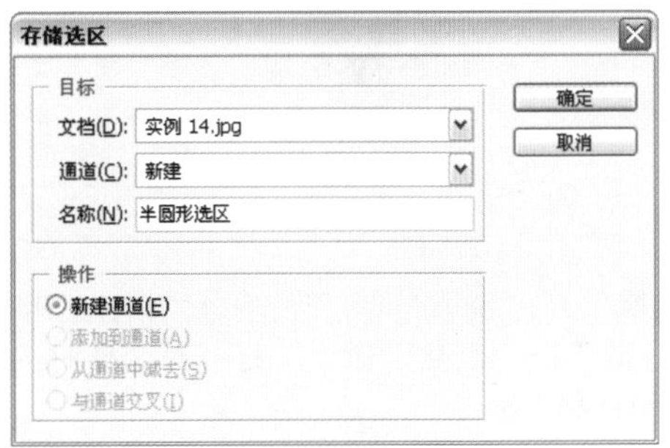

图1-171

图1-172

10 当需要使用选区时，可按住〈Ctrl〉键单击保存选区的通道，如图1-173所示，将选区载入到图像中，如图1-174所示。

图1-173

图1-174

实例15 使用羽化

 难度级别：★★ 

学习目标：羽化是指对选区的边界进行模糊处理，这会丢失选区边缘的一些图像细节，因此，通过这样的选区选出的图像，其边缘是柔和而非清晰的。在合成图像时通常要进行适当的羽化，以便使效果更加真实。本实例学习选区的羽化方法。

技术要点：了解羽化的用途。

素材位置：素材/第1章/实例15-1、实例15-2

实例效果位置：实例效果/第1章/实例15

01 按下〈Ctrl+O〉快捷键打开两个文件，如图1-175、图1-176所示。

图1-175

图1-176

02 使用椭圆选框工具选中花心，如图1-177所示。执行"选择"→"修改"→"羽化"命令，打开对话框对选区进行羽化，如图1-178所示。

图1-177

图1-178

03 按下〈Delete〉键将选中的图像删除，可以看到，选区周围的图像呈现逐渐淡出效果，如图1-179所示。按下〈Ctrl+D〉快捷键取消选择。使用移动工具将花朵图像拖入小狗文档中，合成为一幅新的图像，如图1-180所示。

图1-179

图1-180

实例16 使用图层

 难度级别：★★☆ 

学习目标：图层负责承载和管理图像，还可以创建各种特效，它是Photoshop最重要、最核心的功能之一。本实例学习图层的创建和管理方法。

技术要点：学习图层的盖印方法，了解图层不透明度和填充不透明度的区别。

素材位置：素材/第1章/实例16-1、实例16-2

01 按下〈Ctrl+O〉快捷键，打开一个分层的PSD格式文件。它包含三个图层，如图1-181所示，每一个图层上都有不同的内容，有的是图像、有的是文字。这些图层就如同堆叠在一起的透明纸，一个图层的透明区域会显示出下面的图层内容。由于图像可以分层保管，因此，编辑一个图层中的图像时，不会影响其他层中的图像，这是图层的最大优点。

图1-181

STEP 02 如果要处理一个图层中的图像，可单击该图层将它选中，如图1-182所示，所选图层称为“当前图层”。如果要选择多个连续的图层，可单击第一个图层，然后按住〈Shift〉键单击最后一个图层；如果要选择多个不连续的图层，可按住〈Ctrl〉键单击它们，如图1-183所示。绘画工具和滤镜只能用在当前选择的一个图层上，而移动、缩放和旋转等变换操作则可以对多个选定的图层同时处理。

图1-182

图1-183

STEP 03 单击“图层”面板中的创建新图层按钮，可以在当前图层上面新建一个空白图层，如图1-184所示；按住〈Ctrl〉键单击创建新图层按钮，则可在当前图层下面新建一个图层，如图1-185所示。如果要删除一个图层，可选择该图层，然后按下〈Delete〉键，或者直接将它拖动到删除图层按钮上。

图1-184

图1-185

STEP 04 当图层数量较多时，可以将相同类型或者相同用途的图层放在一个图层组中，以便更加方便地查找和使用图层。操作方法是单击“图层”面板中的创建新组按钮，新建一个空的图层组，如图1-186所示，再将一个或多个图层拖动到图层组中，如图1-187所示。图层也可以从组中拖出来，如图1-188所示。

STEP 05 选择两个或多个图层，如图1-189所示，执行“图层”→“合并图层”命令，或按下〈Ctrl+E〉快捷键，可将它们合并，如图1-190所示。如果按下〈Ctrl+Alt+E〉键，则可将它们盖印到一个新的图层中，原有图层保持不变，如图1-191所示。

图1-186

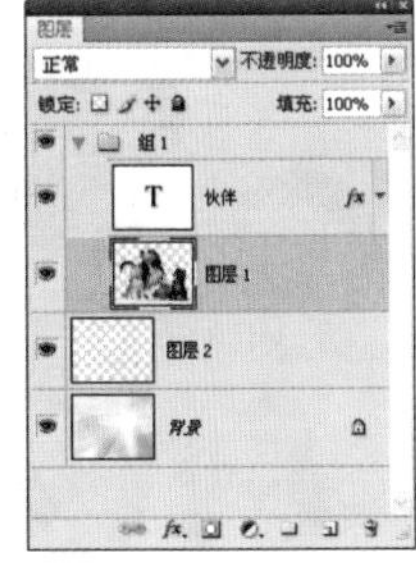

图1-187

图1-188

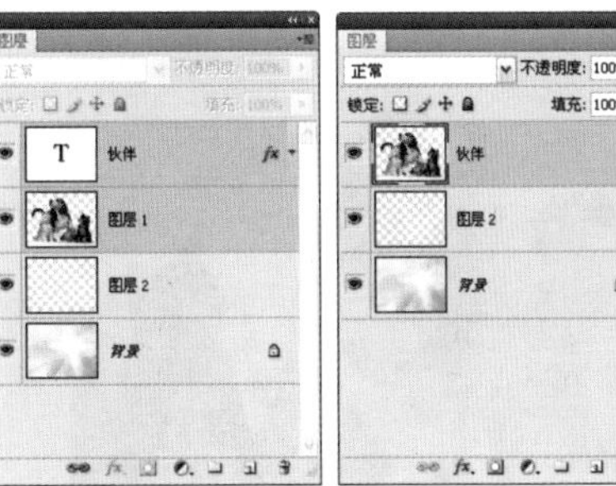

图1-189

图1-190

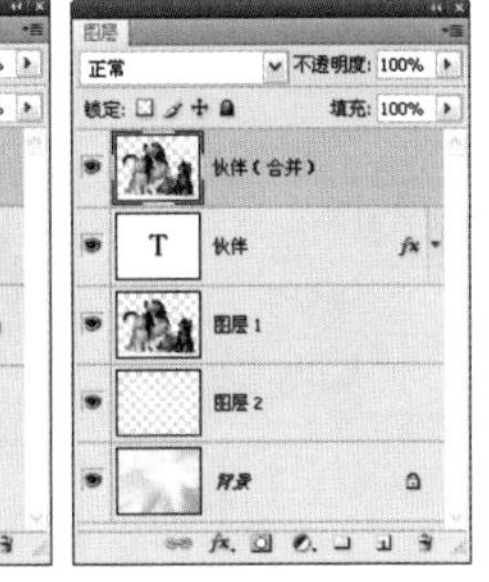

图1-191

提示

选择多个图层以后，执行“图层”→“图层编组”命令，或按下〈Ctrl+G〉快捷键，可以将它们编入一个图层组中。如果要取消图层编组，但保留组中的图层，可以选择该组，执行“图层”→“取消图层编组”命令，或按下〈Shift+Ctrl+G〉快捷键。

STEP 06 在“图层”面板中，图层是按照创建的先后顺序堆叠排列的，向上或向下拖动图层可以调整它们的顺序，如图1-192所示、图1-193所示。需要注意的是，改变图层顺序会影响图像的显示结果。

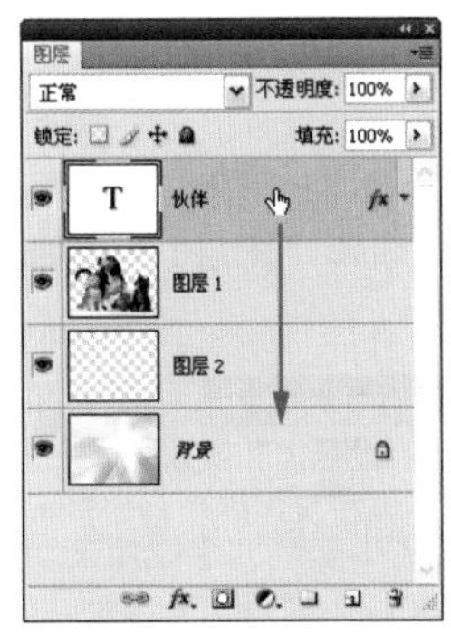

图1-192

图1-193

STEP 07 在“图层”面板中，有眼睛图标的图层为可见的图层，如图1-194所示。单击眼睛图标，可以隐藏图层，如图1-195所示。在眼睛图标处再次单击则重新显示图层。

STEP 08 “图层”面板顶部包含一组锁定按钮，选择一个图层，如图1-196所示，单击相应的按钮，可以锁定它的属性，如图1-197所示。其中，按下锁定透明像素按钮，可保护图层的透明部分，编辑范围将限定在图层的不透明区域；按下锁定图像像素按钮，可防止绘画工具修改图层中的像素；按下锁定位置按钮，图层不能被移动；按下锁定全部按钮，可锁定前面的全部属性。

图1-194

图1-195

图1-196

图1-197

09 除了以上介绍的功能外，“图层”面板中还包含两个重要的选项，混合模式和不透明度，下面介绍它们的用途。打开一个文件，如图1-198所示，选择“图层1”，如图1-199所示。

图1-198

图1-199

10 单击“图层”面板底部的添加图层样式按钮*fx*，打开下拉菜单选择“投影”命令，打开“图层样式”对话框，设置参数如图1-200所示，可以为“图层1”添加投影效果，如图1-201、图1-202所示。

11 下面来修改“图层1”的混合模式。单击“图层”面板顶部的按钮，打开混合模式下拉列表，选择“亮光”模式，如图1-203所示，“图层1”中的图像就会采用该模式与下面图层中的图像混合，如图1-204所示。

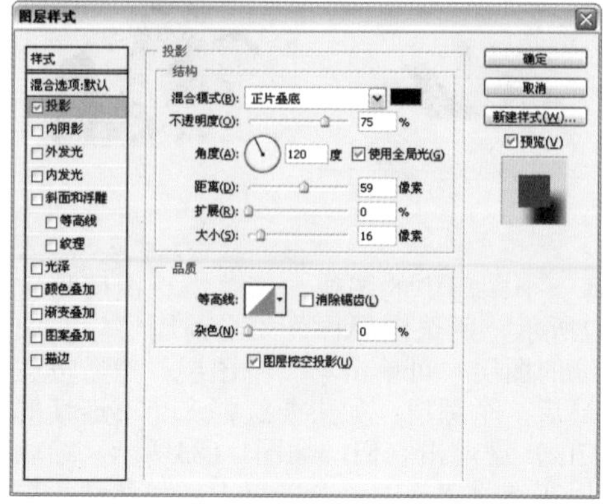
图1-200

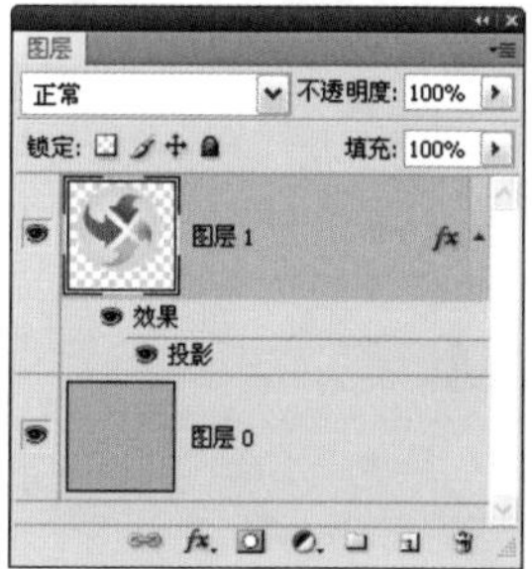
图1-201

图1-202

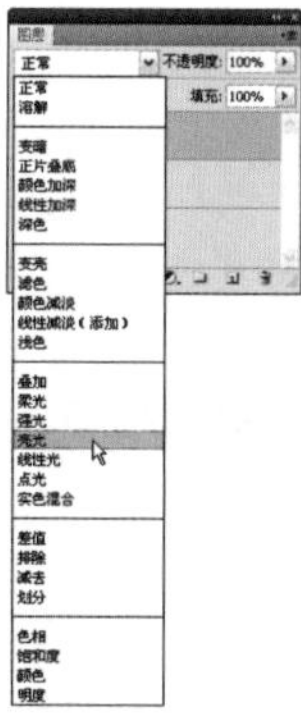
图1-203

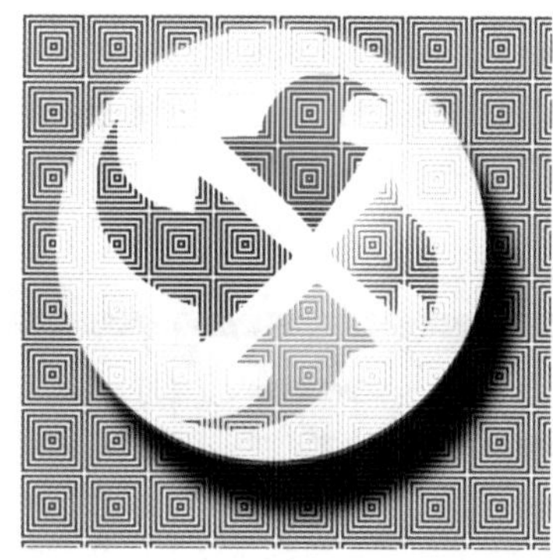
图1-204

12 将混合模式恢复为“正常”，再来看一下透明度的用途。在“不透明度”选项中调整“不透明度”值，可以使“图层1”中的图像呈现出透明效果，如图1-205、图1-206所示。

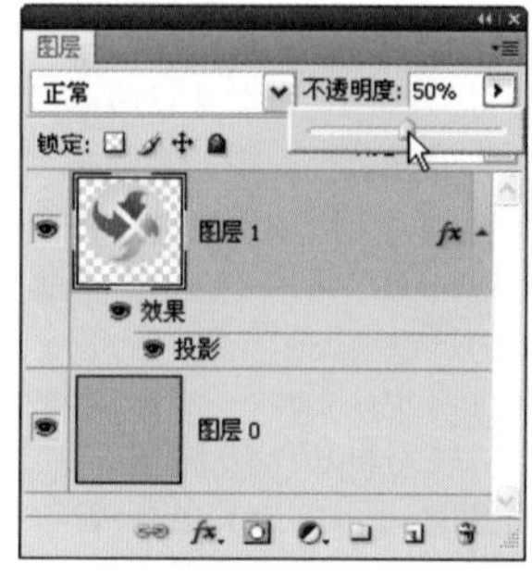
图1-205

图1-206

13 此外，“图层”面板中还有一个“填充”选项，它也用于控制图层的不透明度。填充不透明度不会影响图层样式，因此，降低一个图层的填充不透明度时，该图层所添加的图层样式的不透明度不会改变。例如，将不透明度恢复为100%，再将填充设置为50%，如图1-207、图1-208所示。可以看到，与前面调整不透明度相比，这一次图像内容同样呈现出透明效果，但添加的投影效果的透明度没有变化。

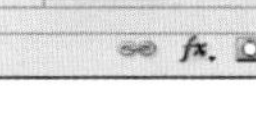

图1-207

图1-208

Photoshop 实例17 使用图层样式

 难度级别：★★ 

学习目标：图层样式也叫图层效果，它是用于创建质感和特效的功能，如可以创建真实的投影、发光和浮雕等。本实例学习怎样使用图层样式为图层添加立体和描边效果。

技术要点：了解怎样将一个图像拖入到另一个图像中，以及图层样式的复制方法。

素材位置：素材/第1章/实例17-1~实例17-3

实例效果位置：实例效果/第1章/实例17

01 按下〈Ctrl+O〉快捷键打开两个文件，如图1-209、图1-210所示。

图1-209

图1-210

02 使用魔棒工具在人物图像的白色背景上单击，选取背景，按下〈Shift+Ctrl+I〉快捷键反转选区，选中人物，如图1-211所示。选择移动工具，将光标放在选区内部，单击并按住鼠标按键将图像拖到到另一个文档的标题栏上，如图1-212所示，停留片刻切换到该文档，将光标移动到画面中，然后放开鼠标，即可将人物拖入该文档，如图1-213所示。

图1-211

图1-212

03 单击“图层”面板底部的添加图层样式按钮fx，在打开的下拉菜单中选择“投影”效果，如图1-214所示，打开“图层样式”对话框，设置投影参数，如图1-215所示。

图1-213

图1-214

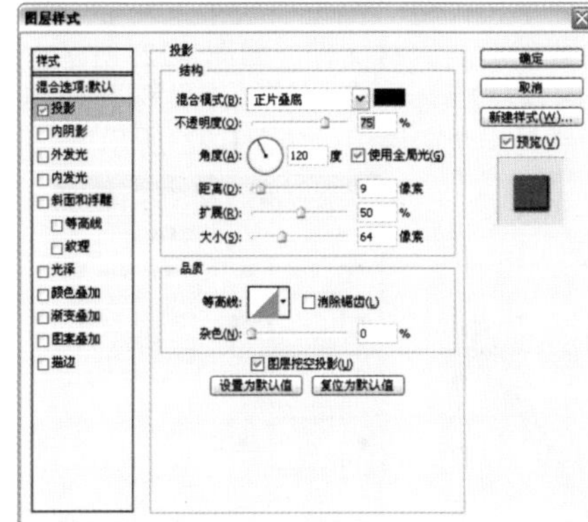

图1-215

STEP 04 “图层样式”对话框左侧列表中包含投影、内阴影、外发光等10种效果，效果名称前面的复选框内有“√”标记的，表示在图层中添加了该效果。单击“描边”效果，选中该效果，对话框的右侧会显示与之对应的选项，设置描边颜色为白色，其他参数如图1-216所示。单击“确定”按钮关闭对话框，如图1-217所示。

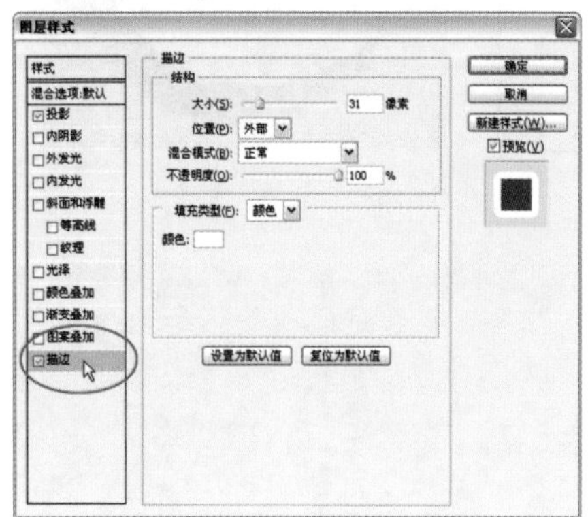

图1-216

STEP 05 在“图层”面板中，添加了效果的图层会出现一个效果列表，如图1-218所示。单击一个效果名称前的眼睛图标，可以隐藏该效果，如图1-219、图1-220所示。如果单击“效果”前的眼睛图标，则可隐藏添加到该图层中的所有效果。

图1-217

图1-218

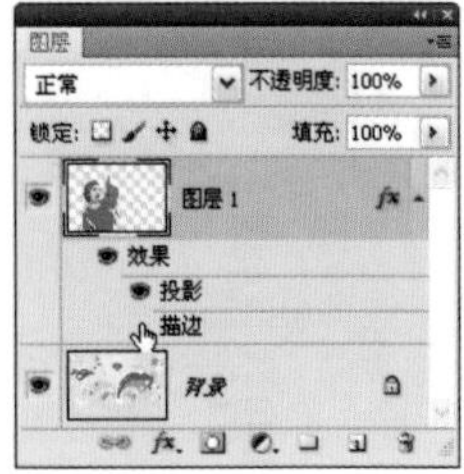

图1-219

图1-220

STEP 06 在原眼睛图标处单击，将“描边”效果重新显示出来。打开一个PSD格式的分层素材文件，如图1-221所示，选择“图层3”，如图1-222所示，使用移动工具将该图层中的人物图像拖动到另一个文档中，如图1-223所示。

图1-221

图层
正常
不透明度: 100%
锁定:
填充: 100%
图层 3
图层 2
图层 1

图1-222

图1-223

STEP 07 在“图层”面板中按住〈Alt〉键，将“图层1”的效果图标拖动到“图层2”上，为该图层复制与“图层1”相同的效果，如图1-224、图1-225所示。

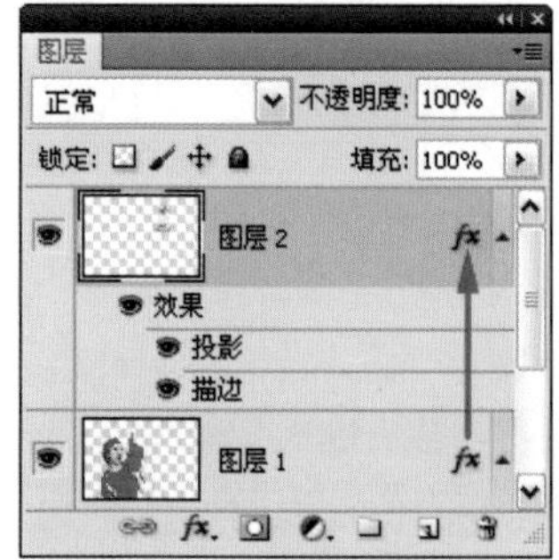

图1-224

图1-225

STEP 08 使用移动工具将PSD分层素材文件中的另外两个图层也拖入到人物文档。采用相同的方法为它们复制效果。如果觉得效果列表占用了太多“图层”面板空间，可单击效果图标右侧的按钮，将列表关闭，如图1-226、图1-227所示。

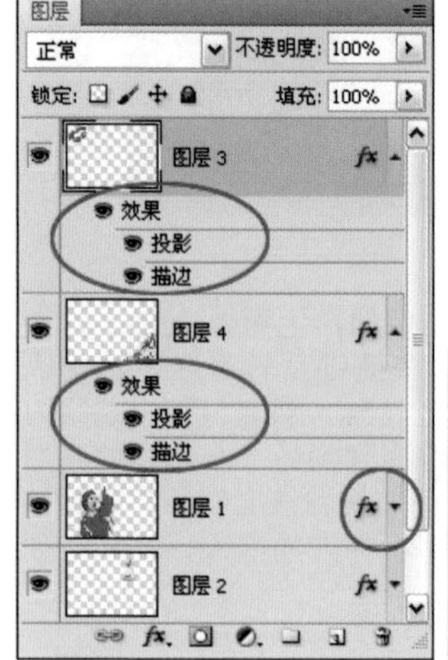

图1-226

图1-227

提示

双击一个添加了效果的图层，可以打开“图层样式”对话框修改效果的参数。此外，图层效果可以进行缩放，而不影响图像内容。操作方法是选择添加了效果的图层，执行“图层”→“图层样式”→“缩放效果”命令，打开“缩放图层效果”对话框进行设定。

使用图层蒙版

 难度级别：★★☆ 

学习目标：蒙版是用于遮盖图像的功能，但它不会删除图像，因此，这是一种非破坏性的工具。Photoshop中有3种类型的蒙版，即图层蒙版、剪贴蒙版和矢量蒙版。图层蒙版主要用于合成多个图层中的图像，或者限定调整图层、填充图层、滤镜的有效范围。本实例学习蒙版的创建和编辑方法。

技术要点：在图层蒙版中，黑色可以遮盖图像，灰色会使图像呈现出半透明效果，白色不会遮盖图像。

素材位置：素材/第1章/实例18-1、实例18-2

实例效果位置：实例效果/第1章/实例18

01 按下〈Ctrl+O〉快捷键打开两个文件，如图1-228、图1-229所示。

图1-228

图1-229

02 选择魔棒工具，在工具选项栏中设置容差为15，取消“对所有图层取样”选项的勾选，如图1-230所示，在蝴蝶图像的白色背景上单击，创建选区，如图1-231所示。

图1-230

03 按下〈Shift+Ctrl+I〉快捷键反选，选中蝴蝶，如图1-232所示，使用移动工具将它拖入人物文档中，生成“图层1”，效果如图1-233所示。

图1-231

图1-232

04 单击“图层”面板底部的添加图层蒙版按钮，为“图层1”添加蒙版，如图1-234所示。设置“图层1”的不透明度为50%，使图像变为半透明状态，以便参照下面的女孩来编辑图层蒙版，如图1-235、图1-236所示。

图1-233

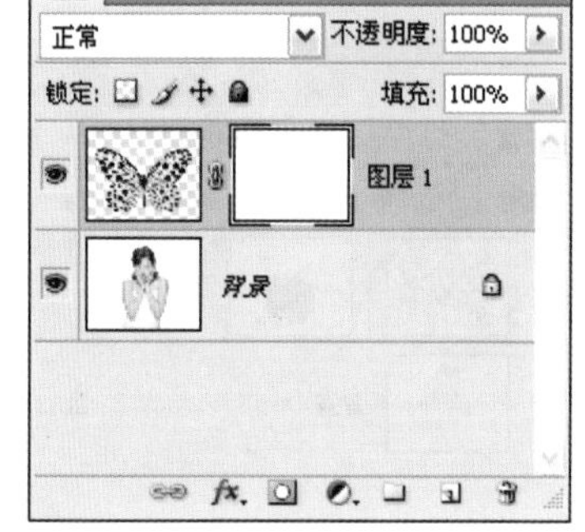

图1-234

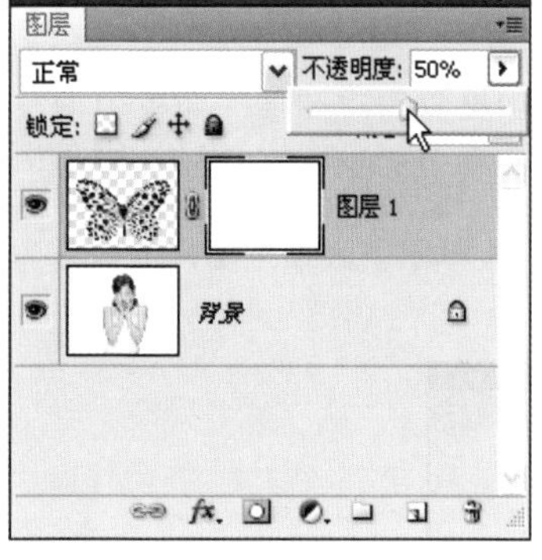

图1-235

图1-236

提示

为一个图层添加图层蒙版后，该图层便会出现两个缩览图，左侧的是图像缩览图，右侧的是蒙版缩览图。蒙版缩览图的外侧有一个边框，它表示蒙版处于编辑状态，此时在文档窗口所进行的操作将应用于蒙版。如果要编辑图像，应单击图像缩览图，将边框转移到图像缩览图上。

05 选择画笔工具，在工具选项栏中选择柔角笔尖，在女孩身上的蝴蝶处涂抹黑色，用蒙版遮盖蝴蝶，如图1-237、图1-238所示。如果涂抹到了身体以外的区域，可按下〈X〉键，将前景色切换为白色，用白色绘制可以重新显示图像。

图1-237　　图1-238

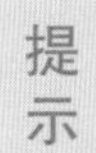

提示：编辑图层蒙版时，可以按下〈Ctrl〉+〈+〉和〈Ctrl〉+〈-〉快捷键放大和缩小文档窗口，以便更加清晰地观察蒙版效果。按下〈[〉和〈]〉键可调整画笔的直径。

06 将“图层1”的不透明度恢复为100%，如图1-239所示，合成后的图像效果如图1-240所示。

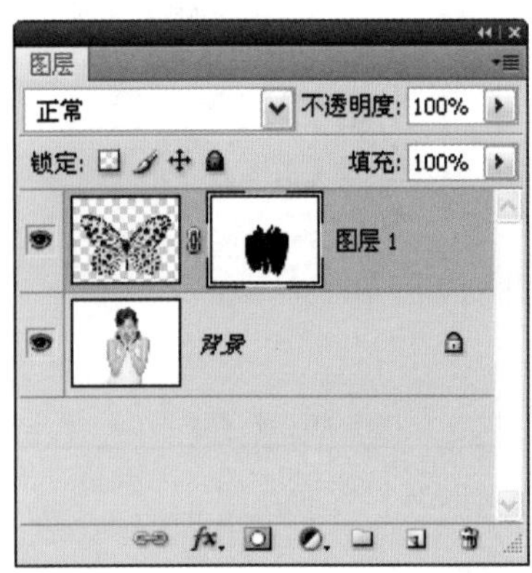

图1-239　　图1-240

07 在编辑图层蒙版时，如果觉得“图层”面板中的蒙版缩览图太小，无法观察蒙版细节，可按住〈Alt〉键单击蒙版缩览图，在文档窗口中显示蒙版图像，如图1-241、图1-242所示。按住〈Alt〉键再次单击蒙版缩览图，可恢复为显示图像内容。

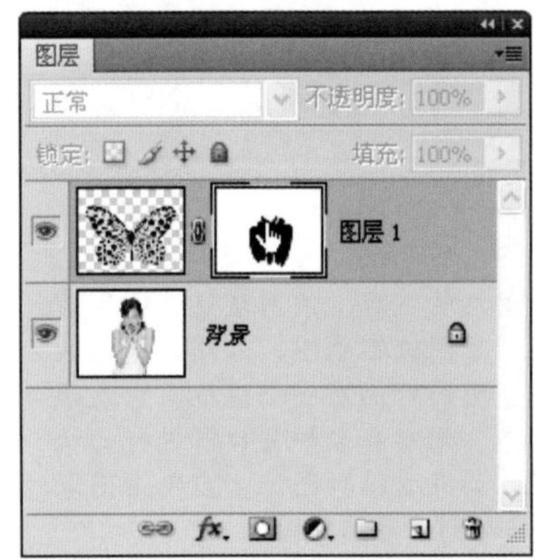

图1-241　　图1-242

08 按住〈Shift〉键单击蒙版缩览图，可以停用图层蒙版，蒙版上会出现一个红色的“×”，图像也会恢复到添加蒙版前的状态，如图1-243、图1-244所示。按住〈Shift〉键再次单击蒙版缩览图可重新启用蒙版。

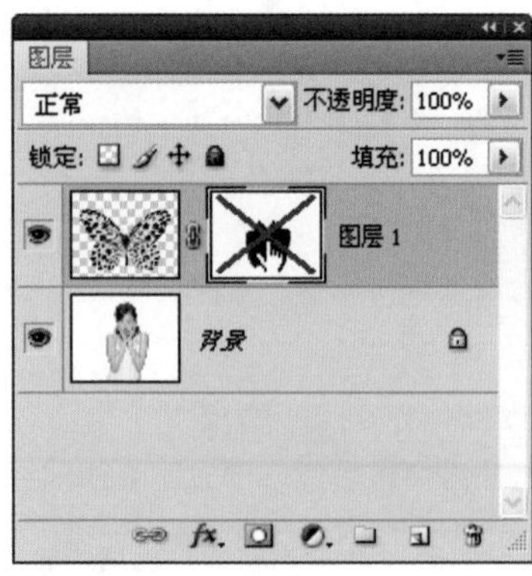

图1-243　　图1-244

09 在图层蒙版上右击，可以打开一个下拉菜单，如图1-245所示。选择“删除图层蒙版”命令，可删除蒙版，如图1-246所示；选择“应用图层蒙版”命令，则会同时删除蒙版以及被蒙版遮盖的图像，如图1-247所示。

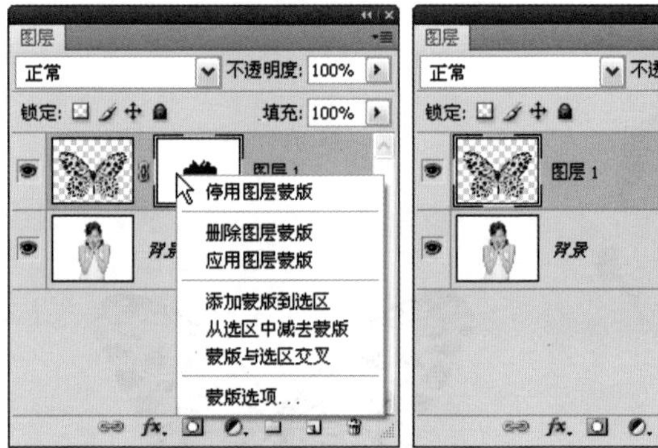

图1-245　　图1-246

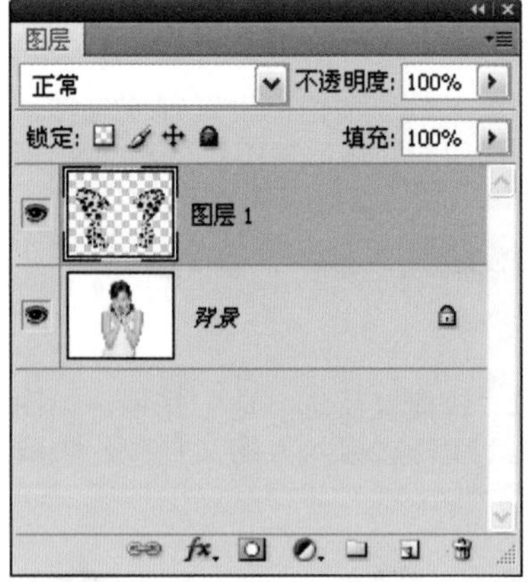

图1-247

提示：创建蒙版后，图层与蒙版处于链接状态，它们的缩览图中间有一个链接图标，当移动或者对它们中的任意一个进行变换时，图层与蒙版会同时应用变换。如果要单独对图层或者蒙版应用变换，可先单击链接图标，取消它们的链接，再进行操作。如果要重新建立链接，可在原链接图标处单击。

使用剪贴蒙版

 难度级别：★★ 

学习目标：剪贴蒙版可以使用一个图层中的图像内容来限定它上方多个图层的显示范围。在剪贴蒙版组中，底部图层的透明区域会遮盖它上面图层的图像内容，不透明像素则显示它上方图层的内容。本实例学习剪贴蒙版的创建和释放方法。

技术要点：基底图层可以控制内容图层的显示范围、不透明度和混合模式。

素材位置：素材/第1章/实例19-1、实例19-2

实例效果位置：实例效果/第1章/实例19

01 按下〈Ctrl+O〉快捷键打开一个文件，如图1-248所示。单击"图层"面板中的按钮，新建一个图层，如图1-249所示。

图1-248

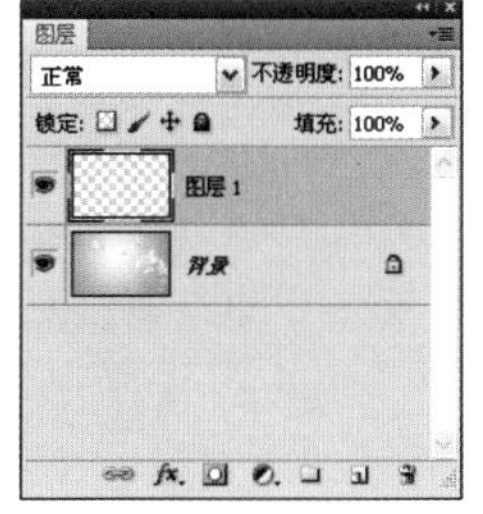

图1-249

02 选择画笔工具，在工具选项栏的画笔下拉面板中选择一个笔尖，设置大小为300px，如图1-250所示，在画面中绘制出一个心形，图1-251所示。

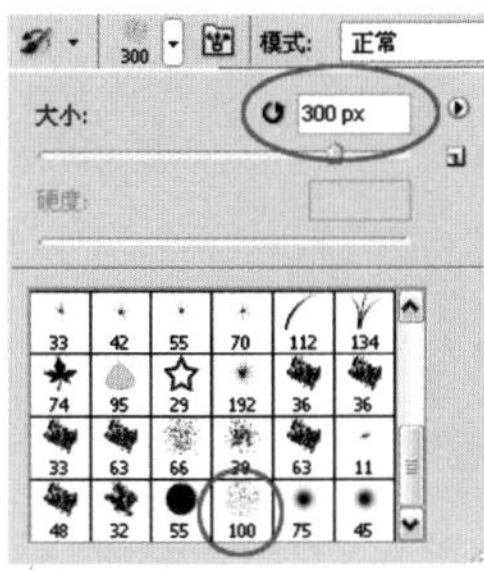

图1-250

图1-251

03 打开一个文件，如图1-252所示。使用移动工具将它拖入到心形文档中，如图1-253所示。

图1-252

图1-253

04 按住〈Alt〉键，将光标放在儿童图层与心形图层的分隔线上，光标会变成两个交叠的圆，如图1-254所示，单击鼠标创建剪贴蒙版，将儿童图像的显示范围限定在心形区域内，如图1-255、图1-256所示。

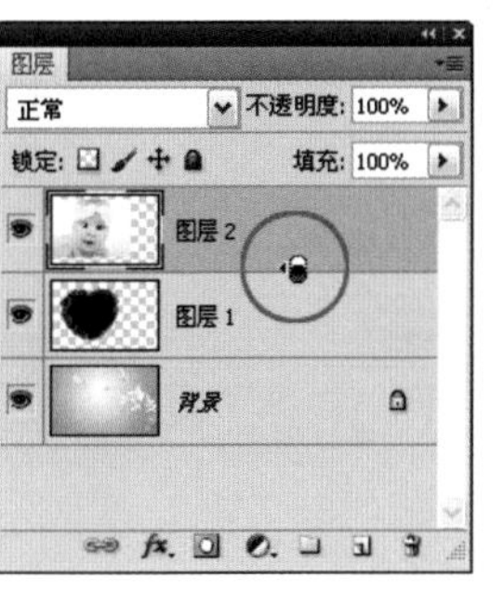

图1-254

图1-255

图1-256

05 双击"图层1"，打开"图层样式"对话框，选择左侧列表中的"外发光"选项，为心形添加外发光效果，如图1-257~图1-259所示。

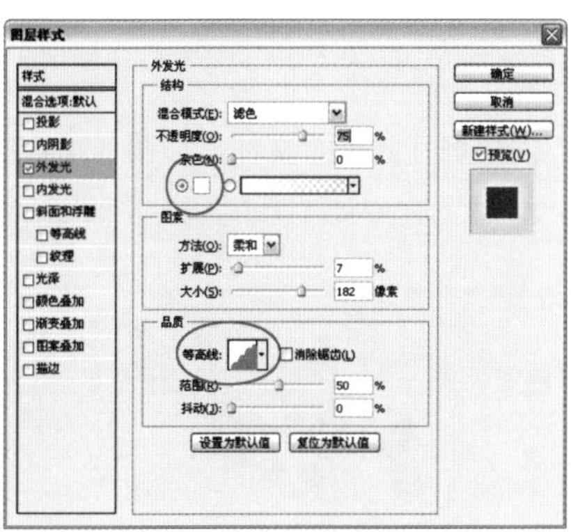

图1-257

第1章 基础操作实例

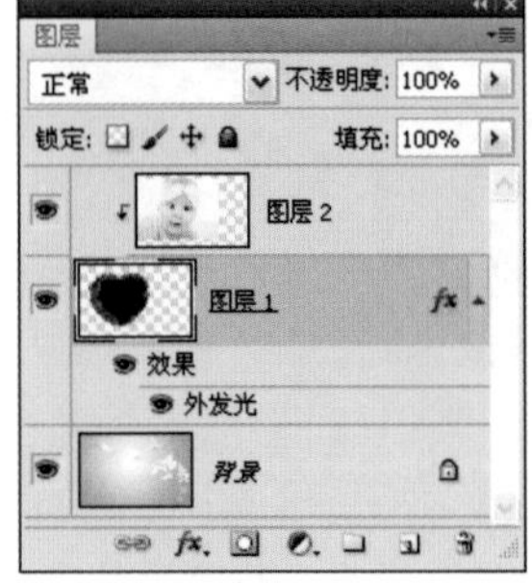

图1-258　　图1-259

06 在剪贴蒙版组中，最下面的图层为基底图层，它的名称带有下划线，上面的图层为内容图层，它的缩览图是缩进的，并显示一个剪贴蒙版图标。移动基底图层可以改变内容图层的显示区域，如图1-260、图1-261所示。此外，修改基底图层的不透明度时，也可以使内容图层呈现相同的透明效果，而且，修改基底图层的混合模式也会影响到内容图层。

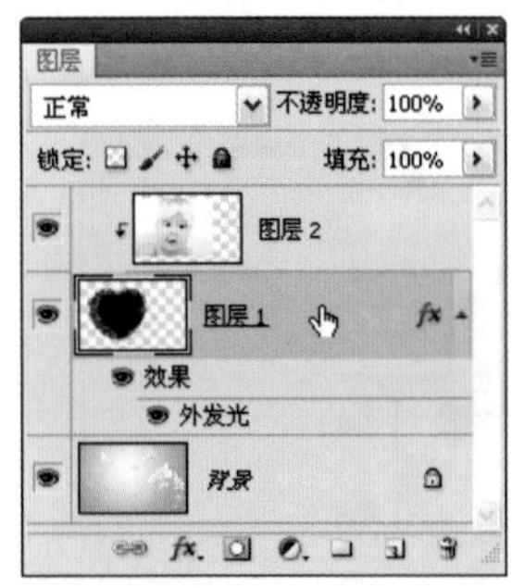

图1-260　　图1-261

07 剪贴蒙版可以用于多个图层，但这些图层必须是上下相邻的。如果要释放剪贴蒙版中的一个图层，可以按住〈Alt〉键，将光标放在剪贴蒙版组中两个图层间的分隔线上，光标会变成两个交叠的圆，如图1-262所示，单击鼠标即可释放蒙版，如图1-263所示。这和创建剪贴蒙版时的方法是一样的。

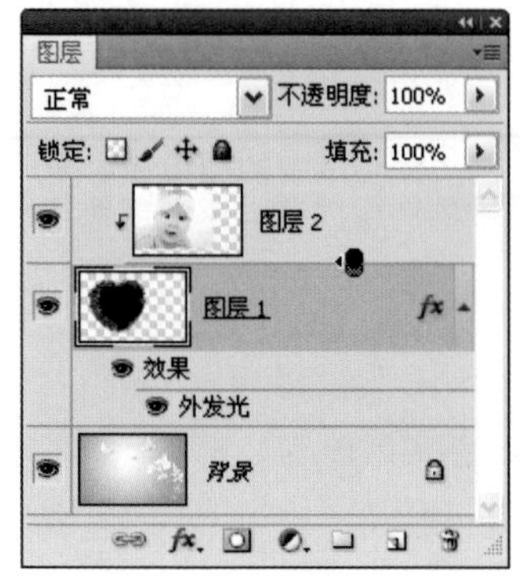

图1-262　　图1-263

提示

选择一个或多个图层，执行"图层"→"创建剪贴蒙版"命令，或按下〈Alt+Ctrl+G〉快捷键，可以将它们与下面的图层创建为剪贴蒙版组。创建剪贴蒙版后，将一个图层拖动到剪贴蒙版组中，可将其加入到剪贴蒙版组中。将内容图层移出剪贴蒙版组，则可以释放该图层。

Photoshop 实例20

使用矢量蒙版

难度级别：★★

学习目标：矢量蒙版是基于矢量对象生成的蒙版，它的特点是可通过路径和矢量形状来控制图像的显示区域。此外，矢量蒙版与分辨率无关，在进行缩放、旋转、扭曲等操作时不会产生锯齿。本实例学习矢量蒙版的创建与编辑方法。

技术要点：基于现有的路径创建矢量蒙版，将路径以外的图像隐藏。

素材位置：素材/第1章/实例20-1、实例20-2

实例效果位置：实例效果/第1章/实例20

01 按下〈Ctrl+O〉快捷键打开两个文件，如图1-264、图1-265所示。

图1-264　　图1-265

02 使用移动工具将蝴蝶图像拖动到另一个文档中。单击"路径"面板中的路径层，在画面中显示路径图形，如图1-266、图1-267所示。

03 执行"图层"→"矢量蒙版"→"当前路径"命令，使用该路径创建矢量蒙版，将路径图形以外的图像隐藏，如图1-268、图1-269所示。

04 双击"图层1"，打开"图层样式"对话框，添加"投影"和"描边"效果，如图1-270~图1-272所示。

05 下面再向矢量蒙版中添加一些图形。首先观察一下矢量蒙版，它周围有一个白色的矩形框，如图1-273所示，这

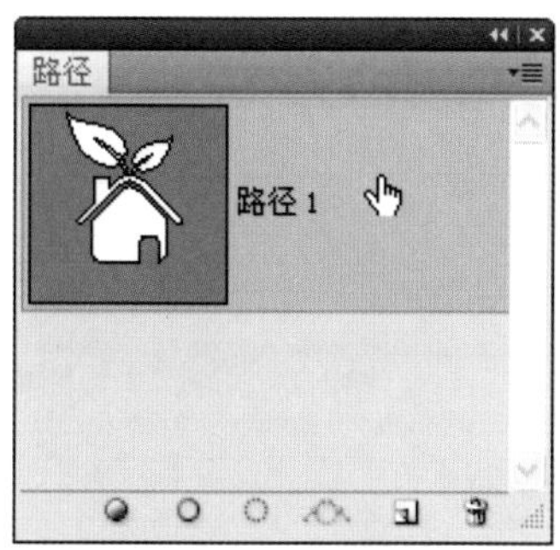

图1-266

图1-267

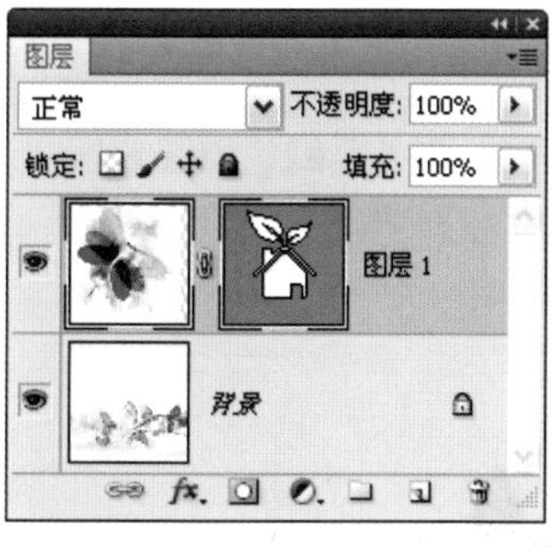

图1-268

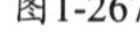

图1-269

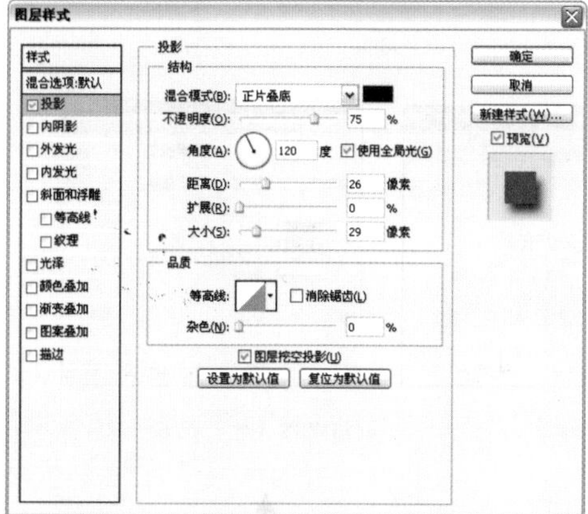

图1-270

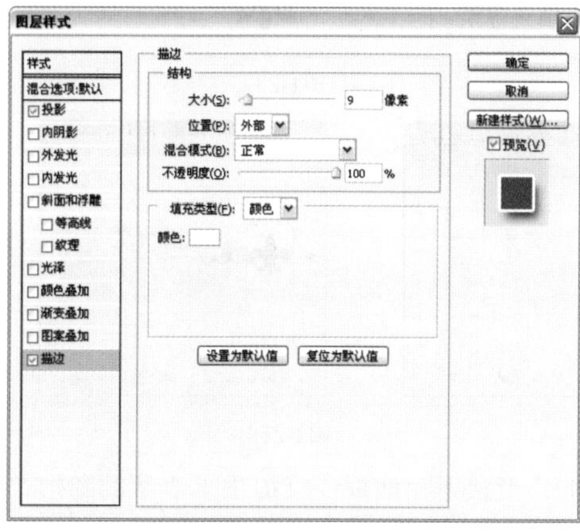

图1-271

表示蒙版处于当前编辑状态。如果没有矩形框，则在蒙版上单击一下。选择自定形状工具，在工具选项栏中按下路径按钮，再单击按钮，打开形状下拉面板，选择心形图形，如图1-274所示。

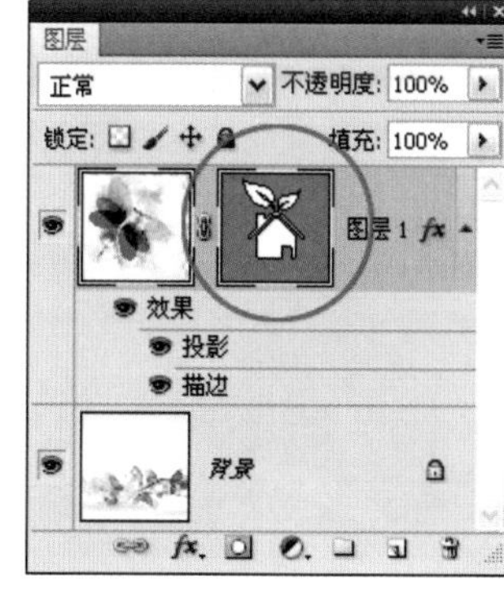

图1-272

图1-273

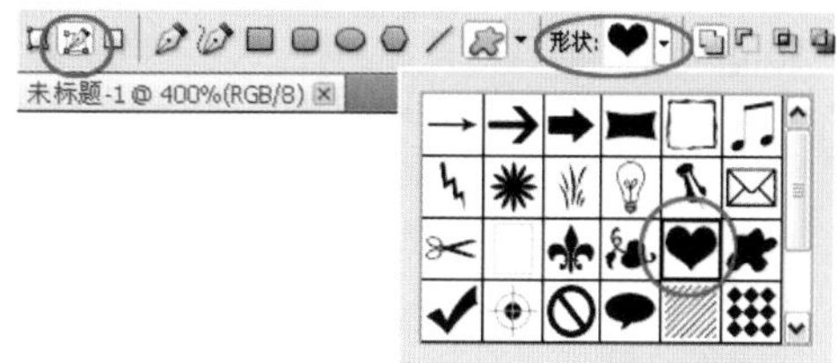

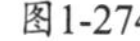

图1-274

06 在小房子周围单击并拖动鼠标绘制图形，即可将其添加到矢量蒙版中，如图1-275、图1-276所示。

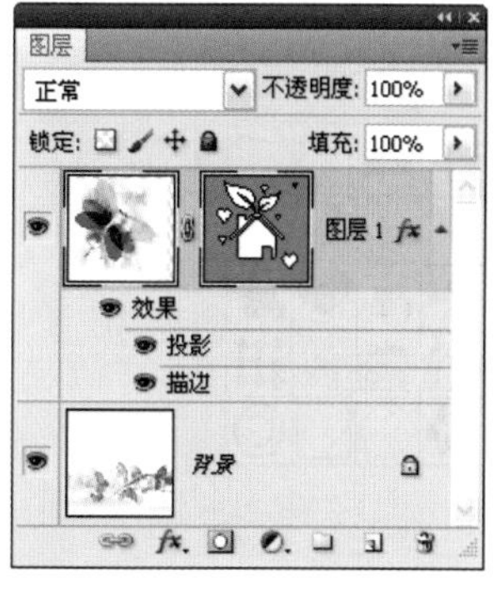

图1-275

图1-276

07 如果要删除矢量蒙版，可在蒙版上右击，选择快捷菜单中的“删除矢量蒙版”命令，如图1-277所示。如果选择“停用矢量蒙版”命令，可暂时停用矢量蒙版，蒙版缩览图上会出现一个红色的“×”，如果要重新启用蒙版，可按住〈Shift〉键单击蒙版缩览图。如果选择“栅格化矢量蒙版”命令，则可将矢量蒙版转换为图层蒙版，如图1-278所示。

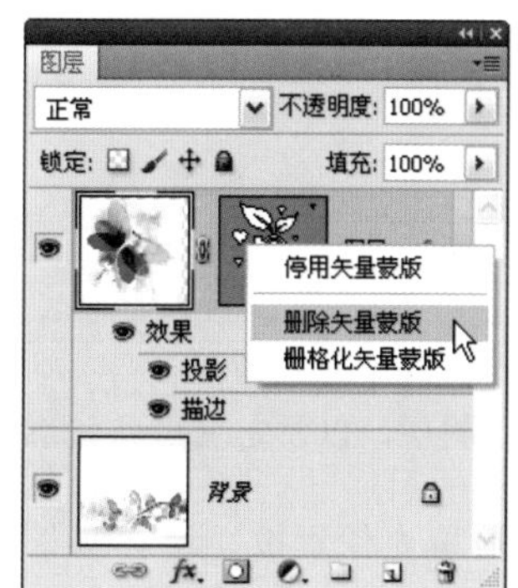

图1-277

图1-278

提示 执行"图层"→"矢量蒙版"→"显示全部"命令，可以创建一个白色的矢量蒙版，它不会遮盖图像，用户需要使用自定形状工具在蒙版中添加矢量图形才能遮盖图像。

绘制矢量图形

难度级别：★★

学习目标：Photoshop是典型的位图软件，但它也包含一些矢量工具，如矩形工具、圆角矩形工具、椭圆工具、多边形工具、自定形状工具等，它们可以绘制矢量图形。矢量图形的特点是可以任意放大和缩小，而始终保持清晰，不会出现锯齿。下面介绍怎样绘制矢量图形。

技术要点：了解路径、形状图层和图像的绘制方法。

01 按下〈Ctrl+N〉快捷键打开"新建"对话框，创建一个10厘米×10厘米，300像素/英寸的RGB模式文档。

02 选择自定形状工具，在工具选项栏中按下路径按钮，单击工具选项栏中的按钮，打开形状下拉面板，选择如图1-279所示的图形。

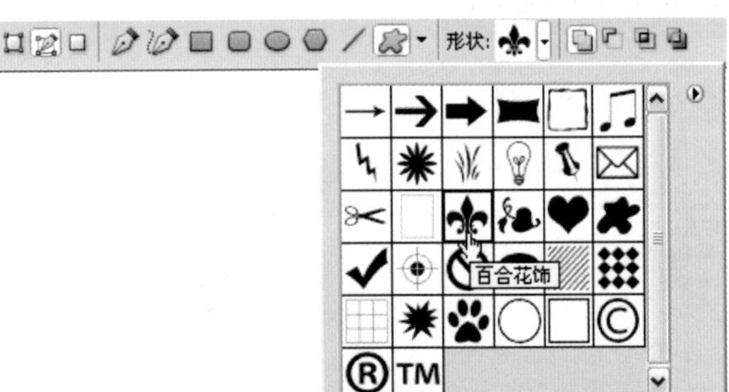

图1-279

03 按住〈Shift〉键（可以锁定图形的比例）在画面中单击并拖动鼠标绘制图形，如图1-280所示，同时，"路径"面板中会生成一个工作路径层，如图1-281所示。

图1-280

图1-281

04 如果按下工具选项栏中的形状图层按钮，如图1-282所示，再绘制图形，则可以创建形状图层，它包含使用前景色或所选样式填充的填充图层，以及定义形状轮廓的矢量蒙版，如图1-283～图1-285所示。

05 如果按下工具选项栏中的填充像素按钮，如图1-286所示，则可在当前选择的图层中创建栅格化的图形，而非矢量图形，如图1-287~图1-289所示。

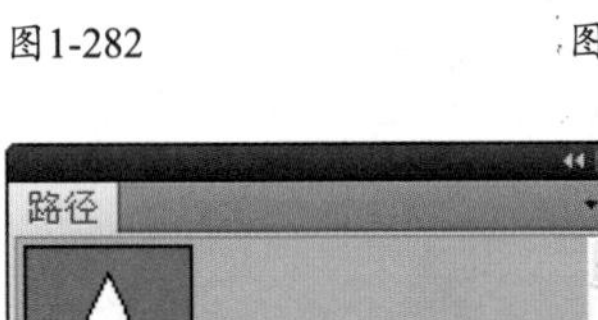

图1-282

图1-283

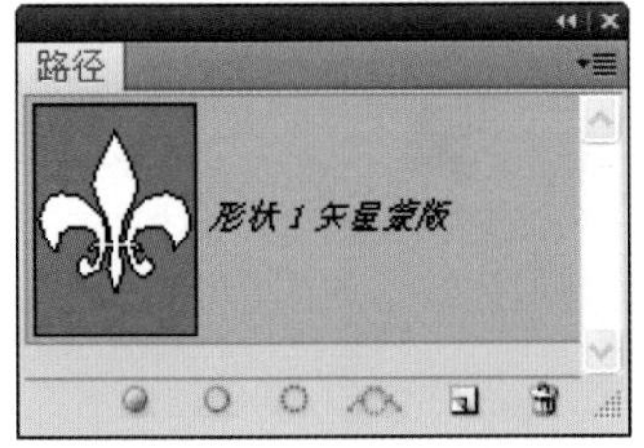

图1-284

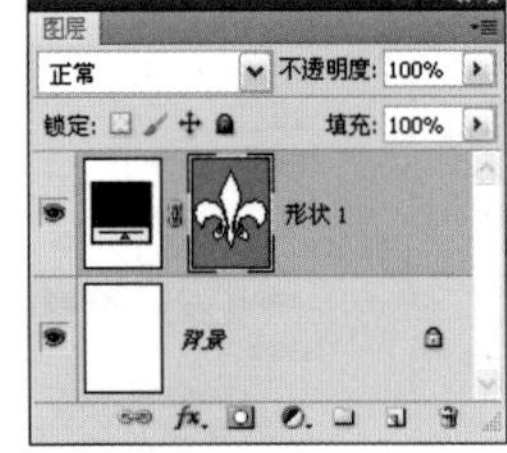

图1-285

图1-286

图1-287

图1-288

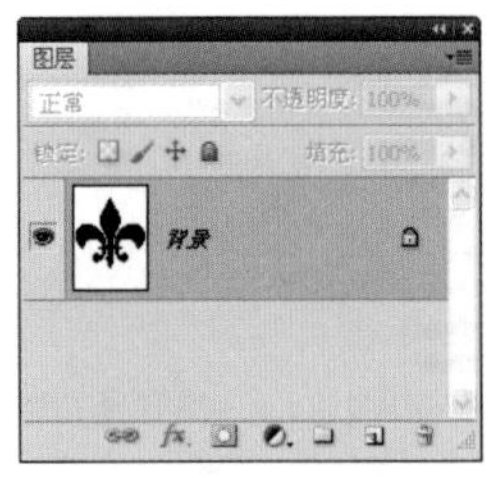

图1-289

06 默认情况下，形状下拉面板中只提供了少量的图形。单击面板右上角的按钮，打开面板菜单，可以看到预设的形状库，选择一个就可以将其加载到面板中，如图1-290所示。此外，本书光盘中还附赠了一些形状库。选择面板菜单中的"载入形状"命令，打开"载入"对话框，选择一个形状库，如图1-291所示，单击"载入"按钮将其载入，如图1-292所示。

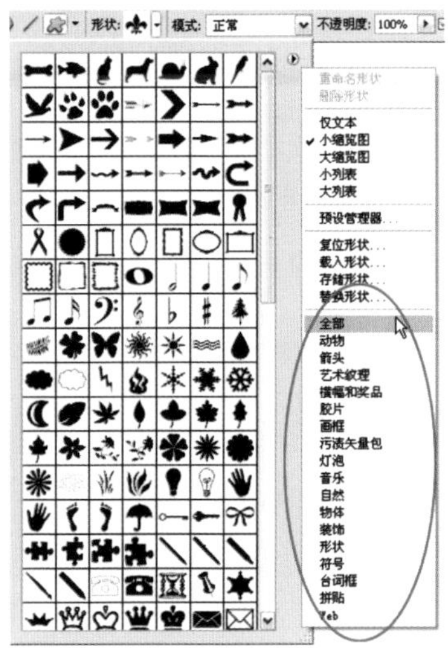

图1-290

图1-291

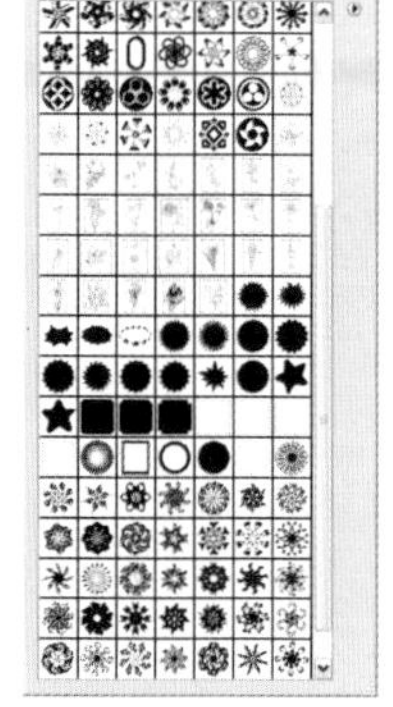

图1-292

提示 如果要将形状下拉面板中的形状恢复为默认的图形，可执行面板菜单中的“复位形状”命令。

Photoshop 实例22 使用钢笔工具

 难度级别：★★★★ 

学习目标：钢笔工具是一种矢量工具。它有两个用途，一是可以绘制出复杂的矢量图形；第二种用途是用来抠图，即通过描摹对象的轮廓，再将轮廓转换为选区，从而选取对象。本实例学习钢笔工具的使用方法。

技术要点：锚点的转换方法，曲线的绘制和编辑方法。

在学习使用钢笔工具之前，需要先了解矢量图形的概念。

矢量图形由路径和锚点构成。路径由一个或多个直线段或曲线段组成，锚点用于连接路径段。曲线路径段的锚点有方向线，方向线以方向点结束，如图1-293所示，拖动方向点可以调整曲线的形状，如图1-294所示。

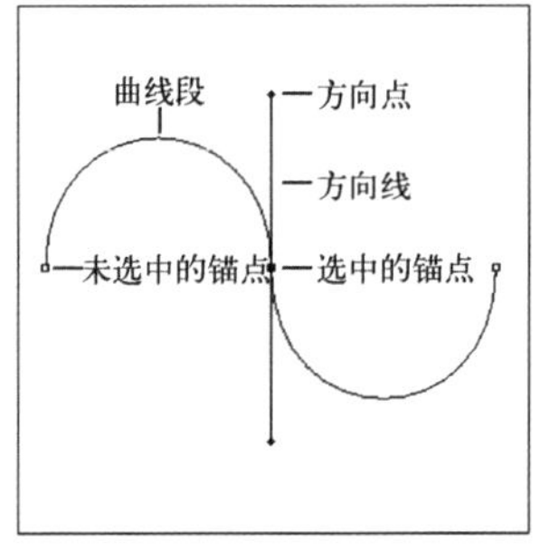

图1-293

图1-294

路径可以是没有起点和终点的闭合式路径，如圆形，如图1-295所示，也可以开放式路径，如波浪线，如图1-296所示。此外，它也可以包含多个彼此完全不同而且相互独立的路径组件，例如，如图1-297、图1-298所示为选择的不同的路径组件。

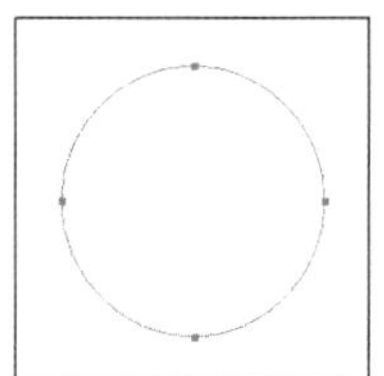

图1-295

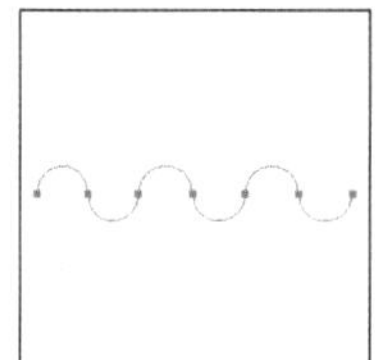

图1-296

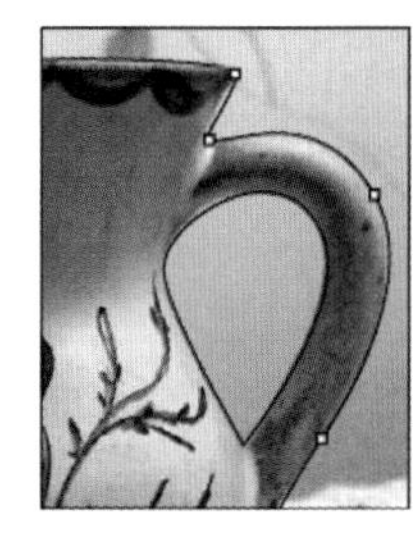

图1-297

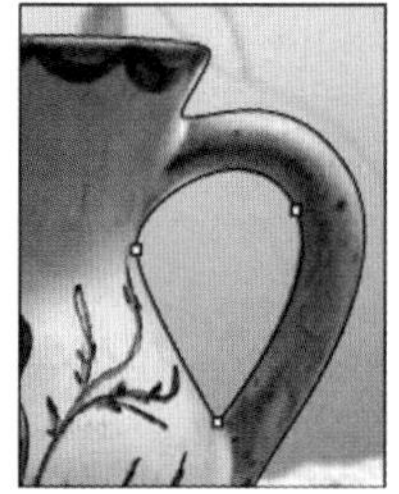

图1-298

下面来学习怎样使用钢笔工具绘制路径。

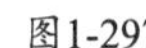 01 按下〈Ctrl+N〉快捷键打开“新建”对话框，创建一个10厘米×10厘米，300像素/英寸的RGB模式文档。选择钢笔工具，在工具选项栏中按下路径按钮。

02 如果要绘制直线，可在画面中单击鼠标定义第一个锚

点（不要拖动鼠标），如图1-299所示，在其他位置单击创建第二个锚点，它们之间会形成一条直线段，如图1-300所示。如果按住〈Shift〉键单击，可以将直线的角度限制为45°的倍数。继续在其他位置单击，可创建由角点连接的直线，如图1-301所示。

图1-299

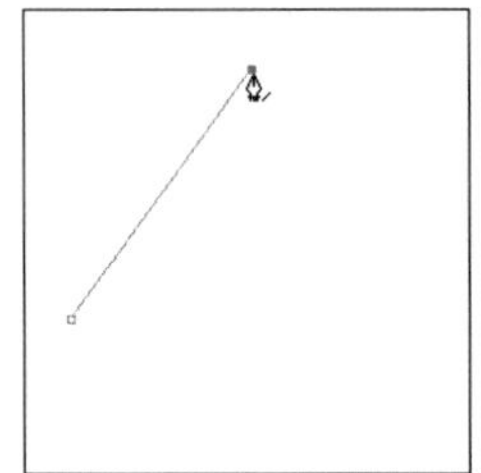

图1-300

提示　如果要闭合路径，可将钢笔工具定位在第一个锚点上，当光标变为状时，单击可闭合路径。如果要保持路径开放，可按住〈Ctrl〉键在远离对象处单击。

03 如果要绘制曲线，可在画面中单击并拖动鼠标创建一个锚点，如图1-302所示，然后在其他位置单击并拖动鼠标，即可生成平滑的曲线。如果向前一条方向线的相反方向拖动鼠标，可创建“C”形曲线，如图1-303所示；如果按照与前一条方向线相同的方向拖动鼠标，可创建“S”形曲线，如图1-304所示。此外，拖动鼠标同时还可以调整曲线的斜度。

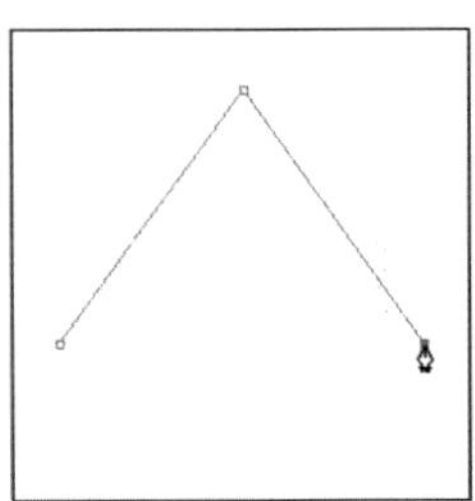

图1-301

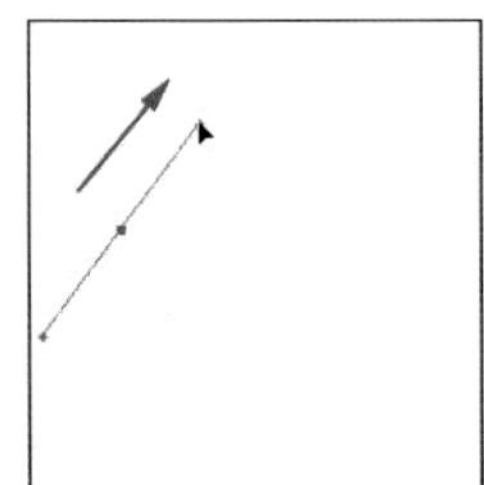

图1-302

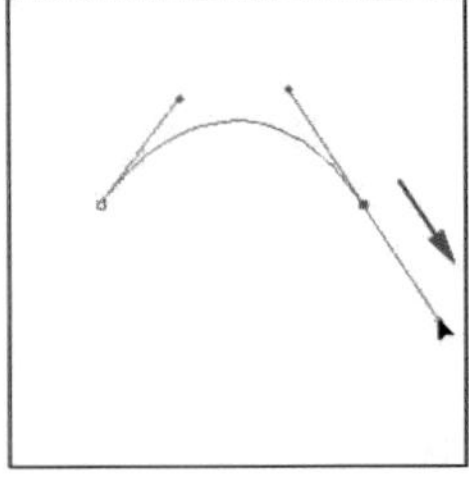

图1-303

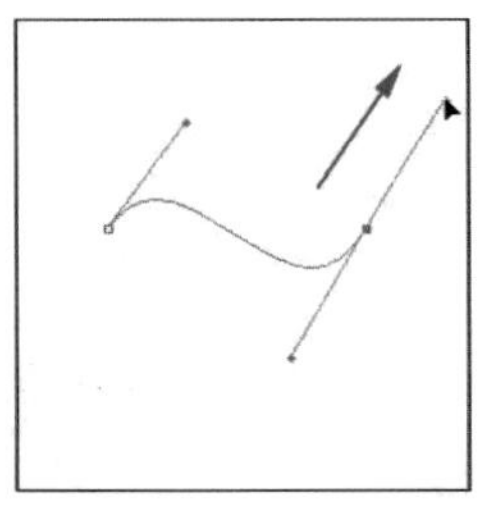

图1-304

04 如果使用钢笔工具绘制了一段直线，如图1-305所示，想要在它后面绘制曲线，可将钢笔工具定位在最后一个锚点上，按住〈Alt〉键，光标变为状，如图1-306所示，单击并拖动鼠标拖出一条方向线，如图1-307所示；将钢笔工具定位在下一个锚点的位置，单击并拖动鼠标，即可在直线后面绘制曲线，如图1-308所示。

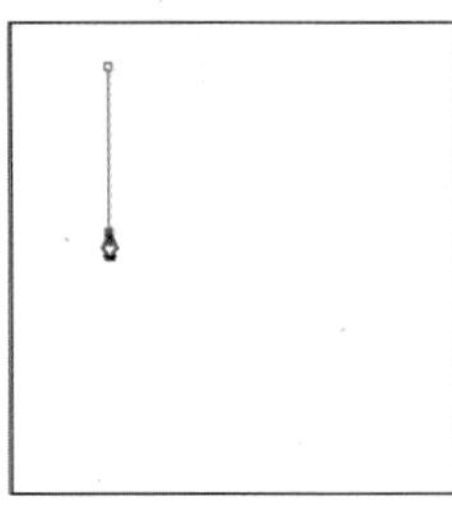

图1-305

05 如果使用工具绘制了一段曲线，如图1-309所示，想要在它后面绘制直线，可将钢笔工具定位在最后一个锚点上，按住〈Alt〉键，光标变为状，如图1-310所示，单击鼠标，将该平滑点转换为角点，如图1-311所示；再将钢笔工具移至其他位置单击（不要拖动鼠标），即可在曲线后面绘制直线，如图1-312所示。

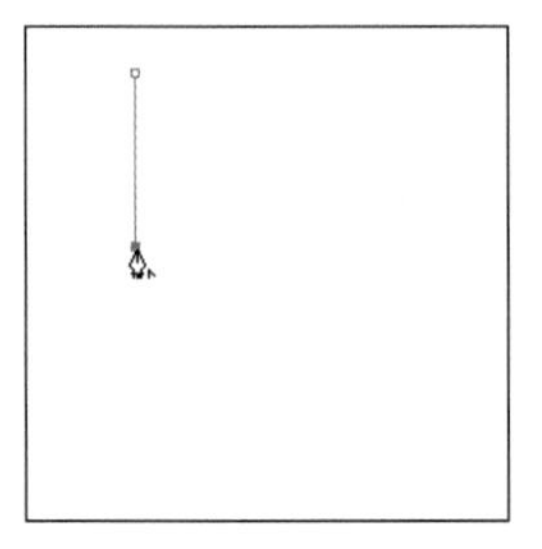

图1-306

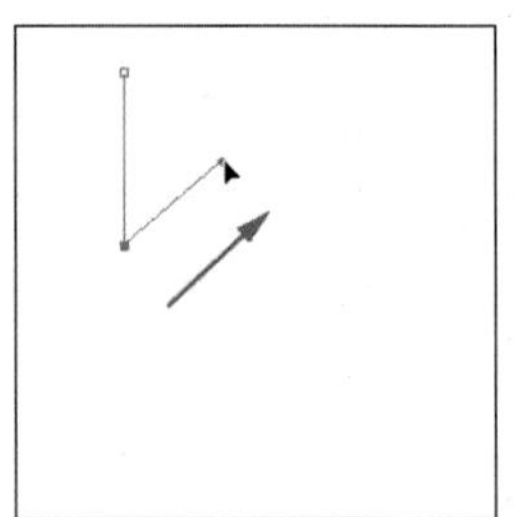

图1-307

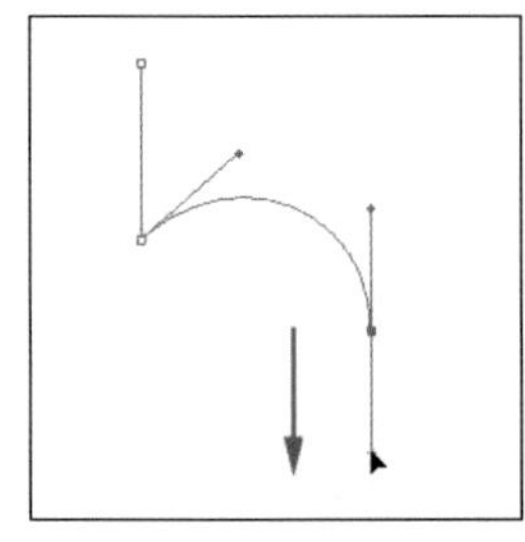

图1-308

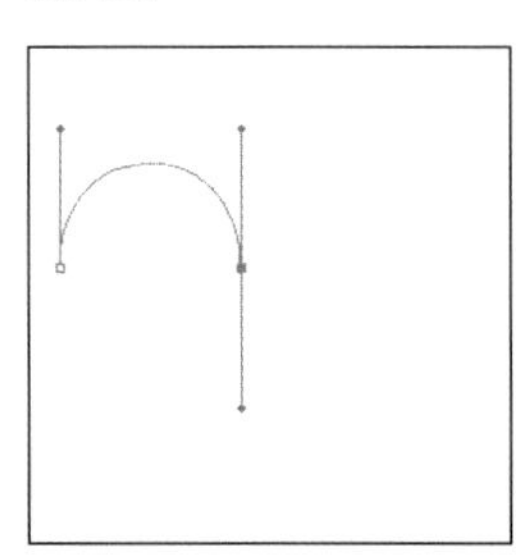

图1-309

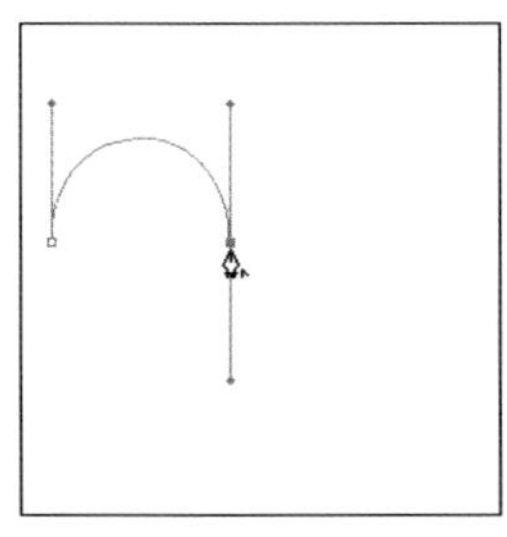

图1-310

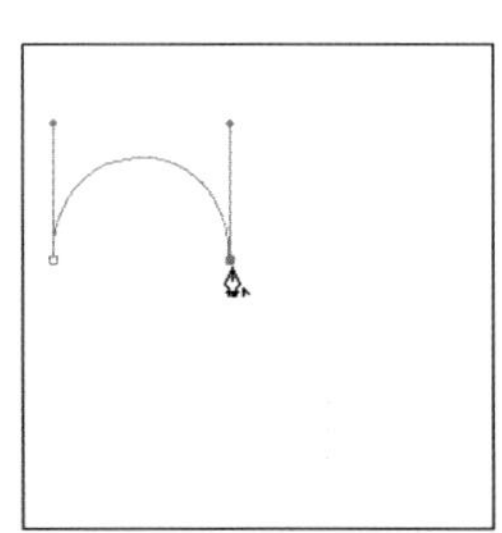

图1-311

06 使用钢笔工具或者其他矢量工具创建路径以后，如果要修改路径的形状，可以用直接选择工具在路径上单击，显示出锚点，如图1-313所示；单击一个锚点可以选择该锚点，选中的锚点显示为实心方形，如图1-314所示；如果要选择多个锚点，可按住〈Shift〉键单击它们。选择锚点后，拖动鼠标可以移动锚点，移动锚点会改变路径的形状，如图1-315所示。

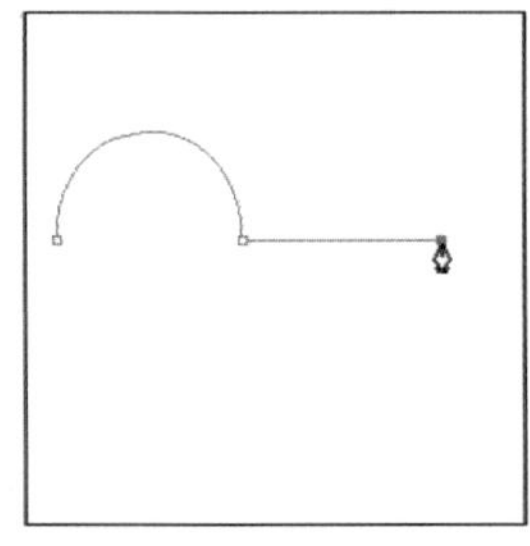

图1-312

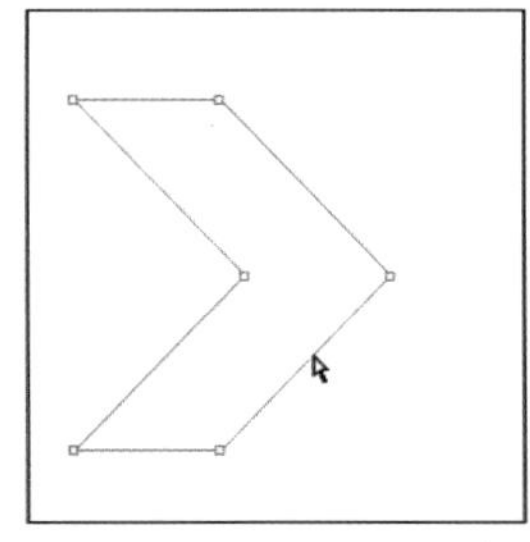

图1-313

07 直线路径由角点连接而成，曲线路径则是由平滑点连接而成的。如果要将曲线转换为直线，或者将直线转换为曲线，可以使用转换点工具来转换锚点的类型。例如，要将角点转换成平滑点，可单击角点并向外拖动鼠标，如图1-316、图1-317所示。要将平滑点转换成角点，可单击该点，如图1-318、图1-319所示。

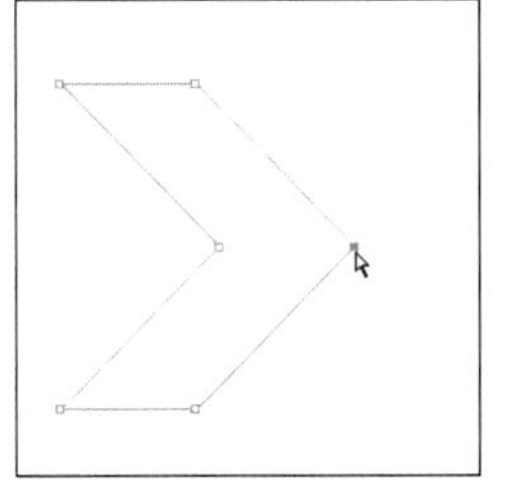
图1-314

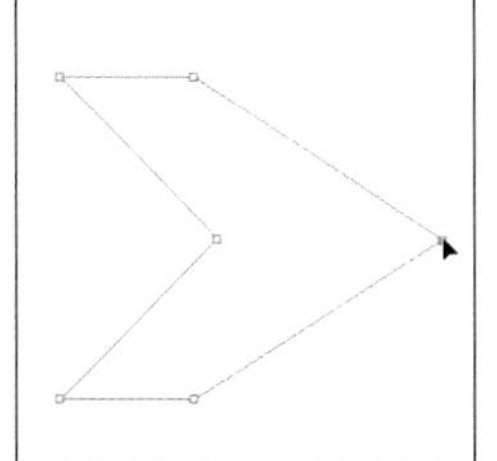
图1-315

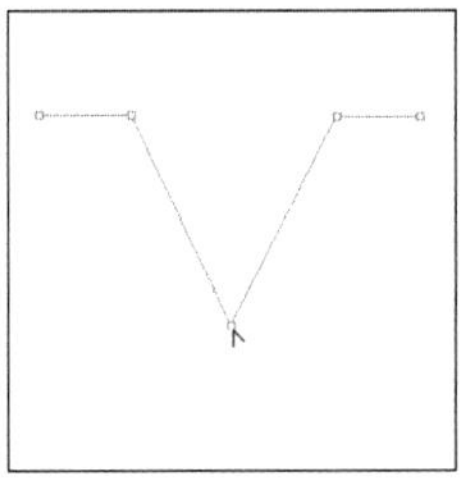

图1-316

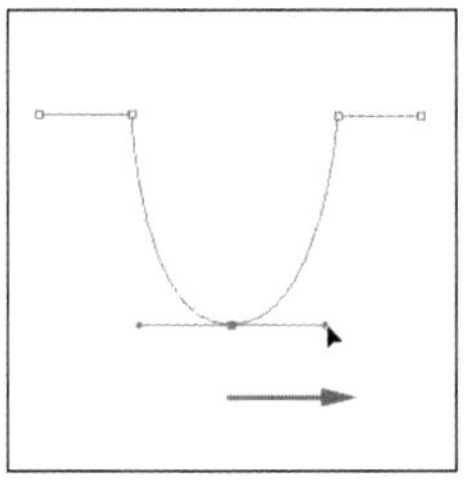

图1-317

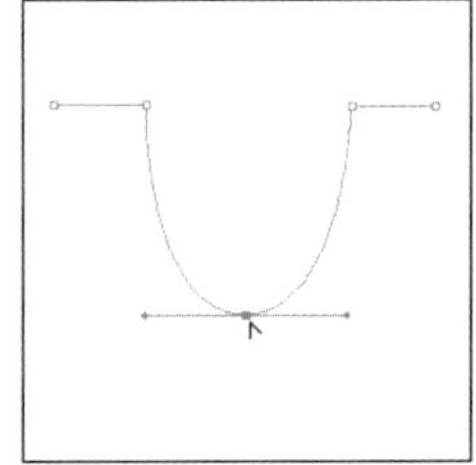
图1-318

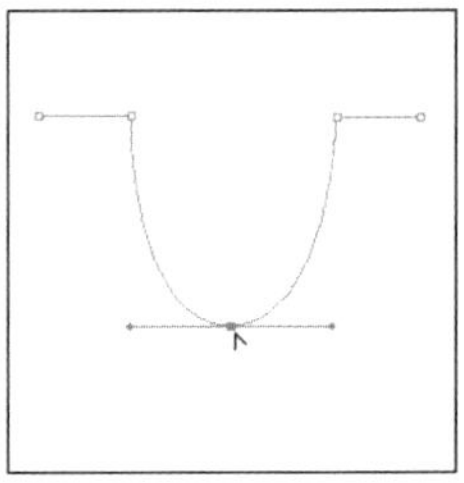

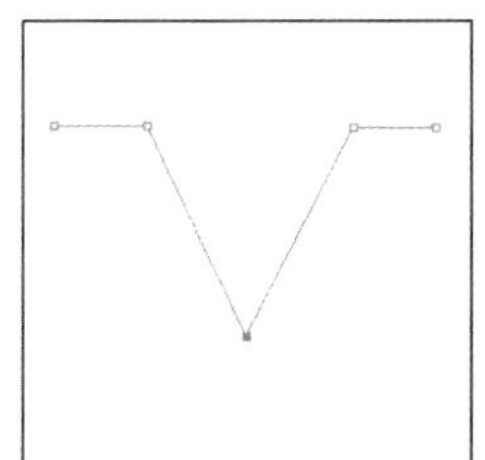
图1-319

08 如果要将没有方向线的角点转换为具有独立方向线的角点，可先从方向点拖动出角点（使其成为具有方向线的平滑点），如图1-320所示，放开鼠标按键，再拖动其中的一个方向点即可，如图1-321所示。如果要将平滑点转换成具有独立方向线的角点，可拖动任一方向点，如图1-322、图1-323所示。

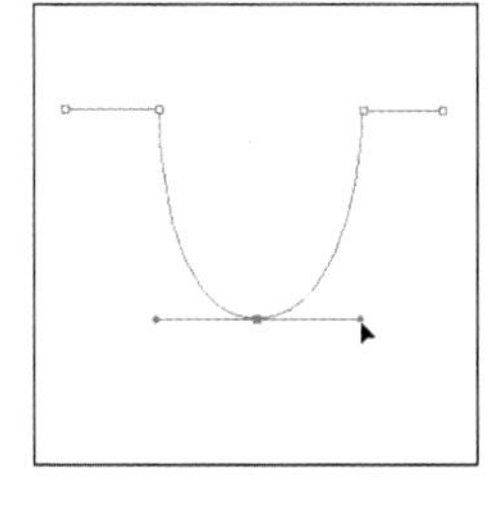
图1-320

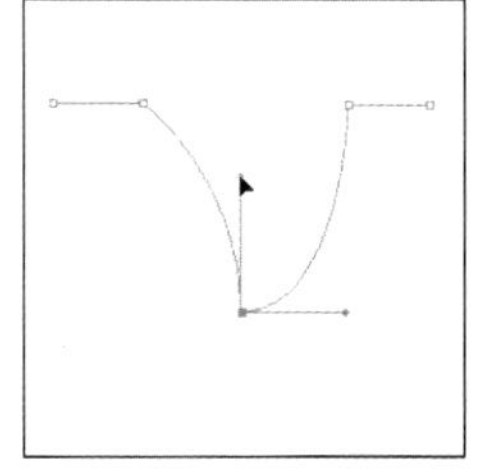
图1-321

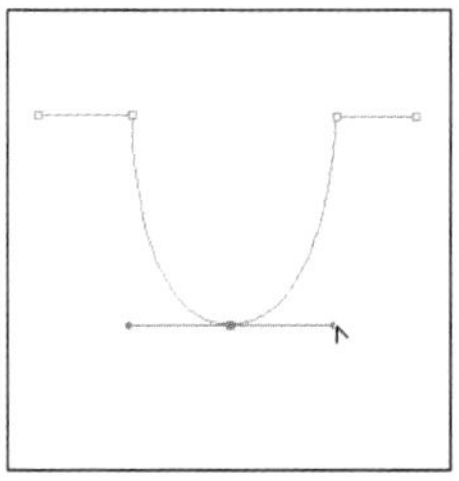

图1-322

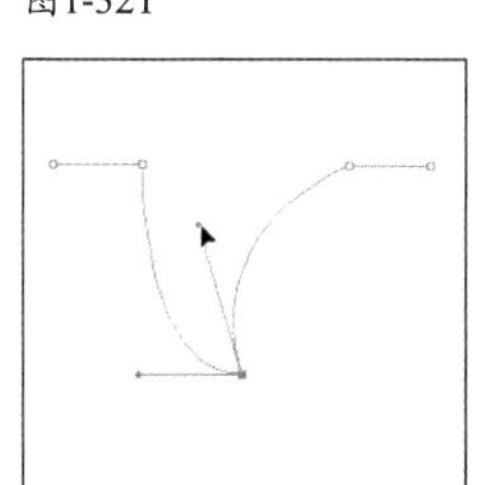
图1-323

提示

使用添加锚点工具在路径上单击，可以添加一个锚点；使用删除锚点工具单击锚点，可以删除该锚点。如果在钢笔工具的工具选项栏中选择了“自动添加/删除”选项，则使用钢笔工具在路径上单击，可以添加一个锚点；在锚点上单击，可删除锚点。

Photoshop 实例23 使用文字工具

 难度级别：★★ 

学习目标：Photoshop 中的文字是由数学方式定义的形状构成的，在将其栅格化以前，可保留基于矢量的文字轮廓，因此，任意缩放或调整大小都不会产生锯齿，而且，文字内容也可以随时修改。本实例学习点文字、段落文字、路径文字和变形文字的创建与编辑方法。

技术要点：文字在栅格化之前可以修改字体、大小、颜色等属性，栅格化之后则会变为图像。

素材位置：素材/第1章/实例23

实例效果位置：实例效果/第1章/实例23

01 按下〈Ctrl+O〉快捷键打开一个文件，如图1-324所示。选择横排文字工具**T**，在工具选项栏中设置文字的字体和大小，文字颜色设置为红色，如图1-325所示。

02 在图像中单击，为文字设置插入点，单击点会出现闪烁的I形光标，如图1-326所示，此时可输入文字，如图1-327所示。要开始新的一行，可以按下回车键。

03 将光标放在字符外，单击并拖动鼠标可以移动文字，如图1-328所示。单击工具选项栏中的提交按钮✔，或者单击其他工具，结束文字的编辑，“图层”面板会出现一个文字图层，如图1-329所示。

图1-324

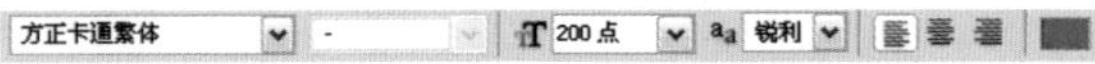

图1-325

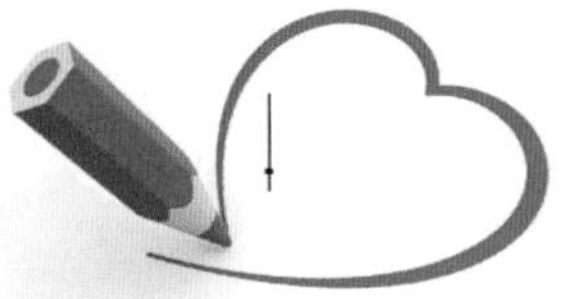

图1-326

图1-327

图1-328

图1-329

04 如果要添加文字，可以用横排文字工具T在文字上单击，设置文字插入点，然后输入文字，如图1-330、图1-331所示。

图1-330

图1-331

05 如果要修改文字内容，则可单击并拖动鼠标选择需要修改的文字，如图1-332所示，然后输入新内容，如图1-333所示。此外，选择文字后，还可以在工具选项栏中修改它的字体、大小和颜色，或者按下〈Delete〉键将其删除。

图1-332

图1-333

06 单击工具选项栏中的提交按钮✔结束文字的编辑。将文字图层隐藏或者按下〈Delete〉键删除，下面来看一下怎样创建段落文字。选择横排文字工具T，在工具选项栏将文字大小调小，如图1-334所示。单击并拖动鼠标为文字范围定义一个外框，如图1-335所示，输入文字（文字到达外框边界时会自动换行），如图1-336所示。如果要开始新的段落，则可按下回车键。

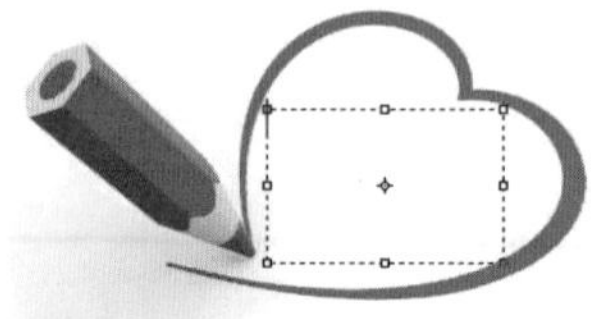

图1-334　图1-335

07 拖动定界框上的控制点可以调整外框的大小，或者旋转文字，如图1-337、图1-338所示。如果文字超出外框所能容纳的范围，外框右下角会出现⊞状溢出图标。编辑完文字后，可单击工具选项栏中的提交按钮✔创建文字图层。

图1-336

图1-337

08 单击该文字图层和“图层1”前面的眼睛图标👁，将这两个图层都隐藏，如图1-339所示，下面来看一下怎样创建路径文字。打开“路径”面板，单击心形路径层，在画面中显示该路径，如图1-340、图1-341所示。

图1-338

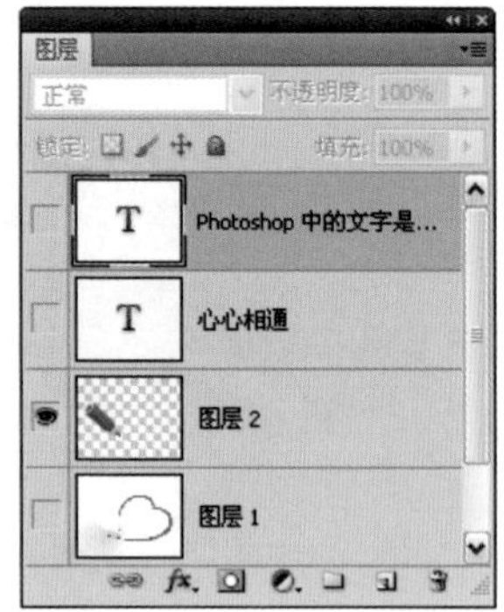

图1-339

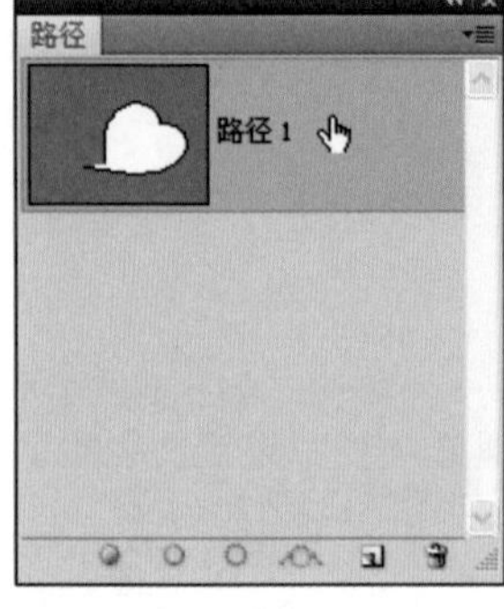

图1-340

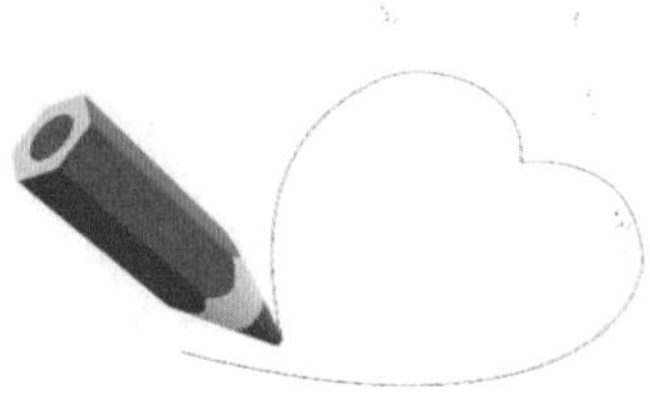

图1-341

09 选择横排文字工具T，将光标放在路径上，当光标变为⌶状时，如图1-342所示，单击鼠标设置文字插入点，然后输入文字，文字就会在路径上排列，如图1-343所示。

图1-342　　图1-343

10 选择直接选择工具或路径选择工具，将光标定位到文字上，光标会变为状，如图1-344所示，单击并沿路径拖动可以移动文字，如图1-345所示。朝路径的另一侧拖动，则可将文字翻转到路径的另一边。如果使用直接选择工具修改路径的形状，则文字的排列形状也会随之改变。

11 单击✔按钮结束文字的编辑。将该图层隐藏，选择并显示“心心相通”图层，如图1-346、图1-347所示。下面来对文字进行变形处理。

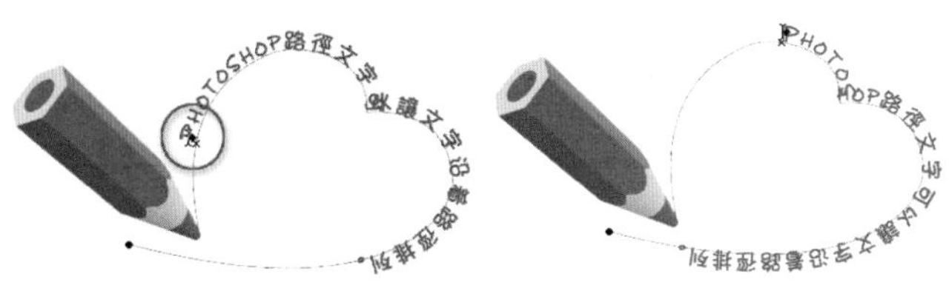

图1-344　　图1-345

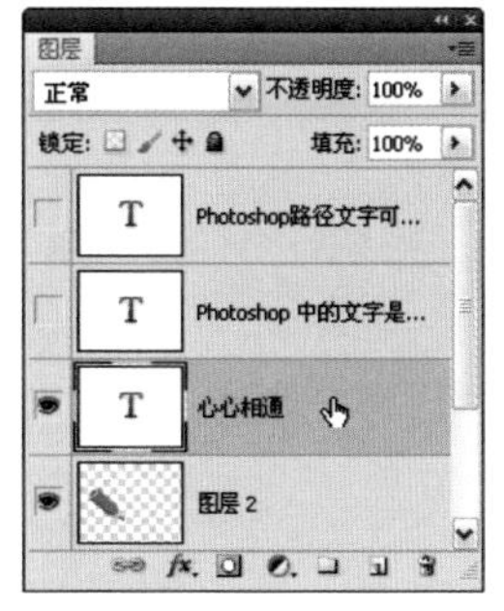

图1-346　　图1-347

12 执行“图层”→“文字”→“文字变形”命令，打开“变形文字”对话框。“样式”下拉列表中包含15种变形样式，选择一种，然后设置变形参数，如图1-348所示。单击“确定”按钮关闭对话框，即可创建变形文字，如图1-349所示。如果要修改变形样式或者参数，可再次执行“文字变形”命令。

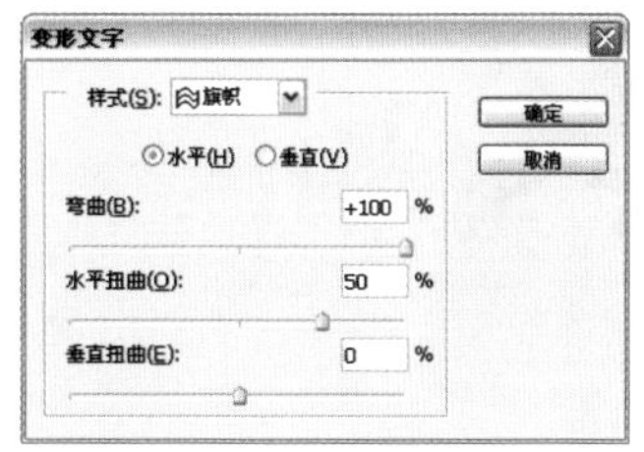

图1-348　　图1-349

> **提示**　选择文字图层以后，执行“图层”→“栅格化”→“文字”命令，可以栅格化文字图层，使文字变为图像。需要注意的是，栅格化以后，文字内容将不能修改。

Photoshop 实例24

使用滤镜

 难度级别：★★☆ 

学习目标：滤镜是Photoshop中最吸引人的一项功能，使用它处理图像时，只需进行简单的操作，就可以让图像呈现出戏剧般的效果。本实例学习滤镜和智能的使用方法。

技术要点：通过遮盖智能滤镜控制它的有效范围。

素材位置：素材/第1章/实例24-1、实例24-2

Photoshop的“滤镜”菜单中包含一百多种滤镜，如图1-350所示。其中，“滤镜库”、“液化”和“消失点”是特殊的滤镜，被单独列出，其他滤镜都依据其用途放在不同类别的滤镜组中。下面来通过制作一个图章，学习滤镜的使用方法。

01 按下〈Ctrl+O〉快捷键打开一个文件，如图1-351所示。使用椭圆选框工具按住〈Shift〉键创建一个圆形选区，如图1-352所示。

02 按下〈Ctrl+J〉快捷键，将选中的图像复制到一个新的图层中，如图1-353所示。将前景色设置为紫色，如图1-354所示。

03 执行“滤镜”→“滤镜库”命令，打开“滤镜库”。滤镜库将“风格化”、“画笔描边”、“扭曲”、“素描”、“纹理”和“艺术效果”滤镜组中的滤镜整合在一个对话框内。单击“艺术效果”滤镜组前的▶按钮，展开该滤镜组，单击“木刻”滤镜，应用该滤镜，并调整它的参数，同时可在左侧窗口预览滤镜效果，如图1-355所示。

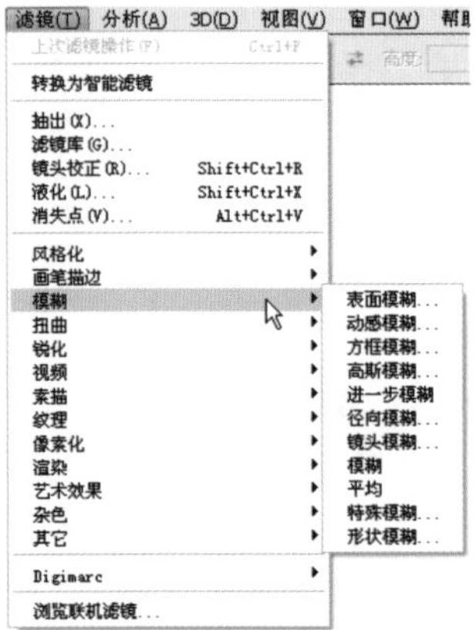

图1-350

图1-351

图1-352

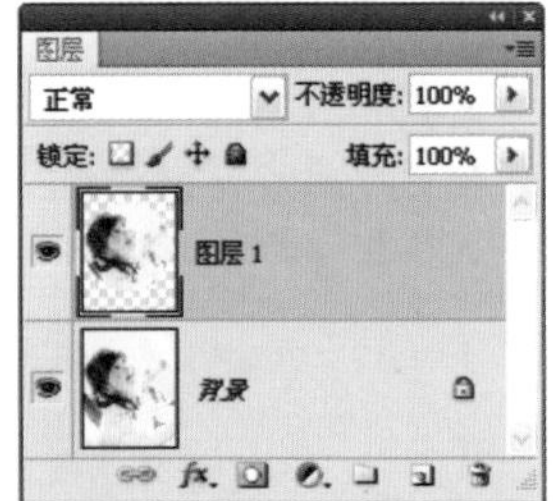

图1-353

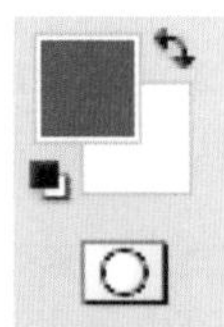

图1-354

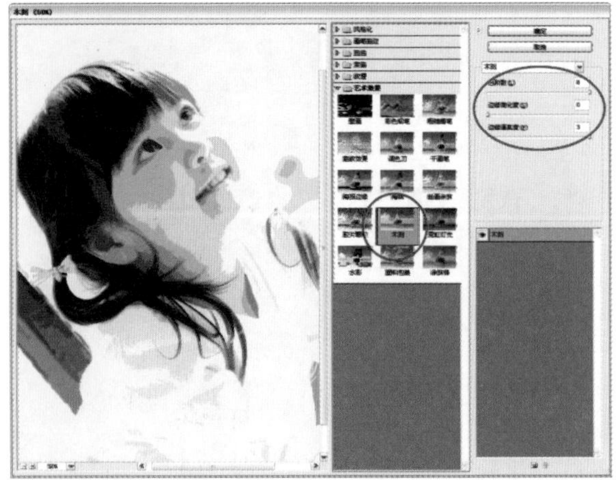

图1-355

04 在“滤镜库”中添加一个滤镜后，它会出现在对话框右下角的列表中。单击新建效果图层按钮，再添加一个效果图层，然后选取另一个滤镜，就可以同时对图像应用两个滤镜，如图1-356所示。通过这种方法还可以添加更多的滤镜。

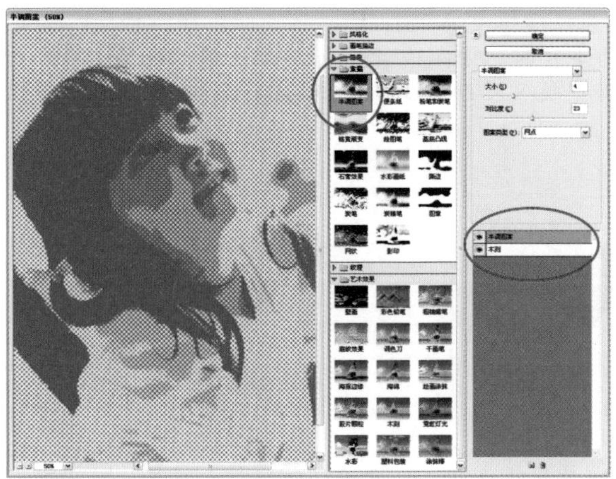

图1-356

05 单击“确定”按钮关闭对话框。选择“背景”图层，按下〈Ctrl+Delete〉键填充白色，如图1-357所示。在白色背景上观察图像效果，如图1-358所示。

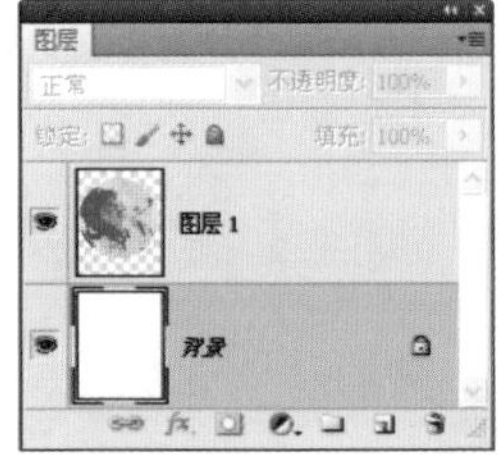

图1-357

图1-358

06 双击“图层1”，打开“图层样式”对话框，选择“描边”效果，将描边颜色也设置为紫色，如图1-359、图1-360所示。

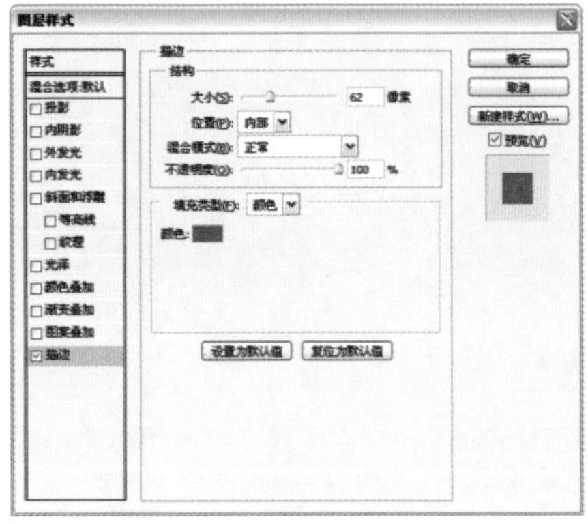

图1-359

图1-360

Photoshop中还有一种智能滤镜，它在应用滤镜效果的时候不会破坏图像内容。除“液化”和“消失点”外，其他滤镜都可以作为智能滤镜应用。下面来看一下智能滤镜的使用方法。

01 打开一个文件，如图1-361、图1-362所示。执行“滤镜”→“转换为智能滤镜”命令，弹出一个对话框，单击“确定”按钮，将图像转换为智能对象，它的图层缩览图右下角会出现

图1-361

状的智能对象标志，如图1-363所示。

图1-362

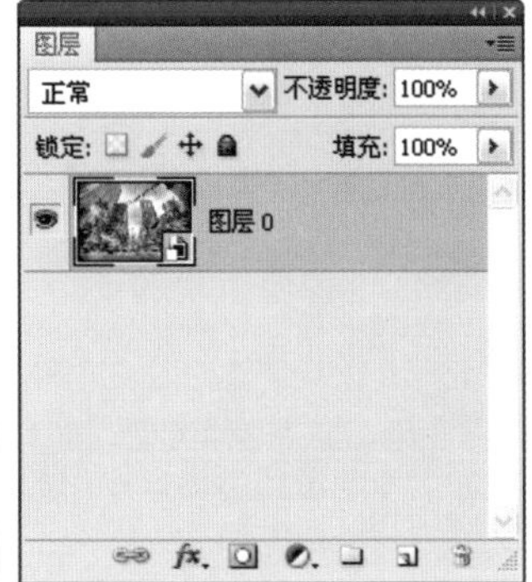

图1-363

02 执行“滤镜”→“素描”→“绘图笔”命令，打开“滤镜库”对话框设置参数，如图1-364所示，单击“确定”按钮，创建素描效果，如图1-365所示。

图1-364

图1-365

03 应用智能滤镜以后，图层下面会出现一个滤镜列表，而且，Photoshop还会为滤镜添加一个图层蒙版。单击蒙版将它选中，如图1-366所示。选择渐变工具，在工具选项栏中按下线性渐变按钮，如图1-367所示。

04 在画面底部单击并向上拖动鼠标，填充默认的黑-白线性渐变，如图1-368、图1-369所示。蒙版中的黑色会遮盖智能滤镜，显示出原有的图像，蒙版中的灰色则会部分遮盖图像，让滤镜效果逐渐变弱。

图1-366

图1-367

提示

智能滤镜前面有眼睛图标，单击该图标可以隐藏（或重新显示）智能滤镜，就像是隐藏或显示图层一样。将智能滤镜拖动到按钮上，可以将它删除，使图像恢复为原有的效果。此外，双击智能滤镜，可以重新打开“滤镜库”（或相应的滤镜对话框）修改参数。

图1-368

图1-369

提示

Photoshop中的滤镜具有以下几个相同的特点，用户必须遵守这些操作规则，才能有效地使用滤镜处理图像。

1）创建选区时，滤镜只处理选中的图像，如果没有创建选区，则会处理所选图层中的全部图像。

2）滤镜的处理效果是以像素为单位进行计算的，因此，滤镜效果与图像的分辨率有关，相同的参数处理不同分辨率的图像，其效果也会不同。

3）只有“云彩”滤镜可以应用在没有像素的透明区域，其他滤镜都必须应用在包含像素的区域，否则它们不能使用。

4）“滤镜”菜单中显示为灰色的命令是不可使用的命令，通常情况下，这是由于图像的模式造成的。RGB模式的图像可以使用全部滤镜，其他模式的图像会受到限制。如果要对非RGB图像应用滤镜，可以先执行“图像”→“模式”→“RGB颜色”命令，将它转换为RGB模式，再应用滤镜。

5）当执行完一个滤镜命令后，“滤镜”菜单中的第一行便会出现该滤镜的名称，单击它可以快速应用这一滤镜，也可以按下〈Ctrl+F〉快捷键进行操作。如果按下〈Alt+Ctrl+F〉快捷键，则可以打开上一次使用的滤镜的对话框，在对话框内可以重新设置滤镜参数。

6）在执行滤镜的过程中，如果想要终止操作，可按下〈Esc〉键。

Photoshop 实例25 使用通道

 难度级别：★★★ 

学习目标：本实例学习通道的编辑方法。通道是Photoshop的高级功能，它有3种类型，即颜色通道、Alpha通道和专色通道。颜色通道用于保存图像的颜色信息；Alpha通道用于保存选区；专色通道存储印刷用的专色。通道是灰度图像，因此，用户可以像编辑图像一样使用绘画工具、选框工具和滤镜等对它们进行处理。

技术要点：用通道存储选区，从通道中载入选区。

素材位置：素材/第1章/实例25

01 按下〈Ctrl+O〉快捷键打开一个文件，如图1-370所示。打开"通道"面板，面板中会自动创建该图像的颜色信息通道，如图1-371所示。

图1-370

图1-371

02 如果要编辑一个通道，可单击该通道将它选中，如图1-372所示，文档窗口会显示所选通道的灰度图像，如图1-373所示。如果要选择多个通道，可按住〈Shift〉键单击它们。如果要重新编辑彩色图像，可单击复合通道，如图1-374所示。

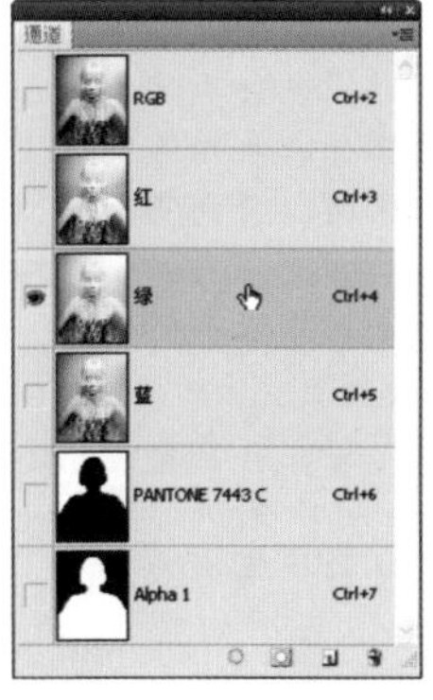

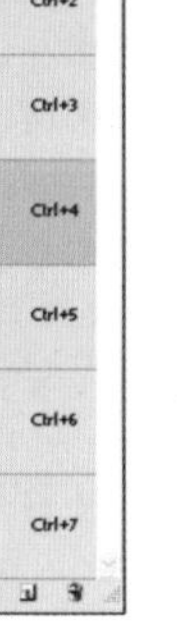

图1-372

图1-373

提示 按下〈Ctrl+3〉、〈Ctrl+4〉、〈Ctrl+5〉键可依次选择红色、绿色和蓝色通道；按下〈Ctrl+6〉可以选择蓝色通道下面的Alpha通道；按下〈Ctrl+2〉键可重新回到RGB复合通道。

03 颜色通道是打开新图像时自动创建的通道，它们保存了图像的颜色信息。颜色通道中的灰色代表了一种颜色的明暗变化，明亮的部分表示含有大量对应的颜色，暗的部分则表示对应的颜色较少。如果要在图像中增加一种颜色的含量，可以将相应的通道调亮，反之，要减少一种颜色的含量，则将相应的通道调暗。例如，要在图像中增加蓝色，可按下〈Ctrl+M〉快捷键打开"曲线"对话框，将蓝色通道调亮，如图1-375～图1-377所示；要减少蓝色，则可将蓝色通道调暗，如图1-378～图1-380所示。

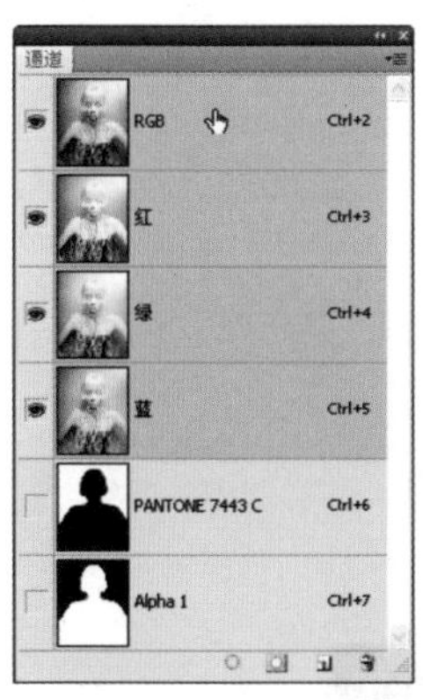

图1-374

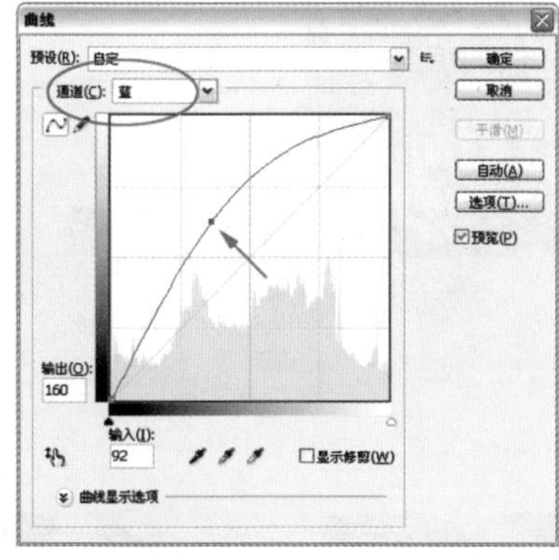

图1-375

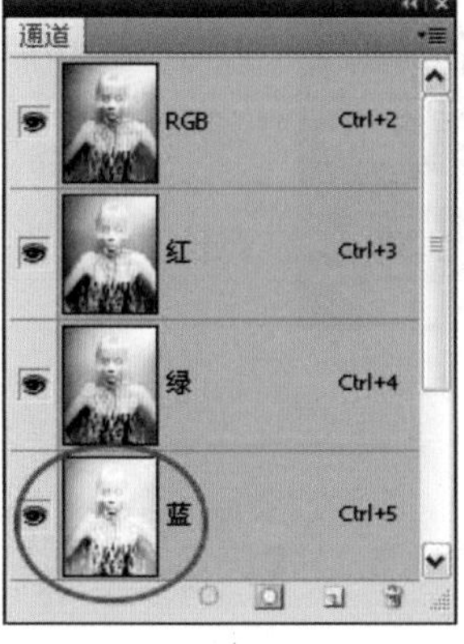

图1-376

图1-377

04 使用矩形选框工具创建一个选区，如图1-381所示，单击"通道"面板中的将选区存储为通道按钮，可以将选区保存到Alpha通道中，如图1-382所示。存储后可以使用绘画工具、编辑工具和滤镜对Alpha通道进行编辑，从而实现在通道中编辑选区的目的。当需要使用选区时，可按住〈Ctrl〉键单击保存选区的通道，如图1-383所示，将选区载入到图像中。

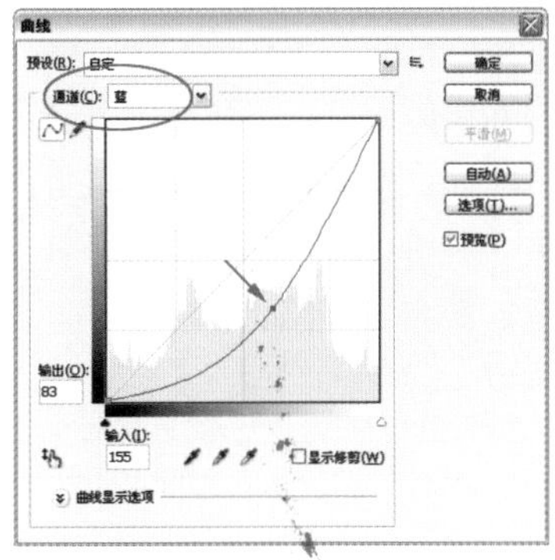

图1-378

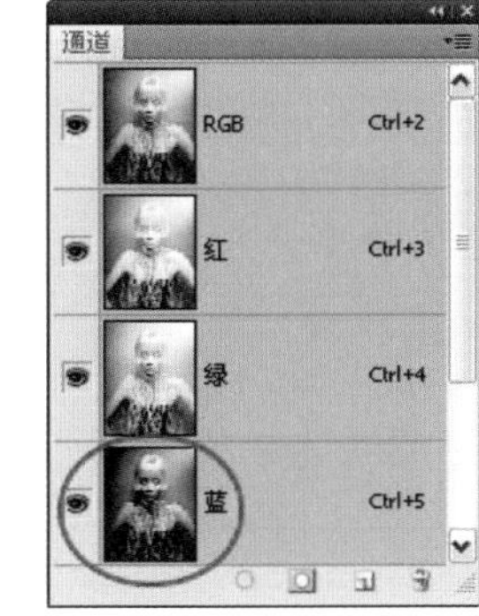

图1-379

图1-380

图1-381

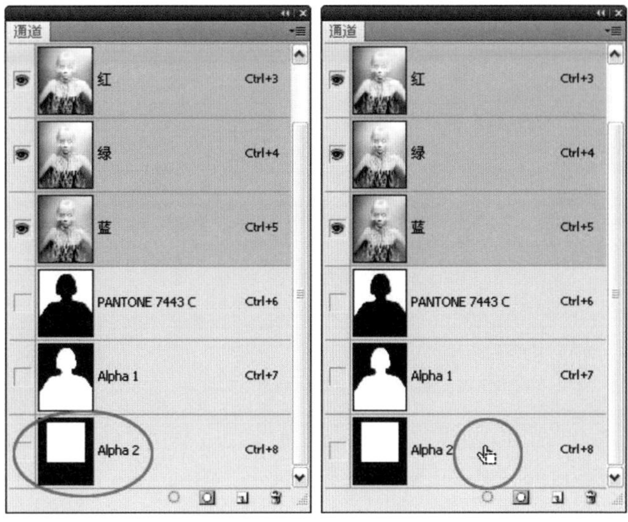

图1-382　　图1-383

提示

专色通道用来存储专色、指定用于专色油墨印刷的附加印版。专色是特殊的预混油墨，如金色、银色和荧光色等特殊的颜色，它们可用于替代或补充印刷色（CMYK）油墨。在印刷时每种专色都要求专用的印版，而专色通道可以把CMYK油墨无法呈现的专色指定到专色印版。

第2章　质感与效果实例

学习要点：

- 使用透明渐变
- 通过填充不透明度隐藏图像、显示效果
- 使用混合模式合成图像
- 图层样式的使用技巧
- 使用混合颜色带
- 用“位移”滤镜拉伸图像

案例数量：

8个质感表现应用实例

内容总览：

制作真实的质感，以及表现各种效果是平面设计和3D设计的基本功。本章通过实例介绍胶质、全景效果、迷宫效果、炫光、水晶、金属、冰雕、像素拉伸等效果的制作方法。功能上会用到图层、通道、图层样式、形状图层和滤镜等。

Photoshop 实例26　制作胶质按钮

难度级别：★★☆

学习目标：学习使用渐变和透明渐变制作胶质效果。

技术要点：锁定图层的透明区域，限定填充范围。

素材位置：素材/第2章/实例26

实例效果位置：实例效果/第2章/实例26-1、实例26-2

01 按下〈Ctrl+N〉快捷键打开“新建”对话框，创建一个1024×768像素，分辨率为72像素/英寸的RGB模式文件。

02 将前景色设置为蓝色（R：83、G：198、B：214）。单击“图层”面板底部的按钮，新建一个图层。选择椭圆工具，在工具选项栏中按下填充像素按钮，绘制一个椭圆形，如图2-1所示。单击锁定透明像素按钮，将图层的透明区域锁定，如图2-2所示。

图2-1

图2-2

03 将前景色设置为白色。选择渐变工具，按下径向渐变按钮，在渐变下拉面板中选择“前景-透明”渐变，如图2-3所示，在椭圆形底部填充渐变，如图2-4所示。由于锁定了透明区域，因此，渐变颜色会限定在椭圆内。

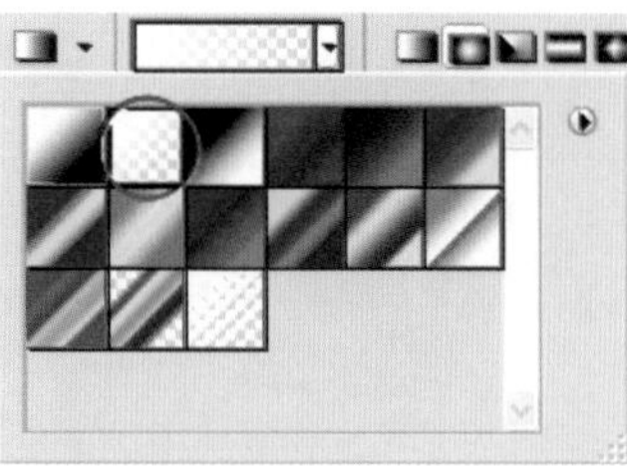

图2-3

图2-4

04 新建一个图层，设置混合模式为“叠加”。按下〈Alt+Ctrl+G〉快捷键创建剪贴蒙版，如图2-5所示。在椭圆形的顶部填充渐变。这一次由于创建了剪贴蒙版，渐变颜色也会限定在下面的基底图层（椭圆）范围内，如图2-6所示。

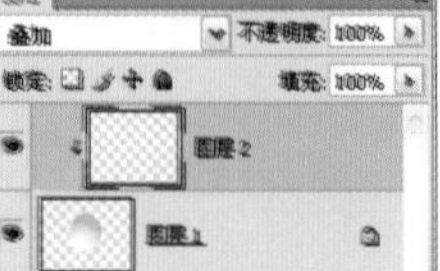

图2-5

图2-6

05 按下〈Ctrl+T〉快捷键显示定界框，拖动控制点调整图形的高度，如图2-7所示。按下回车键确认操作。再用同样方法，新建一个图层，设置混合模式为“叠加”，制作一个小一点的椭圆形作为高光，如图2-8所示。

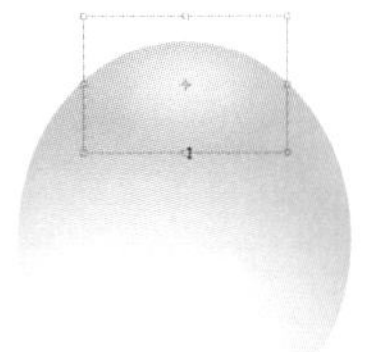

图2-7

图2-8

06 在“背景”图层上方新建一个图层，如图2-9所示。将前景色设置为蓝色。用渐变工具填充蓝色径向渐变作为投影，如图2-10所示。在上面填充白色渐变，形成反光效果，如图2-11所示。同样，通过自由变换将投影图形适当压扁。

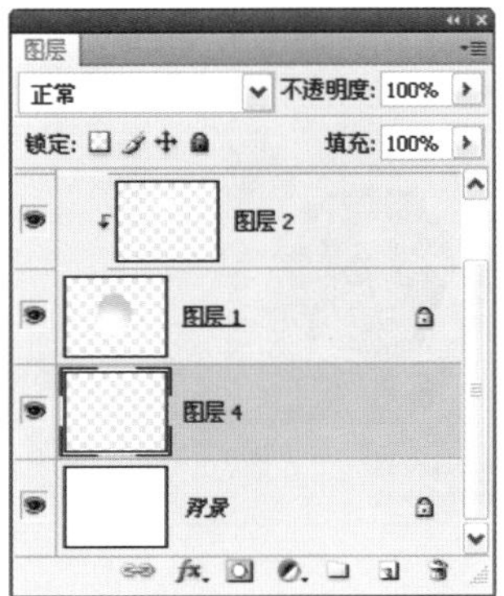

图2-9

图2-10　　图2-11

07 单击“背景”图层前面的眼睛图标，将该图层隐藏，如图2-12所示。按下〈Alt+Shift+Ctrl+E〉快捷键，将图像盖印到一个新的图层中，如图2-13所示。

图2-12

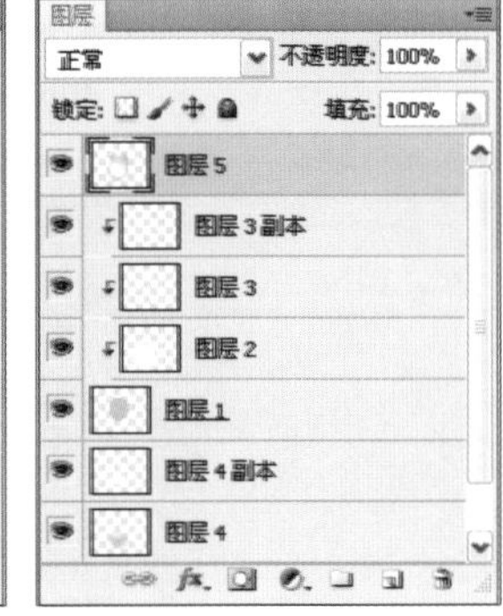

图2-13

08 打开一个文件。使用移动工具将按钮图形拖动到该文档中，如图2-14所示。按住〈Shift+Alt〉键向右侧拖动图像进行复制，如图2-15所示。

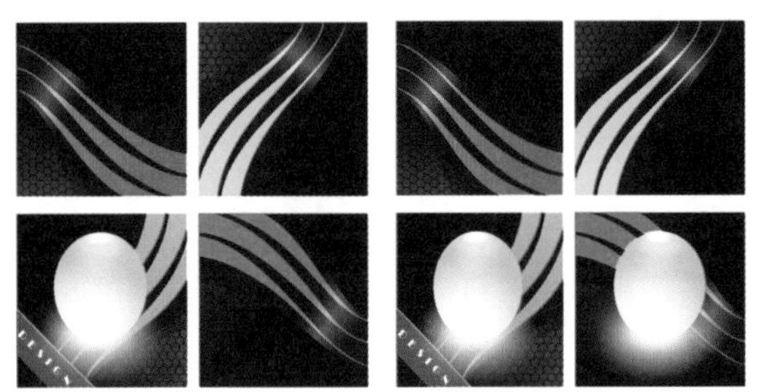

图2-14　　图2-15

09 按下〈Ctrl+U〉快捷键打开“色相/饱和度”对话框，拖动“色相”滑块调整按钮颜色，如图2-16、图2-17所示。

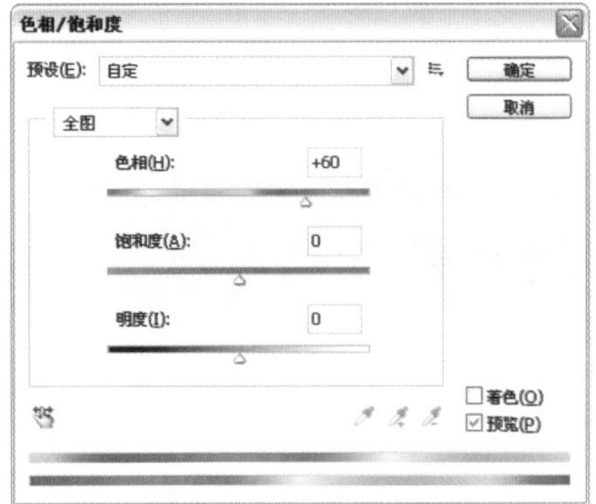

图2-16

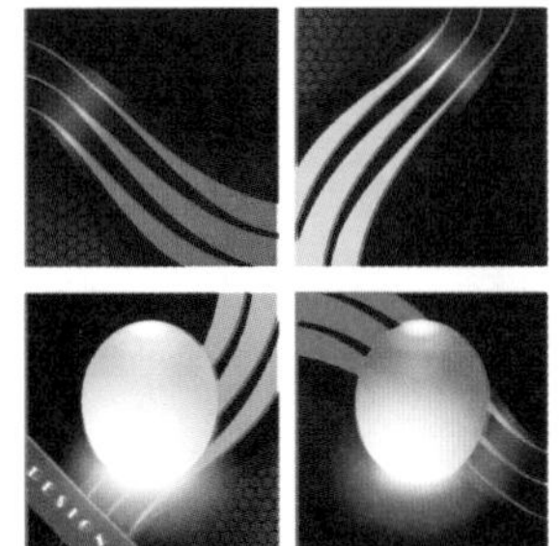

图2-17

10 按住〈Shift+Alt〉键拖动图像，再复制出两个按钮，如图2-18所示。按下〈Ctrl+U〉快捷键，打开“色相/饱和度”对话框，分别调整它们的颜色（其中绿色按钮的“色相”参数是-146, 红色按钮的“色相”参数是97），效果如图2-19所示。

图2-18　　图2-19

Photoshop 实例27 制作全景地球

难度级别：★★☆

学习目标：学习通过“极坐标”滤镜扭曲图像，制作出全景地球效果。

技术要点：选择“平面坐标到极坐标”选项，才能生成球形效果。

素材位置：素材/第2章/实例27

实例效果位置：实例效果/第2章/实例27

01 按下〈Ctrl+O〉快捷键打开一个文件，如图2-20所示。

图2-20

02 执行“图像”→“图像大小”命令，打开“图像大小”对话框，取消“约束比例”选项的勾选，在“像素大小”选项组中将“宽度”设置为与“高度”相同的参数，即768像素，将画布调整为方形，如图2-21、图2-22所示。

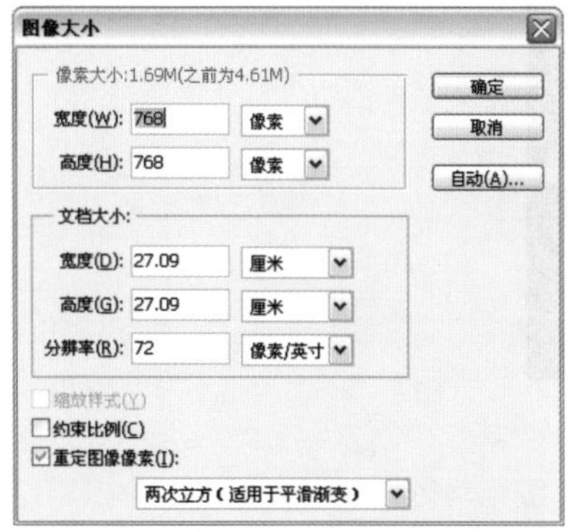

图2-21

图2-22

03 执行“图像”→“图像旋转”→“180度”命令，将图像旋转180°，如图2-23所示。执行“滤镜”→“扭曲”→“极坐标”命令，在打开的对话框中选择“平面坐标到极坐标”选项，如图2-24所示，效果如图2-25所示。

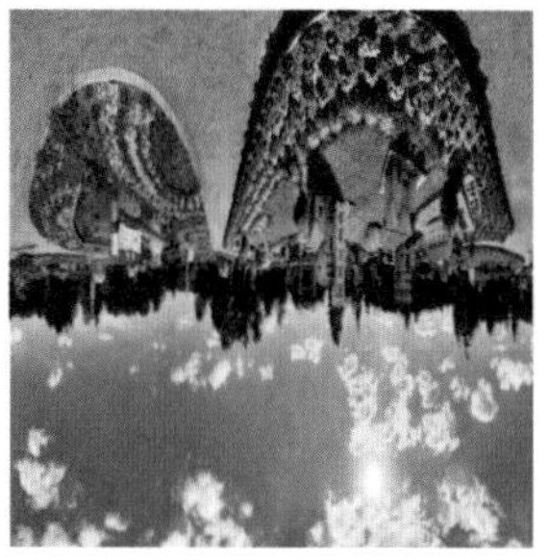

图2-23　图2-24

04 使用椭圆选框工具按住〈Shift〉键创建一个圆形选区，如图2-26所示。按下〈Ctrl+C〉快捷键复制图像。按下〈Ctrl+N〉快捷键，创建一个28厘米×42厘米，分辨率为72像素/英寸的RGB模式文件。使用渐变工具填充径向渐变，如图2-27所示。

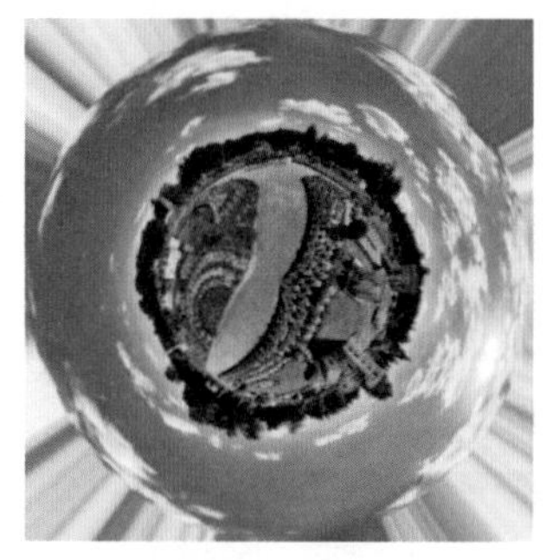

图2-25　图2-26

图2-27

05 按下〈Ctrl+V〉快捷键，将星球粘贴到该文档中，如图2-28所示。按下〈Ctrl+T〉快捷键显示定界框，拖动控制点旋转图像，如图2-29所示。按下回车键确认。

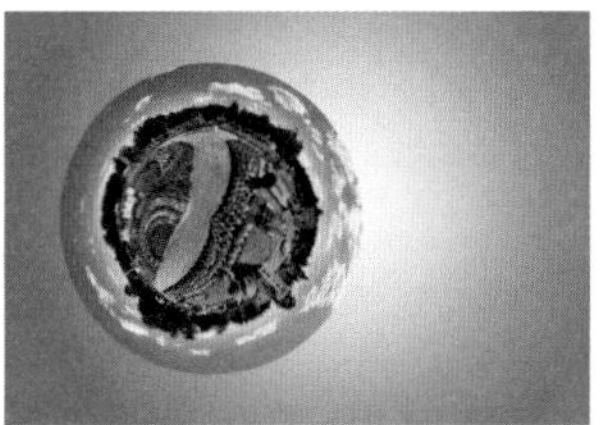

图2-28

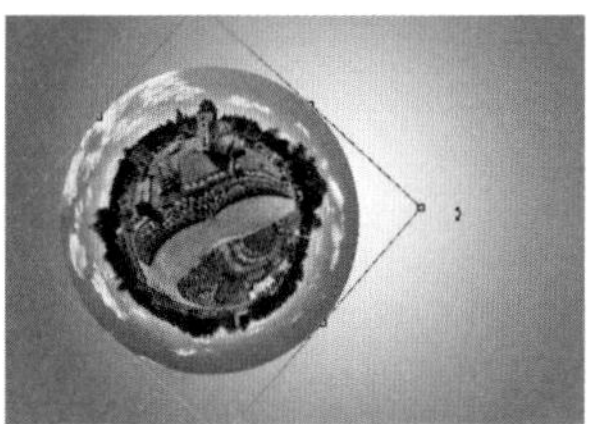

图2-29

06 执行“图层”→“图层样式”→“外发光”命令，打开“图层样式”对话框，添加“外发光”和“内发光”效果，如图2-30~图2-32所示。

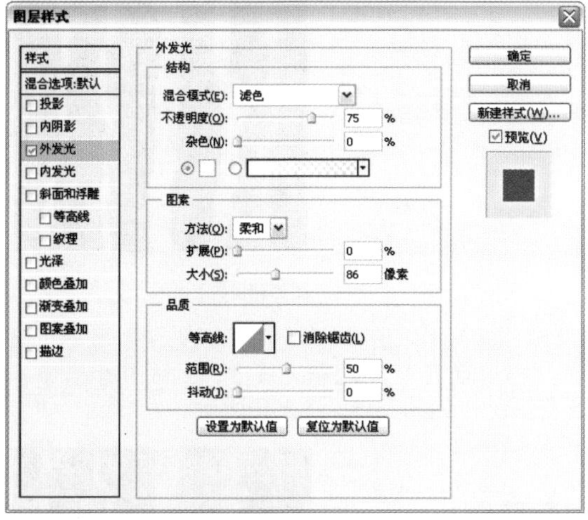

图2-30

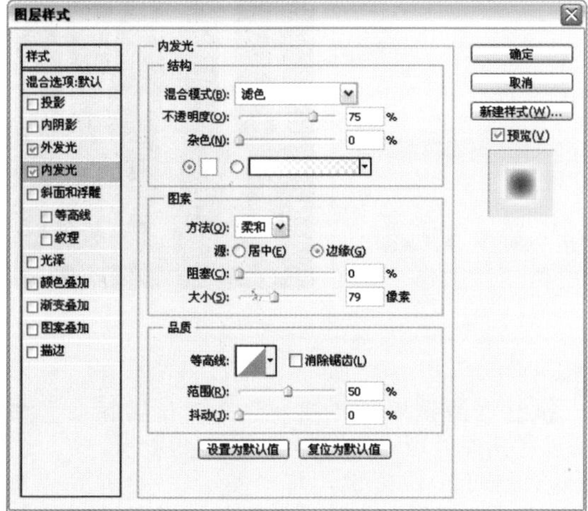

图2-31

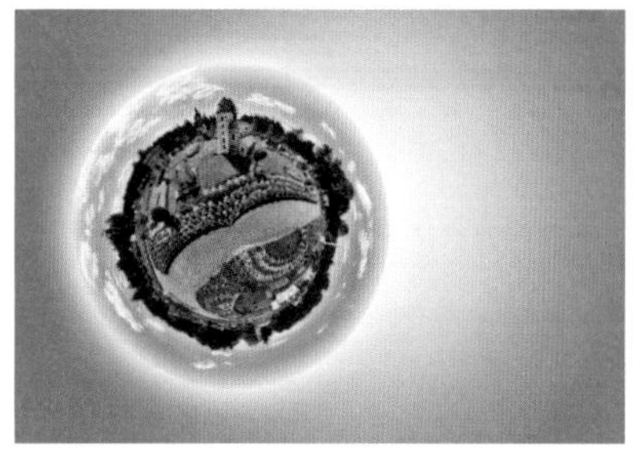

图2-32

07 选择横排文字工具**T**，打开“字符”面板设置字体、大小和颜色，如图2-33所示。在画面中单击，输入一行文字，如图2-34所示。

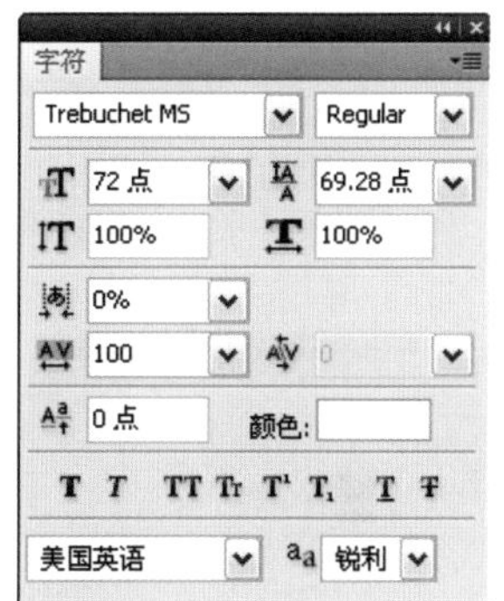

图2-33　　图2-34

08 按下回车键换行，在“字符”面板中将文字大小设置为24点，再输入一行小字，如图2-35所示。最终效果如图2-36所示。

图2-35

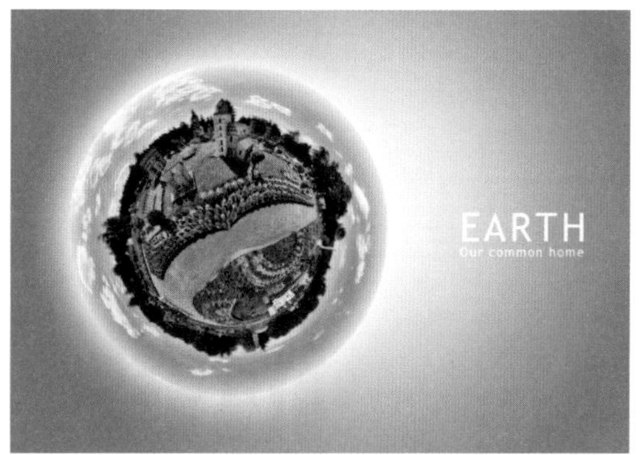

图2-36

Photoshop 实例28

制作多彩迷宫

难度级别：★★★

学习目标：使用“旋转扭曲”滤镜扭曲渐变线条，再通过“风”滤镜制作出立体迷宫图形。

技术要点：使用“风”滤镜时，应将方向设定为“从左”。

素材位置：素材/第2章/实例28

实例效果位置：实例效果/第2章/实例28

01 按下〈Ctrl+N〉快捷键打开“新建”对话框，创建一个文件，如图2-37所示。按下〈D〉键将前景色设置为黑色，按下〈Alt+Delete〉快捷键，为“背景”图层填充黑色，如图2-38所示。

图2-37

图2-38

02 单击“图层”面板底部的按钮，新建一个图层。选择尖角画笔工具，如图2-39所示，绘制几条竖线，如图2-40所示。

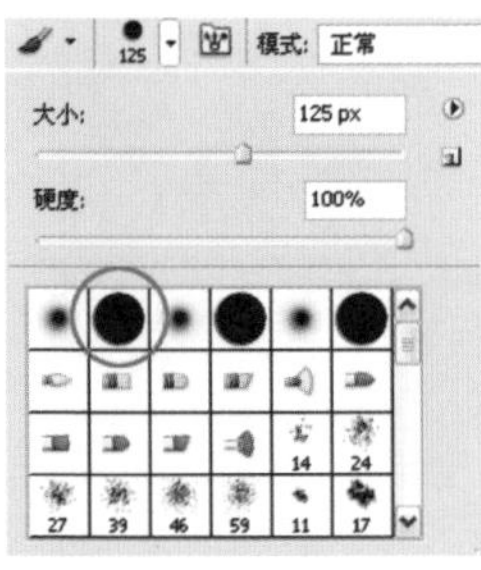

图2-39

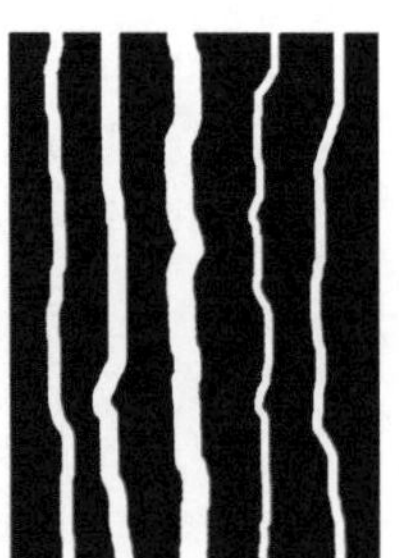

图2-40

03 单击锁定透明像素按钮，将图层的透明区域锁定，如图2-41所示。选择魔棒工具，在工具选项栏中按下新选区按钮，勾选“连续”选项，在一个竖条上单击，将其选中，如图2-42所示。

图2-41

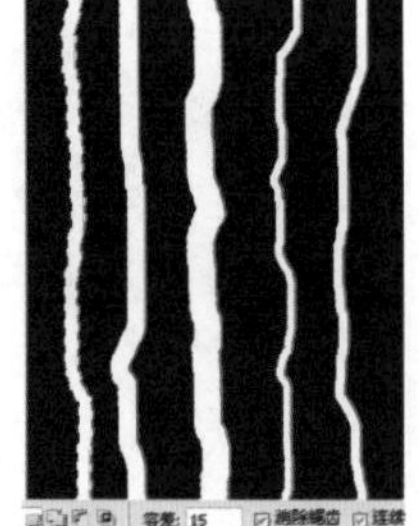

图2-42

04 选择渐变工具，单击工具选项栏中的渐变颜色条，打开“渐变编辑器”调整颜色，如图2-43所示，在选区内填充线性渐变，如图2-44所示。

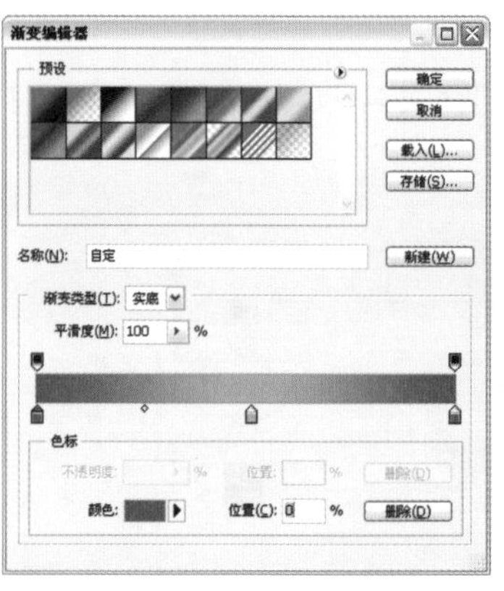

图2-43

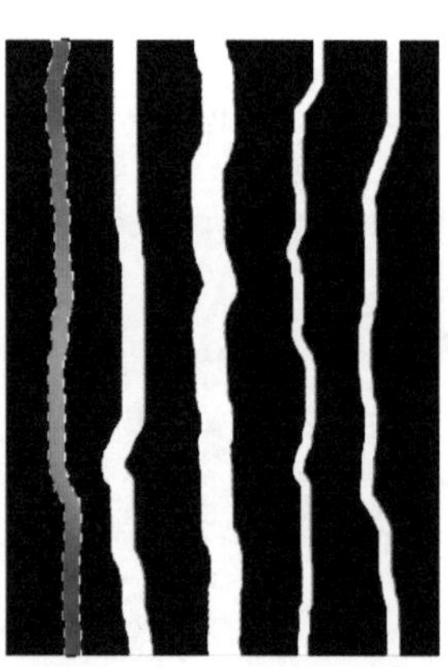

图2-44

05 其他竖条也采用相同的方法处理，即先使用魔棒工具选择竖条，再用渐变工具填充渐变。后面几个竖条需要改一下渐变颜色，如图2-45、图2-46所示。

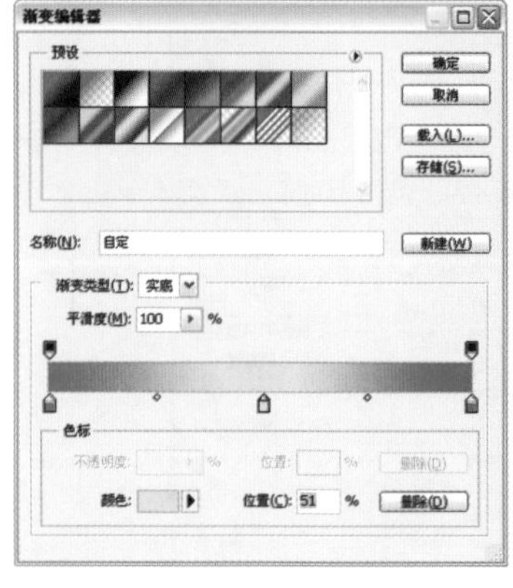

图2-45

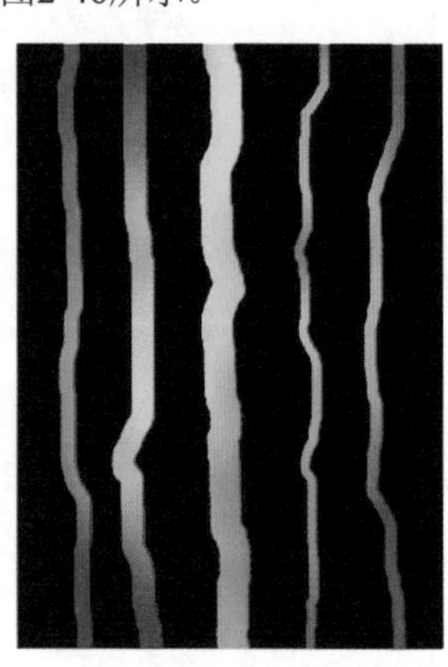

图2-46

06 在按钮上单击一下，解除透明区域的锁定，如图2-47所示。执行“滤镜”→“扭曲”→“旋转扭曲”命令，对竖条进行扭曲处理，如图2-48、图2-49所示。

07 按下〈Ctrl+E〉快捷键，将“图层1”合并到“背景”图层中，如图2-50所示。按下〈Ctrl+J〉复制图层，如图2-51所示。单击“图层1”前面的眼睛图标，将该图层隐藏，然后选择“背景”图层，如图2-52所示。

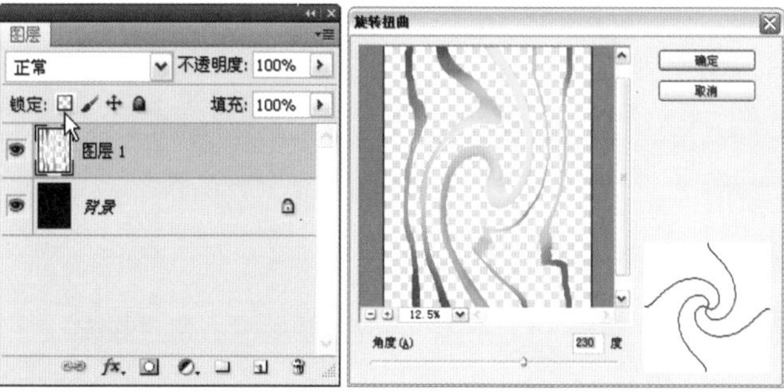

图2-47　　图2-48

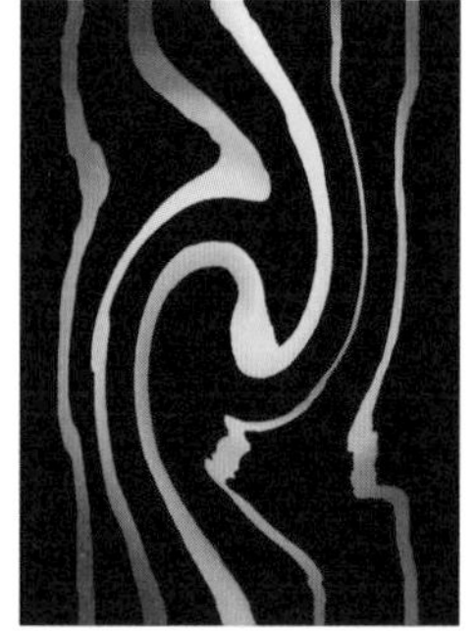

图2-49　　图2-50

图2-51　　图2-52

08 执行“滤镜”→“风格化”→“风”命令，打开“风”对话框，设置参数如图2-53所示，效果如图2-54所示。连按9下〈Ctrl+F〉快捷键，重复应用“风”滤镜，效果如图2-55所示。

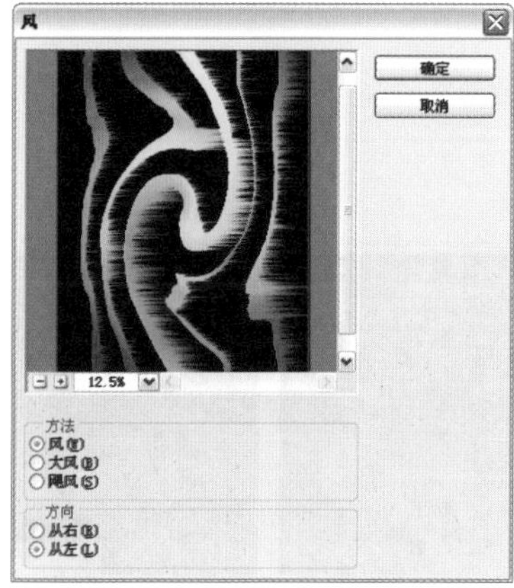

图2-53

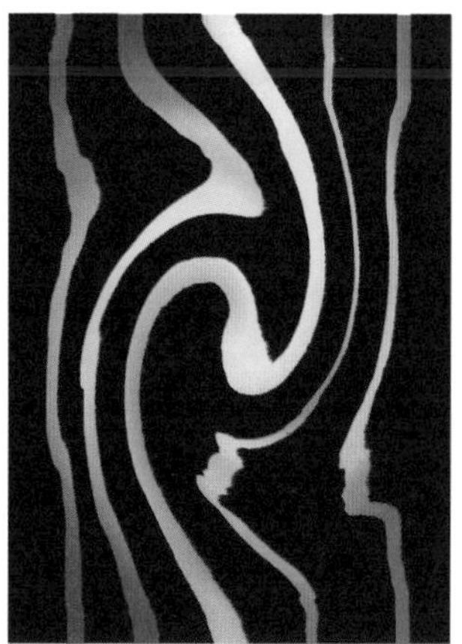

图2-54　　图2-55

09 选择并显示“图层1”，设置它的混合模式为“滤色”，不透明度为60%，让图形的轮廓变亮，如图2-56、图2-57所示。

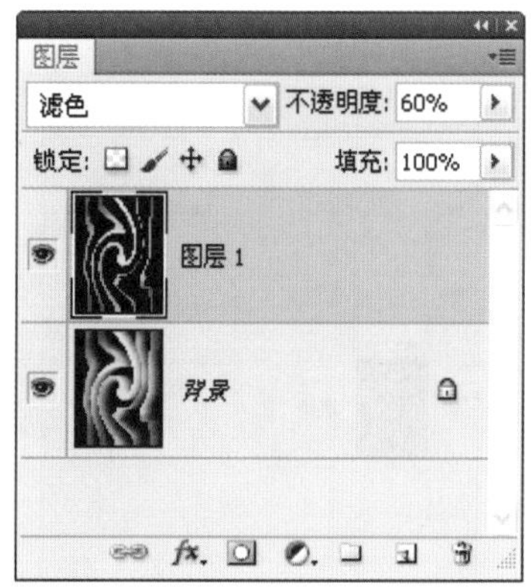

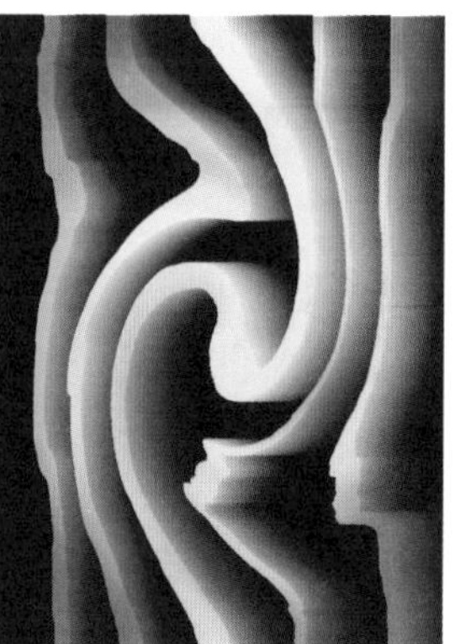

图2-56　　图2-57

10 打开一个文件，如图2-58所示。这是一些文字和图形，制作方法比较简单。使用移动工具将它拖入到当前文档中，如图2-59所示。

图2-58　　图2-59

Photoshop
实例29

制作炫光花朵

难度级别：★★★☆

学习目标：本实例学习怎样通过变换复制的方式从一个基本的图形中复制出一组图形，为它添加效果，制作炫光花朵。

技术要点：调整填充不透明度，将图形隐藏，只显示效果。

实例效果位置：实例效果/第2章/实例29

STEP 01 按下〈Ctrl+N〉快捷键打开“新建”对话框，创建一个21厘米×29.7厘米，分辨率为300像素/英寸的RGB模式文件。按下〈D〉键将前景色设置为黑色，按下〈Alt+Delete〉快捷键，为“背景”图层填充黑色，如图2-60所示。新建一个图层，如图2-61所示。

图2-60

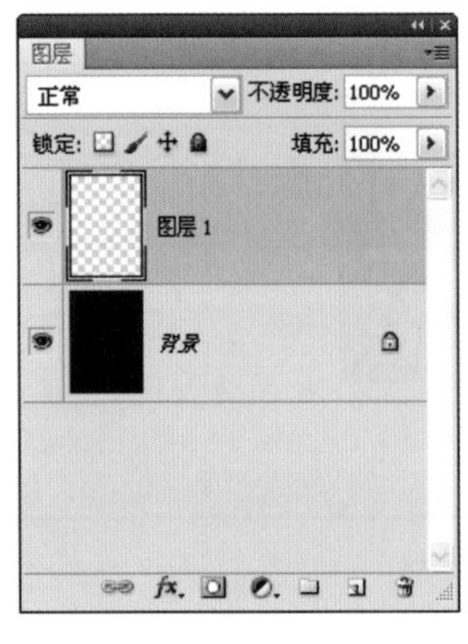

图2-61

STEP 02 将前景色设置为白色。选择自定形状工具，在工具选项栏中按下填充像素按钮，打开“形状”下拉面板，选择一个图形，如图2-62所示，按住〈Shift〉键拖动鼠标绘制图形，如图2-63所示。

图2-62

图2-63

STEP 03 双击“图层1”打开，“图层样式”对话框，添加“内发光”和“描边”效果，如图2-64、图2-65所示。在“图层”面板中将该图层的填充不透明度设置为0%，将图形隐藏，只显示所添加的效果，如图2-66所示。

STEP 04 按下〈Ctrl+T〉快捷键显示定界框，移动中心点，如图2-67所示，在工具选项栏中输入旋转角度为45度，旋转图形，按下回车键确认变换，如图2-68所示。

STEP 05 按住〈Alt+Shift+Ctrl〉键，再连按7下〈T〉键重复变换操作，每按一次〈T〉键，就会复制出一个新的图形，而且，每一个图形都会较前一个旋转45°，如图2-69、图2-70所示。

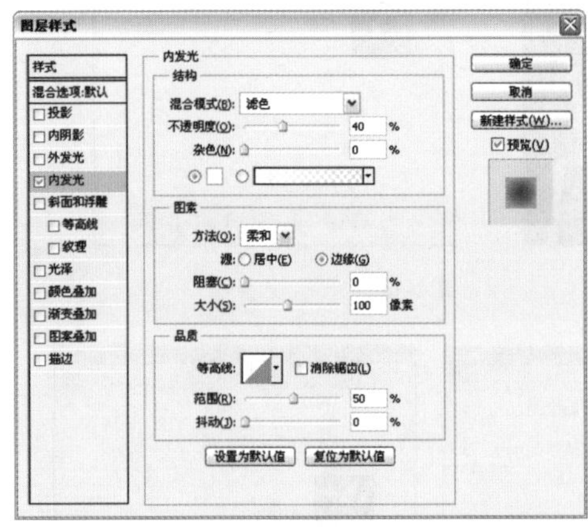

图2-64

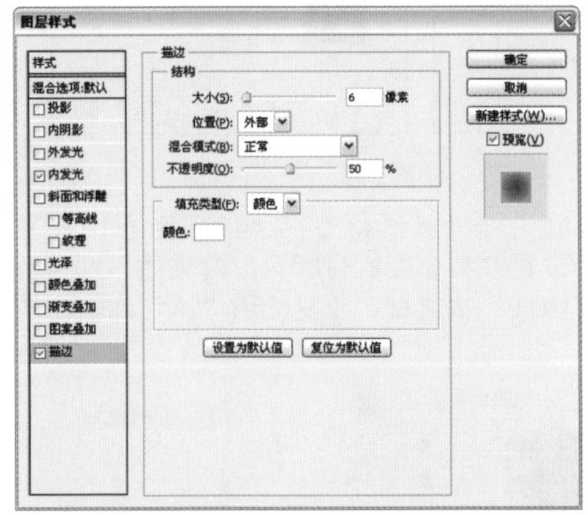

图2-65

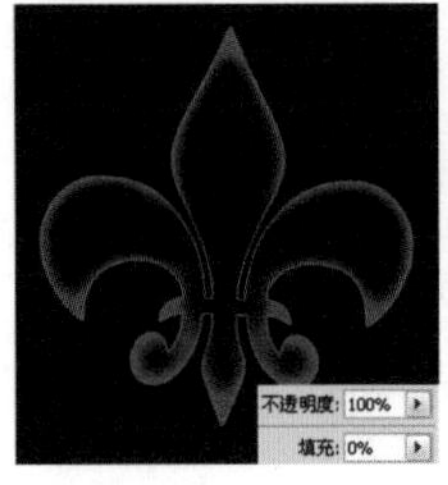

图2-66

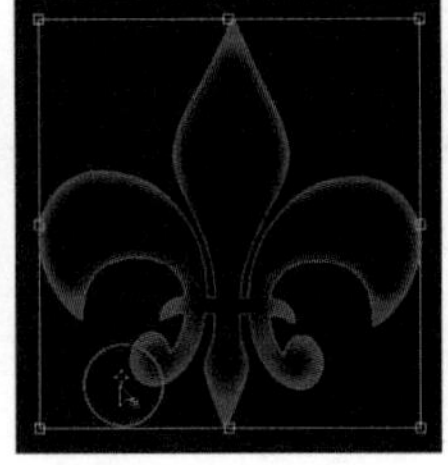

图2-67

图2-68

图2-69

图2-70

06 单击“图层”面板中的按钮，新建一个图层，将它的混合模式设置为“叠加”，如图2-71所示。选择渐变工具，在工具选项栏中按下径向渐变按钮，打开渐变下拉面板，选择一个预设的渐变，如图2-72所示。

图2-71

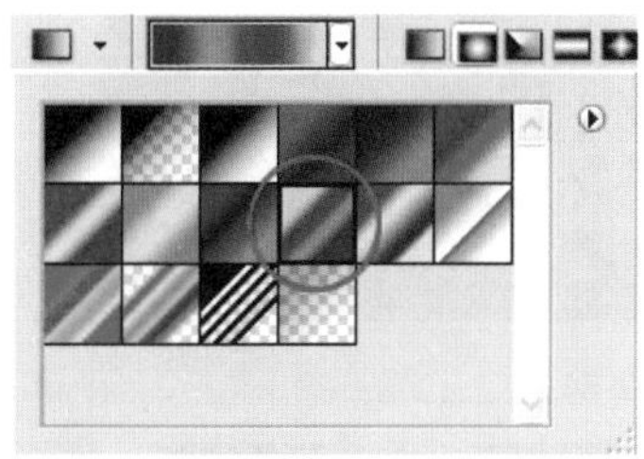

图2-72

07 在图形中心单击并向外侧拖动鼠标填充渐变，如图2-73所示。如图2-74~图2-76所示为使用其他渐变颜色填充图层生成的效果。

图2-73

图2-74

图2-75

图2-76

Photoshop 实例30 制作水晶效果

难度级别：★★☆

学习目标：本实例学习怎样使用图层样式制作出真实质感的水晶效果。

技术要点：通过选区运算选中需要的图像。

素材位置：素材/第2章/实例30

实例效果位置：实例效果/第2章/实例30

01 按下〈Ctrl+O〉快捷键，打开一个文件，如图2-77、图2-78所示。

图2-77

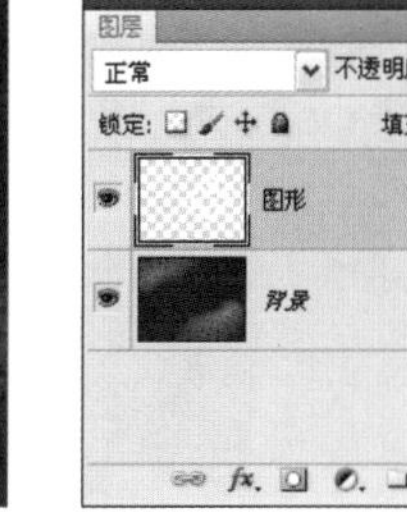

图2-78

02 双击“图形”图层，打开“图层样式”对话框，在左侧列表中选择“投影”、“外发光”、“斜面和浮雕”、“渐变叠加”选项，并设置参数，为图层添加这几种效果，如图2-79~图2-84所示。

03 单击“图层”面板底部的按钮，新建一个图层。按住〈Ctrl〉键单击“图形”层的缩览图，载入图形的选区，如图2-85、图2-86所示。

04 选择多边形套索工具，在工具选项栏中按下从选区减去按钮，在图形上半部单击创建选区，如图2-87所示；将光标移动到选区的起点上，单击一下将选区封闭，新选区与原有选区运算之后，只保留下半部，如图2-88所示。

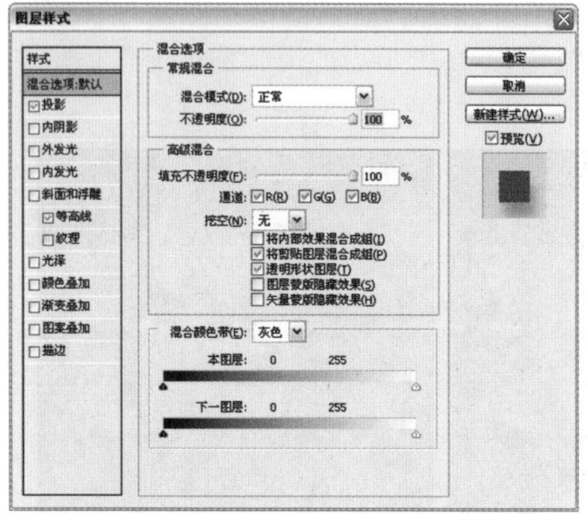

图2-79

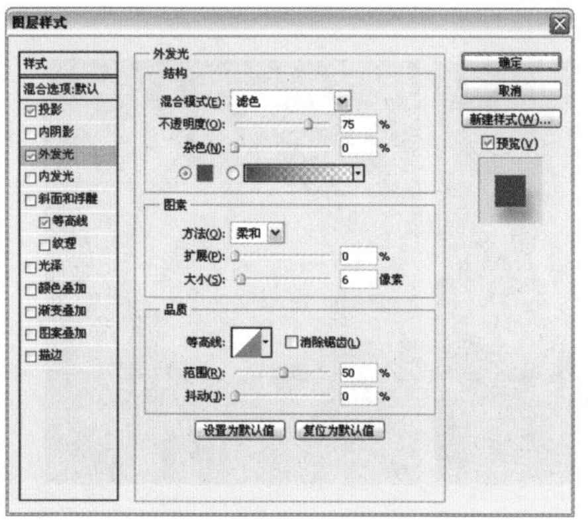

图2-80

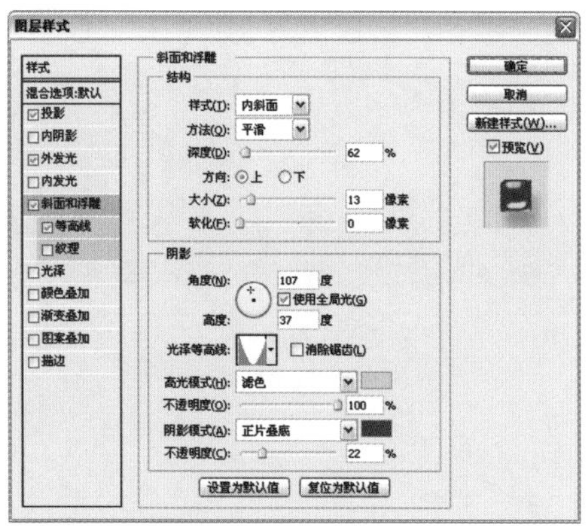

图2-81

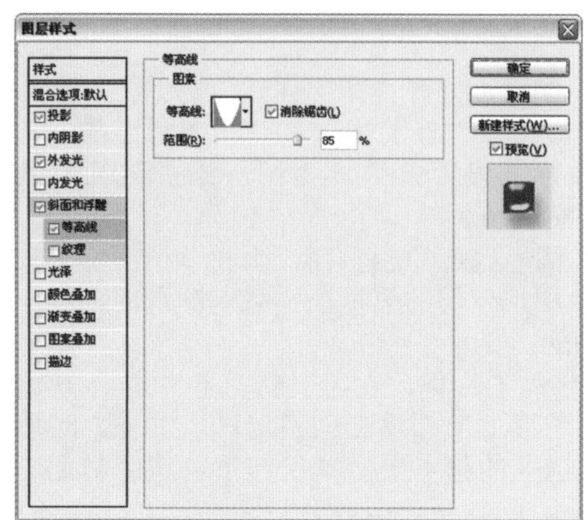

图2-82

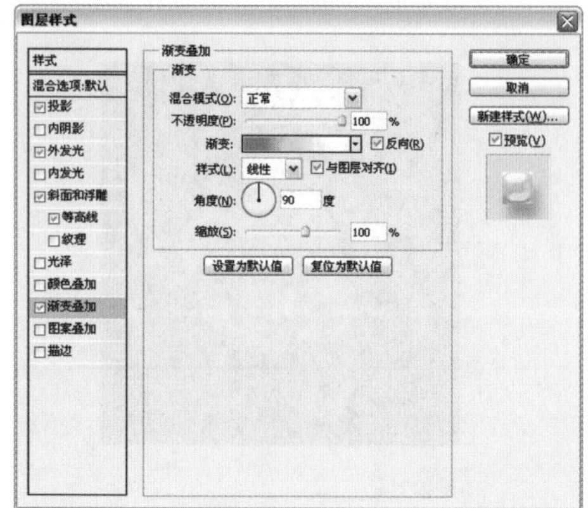

图2-83

图2-84

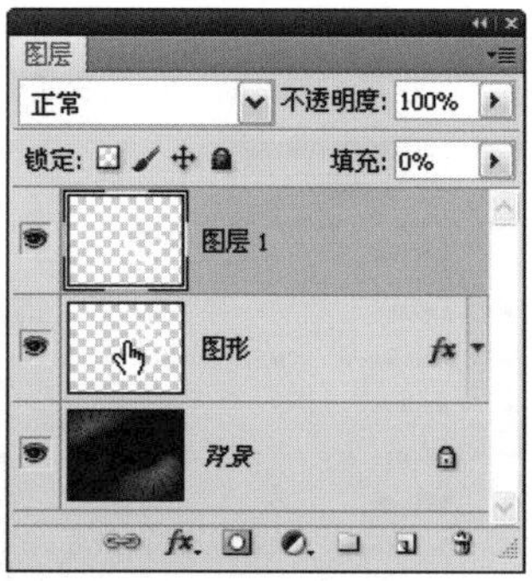

图2-85

图2-86

图2-87

05 将前景色设置为白色，按下〈Alt+Delete〉快捷键填充前景色，按下〈Ctrl+D〉快捷键取消选择，如图2-89所示。双击“图层1”，打开“图层样式”对话框，添加“渐变叠加”效果，如图2-90所示。

图2-88

图2-89

图2-90

06 将“图层1”的填充不透明度设置为0%，隐藏图层中填充的白色，只显示添加的效果，这样可以使图形的下半部颜色变深，如图2-91、图2-92所示。

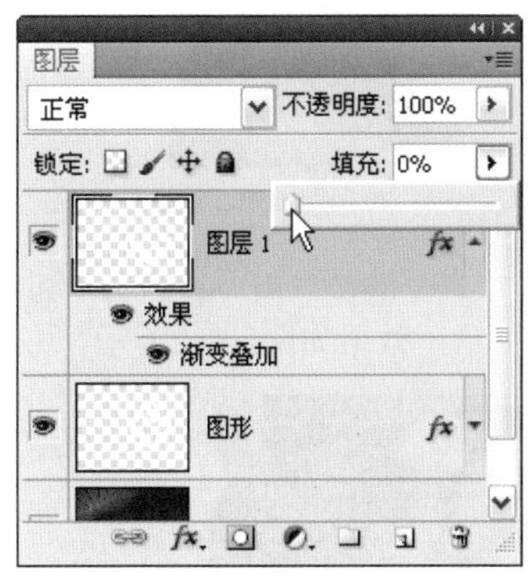

图2-91　　图2-92

07 在“背景”图层上方新建一个图层，如图2-93所示。选择一个柔角画笔工具，按住〈Ctrl〉键（临时切换为吸管工具），在如图2-94所示的位置单击一下，拾取单击点的颜色作为前景色。放开〈Ctrl〉键恢复为画笔工具，在图形中间单击，添加一点亮光，如图2-95所示。

图2-93

图2-94　　图2-95

08 新建一个图层。选择矩形选框工具，按住〈Shift〉键在图像上边和下边各创建一个选区，如图2-96所示。按下〈D〉键将前景色设置为黑色，按下〈Alt+Delete〉快捷键填充黑色，如图2-97所示。按下〈Ctrl+D〉快捷键取消选择。

图2-96　　图2-97

09 将该图层的不透明度设置为39%，如图2-98、图2-99所示。

图2-98　　图2-99

10 最后使用横排文字工具T输入两组文字，大字的参数如图2-100所示，小字使用“Arial”字体，大小设置为12点。最终效果如图2-101所示。

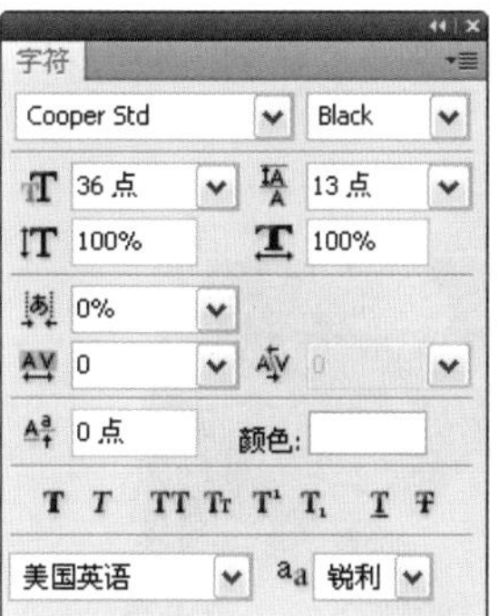

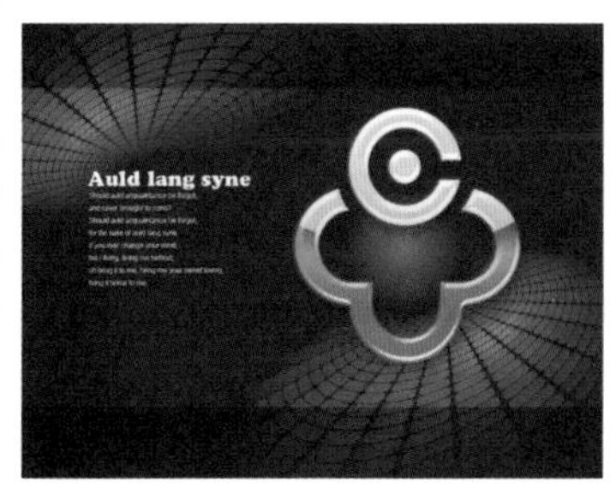

图2-100　　图2-101

实例31 制作金属雕像效果

难度级别：★★★☆

学习目标：通过滤镜、混合模式和混合颜色带制作金属铜像。

技术要点：将混合颜色带中的滑块分开调整。

素材位置：素材/第2章/实例31

实例效果位置：实例效果/第2章/实例31

01 按下〈Ctrl+O〉快捷键打开一个文件，如图2-102所示。

02 选择魔棒工具，在工具选项栏中将容差设置为20，按住〈Shift〉键在背景上单击，将背景全部选取，如图2-103所示。按下〈Shift+Ctrl+I〉快捷键反选，选中人物，如图2-104所示。按下〈Ctrl+C〉快捷键复制选区内的图像，后面的操作中会用到。

图2-102

图2-103

图2-104

03 单击“图层”面板底部的按钮，新建一个图层。调整前景色（R：140，G：98，B：43），按下〈Alt+Delete〉键在选区内填充前景色，如图2-105所示。再新建一个图层，按下〈Ctrl+V〉快捷键粘贴前面复制的图像。按下〈Shift+Ctrl+U〉快捷键进行去色处理，如图2-106所示。

图2-105

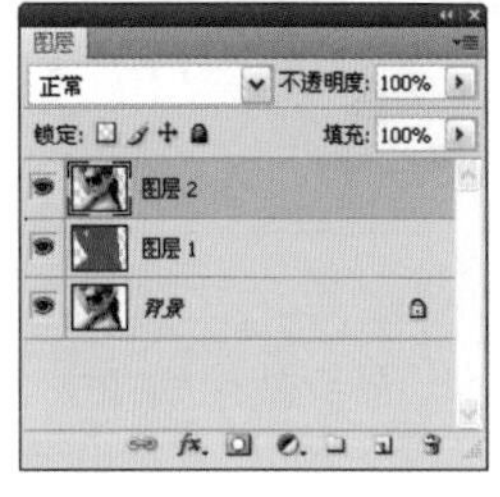

图2-106

04 设置该图层的混合模式为“亮光”，按下〈Ctrl+D〉快捷键取消选择，如图2-107、图2-108所示。

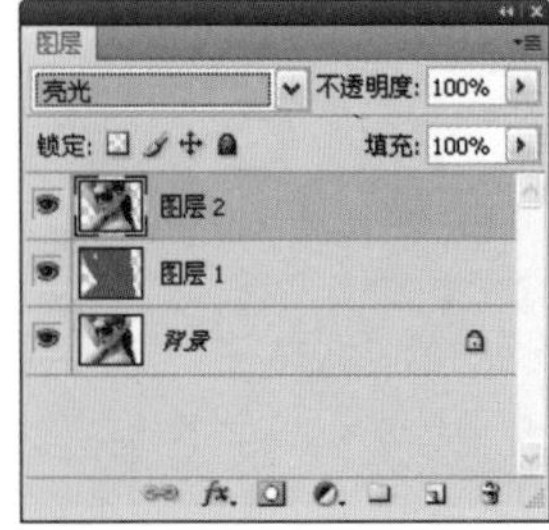

图2-107

图2-108

05 将“图层2”拖动到按钮上复制，设置混合模式为“叠加”，如图2-109、图2-110所示。

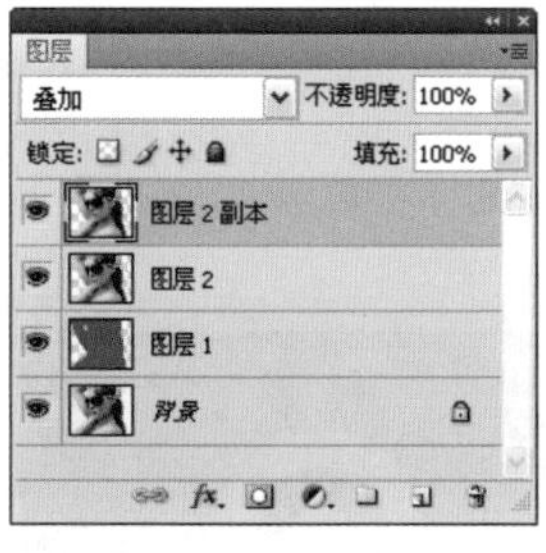

图2-109

图2-110

06 执行“滤镜”→“素描”→“铬黄”命令，打开“滤镜库”，设置参数如图2-111所示，效果如图2-112所示。

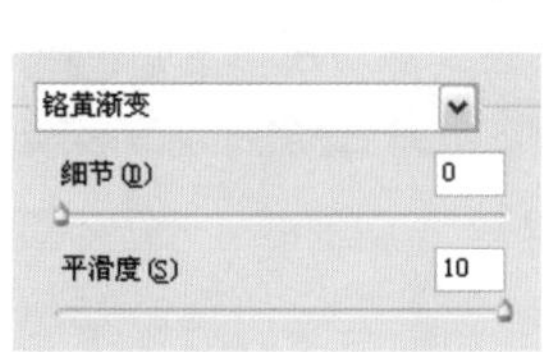

图2-111

图2-112

07 双击“图层2副本”，如图2-113所示，打开“图层样式”对话框。按住〈Alt〉键单击“本图层”选项中的黑色滑块，将它分为两半，然后向右拖动，如图2-114所示，这样可以隐藏当前图层中较暗的像素，使金属质感不会过于生硬，如图2-115所示。

图2-113

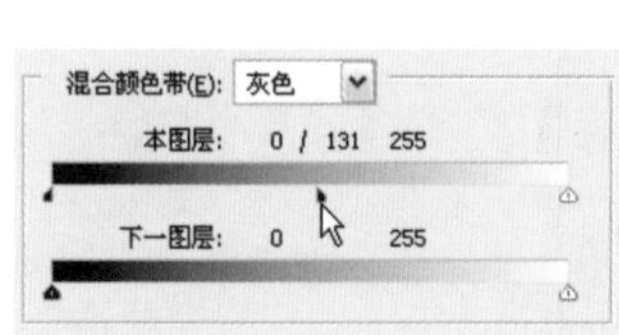

图2-114

图2-115

08 按住〈Ctrl〉键单击“图层1”的缩览图，如图2-116所示，载入人像选区，执行“编辑”→“合并拷贝”命令，将铜像效果复制到剪贴板中。按下〈Ctrl+N〉快捷键，打开“新建”对话框，创建一个13.5厘米×9厘米，300像素/英寸的文件。使用渐变工具填充灰-白线性渐变，如图2-117所示。

图2-116

图2-117

09 按下〈Ctrl+V〉快捷键，将铜像粘贴到该文档中。使用橡皮擦工具将头发边缘的发丝擦掉，让头发更加齐整，如图2-118所示。按下〈Ctrl+J〉快捷键复制雕像图层。执行“编辑”→“变换”→“垂直翻转”命令，翻转图像，再用移动工具向下拖动，制作为倒影，如图2-119所示。

图2-118 图2-119

10 单击“图层”面板底部的按钮创建蒙版，使用渐变工具填充黑白线性渐变，将倒影的底部隐藏，如图2-120、图2-121所示。

11 选择横排文字工具，在“字符”面板中设置字体、颜色和大小，如图2-122所示，在画面中输入文字，如图2-123所示。

图2-120

图2-121

图2-122

图2-123

12 执行“图层”→“栅格化”→“文字”命令，将文字栅格化。单击面板顶部的按钮，锁定透明区域，如图2-124所示。选择渐变工具，打开“渐变编辑器”调整渐变颜色，如图2-125所示，为文字填充线性渐变，如图2-126所示。

图2-124

图2-125

13 按下〈Ctrl+Shift+[〉快捷键，将文字调整到最底层，如图2-127所示。下面来为文字制作倒影，方法与铜像倒影完全相同。首先按下〈Ctrl+J〉快捷键复制文字图层，然后执行“编辑”→“变换”→“垂直翻转”命令，翻转图像，并拖动到文字下方，再为它添加蒙版，并填充黑白线性渐变，效果如图2-128所示。

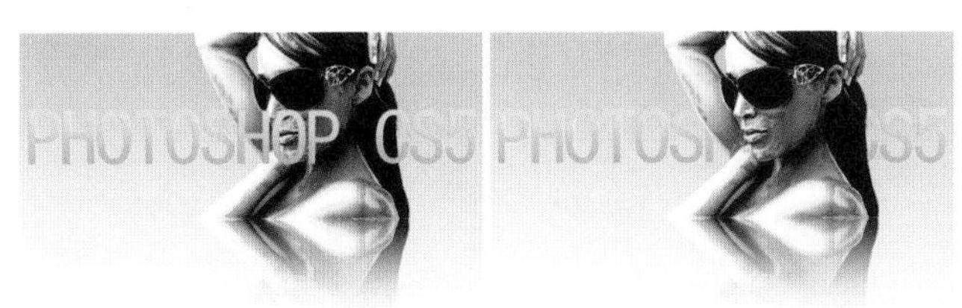
图2-126 图2-127

14 最后，再复制文字及其倒影，适当缩小并放在画面的其他位置上，如图2-129所示。

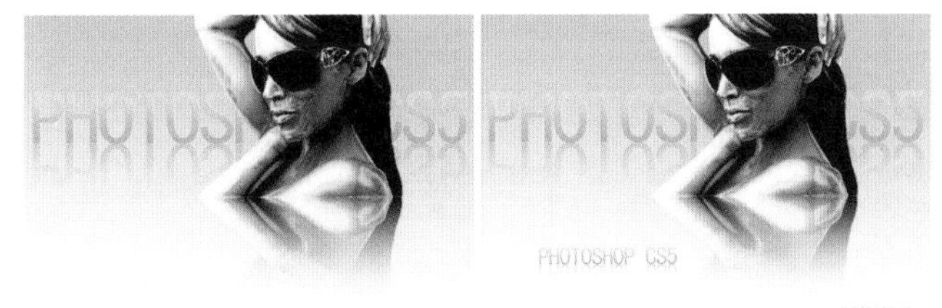

图2-128 图2-129

制作冰雕效果

难度级别：★★★★

学习目标：本实例学习怎样使用滤镜、混合模式和混合颜色带制作冰雕效果。

技术要点：为了表现冰的晶莹透明质感，需要在手上面叠加键盘图像，让键盘透过冰雕隐约看见。

素材位置：素材/第2章/实例32

实例效果位置：实例效果/第2章/实例32

STEP 01 打开一个文件，如图2-130所示。单击“图层”面板底部的按钮，新建一个图层，设置混合模式为“线性加深”，如图2-131所示。

图2-130

图2-131

STEP 02 使用快速选择工具按住〈Shift〉键将两只手选中，如图2-132所示。按下〈Shift+Ctrl+I〉快捷键反选。选择一个柔角画笔工具，在工具选项栏中将工具的不透明度设置为50%，在键盘和背景图像上涂抹灰蓝色，如图2-133所示。

图2-132

图2-133

STEP 03 按下〈Shift+Ctrl+I〉快捷键反选，重新选中手。选择“背景”图层，如图2-134所示，连按4次〈Ctrl+J〉快捷键复制。分别双击各个图层名称，将它们重新命名为“手”、“质感”、“轮廓”、“高光”，如图2-135所示。

图2-134

图2-135

STEP 04 选择“质感”图层，隐藏其他三个图层。执行“滤镜”→“艺术效果”→“水彩”命令，用“水彩”滤镜处理图像，如图2-136、图2-137所示。

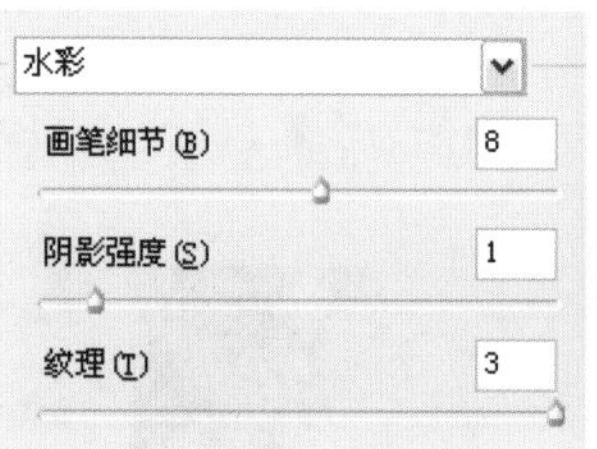

图2-136

图2-137

STEP 05 双击“质感”图层，打开“图层样式”对话框，按住〈Alt〉键拖动“本图层”中的黑色滑块，将滑块分开来调整，这样可以隐藏该图层中较暗的像素，只保留淡淡的纹理，如图2-138、图2-139所示。

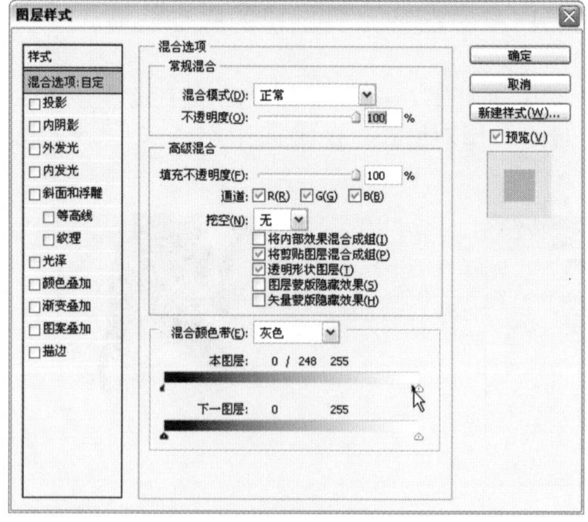

图2-138

图2-139

STEP 06 选择并显示“轮廓”图层，如图2-140所示。执行“滤镜”→“风格化”→“照亮边缘”命令，添加滤镜效果，如图2-141、图2-142所示。

图2-140

图2-141

STEP 07 按下〈Shift+Ctrl+U〉快捷键去除颜色，设置该图层的混合模式为“滤色”，如图2-143所示。按下〈Ctrl+L〉快捷键打开“色阶”对话框，向左侧拖动高光滑块，将图像调亮，如图2-144、图2-145所示。

图2-142

图2-143

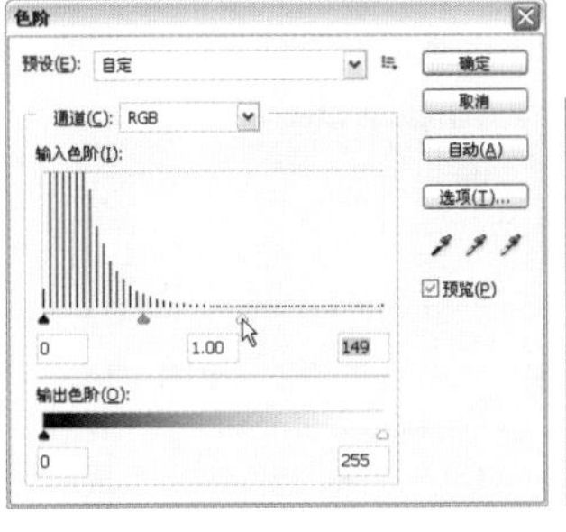

图2-144

图2-145

STEP 08 选择并显示“高光”图层，如图2-146所示，执行“滤镜”→“素描”→“铬黄”命令，应用该滤镜，如图2-147、图2-148所示。

图2-146

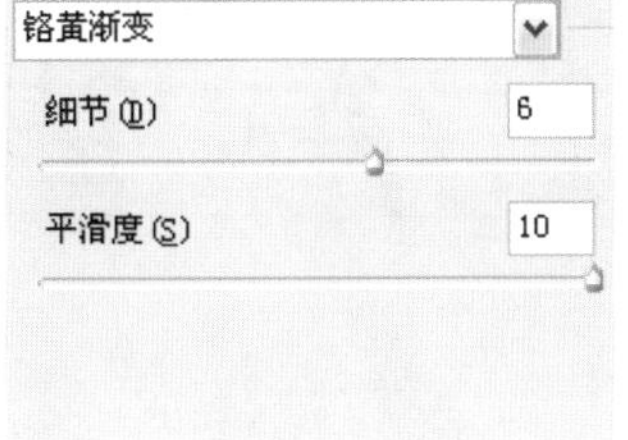

图2-147

STEP 09 将该图层的混合模式设置为“滤色”，如图2-149所示。按下〈Ctrl+L〉快捷键打开“色阶”对话框，将直方图两个端点的滑块向中间拖动，增加对比度，如图2-150、图2-151所示。

图2-148

图2-149

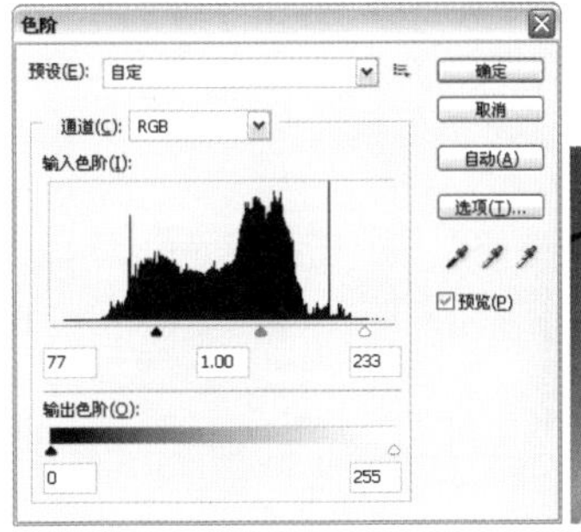

图2-150

图2-151

STEP 10 选择并显示“手”图层，按下“图层”面板顶部的按钮，锁定该图层的透明区域，如图2-152所示。按下〈D〉键恢复默认的前景色和背景色，按下〈Ctrl+Delete〉快捷填充背景色，使手图像成为白色，设置该图层的不透明度为90%，如图2-153、图2-154所示。由于锁定了图层的透明区域，因此，颜色不会填充到手外边。

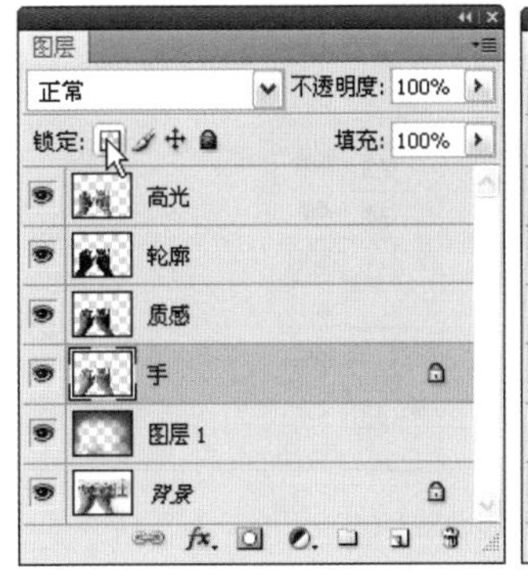

图2-152

图2-153

STEP 11 为了使冰雕呈现更加真实的透明质感，需要复制一些键盘图像放在手下面，让键盘透过冰雕隐约看见。选择并只显示“背景”图层，隐藏其他图层，如图2-155所示，选择矩形选框工具，在工具选项栏中设置羽化为3px，选择手右侧的键盘，如图2-156所示。

STEP 12 按下〈Ctrl+J〉快捷键，将选中的图像复制到一个新的图层中。使用移动工具将它拖动到手上，如图2-157所示。按住〈Alt〉键向右拖动鼠标，再复制出一个图层，如图2-158所示。

图2-154

图2-155

图2-156

图2-157

13 按下〈Ctrl+E〉快捷键，将两个键盘图层合并，然后放到“手”图层的上面，并设置不透明度为46%，如图2-159所示。按下〈Alt+Ctrl+G〉快捷键创建剪贴蒙版，将键盘的显示范围限定在手区域中，然后显示所有图层，如图2-160、图2-161所示。

图2-158

图2-159

图2-160

图2-161

14 在“图层1”上面新建一个图层。将前景色设置为白色，选择一个柔角画笔工具，沿手轮廓绘制一圈白色边线。降低该图层的不透明度（设置为33%），如图2-162、图2-163所示。

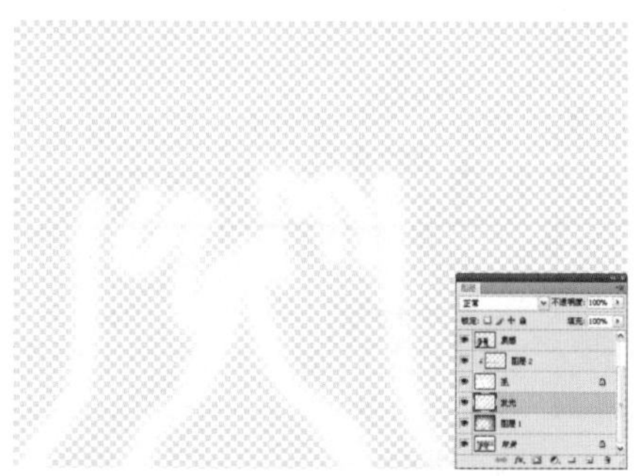

图2-162

图2-163

15 选择“高光”图层，按住〈Ctrl〉键单击它的缩览图，载入选区，如图2-164所示。单击“调整”面板中的按钮，创建“色相/饱和度”调整图层，将手调整为蓝色，选区会转化到调整图层的蒙版中，使调整图层只对手有效，而不会影响背景图像，如图2-165、图2-166所示。

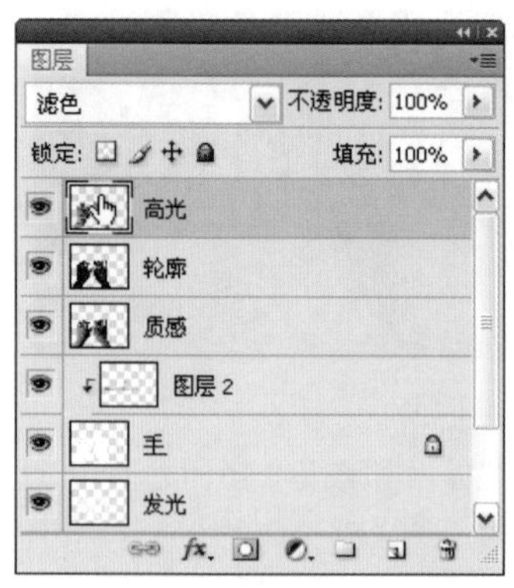

图2-164

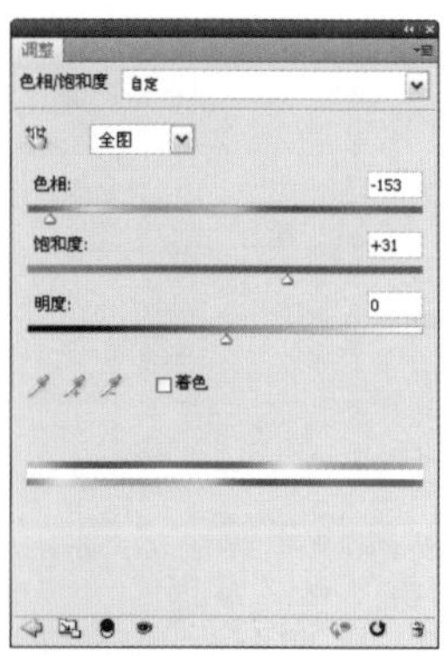

图2-165

图2-166

制作像素拉伸效果

难度级别：★★☆

学习目标：使用“位移”滤镜调整图像的位置，对于空白处，设定为“重复边缘像素”即可创建像素拉伸效果。

技术要点：在拉伸前，要将图像放在画面右侧，并与一个填充了颜色的图层合并。

素材位置：素材/第2章/实例33

实例效果位置：实例效果/第2章/实例33

01 按下〈Ctrl+N〉快捷键打开“新建”对话框，创建一个95厘米×47厘米，分辨率为72像素/英寸的RGB模式文件。调整前景色，如图2-167所示，按下〈Alt+Delete〉快捷键为“背景”图层填色，如图2-168所示。

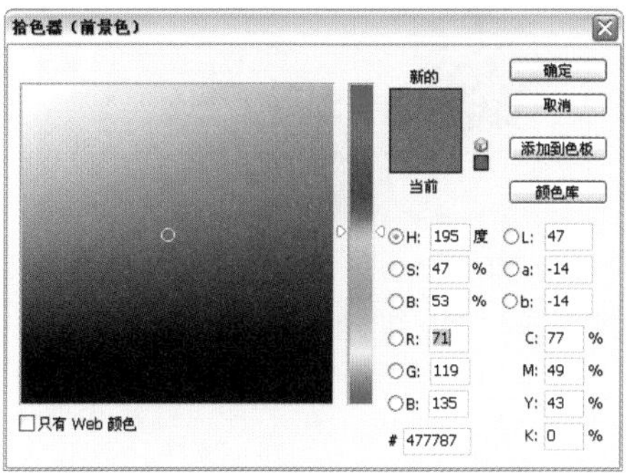

图2-167

02 打开一个文件，如图2-169所示，使用移动工具将它拖入到新建的文档中，放在画面右侧，如图2-170所示。

图2-168

图2-169

图2-170

03 按下〈Ctrl+J〉快捷键复制图层。在“图层1”下方新建一个图层，如图2-171所示。将背景色设置为白色（前景颜色保持不变），按下〈Ctrl+Delete〉快捷键为该图层填充白色。按住〈Ctrl〉键单击“图层1”，同时选中这两个图层，如图2-172所示，按下〈Ctrl+E〉快捷键合并，如图2-173所示。

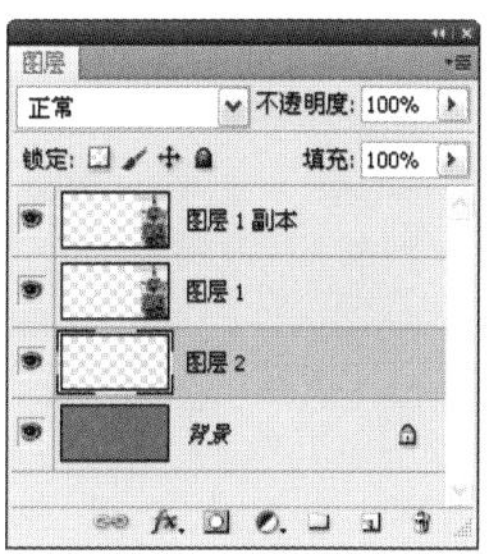

图2-171

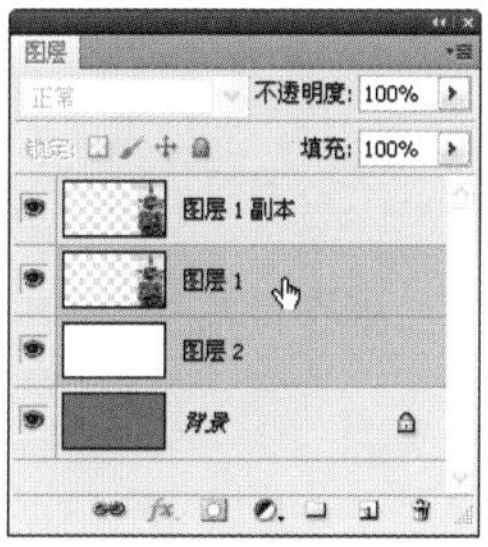

图2-172

04 执行“滤镜”→“其他”→“位移”命令，打开“位移”对话框，将“水平”滑块拖动到最左侧，并选择“重复边缘像素”选项，如图2-174所示，效果如图2-175所示。

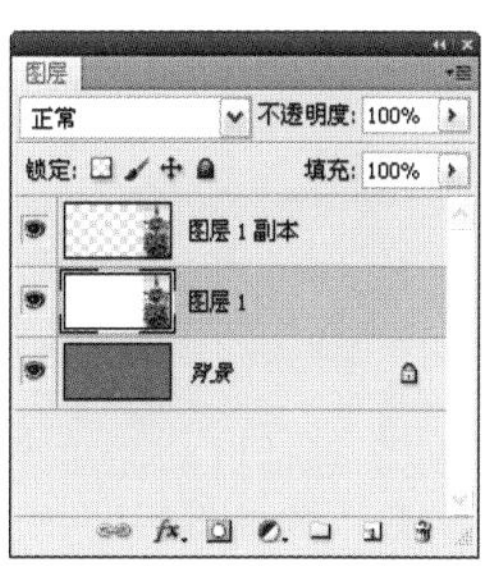

图2-173

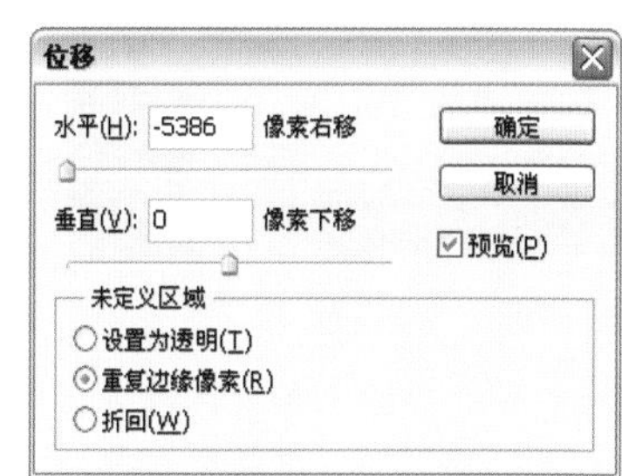

图2-174

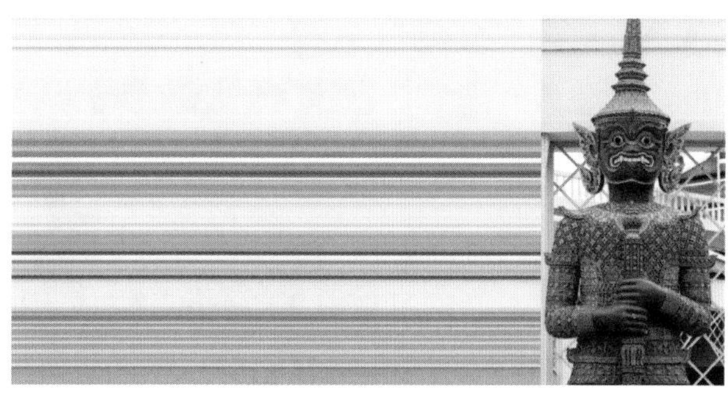

图2-175

STEP 05 执行“图像”→“画布大小”命令，在打开的对话框中将画布的高度设置为65厘米，在“画布扩展颜色”下拉菜单中选择“前景”，如图2-176所示，增加画布的高度，新增部分会填充前景色，如图2-177所示。

图2-176

图2-177

STEP 06 双击“图层1”，打开“图层样式”对话框，添加“投影”效果，如图2-178、图2-179所示。

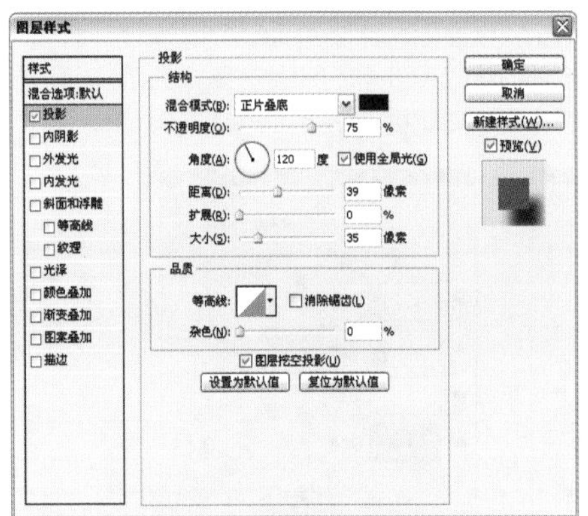

图2-178

图2-179

STEP 07 按下〈Ctrl+M〉快捷键打开“曲线”对话框，在曲线上单击，添加一个控制点，向下拖动该点，将“图层1”中的图像调暗，如图2-180、图2-181所示。

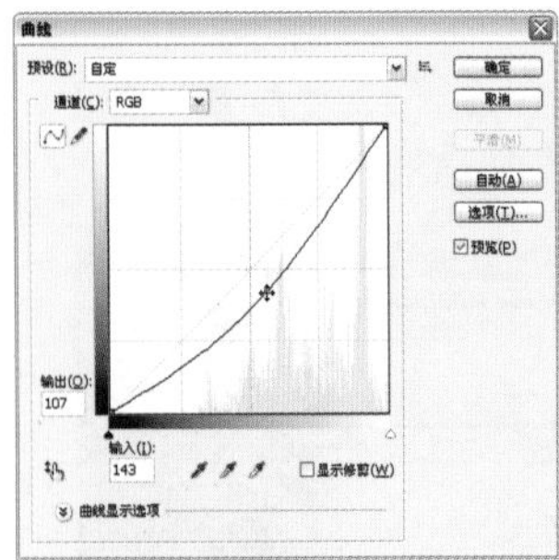

图2-180

图2-181

STEP 08 用横排文字工具T输入一些文字，再加入一些图形（用自定形状工具绘制），如图2-182所示。选择“图层1副本”，使用移动工具将图像移动到左侧，如图2-183所示。

图2-182

图2-183

STEP 09 按住〈Ctrl〉键单击除“背景”以外的各个图层，将它们选中，如图2-184所示，使用移动工具按住〈Shift〉键向上拖动，如图2-185所示。

图2-184

图2-185

STEP 10 现在塑像顶部与新背景之间颜色还有些反差，衔接处不够自然，需要处理一下。选择“图层1副本”，如图2-186所示。选择快速选择工具，在工具选项栏中取消“对所有图层取样”选项的勾选，选中塑像顶部的背景图像，如图2-187所示，按住〈Alt〉键单击“图层”面板底部的按钮，创建一个反相的蒙版，将选中的图像隐藏，如图2-188、图2-189所示。

图2-186

图2-187

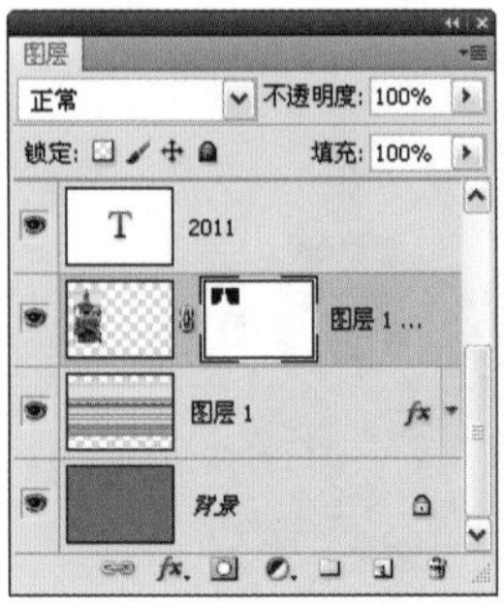

图2-188

图2-189

第3章　特效字实例

学习要点：

- 使用滤镜在通道中制作特殊选区
- 文字的创建与编辑技巧
- 通过复制方法制作立体字
- 在图层效果中应用自定义的图案
- 使用外部画笔库
- 质感的表现技巧

案例数量：

- 14个特效字制作实例

内容总览：

文字是平面设计中不可或缺的重要元素，巧妙地运用文字可以更好地传达设计理念，为作品增色。本章通过实例介绍如何使用Photoshop制作各种特效字，包括圆点字、布纹字、霓虹灯字、立体字、玉石字、钻石字等14种类型。

圆点字

难度级别：★★☆

学习目标：学习如何使用通道制作特效字，即在通道中输入文字，再通过“彩色半调”滤镜将文字转化成为圆点。

技术要点：在通道中用滤镜处理文字，得到圆点状选区。

素材位置：素材/第3章/实例34

实例效果位置：实例效果/第3章/实例34

01 按下〈Ctrl+N〉快捷键打开“新建”对话框，创建一个文件，如图3-1所示。

图3-1

02 单击“通道”面板底部的创建新通道按钮，新建一个Alpha通道，如图3-2所示，按下〈Ctrl+I〉快捷键反相，使通道变为白色，如图3-3所示。

03 选择横排文字工具T，打开“字符”面板设置字体、大小及颜色（R：153、G：153、B：153），如图3-4所示，在画面中单击并输入文字。选择工具箱中其他工具结束文字的输入，文字会转化为选区，如图3-5所示。

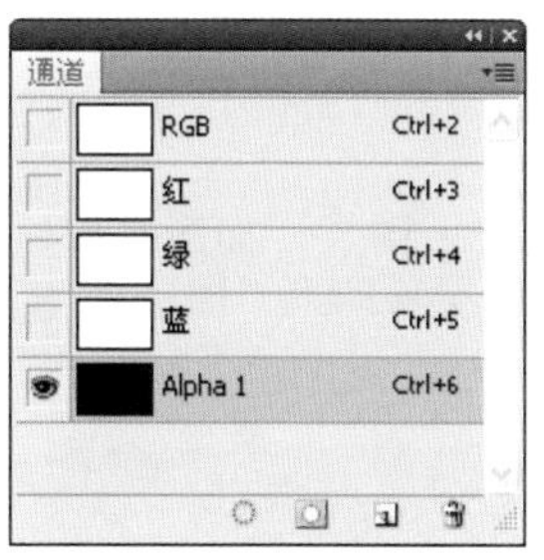

图3-2

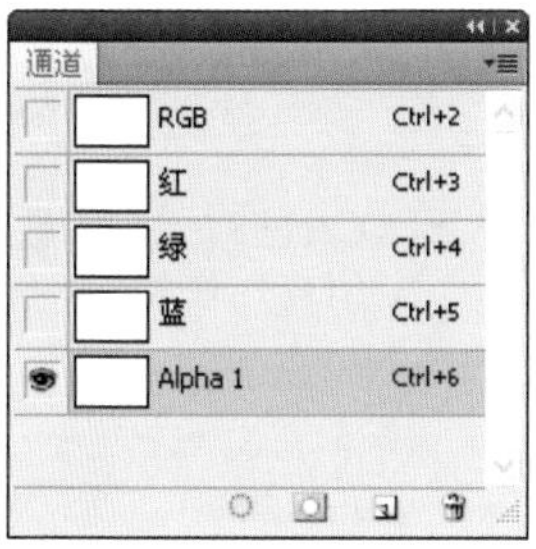

图3-3

图3-4

Adobe

图3-5

04 按下〈Ctrl+D〉快捷键取消选择。执行“滤镜”→“像素化”→“彩色半调”命令，设置参数如图3-6所示，将文字转化成圆点，如图3-7所示。

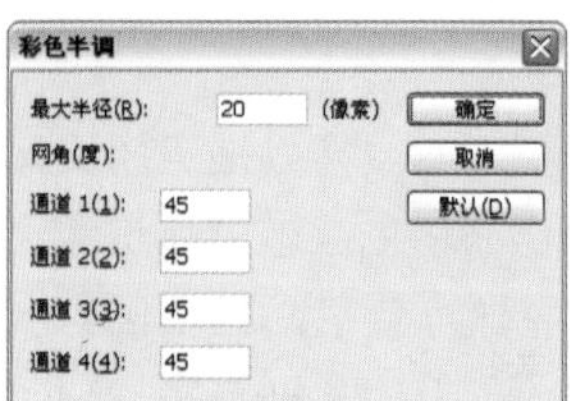
图3-6

图3-7

05 单击“通道”面板底部的○按钮，载入通道中的选区，如图3-8所示，按下〈Shift+Ctrl+I〉快捷键反选，选中文字，如图3-9所示。

图3-8

图3-9

06 单击“图层”面板底部的按钮，新建一个图层，如图3-10所示。将前景色设置为绿色（R：89、G：250、B：0），按下〈Alt+Delete〉快捷键在选区内填充前景色，按下〈Ctrl+D〉快捷键取消选择，如图3-11所示。

图3-10

图3-11

07 按下〈Ctrl+J〉快捷键复制文字图层，如图3-12所示。按下〈Ctrl+[〉快捷键，将该图层移动到“图层1”的下面，如图3-13所示。

图3-12

图3-13

08 执行“滤镜”→“模糊”→“动感模糊”命令，设置参数如图3-14所示，效果如图3-15所示。

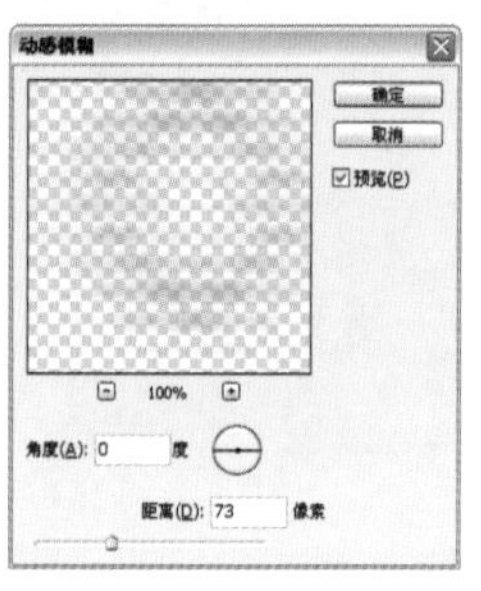
图3-14

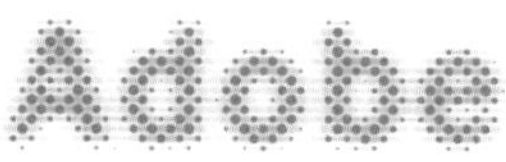
图3-15

09 使用移动工具将模糊后的文字向右侧移动一点，如图3-16所示。打开一个文件，如图3-17所示。

图3-16

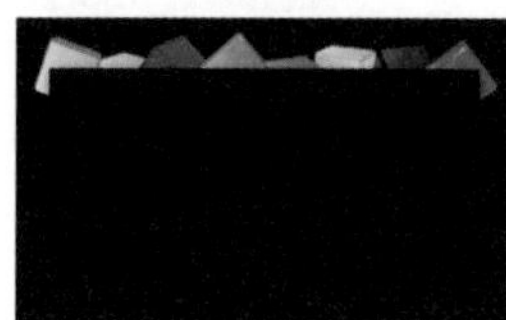
图3-17

10 在文字文档中，按住〈Ctrl〉键单击“图层1”和“图层1副本”，将它们同时选择，使用移动工具将文字拖入新打开的文档中，如图3-18所示。最后使用横排文字工具T输入一行小字，如图3-19所示。

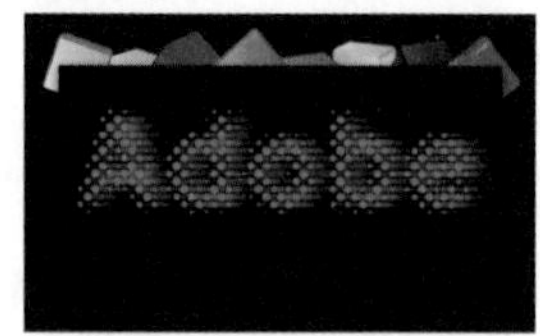
图3-18

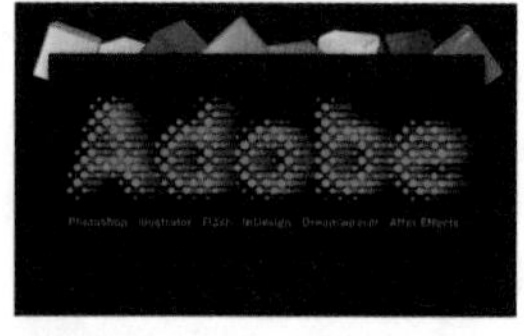
图3-19

Photoshop 实例35

布纹字

难度级别：★★★ 

学习目标：学习使用剪贴蒙版限定图像的显示范围，即使用文字限定画布素材的显示区域，使之成为布纹特效字。

技术要点：创建剪贴蒙版时一个文字对应一个画布素材。

素材位置：素材/第3章/实例35-1~实例35-6

实例效果位置：实例效果/第3章/实例35

01 按下〈Ctrl+N〉快捷键打开“新建”对话框，创建一个10厘米×6厘米，分辨率为350像素/英寸的RGB模式文件。

02 选择横排文字工具T，打开“字符”面板设置字体及大小，如图3-20所示。在画面中单击并输入文字，选择工具箱中其他工具结束文字的输入，如图3-21所示。

图3-20

图3-21

03 双击文字图层，打开“图层样式”对话框，添加“投影”和“描边”效果，如图3-22~图3-24所示。

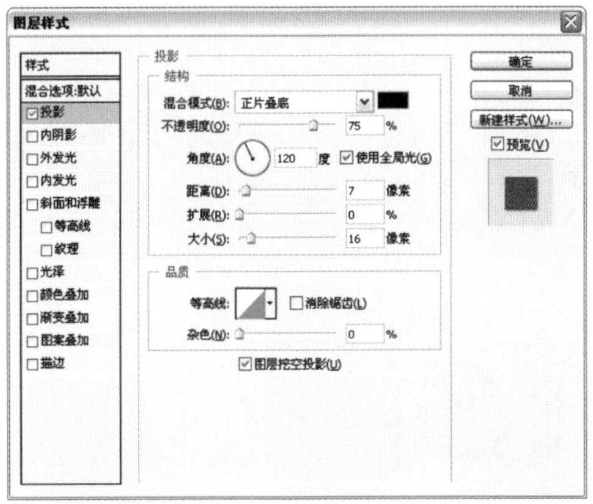

图3-22

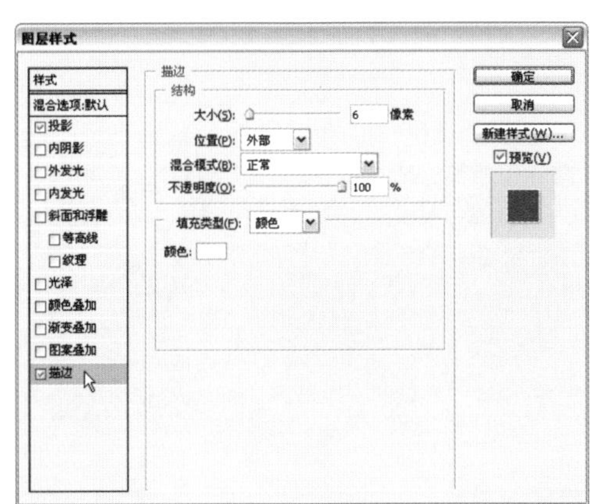

图3-23

图3-24

04 使用移动工具按住〈Alt+Shift〉键向右侧拖动文字进行复制，如图3-25所示。双击文字图层的缩览图，如图3-26所示，进入文字编辑状态，将复制后的文字修改为“O”，如图3-27所示。

图3-25 图3-26  图3-27

05 单击移动工具结束文字的修改。按住〈Alt+Shift〉键向右侧拖动文字再次复制，然后采用同样的方法，即双击文字的缩览图，再修改文字内容，最后组成一个单词“Color”，其中的每一个字母都位于一个单独的图层中，如图3-28、图3-29所示。

图3-28 图3-29

06 打开一个花布文件。使用移动工具将它拖入文字文档中，生成“图层1”，将它拖动到文字图层“C”的上面，如图3-30、图3-31所示。

图3-30

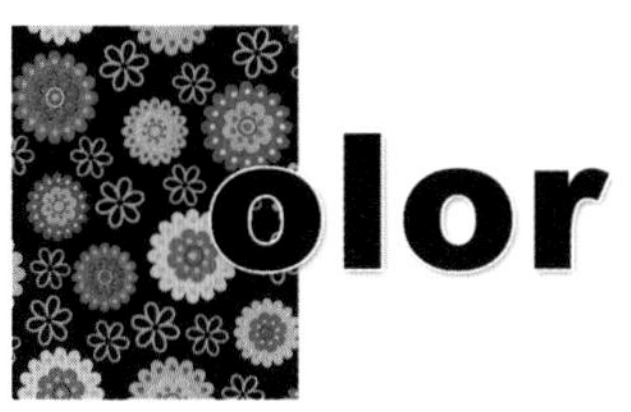

图3-31

07 执行“图层”→“创建剪贴蒙版”命令或按下〈Alt+Ctrl+G〉快捷键，创建剪贴蒙版，使文字“C”中显示出花布图像，如图3-32、图3-33所示。

图3-32

图3-33

08 再打开一个花布文件，如图3-34所示，将它拖入文字文档，生成"图层2"，将该图层拖动到文字"O"的上面，如图3-35所示。

图3-34

图3-35

09 按下〈Alt+Ctrl+G〉快捷键创建剪贴蒙版，使用文字"O"限定花布的显示范围，如图3-36、图3-37所示。

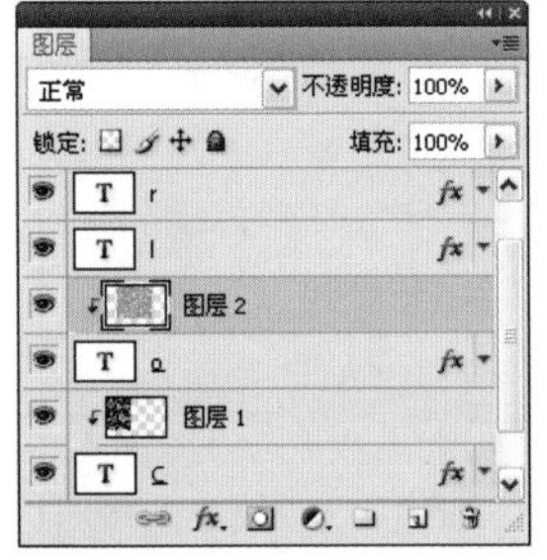
图3-36

图3-37

10 再打开几个花布文件，分别放到字母"l"、"o"、"r"的上面，采用同样的方法创建剪贴蒙版，使用各个文字限定花布的显示范围，如图3-38、图3-39所示。

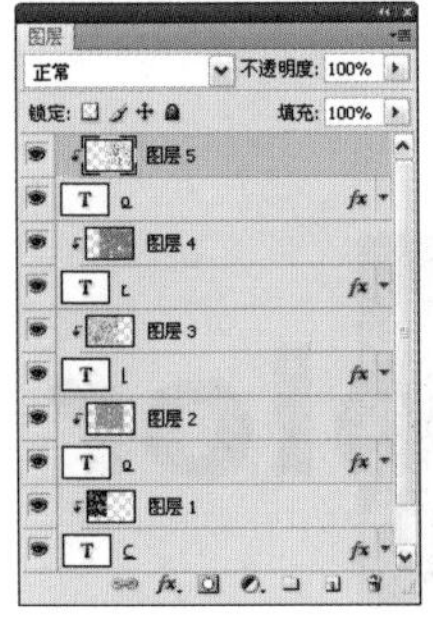
图3-38

图3-39

11 打开一个名片模板素材，如图3-40所示。将布纹字中除"背景"图层以外的所有都选中，使用移动工具拖入到名片文档中，如图3-41所示。

图3-40

图3-41

12 用横排文字工具T输入一行文字，如图3-42、图3-43所示。按下回车键换行，在"字符"面板中将文字的大小改为8点，颜色设置为浅灰色，再输入一行小字，如图3-44所示。

图3-42

图3-43

图3-44

Photoshop
实例36

霓虹灯字

难度级别：★★

学习目标：学习使用图层样式中的"外发光"、"内发光"和"投影"效果制作霓虹灯特效字。

技术要点：使用渐变颜色作为内发光的颜色。

素材位置：素材/第3章/实例36

实例效果位置：实例效果/第3章/实例36

STEP 01 按下〈Ctrl+N〉快捷键打开“新建”对话框，创建一个25厘米×35厘米，分辨率为72像素/英寸的RGB模式文件。按下〈D〉键将前景色设置为黑色，按下〈Alt+Delete〉快捷键，为“背景”图层填充黑色。

STEP 02 选择横排文字工具T，在“字符”面板中选择一种字体，设置大小，并按下T按钮，以创建倾斜的文字，如图3-45所示。在画面中单击并输入文字，如图3-46所示。

图3-45

图3-46

STEP 03 按下回车键换行，在“字符”面板中将文字大小和间距都设置为195点，如图3-47所示，再输入一行文字，如图3-48所示。单击工具箱中的其他工具，结束文字的编辑。

图3-47

图3-48

STEP 04 单击“图层”面板底部的fx按钮，选择“内发光”命令，打开“图层样式”对话框。设置混合模式为“正常”，不透明度为100%，其他参数如图3-49所示。单击渐变颜色条，将发光设置为渐变，同时打开“渐变编辑器”，调整渐变颜色，如图3-50所示。

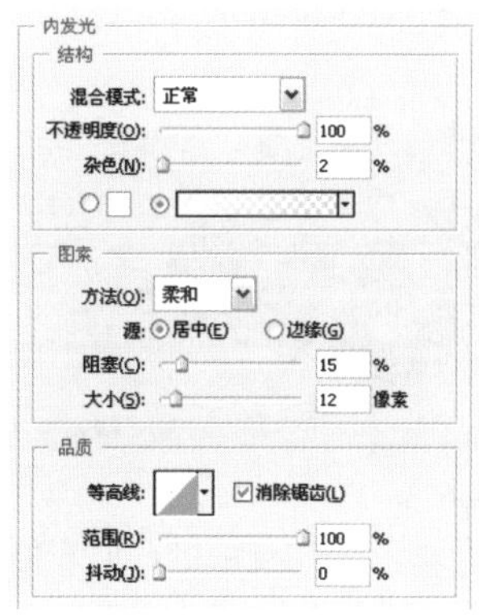

图3-49

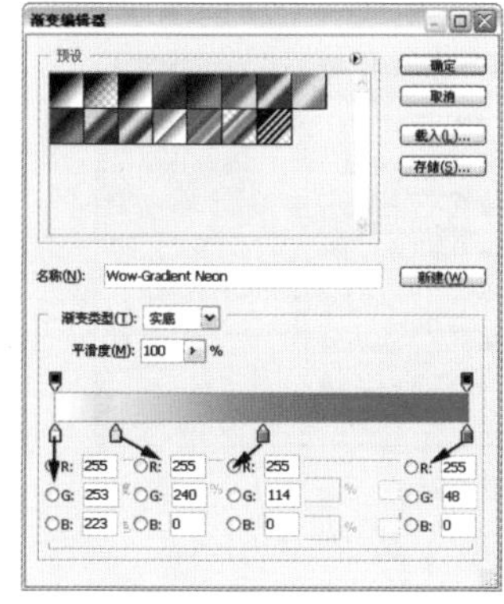

图3-50

STEP 05 单击对话框左侧的“外发光”选项，添加“外发光”效果。设置混合模式为“滤色”，不透明度为55%，将发光颜色设置为红色（R：255、G：72、B：0），其他参数如图3-51所示。

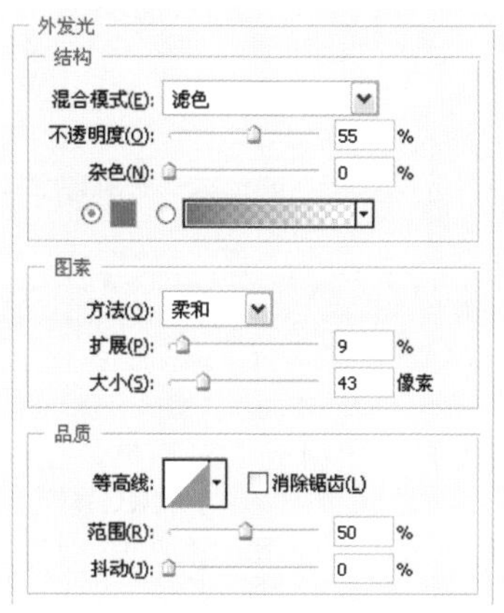

图3-51

STEP 06 选择左侧列表中的“投影”选项，添加“投影”效果。设置混合模式为“颜色减淡”，不透明度为50%，并调整投影颜色（R：144、G：129、B：3），其他参数设置如图3-52所示，文字效果如图3-53所示。

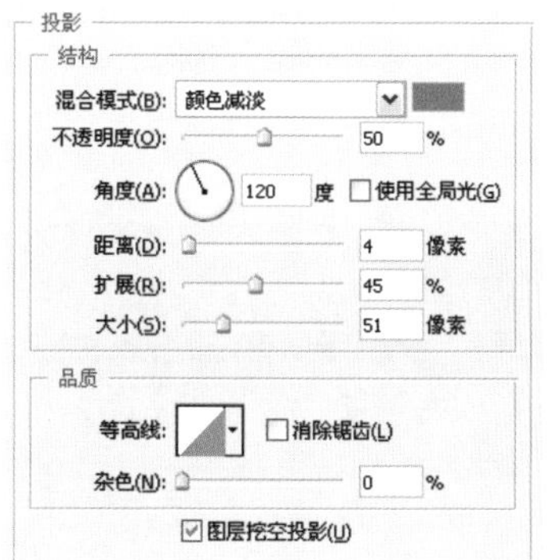

图3-52

图3-53

STEP 07 按下〈Ctrl+O〉快捷键打开一个文件，如图3-54所示。使用移动工具将制作的霓虹灯字拖入该文档中，如图3-55所示。

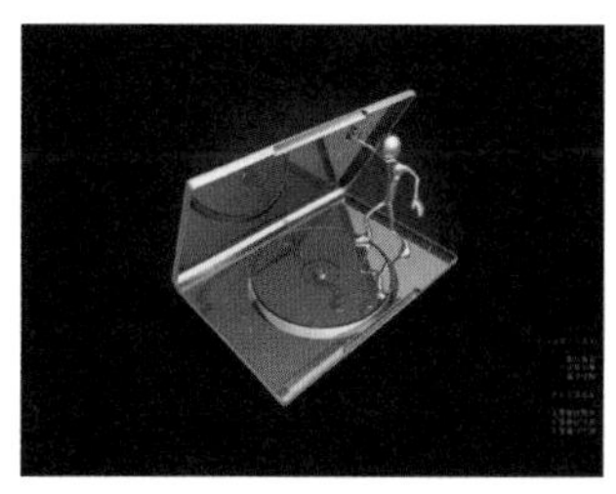

图3-54

图3-55

Photoshop 实例37 立体字

难度级别：★★

学习目标：学习对文字进行透视变形扭曲，再通过快捷键复制的方式，生成立体特效字。

技术要点：复制文字以后，通过“色阶”命令将最上面的文字调亮，增强文字的立体感。

素材位置：素材/第3章/实例37-1、实例37-2

实例效果位置：实例效果/第3章/实例37

01 按下〈Ctrl+N〉快捷键打开“新建”对话框，创建一个10厘米×6厘米，分辨率为350像素/英寸的RGB模式文件。在“色板”面板中选择灰色，如图3-56所示，按下〈Alt+Delete〉快捷键填充灰色，如图3-57所示。

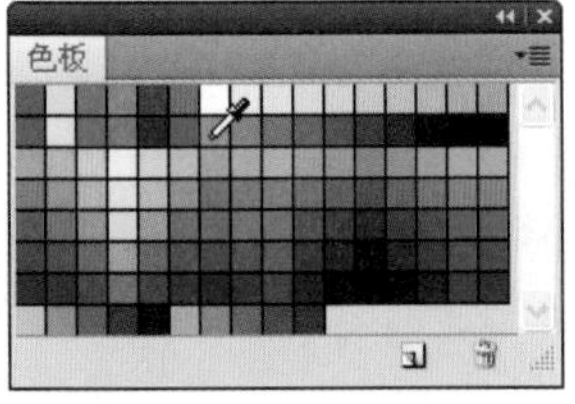

图3-56

图3-57

02 选择横排文字工具T，打开“字符”面板设置字体及大小，如图3-58所示，在画面中单击并输入文字，如图3-59所示。单击移动工具，结束文字的输入状态。

图3-58

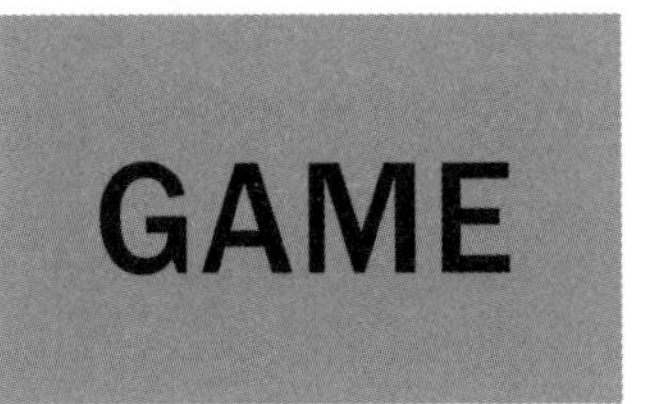

图3-59

03 在文字图层上单击右键，选择“栅格化文字”命令，如图3-60所示，将文字栅格化，以便对它进行变形处理。按下〈Ctrl+T〉快捷键显示定界框，按住〈Ctrl〉键拖动控制点，将文字调整为如图3-61所示的透视效果。按下回车键确认。

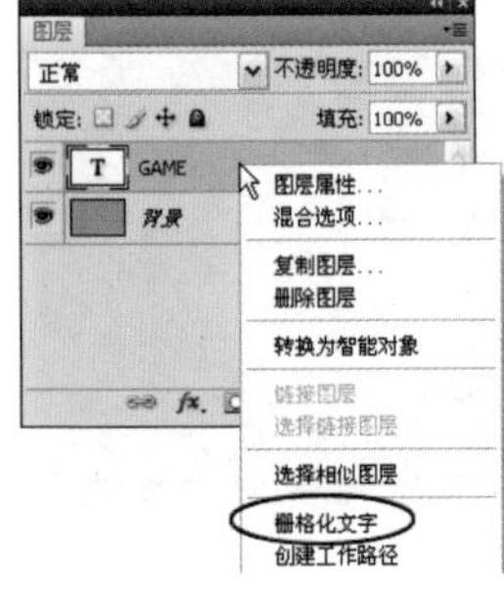

图3-60

图3-61

04 单击“图层”面板顶部的按钮，锁定图层的透明区域，如图3-62所示。选择渐变工具，单击工具选项栏渐变颜色条右侧的按钮，打开下拉面板，选择一个预设的渐变，如图3-63所示，在文字上单击并拖动鼠标填充渐变，如图3-64所示。

图3-62

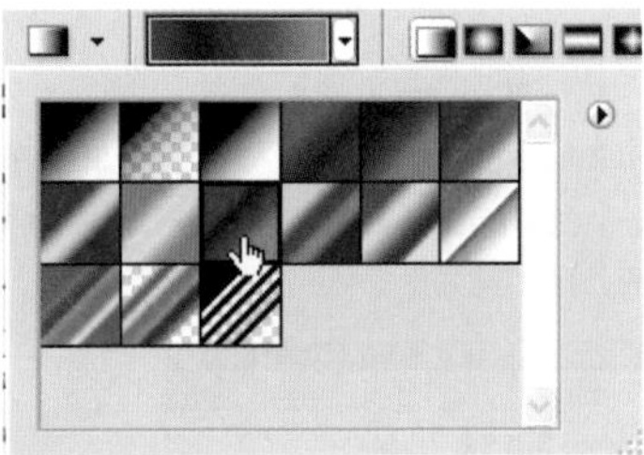

图3-63

图3-64

提示 由于锁定了图层的透明区域，因此，填充渐变颜色时，只填充包含像素的区域（即文字），文字以外的透明区域不会受到影响。

05 按住〈Alt〉键，再连续按〈↑〉键，沿垂直方向向上连续复制文字图层，形成立体字，每按一下〈↑〉键，就会生成一个新的图层，如图3-65、图3-66所示。

图3-65

图3-66

06 按下〈Ctrl+L〉快捷键打开“色阶”对话框，向左侧拖动中间调滑块，如图3-67所示，将最上面的文字调亮，如图3-68所示。

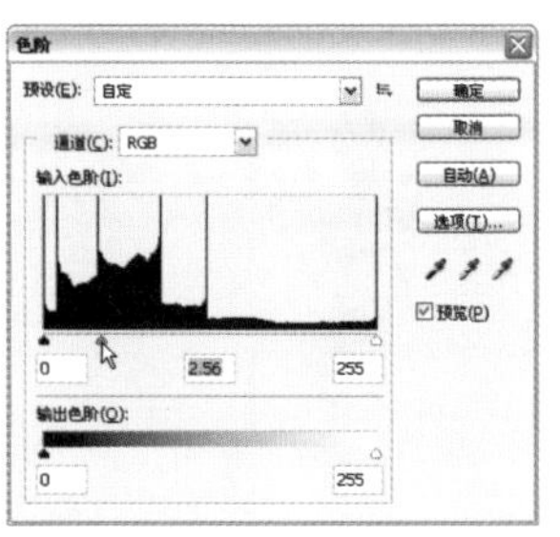

图3-67

图3-68

07 选择所有文字图层，如图3-69所示，按下〈Ctrl+E〉快捷键合并，如图3-70所示。

图3-69

图3-70

08 打开一个PSD格式的手机分层文件。使用移动工具将文字拖入到该文档中，并调整图层的位置，如图3-71、图3-72所示。

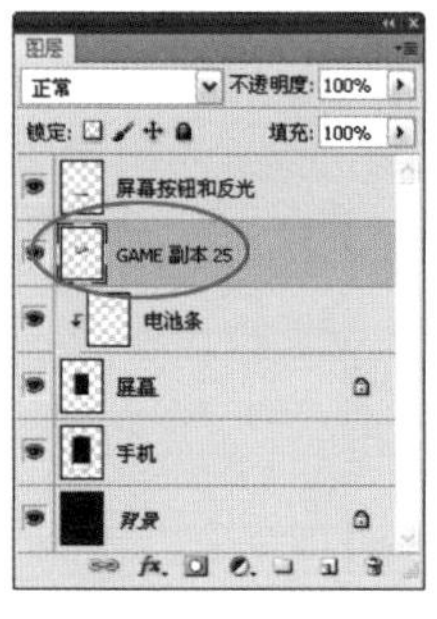

图3-71

图3-72

09 再打开一个文件，将它也拖入到手机文档中，放在文字图层的下方，如图3-73、图3-74所示。

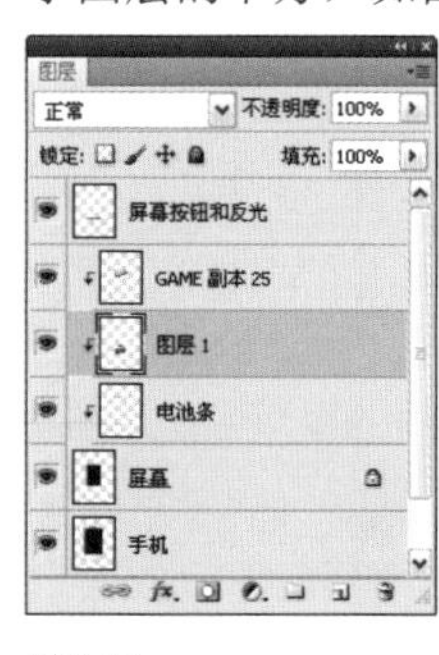

图3-73

图3-74

玉石字

 难度级别：★★☆ 

学习目标：学习使用图层样式制作玉石特效字。

技术要点：将大理石纹理素材定义为图案，并通过图层样式中的“图案叠加”效果应用于文字表面，生成真实的玉石质感。

素材位置：素材/第3章/实例38-1~实例38-3

实例效果位置：实例效果/第3章/实例38

01 按下〈Ctrl+N〉快捷键打开“新建”对话框，创建一个10厘米×6厘米，350像素/英寸的RGB模式文档。

02 选择横排文字工具T，在“字符”面板中设置字体和大小，如图3-75所示，在画面中单击并输入文字，如图3-76所示。单击移动工具，结束文字的输入。

图3-75

Jade

图3-76

03 打开一个大理石纹理素材，如图3-77所示。执行“编辑”→“定义图案”命令，打开“图案名称”对话框，输入图案的名称，如图3-78所示，单击“确定”按钮，将该图像定义为一个图案。

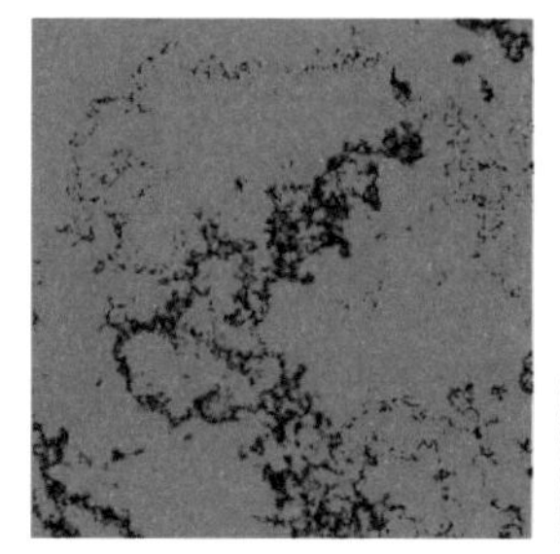

图3-77

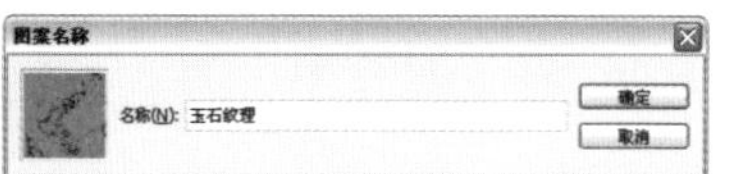

图3-78

STEP 04 切换到文字文档中，单击“图层”面板底部的 fx 按钮，选择“投影”命令，打开“图层样式”对话框，将投影颜色设置为灰色，其他参数如图3-79所示。单击对话框左侧列表中的“内阴影”效果，显示选项，设置内阴影颜色为墨绿色（R：3、G：69、B64），其他参数如图3-80所示。

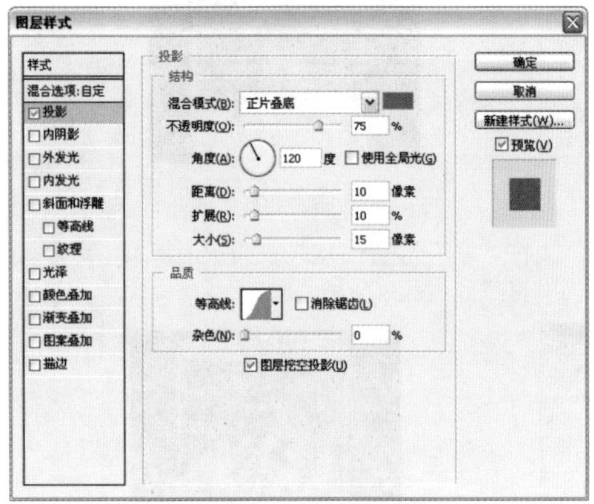

图3-79

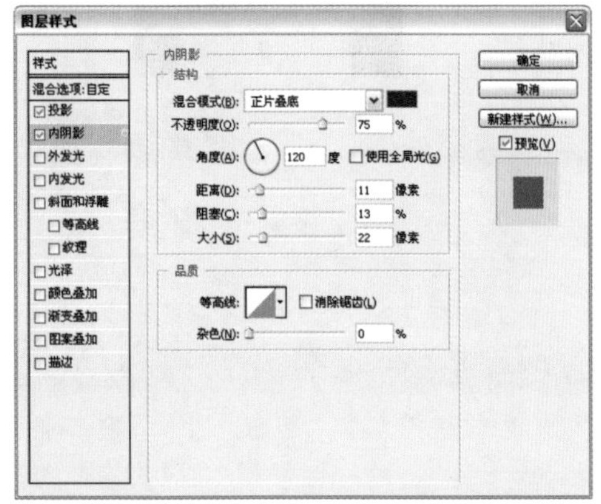

图3-80

STEP 05 单击对话框左侧列表中的“内发光”效果，显示选项，设置发光颜色为深绿色（R：0、G：133、B：22），其他参数如图3-81所示。单击左侧列表中的“斜面和浮雕”效果，显示选项，设置“高光模式”的颜色为淡绿色（R：210、G：214、B：175），“阴影模式”的颜色为墨绿色（R：5、G：58、B：3），其他参数如图3-82所示。

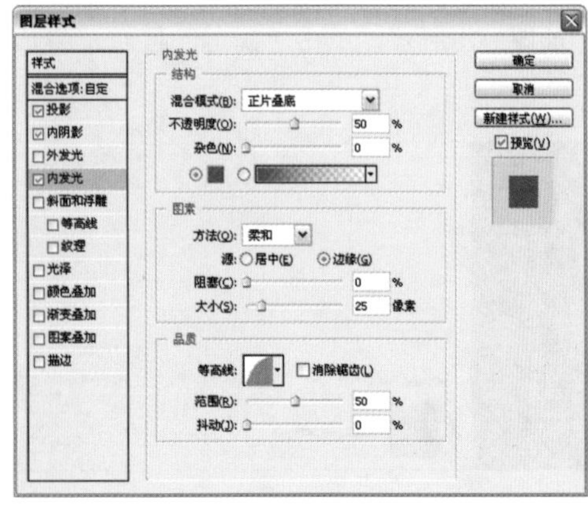

图3-81

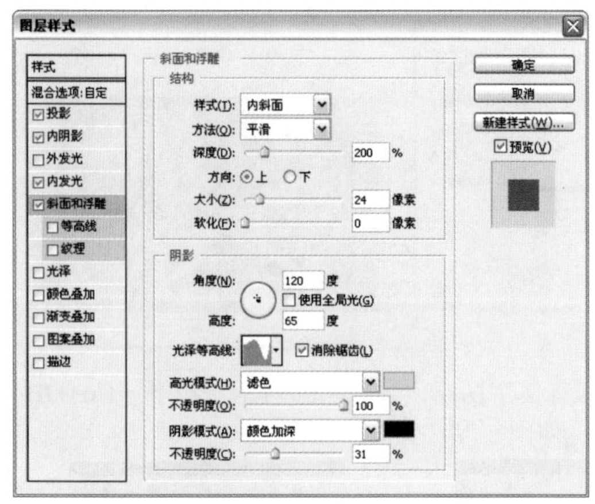

图3-82

STEP 06 单击左侧列表中的“颜色叠加”效果，显示选项，设置叠加的颜色为绿色（R：110、G：245、B：117），如图3-83所示。单击左侧列表中的“光泽”效果，显示选项，设置光泽颜色为淡青色（R：237、G：245、B：253），其他参数如图3-84所示。

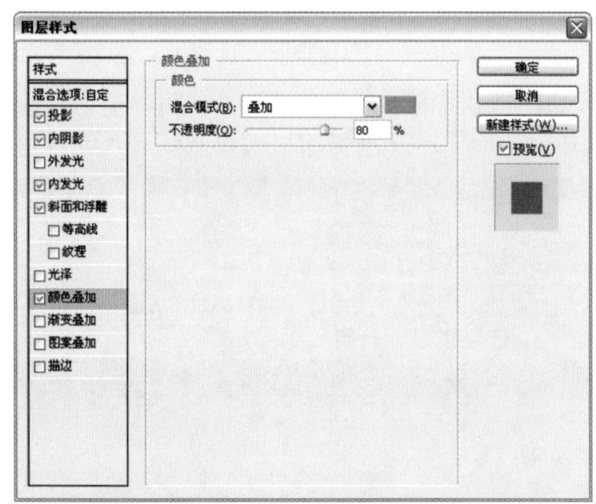

图3-83

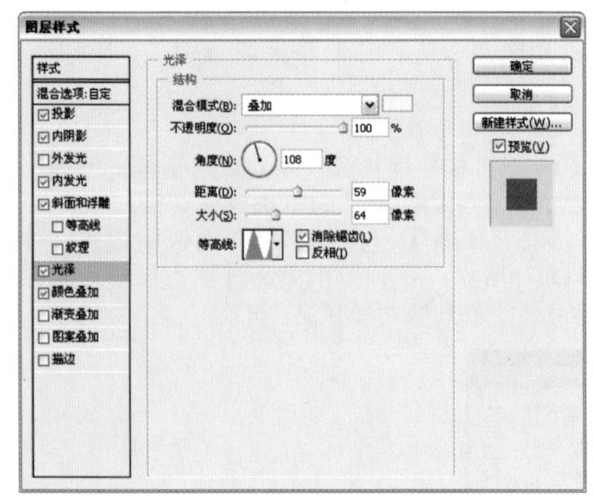

图3-84

STEP 07 单击左侧列表中的“图案叠加”效果，显示选项，单击图案缩览图，显示下拉面板，选择前面定义的图案，如图3-85所示，设置“缩放”为25%，关闭对话框，为文字添加以上效果，如图3-86所示。

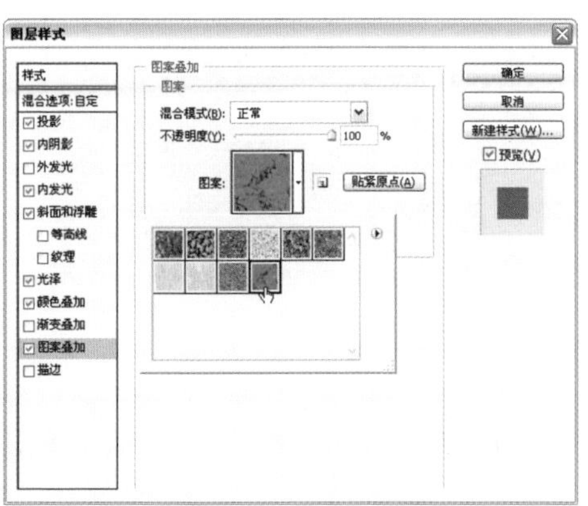

图3-85

图3-86

08 按下〈Ctrl+O〉快捷键打开一个文件，如图3-87所示。

图3-87

09 执行“滤镜”→“渲染”→“光照效果”命令，打开“光照效果”对话框，拖动光源控制点调整光源方向，并设置参数如图3-88所示。单击“确定”按钮关闭对话框，效果如图3-89所示。

10 使用移动工具将制作的玉石字拖入该文档，如图3-90所示。打开一个玉器素材文件，将它拖入文字文档，放在画面右下角，如图3-91所示。

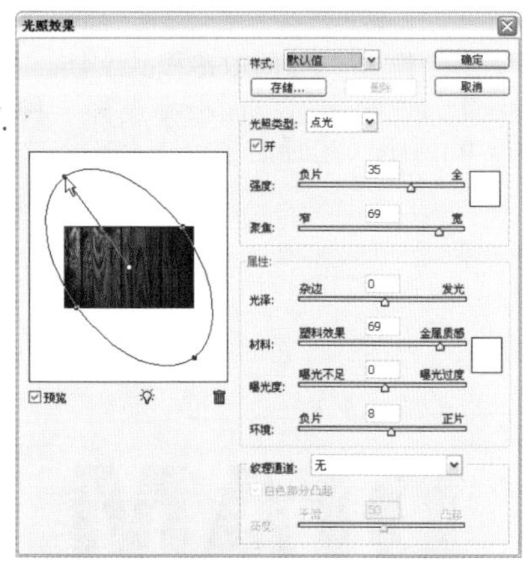

图3-88

图3-89

图3-90

图3-91

Photoshop 实例39 钻石字

难度级别：★★☆

学习目标：学习使用“玻璃”滤镜制作钻石状颗粒，并将其应用于文字，成为钻石特效字。

技术要点：使用载入的画笔笔尖绘制星光，让钻石熠熠生辉。

素材位置：素材/第3章/实例39、星光笔尖

实例效果位置：实例效果/第3章/实例39

01 按下〈Ctrl+N〉快捷键打开“新建”对话框，创建一个660×200像素，分辨率为72像素/英寸的RGB模式文档。

02 选择横排文字工具T，在“字符”面板中选择一种字体并设置大小，如图3-92所示，在画面中单击并输入文字，如图3-93所示。

图3-92

图3-93

03 按下〈Ctrl+J〉快捷键复制文字图层，如图3-94所示。按住〈Ctrl〉键单击“图层”面板底部的按钮，在文字图层下方新建一个图层，如图3-95所示。

图3-94

图3-95

04 按下〈Ctrl+Delete〉快捷键将该图层填充为白色。按住〈Ctrl〉键单击上面的文字图层，同时选择这两个图层，如图3-96所示，按下〈Ctrl+E〉快捷键将它们合并，如图3-97所示。将下面的文字图层隐藏，如图3-98所示。

图3-96

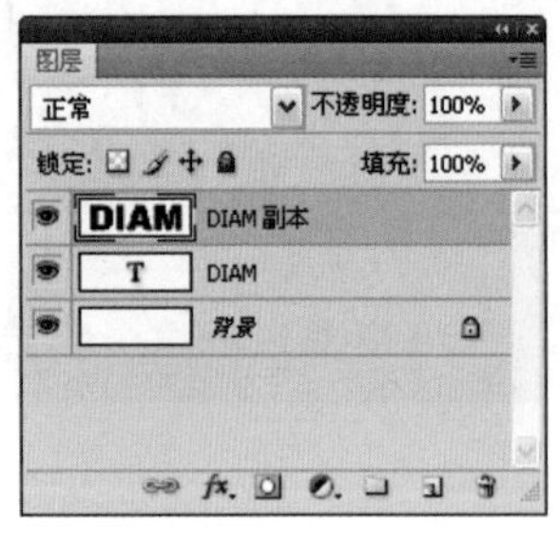

图3-97

05 执行“滤镜”→“扭曲”→“玻璃”命令，设置参数如图3-99所示，效果如图3-100所示。

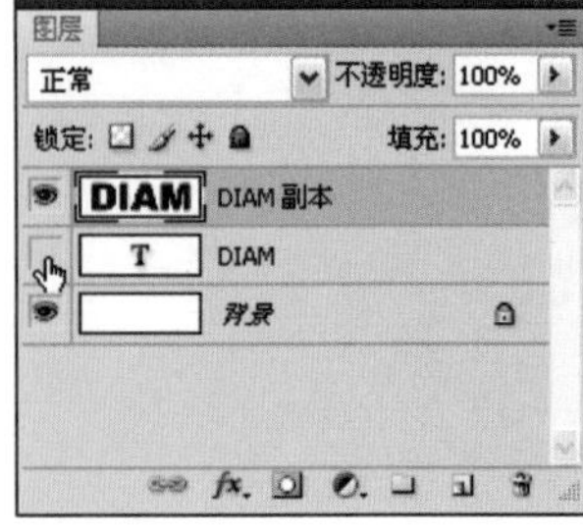

图3-98

图3-99

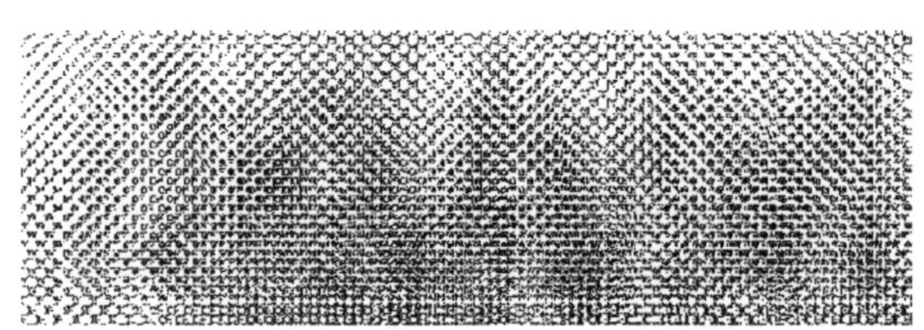

图3-100

06 按住〈Ctrl〉键单击被隐藏的文字图层的缩览图，载入它的选区，如图3-101所示。单击“图层”面板底部的按钮，基于选区创建蒙版，选区外的图像会被蒙版遮盖，如图3-102所示。

图3-101

图3-102

07 单击“图层”面板底部的fx按钮，选择“描边”命令，打开“图层样式”对话框，设置描边颜色为黄色，其他参数如图3-103所示，效果如图3-104所示。

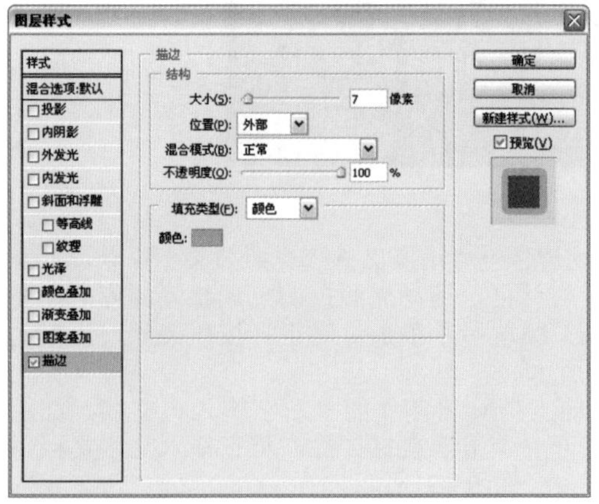

图3-103

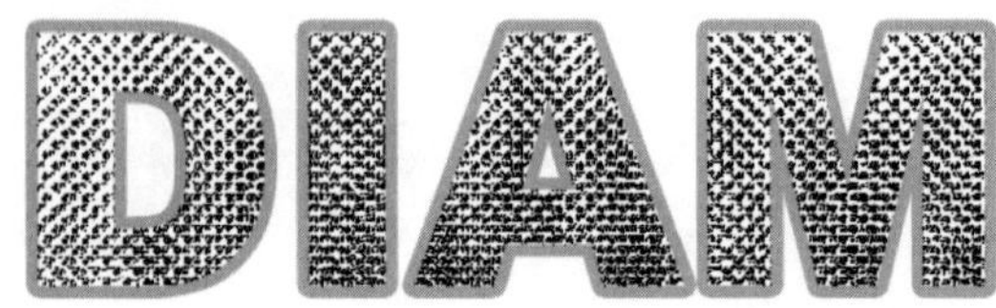

图3-104

08 单击对话框左侧列表中的“斜面和浮雕”效果，显示选项，将“样式”设置为“描边浮雕”，并选择一种光泽等高线样式，其他参数如图3-105所示，效果如图3-106所示。

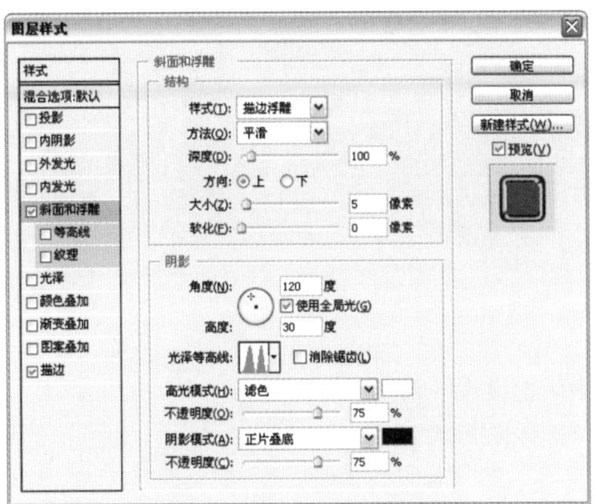

图3-105

图3-106

09 单击对话框左侧列表中的“投影”效果，设置参数如图3-107所示，效果如图3-108所示。

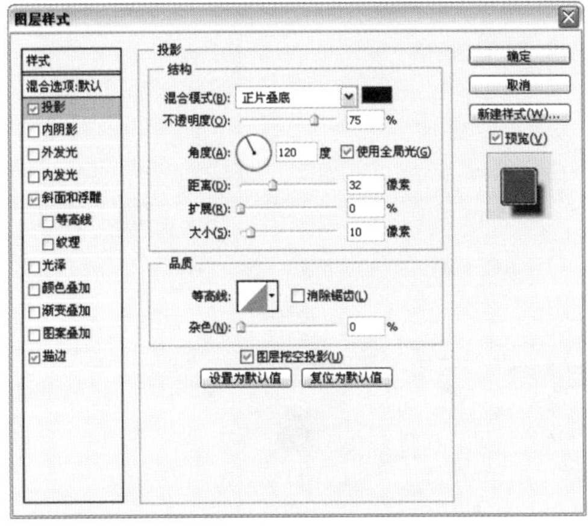

图3-107

图3-108

10 打开一个文件，将钻石字拖入该文档，如图3-109所示。单击“图层”面板底部的按钮，新建一个图层，如图3-110所示。

图3-109

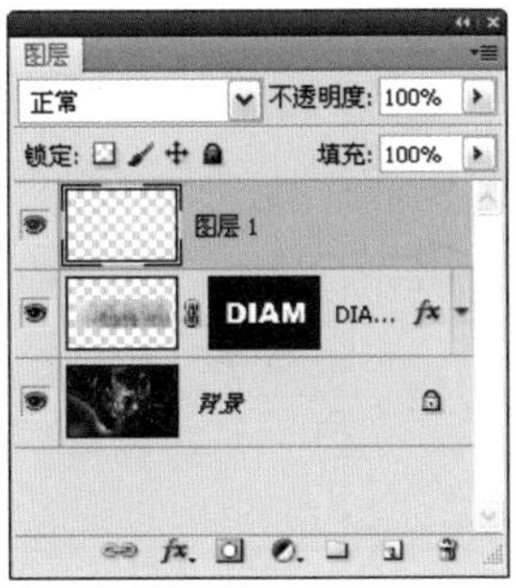

图3-110

11 选择画笔工具，打开画笔下拉面板，选择面板菜单中的“载入画笔”命令，如图3-111所示，在打开的对话框中选择光盘中本实例所使用的画笔文件，如图3-112所示，将它载入到面板中。

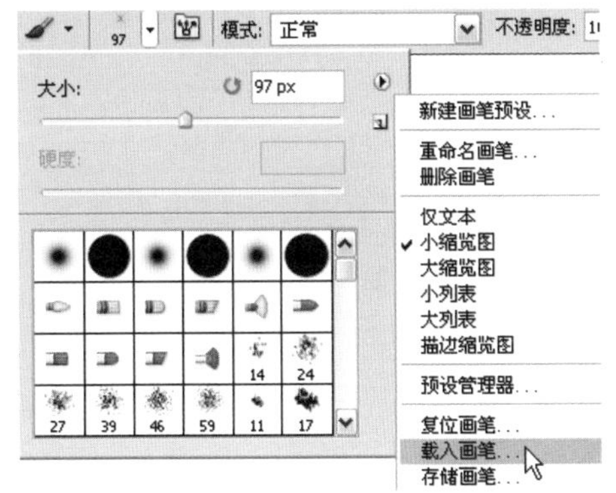

图3-111

图3-112

12 选择如图3-113所示的笔尖，将前景色设置为白色，在文字的高光区域单击，点出发光效果，如图3-114所示。

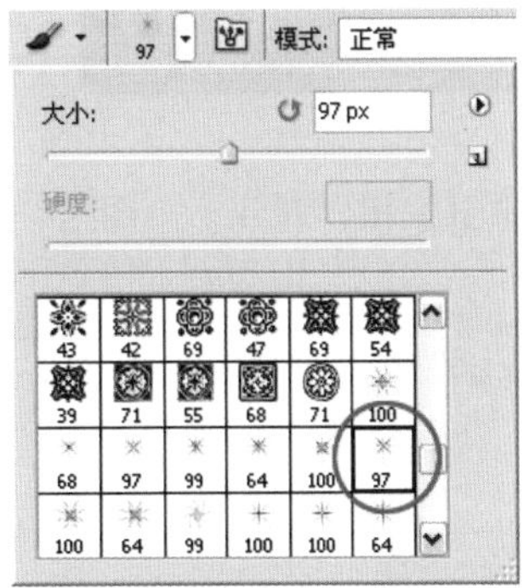

图3-113

图3-114

Photoshop 实例40

不锈钢字

难度级别：★★☆

学习目标：学习使用图层样式制作不锈钢特效字。

技术要点：通过等高线改变斜面和浮雕的形状。

素材位置：素材/第3章/实例40

实例效果位置：实例效果/第3章/实例40

01 按下〈Ctrl+O〉快捷键打开一个文件，如图3-115所示。

图3-115

02 打开“通道”面板，按住〈Ctrl〉键单击Alpha1通道，载入该通道中保存的文字选区，如图3-116、图3-117所示。

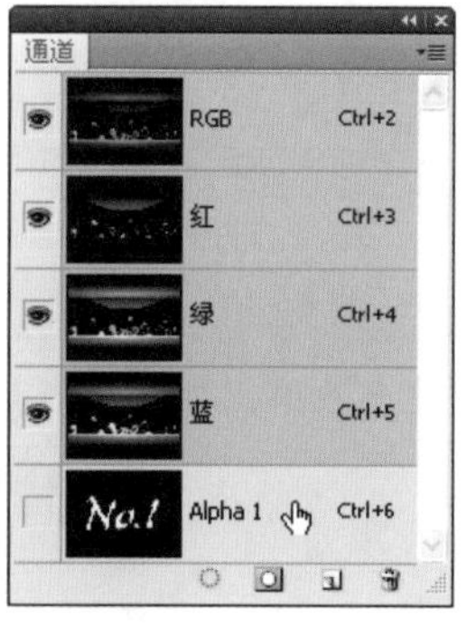

图3-116

图3-117

03 单击“图层”面板底部的按钮，新建一个图层。将前景色设置为灰色（R：179，G：179，B：179），按下〈Alt+Delete〉快捷键在选区内填色，按下〈Ctrl+D〉快捷键取消选择，如图3-118、图3-119所示。

图3-118

图3-119

04 双击“图层1”，打开“图层样式”对话框，在左侧列表选择“投影”、“斜面和浮雕”、“等高线”效果，设置参数如图3-120～图3-122所示，效果如图3-123所示。

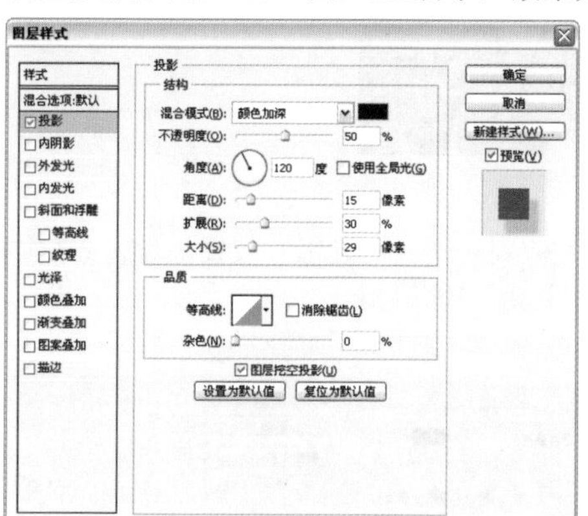

图3-120

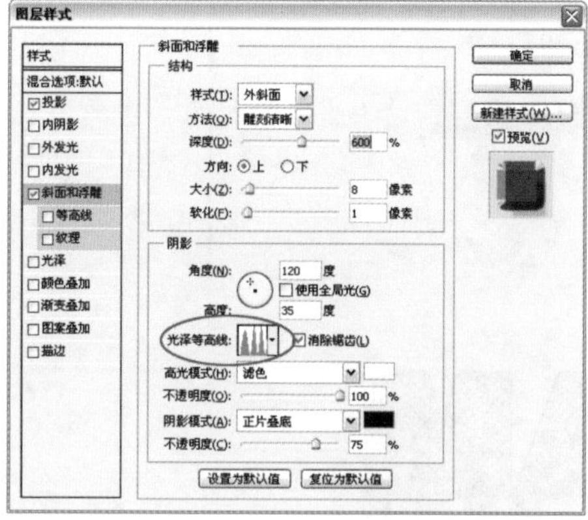

图3-121

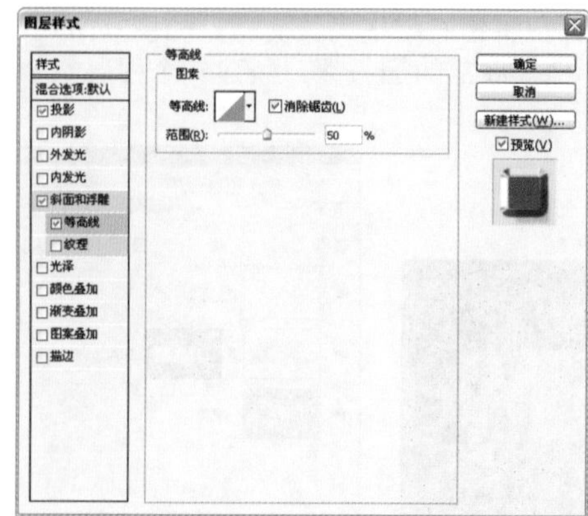

图3-122

图3-123

05 在左侧列表中选择“光泽”和“颜色叠加”效果，设置参数如图3-124、图3-125所示，效果如图3-126所示。

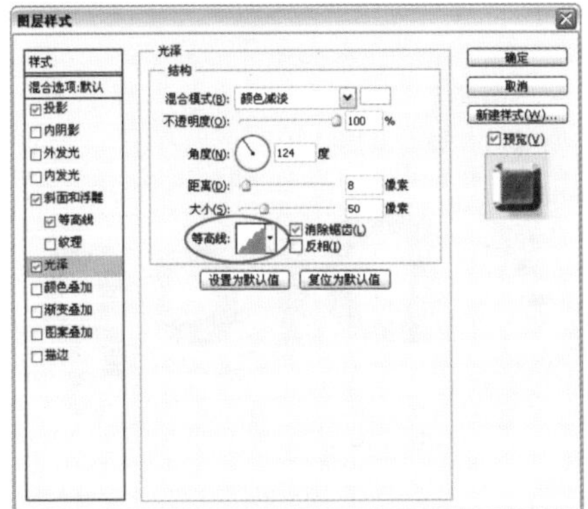

图3-124

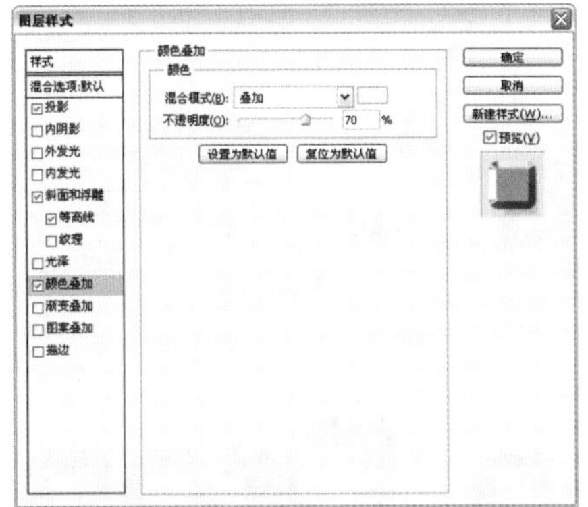

图3-125

图3-126

06 在左侧列表中选择“描边”，设置参数如图3-127所示，单击“确定”按钮关闭对话框，文字效果如图3-128所示。

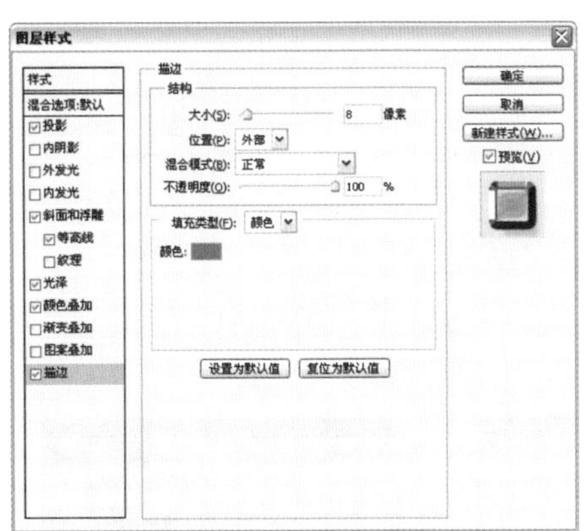

图3-127

图3-128

水滴字

难度级别：★★★☆

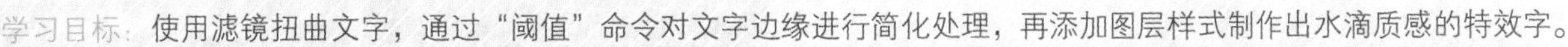
学习目标：使用滤镜扭曲文字，通过“阈值”命令对文字边缘进行简化处理，再添加图层样式制作出水滴质感的特效字。

技术要点：使降低填充不透明度，使文字变得透明。

素材位置：素材/第3章/实例41

实例效果位置：实例效果/第3章/实例41

01 按下〈Ctrl+N〉快捷键打开“新建”对话框，创建一个20厘米×10厘米，72像素/英寸的RGB模式文档。

02 选择横排文字工具T，在“字符”面板中设置字体和大小，如图3-129所示，在画面中单击并输入文字，如图3-130所示。

图3-129 图3-130

03 按住〈Ctrl〉键单击创建新图层按钮，在文字下方新建一个图层，然后填充白色，如图3-131所示。按住〈Ctrl〉键单击文字图层，将这两个图层同时选择，如图3-132所示，按下〈Ctrl+E〉快捷键合并，如图3-133所示。

04 执行“滤镜”→“像素化”→“晶格化”命令，对文字进行变形处理，如图3-134、图3-135所示。

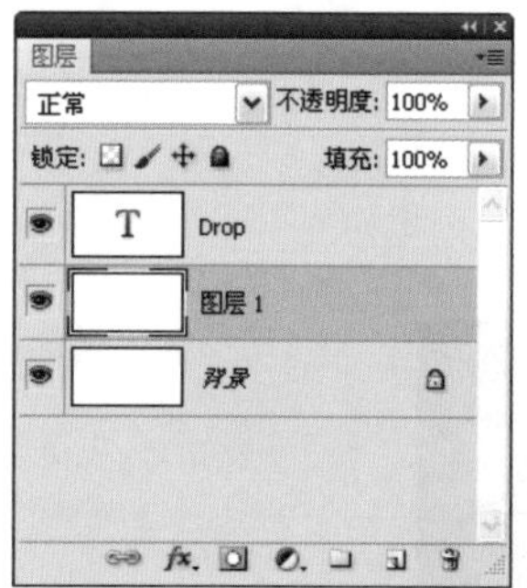

图3-131 图3-132

图3-133

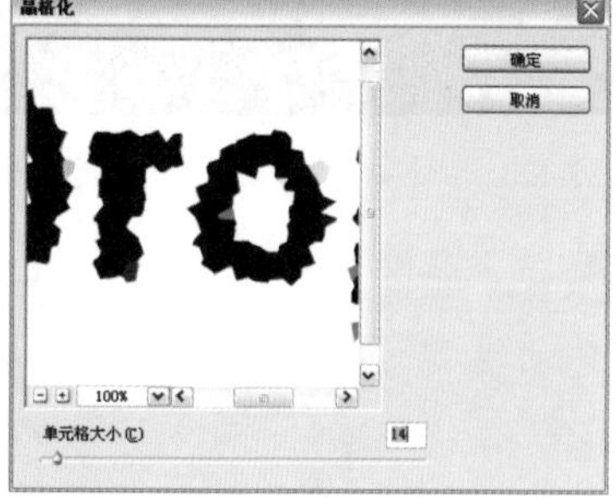

图3-134

图3-135

05 执行“滤镜”→“模糊”→“高斯模糊”命令，对文字进行模糊处理，使文字的边缘变得光滑，如图3-136、图3-137所示。

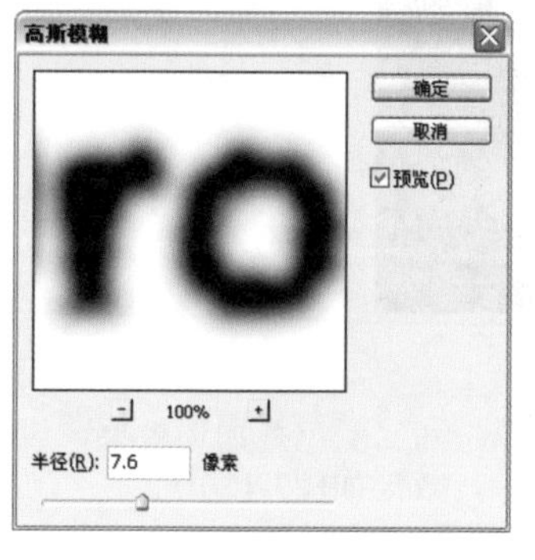

图3-136

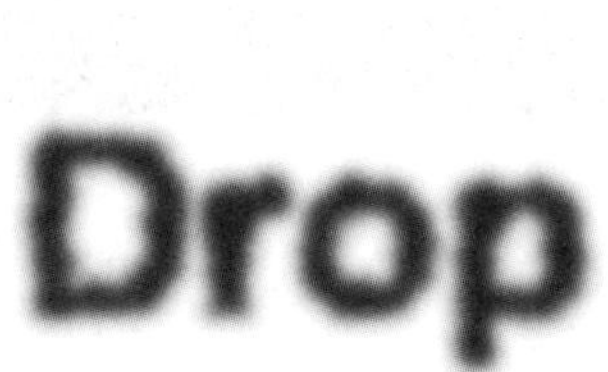

图3-137

06 执行“图像”→“调整”→“阈值”命令，对文字的边缘进行简化处理，如图3-138、图3-139所示。

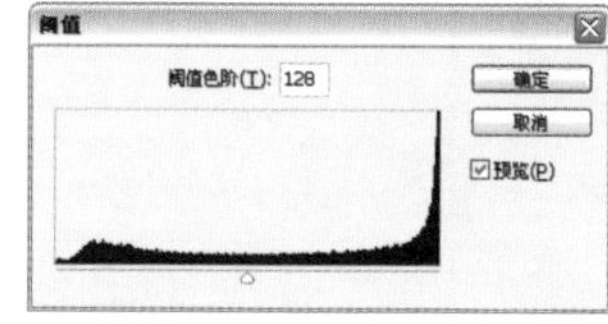

图3-138 图3-139

07 选择魔棒工具，在工具选项栏中取消“连续”选项的勾选，在黑色文字上单击，将其选择，如图3-140所示。执行“选择”→“修改”→“扩展”命令，扩展选区的边界范围，如图3-141、图3-142所示。按下〈Alt+Delete〉快捷键填充黑色，如图3-143所示。

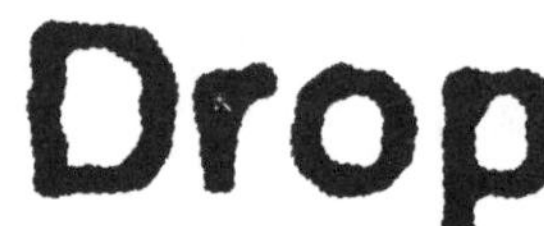

图3-140

图3-141

图3-142 图3-143

08 打开一个文件，使用移动工具将选中的文字拖入到该文档中，如图3-144所示。按下〈Ctrl+I〉快捷键反相，使文字变为白色，如图3-145所示。

图3-144

图3-145

09 将文字图层的填充不透明度设置为3%，如图3-146、图3-147所示。

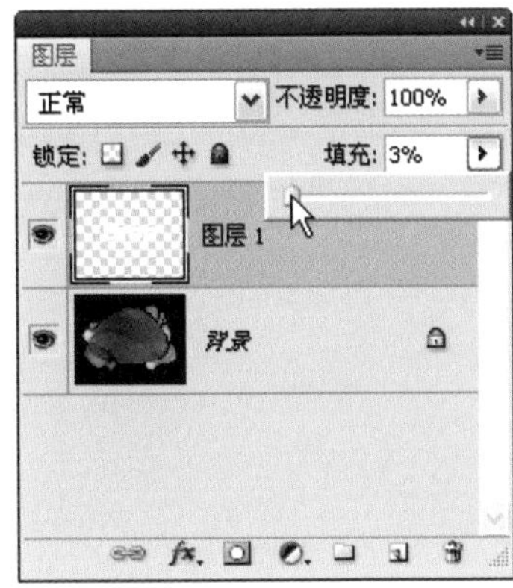

图3-146

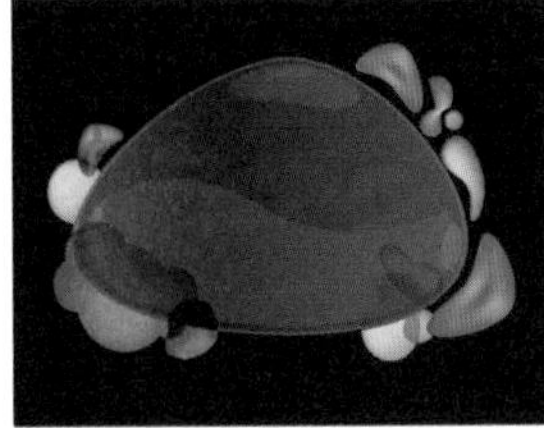

图3-147

10 双击“图层1”，打开“图层样式”对话框，选择左侧列表中的“投影”效果，设置如图3-148所示，效果如图3-149所示。

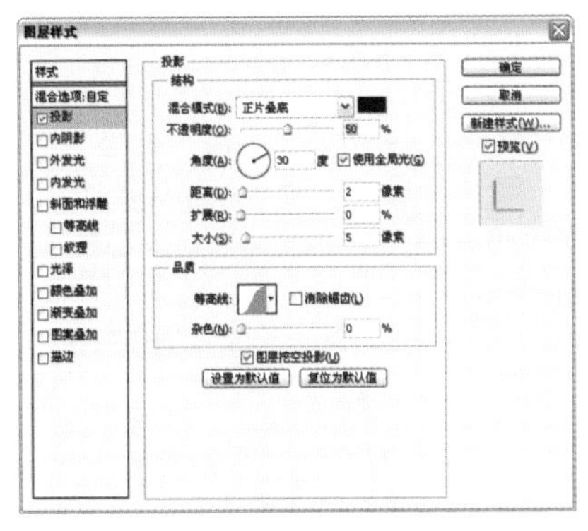

图3-148

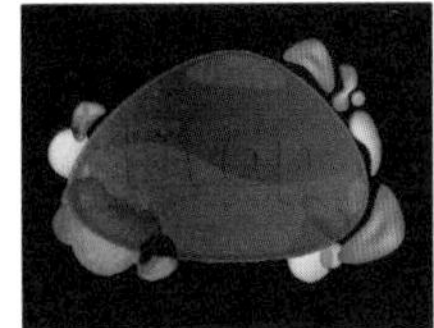

图3-149

11 选择左侧列表中的“内阴影”选项，添加“内阴影”效果，如图3-150、图3-151所示。

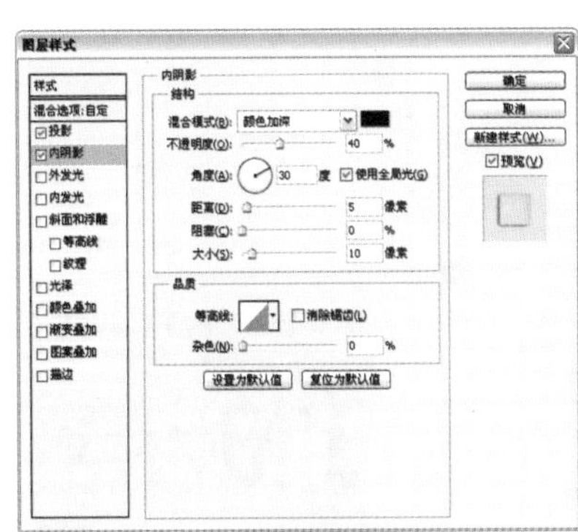

图3-150

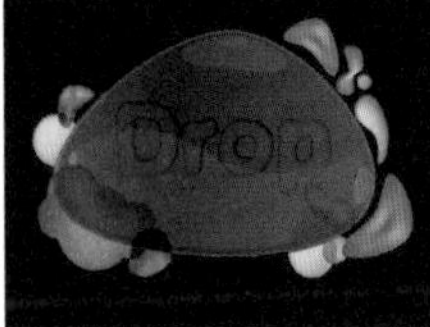

图3-151

12 选择左侧列表中的“斜面和浮雕”选项，添加“斜面和浮雕”效果，生成水滴质感，如图3-152、图3-153所示。

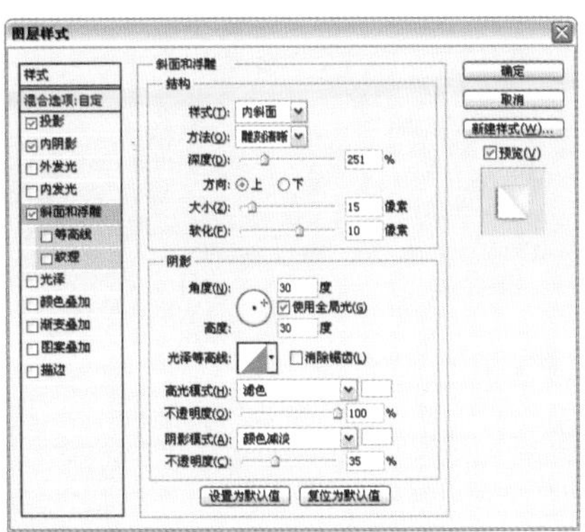

图3-152

图3-153

13 按下〈Ctrl+J〉快捷键复制文字图层，让水滴效果更加清晰，如图3-154、图3-155所示。

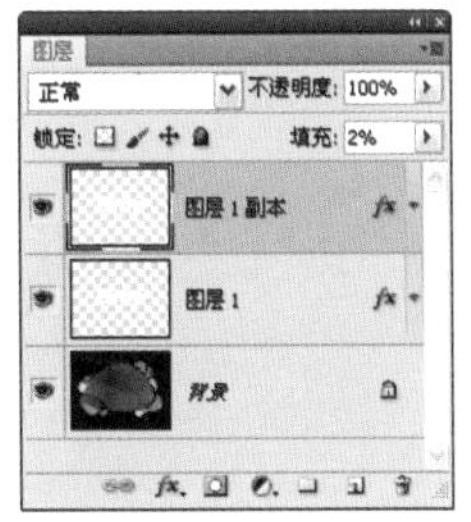

图3-154

图3-155

14 单击“图层”面板底部的按钮，新建一个图层，使用画笔工具点一些白点，如图3-156所示。将该图层的填充不透明度也设置为3%，隐藏白点，如图3-157所示。

图3-156

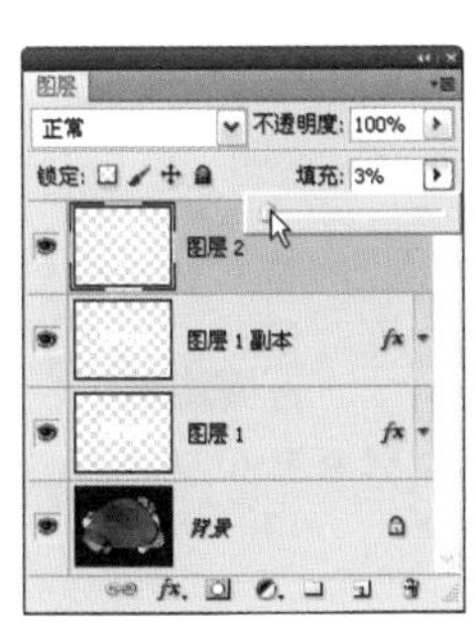

图3-157

15 按住〈Alt〉键，将文字图层的效果图标 *fx* 拖动到该图层，为它复制同样的效果，如图3-158所示。按下〈Ctrl+J〉快捷键复制图层，效果如图3-159所示。

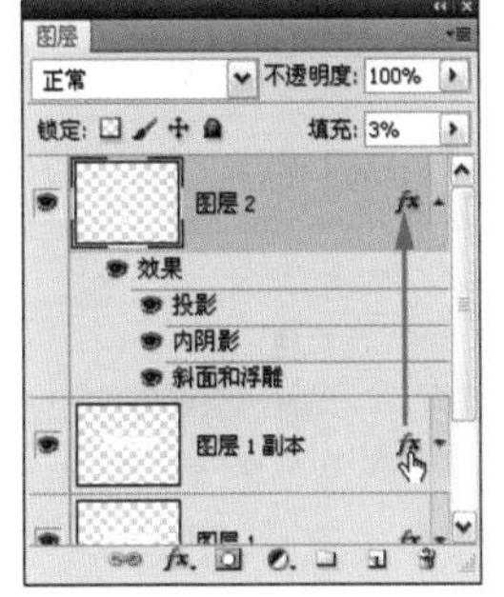

图3-158

图3-159

Photoshop 实例42 网点字

难度级别：★★★★

学习目标：学习使用“文字变形”命令对文字进行变形处理，再通过添加效果和圆点图案制作出网点特效字。

技术要点：将圆点定义为图案，用“填充”命令将其应用于图像中。

素材位置：素材/第3章/实例42

实例效果位置：实例效果/第3章/实例42

01 按下〈Ctrl+O〉快捷键打开一个文件，如图3-160所示。

图3-160

02 选择横排文字工具T，在“字符”面板中设置字体和大小，颜色为蓝色（R：33，G：30，B：135），如图3-161所示，在画面中单击并输入文字，如图3-162所示。

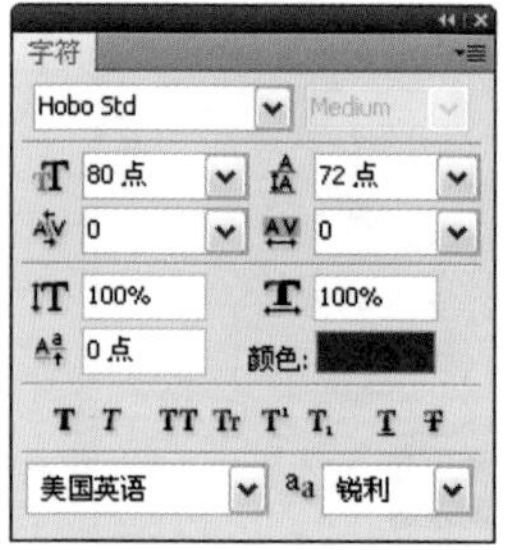

图3-161

图3-162

03 在字母“l”上单击并拖动鼠标，将它选择，如图3-163所示。单击“字符”面板中的颜色块，如图3-164所示，打开“拾色器”，修改文字颜色（R：13，G：207，B：255），效果如图3-165所示。采用同样方法修改其他几个字母的颜色，如图3-166所示。

图3-163

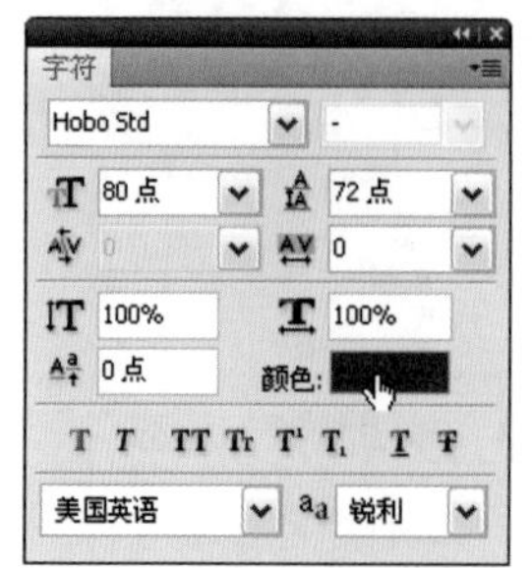

图3-164

图3-165

图3-166

04 执行“图层”→“文字”→“文字变形”命令，打开“变形文字”对话框，选择“鱼形”样式，如图3-167所示，文字效果如图3-168所示。

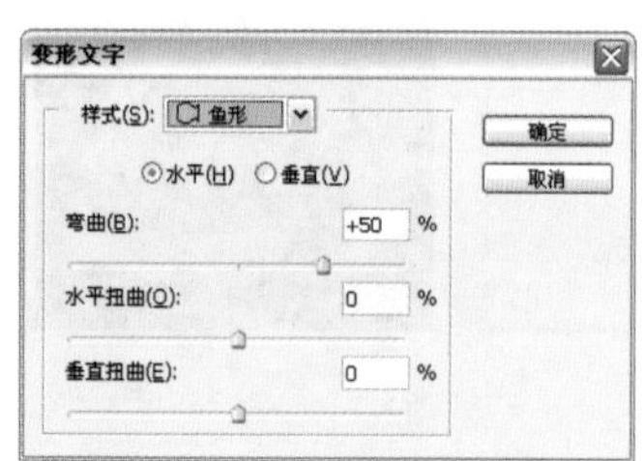

图3-167

图3-168

05 双击文字图层，打开“图层样式”对话框，为文字添加“斜面和浮雕”效果，如图3-169、图3-170所示。

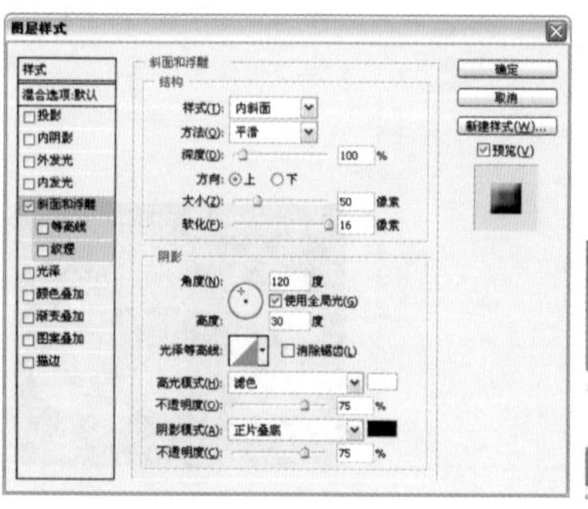

图3-169

图3-170

06 按住〈Ctrl〉键单击创建新图层按钮，在文字图层下面新建一个图层。按住〈Ctrl〉键单击文字图层缩览图，载入文字选区，如图3-171、图3-172所示。

图3-171　　图3-172

07 执行“选择”→“修改”→“扩展”命令，扩展选区范围，如图3-173、图3-174所示。

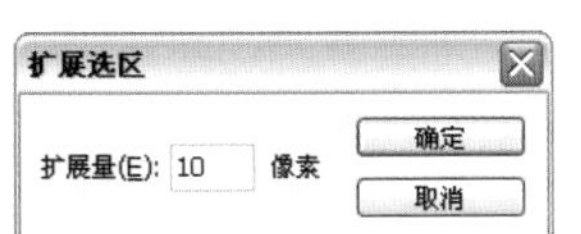

图3-173　　图3-174

08 执行“编辑”→“描边”命令，对选区进行描边，描边颜色为白色，如图3-175所示，按下〈Ctrl+D〉快捷键取消选择，如图3-176所示。

图3-175　　图3-176

09 单击“图层”面板底部的fx按钮，为该图层添加“斜面和浮雕”效果，如图3-177、图3-178所示。

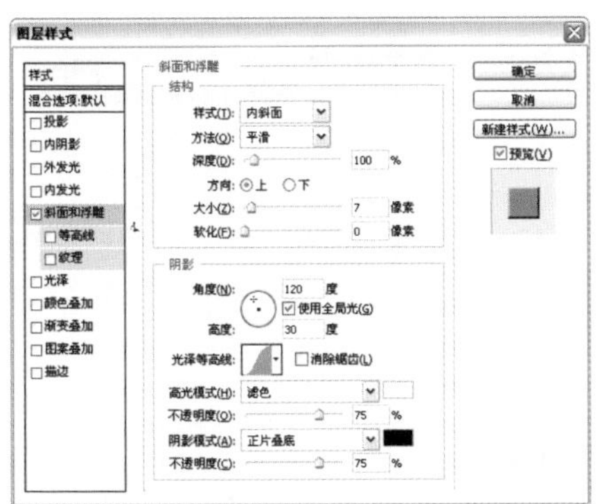

图3-177

图3-178

10 选择左侧列表中的“渐变叠加”效果，设置参数如图3-179所示，效果如图3-180所示。

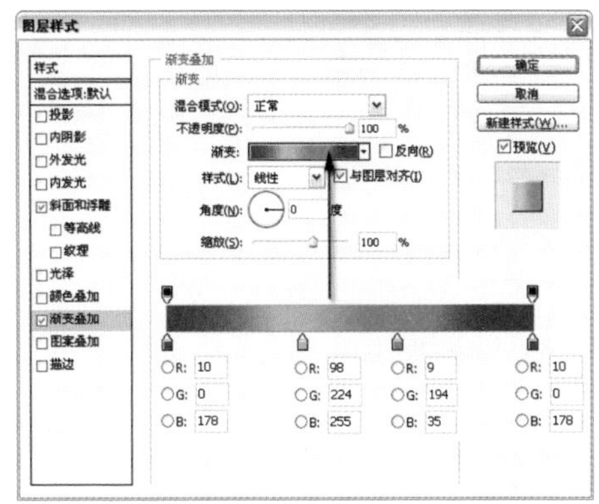

图3-179

11 按住〈Ctrl〉键单击文字图层缩览图，载入文字选区，如图3-181所示。执行“选择”→“修改”→“扩展”命令，扩展选区范围，如图3-182、图3-183所示。

图3-180　　图3-181

图3-182　　图3-183

12 按住〈Ctrl〉键单击创建新图层按钮，在当前图层下面新建一个图层，如图3-184所示。按下〈D〉键恢复默认的前景色和背景色，按下〈Ctrl+Delete〉快捷键在选区内填充白色，然后按下〈Ctrl+D〉快捷键取消选择，如图3-185所示。

图3-184　　图3-185

13 为该图层添加“投影”效果，如图3-186所示，再将图层稍微向右下角移动，如图3-187所示。

14 按下〈Ctrl+N〉快捷键打开“新建”对话框，创建一个透明背景的文档，如图3-188所示。

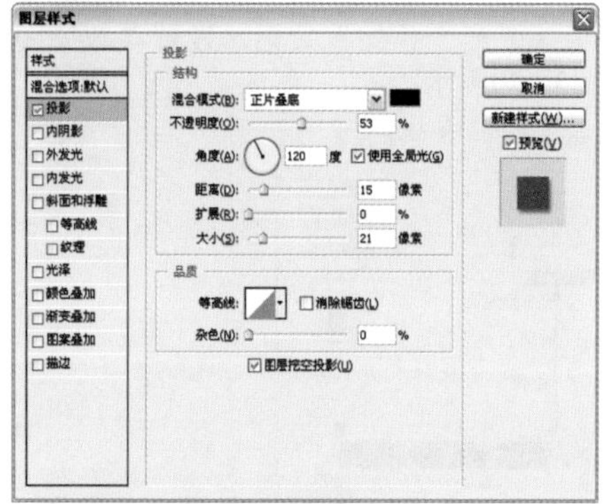

图3-186

图3-187

图3-188

15 按下〈Ctrl+0〉快捷键放大窗口，选择椭圆工具，在工具选项栏中按下填充像素按钮，按住〈Shift〉拖动鼠标，创建一个白色的圆形，如图3-189所示。执行“编辑”→“定义图案”命令，将圆形定义为图案，如图3-190所示。

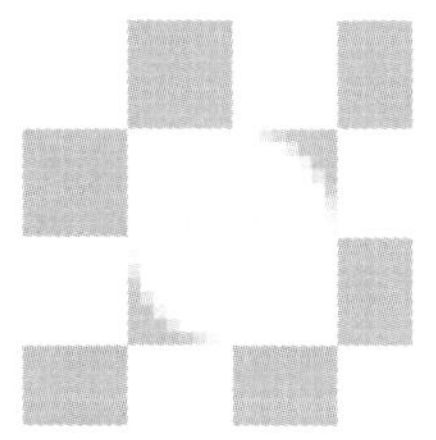

图3-189

图3-190

16 切换到文字文档，在文字图层上面新建一个图层，如图3-191所示。执行“编辑”→“填充”命令，打开“填充”对话框，选择自定义的圆形图案，如图3-192所示，将它填充到新建的图层中，如图3-193所示。

图3-191

图3-192

图3-193

17 按下〈Ctrl+T〉快捷键显示定界框，在工具选项栏中输入旋转角度为45度，如图3-194所示，按下回车键确认，如图3-195所示。

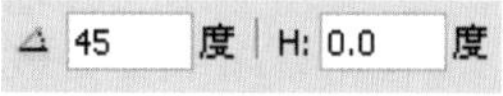

图3-194　图3-195

18 使用移动工具按住〈Shift+Alt〉键向右上方拖动鼠标，复制网点，将文字全部覆盖，如图3-196所示。按下〈Ctrl+E〉快捷键向下合并图层，再按下〈Alt+Ctrl+G〉快捷键创建剪贴蒙版，只在文字区域内显示网点，如图3-197所示。

图3-196

图3-197

19 按下“图层”面板顶部的按钮，锁定该图层的透明区域，如图3-198所示。选择画笔工具，将前景色调整为比文字稍浅的颜色，在各个文字上涂抹，为网点着色，如图3-199所示。

图3-198

图3-199

玻璃字

难度级别：★★☆

学习目标：学习使用图层样式制作玻璃质感特效字，在效果中运用渐变和光泽等高线更好地表现质感。
技术要点：将文字图层的混合模式设置为“划分”。
素材位置：素材/第3章/实例43
实例效果位置：实例效果/第3章/实例43

01 按下〈Ctrl+N〉快捷键打开“新建”对话框，创建一个30厘米×20厘米，分辨率为72像素/英寸的RGB模式文件。为“背景”图层填充深蓝色，如图3-200所示。

图3-200

02 选择横排文字工具T，在“字符”面板中设置字体和大小，如图3-201所示，在画面中单击并输入文字，如图3-202所示。

图3-201　图3-202

03 双击文字图层，打开“图层样式”对话框，添加“投影”效果，设置参数如图3-203所示，单击“混合模式”后面的颜色块，将投影颜色调整为深蓝色，如图3-204所示。

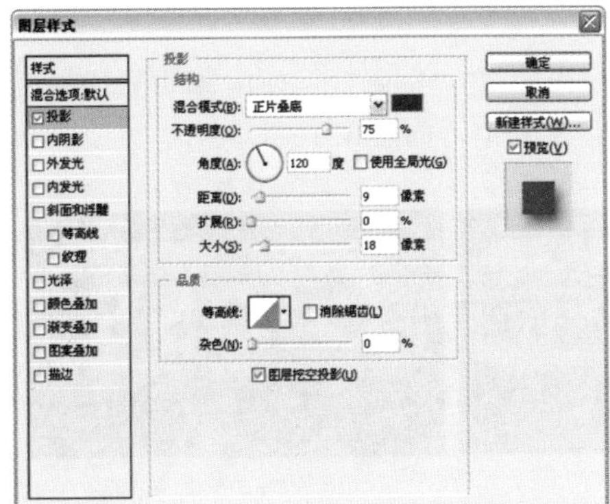

图3-203

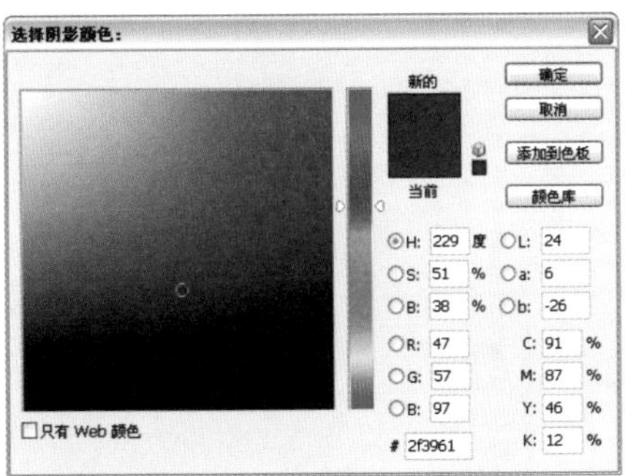

图3-204

04 选择左侧列表的“内阴影”选项，设置混合模式为“叠加”，不透明度为70%，其他参数如图3-205所示。选择左侧列表中的“外发光”选项，设置发光颜色为白色，其他参数如图3-206所示。

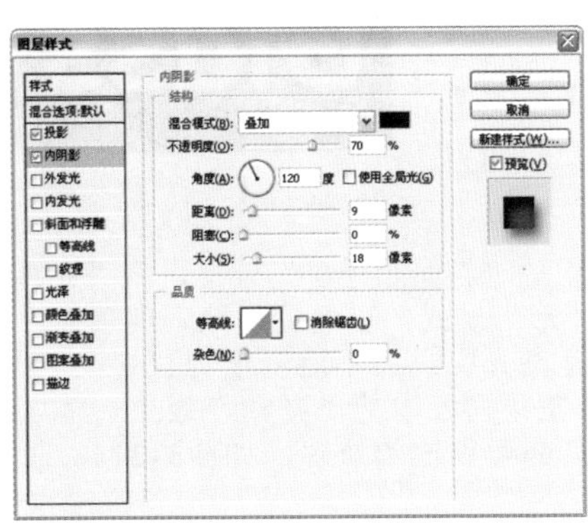

图3-205

图3-206

05 选择左侧列表中的“内发光”效果，降低不透明度值，如图3-207所示。单击[渐变]按钮，打开“渐变编辑器”，将发光颜色设置为渐变，如图3-208、图3-209所示。

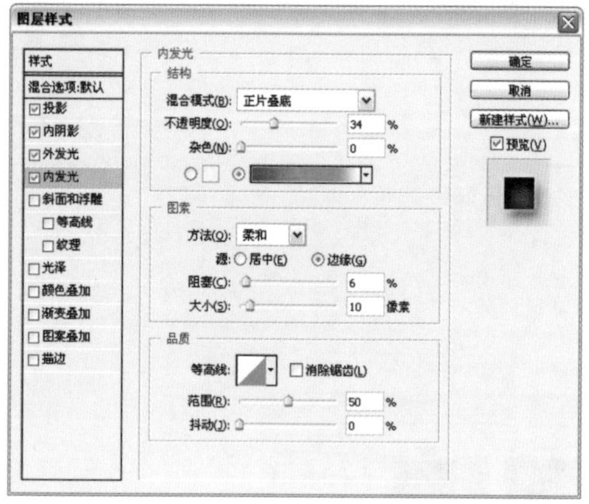

图3-207

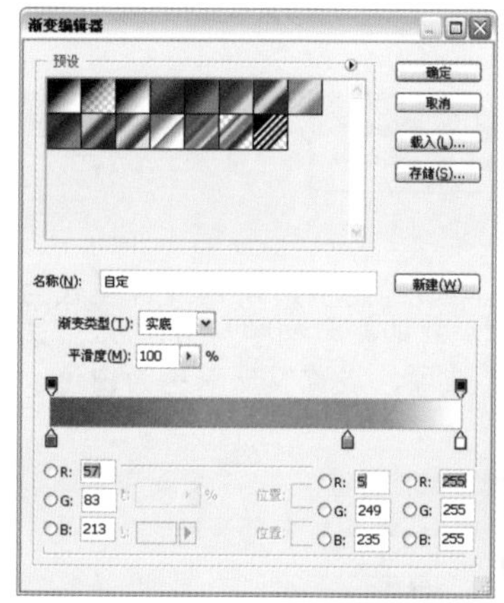

图3-208　图3-209

06 选择左侧列表中的“斜面和浮雕”效果，将“光泽等高线”设置为“环形”模式，以便更好地表现玻璃字转折处的高光，设置高光模式的不透明度为100%，如图3-210所示。选择左侧列表中的“光泽”效果，添加光泽，使玻璃字更具晶莹剔透的质感，如图3-211、图3-212所示。

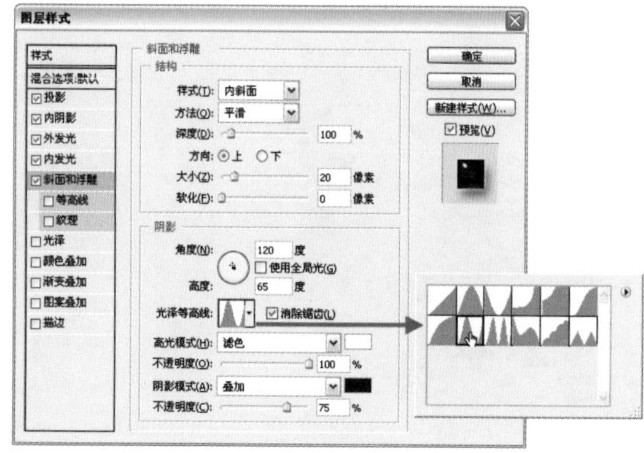

图3-210

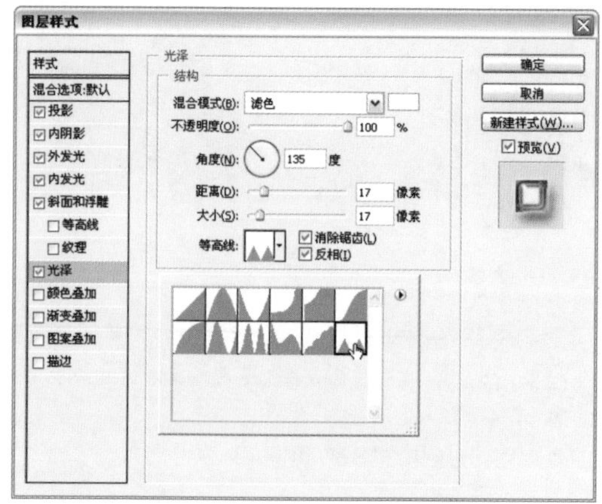

图3-211

图3-212

07 将文字图层的混合模式设置为“划分”，如图3-213、图3-214所示。

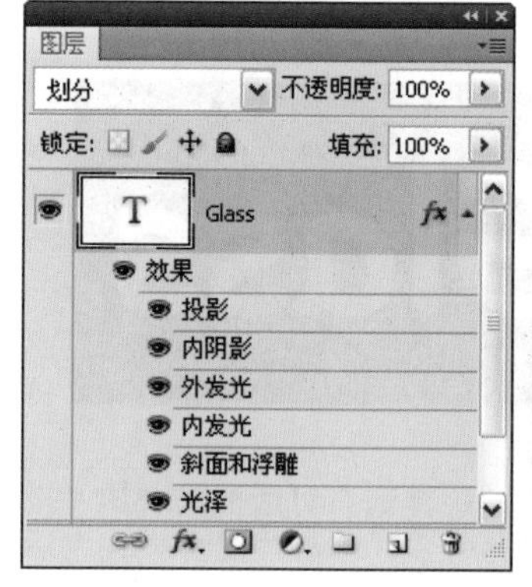

图3-213　图3-214

08 打开一个文件，如图3-215所示。使用移动工具将制作的玻璃字拖入该文档中，如图3-216所示。

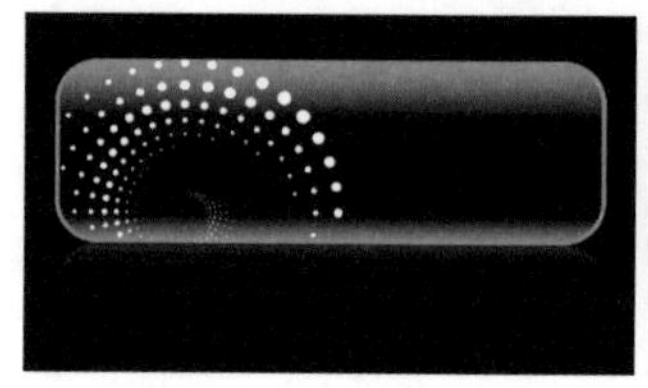

图3-215　图3-216

糖果字

难度级别：★★★☆

学习目标：学习使用图层样式制作立体字，再将自定义的纹理图案通过“图案叠加”效果应用于文字表面，制作出可爱的糖果特效字。

技术要点：将“背景”图层转换为普通图层以后，再添加效果。

素材位置：素材/第3章/实例44

实例效果位置：实例效果/第3章/实例44

01 按下〈Ctrl+N〉快捷键打开“新建”对话框，创建一个14厘米×6.5厘米，分辨率为200像素/英寸的RGB模式文档。选择渐变工具，打开渐变“编辑器”调整渐变颜色，如图3-217所示，在画面中填充径向渐变，如图3-218所示。

02 选择横排文字工具T，在“字符”面板中设置字体和大小，如图3-219所示，在画面中输入文字，如图3-220所示。

图3-217

图3-218

图3-219

图3-220

03 打开一个纹理文件，如图3-221所示。执行“编辑”→“定义图案”命令，弹出“图案名称”对话框，如图3-222所示，单击“确定”按钮将纹理定义为图案。后面的操作中会使用到它。

图3-221

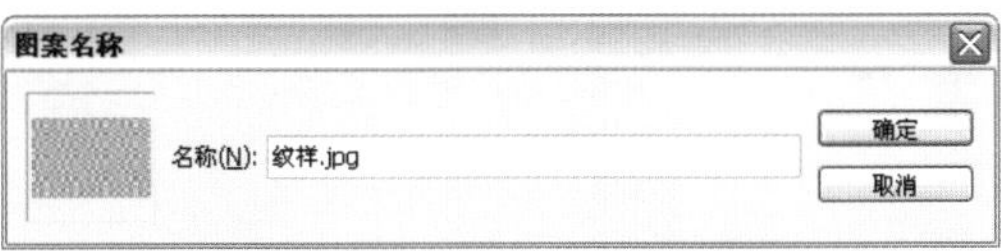

图3-222

04 切换到文字文档中。双击文字图层，打开“图层样式”对话框，添加“投影”和“内阴影”效果，设置参数如图3-223、图3-224所示，文字效果如图3-225所示。

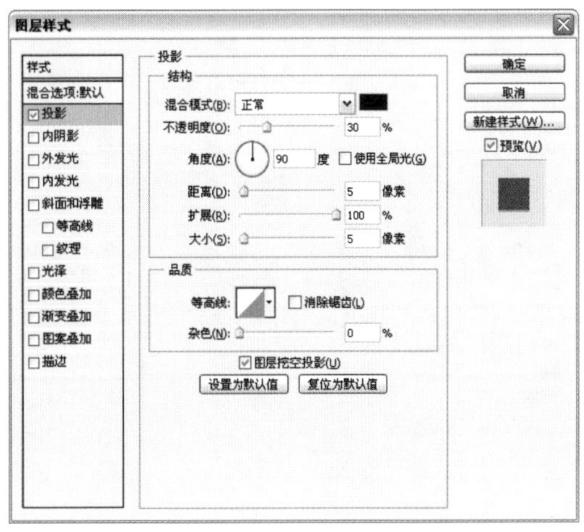

图3-223

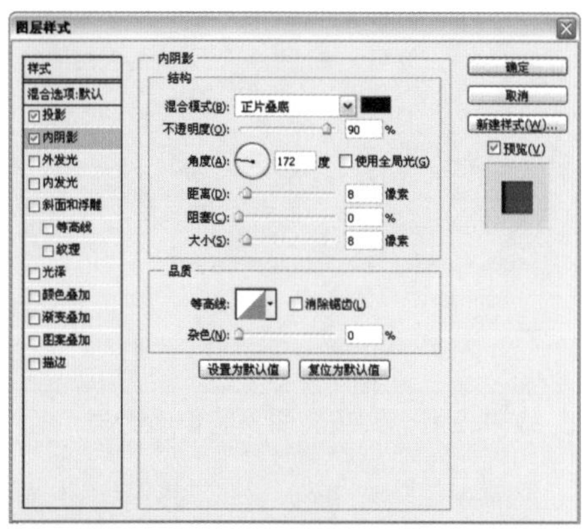

图3-224

图3-225

05 在对话框左侧列表中选择“外发光”和“内发光”选项，添加这两种效果，设置参数如图3-226、图3-227所示。

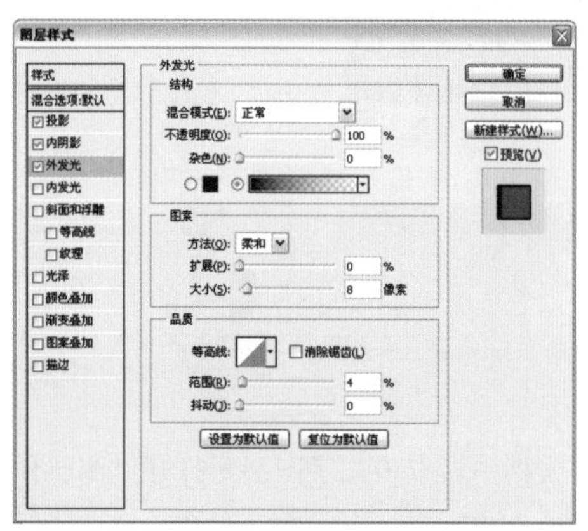

图3-226

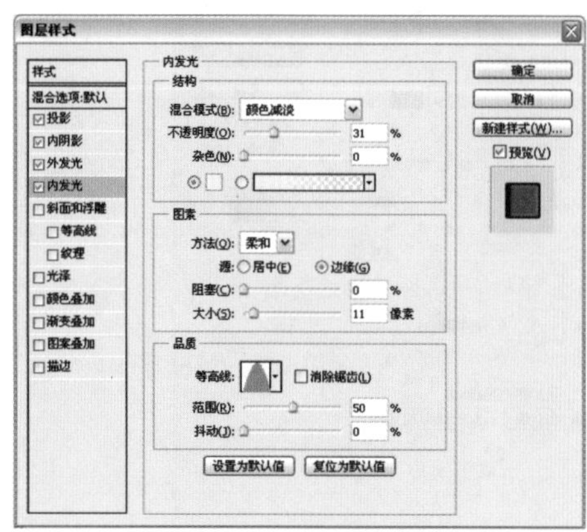

图3-227

06 在左侧列表中选择“斜面和浮雕”和“颜色叠加”选项，添加这两种效果，设置参数如图3-228、图3-229所示。

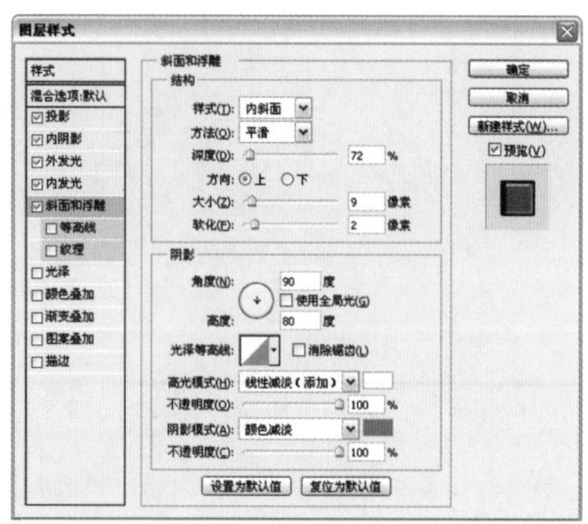

图3-228

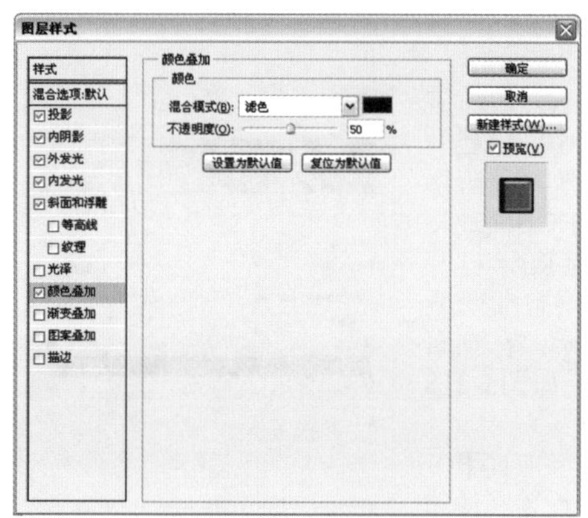

图3-229

07 在左侧列表中选择“渐变叠加”选项，设置参数如图3-230所示，文字效果如图3-231所示。

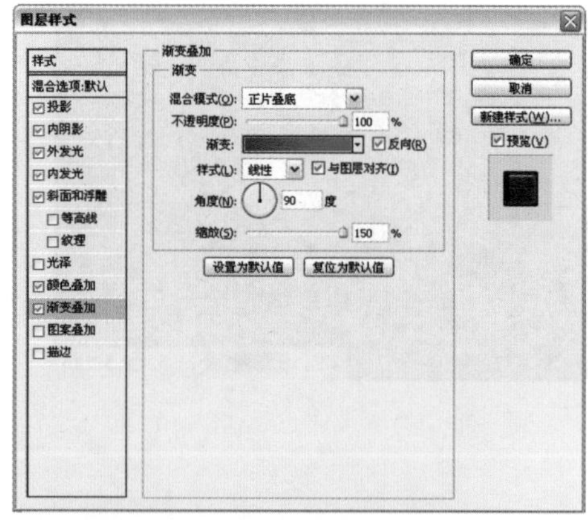

图3-230

图3-231

08 在左侧列表中选择“图案叠加”选项，单击“图案”选项右侧的三角按钮，打开下拉面板，选择自定义的图案，设置图案的缩放比例为150%，如图3-232所示，效果如图3-233所示。

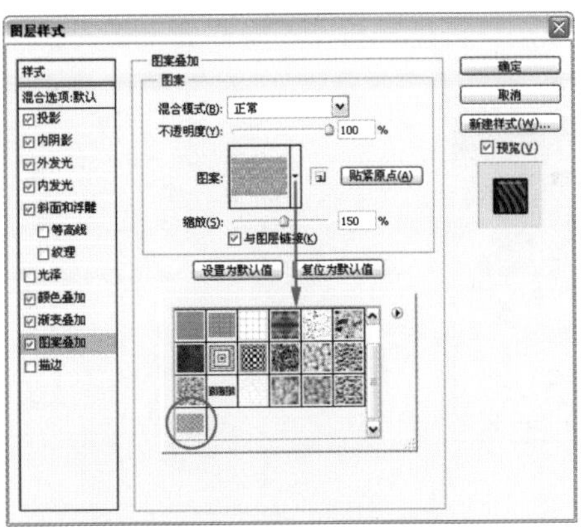

图3-232

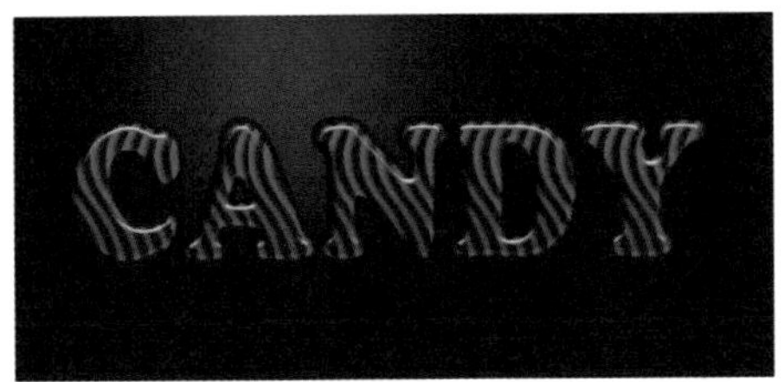

图3-233

STEP 09 在左侧列表中选择“描边”选项，设置参数如图3-234所示，效果如图3-235所示。按下回车键关闭对话框。

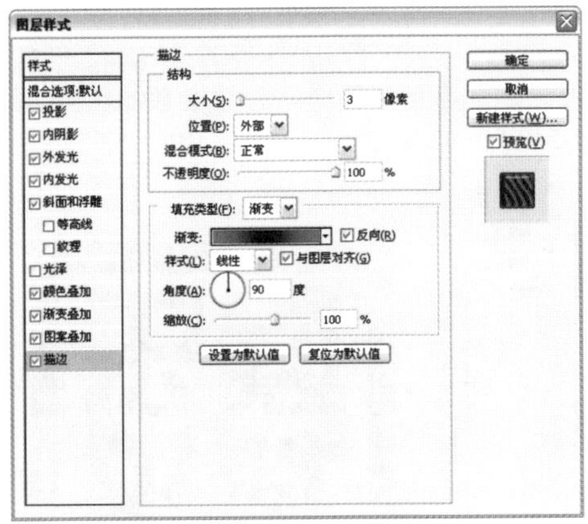

图3-234

图3-235

STEP 10 按住〈Alt〉键双击“背景”图层，将它转换为普通图层，它的名称会变为“图层0”，如图3-236所示。下面来为它添加效果。双击该图层，打开“图层样式”对话框，为它添加“图案叠加”效果，将“混合模式”设置为“叠加”，并选择自定义的图案，设置缩放比例为50%，如图3-237所示，效果如图3-238所示。

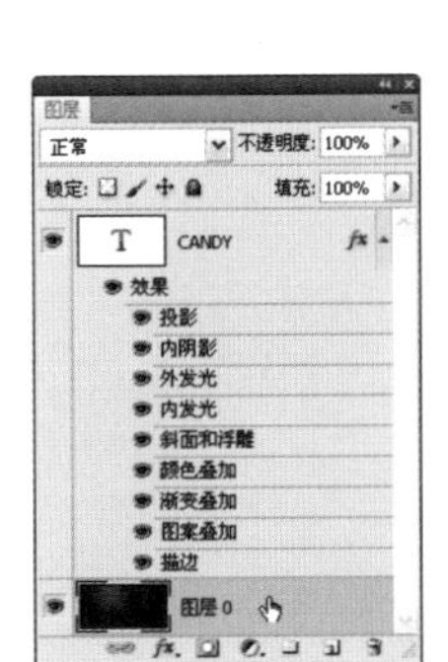

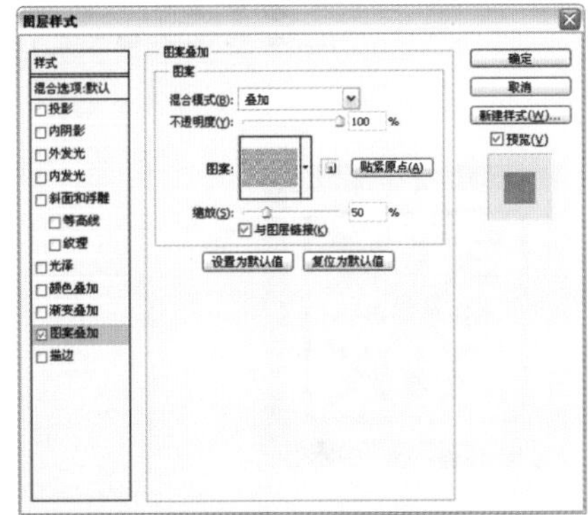

图3-236　　图3-237

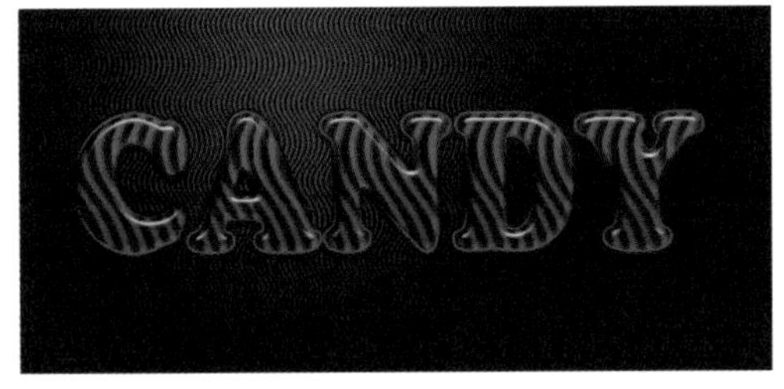

图3-238

个性印章字

难度级别：★★☆

学习目标：学习使用滤镜制作印章效果特效字。

技术要点：用“渲染”和“添加杂色”滤镜表现印迹效果。

素材位置：素材/第3章/实例45

实例效果位置：实例效果/第3章/实例45

01 按下〈Ctrl+N〉快捷键打开“新建”对话框，创建一个6厘米×5厘米，300像素/英寸的RGB模式文档。

02 选择自定形状工具，在工具选项栏按下填充像素按钮，打开形状下拉面板，选择面板菜单中的“全部”命令，加载所有形状，然后选择一个图形，如图3-239所示。单击“图层”面板底部的按钮，新建一个图层。按住〈Shift〉键在画面中拖动鼠标，锁定图形的比例创建一个形状，如图3-240所示。

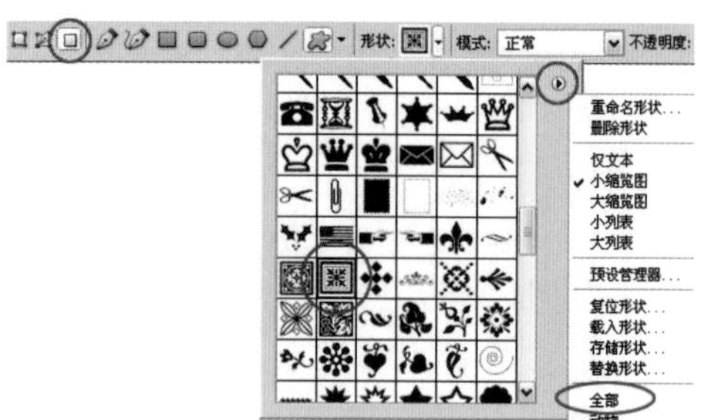

图3-239

图3-240

03 使用矩形选框工具创建一个选区，选取中央的图像，如图3-241所示，按下〈Delete〉键删除，只保留边框，如图3-242所示。

图3-241

图3-242

04 选择横排文字工具，在“字符”面板中设置字体和大小，如图3-243所示，输入文字，如图3-244所示。

图3-243

图3-244

提示 输入完“乐”以后，可按下回车键换行，再输入文字“播报”。

05 按下〈Ctrl+E〉快捷键，将文字合并到下面的图层中，如图3-245所示。

图3-245

06 选择魔棒工具，在工具选项栏中将“容差”设置为15，取消“连续”选项的勾选，在黑色的文字上单击，将文字和边框都选择，如图3-246所示。执行“滤镜”→“渲染”→“云彩”命令，效果如图3-247所示。

图3-246

图3-247

07 按下〈Ctrl+D〉快捷键取消选择。执行“滤镜”→“杂色”→“添加杂色”命令，设置参数如图3-248所示，效果如图3-249所示。

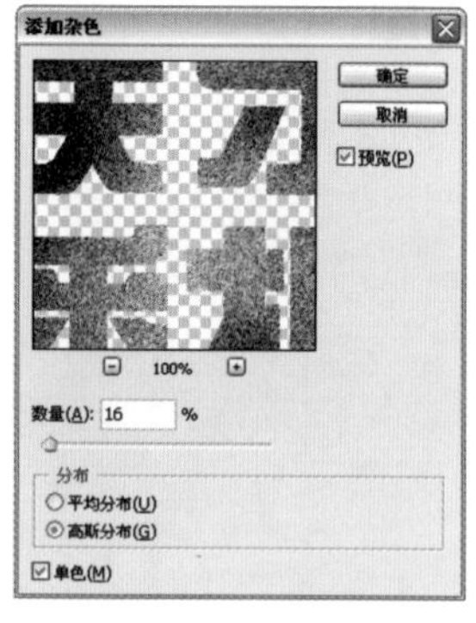

图3-248

图3-249

08 执行“滤镜”→“模糊”→“高斯模糊”命令，对图像进行轻微的模糊，减弱颗粒感的强度，如图3-250、图3-251所示。

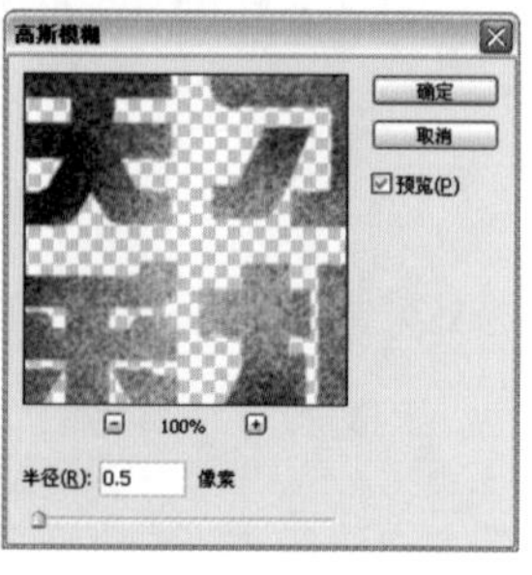

图3-250

图3-251

09 按下〈Ctrl+L〉快捷键打开“色阶”对话框，拖动滑块增加图像的对比度，使文字变得清晰，如图3-252、图3-253所示。

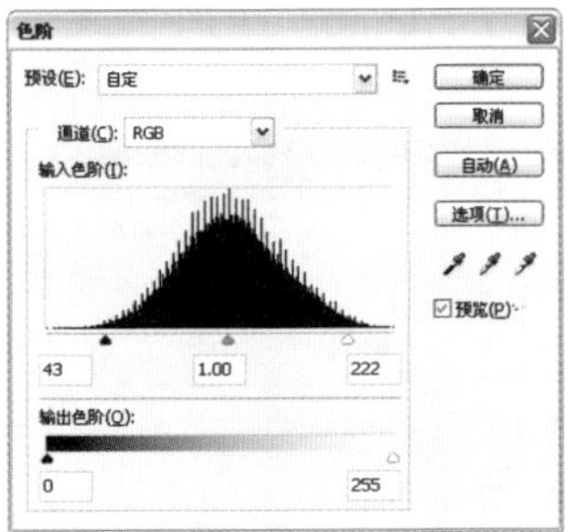
图3-252

图3-253

10 按下〈Ctrl+O〉快捷键打开一个文件，如图3-254所示，使用移动工具将文字拖入该文档，如图3-255所示。

图3-254

图3-255

11 设置“图层1”的混合模式为“颜色加深”，如图3-256所示。按下〈Ctrl+J〉快捷键复制图层，再设置该图层的不透明度为60%，如图3-257、图3-258所示。

图3-256

图3-257

图3-258

透明亚克力字

难度级别：★★☆

学习目标：学习使用滤镜、描边、变换、混合模式、图层样式等功能制作透明质感的亚克力特效字。

技术要点：使用“查找边缘”对文字进行反相处理，提取文字轮廓。

素材位置：素材/第3章/实例46

实例效果位置：实例效果/第3章/实例46

01 按下〈Ctrl+N〉快捷键打开“新建”对话框，创建一个10厘米×5厘米，350像素/英寸的RGB模式文档。

02 选择横排文字工具，在“字符”面板中设置字体和大小，如图3-259所示，输入文字，如图3-260所示。单击工具选项栏中的✓按钮，结束文字的输入。

图3-259

图3-260

03 使用横排文字工具在字母“H”上单击并拖动鼠标，将它选取，如图3-261所示，在“字符”面板中将字体大小调整为120点，效果如图3-262所示。单击工具选项栏中的✓按钮，结束文字的编辑。

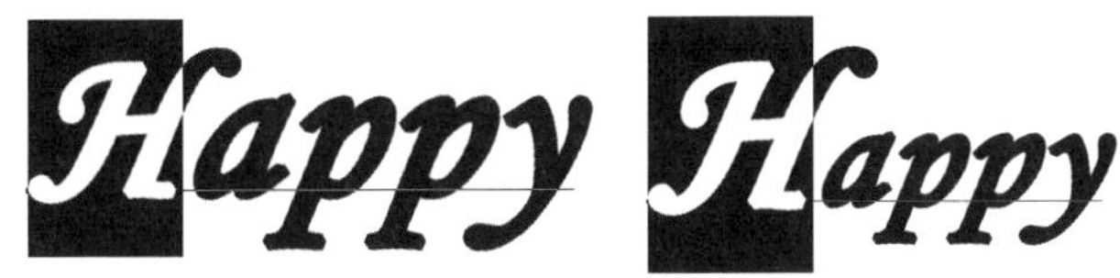

图3-261 图3-262

04 按下〈Ctrl+T〉快捷键显示定界框，拖动控制点旋转文字，然后按下回车键确认，如图3-263所示。在文字图层上单击右键，选择“栅格化文字”命令，将文字栅格化，使它成为普通的图像，如图3-264所示。

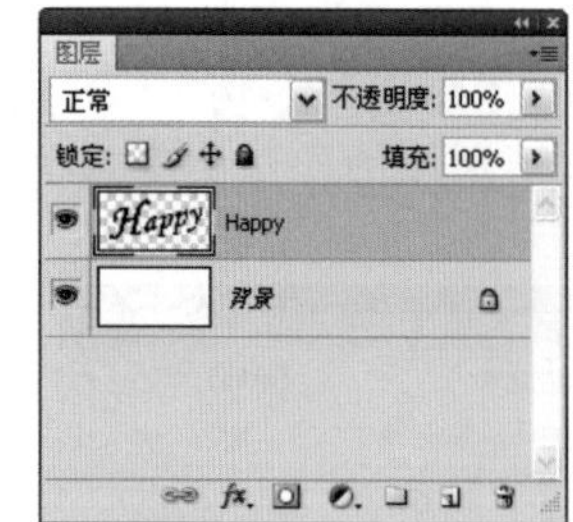

图3-263　　图3-264

05 按下〈Ctrl+J〉快捷键复制该图层，按下〈Ctrl〉键单击文字缩览图，载入选区，如图3-265所示。执行“选择”→“修改”→“扩展”命令，扩展选区范围，如图3-266、图3-267所示。

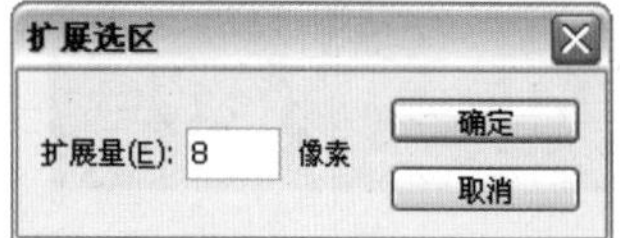

图3-265　　图3-266

图3-267

06 按下〈Alt+Delete〉快捷键在选区内填充黑色，使文字的笔画变粗，按下〈Ctrl+D〉快捷键取消选择，如图3-268所示。

图3-268

07 执行“滤镜”→“模糊”→“动感模糊”命令，对文字进行模糊处理，如图3-269、图3-270所示。

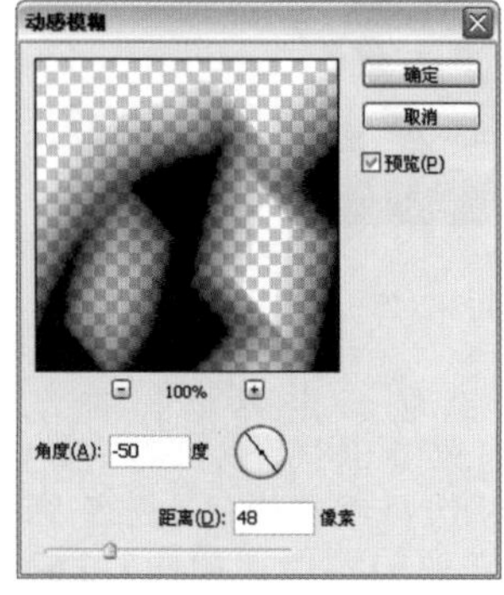

图3-269　　图3-270

08 执行“滤镜”→“风格化”→“查找边缘”命令，得到一个反相效果的文字，如图3-271所示。单击“图层”面板底部的按钮，新建一个图层，如图3-272所示。按住〈Ctrl〉键单击文字图层“happy”的缩览图，载入文字选区。

图3-271　　图3-272

09 执行“编辑”→“描边”命令，用黑色对选区进行描边，如图3-273所示，按下〈Ctrl+D〉快捷键取消选择，效果如图3-274所示。

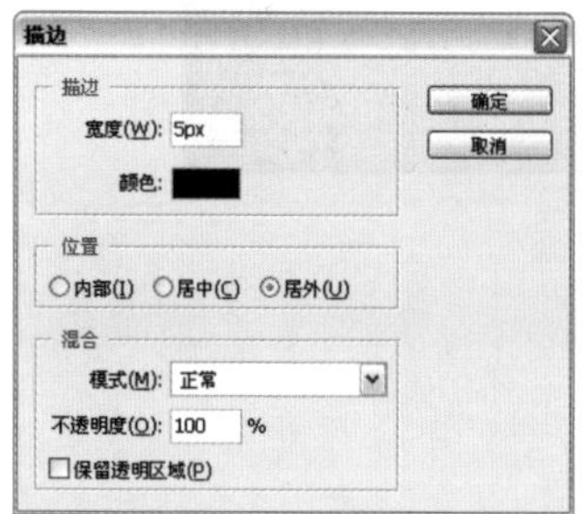

图3-273　　图3-274

10 按下〈Ctrl+J〉快捷键复制“图层1”，得到“图层1副本”。单击该图层以及“happy”图层前面的眼睛图标，将这两个图层隐藏，然后单击“图层1”，将它选择，如图3-275所示。执行“滤镜”→“模糊”→“动感模糊”命令，对文字进行模糊处理，如图3-276、图3-277所示。

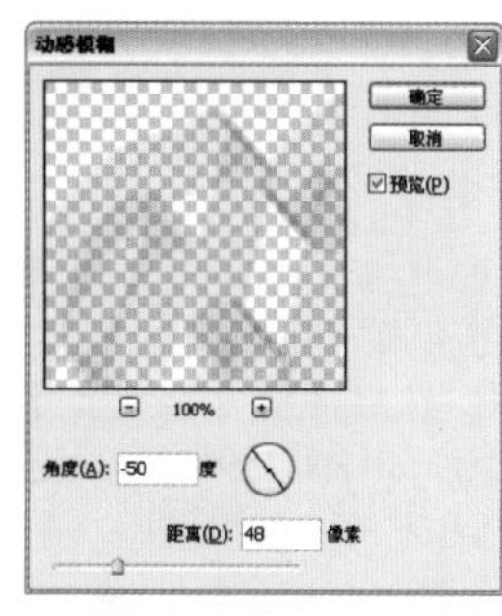

图3-275　　图3-276

图3-277

11 执行“滤镜”→“风格化”→“查找边缘”命令，效果如图3-278所示。

图3-278

12 选择“图层1副本”，在它的眼睛图标处单击，将该图层显示出来，设置它的混合模式为“正片叠底”，不透明度为50%，如图3-279、图3-280所示。

图3-279 图3-280

13 选择移动工具，按下〈↑〉和〈→〉键，向右上方轻移图层，如图3-281所示。新建一个图层，如图3-282所示。

图3-281 图3-282

14 将前景色设置为灰色（R：144、G：143、B：143）。按下〈Ctrl〉键单击“happy”图层的缩览图，载入选区，如图3-283所示。执行“选择”→“修改”→“扩展”命令，扩展选区，如图3-284所示。按下〈Alt+Delete〉快捷键，在选区内填充前景色，按下〈Ctrl+D〉快捷键取消选择，再使用移动工具向右上方移动，如图3-285所示。

图3-283 图3-284

图3-285

15 单击“图层”面板底部的按钮，选择“渐变叠加”命令，打开“图层样式”对话框设置参数，如图3-286所示，效果如图3-287所示。

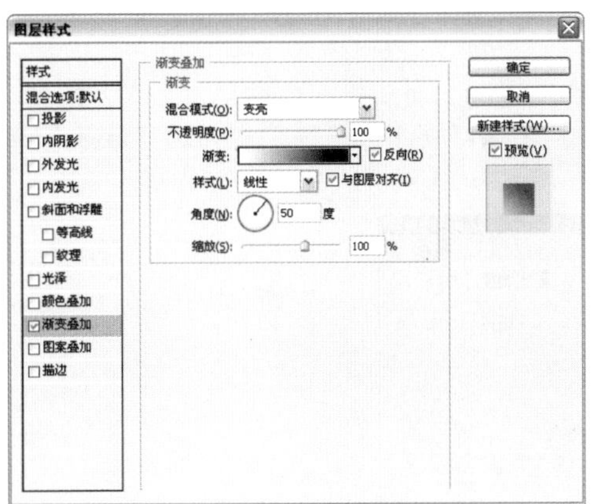

图3-286

图3-287

16 设置该图层的混合模式为“线性减淡（添加）”，不透明度为50%，如图3-288、图3-289所示。

图3-288 图3-289

17 单击“调整”面板中的按钮，显示“色相/饱和度”选项，勾选“着色”选项，然后拖动滑块为图像着色，如图3-290、图3-291所示。

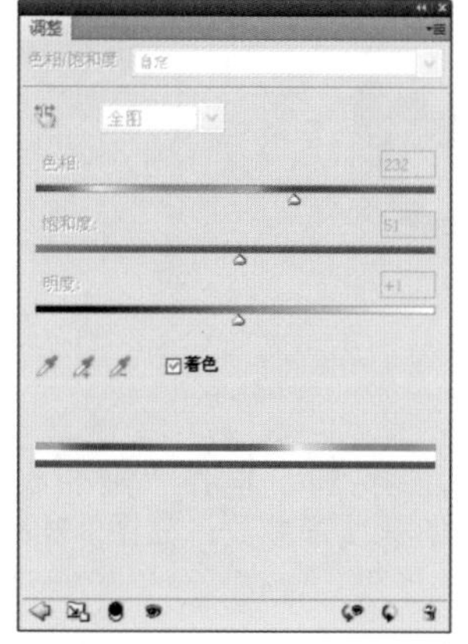

图3-290　　图3-291

18 在“背景”图层上面新建一个图层，如图3-292所示。选择魔棒工具，在工具选项栏中勾选“连续”和“对所有图层取样”选项，如图3-293所示。

图3-292

图3-293

19 在白色的背景上单击，创建选区，如图3-294所示。按住〈Shift〉键，在文字“h”和“a”形成的封闭区域内单击，将这两处背景添加到选区中，如图3-295所示。

图3-294

图3-295

20 按下〈Shift+Ctrl+I〉快捷键反选，选中文字，如图3-296所示，在选区内填充白色，按下〈Ctrl+D〉快捷键取消选择，如图3-297所示。

图3-296

图3-297

21 在“图层”面板中按住〈Ctrl〉键单击除“背景”和“Happy”图层以外的其他图层，将它们选择，如图3-298所示，按下〈Ctrl+E〉快捷键合并。打开一个文件，使用移动工具将文字拖入到该文档中，如图3-299所示。

图3-298　　图3-299

22 双击文字所在的图层，打开“图层样式”对话框，添加“投影”和“外发光”效果，如图3-300~图3-302所示。

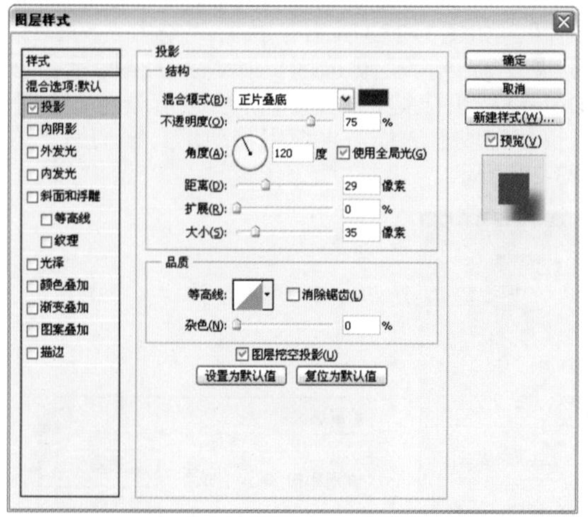

图3-300

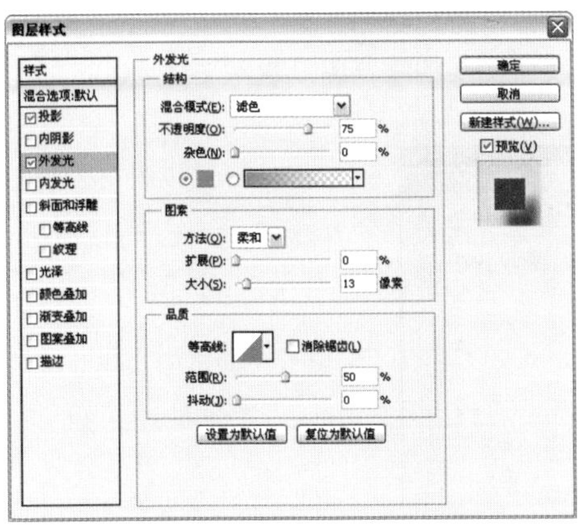

图3-301

图3-302

塑料充气字

难度级别：★★☆

学习目标：使用图层样式制作塑料充气字，通过滤镜扭曲为球形，贴在气球表面。
技术要点：载入文字选区，进行描边处理。
素材位置：素材/第3章/实例47
实例效果位置：实例效果/第3章/实例47

01 按下〈Ctrl+N〉快捷键打开“新建”对话框，创建一个10厘米×6厘米，350像素/英寸的RGB模式文档。

02 选择横排文字工具T，在“字符”面板中设置字体和大小，如图3-303所示，输入文字，如图3-304所示。单击工具选项栏中的✓按钮，结束文字的输入。

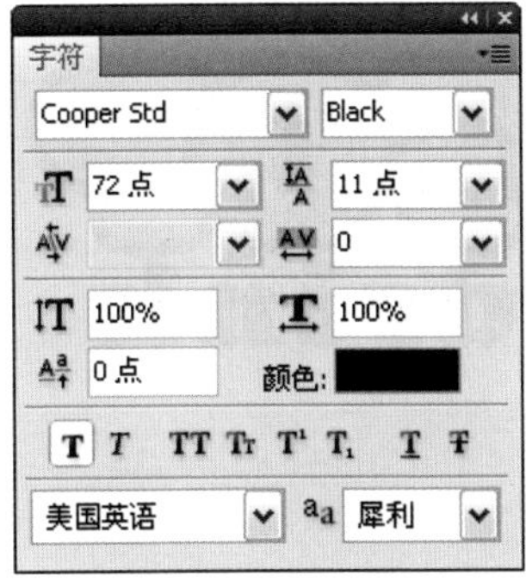

图3-303

图3-304

03 双击文字图层，打开“图层样式”对话框，添加“斜面和浮雕”效果，如图3-305所示，其中“阴影模式”的颜色为橙色。单击左侧列表中的“等高线”效果，选择一个预设的等高线样式，如图3-306所示。

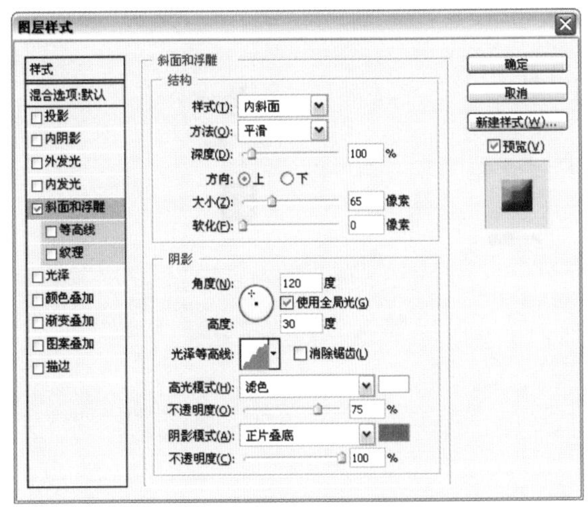

图3-305

04 单击左侧列表中的“颜色叠加”效果，将颜色设置为橙色（R：253、G：103、B：3），如图3-307所示，效果如图3-308所示。

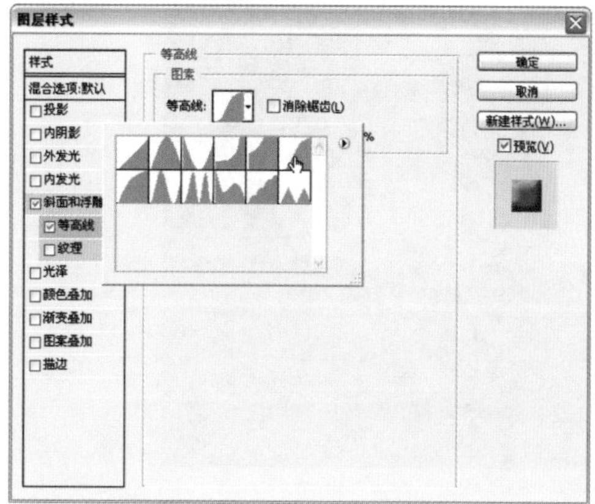
图3-306

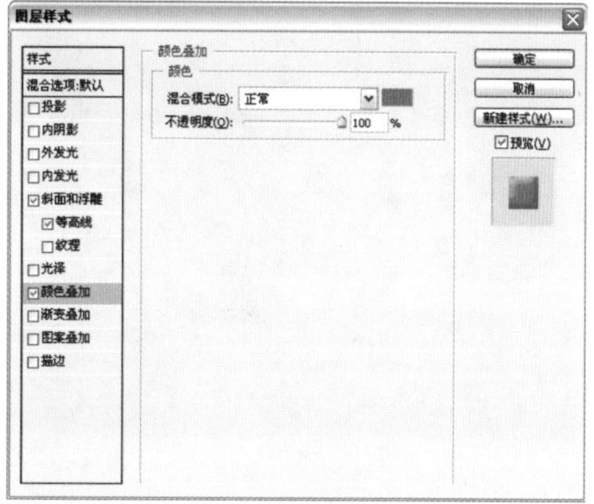
图3-307

图3-308

05 单击左侧列表中的"描边"效果，设置描边颜色为黑色，其他参数如图3-309所示，效果如图3-310所示。

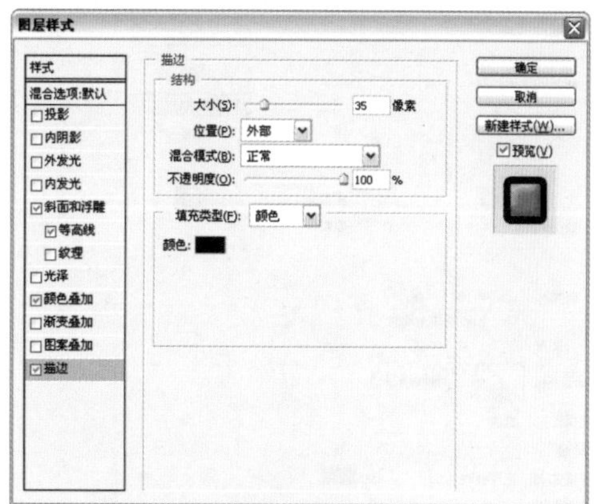
图3-309

图3-310

06 单击"图层"面板底部的按钮，新建一个图层。按住〈Ctrl〉键单击文字图层的缩览图，载入文字选区，如图3-311所示。

图3-311

07 执行"编辑"→"描边"命令，设置描边颜色为白色，如图3-312所示，按下〈Ctrl+D〉快捷键取消选择，如图3-313所示。

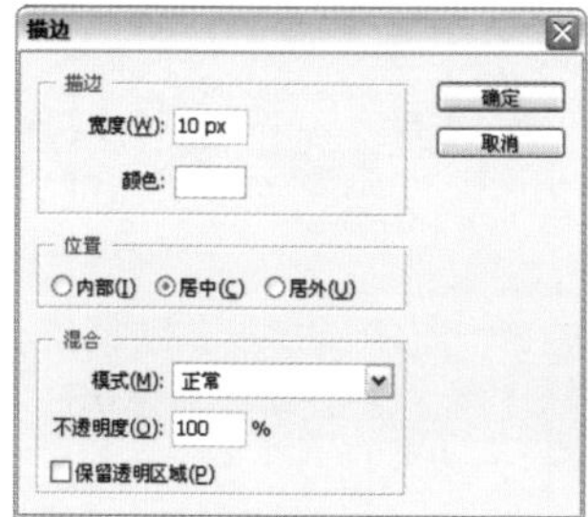

图3-312　图3-313

08 使用横排文字工具T输入一行文字，然后在"字符"面板中修改字体的大小，如图3-314、图3-315所示。按下〈Shift+Ctrl+[〉快捷键，将文字图层向下调整到"背景"图层上面，如图3-316所示。

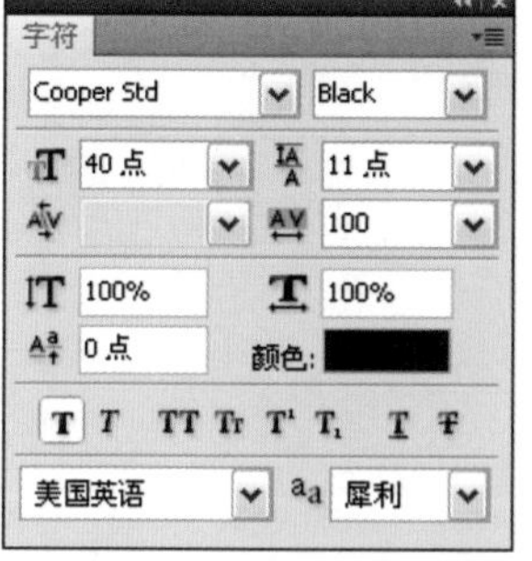
TOP
drink
图3-314　图3-315

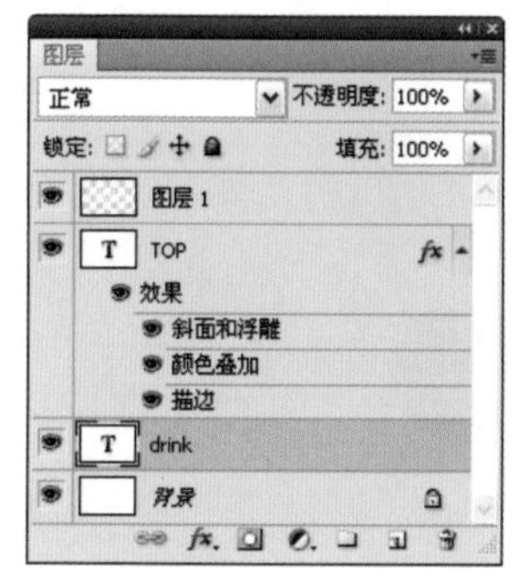
图3-316

09 单击“图层”面板底部的fx按钮，选择“颜色叠加”命令，为它添加颜色叠加效果，将叠加的颜色设置为橙色（R：253，G：103，B：3），如图3-317所示。选择左侧列表中的“描边”效果，设置描边颜色为黑色，如图3-318所示，效果如图3-319所示。

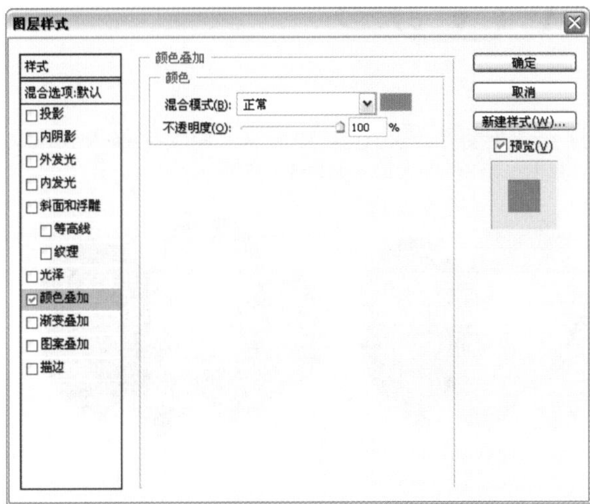

图3-317

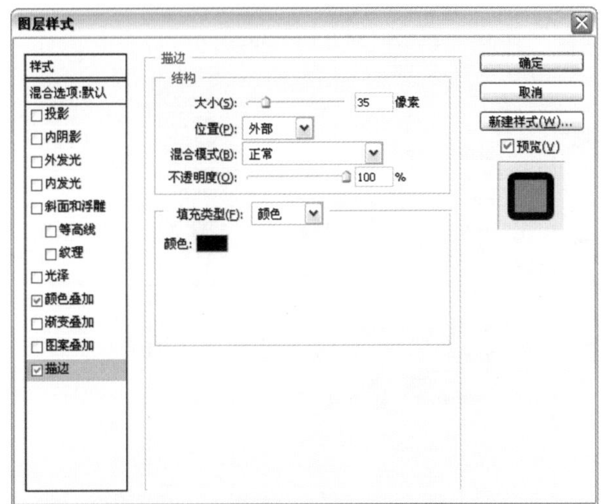

图3-318

图3-319

10 单击“图层”面板底部的按钮，新建“图层2”。按住〈Ctrl〉键单击文字“drink”图层的缩览图，载入选区，如图3-320所示。

11 执行“编辑”→“描边”命令，设置描边颜色为白色，如图3-321所示，按下〈Ctrl+D〉快捷键取消选择，如图3-322所示。

图3-320

图3-321　图3-322

12 按住〈Ctrl〉键单击下面的文字图层，将这两个图层选择，如图3-323所示，按下〈Ctrl+E〉快捷键合并，如图3-324所示。

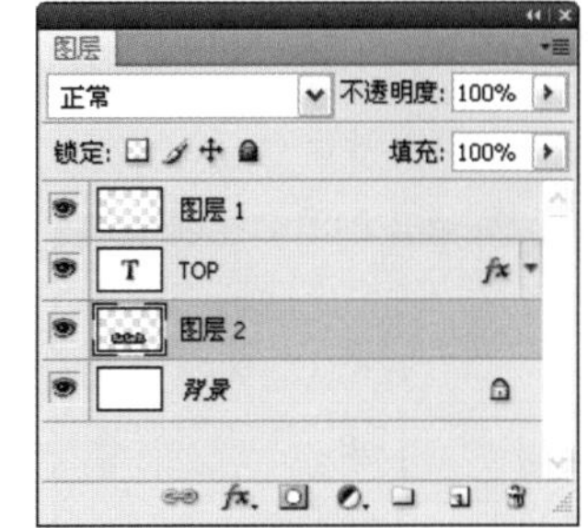

图3-323　图3-324

13 双击该图层，打开“图层样式”对话框，为它添加“斜面和浮雕”和“等高线”效果，如图3-325～图3-327所示。

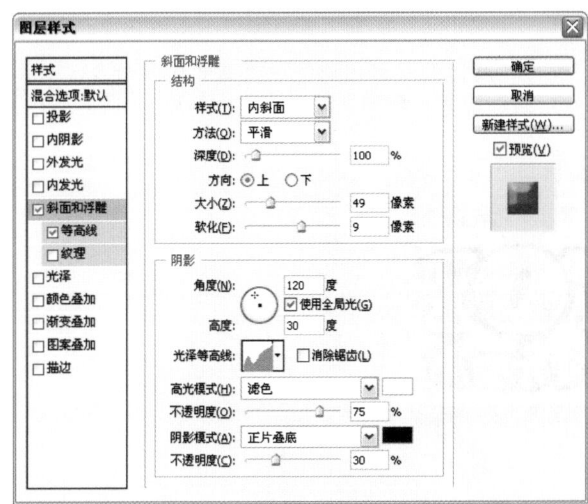

图3-325

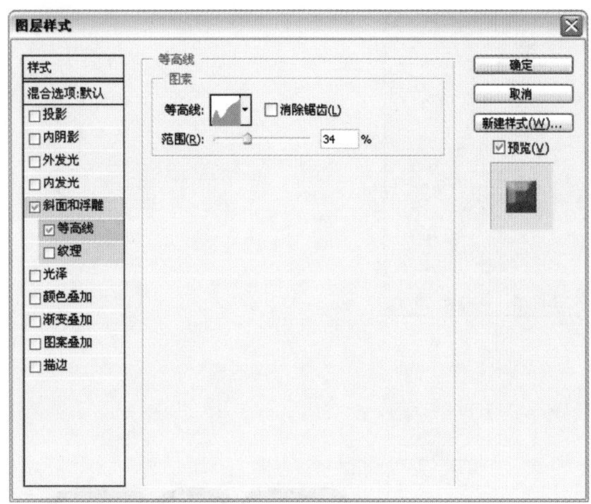

图3-326

图3-327

14 在“图层”面板中选择除“背景”以外的其他图层，如图3-328所示，按下〈Ctrl+E〉快捷键，将它们合并，如图3-329所示。

图3-328

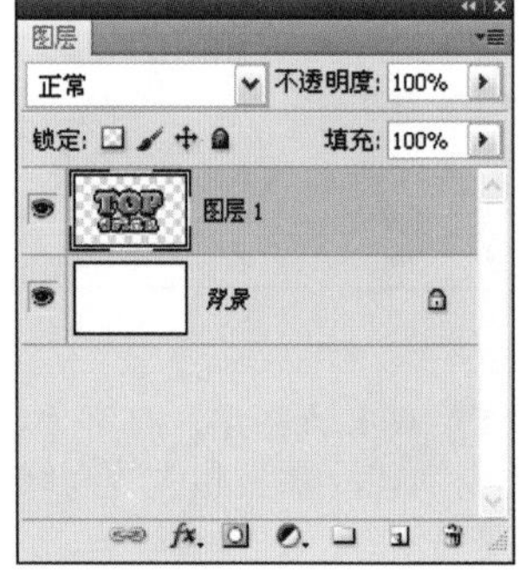

图3-329

15 执行“滤镜”→“扭曲”→“球面化”命令，对文字进行扭曲，使其呈现膨胀效果，如图3-330、图3-331所示。

图3-330

图3-331

16 打开一个文件，如图3-332所示。将文字拖入到该文档中，可以适当旋转一下，如图3-333所示。

图3-332 图3-333

17 双击文字所在的图层，打开“图层样式”对话框，添加“投影”效果，如图3-334、图3-335所示。

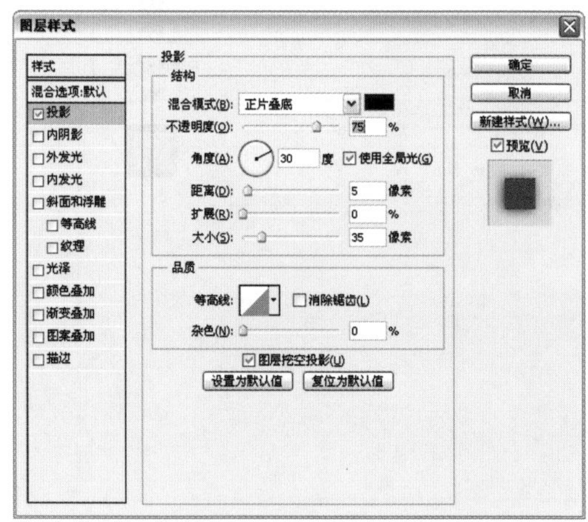

图3-334

图3-335

18 使用移动工具按住〈Alt〉键向左侧拖动气球，复制出一个（适当旋转它）。按下〈Ctrl+U〉快捷键，打开“色相/饱和度”对话框，调整气球颜色，如图3-336、图3-337所示。

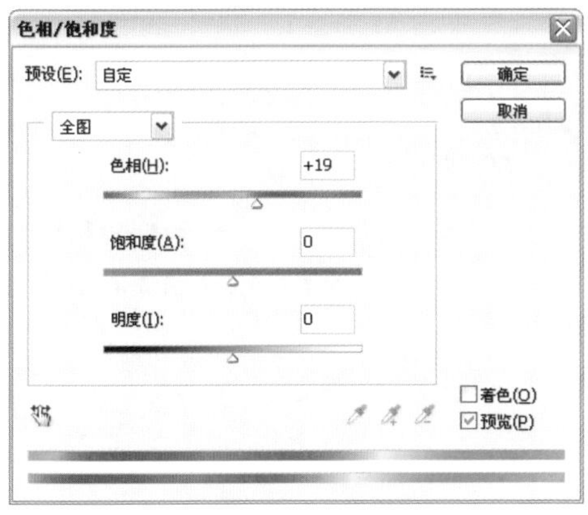

图3-336

图3-337

19 按住〈Alt〉键向左侧拖动鼠标，再复制出一个，并调整颜色，如图3-338、图3-339所示。

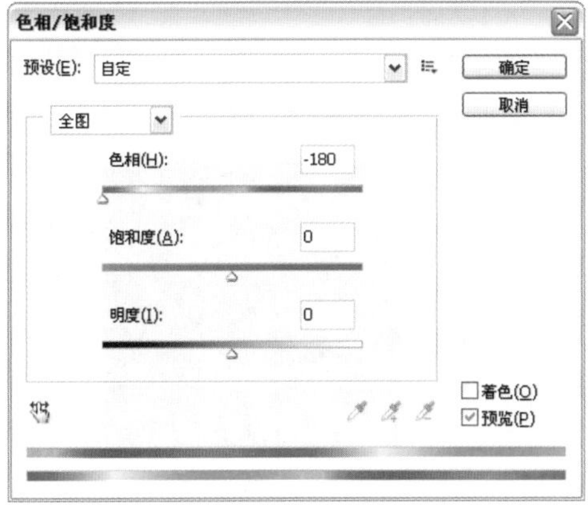

图3-338

图3-339

20 使用椭圆选框工具对准黄色气球边界创建一个选区，如图3-340所示，按住〈Alt〉键单击“图层”面板底部的按钮创建蒙版，将选中的文字隐藏，如图3-341所示。

图3-340

图3-341

第4章　纹理与图案实例

学习要点：

- 使用动作记录图像处理过程
- 图案的平铺与排列
- 在通道中制作需要的选区
- 透明条纹渐变
- 使用“壁画”滤镜生成绒线纹理
- 创建自定义图案

案例数量：

9个纹理与图案表现实例

内容总览：

本章介绍几种常用纹理和图案的表现方法，包括各种面料，如牛仔布、迷彩、麻纱、呢子等，以及制作真实的毛线、皮革、绒线等。

制作牛仔布纹理

难度级别：★★☆

学习目标：使用“纹理化”滤镜制作底纹，绘制并复制线条覆盖纹理，制作出牛仔布效果。

技术要点：使用移动工具时，按住〈Ctrl〉键在画布外面拖出一个选框，可以选择所有线条图层。

实例效果位置：实例效果/第4章/实例48

STEP 01 按下〈Ctrl+N〉快捷键打开“新建”对话框，创建一个20厘米×20厘米，分辨率为150像素/英寸的RGB模式文件。调整前景色，如图4-1所示，按下〈Alt+Delete〉快捷键为“背景”图层填色，如图4-2所示。

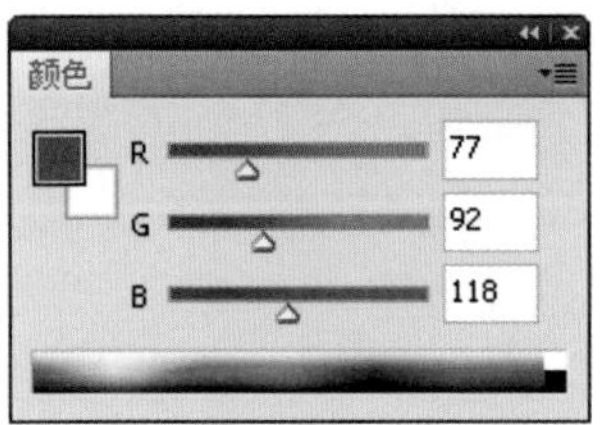

图4-1

图4-2

STEP 02 执行“滤镜”→“纹理”→“纹理化”命令，打开“滤镜库”设置参数如图4-3所示，生成粗纤维布纹，如图4-4所示。

STEP 03 新建一个图层并填充白色，然后再新建一个空白的图层。选择画笔工具，按住〈Shift〉键沿水平方向绘制一条直线，如图4-5所示。选择移动工具，按住〈Alt〉键拖动直线复制出一组直线。连续按下〈Ctrl+-〉快捷键缩小窗口，当画布外侧出现灰色的区域时，按住〈Ctrl〉键在画布外面拖出一个选框，将线条全部选择，如图4-6所示。

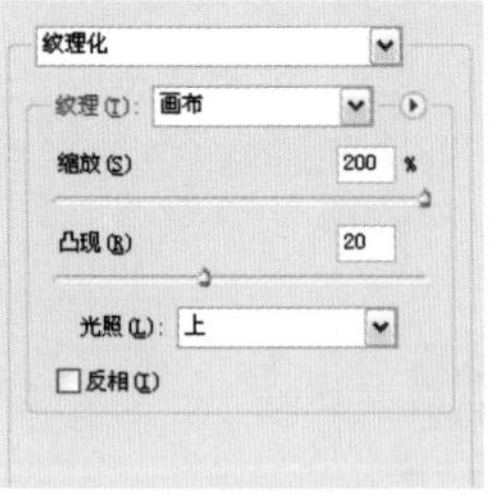

图4-3

图4-4

图4-5

图4-6

04 单击工具选项栏中的按钮和按钮，将线条对齐，如图4-7所示。按下〈Ctrl+E〉快捷键合并所有直线图层。

05 按下〈Ctrl+T〉快捷键显示定界框，将图形旋转45度，再复制图形，将画布全部覆盖，如图4-8、图4-9所示。

图4-7

图4-8

06 将白色图层删除，再将线条图层与“背景”图层合并。如图4-10所示是为牛仔布料配上拉链的效果（使用加深和减淡工具处理了面料）。

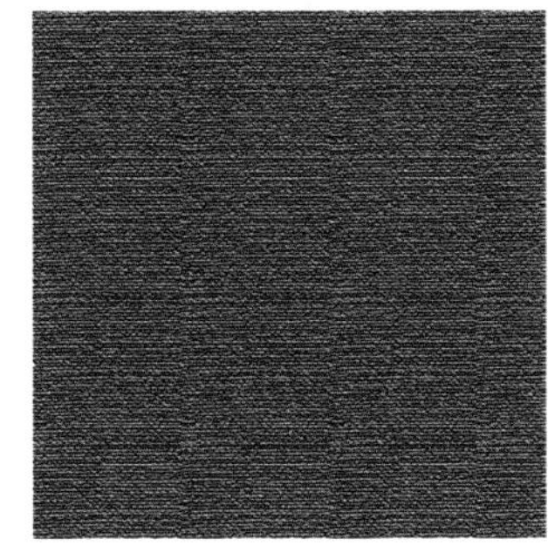
图4-9

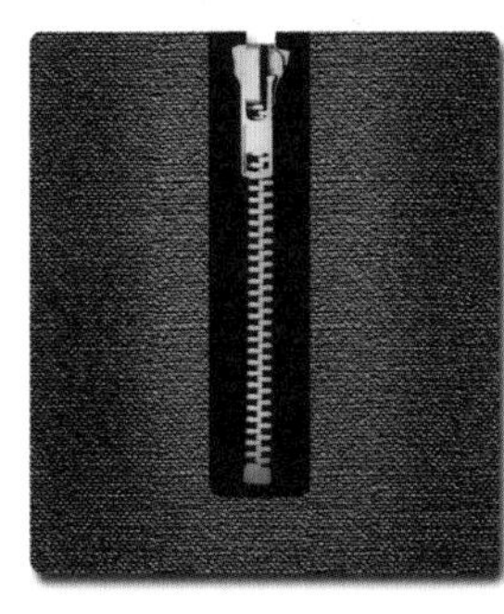
图4-10

制作迷彩纹理

难度级别：★★☆

学习目标：学习使用动作将基础图案的制作过程录制下来，再通过播放动作自动生成迷彩纹理。

技术要点：播放完动作之后，重新修改“色阶”参数，将纹理调亮。

实例效果位置：实例效果/第4章/实例49

01 按下〈Ctrl+N〉快捷键打开“新建”对话框，创建一个800×600像素，分辨率为72像素/英寸的文件。将“背景”填充为深绿色（R：0，G：104，B：50），如图4-11所示。

02 打开“动作”面板，单击创建新组按钮和创建新动作按钮，如图4-12所示。单击“通道”面板中的创建新通道按钮，新建一个Alpha1通道，如图4-13所示。

图4-11

图4-12

图4-13

03 执行“滤镜”→“杂色”→“添加杂色”命令，在画面中生成杂点，如图4-14所示。

04 执行“滤镜”→“像素化”→“晶格化”命令，让杂点变成不规则色块，如图4-15、图4-16所示。

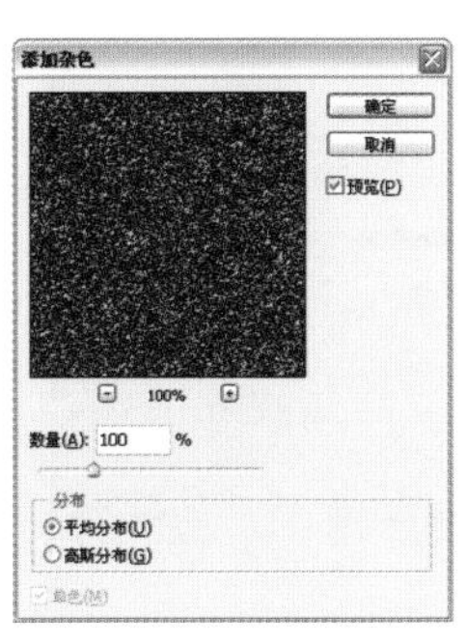

图4-14

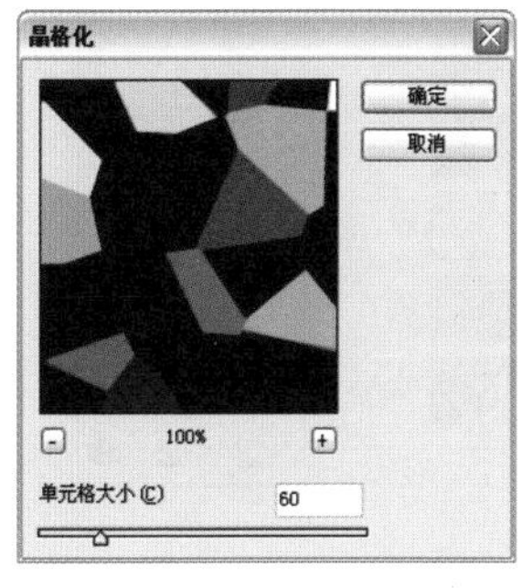

图4-15

图4-16

05 执行“滤镜”→“模糊”→“高斯模糊”命令，对图像进行模糊，如图4-17、图4-18所示。

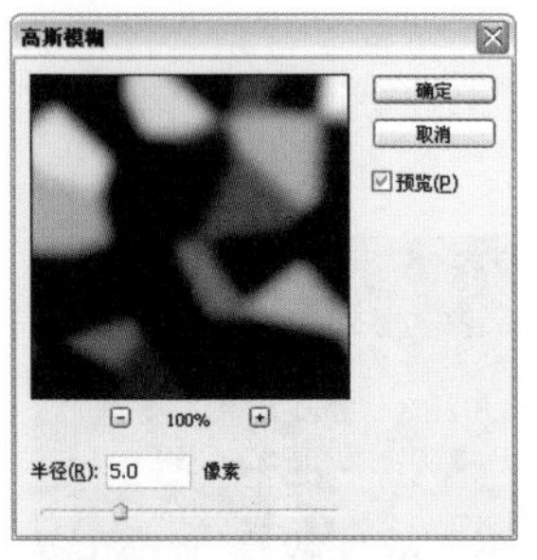
图4-17

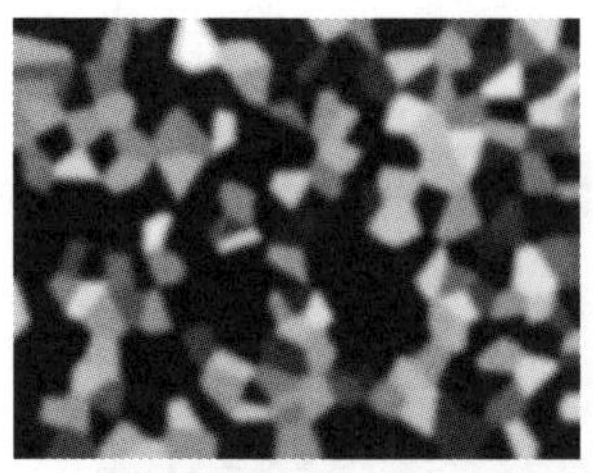
图4-18

Step 06 按下〈Ctrl+L〉快捷键打开“色阶”对话框，将两边的滑块向中间拖动，增加对比度，如图4-19所示，效果如图4-20所示。

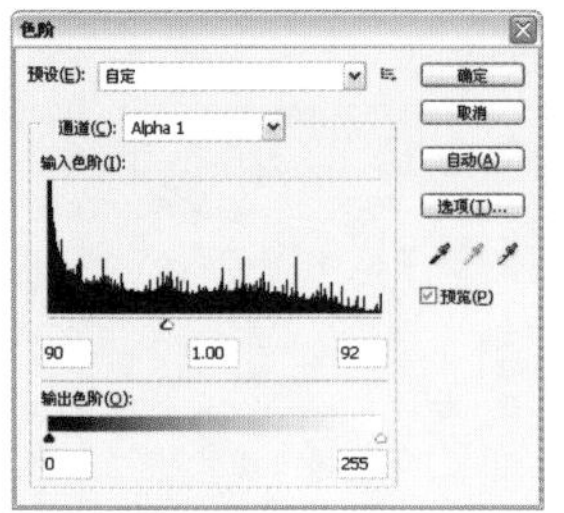
图4-19

图4-20

Step 07 按住〈Ctrl〉键单击Alpha1通道的缩览图，载入选区，如图4-21所示，按下〈Ctrl+2〉快捷键返回到彩色图像状态。

Step 08 单击“调整”面板中的按钮，创建“色阶”调整图层，将阴影滑块向右拖动，如图4-22所示，效果如图4-23所示。

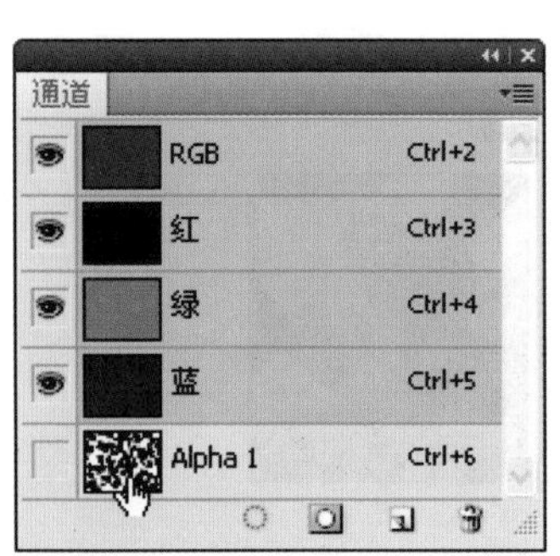

图4-21

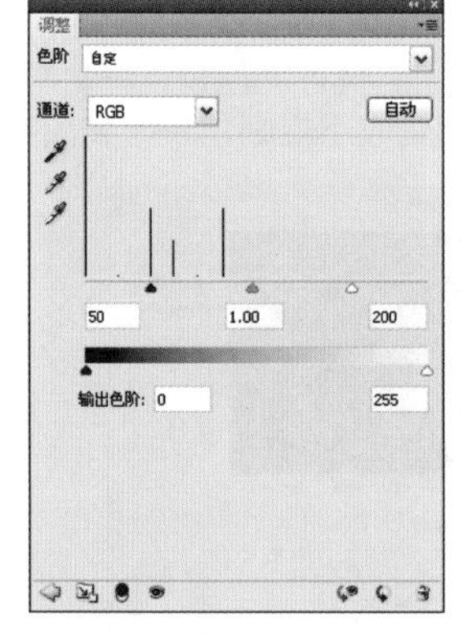

图4-22

Step 09 单击“动作”面板中的停止播放/记录按钮■，完成动作的记录，如图4-24所示。

Step 10 选择该动作，单击播放选定动作按钮▶，将上述操作执行一遍，再制作出一个色阶调整图层，效果如图4-25、图4-26所示。

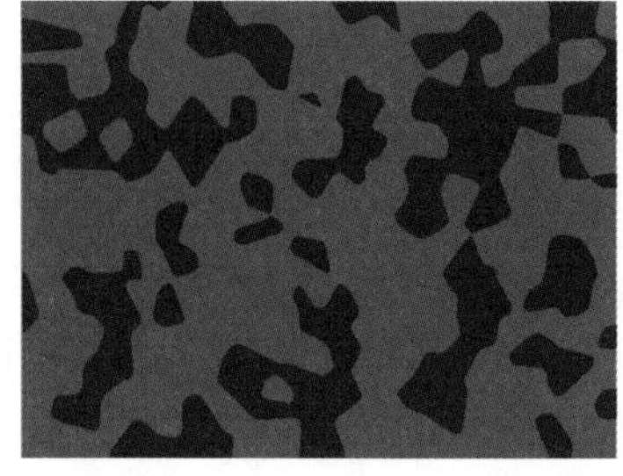
图4-23

图4-24

图4-25

图4-26

Step 11 双击“色阶2”调整图层的缩览图，将黑色滑块拖回原处，将白色滑块向中间拖动，如图4-27所示，效果如图4-28所示。

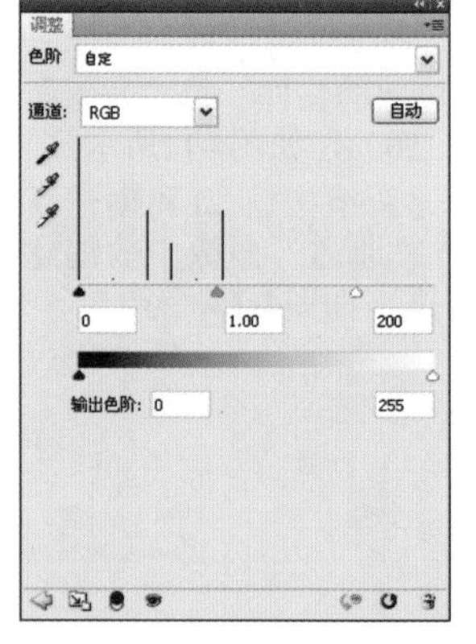

图4-27

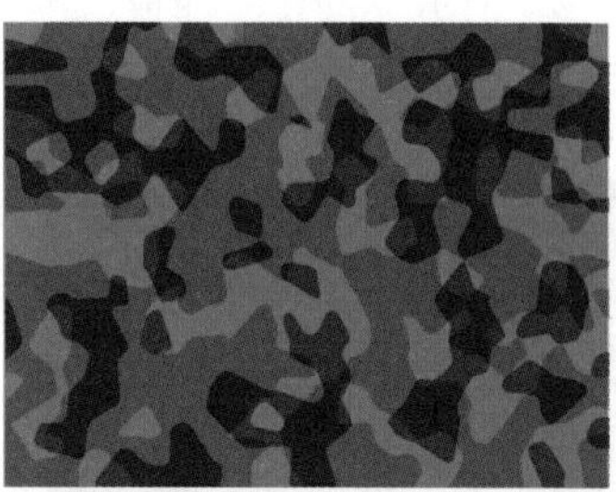
图4-28

制作毛线纹理

难度级别：★★★

学习目标：学习使用钢笔工具绘制基本图形，将路径转换为选区并填色，再经复制后生成毛线编织效果。

技术要点：用“添加杂色”滤镜生成杂点，用“动感模糊”将杂点制作为纤维，叠加到麦穗图形上。

实例效果位置：实例效果/第4章/实例50

01 新建一个尺寸为800×800像素，分辨率为72像素/英寸的文件。选择钢笔工具，按下工具选项栏中的路径按钮，绘制一个图形，如图4-29所示。按下〈Ctrl〉+回车键将路径转换为选区，如图4-30所示。

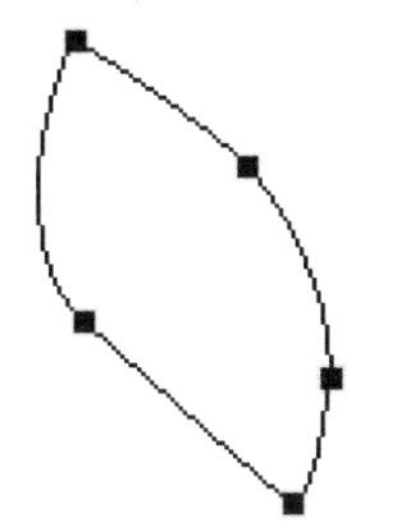

图4-29

图4-30

02 使用画笔工具在选区内涂抹深浅不同的绿色，如图4-31所示。按下〈Ctrl+D〉快捷键取消选择。执行“滤镜”→“模糊”→“动感模糊”命令，设置参数如图4-32所示。

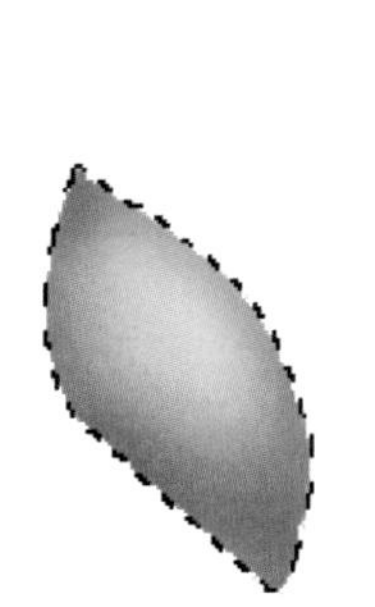

图4-31

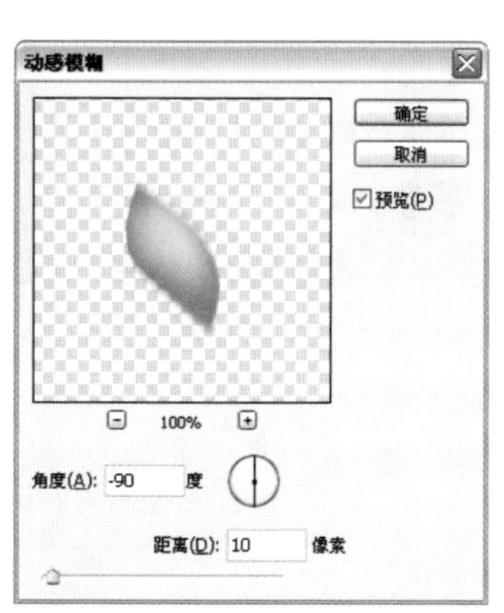

图4-32

03 使用移动工具按住〈Alt+Shift〉键锁定水平方向向右侧拖动图形进行复制。执行“编辑”→“变换”→“水平翻转”命令，将图形翻转，按下回车键确认，如图4-33所示。按下〈Ctrl+E〉键向下合并图层，使这两个图案位于一个图层中。用同样方法继续复制图案，如图4-34所示。

图4-33

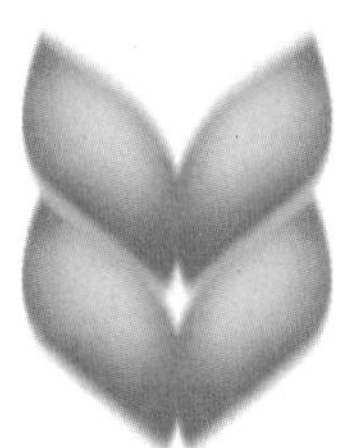

图4-34

04 继续复制图案直至铺满整个画面，如图4-35所示。合并除“背景”图层外的所有图层，选择“背景”图层，填充深绿色，效果如图4-36所示。

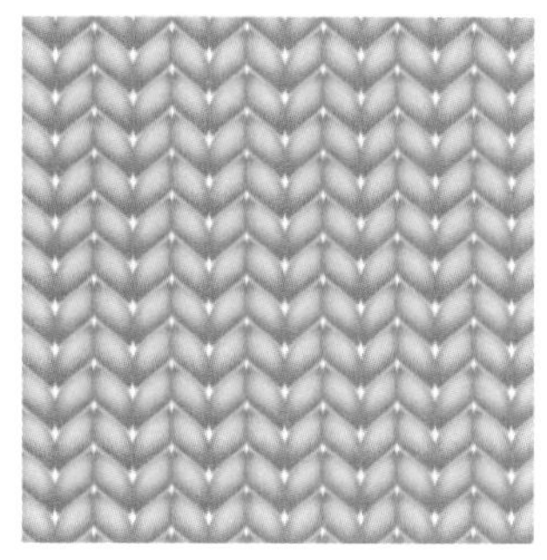

图4-35

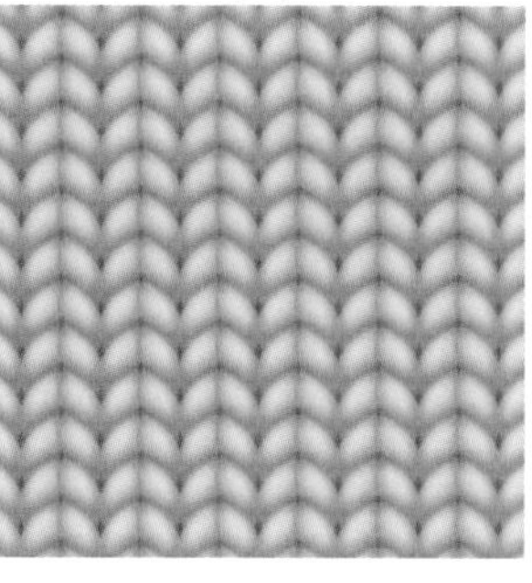

图4-36

05 新建一个图层，填充白色。执行“滤镜”→“杂色”→“添加杂色”命令，设置参数如图4-37所示。执行“滤镜”→“模糊”→“动感模糊”命令，设置参数如图4-38所示。

图4-37

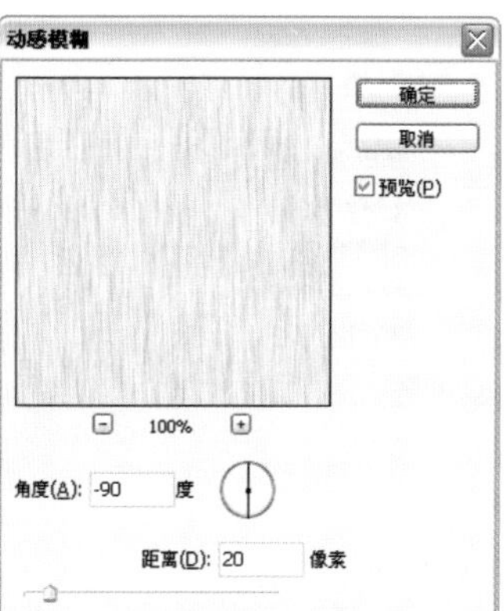

图4-38

提示

“添加杂色”滤镜可以将随机的像素应用于图像，模拟在高速胶片上拍照的效果，该滤镜也可以用来减少羽化选区或渐变填充中的条纹，或使经过重大修饰的区域看起来更加真实。

06 设置该图层的混合模式为“正片叠底”，如图4-39所示，效果如图4-40所示。

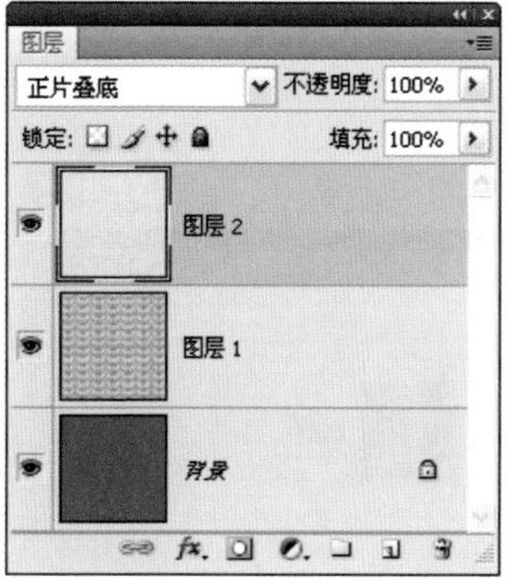

图4-39

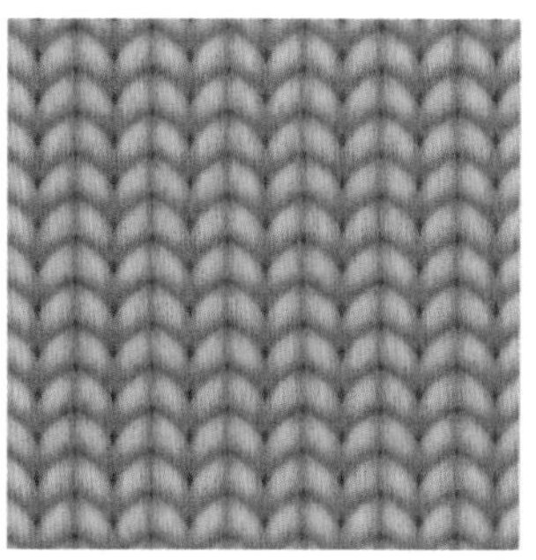

图4-40

Photoshop 实例51

制作皮革纹理

 难度级别：★★ 

学习目标：使用“染色玻璃”滤镜制作皮革纹理块，添加图层样式生成立体效果。

技术要点：对选区进行收缩和羽化处理。

实例效果位置：实例效果/第4章/实例51

step 01 新建一个尺寸为800×800像素，分辨率为72像素/英寸的RGB模式文件，如图4-41所示。打开“通道”面板，单击按钮新建Alpha 1通道，如图4-42所示。

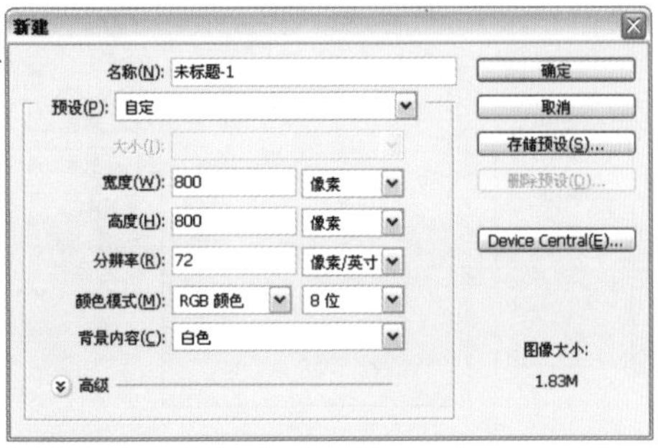

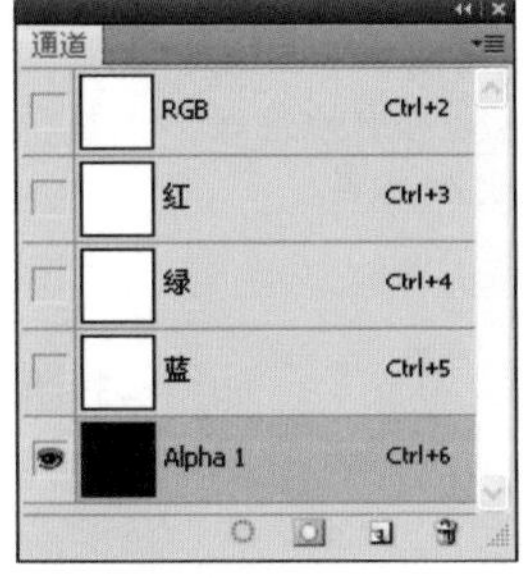

图4-41

step 02 执行“滤镜”→“纹理”→“染色玻璃”命令，生成不规则色块，如图4-43、图4-44所示。

step 03 按下〈Ctrl+2〉快捷键返回到RGB主通道。将“背景”图层填充为深棕色（R：106，G：57，B：6），如图4-45所示。

图4-42

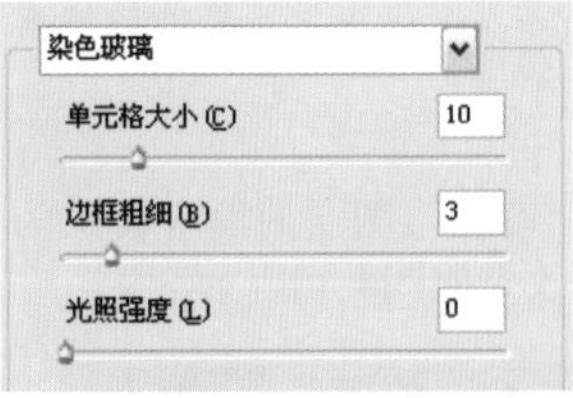

图4-43

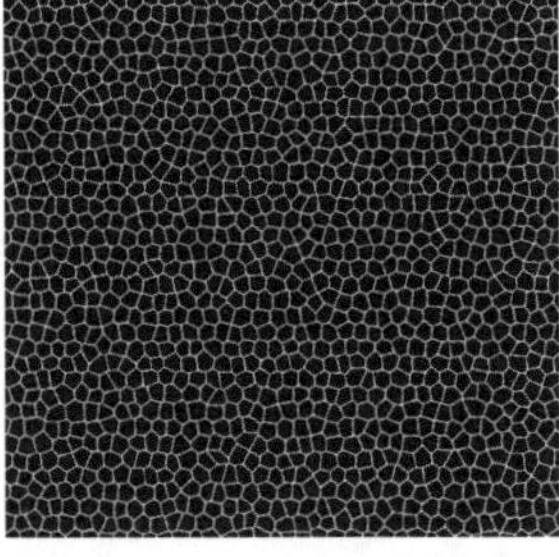

图4-44

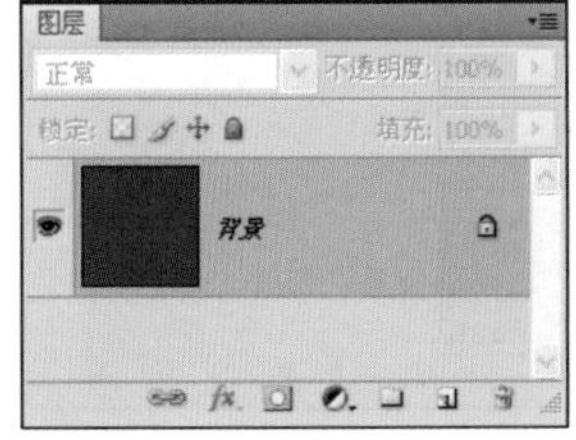

图4-45

step 04 按住〈Ctrl〉键单击Alpha 1通道，载入选区，如图4-46所示。将前景色设置为黑色，按〈Alt+Delete〉键将选区填充黑色，如图4-47所示。

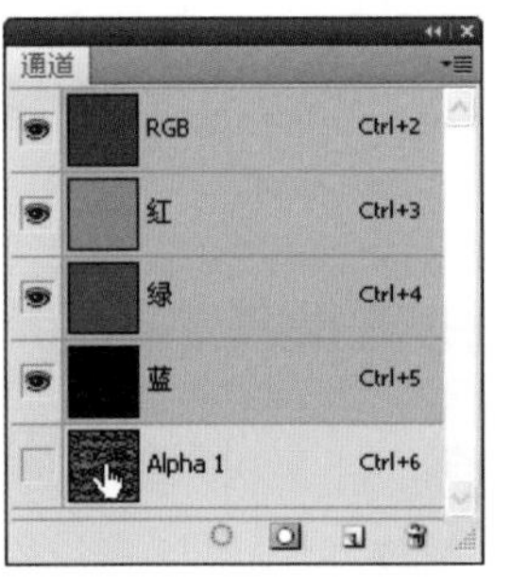

图4-46

图4-47

step 05 执行“选择”→“修改”→“收缩”命令，设置收缩量为3像素，如图4-48所示。执行“选择”→“修改”→“羽化”命令，设置羽化半径为2像素，如图4-49所示。

图4-48

图4-49

step 06 当前选区效果如图4-50所示。将前景色调整为红色，新建一个图层，在选区内填充红色，按〈Ctrl+D〉快捷键取消选择，如图4-51所示。

图4-50

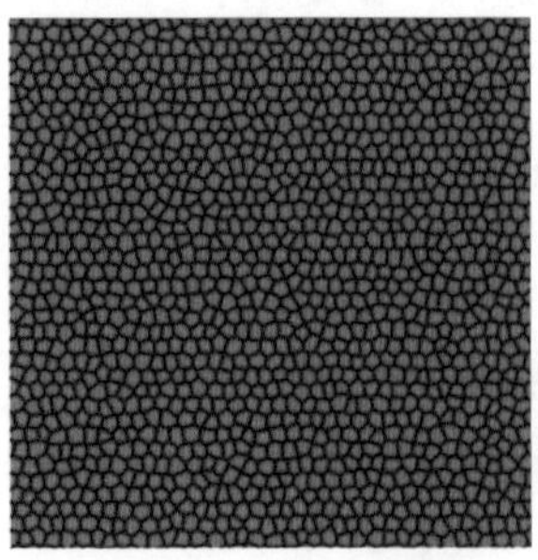

图4-51

step 07 双击该图层，打开“图层样式”对话框，添加“斜面和浮雕”效果，如图4-52、图4-53所示。也可以尝试选择其他图层样式，产生不同的效果，例如，如图4-54所示为选择“描边”的效果。

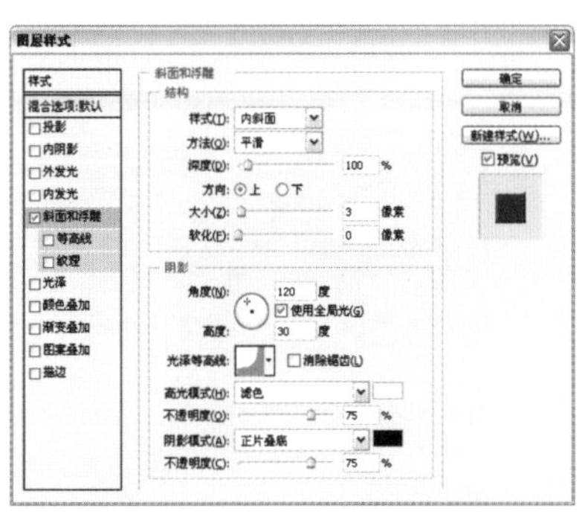
图4-52

图4-53

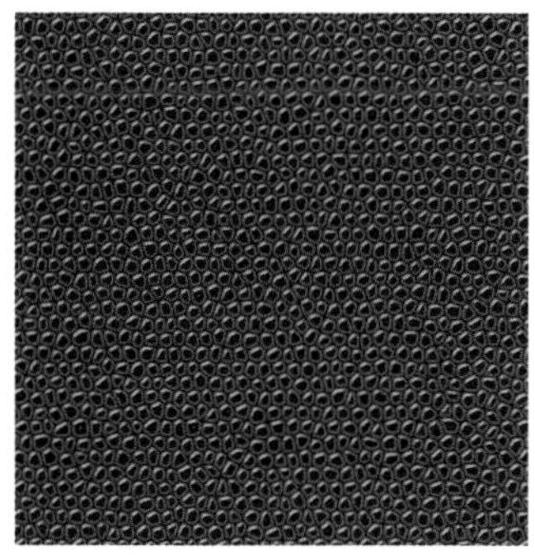
图4-54

制作麻纱纹理

难度级别：★☆

学习目标：使用Photoshop提供的图案库制作麻纱面料。

技术要点：设定正确的混合模式，使图案融入到背景颜色中。

实例效果位置：实例效果/第4章/实例52

01 按下〈Ctrl+N〉快捷键打开“新建”对话框，创建一个大小为800×800像素，分辨率为72像素/英寸的RGB模式文件。按下〈Ctrl+J〉快捷键复制“背景”图层，填充洋红色（R：255，G：0，B：255），如图4-55所示。

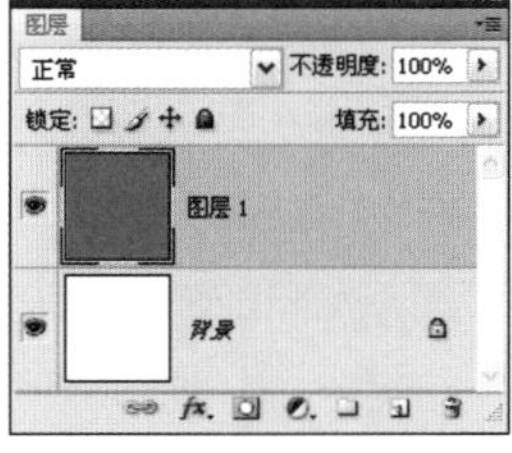
图4-55

图4-57

02 双击该图层，打开“图层样式”对话框，在左侧列表中选择“纹理”选项，然后单击图案旁的按钮打开图案面板，单击右上方的▸按钮，选择“填充纹理2”，加载该图案库，选择如图4-56所示的图案，效果如图4-57所示。

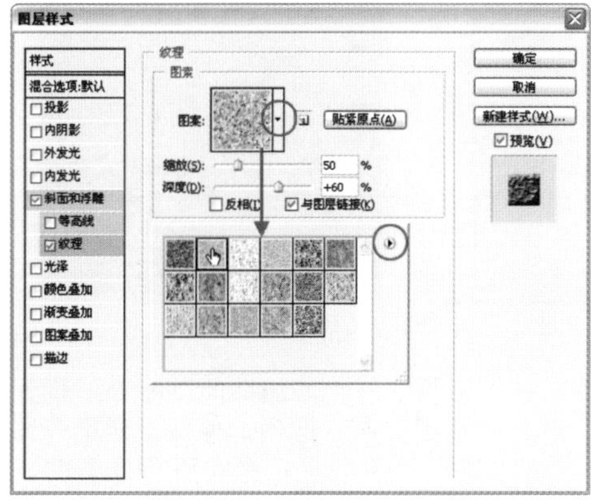
图4-56

03 在对话框左侧列表选择“图案叠加”选项，设置混合模式为“滤色”，加载“自然图案”库，选择如图4-58所示的图案，效果如图4-59所示。

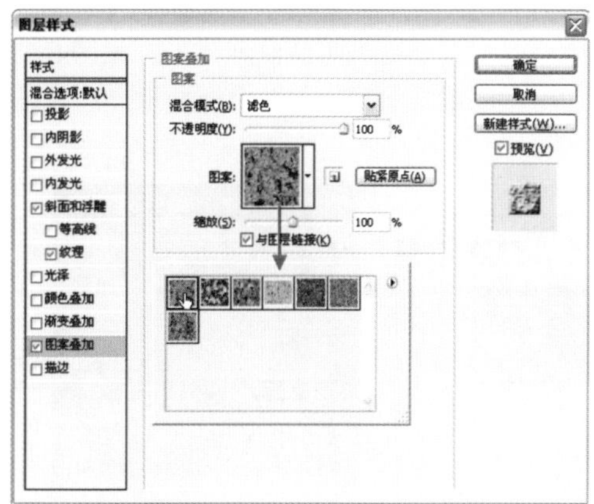
图4-58

图4-59

04 按下〈Ctrl+J〉快捷键复制当前图层，设置混合模式为“浅色”，即可得到麻纱面料，如图4-60、图4-61所示。

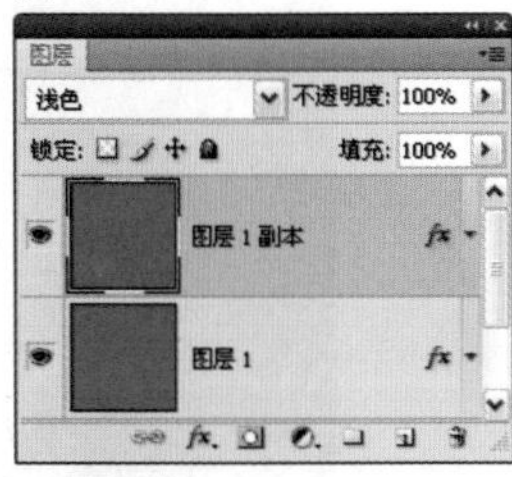

图4-60

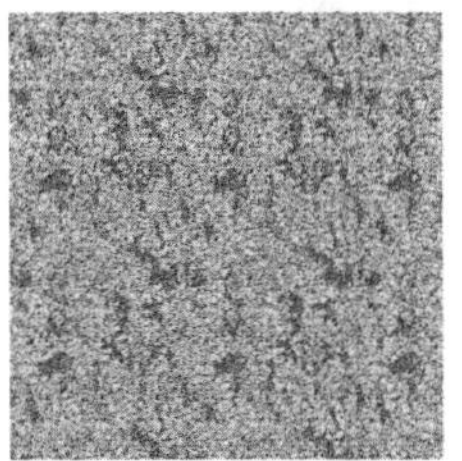

图4-61

Photoshop 实例53 制作呢子纹理

难度级别：★☆

学习目标：填充条纹透明渐变以后，使用滤镜制作呢子质感。

技术要点：先调整好前景色，再选择透明条纹渐变。

实例效果位置：实例效果/第4章/实例53

01 按下〈Ctrl+N〉快捷键打开“新建”对话框，创建一个大小为800×800像素，分辨率为72像素/英寸的文件。为“背景”图层填充黄色（R：248，G：181，B：81），如图4-62所示。

图4-62

02 将前景色设置为橙色，选择渐变工具，单击按钮打开渐变下拉面板，选择“透明条纹渐变”，如图4-63所示。按住〈Shift〉键在画面中从上至下拖动鼠标填充渐变，如图4-64所示。

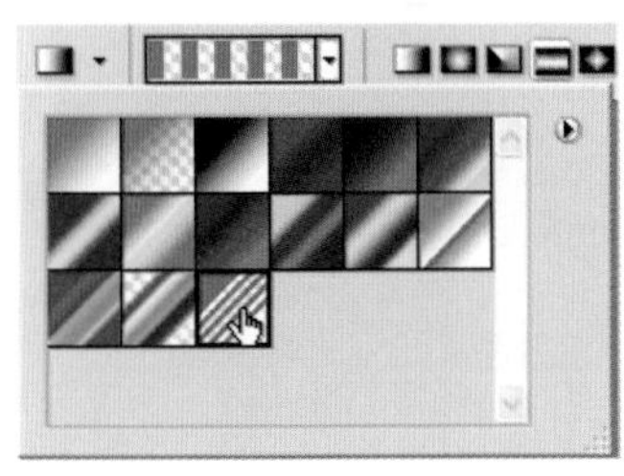

图4-63

图4-64

03 执行“滤镜”→“像素化”→“马赛克”命令，设置参数如图4-65所示，效果如图4-66所示。

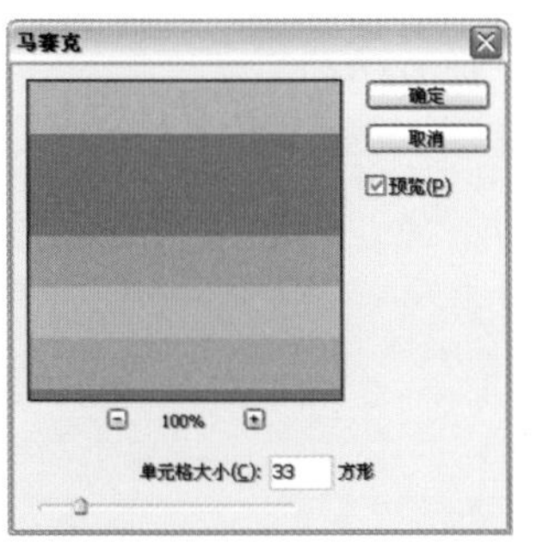

图4-65

图4-66

04 执行“滤镜”→“模糊”→“高斯模糊”命令，使色条的边缘变得柔和，如图4-67、图4-68所示。

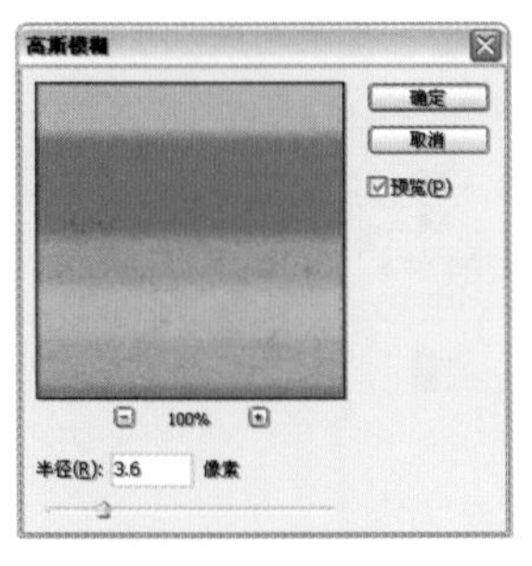

图4-67

图4-68

05 执行“滤镜”→“杂色”→“添加杂色”命令，设置杂色数量为12%，选择“高斯分布”选项，使杂点效果较为强烈，选择单色选项，使添加的杂点只影响原有像素的亮度，不会改变像素的颜色，效果如图4-69、图4-70所示。

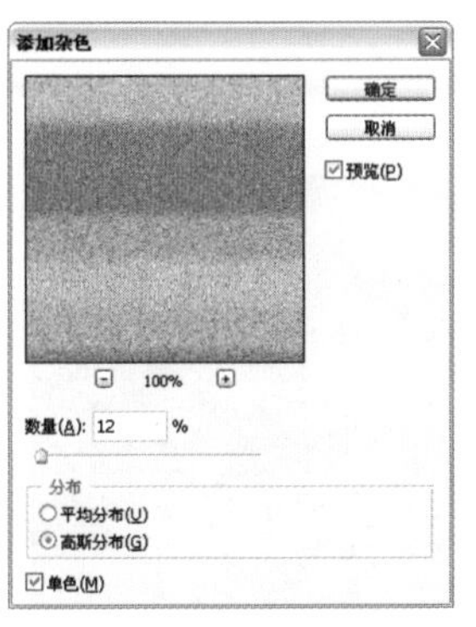

图4-69

图4-70

制作绒纹理

 难度级别：★☆

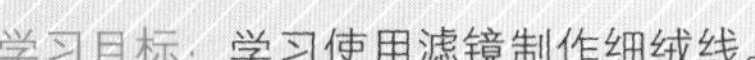

学习目标：学习使用滤镜制作细绒线。

技术要点：使用“照亮边缘”滤镜处理纹理，从纹理中的高光区域提取绒线条。

实例效果位置：实例效果/第4章/实例54

01 按下〈Ctrl+N〉快捷键打开“新建”对话框，创建一个10厘米×10厘米，分辨率为72像素/英寸的RGB模式文件。为“背景”图层填充蓝色，如图4-71所示。

图4-71

02 执行“滤镜”→“杂色”→“添加杂色”命令，添加杂色，如图4-72、图4-73所示。

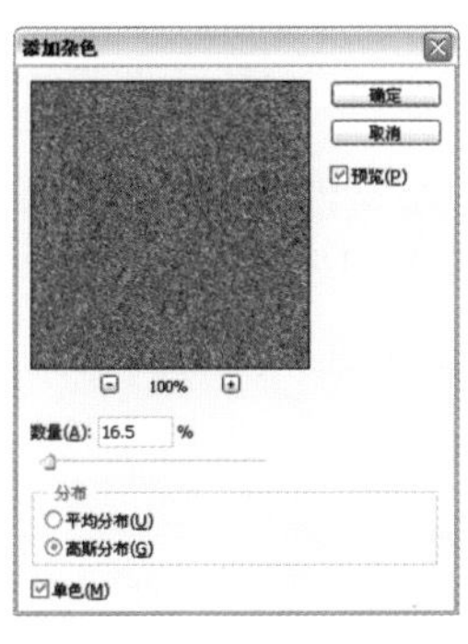

图4-72

图4-73

03 执行“滤镜”→“杂色”→“中间值”命令，打开“中间值”对话框，设置参数如图4-74所示，效果如图4-75所示。

图4-74

图4-75

04 执行“滤镜”→“艺术效果”→“壁画”命令，设置参数如图4-76所示，效果如图4-77所示。

图4-76

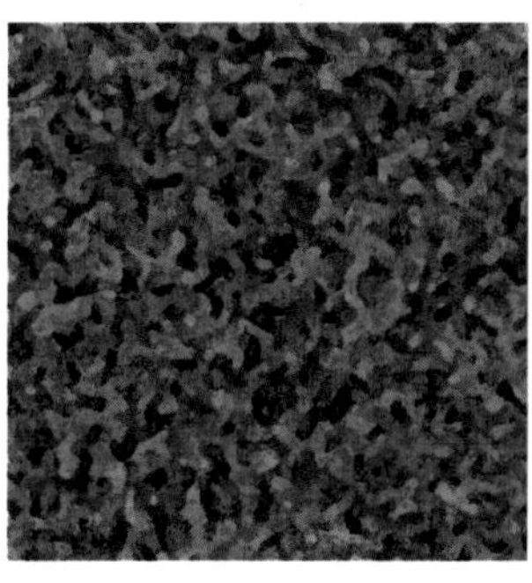

图4-77

05 执行“滤镜”→“扭曲”→“玻璃”命令，打开“滤镜库”，设置参数如图4-78所示，效果如图4-79所示。

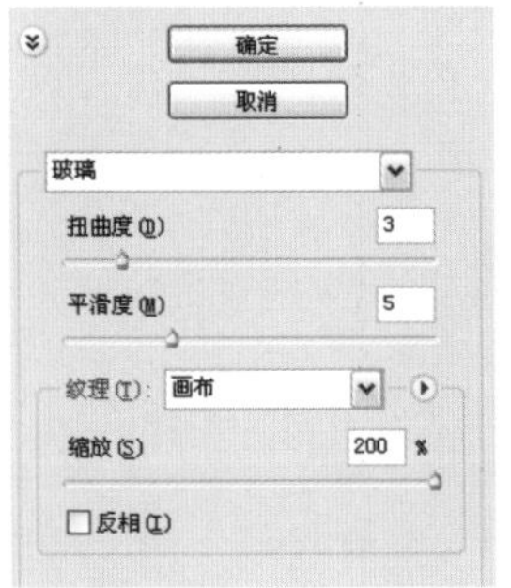

图4-78

图4-79

06 按下〈Ctrl+J〉快捷键复制“背景”图层，执行“编辑”→“变换”→“旋转90度（顺时针）”命令，将图像旋转。设置图层的混合模式为“正片叠底”，如图4-80、图4-81所示。按下〈Ctrl+E〉快捷键向下合并图层。

图4-80

图4-81

07 执行“滤镜”→“风格化”→“照亮边缘”命令，打开“滤镜库”，设置参数如图4-82所示，效果如图4-83所示。

图4-82

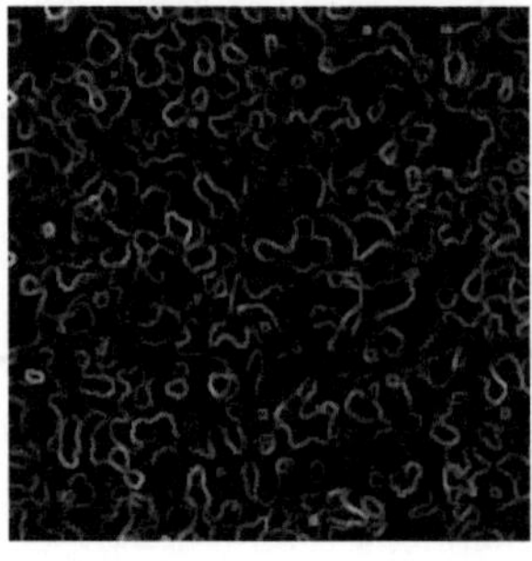

图4-83

08 按下〈Ctrl+U〉快捷键打开“色相/饱和度”对话框，调整图像的颜色，如图4-84、图4-85所示。

图4-84

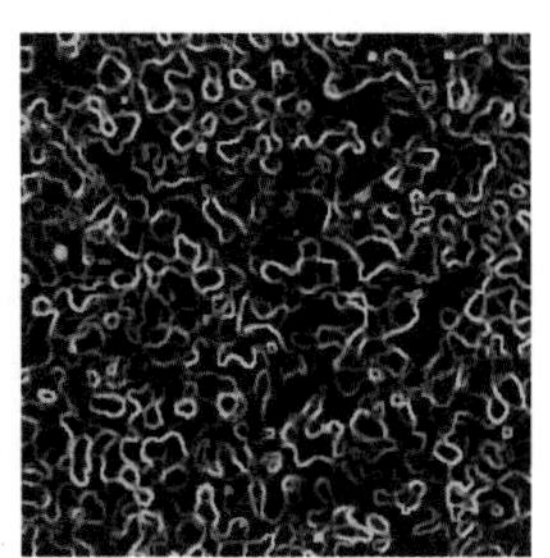

图4-85

制作蜡染

 难度级别：★

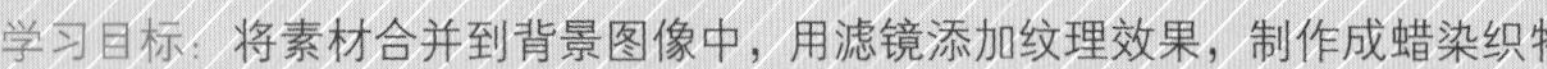
学习目标：将素材合并到背景图像中，用滤镜添加纹理效果，制作成蜡染织物。

技术要点：用“纹理化”滤镜制作出纹理效果。

素材位置：素材/第4章/实例55

实例效果位置：实例效果/第4章/实例55

01 按下〈Ctrl+N〉快捷键打开“新建”对话框，创建一个大小为20厘米×20厘米，分辨率为300像素/英寸的RGB模式文件。调整前景色，如图4-86所示，按下〈Alt+Delete〉快捷键为“背景”图层填色，如图4-87所示。

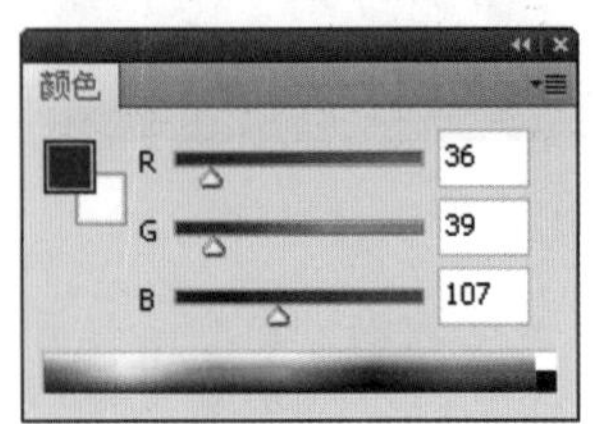

图4-86

图4-87

02 按下〈Ctrl+O〉快捷键打开一个文件，如图4-88所示，使用移动工具将白色花纹拖动到蜡染文档中，生成“图层1”。

图4-88

03 按住〈Alt+Shift〉键拖动它进行复制，如图4-89所示，排列成如图4-90所示的形状。

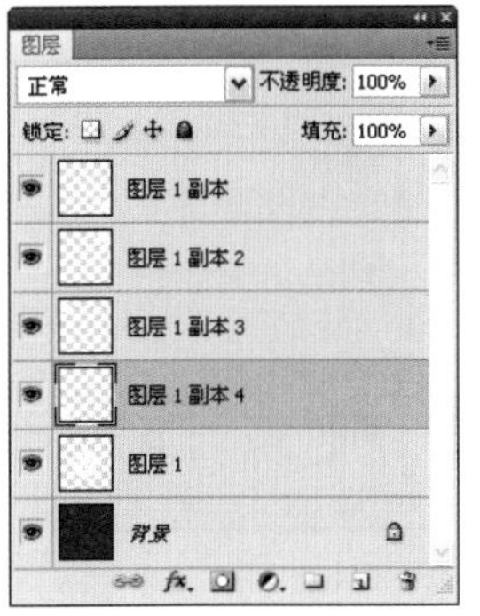

图4-89

图4-90

04 按下〈Shift+Alt+Ctrl+E〉快捷键，将所有可见图层中的图像盖印到一个新的图层中，如图4-91所示。

05 执行“滤镜”→“纹理”→“纹理化”命令，打开“滤镜库”添加纹理效果，如图4-92、图4-93所示。

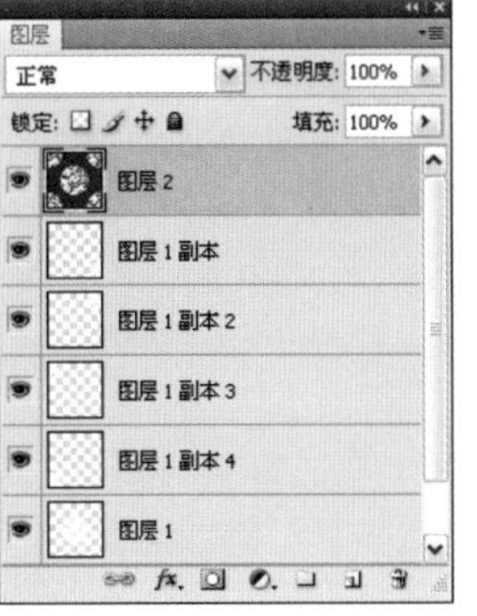

图4-91

图4-92

图4-93

制作印花图案

难度级别：★★☆

学习目标：学习为笔记本封皮填充自定义的图案。

技术要点：打开“图层样式”对话框，将光标放在图像中，移动图案，使侧面封皮和正面封皮的图案错开一定的位置。

素材位置：素材/第4章/实例56-1、实例56-2

实例效果位置：实例效果/第4章/实例56

01 按下〈Ctrl+O〉快捷键打开一个文件，如图4-94所示。

02 按下〈Ctrl+A〉快捷键全选，执行“编辑”→“定义图案”命令，打开“图案名称”对话框输入图案的名称，如图4-95所示，单击“确定”按钮，将选择的图像创建为自定义的图案。

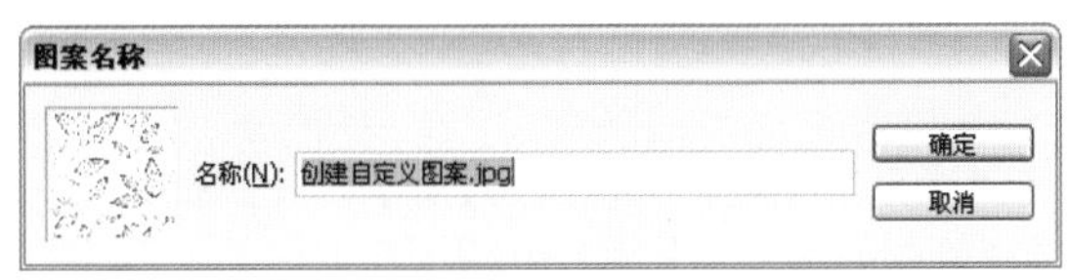

图4-95

图4-94

03 再打开一个文件，如图4-96所示。使用快速选择工具选择正面的封皮，如图4-97所示。

图4-96 图4-97

04 按下〈Ctrl+J〉快捷键，将选中的图像复制到一个新的图层中，如图4-98所示。双击“图层1”，打开“图层样式”对话框，选择左侧列表中的“图案叠加”选项，添加该效果，设置混合模式为“正片叠底”，缩放比例为27%，如图4-99、图4-100所示。

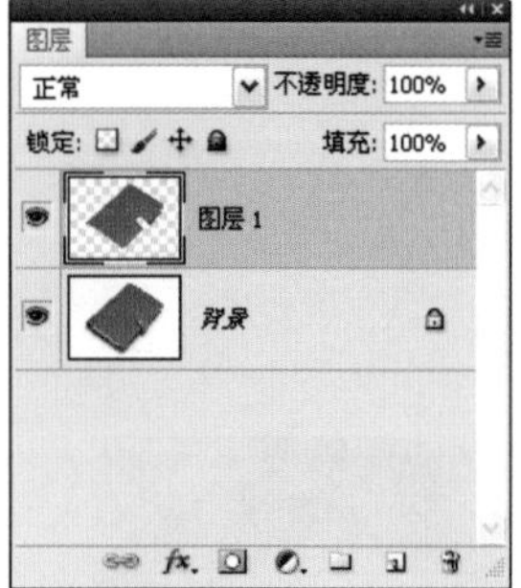

图4-98

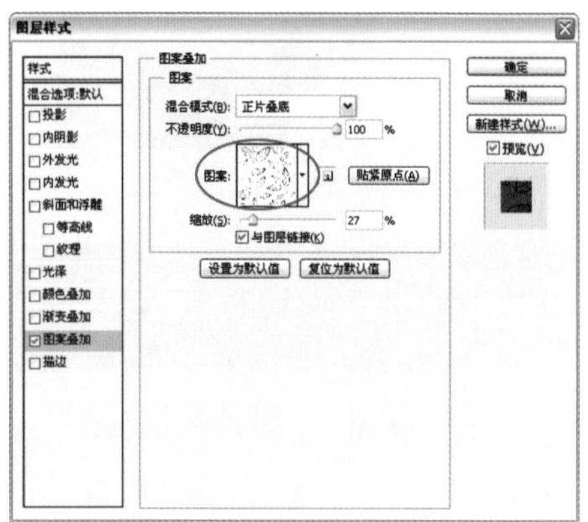

图4-99

图4-100

05 选择“背景”图层，如图4-101所示。使用快速选择工具选择侧面的封皮，如图4-102所示。

图4-101

图4-102

06 按下〈Ctrl+J〉快捷键，将选中的图像复制到一个新的图层中，如图4-103所示。按下〈Ctrl+]〉快捷键，将该图层移动到最顶层，如图4-104所示。

图4-103 图4-104

07 按住〈Alt〉将“图层1”的效果图标拖动到“图层2”上，为该图层复制相同的效果，如图4-105、图4-106所示。

图4-105 图4-106

08 双击“图层2”，打开“图层样式”对话框，选择“图案叠加”效果，如图4-107所示。将光标放在画面中（光标变为移动工具），单击并拖动鼠标移动图案，让侧面图案与正面图案之间错开一定的位置，如图4-108所示，然后关闭对话框。

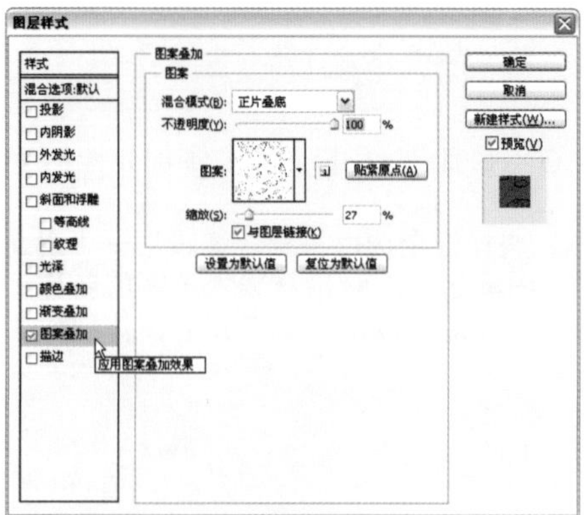

图4-107

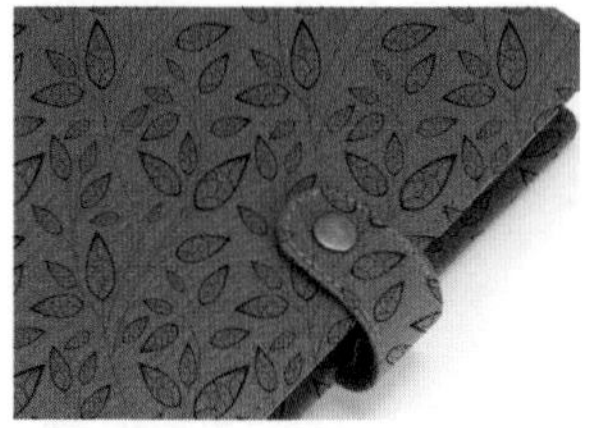

图4-108

第5章　数码照片处理实例

学习要点：

- 用Adobe Bridge管理照片
- 修改照片的大小和分辨率
- 使用“液化”滤镜美容
- 磨皮技术
- 照片的特效制作技巧
- 照片的调色技巧

内容总览：

本章介绍数码照片常见问题的处理方法，包括怎样用Adobe Bridge管理照片、对照片进行裁切、校正、修改分辨率，以及人物照片的去斑、去皱、瘦脸、美白等。此外，还介绍各种摄影效果的模拟，以及怎样对照片进行艺术化处理。

案例数量：

38个数码照片处理实例

Photoshop 实例57　批量修改照片名称

难度级别：★

学习目标：数码照片的名称是由数码相机自动产生的。本实例介绍怎样通过Adobe Bridge批量修改照片的名称。

技术要点：为照片重命名时，选择“在同一文件夹中重命名”选项，表示修改原始照片的名称；选择“复制到其他文件夹”选项，则不会修改原始照片，而是将重命名后的照片复制到指定的文件夹内。

如果要为一张照片重命名，可将光标放在它的名称上，单击两下，进入文本输入状态，如图5-1所示，然后输入新的名称，如图5-2所示。也可以在照片上右击，选择下拉菜单中的“重命名”命令进行重命名。

图5-1

图5-2

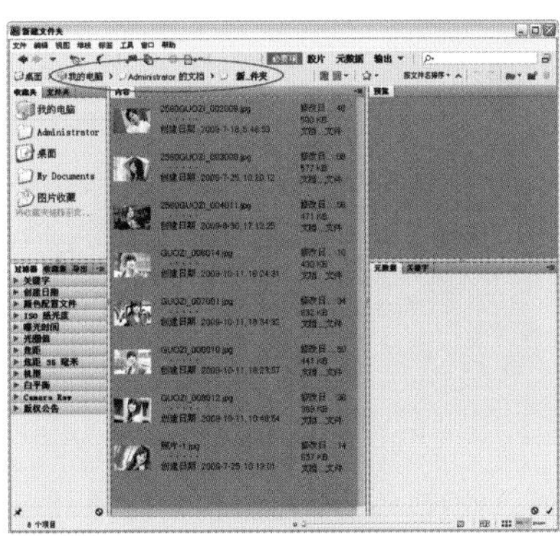

图5-3

如果要对一批照片进行重命名，可通过Adobe Bridge来进行操作。

01 运行Photoshop以后，单击程序栏中的Br按钮，启动Adobe Bridge。在路径栏中导航到保存数码照片的文件夹，如图5-3所示，按住〈Ctrl〉键单击需要命名的照片，将它们选择，如图5-4所示。

02 执行“工具”→“批重命名”命令，打开“批重命名”对话框。选择文件名的命名方式，在这里可以为照片设定一个更加容易查找和管理的名称，在“预览”选项中可以看到文件名的修改结果，如图5-5所示，然后单击“重命名”按钮即可进行自动处理，如图5-6所示。

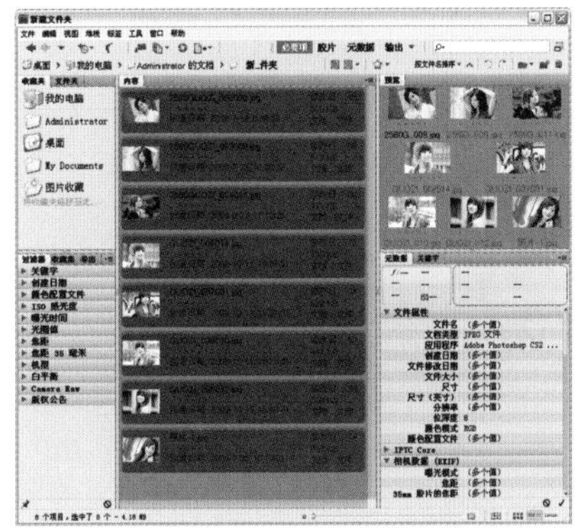

图5-4

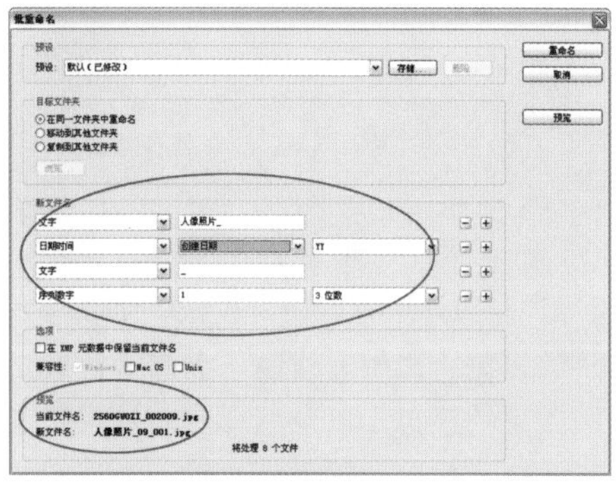
图5-5

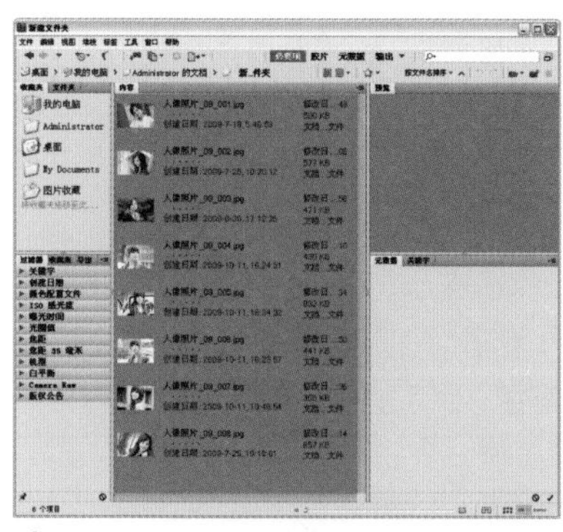
图5-6

Photoshop 实例58 为照片评级加标签

难度级别：★

学习目标：当一个文件夹中的照片数量较多时，对于比较重要的照片，可通过Adobe Bridge为其添加标注或设定星级，使它们更加易于辨认，以便能够快速地将其查找到。

技术要点：为照片添加的评级和标签只能在Adobe Bridge中查看。

STEP 01 在Adobe Bridge在路径栏中导航到保存数码照片的文件夹。选择一个或多个照片（按住〈Ctrl〉键单击可选择多个照片），如图5-7所示。

图5-7

STEP 02 打开“标签”菜单，选择一个星级级别，即可将其添加到照片的后面，如图5-8所示。如果要增加或减少一个星级，可选择“标签”菜单中的“提升评级”或“降低评级”命令；如果要删除星级级别，可选择“无评级”命令。

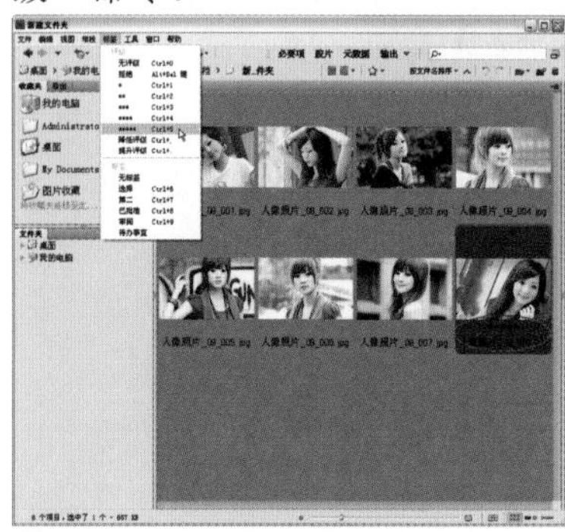
图5-8

STEP 03 下面来为照片添加标签。单击并拖动鼠标，拖出一个矩形框，选中两张照片，如图5-9所示，在“标签”菜单中选择一个批注内容，即可将其添加到所选照片后面，如图5-10所示。如果要删除文件的标签，可在“标签”菜单中选择“无标签”命令。

图5-9

图5-10

批量旋转照片

难度级别：★

学习目标：在拍摄照片时，如果没有启动相机的自动旋转照片功能，则直幅照片导入电脑中观看时，照片是“横躺”的。下面介绍怎样将这样的照片旋转过来。

技术要点：将需要旋转的照片放在同一个文件夹中，运行Adobe Bridge以后，按下〈Ctrl+A〉快捷键就可以将它们同时选中，而不必再去甄别哪张照片需要旋转。

01 在Adobe Bridge在路径栏中导航到保存数码照片的文件夹。按住〈Ctrl〉键单击或者单击并拖出一个选框，选择多个照片，如图5-11所示。

图5-11

02 根据需要单击逆时针旋转90°按钮或顺时针旋转90°按钮，即可将它们同时旋转过来，如图5-12所示。

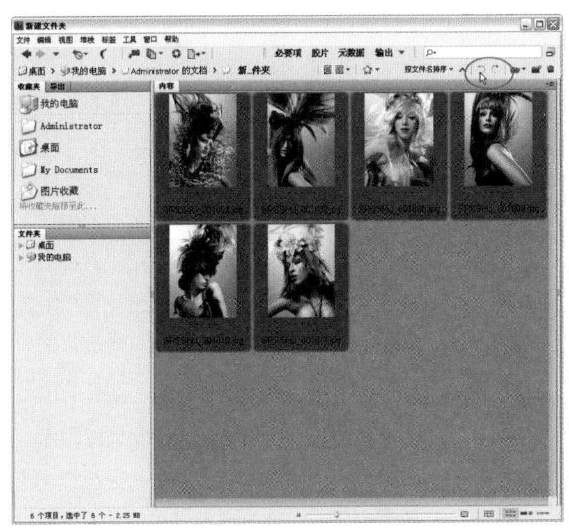

图5-12

修改照片的大小和分辨率

难度级别：★★☆

学习目标：本实例介绍怎样使用“图像大小”命令调整照片的像素大小、打印尺寸和分辨率。修改像素大小不仅会影响照片在屏幕上的大小，还会影响照片的质量及其打印尺寸，同时也决定了照片所占用的存储空间。一般情况下，如果照片用于屏幕显示或者上传到网络上，可以将分辨率设置为72像素/英寸；用于喷墨打印机打印，则应将分辨率设置为100～150像素/英寸；用于印刷，分辨率应该为300像素/英寸。

技术要点：如果文档中添加了图层样式，可在“图像大小”对话框中勾选“缩放样式”选项，让添加的效果也随着文档尺寸的改变而调整比例。

素材位置：素材/第5章/实例60

01 按下〈Ctrl+O〉快捷键打开一个文件，如图5-13所示。

02 执行“图像”→“图像大小”命令，打开“图像大小”对话框，如图5-14所示。“像素大小”选项组中显示了图像的当前像素大小，当修改像素大小后，新文件的大小会出现在对话框的顶部，旧的文件大小则在括号内显示，如图5-15所示。

图5-13

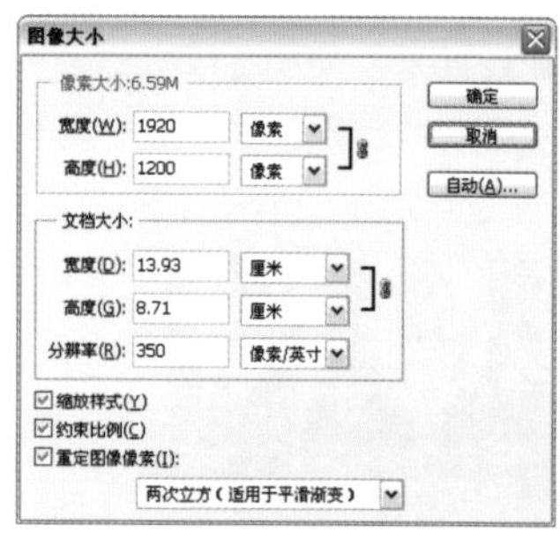

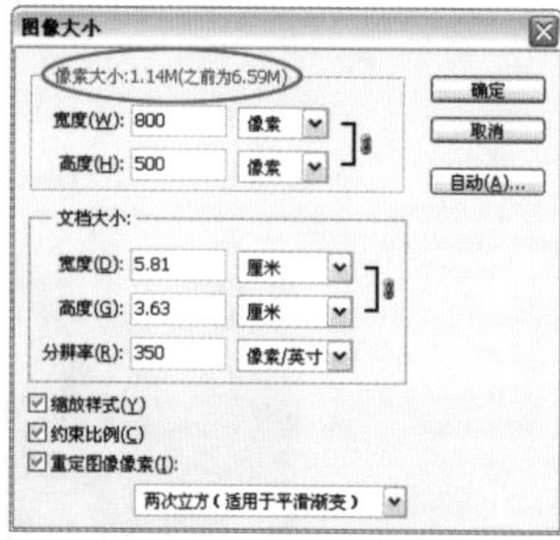

图5-14　　图5-15

03 “文档大小选项组”用来设置图像的打印尺寸（“宽度”和“高度”选项）和分辨率（“分辨率”选项），操作方法有两种。如果选择“重定图像像素”选项，然后修改图像的宽度或高度，就会改变的像素数量。例如，减小图像的大小时，会减少像素数量，如图5-16、图5-17所示。

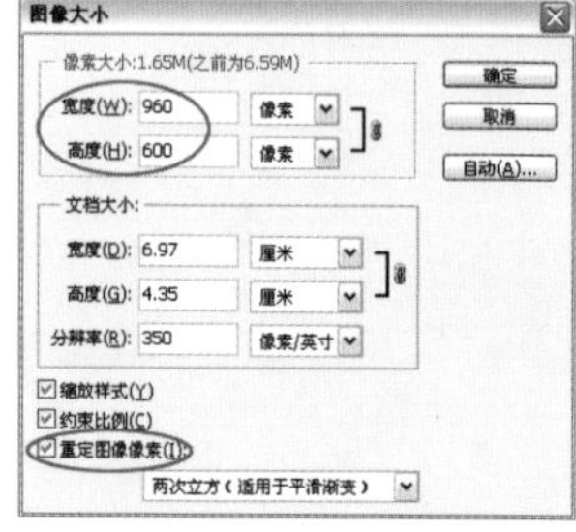

图5-16

图5-17

如果增加图像的大小或提高分辨率，则会增加新的像素，如图5-18所示。此时图像尺寸虽然变大了，但质量会下降，即图像没有原来清晰了，如图5-19所示。而减少像素时，对图像的质量没有太大的影响。

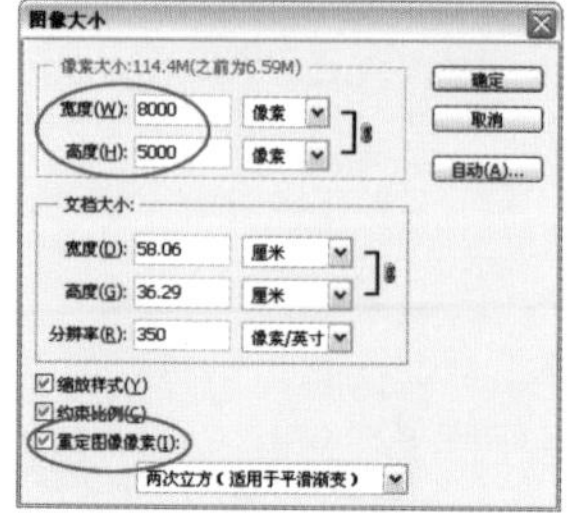

图5-18

图5-19

04 如果取消选择“重定义图像像素”，再来修改图像的宽度或高度，则图像的像素总量不会变化，也就是说，减少宽度和高度时，会自动增加分辨率，如图5-20、图5-21所

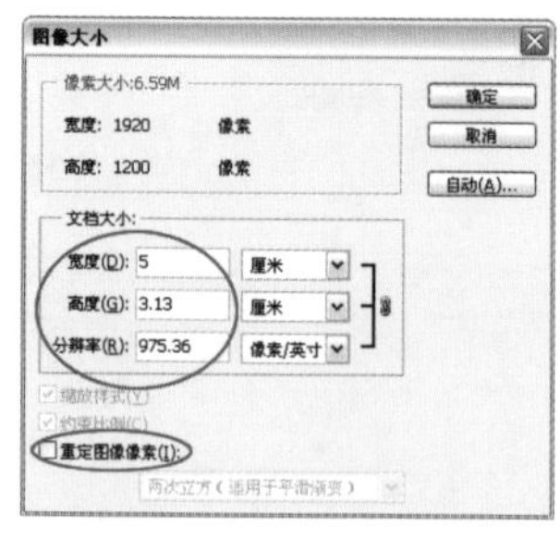

图5-20

图5-21

示；而增加宽度和高度时则会自动减少分辨率，如图5-22、图5-23所示。

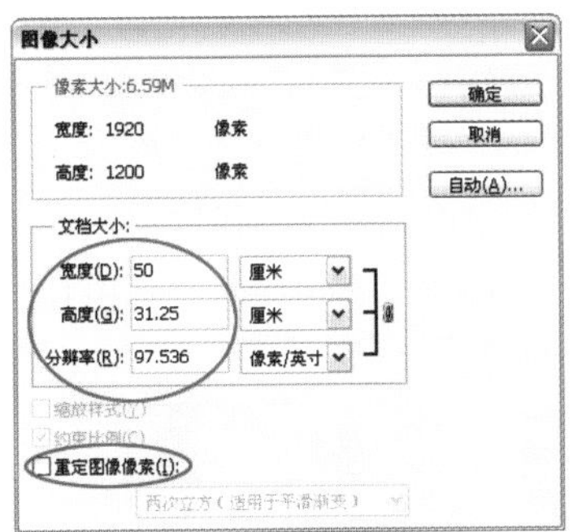

图5-22

图5-23

裁剪照片

难度级别：★☆

学习目标：构图是决定一幅摄影作品视觉效果好坏的关键要素之一。在拍摄照片时，很多情况下为了抓拍会忽略照片的构图是否完美。如果照片的构图有缺陷，可以通过裁剪工具裁剪多余的图像。本实例介绍操作方法。

技术要点：裁剪框与变换图像时显示的定界框相似，它也包含控制点，拖动控制点可以拉伸、旋转裁剪框。将光标放在裁剪框内部，拖动鼠标可以移动裁剪框。

素材位置：素材/第5章/实例61

01 按下〈Ctrl+O〉快捷键打开一个文件，如图5-24所示。

图5-24

02 选择裁剪工具，在画面中单击并拖出一个矩形框来定义要保留的区域，如图5-25所示，按下回车键，矩形框外的图像就会被裁掉，如图5-26所示。

图5-25

图5-26

提示　定义裁剪范围后，可以拖动裁剪框移动它的位置，或者拖动控制点来调整裁剪框的大小。

03 下面来看一下怎样按照精确的尺寸裁剪照片。按下〈Ctrl+Z〉快捷键撤销裁剪操作。在工具选项栏中输入照片的宽度、高度和分辨率，如图5-27所示，使用裁剪工具在图像中拖出一个裁剪框，如图5-28所示。

图5-27

图5-28

04 按下回车键确认裁剪，效果如图5-29所示。执行"图像"→"图像大小"命令，查看照片的大小，可以看到，此时照片的大小与工具选项栏中设置的尺寸和分辨率完全相同，如图5-30所示。

图5-29

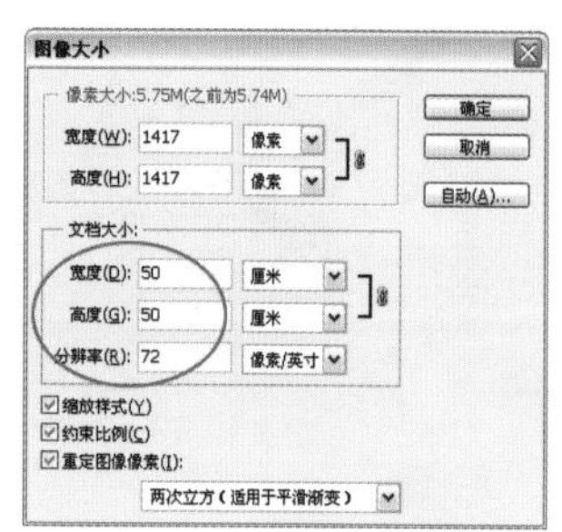

图5-30

05 按下〈Ctrl+Z〉快捷键撤销裁剪操作，再来看一下怎样使用预设的尺寸裁剪照片。选择裁剪工具，单击工具选项栏中的按钮，打开工具预设下拉面板，如图5-31所示，想要将照片打印为什么样的尺寸，就可以选择一个与之相匹配的预设文件，如图5-32所示。

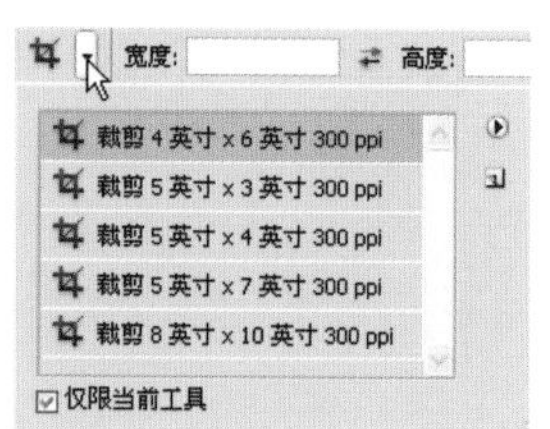

图5-31

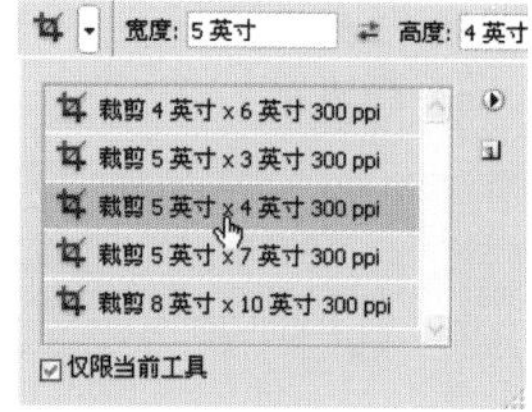

图5-32

06 使用裁剪工具在图像中拖出一个裁剪框，如图5-33所示，按下回车键即可进行裁剪，如图5-34所示。

图5-33

图5-34

Photoshop 实例62

校正倾斜的照片

难度级别：★

学习目标：拍摄照片时，如果相机没有端平，就会造成照片中的地平线或水平线出现倾斜。本实例介绍怎样通过“旋转画布”命令对这样的照片进行校正。

技术要点：找准水平线是校正此类照片的关键。

素材位置：素材/第5章/实例62

实例效果位置：实例效果/第5章/实例62

01 按下〈Ctrl+O〉快捷键打开一个文件，如图5-35所示。

02 选择标尺工具，在国家大剧院的建筑与水面交界处单击，基于照片中的水平线拖出一条测量线，如图5-36所示，

图5-35

图5-36

03 执行“图像”→“图像旋转”→“任意角度”命令，打开“旋转画布”对话框，Photoshop会自动给出需要校正的倾斜角度，如图5-37所示，单击“确定”按钮即可校正图像，如图5-38所示。

04 使用裁剪工具重新对照片进行裁剪，完成校正工作，如图5-39、图5-40所示。

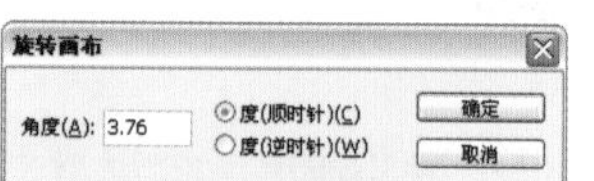

图5-37

图5-38

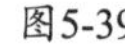

图5-39

图5-40

校正变形的照片

难度级别：★★

学习目标：用广角镜头拍摄的照片容易出现变形，这在摄影中称为“透视畸变”。例如，朝上拍摄一幢高大的建筑时，原本方正的建筑看上去变成了“梯形”的危楼。本实例学习怎样校正此类照片。

技术要点：“背景”图层要转换为普通图层之后才能进行变形操作。此外，如果要为“背景”图层添加图层样式、蒙版，或者设置混合模式和不透明度，也得先将它转换为普通图层。

素材位置：素材/第5章/实例63

实例效果位置：实例效果/第5章/实例63

01 按下〈Ctrl+O〉快捷键打开一个文件，如图5-41所示。按住〈Alt〉键双击“背景”图层，将它转换为普通图层，如图5-42所示。

图5-41

图5-42

02 按下〈Ctrl+T〉快捷键显示定界框，按住〈Ctrl〉键，将光标放在右上角的控制点上，如图5-43所示，单击并向外侧拖动鼠标，将墙壁拉直，如图5-44所示。

图5-43

图5-44

03 按住〈Ctrl〉键，将光标放在左上角的控制点上，单击并向外侧拖动鼠标，将这一侧的墙壁也拉直，如图5-45所示。按下回车键确认，倾斜的墙壁就得到了校正，如图5-46所示。

图5-45

图5-46

让照片更加清晰

Photoshop 实例64

难度级别：★★☆

学习目标：使用数码相机拍摄的照片需要进行适当的锐化，才能使图像内容变得清晰。虽然数码相机本身也提供锐化功能，但没有使用Photoshop锐化的效果好。下面介绍一种高级锐化技术，只对图像重要边缘进行锐化，而不影响其他内容。这种方法非常适合处理风光、动物类照片。

技术要点：使用“色阶”调整通道中的图像时，小鸟的轮廓越清晰，锐化时的效果越明显。

素材位置：素材/第5章/实例64

实例效果位置：实例效果/第5章/实例64

01 按下〈Ctrl+O〉快捷键打开一个文件，如图5-47所示。

02 按下〈Ctrl+A〉快捷键全选，如图5-48所示，再按下〈Ctrl+C〉快捷键复制图像。

图5-47

图5-48

03 单击“通道”面板中的按钮，新建一个Alpha通道，如图5-49所示。按下〈Ctrl+V〉快捷键，将复制的图像粘贴到该通道中，如图5-50所示。按下〈Ctrl+D〉快捷键取消选择。

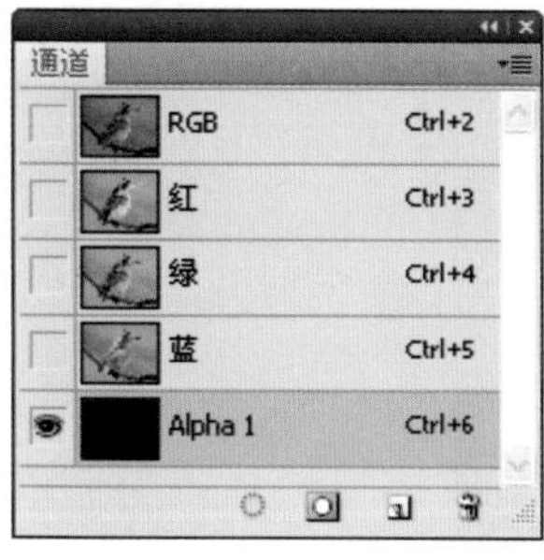

图5-49

图5-50

04 现在窗口中显示的是Alpha通道中的图像，如图5-51所示。执行“滤镜”→“风格化”→“查找边缘”命令，图像会变为只有小鸟和树枝轮廓的黑白效果，如图5-52所示。

图5-51

图5-52

05 按下〈Ctrl+L〉快捷键打开“色阶”对话框，拖动滑块，使线条更加清晰，如图5-53、图5-54所示。

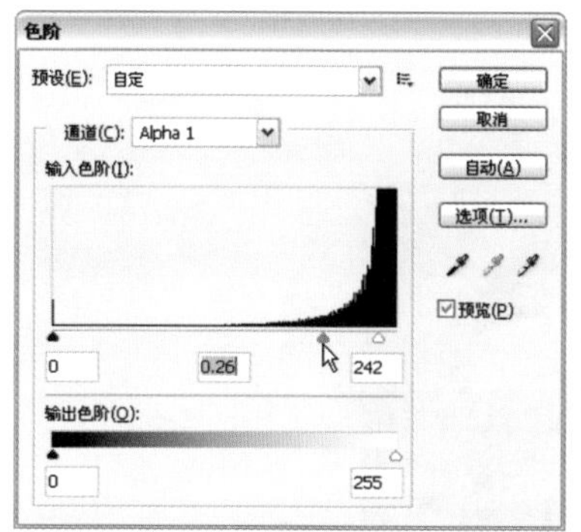

图5-53

图5-54

06 单击“通道”面板中的按钮，载入Alpha通道中的选区，如图5-55、图5-56所示。

图5-55

图5-56

07 按下〈Shift+Ctrl+I〉快捷键反选，选择所有黑色的图像内容，如图5-57所示。这些才是需要进行锐化的图像细节。

08 单击RGB复合通道，如图5-58所示，重新显示彩色图像，如图5-59所示。

09 按下〈Ctrl+H〉快捷键将选区隐藏，如图5-60所示。此时选区仍然存在，这是为了能够更好地观察锐化结果，而不被选区阻碍视线。

图5-57

图5-58

10 执行"滤镜"→"锐化"→"USM锐化"命令，对选区内的图像进行锐化处理，小鸟的羽毛会变得更加清晰，如图5-61、图5-62所示。单击"确定"按钮关闭对话框，然后按下〈Ctrl+D〉快捷键取消选择。

图5-59

图5-60

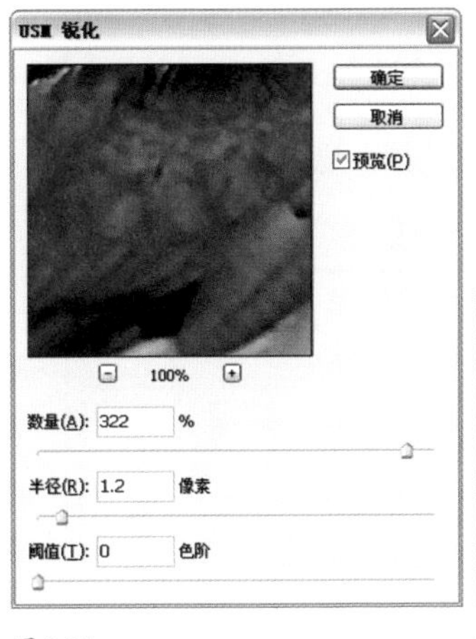

图5-61

图5-62

让色调明快色彩清新

难度级别：★★★

学习目标：在拍摄照片时，由于天气因素、场地的地理限制、摄影设备的不足等，会导致照片显得灰蒙蒙，颜色不够鲜亮。下面来学习让照片的色调和色彩变得明快、鲜艳的方法。

技术要点：利用"色相/饱和度"命令，分别调整不同色相的饱和度和明度。

素材位置：素材/第5章/实例65

实例效果位置：实例效果/第5章/实例65

01 按下〈Ctrl+O〉快捷键打开一个文件，如图5-63所示。

02 这张照片的色调有些沉闷，先来调整色调。单击"调整"面板中的按钮，创建"曲线"调整图层，如图5-64所示，"调整"面板中会显示曲线选项。在曲线上单击添加一个控制点，然后向上拖动该点，将图像调亮，如图5-65、图5-66所示。

图5-63

图5-64

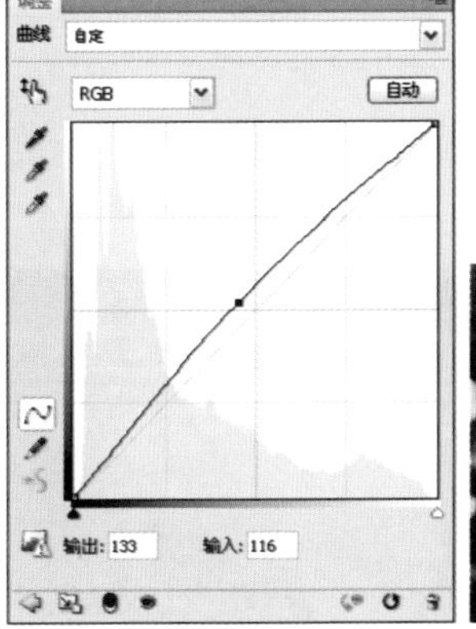

图5-65

图5-66

03 单击“调整”面板底部的按钮，重新显示各个调整选项，再单击按钮，添加一个“色相/饱和度”调整图层，如图5-67所示。拖动滑块，增加颜色的饱和度，如图5-68、图5-69所示。

图5-67

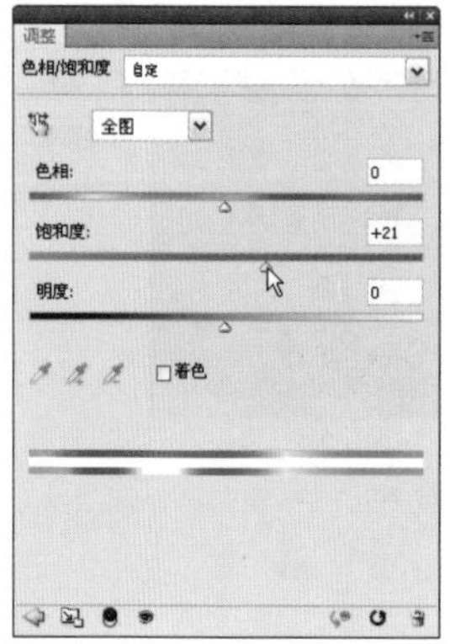
图5-68

图5-69

04 单击调整面板中的按钮，在打开的下拉列表中选择“黄色”，单独对黄色进行调整，增加其饱和度，如图5-70、图5-71所示。

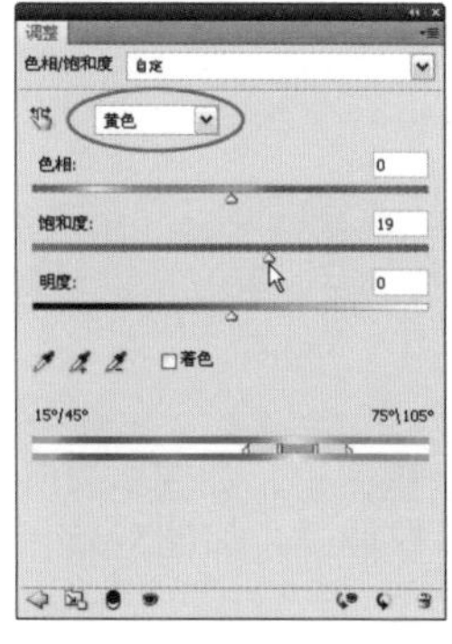
图5-70

图5-71

05 单击调整面板中的按钮，选择“绿色”，调整绿色的明度和饱和度，让绿色更加鲜亮，如图5-72、图5-73所示。

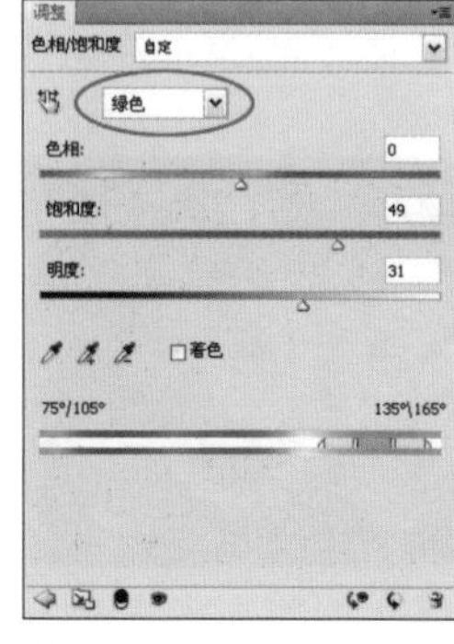
图5-72

图5-73

06 单击调整面板中的按钮，选择“青色”，先拖动“色相”滑块，将青色调整为偏绿色，然后提高饱和度和明度，如图5-74、图5-75所示。

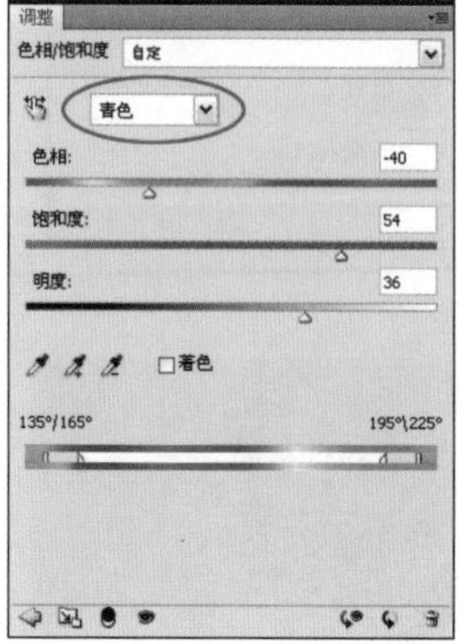
图5-74

图5-75

07 单击调整面板中的按钮，选择“洋红”，增加洋红色的饱和度，再将明度调整为最高值，让花瓣中心的颜色变为白色，花瓣边缘保留洋红色，整个花朵就会呈现出超凡脱俗的气质，如图5-76、图5-77所示。荷花处理完毕，下面来调整荷叶。

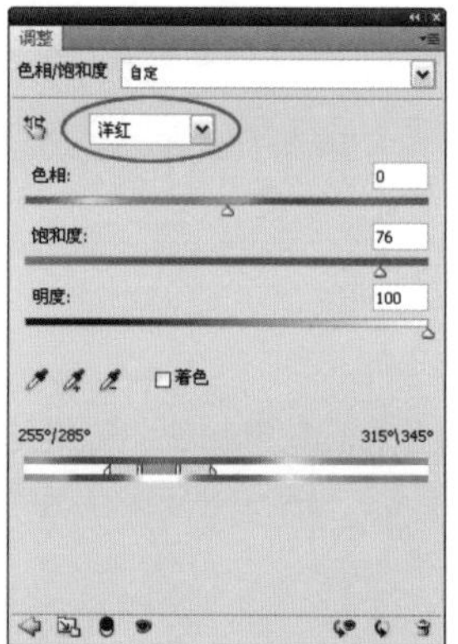
图5-76

图5-77

08 使用快速选择工具选中荷花的背景，如图5-78所示，单击“调整”面板底部的按钮，重新显示各个调整选项，单击按钮，创建“曲线”调整图层，选区会转化到调整图层的蒙版中，如图5-79所示。下面所进行的调整将只对选中的背景有效，不会影响荷花。

图5-78

图5-79

09 先将曲线底部的白色滑块向左拖动，将它对齐到直方图的边界上，如图5-80所示，这样可以增加色调的对比度，使荷叶变得清晰；然后在曲线中部单击，添加一个控制点，并向下拖动该点，使阴影区域适当暗一些，如图5-81所示，效果如图5-82所示。

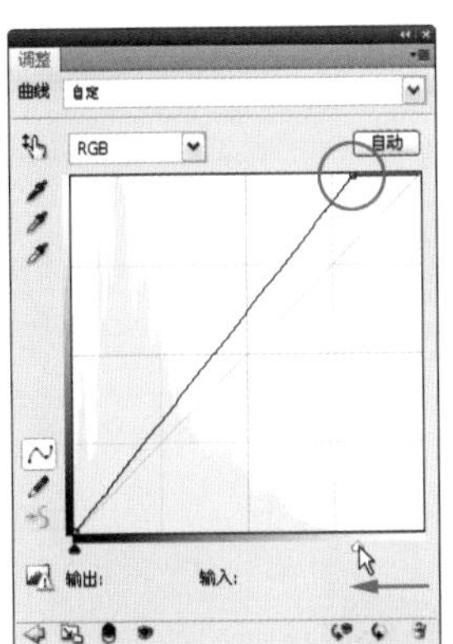
图5-80

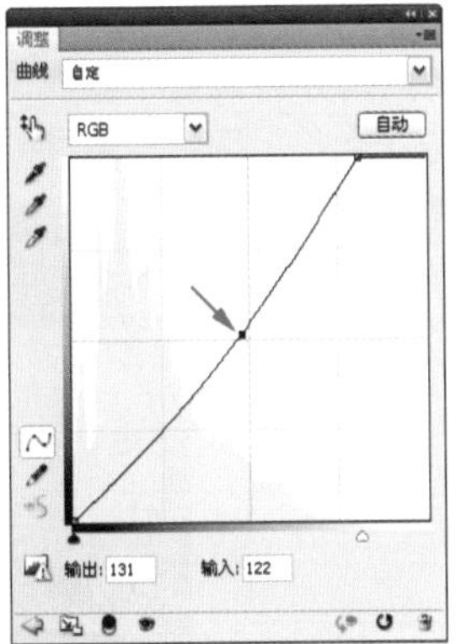
图5-81

图5-82

10 按住〈Ctrl〉键单击调整图层的蒙版缩览图，载入背景选区，图5-83、图5-84所示。

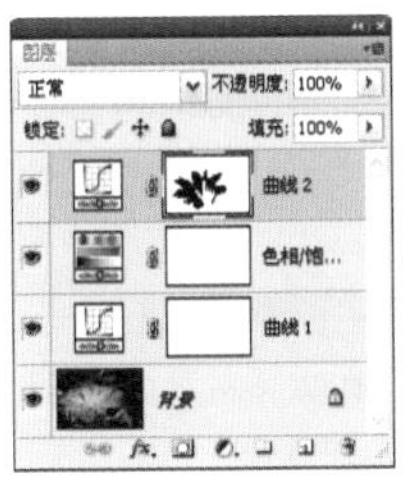
图5-83

图5-84

11 单击“调整”面板底部的按钮，重新显示各个调整选项，单击按钮，创建“色彩平衡”调整图层。继续调整荷叶的颜色，增加青色，通过色彩的映衬，使荷花显得更加清新、圣洁，如图5-85、图5-86所示。

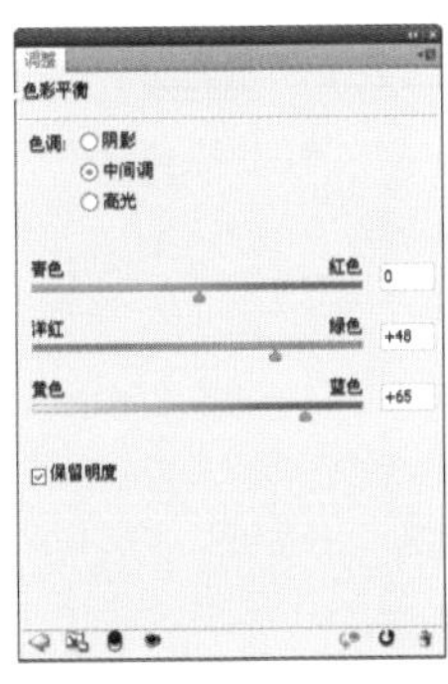
图5-85

图5-86

Photoshop 实例66 校正曝光不足

难度级别：★★☆

学习目标：曝光准确的照片色调均匀，明暗层次丰富，亮部不会丢失细节，暗部也不会漆黑一片。曝光不足的照片色调较暗，阴影区域缺少细节。下面介绍怎样校正此类照片。

技术要点：通过图层蒙版控制局部图像的曝光。

素材位置：素材/第5章/实例66

实例效果位置：实例效果/第5章/实例66

01 按下〈Ctrl+O〉快捷键打开一个文件，如图5-87所示。这张照片由于曝光不足，画面中的图像显得较暗。

02 单击“调整”面板中的按钮，创建“曲线”调整图层。在曲线上单击，添加3个控制点，将它们向上拖动，将图像调亮，如图5-88、图5-89所示。

图5-87

图5-88

图5-89

03 现在天空过于明亮，需要进行修正。创建调整图层后，Photoshop会自动为其添加一个图层蒙版，编辑蒙版可以控制调整范围。使用快速选择工具选中天空，如图5-90所示，按下〈Alt+Delete〉快捷键，在选区内填充黑色，黑色会应用到蒙版中，遮盖调整图层，使天空色调恢复为原状，如图5-91、图5-92所示。

图5-90

图5-91

图5-92

04 下面再将天空适当提亮一些。按下〈Ctrl+J〉快捷键复制“曲线”调整图层，如图5-93所示。按下〈Ctrl+I〉快捷键，将蒙版图像反相，使调整图层只对天空有效，如图5-94、图5-95所示。

图5-93

图5-94

图5-95

05 将曲线上多余的控制点拖动到面板外删除掉，只保留一个控制点，并将该点稍微向下移动一点，这样天空就不至于过于明亮了，如图5-96、图5-97所示。

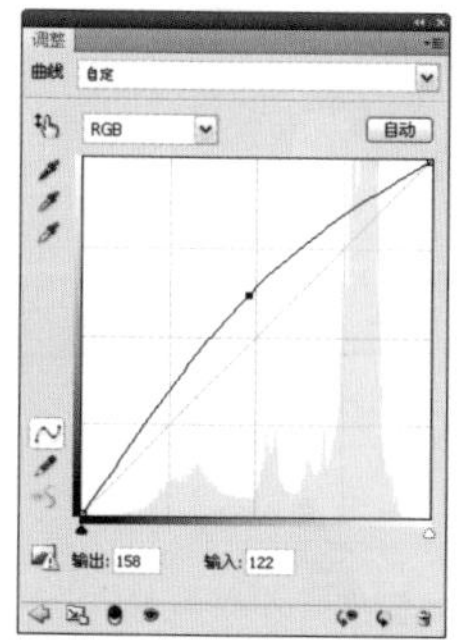
图5-96

图5-97

06 单击“调整”面板底部的按钮，重新显示各种调整工具，再单击按钮，创建“色相/饱和度”调整图层，适当增加饱和度，如图5-98、图5-99所示。

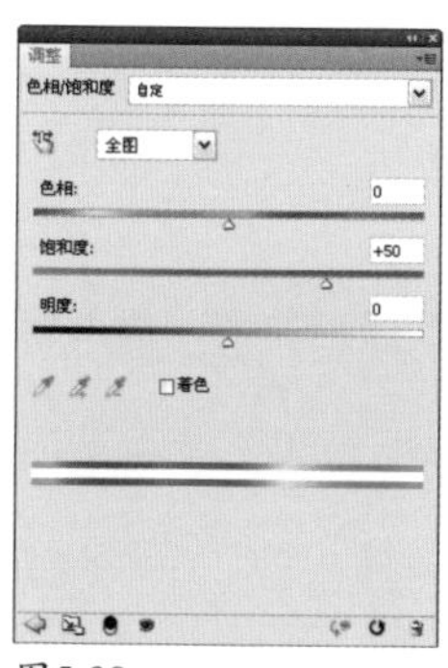
图5-98

图5-99

Photoshop 实例67 校正曝光过度

难度级别：★★

学习目标：曝光正确的照片可以展现出更多的细节。如果曝光过度，色调就会过于明亮，造成高光区域缺少细节。下面介绍怎样校正此类照片。

技术要点：在使用画笔工具涂抹人物的面部提高其明度时，涂抹的灰色越深，人物的面部越亮。

素材位置：素材/第5章/实例67

实例效果位置：实例效果/第5章/实例67

01 按下〈Ctrl+O〉快捷键打开一个文件，如图5-100所示。

02 按下〈Ctrl+J〉快捷键复制“背景”图层，得到“图层1”， 设置该图层的混合模式为“正片叠底”，将整个图像的色调压暗，如图5-101、图5-102所示。

03 现在来提亮人物面部的色调，使皮肤显得更加白皙。单击“图层”面板底部的按钮创建蒙版。选择一个柔角画笔工具，将工具的不透明度设置为13%，如图5-103所示，在人物面部、手臂的皮肤上涂抹黑色，用蒙版遮盖当前图层，显示出“背景”图层中的图像，如图5-104、图5-105所示。

图5-100

图5-101

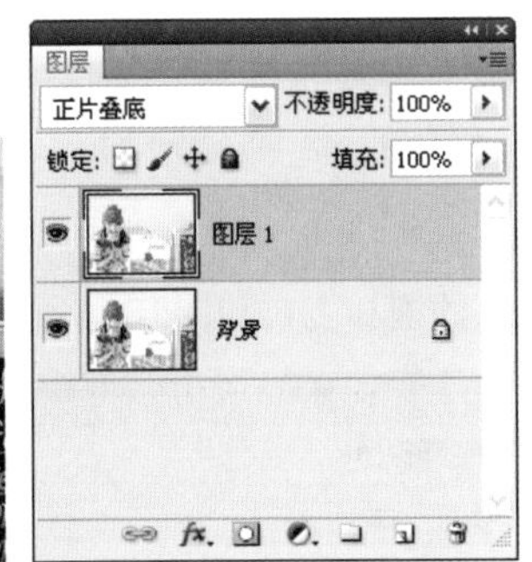

图5-102

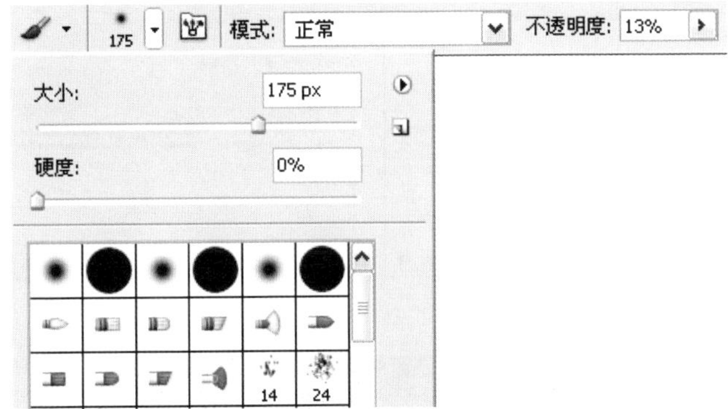

图5-103

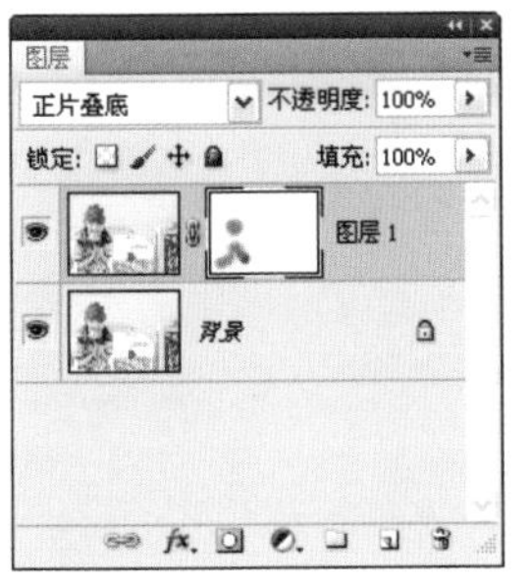

图5-104

图5-105

04 单击“调整”面板中的按钮，创建“色相/饱和度”调整图层，增加色彩的饱和度，如图5-106、图5-107所示。

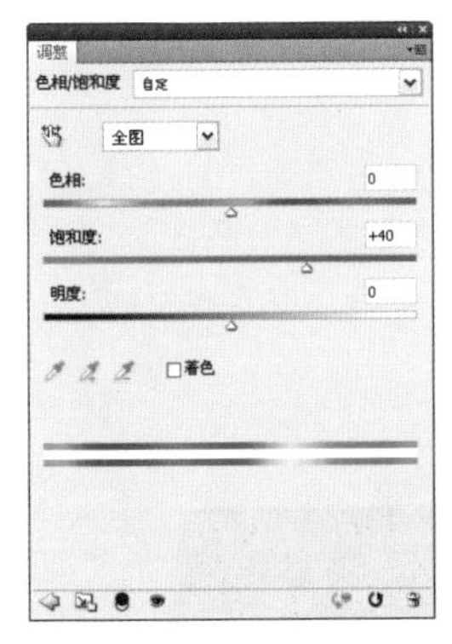

图5-106

图5-107

Photoshop 实例68

去除面部斑点

难度级别：★☆

学习目标：本实例介绍怎样使用污点修复画笔工具去除人物面部的斑点。污点修复画笔工具可以自动从修饰区域的周围取样，使用图像或图案中的样本像素进行绘画，并将样本像素的纹理、光照、透明度和阴影与所修复的像素相匹配，从而快速去除照片中的污点和瑕疵。

技术要点：使用柔角笔尖修复图像。

素材位置：素材/第5章/实例68

实例效果位置：实例效果/第5章/实例68

01 按下〈Ctrl+O〉快捷键打开一个文件，如图5-108所示。

02 选择污点修复画笔工具，在工具选项栏中选择一个柔角画笔，将“类型”设置为“近似匹配”，如图5-109所示。

图5-108

图5-109

03 将光标放在女孩脸部的斑点上，如图5-110所示，单击鼠标即可清除斑点，如图5-111所示。

图5-110

图5-111

04 下面再来调整图像的色调和色彩。单击“调整”面板中的按钮，创建“曲线”调整图层，在曲线上单击添加一个控制点，向上拖动该点，将图像调亮，如图5-112、图5-113所示。

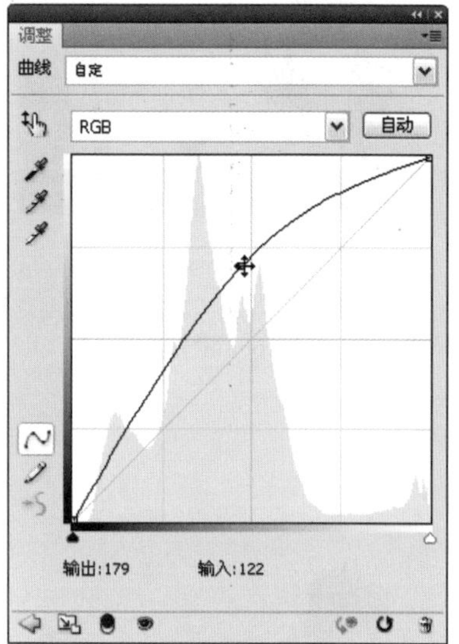

图5-112

图5-113

05 单击“调整”面板底部的按钮，重新显示各个调整选项，单击按钮，添加一个“色相/饱和度”调整图层，拖动滑块，增加色彩的饱和度，如图5-114所示。

06 在编辑下拉列表中选择“黄色”，拖动滑块，增加黄色的饱和度，如图5-115所示，效果如图5-116所示。

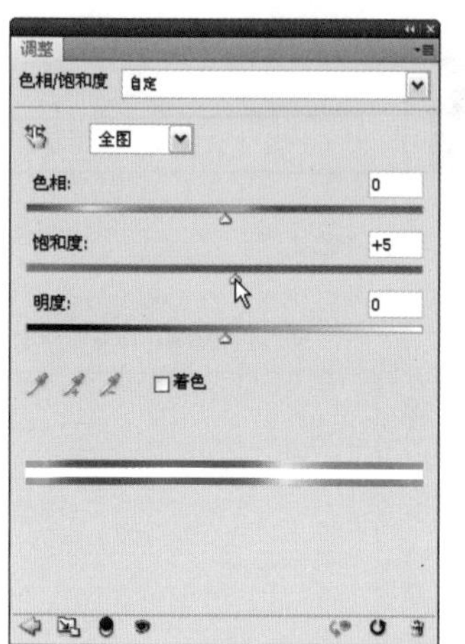

图5-114

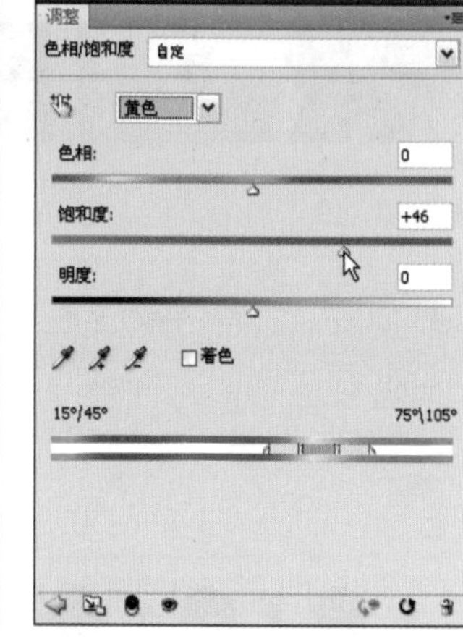

图5-115

图5-116

去除嘴角皱纹

难度级别：★☆

学习目标：本实例介绍怎样使用修复画笔工具去除人物嘴角的皱纹。修复画笔工具可用于校正瑕疵，使它们消失在周围的图像中，并且修复后的图像无人工痕迹。

技术要点：尽量在靠近皱纹的区域取样，以便使纹理细节和光影相匹配。

素材位置：素材/第5章/实例69

实例效果位置：实例效果/第5章/实例69

STEP 01 按下〈Ctrl+O〉快捷键打开一个文件，如图5-117所示。

图5-117

STEP 02 选择修复画笔工具，在工具选项栏中选择一个柔角画笔，在“模式”下拉列表中选择“替换”，将“源”设置为“取样”，如图5-118所示。

画笔: 36 模式: 替换 源: ⊙取样 ○图案: □对齐 样本: 当前图层

图5-118

STEP 03 在嘴角没有皱纹的区域按住〈Alt〉键单击进行取样，如图5-119所示，然后在皱纹区域单击并拖动鼠标进行修复，如图5-120所示。

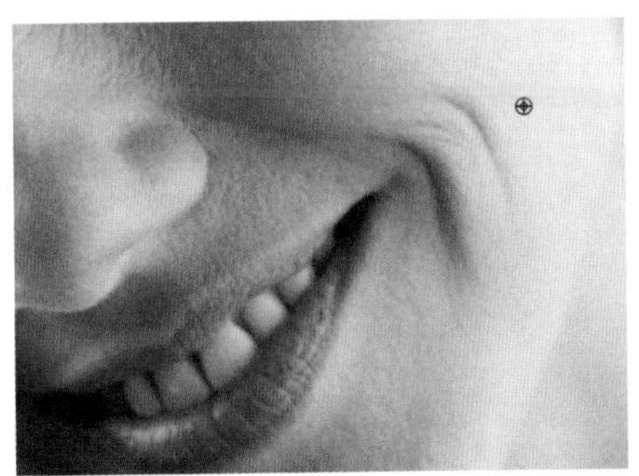

图5-119

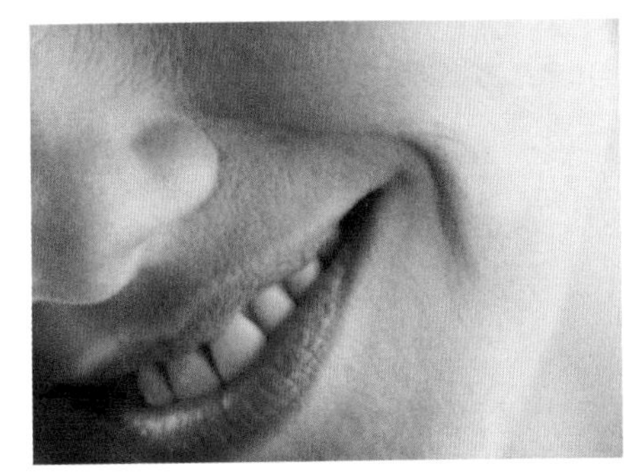

图5-120

去除红眼

难度级别：★

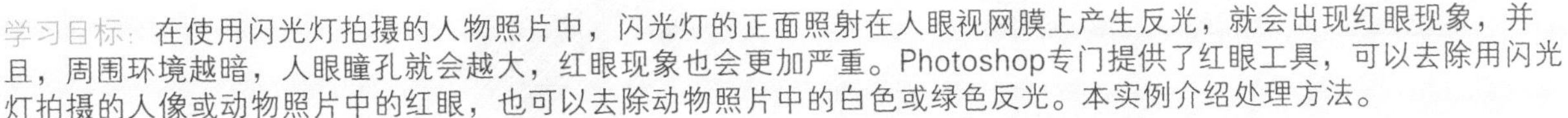

学习目标：在使用闪光灯拍摄的人物照片中，闪光灯的正面照射在人眼视网膜上产生反光，就会出现红眼现象，并且，周围环境越暗，人眼瞳孔就会越大，红眼现象也会更加严重。Photoshop专门提供了红眼工具，可以去除用闪光灯拍摄的人像或动物照片中的红眼，也可以去除动物照片中的白色或绿色反光。本实例介绍处理方法。

技术要点：一般情况下，使用红眼工具在红眼处单击一下即可清除红眼。如果有残留的颜色，可撤销操作，在工具选项栏中调整“瞳孔大小”值，再进行处理。

素材位置：素材/第5章/实例70

实例效果位置：实例效果/第5章/实例68

STEP 01 按下〈Ctrl+O〉快捷键打开一个文件，如图5-121所示。

STEP 02 选择红眼工具，将光标放在红眼区域上，如图5-122所示，单击即可清除红眼，如图5-123所示。

图5-121

图5-122

图5-123

Photoshop 实例71 去除多余对象

难度级别：★★

学习目标：本实例介绍怎样使用仿制图章工具去除画面中的多余内容。仿制图章工具可以从图像中复制信息，并应用到其他区域或者其他图像中，常用于复制或去除图像中的缺陷。

技术要点：在处理人物与背景的衔接处时，可以降低画笔的硬度，即用柔角画笔涂抹，使颜色过渡自然、顺畅。

素材位置：素材/第5章/实例71

实例效果位置：实例效果/第5章/实例71

01 按下〈Ctrl+O〉快捷键打开一个文件，如图5-124所示。画面中的女孩旁边出现了另一个人的胳膊，影响了美观，下面来进行处理。

02 使用多边形套索工具将多余的图像选中，如图5-125所示。靠近女孩胳膊和盘子的位置选区应精确，选区到达另一个人时，需要适当往外部扩展一些，以便复制图像时，衔接处能够自然。

图5-124

图5-125

03 选择仿制图章工具，在工具选项栏中选择一个柔角画笔，设置模式为“正常”，如图5-126所示。将光标放在胳膊上方的背景图像上，如图5-127所示，按住〈Alt〉键单击进行取样，即复制单击点的图像。

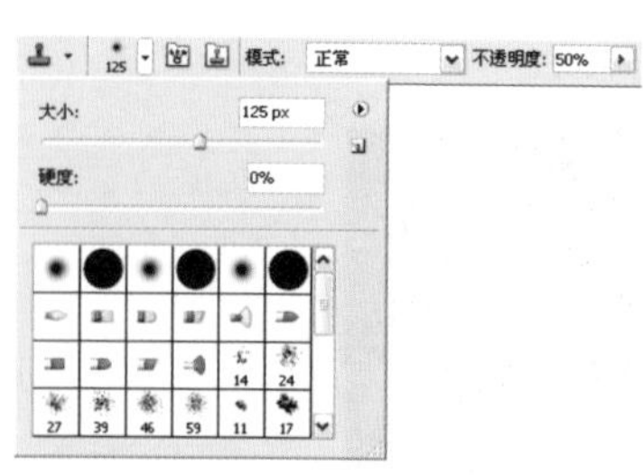

图5-126

图5-127

04 放开〈Alt〉键，再将光标放在胳膊上，如图5-128所示，单击并拖动鼠标涂抹，使用复制的图像将其覆盖，如图5-129所示。继续〈Alt〉键单击背景图像进行取样，然后修复多余的图像，图5-130所示。在涂抹时，可以根据需要按下〈[〉键和〈]〉键将画笔调小或调大。

图5-128

图5-129

图5-130

提示

使用仿制图章工具时，当放开〈Alt〉键拖动鼠标涂抹，画面中会出现一个圆形光标和一个十字形光标，圆形光标标明了正在涂抹的区域，十字形光标标明了取样区域，这两个光标始终保持相同的距离，因此，只要观察十字形光标位置的图像，便知道将要涂抹出什么样的图像内容。

05 当位于绿树背景中的胳膊修复完毕之后，将光标放在下方的背景处，如图5-131所示，〈Alt〉键单击进行取样，然后放开〈Alt〉键，将下面的图像也覆盖住。处理完以后，按下〈Ctrl+D〉快捷键取消选择，如图5-132所示。

图5-131

图5-132

瘦脸术

难度级别：★★★☆

学习目标：本实例介绍怎样使用“液化”滤镜扭曲图像，对人物进行美容，使女孩的脸部变瘦，更加漂亮。“液化”滤镜是修饰图像和创建艺术效果的强大工具，它可以推、拉、旋转、反射、折叠和膨胀图像的任意区域，其变形方式比任何一种功能都灵活。

技术要点：扭曲图像时，应保持脸部的对称，左右脸颊颧骨也要保持在同一水平线上。

素材位置：素材/第5章/实例72

实例效果位置：实例效果/第5章/实例72

01 按下〈Ctrl+O〉快捷键打开一个文件，如图5-133所示。

02 按下〈Ctrl+J〉快捷键复制“背景”图层，如图5-134所示。下面在“图层1”上操作，这样可以避免破坏原始图像。

图5-133

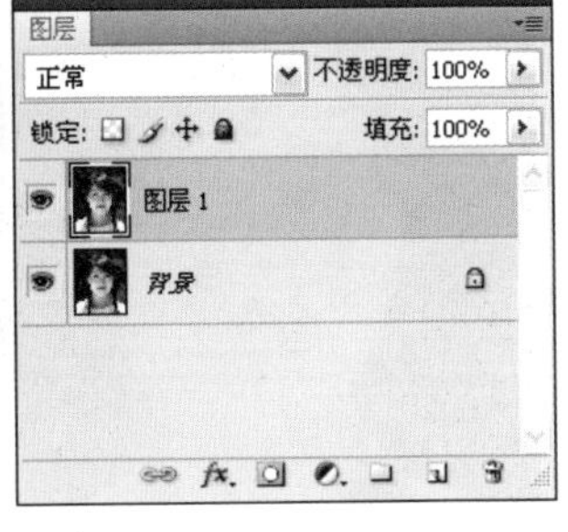

图5-134

03 执行“滤镜”→“液化”命令，打开“液化”对话框，如图5-135所示。选择向前变形工具，设置该工具的参数，如图5-136所示。

图5-135

工具选项
画笔大小：160
画笔密度：50
画笔压力：100
画笔速率：80
湍流抖动：50
重建模式：恢复

图5-136

04 将光标放在女孩右侧脸上，如图5-137所示，单击并向左侧拖动鼠标，使右侧脸变瘦，如图5-138所示。

图5-137

图5-138

05 将“画笔大小”设置为300，将光标放在女孩的颧骨处，如图5-139所示，单击并向左侧拖动鼠标，使上半部分脸也变窄，如图5-140所示。

图5-139

图5-140

06 左侧的脸也采用同样的方法来处理。设置“画笔大小”为160，先将右侧腮部向内推，如图5-141、图5-142所示；然后将“画笔大小”调整为300，将上半部分脸也向内推，如图5-143、图5-144所示。操作时需要保持脸部的对称。

图5-141

图5-142

图5-143

图5-144

STEP 07 将“画笔大小”调小，再来处理嘴，使嘴巴也变小，如图5-145、图5-146所示。嘴角可以适当向上提。

图5-145

图5-146

STEP 08 处理完成后，单击“确定”按钮关闭对话框。如图5-147、图5-148所示分别为原图像及处理结果的对比效果。

图5-147

图5-148

Photoshop 实例73 智能修复技术

难度级别：★★☆

学习目标：本实例介绍怎样使用“消失点”滤镜修饰图像。“消失点”滤镜可以简化在包含透视平面（如建筑物的一侧、墙壁、地面或任何矩形对象）的图像中进行透视校正编辑的过程。用户可以在图像中指定平面，然后应用绘画、仿制、拷贝或粘贴以及变换等编辑操作，所有编辑都将采用用户所处理平面的透视，结果非常逼真。

技术要点：只有将透视平面准确对齐到地板上，复制图像时才能产生正确的结果。蓝色的透视平面是有效平面，如果透视平面显示为黄色或红色，则表示无法获得正确的对齐结果。

素材位置：素材/第5章/实例73

实例效果位置：实例效果/第5章/实例73

STEP 01 按下〈Ctrl+O〉快捷键打开一个文件，如图5-149所示。

图5-149

STEP 02 执行“滤镜”→“消失点”命令，打开“消失点”对话框，如图5-150所示。选择创建平面工具，在画面中单击，定义透视平面的4个角点，如图5-151～图5-153所示。

图5-150

图5-151

图5-152

图5-153

STEP 03 按下〈Ctrl〉+〈－〉快捷键缩小窗口中的图像，拖动右上角的控制点，将网格的透视调整正确，如图5-154所示，再按下〈Ctrl〉+〈+〉快捷键放大窗口内的图像，如图5-155所示。

图5-154

图5-155

STEP 04 选择图章工具，将光标放在地板上，按住〈Alt〉键单击进行取样，如图5-156所示，在绳子上单击并拖动鼠标进行修复，Photoshop会自动匹配图像，使地板衔接自然、真实，如图5-157、图5-158所示。在修复时，需要注意地板缝应尽量对齐。

图5-156

图5-157

STEP 05 采用同样的方法，在刷子附近取样，将刷子也覆盖掉，如图5-159、图5-160所示。

STEP 06 单击“确定”按钮关闭对话框，效果如图5-161所示。

图5-158

图5-159

图5-160

图5-161

Photoshop 实例74 磨皮

难度级别：★★★★☆

学习目标：人像照片处理中，有一个非常重要的环节，就是磨皮。磨皮是指通过Photoshop后期处理，将人物面部的色斑、皱纹等修饰掉，并使人的皮肤看起来更加光洁、白皙，人也显得年轻、漂亮。本实例介绍一种使用通道磨皮的技术。如果用户有大量的人物照片需要磨皮，可以将该实例的操作过程录制为一个动作，再用“批处理”命令将该动作应用于其他照片，进行自动磨皮。关于动作的录制及批处理方法，请参见“第9章 动作与自动化实例”。

技术要点：磨皮之后，图像会变得模糊，需要对进行锐化处理。但锐化也不能过度，否则会增加杂色和颗粒，影响画质。

素材位置：素材/第5章/实例74

实例效果位置：实例效果/第5章/实例74

01 按下〈Ctrl+O〉快捷键打开一个文件，如图5-162所示。

02 打开“通道”面板，将“绿”通道拖动到面板底部的按钮上进行复制，得到“绿副本”通道，如图5-163所示，现在文档窗口中显示的绿副本通道中的图像，如图5-164所示。

图5-162

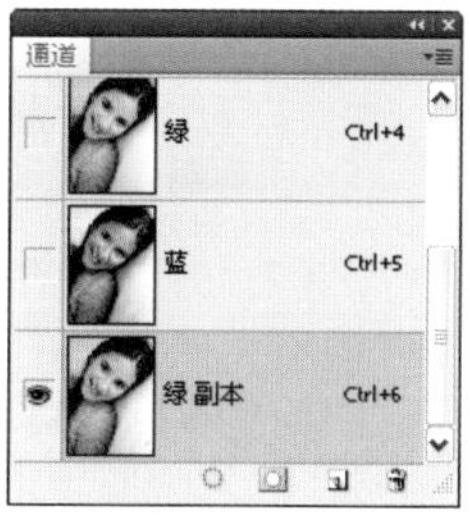

图5-163

03 执行“滤镜”→“其他”→“高反差保留”命令，设置半径为20像素，如图5-165、图5-166所示。

图5-164

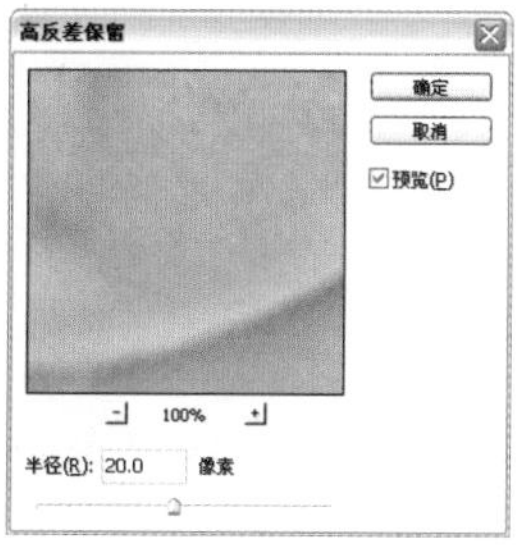

图5-165

04 执行“图像”→“计算”命令，打开“计算”对话框，设置混合模式为“强光”，结果为“新建通道”，如图5-167所示，计算以后会生成一个名称为“Alpha 1”的通道，如图5-168、图5-169所示。

图5-166

图5-167

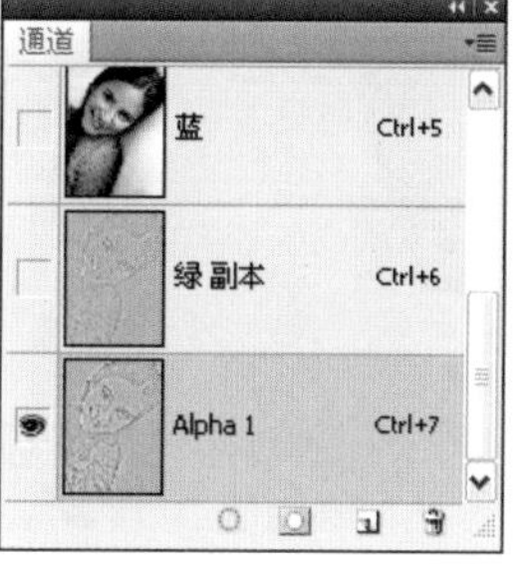

图5-168

图5-169

05 再执行一次“计算”命令，得到Alpha 2通道，如图5-170所示。单击“通道”面板底部的按钮，载入通道中的选区，如图15-171所示。

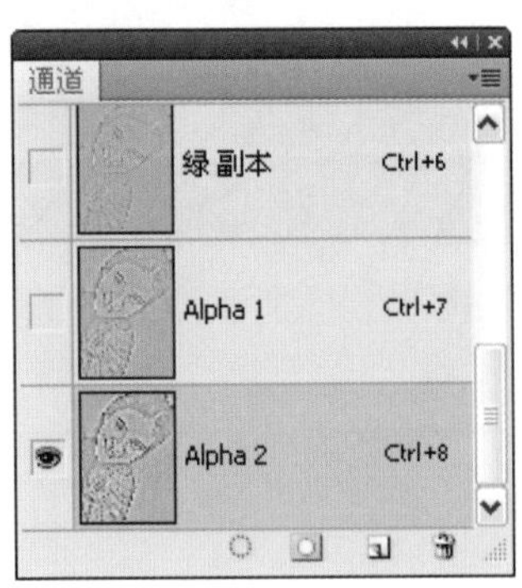

图5-170

图5-171

06 按下〈Ctrl+2〉快捷键返回彩色图像编辑状态，如图5-172所示。按下〈Shift+Ctrl+I〉快捷键反选，如图5-173所示。

图5-172

图5-173

07 单击“调整”面板中的按钮，创建“曲线”调整图层。在曲线上单击，添加两个控制点，并向上移动曲线，如图5-174所示，人物的皮肤会变得非常光滑、细腻，如图5-175所示。

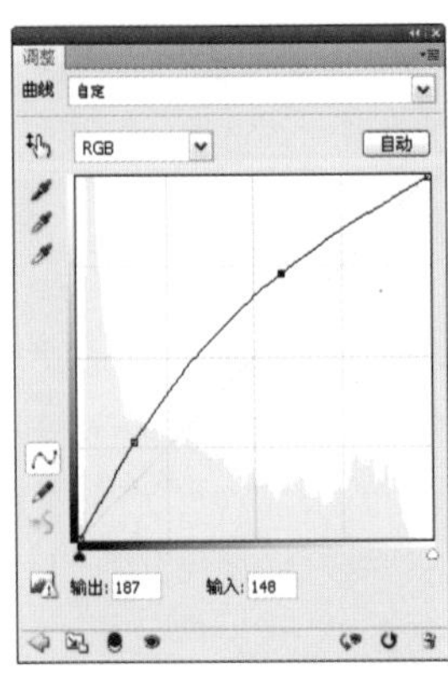

图5-174

图5-175

08 现在人物的眼睛、头发、嘴唇和牙齿等有些过于模糊，需要恢复为清晰效果。选择一个柔角画笔工具，将工具的不透明度设置为30%，在眼睛、头发等处涂抹黑色，用蒙版遮盖图像，显示出“背景”图层中清晰的图像。如图5-176所示为修改蒙版以前的图像，图5-177、图5-178所示为修改后的蒙版及图像效果。

图5-176

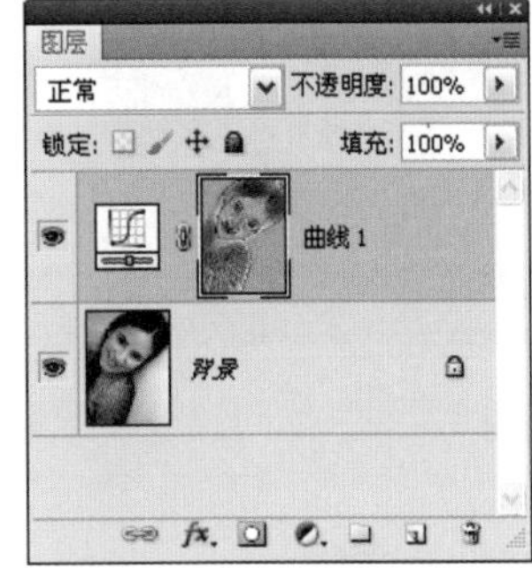

图5-177

图5-178

图5-179

09 下面来处理眼睛中的血丝。选择“背景”图层，如图5-179所示。选择修复画笔工具，按住〈Alt〉键在靠近血丝处单击，拾取颜色，如图5-180所示，然后放开〈Alt〉键在血丝上涂抹，将其覆盖，如图5-181所示。

图5-180

图5-181

10 单击“调整”面板中的按钮，创建“可选颜色”调整图层，单击“颜色”选项右侧的按钮，选择“黄色”，通过调整减少画面中的黄色，使人物的皮肤颜色变得粉嫩，如图5-182、图5-183所示。

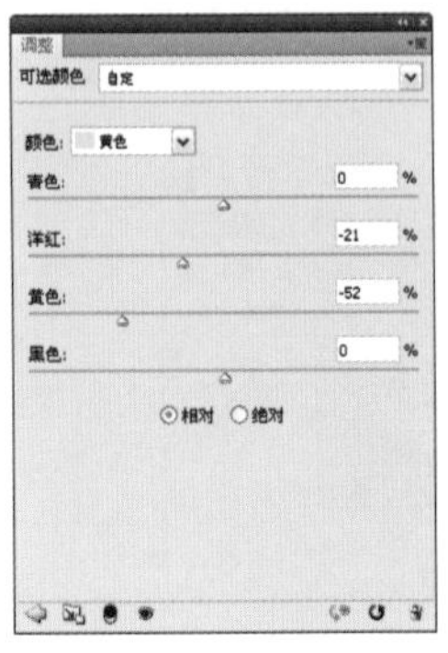

图5-182

图5-183

11 按下〈Alt+Shift+Ctrl+E〉快捷键，将磨皮后的图像盖印到一个新的图层中，如图5-184所示，按下〈Ctrl +]〉快捷键，将它移到到最顶层，如图5-185所示。

图5-184

图5-185

12 执行“滤镜”→“锐化”→“USM锐化”命令，对图像进行锐化，使图像效果更加清晰，如图5-186所示。如图5-187所示为原图像，图5-188所示为磨皮后的效果。

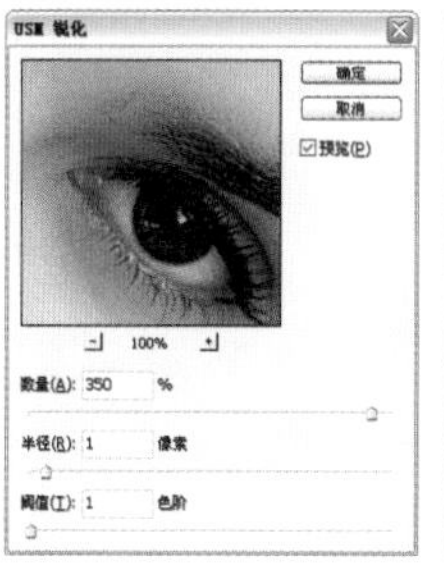

图5-186

图5-187

图5-188

制作证件照

难度级别：★★☆

学习目标：现在生活中人们都离不开各种证件，如身份证、驾驶证、出国旅游签证等等。如果没有时间去照相馆拍，不妨从平日拍摄的照片中找出适合的，用Photoshop制作为证件照。本实例介绍制作方法。

技术要点：用“镜头校正”为照片添加暗角效果，使抠出的人像融入到背景中，显得真实可信。

素材位置：素材/第5章/实例75

实例效果位置：实例效果/第5章/实例75

01 打开一张照片，如图5-189所示。选择裁剪工具，在工具选项栏中输入一寸证件照的尺寸“2.5厘米×3.5厘米、300像素/英寸”，如图5-190所示。

图5-189

宽度：2.5 厘米 ⇄ 高度：3.5 厘米 分辨率：300 像素/...

图5-190

02 在图像上单击并拖出裁剪范围框，如图5-191所示，按下回车键确认裁剪，如图5-192所示。

图5-191

图5-192

03 选择快速选择工具，在背景上单击并拖动鼠标，将背景选取，如图5-193所示。执行“选择”→“修改”→“羽化”命令，对选区进行轻微羽化，如图5-194所示。

图5-193

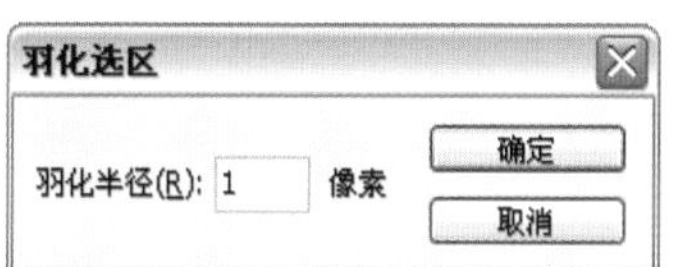

图5-194

04 将前景色设置为深红色，如图5-195所示，按下〈Alt+

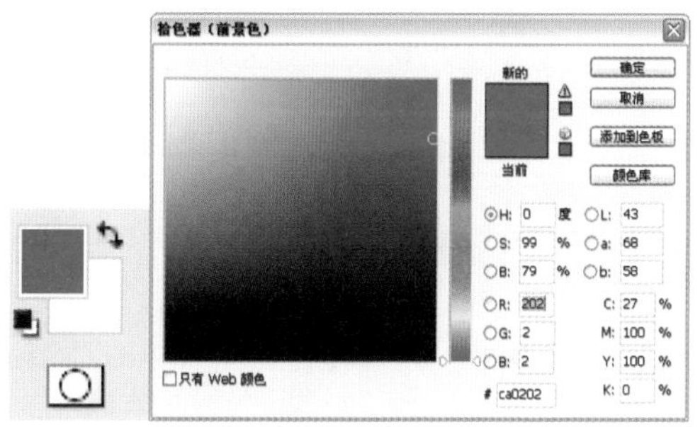

图5-195

Delete〉快捷键，在选区内填充前景色，按下〈Ctrl+D〉快捷键取消选择，如图5-196所示。

图5-196

05 执行“滤镜”→“镜头校正”命令，打开“镜头校正”对话框，单击“自定”选项卡，拖动“晕影”选项组中的“数量”和“变暗”滑块，如图5-197所示，为照片添加暗角，使效果更加真实，如图5-198所示。

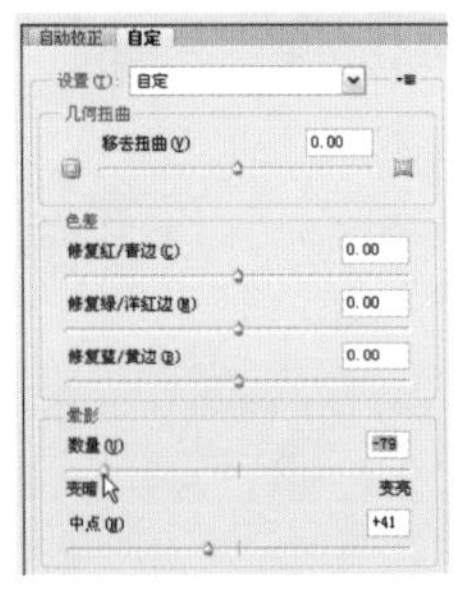

图5-197

图5-198

06 按下〈Ctrl+A〉快捷键全选，按下〈Ctrl+C〉快捷键复制图像。按下〈Ctrl+N〉快捷键，创建一个5英寸照片大小的文档，如图5-199所示。按下〈Ctrl+V〉快捷键，将照片粘贴到该文档。选择移动工具，按住〈Alt+Shift〉键拖动鼠标复制出一组照片，如图5-200所示。

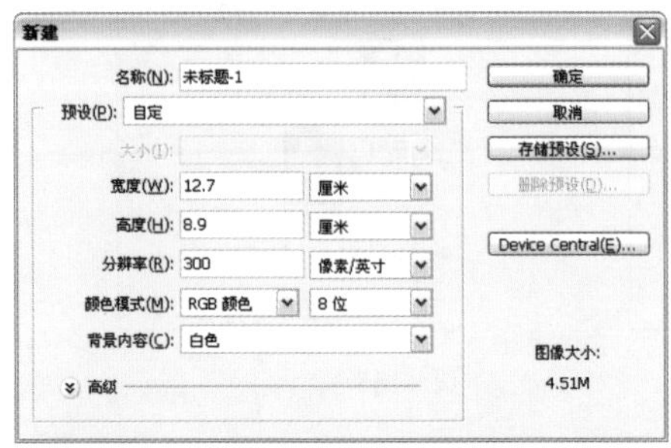

图5-199

图5-200

Photoshop
实例76

堆积效果照片

难度级别：★★☆

学习目标：本实例介绍怎样通过图层样式及蒙版为照片添加立体感，制作出重叠堆积效果。

技术要点：制作出几个照片碎片之后，只需对蒙版进行旋转，就可以表现出堆积效果。

素材位置：素材/第5章/实例76

实例效果位置：实例效果/第5章/实例76

01 按下〈Ctrl+O〉快捷键打开一个文件，如图5-201所示。按下〈Ctrl+A〉快捷键全选，如图5-202所示，按下〈Ctrl+C〉快捷键复制，按下〈Ctrl+D〉快捷键取消选择。

图5-201

图5-202

02 使用矩形选框工具创建一个选区，如图5-203所示，执行“编辑”→“选择性粘贴”→“贴入”命令，将复制的图像粘贴到选区内，同时会生成一个图层，并自动创建蒙版将选区外的图像内容隐藏，如图5-204所示。

图5-203

图5-204

STEP 03 单击图层面板底部的 fx 按钮，选择“投影”命令，打开“图层样式”对话框，为图层添加投影效果，如图5-205、图5-206所示。

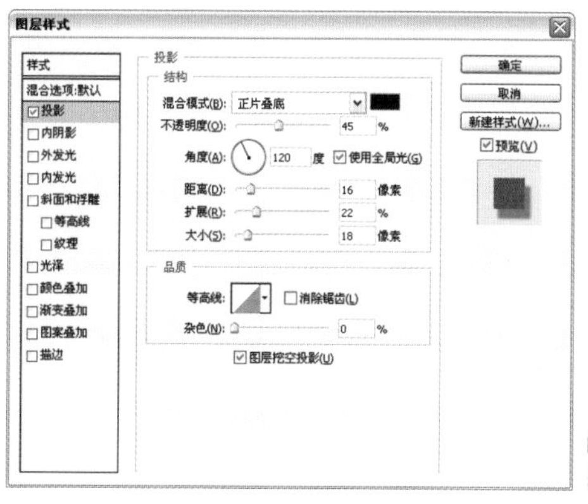

图5-205　　图5-206

STEP 04 不要关闭对话框，单击左侧列表中的“描边”效果，显示描边选项，设置参数如图5-207所示，效果如图5-208所示。

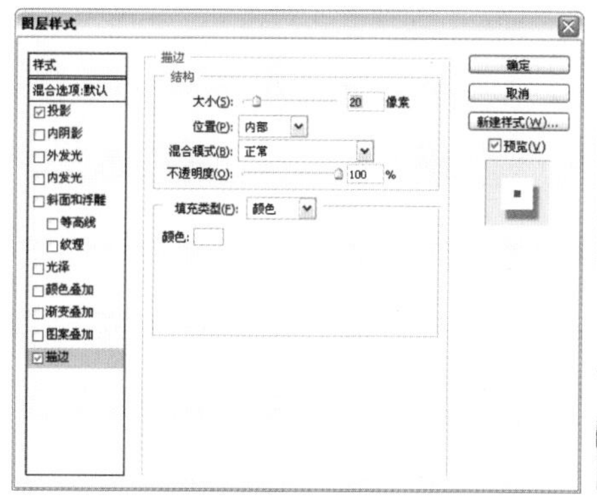

图5-207　　图5-208

STEP 05 单击蒙版缩览图，如图5-209所示，进入蒙版编辑状态。按下〈Ctrl+T〉快捷键显示定界框，拖动控制点旋转蒙版，再按下回车键确认，如图5-210、图5-211所示。

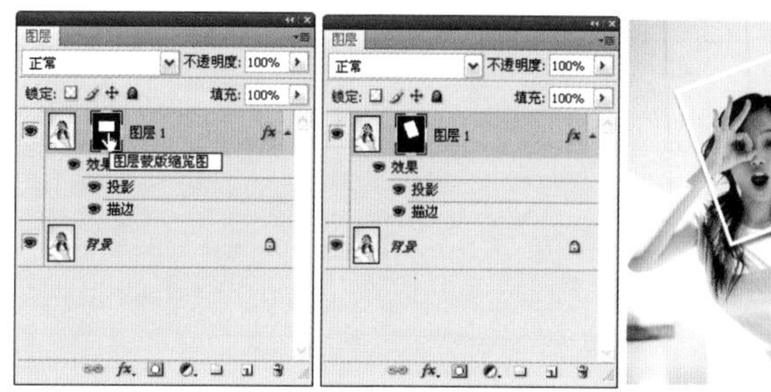

图5-209　　图5-210　　图5-211

STEP 06 将光标放在“图层1”上，按住〈Alt〉键向下拖动，复制出一个图层，如图5-212、图5-213所示。

STEP 07 单击“图层1副本”的蒙版缩览图，如图5-214所示，下面来编辑该蒙版。按下〈Ctrl+T〉快捷键显示定界框，拖动控制点旋转并移动蒙版，再按下回车键确认，如图5-215、图5-216所示。

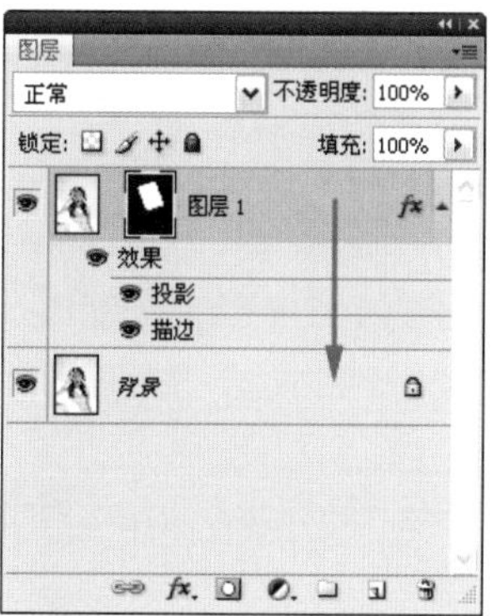

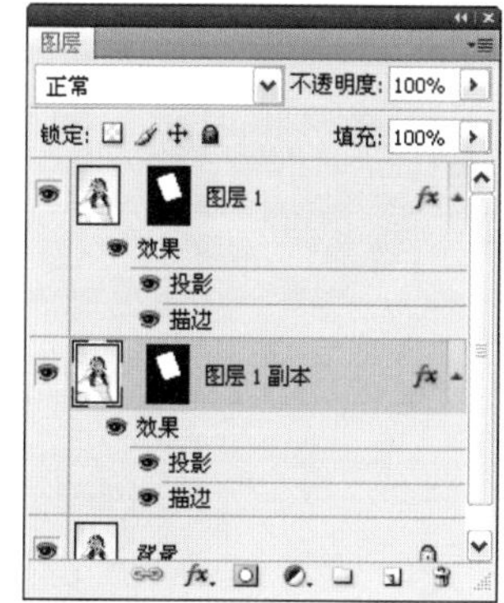

图5-212　　图5-213

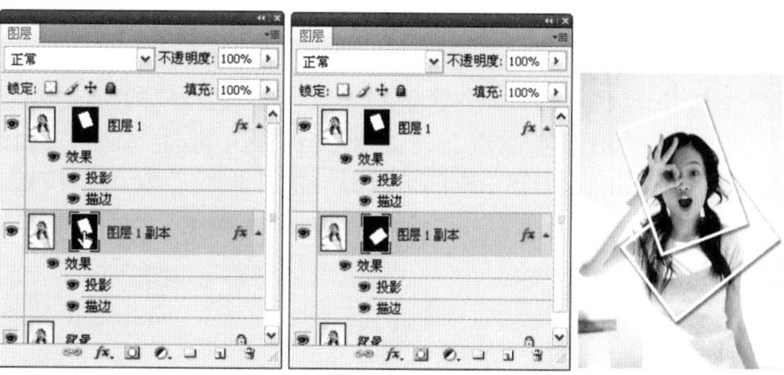

图5-214　　图5-215　　图5-216

STEP 08 采用同样的方法，先按住〈Alt〉键向下拖动“图层1副本”，复制出一个图层，然后单击该图层的蒙版，再按下〈Ctrl+T〉快捷键，对蒙版进行旋转并移动位置，制作出堆叠效果，如图5-217～图5-220所示。

图5-217　　图5-218

图5-219　　图5-220

Photoshop
实例77

拼贴效果照片

 难度级别：★ 

学习目标：本实例学习怎样使用动作处理照片，自动生成类似于马赛克拼贴效果的照片特效。

技术要点：载入光盘中的动作。

素材位置：素材/第5章/实例77、拼贴动作

实例效果位置：实例效果/第5章/实例77

STEP 01 按下〈Ctrl+O〉快捷键打开一个文件，如图5-221所示。

STEP 02 打开“动作”面板，单击面板右上角的 按钮，选择“载入动作”命令，如图5-222所示，在打开的对话框中选择光盘中提供的拼贴动作，如图5-223所示，单击“载入”按钮，将它载入到“动作”面板中。

图5-221

图5-222

图5-223

STEP 03 选择“拼贴”动作，如图5-224所示，单击播放选定的动作按钮▶播放动作，用该动作处理照片，处理过程需要一定的时间。如图5-225所示为创建的拼贴效果。

图5-224

图5-225

Photoshop
实例78

发黄旧照片

 难度级别：★★★☆ 

学习目标：如今的印刷技术已经非常成熟，照片轻易不会变色。不过，旧照片也有其特殊的魅力，可以勾起人们对往事的美好回忆。现在有很多人为了表现怀旧感或要营造某种气氛，也会将崭新的照片处理成陈旧的老照片。本实例介绍一种旧照片的制作方法。

技术要点：制作旧照片是最重要的是表现出照片的老旧感，即应表现出褪色、划痕、裂纹等效果。

素材位置：素材/第5章/实例78

实例效果位置：实例效果/第5章/实例78

01 按下〈Ctrl+O〉快捷键打开一个文件，如图5-226所示。按下〈Ctrl+J〉快捷键复制“背景”图层，如图5-227所示。

图5-226

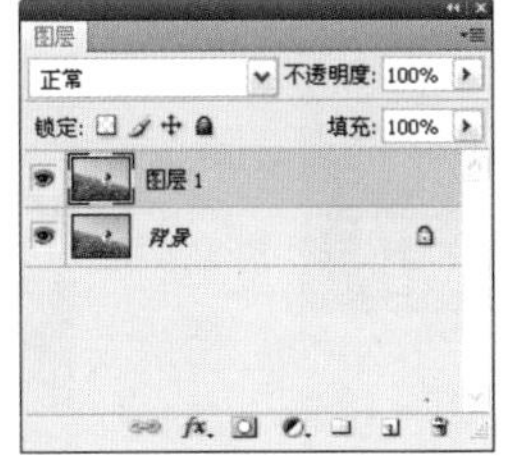

图5-227

02 执行“图像”→“画布大小”命令，打开“画布大小”对话框，选择百分比作为扩展单位，然后将宽度和高度分别扩展110%，如图5-228所示。

03 按住〈Ctrl〉键单击“图层1”的缩览图，载入选区，如图5-229、图5-230所示。

图5-228

图5-229

图5-230

04 执行“选择”→“修改”→“扩展”命令，扩展选区，如图5-231、图5-232所示。

图5-231

图5-232

05 单击“通道”面板中的按钮，新建一个通道，按下〈Ctrl+Delete〉快捷键，在选区内填充白色，“通道”面板如图5-233所示，局部效果如图5-234所示。

图5-233

图5-234

06 按下〈Ctrl+D〉快捷键取消选择。执行“滤镜”→“画笔描边”→“喷溅”命令，打开“滤镜库”，设置参数如图5-235所示，局部效果如图5-236所示。

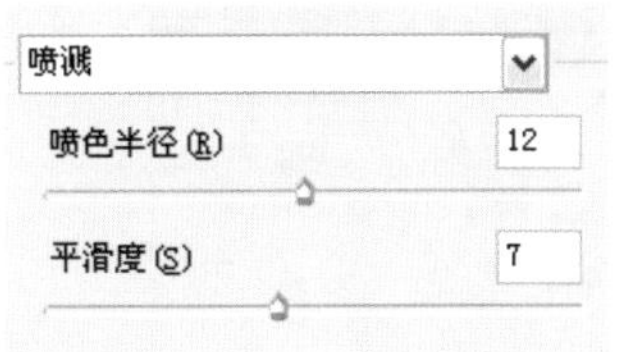

图5-235

图5-236

07 执行“滤镜”→“画笔描边”→“烟灰墨”命令，设置参数如图5-237所示，局部效果如图5-238所示。

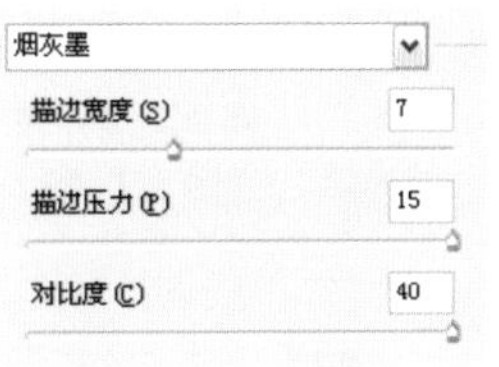

图5-237

图5-238

08 执行“滤镜”→“画笔描边”→“强化的边缘”命令，设置参数如图5-239所示，局部效果如图5-240所示。

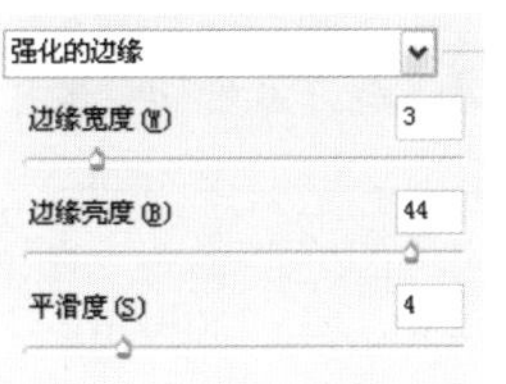

图5-239

图5-240

09 单击“通道”面板底部的按钮，载入当前通道中的选区，如图5-241所示。按下〈Ctrl+2〉快捷键显示彩色图像，如图5-242所示。

图5-241

图5-242

10 按住〈Ctrl〉键单击“图层”面板底部的按钮，在“图层1”下面新建一个图层，如图5-243所示。将前景色调整为浅灰色（R：238，G：238，B：238），按下〈Alt+Delete〉快捷键在选区内填充灰色，按下〈Ctrl+D〉快捷键取消选择，如图5-244所示。

图5-243

图5-244

11 按住〈Ctrl〉键单击“图层1”，将它与“图层2”同时选择，如图5-245所示，按下〈Ctrl+E〉快捷键合并，如图5-246所示。

图5-245

图5-246

12 双击合并后的“图层1”，打开“图层样式”对话框，在左侧列表中选择“颜色叠加”效果，设置叠加的颜色为浅棕色（R156，G：139，B：101），如图5-247所示，效果如图5-248所示。

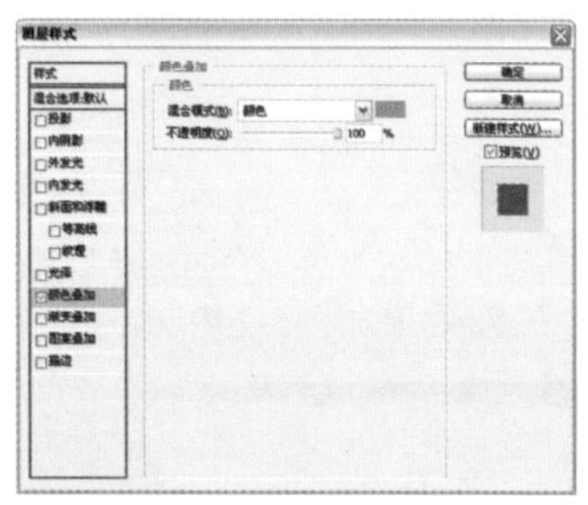
图5-247

图5-248

13 执行“滤镜”→“杂色”→“添加杂色”命令，在图像中添加杂色，生成颗粒感，如图5-249、图5-250所示。

图5-249

图5-250

14 单击“图层”面板底部的按钮，新建一个图层，如图5-251所示。执行“滤镜”→“渲染”→“云彩”命令，生成云彩图案，如图5-252所示。

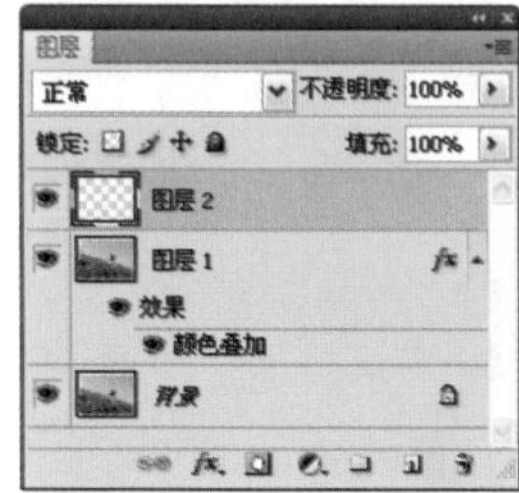
图5-251

图5-252

15 执行“滤镜”→“像素化”→“晶格化”命令，使云彩图案变为块状，如图5-253、图5-254所示。

16 执行“滤镜”→“画笔描边”→“强化的边缘”命令，设置参数如图5-255所示，效果如图5-256所示。

图5-253

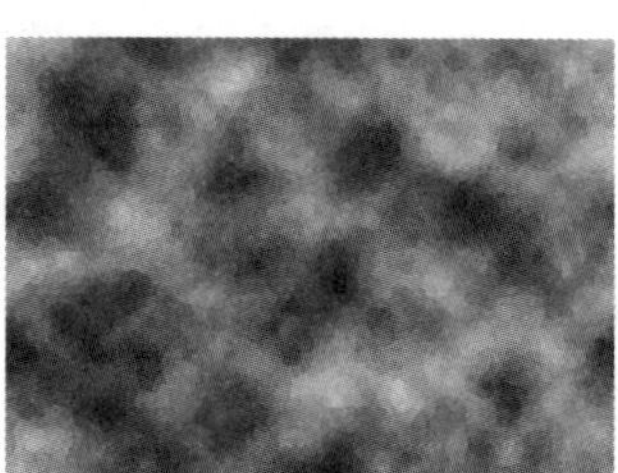
图5-254

图5-255

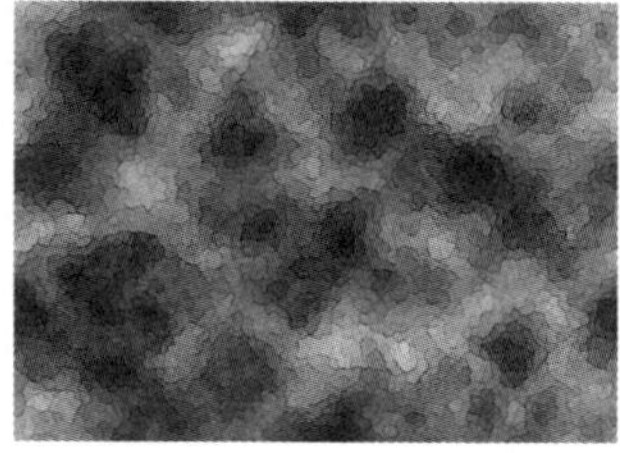
图5-256

17 设置图层的混合模式为“叠加”，不透明度为15%，通过叠加可以使照片产生裂痕，如图5-257、图5-258所示。

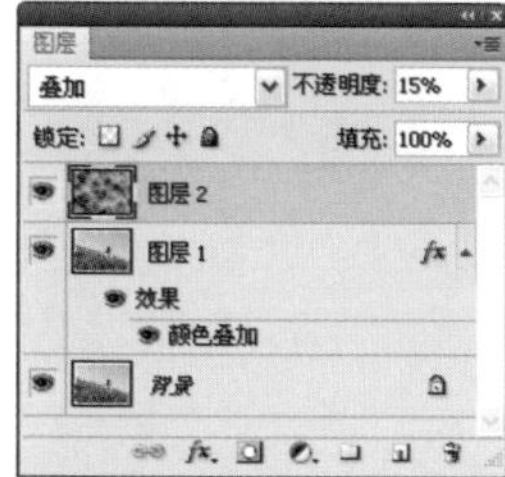
图5-257

图5-258

18 单击“图层”面板底部的按钮，新建一个图层，如图5-259所示，将该图层填充为白色，如图5-260所示。

图5-259

图5-260

19 执行“滤镜”→“艺术效果”→“海绵”命令，设置参数如图5-261所示，效果如图5-262所示。

图5-261

图5-262

20 按下〈Ctrl+T〉快捷键显示定界框，在工具选项栏中输入缩放比例，如图5-263所示，将图像放大，如图5-264所示，按下回车键确认。

W: 200.0% H: 200.0%

图5-263

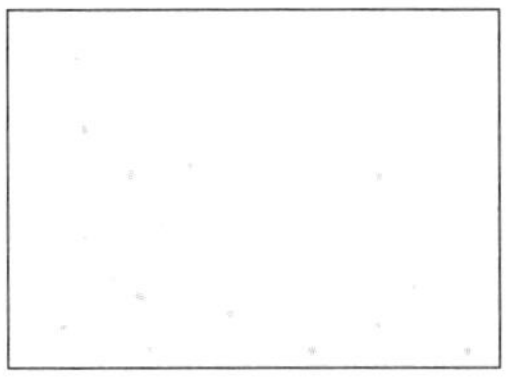

图5-264

21 按下〈Ctrl+U〉快捷键打开“色相/饱和度”对话框，勾选“着色”选项，拖动滑块为图像着色，如图5-265、图5-266所示。

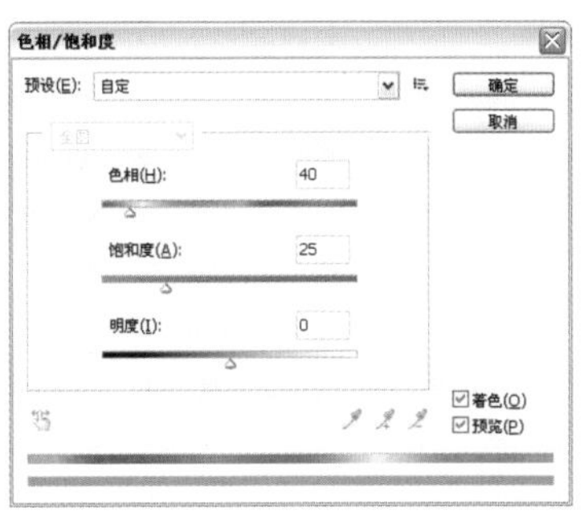

图5-265

图5-266

22 执行“滤镜”→“画笔描边”→“强化的边缘”命令，设置参数如图5-267所示，效果如图5-268所示。

图5-267

图5-268

23 设置图层的混合模式为“正片叠底”，不透明度为75%，在图像中生成水渍效果，如图5-269、图5-270所示。

图5-269

图5-270

24 按下〈Shift+Alt+Ctrl+E〉快捷键，将所有显示的图像盖印到一个新建的图层中，如图5-271所示，再将中间的几个图层隐藏，如图5-272所示。

图5-271

图5-272

25 按住〈Ctrl〉键单击“Alpha 1”通道缩览图，如图5-273所示，载入该通道中的选区，如图5-274所示。

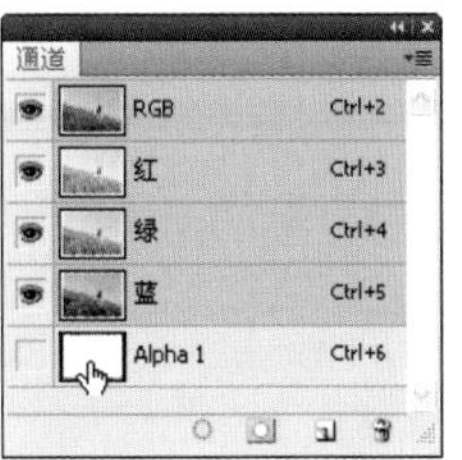

图5-273

图5-274

26 单击“图层”面板底部的按钮创建蒙版，将选区外的图像隐藏，如图5-275、图5-276所示。

图5-275

图5-276

27 双击该图层，打开“图层样式”对话框，在左侧列表中选择“投影”效果，设置参数如图5-277所示。再选择左侧列表中的“内发光”效果，设置发光颜色为浅棕色（R：96，G：84，B：61），其他参数如图5-278所示。

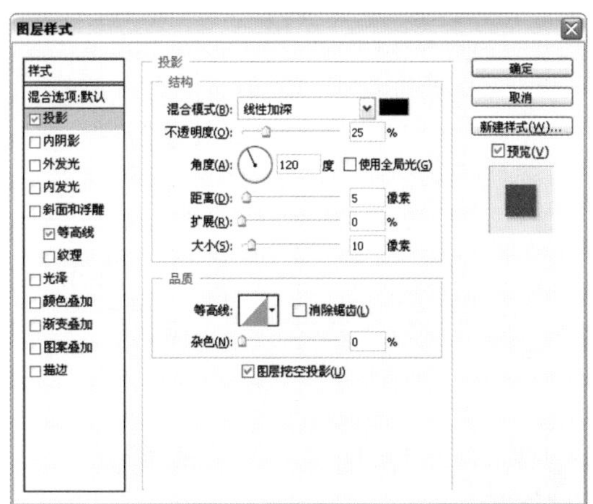

图5-277

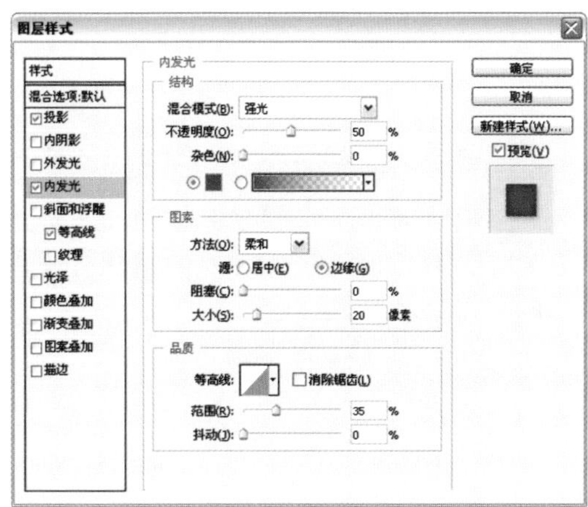

图5-278

28 选择左侧列表中的“斜面和浮雕”和“等高线”效果，设置参数如图5-279、图5-280所示。

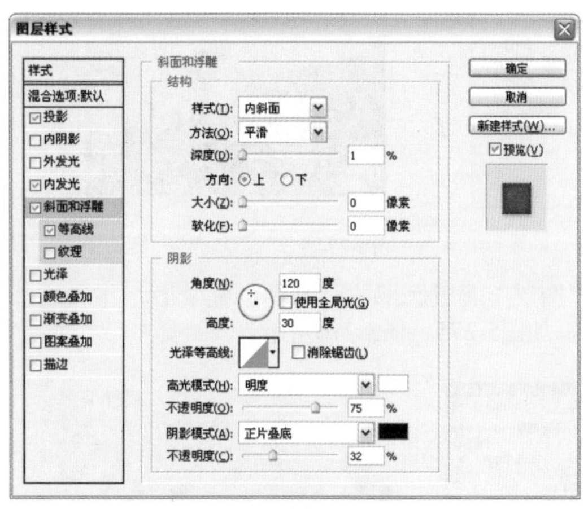

图5-279

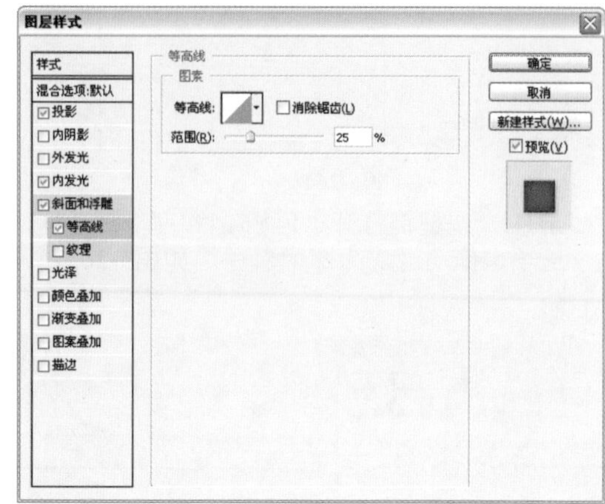

图5-280

29 选择左侧列表中的“颜色叠加”效果，设置叠加的颜色为棕色（R：156，G：138，B：96），如图5-281所示。选择左侧列表中的“渐变叠加”效果，设置渐变颜色为深灰色-黑色，如图5-282所示。

30 单击“确定”按钮关闭对话框，最终效果如图5-283所示。

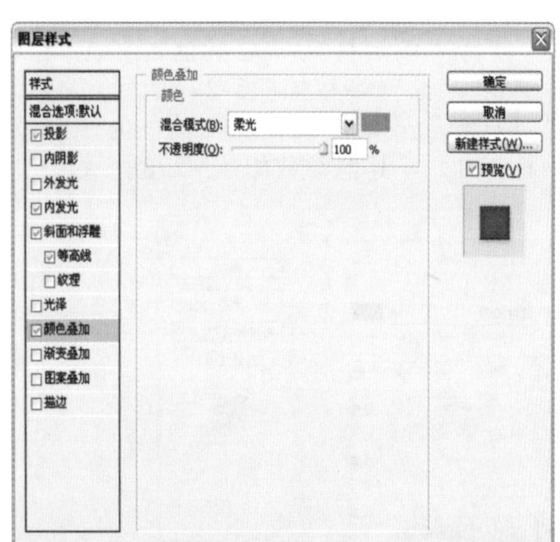

图5-281

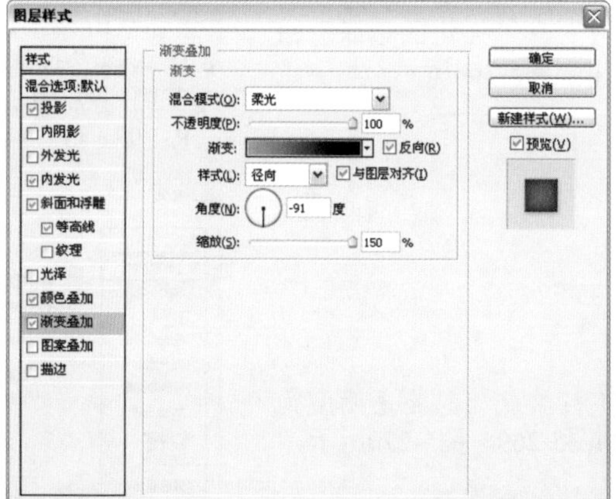

图5-282

图5-283

变焦镜头爆炸效果

难度级别：★★ 

学习目标：变焦镜头是一种特殊的镜头，它可以在不更换镜头的情况下改变焦距，能够拍摄出具有极强视觉冲击力的照片，如爆炸效果的照片。变焦镜头价格昂贵，并且拍摄这种照片也需要较高的技术。不过Photoshop完全可以模拟出与变焦镜头效果相媲美的爆炸效果，本实例就来介绍这种方法。

技术要点：清晰的前景人物与模糊的背景之间的界限不需要太过明确，这样效果反而更加真实。

素材位置：素材/第5章/实例79

实例效果位置：实例效果/第5章/实例79

01 按下〈Ctrl+O〉快捷键打开一个文件，如图5-284所示。按下〈Ctrl+J〉快捷键复制“背景”图层，如图5-285所示。

02 使用快速选择工具选择女孩和摩托，如图5-286所示。单击“通道”面板中的按钮，将选区保存到通道中，如图5-287所示。

图5-284

图5-285

图5-286

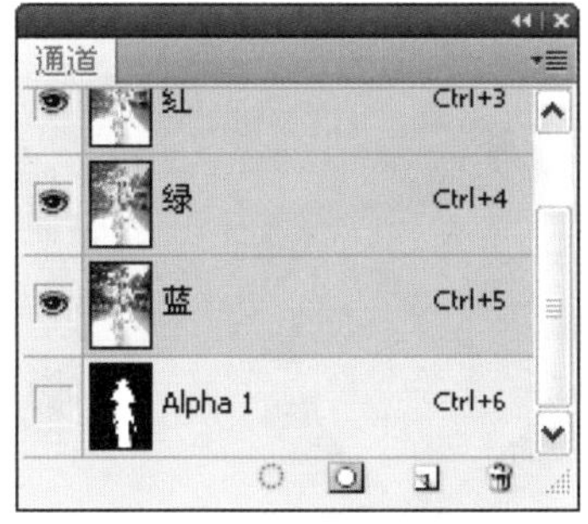

图5-287

03 按下〈Ctrl+D〉快捷键取消选择。.执行“滤镜”→“模糊”→“径向模糊”命令，打开“径向模糊”对话框，将数量设置为32，模糊方法选择“缩放”，如图5-288所示，单击“确定”按钮关闭对话框，效果如图5-289所示。

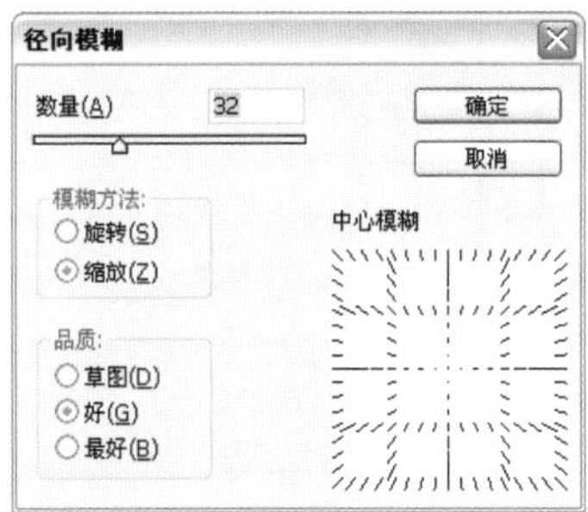

图5-288

图5-289

04 单击“图层”面板底部的按钮，为“图层1”添加蒙版，如图5-290所示。

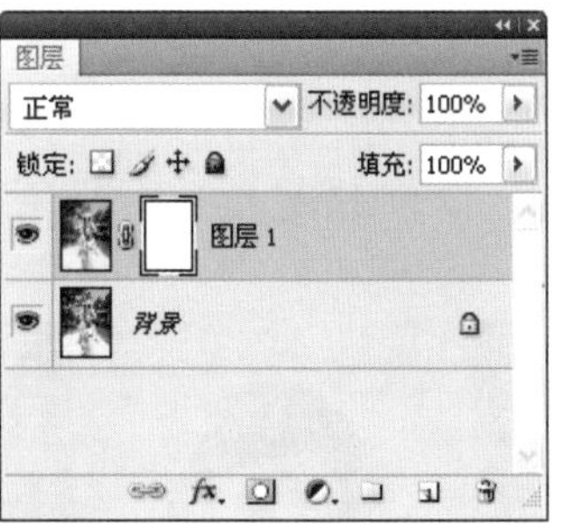

图5-290

05 按住〈Ctrl〉键单击“Alpha1”通道，载入选区，如图5-291、图5-292所示。

图5-291

图5-292

06 选择一个柔角画笔工具，在选区内涂抹黑色，用蒙版遮盖住当前图像，显示出“背景”图层中未处理的图像，最后按下〈Ctrl+D〉快捷键取消选择，如图5-293、图5-294所示。

图5-293

图5-294

鱼眼镜头效果

难度级别：★★

学习目标：鱼眼镜头可以拍摄出非常夸张的扭曲效果，具有特殊的趣味性。本实例介绍这种效果的表现方法。

技术要点：首先应将画布裁剪为正方形，然后再使用“球面化”滤镜进行扭曲。如果画布不是正方形，则图像凸起部分的边缘是椭圆状的，效果就不真实了。

素材位置：素材/第5章/实例80

实例效果位置：实例效果/第5章/实例80

STEP 01 按下〈Ctrl+O〉快捷键打开一个文件，如图5-295所示。

STEP 02 选择裁剪工具，按住〈Shift〉键拖动鼠标创建一个正方形裁剪框，如图5-296所示，按下回车键裁剪图像，如图5-297所示。

图5-295

图5-296

STEP 03 执行“滤镜”→“扭曲”→“球面化”命令，对图像进行扭曲生成球面效果，如图5-298、图5-299所示。

图5-297

图5-298

STEP 04 按下〈Ctrl+F〉快捷键，打开上一次使用的滤镜，即“球面化”滤镜，设置参数如图5-300所示，增强扭曲效果，如图5-301所示。

图5-299

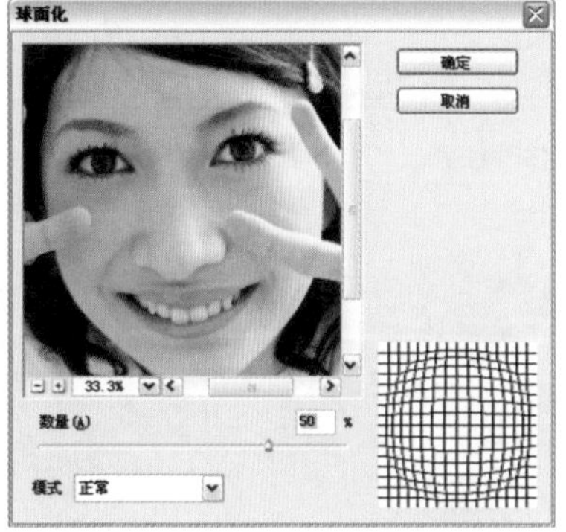

图5-300

STEP 05 执行“滤镜”→“渲染”→“镜头光晕”命令，打开“镜头光晕”对话框。在缩览图的右上角单击，将光晕中心定义在此处，并设置参数如图5-302所示，效果如图5-303所示。

STEP 06 使用椭圆选框工具按住〈Shift〉键创建圆形选区，如图5-304所示，按下〈Ctrl+J〉快捷键，将选中的图像复制到一个新的图层中，如图5-305所示。按住〈Ctrl〉键单击“图层”面板底部的按钮，在当前图层下面创建一个图层，如图5-306所示。

图5-301

图5-302

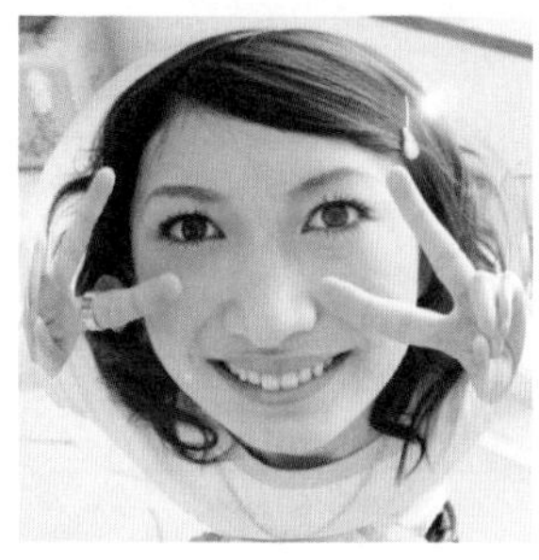

图5-303

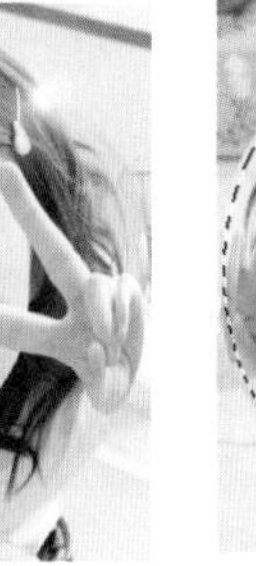

图5-304

图5-305

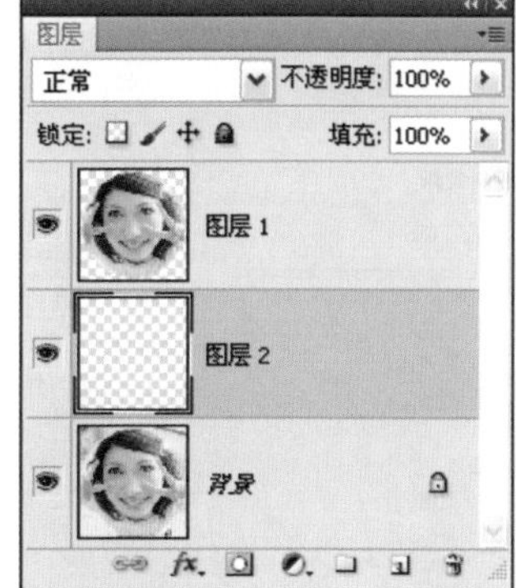

图5-306

提示 创建圆形选区时，可以同时按住空格键并拖动鼠标移动选区，以便将选区定位到正确位置。

STEP 07 按下〈D〉键将前景色设置为黑色，按下〈Alt+Delete〉快捷键，为图层填充黑色，如图5-307、图5-308所示。

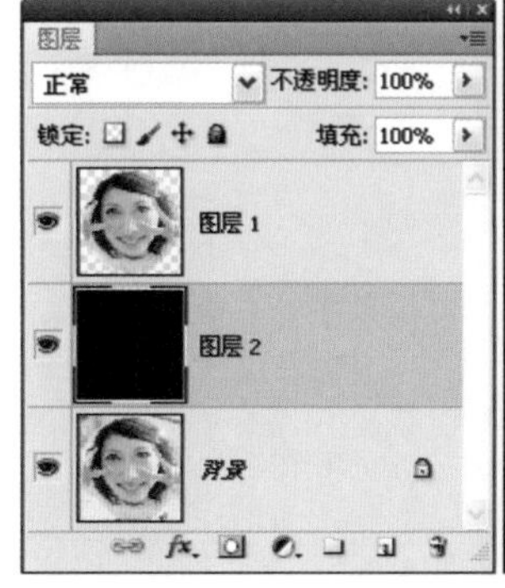

图5-307

图5-308

浅景深效果

难度级别：★★

学习目标：拍摄人像照片时，摄影师常常会运用浅景深的方法，制造出背景模糊，主体清晰的效果，使照片中的主角更加突出，并营造朦胧的意境。普通数码相机无法拍摄出这种效果，但可以通过“镜头模糊”滤镜来进行模拟。本实例介绍这种浅景深的表现方法。

技术要点：“镜头模糊”滤镜可以向图像中添加模糊，使图像中的一些对象在焦点内，另一些区域变模糊。该滤镜还支持Alpha 通道，因此，用户可以先将需要模糊的对象选中，再将选区保存为Alpha通道，然后再打开“镜头模糊”对话框，在“源”下拉列表中选择该通道，用通道控制模糊范围。

素材位置：素材/第5章/实例81

实例效果位置：实例效果/第5章/实例81

01 按下〈Ctrl+O〉快捷键打开一个文件，如图5-309所示。按下〈Ctrl+J〉快捷键复制“背景”图层，如图5-310所示。

图5-309

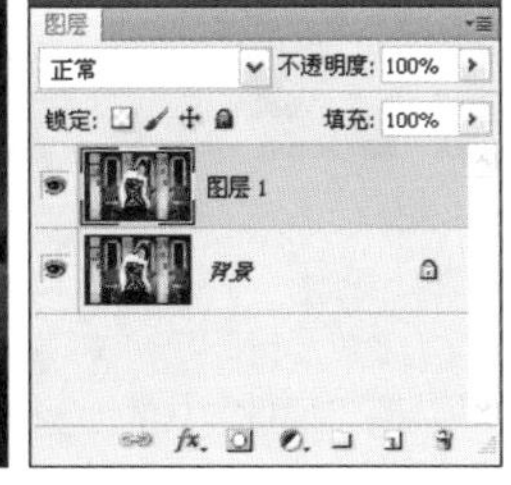

图5-310

02 使用快速选择工具选择人物，如图5-311所示，按下〈Shift+Ctrl+I〉快捷键反选，选中背景，如图5-312所示。

图5-311

图5-312

03 单击工具选项栏中的“调整边缘”按钮，打开“调整边缘”对话框，设置“羽化”和“移动边缘”参数，对选区进行羽化，并使之稍微想外扩展一些，如图5-313、图5-314所示，单击“确定”按钮关闭对话框。

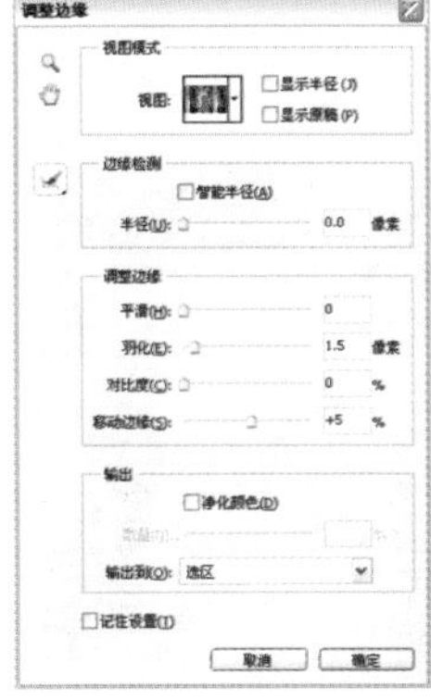

图5-313

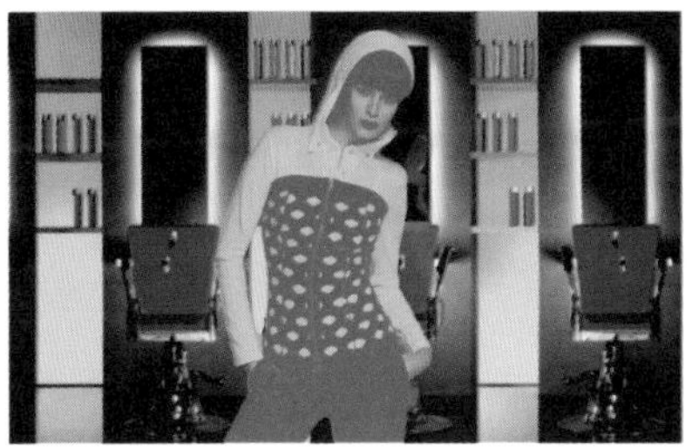

图5-314

04 执行“滤镜”→“模糊”→“镜头模糊”命令，打开“镜头模糊”对话框。拖动“半径”滑块，对选中的背景图像进行模糊处理，然后在“形状”下拉列表中选择“八边形”，并设置“亮度”和“阈值”参数，让背景中呈现出漂亮的圆形光斑，如图5-315所示。单击“确定”按钮关闭对话框，如图5-316所示为原图，图5-317所示为处理后的效果，可以看到，只有背景被模糊了，人物没有变化。

图5-315

图5-316

图5-317

Photoshop 实例82

柔焦效果

难度级别：★★

学习目标：为了使人物的皮肤光洁、细腻，很多摄影师会在相机镜头前加装一种叫做“柔焦镜”的滤镜，拍出来的照片会呈现出朦胧、梦幻的感觉。本实例学习这种效果的制作方法。

技术要点：使用“高斯模糊”滤镜时，如果要表现更加强烈的虚化效果，可以将“半径”值调高。

素材位置：素材/第5章/实例82

实例效果位置：实例效果/第5章/实例82

01 按下〈Ctrl+O〉快捷键打开一个文件，如图5-318所示。按下〈Ctrl+J〉快捷键复制“背景”图层，如图5-319所示。

图5-318

图5-319

02 执行“滤镜”→“模糊”→“高斯模糊”命令，对图像进行模糊处理，如图5-320、图5-321所示。

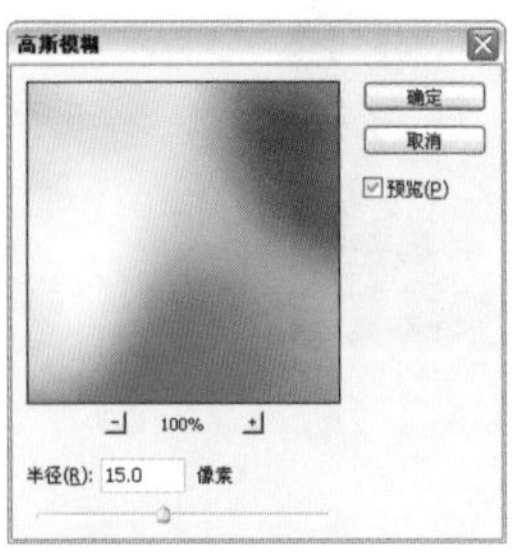

图5-320

图5-321

03 设置该图层的混合模式为“叠加”， 不透明度为50%，如图5-322、图5-323所示。

图5-322

图5-323

04 使用椭圆选框工具创建一个选区，如图5-324所示，按下〈Shift+Ctrl+I〉快捷键反选，如图5-325所示。

图5-324

图5-325

05 单击工具选项栏中的“调整边缘”按钮，打开“调整边缘”对话框，对选区进行羽化，如图5-326所示。单击“调整”面板中的按钮，创建“曲线”调整图层，在曲线上单击添加控制点，将曲线向下调整，如图5-327所示，选区会转化到调整图层的蒙版中，使选中的图像变暗，如图5-328、图5-329所示。

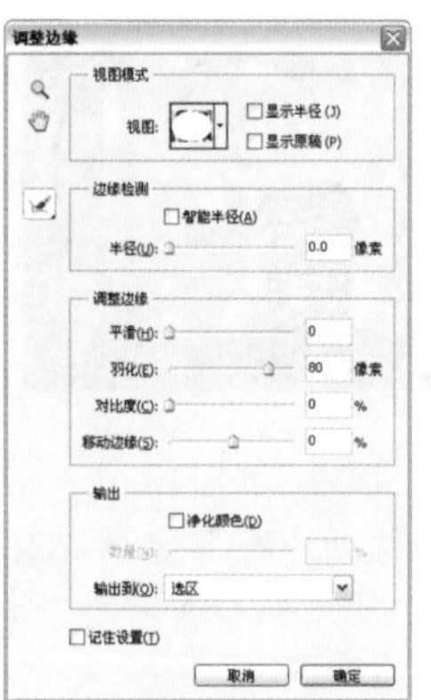

图5-326

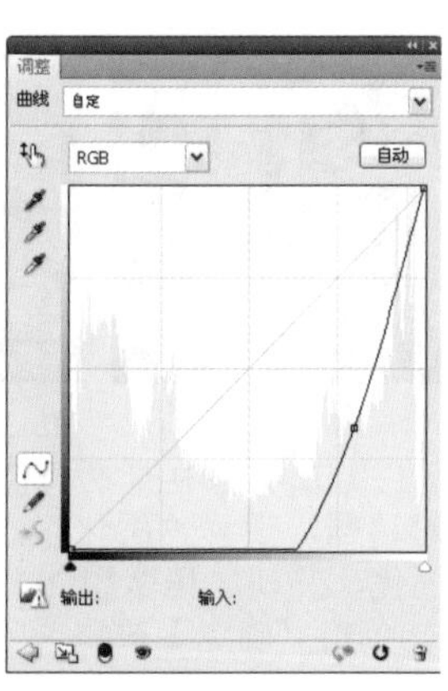

图5-327

图5-328

图5-329

06 现在图像的色彩饱和度过高，将调整图层的混合模式设置为“明度”，使调整图层不会改变色彩饱和度，如图5-330、图5-331所示。

图5-330

图5-331

07 按下〈Alt+Shift+Ctrl+E〉快捷键，将图像盖印到一个新的图层中，如图5-332所示。将前景色设置为白色。执行“滤镜”→“艺术效果”→“胶片颗粒”命令，在图像上添加类似于传统胶片效果的杂点，使效果更加真实，如图5-333、图5-334所示。

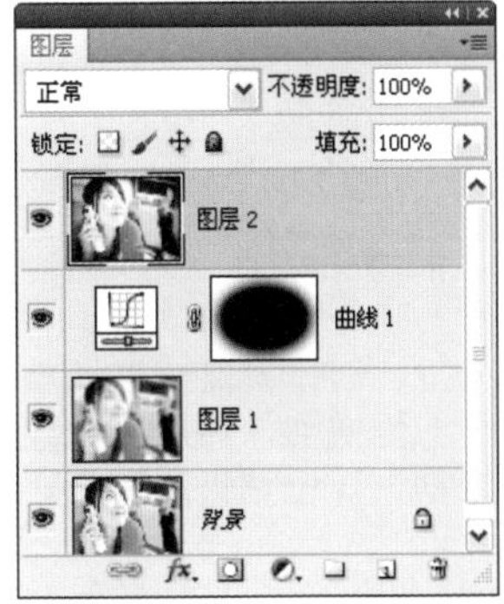

图5-332

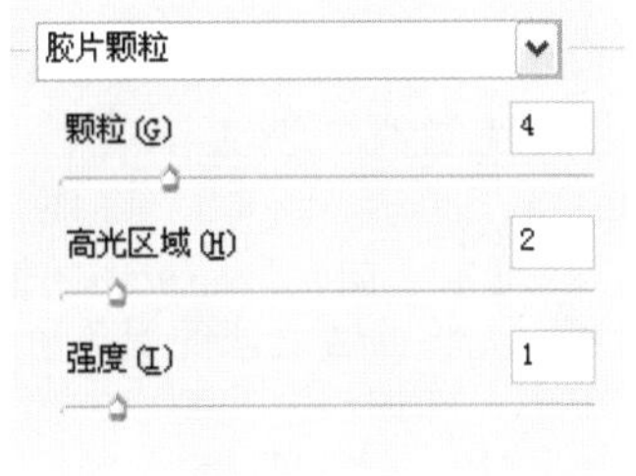

图5-333

图5-334

Photoshop 实例83 雪景效果

难度级别：★★☆

学习目标：本实例学习雪花的制作方法，并运用调色工具，将一张夏日照片调整为冬天效果，表现出超现实的唯美意境。

技术要点：使用“通道混合器”时，先勾选“单色”选项将颜色删除，再拖动滑块将绿色调亮。

素材位置：素材/第5章/实例83

实例效果位置：实例效果/第5章/实例83

01 按下〈Ctrl+O〉快捷键打开一个文件，如图5-335所示。

图5-335

02 单击“调整”面板中的按钮，创建“通道混合器”调整图层。勾选“单色”选项，将图像调整为黑白效果，再拖动滑块，将绿叶调整为白色，如图5-336、图5-337所示。

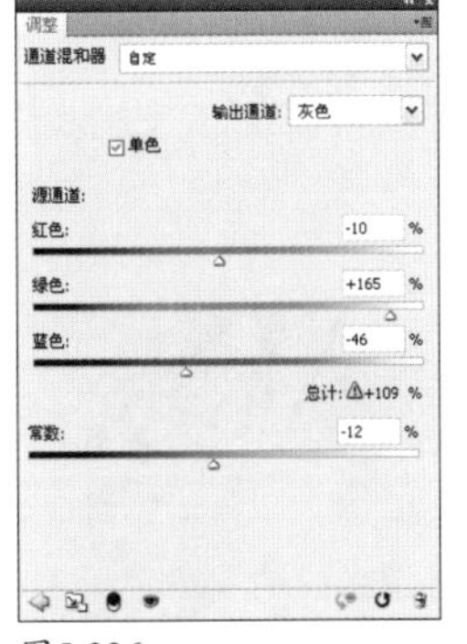

图5-336

图5-337

03 选择柔角画笔工具，将前景色设置为黑色，在人物面部和头发等处涂抹，用蒙版遮盖调整图层，使这些区域的图像恢复为调整前的效果，如图5-338、图5-339所示。

图5-338　　图5-339

04 单击“调整”面板中的按钮，创建“曲线”调整图层。先将曲线底部的黑色滑块向右侧拖动，然后在曲线上单击，添加一个控制点并向下拖动，让色调更加清晰，如图5-340、图5-341所示。

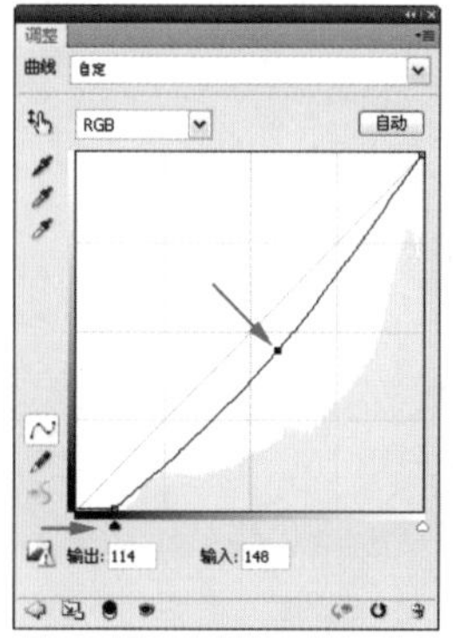

图5-340　　图5-341

05 按住〈Alt〉键，将“通道混合器”调整图层的蒙版拖动给“曲线”调整图层，如图5-342所示，弹出一个对话框，如图5-343所示，单击“是”按钮，替换蒙版，使“曲线”调整图层也不会影响到画面中的人物，如图5-344、图5-345所示。

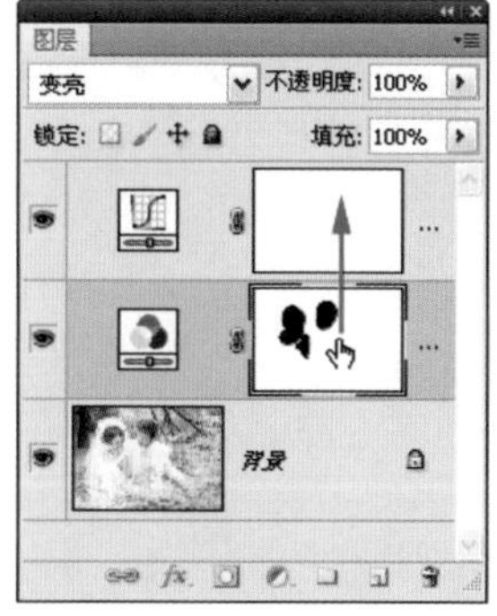
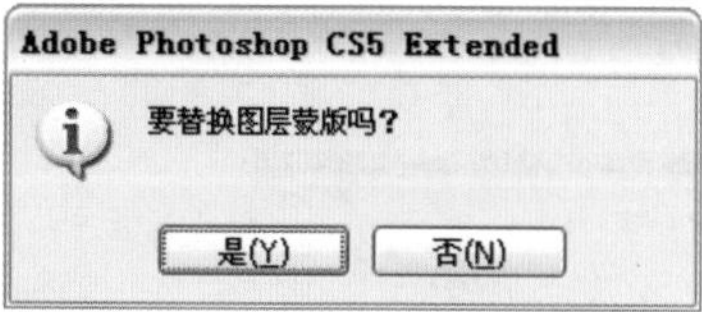

图5-342　　图5-343

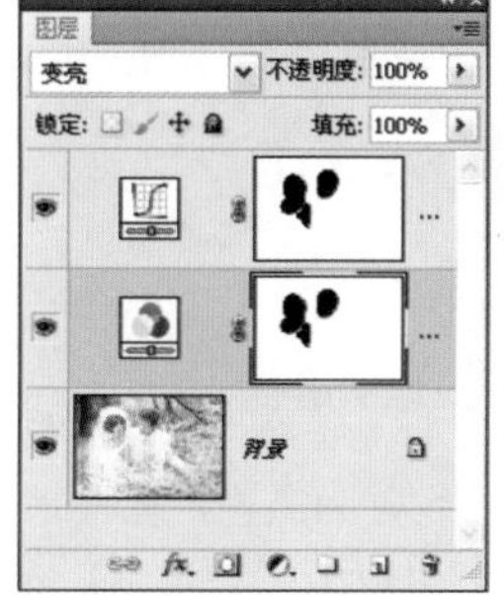

图5-344　　图5-345

06 单击“调整”面板中的按钮，创建“色相/饱和度”调整图层。勾选“着色”选项，再拖动滑块为图像着色，如图5-346、图5-347所示。

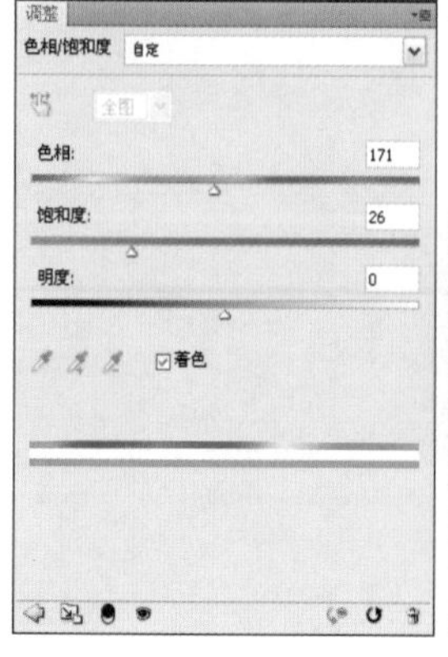

图5-346　　图5-347

07 按住〈Alt〉键，将“通道混合器”调整图层的蒙版拖动给该“色相/饱和度”调整图层，弹出一个对话框，单击“是”按钮，替换蒙版，如图5-348、图5-349所示。

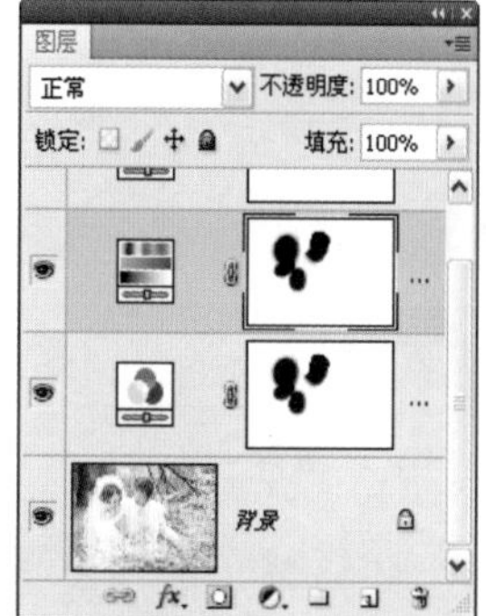

图5-348　　图5-349

08 下面来处理头发的颜色。单击“调整”面板底部的按钮，重新显示各种调整工具，单击按钮，再创建一个“色相/饱和度”调整图层，将图像调暗，如图5-350、图5-351所示。

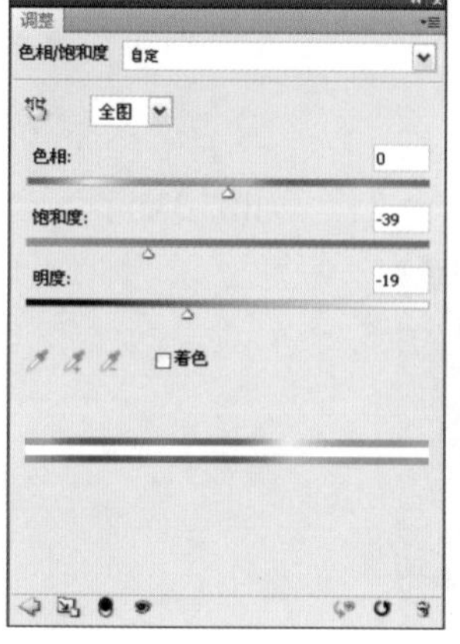

图5-350　　图5-351

09 在图像中填充黑色，将该调整图层的效果隐藏起来，如图5-352所示。使用柔角画笔工具在头发上涂抹白色，使调整图层对头发有效，让头发变黑，如图5-353、图5-354所示。

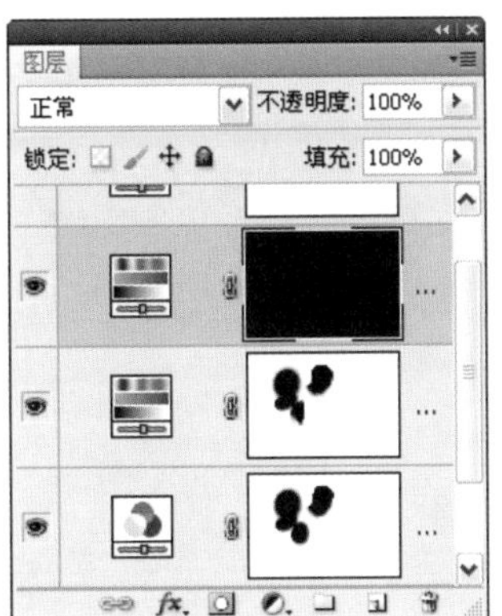
图5-352

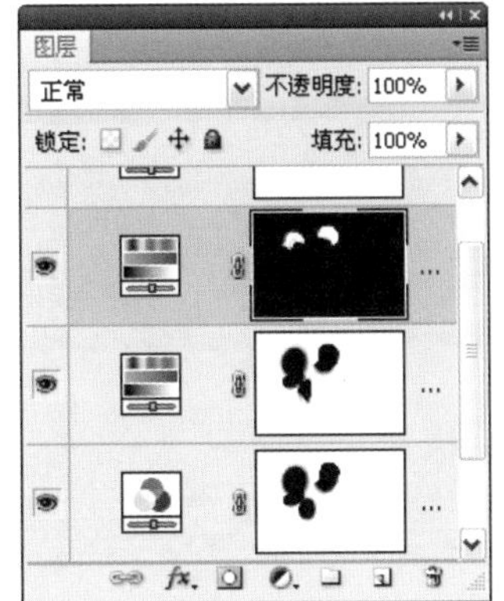
图5-353

10 下面再来制作一些雪花。单击“通道”面板底部的按钮，新建一个通道，如图5-355所示。将前景色设置为白色，背景色设置为黑色。执行“滤镜”→“像素化”→“点状化”命令，制作出雪花点，如图5-356、图5-357所示。

图5-354

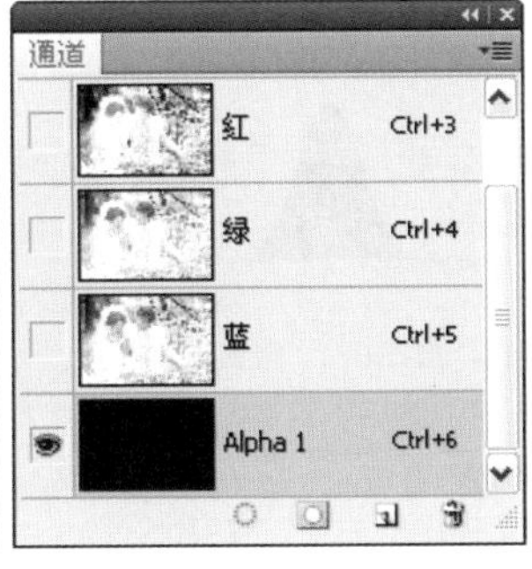
图5-355

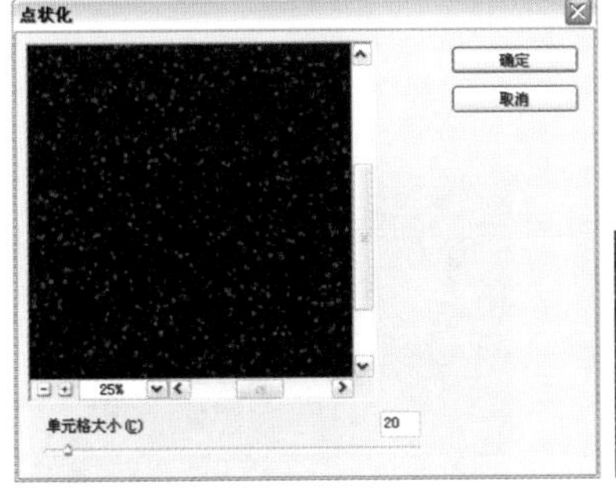
图5-356

图5-357

11 执行“图像”→“调整”→“阈值”命令，让雪花点更加清晰，如图5-358、图5-359所示。

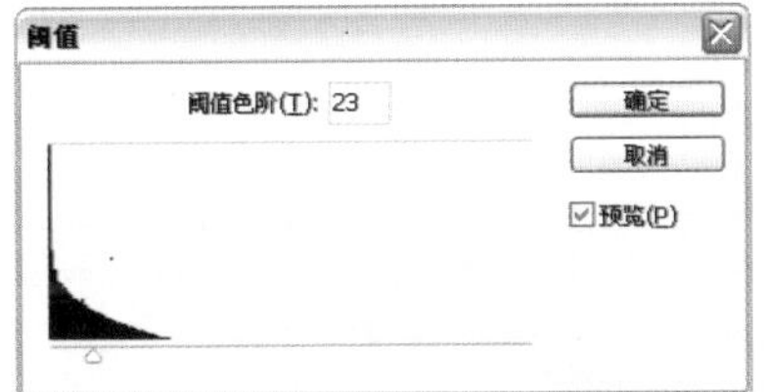
图5-358

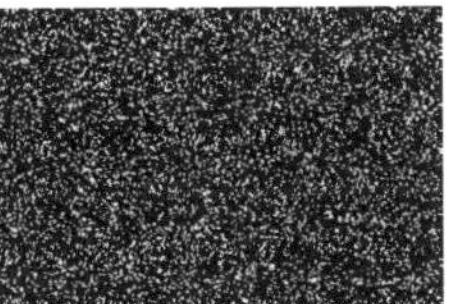
图5-359

12 单击“通道”面板底部的按钮，载入通道中的选区，单击RGB主通道，重新显示彩色图像，如图5-360、图5-361所示。

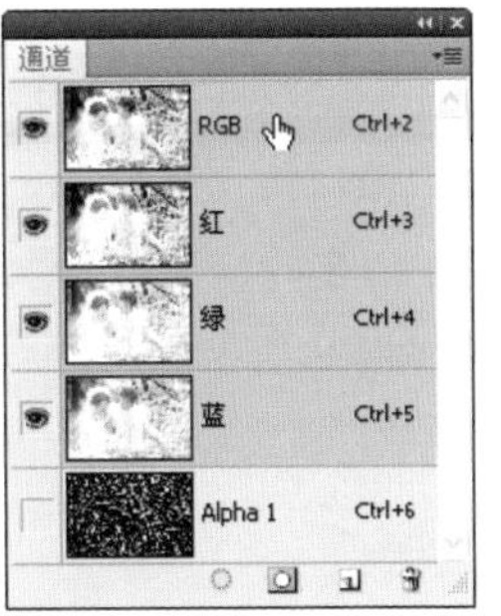
图5-360

图5-361

13 在“图层”面板顶部新建一个图层，如图5-362所示。在选区内填充白色，按下〈Ctrl+D〉快捷键取消选择，如图5-363所示。

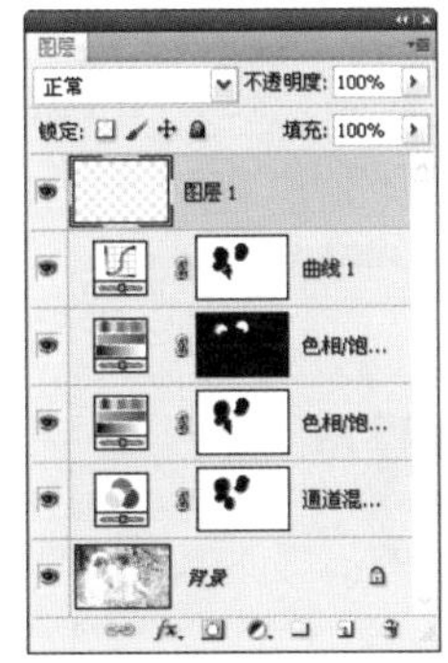
图5-362

图5-363

14 执行“滤镜”→“模糊”→“动感模糊”命令，让雪花呈现随风飘洒效果，如图5-364、图5-365所示。

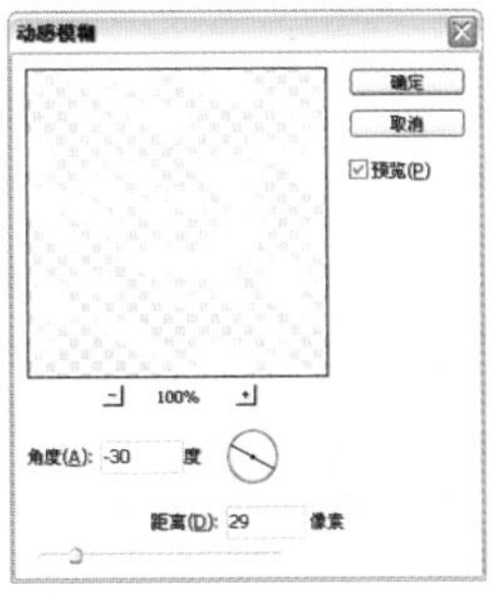
图5-364

图5-365

15 单击“图层”面板底部的按钮创建蒙版，使用画笔工具在人物面部和身体上涂抹黑色，用蒙版将雪花遮盖，如图5-366、图5-367所示。

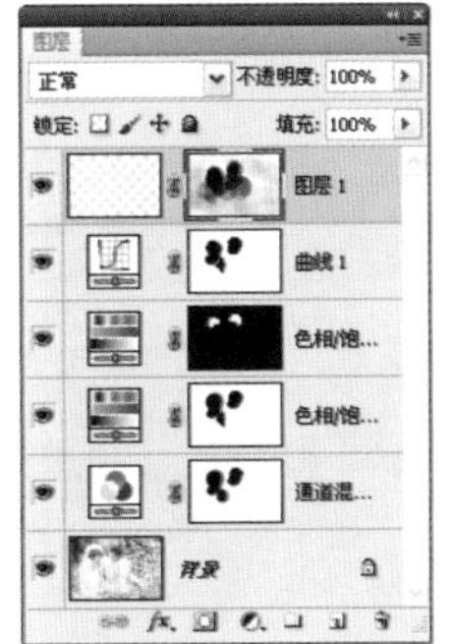
图5-366

图5-367

Photoshop 实例84

雨景效果

难度级别：★★☆

学习目标：本实例学习雨景效果的表现方法。主要通过滤镜制作出杂点，再进行动感模糊，生成细密的雨丝。

技术要点：使用“阈值”命令调整杂点时，杂点保留得越多，生成的雨丝就越细密。

素材位置：素材/第5章/实例84

实例效果位置：实例效果/第5章/实例84

01 按下〈Ctrl+O〉快捷键打开一个文件，如图5-368所示。单击“图层”面板底部的按钮，新建一个图层，按下〈Alt+Delete〉快捷键填充黑色，如图5-369所示。

图5-368

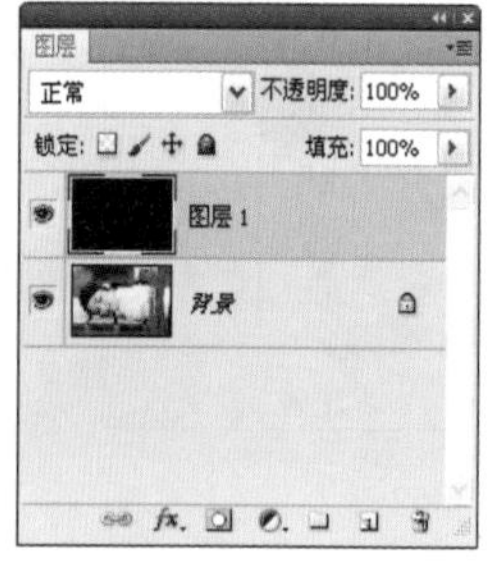

图5-369

02 执行“滤镜”→“杂色”→“添加杂色”命令，设置数量为400%，选择“高斯分布”和“单色”选项，如图5-370、图5-371所示。

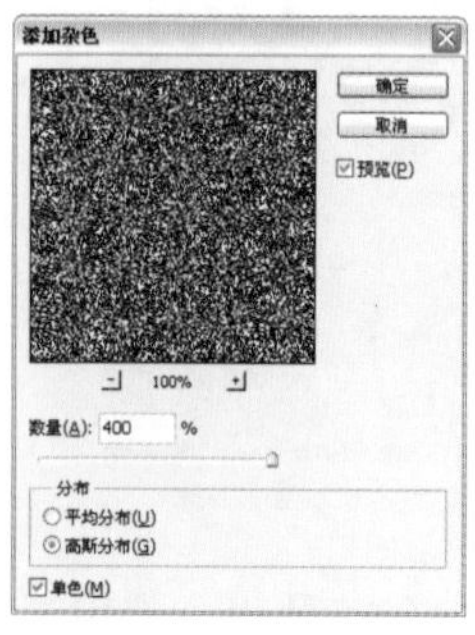

图5-370

图5-371

03 执行“滤镜”→“模糊”→“高斯模糊”命令，设置半径为1.7像素，对杂点进行模糊处理，如图5-372、图5-373所示。

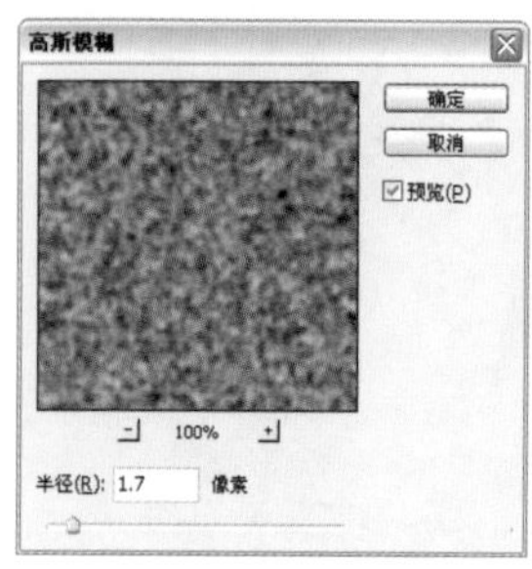

图5-372

图5-373

04 执行“图像”→“调整”→“阈值”命令，设置参数如图5-374所示，将图像转换为黑白效果，并生成随机变化的白色颗粒，如图5-375所示。

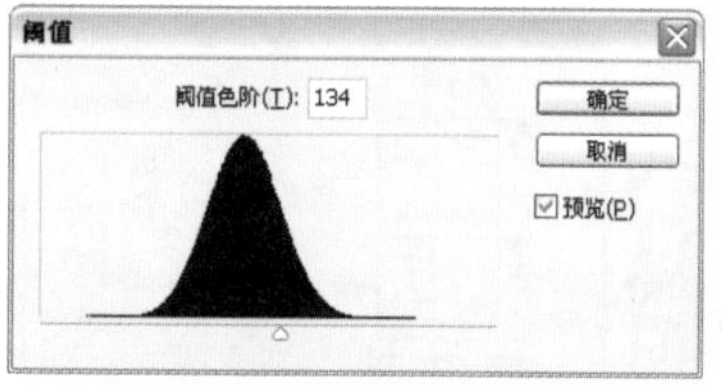

图5-374

图5-375

05 执行“滤镜”→“模糊”→“动感模糊”命令，设置角度为–77度，距离为94像素，生成雨丝效果，如图5-376、图5-377所示。

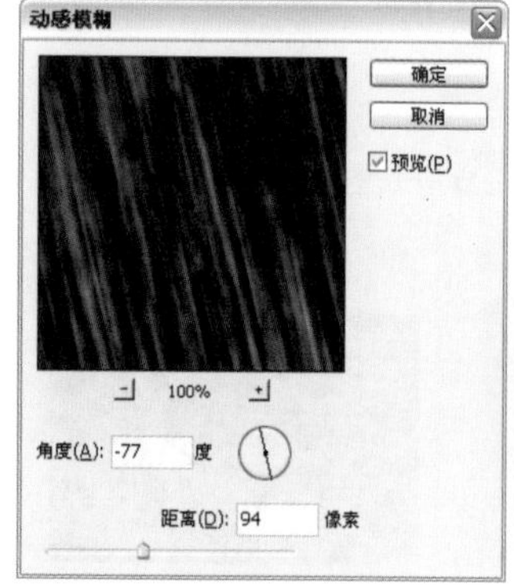

图5-376

图5-377

06 设置该图层的混合模式为“滤色”，如图5-378所示，创建的下雨效果，如图5-379所示。

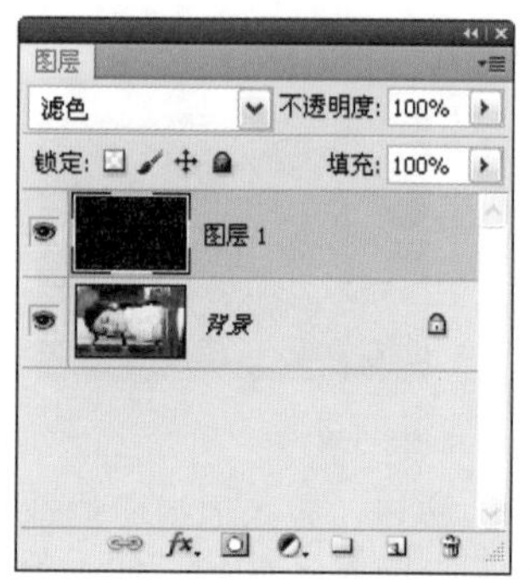

图5-378

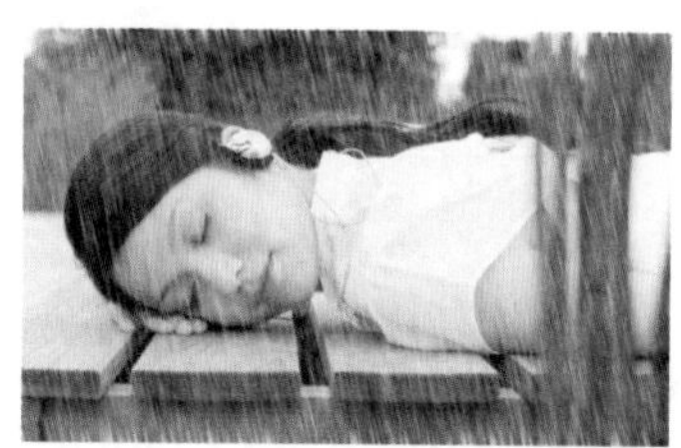

图5-379

07 按下〈Ctrl+T〉快捷键显示定界框，拖动控制点，增加图像的高度，将图像顶边和底边过于明显的雨丝隐藏到画布外，如图5-380所示，按下回车键确认，如图5-381所示。

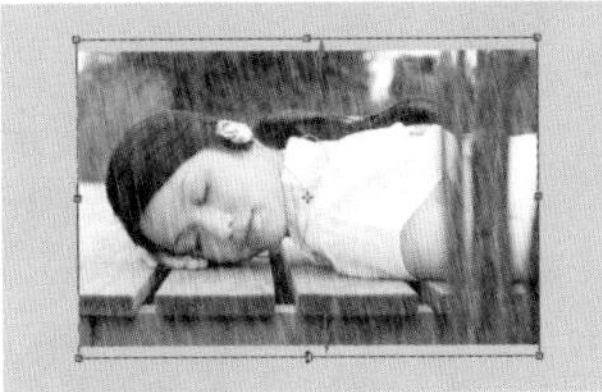

图5-380

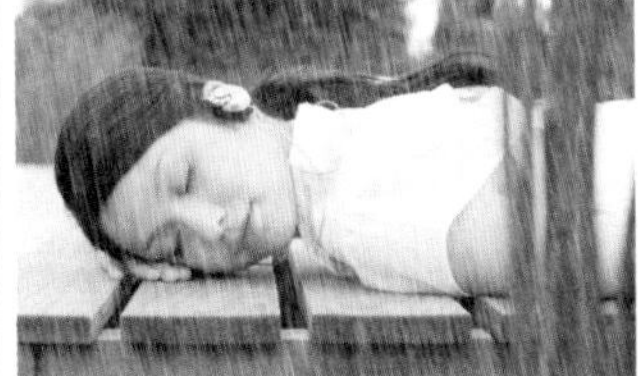

图5-381

08 按下〈Ctrl+J〉快捷键复制图层，让雨丝更加细密，如图5-382所示。单击“图层”面板底部的按钮创建蒙版，如图5-383所示。

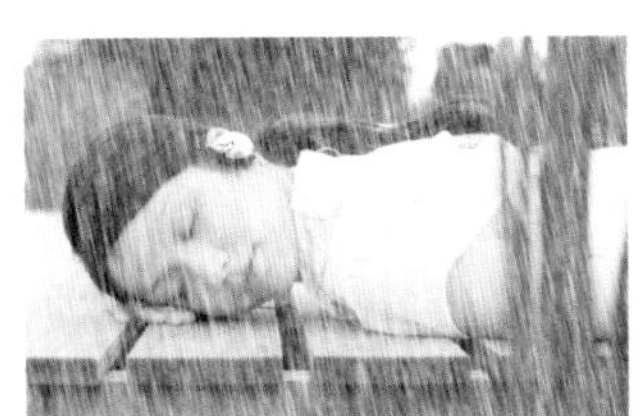

图5-382

图5-383

09 使用柔角画笔工具在人物面部涂抹黑色，适当隐藏雨丝，让面部图像更加清楚。此外，也可以为“图层1”添加蒙版，将过于明显的雨丝适当隐藏一些。最终效果如图5-384、图5-385所示。

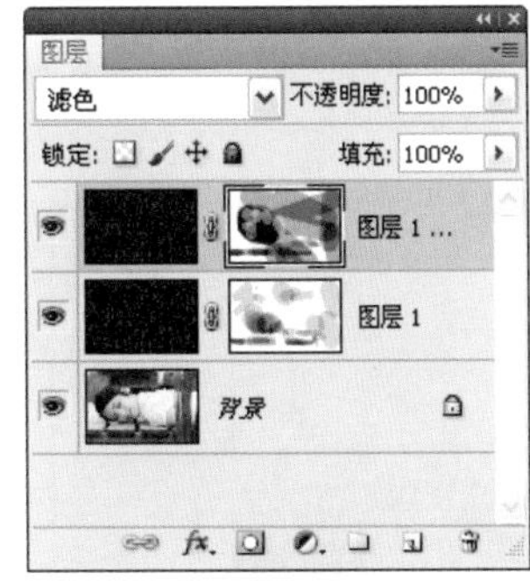

图5-384

图5-385

Photoshop 实例85

水彩画效果

难度级别：★★☆

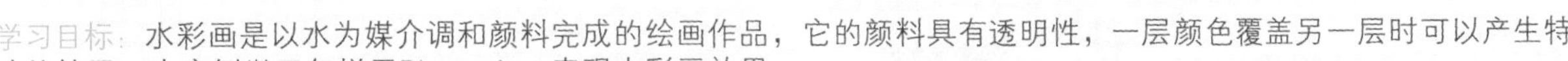

学习目标：水彩画是以水为媒介调和颜料完成的绘画作品，它的颜料具有透明性，一层颜色覆盖另一层时可以产生特殊的效果。本实例学习怎样用Photoshop表现水彩画效果。

技术要点：使用“查找边缘”将荷花、荷叶的轮廓提取出来，表现画笔勾勒效果。

素材位置：素材/第5章/实例85

实例效果位置：实例效果/第5章/实例85

01 按下〈Ctrl+O〉快捷键打开一个文件，如图5-386所示。连按3次〈Ctrl+J〉快捷键复制“背景”图层。选择“图层1”，单击上面几个图层前面的眼睛图标，将它们隐藏，如图5-387所示。

图5-386

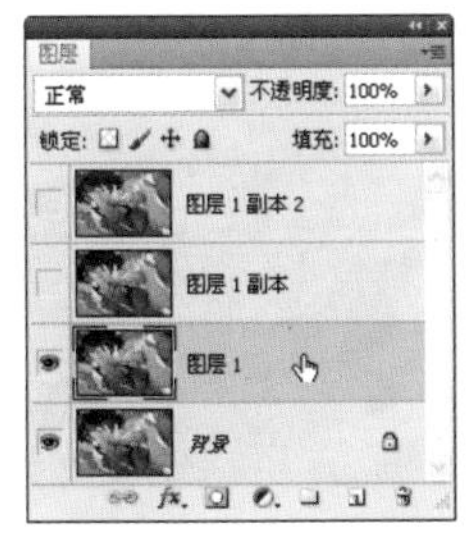

图5-387

02 执行“滤镜”→“素描”→“水彩画纸”命令，设置参数如图5-388所示，效果如图5-389所示。

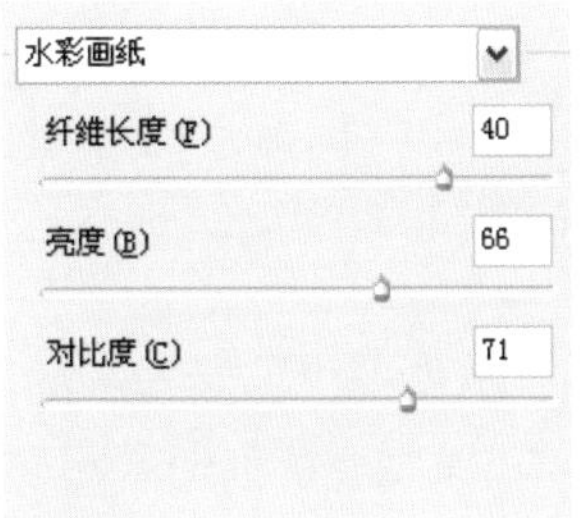

图5-388

图5-389

03 按下〈Ctrl+J〉快捷键复制“图层1”，得到“图层1

副本3”，设置它的不透明度为50%，如图5-390所示。执行“滤镜”→“模糊”→“高斯模糊”命令，进行模糊处理，如图5-391、图5-392所示。

04 选择并显示“图层1副本”，设置混合模式为“柔光”，如图5-393所示。执行“滤镜”→“艺术效果”→“调色刀”命令，设置参数如图5-394所示，效果如图5-395所示。

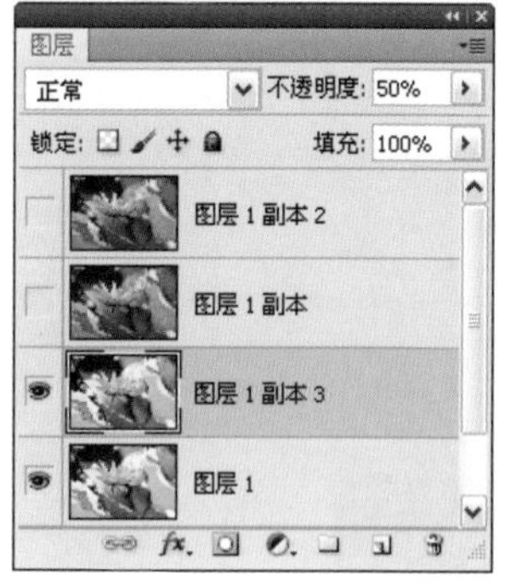

图5-390

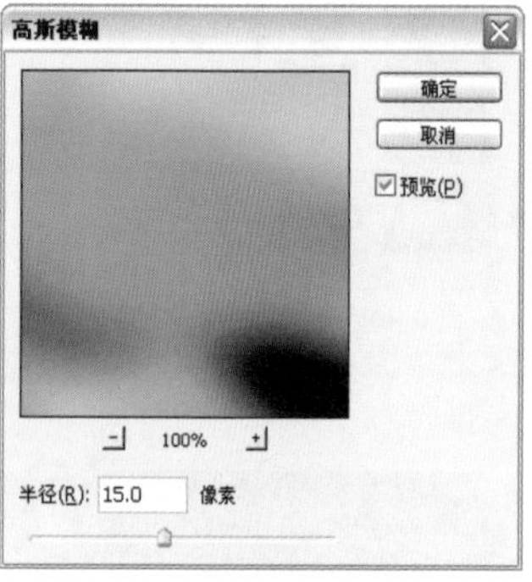

图5-391

图5-392

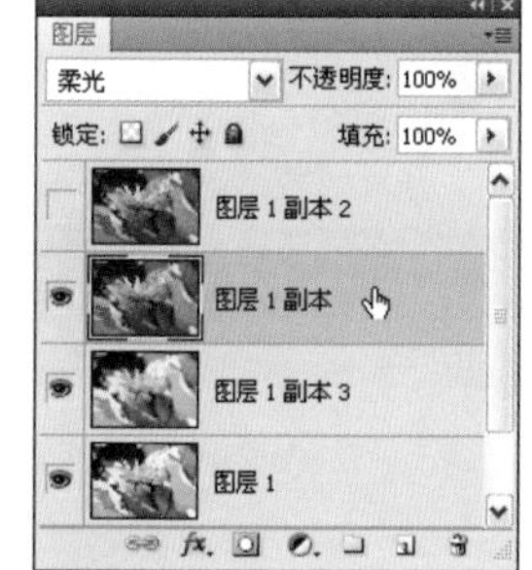

图5-393

图5-394

图5-395

05 选择并显示“图层1副本2”，如图5-396所示。执行“滤镜”→“风格化”→“查找边缘”命令，效果如图5-397所示。

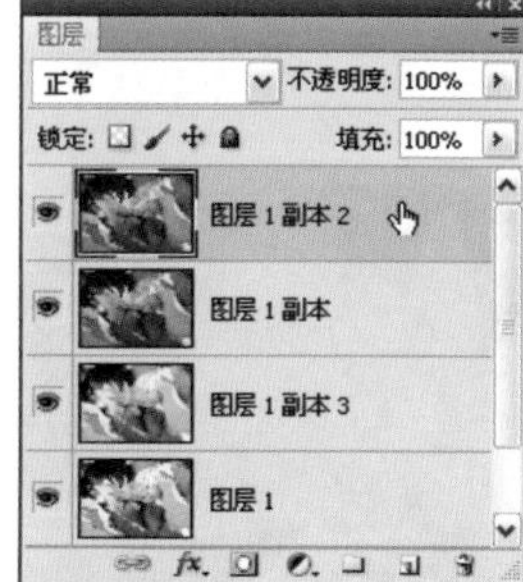

图5-396

图5-397

06 将该图层的混合模式设置为“正片叠底”，不透明度设置为30%，生成线描效果，如图5-398、图5-399所示。

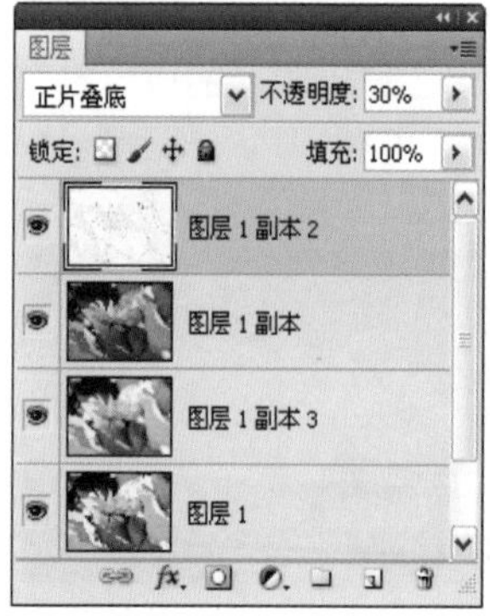

图5-398　图5-399

07 按下〈Alt+Shift+Ctrl+E〉快捷键，将图像盖印到一个新的图层中，如图5-400所示。执行“滤镜”→“纹理”→“纹理化”命令，生成画布状纹理，如图5-401、图5-402所示。最终效果如图5-403所示。

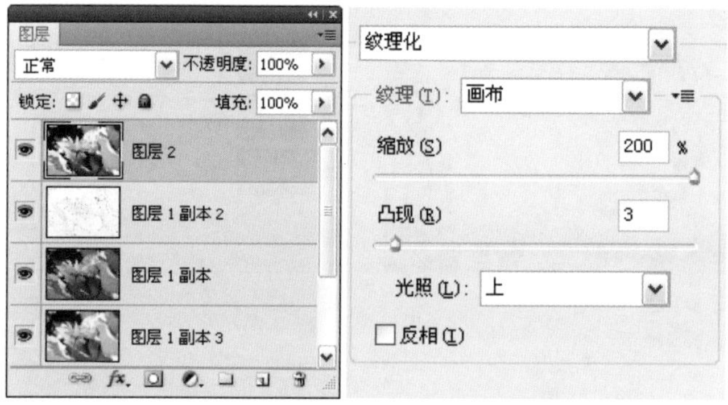

图5-400　图5-401

图5-402

图5-403

油画效果

难度级别：★★☆

学习目标：本实例学习怎样使用滤镜和纹理素材表现油画笔触和色彩效果。

技术要点：将油画笔触素材贴入图像文档中，通过设置特定的混合模式使笔触效果融入到画面中。

素材位置：素材/第5章/实例86

实例效果位置：实例效果/第5章/实例86

01 按下〈Ctrl+O〉快捷键打开一个文件，如图5-404所示。按下〈Ctrl+J〉快捷键复制“背景”图层，如图5-405所示。

图5-404

图5-405

02 执行“滤镜”→“艺术效果”→“绘画涂抹”命令，设置参数如图5-406所示，效果如图5-407所示。

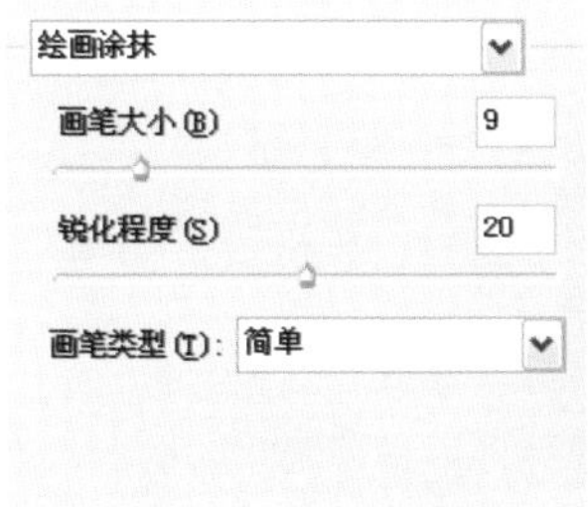

图5-406

图5-407

03 打开一个油画笔触效果文件，如图5-408所示，使用移动工具将它拖入到人物文档中。

图5-408

04 设置图层的混合模式为“亮光”，如图5-409、图5-410所示。

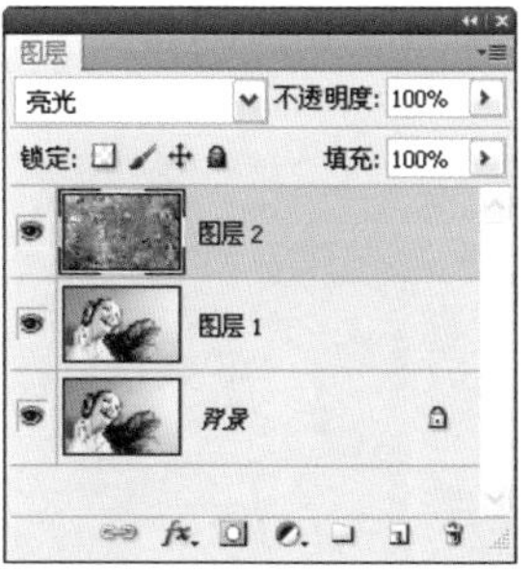

图5-409

图5-410

05 单击“图层”面板底部的按钮创建蒙版。使用柔角画笔工具在人物面部和手上涂抹黑色，用蒙版将此处纹理遮盖住，如图5-411、图5-412所示。

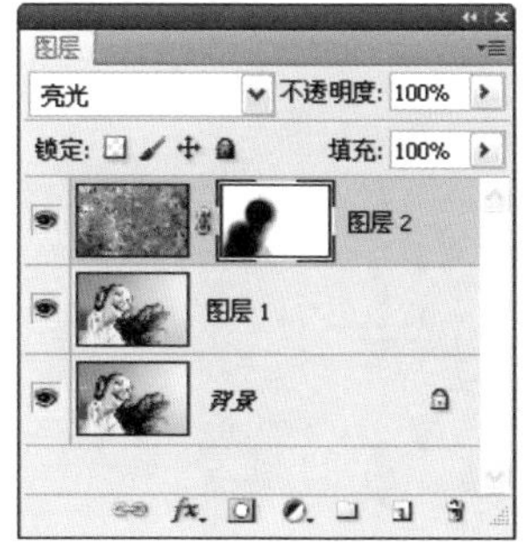

图5-411

图5-412

06 按下〈Alt+Shift+Ctrl+E〉快捷键，将图像盖印到一个新的图层中。执行“滤镜”→“纹理”→“纹理化”命令，添加画布纹理，如图5-413、图5-414所示。

图5-413

图5-414

第5章 数码照片处理实例

实例87 涂写效果边框

 难度级别：★☆ 

学习目标：本实例学习如何将选区转化为快速蒙版，并使用滤镜编辑快速蒙版从而修改选区，制作出手绘风格的照片边框。

技术要点：用“喷色描边”滤镜编辑快速蒙版，可以得到涂写效果的选区。也可以使用其他滤镜，如“玻璃”、“马赛克”、“半调图案”等滤镜，制作出圆点、马赛克或其他风格的边框。

素材位置：素材/第5章/实例87

实例效果位置：实例效果/第5章/实例87

01 按下〈Ctrl+O〉快捷键打开一个文件，如图5-415所示。

02 使用矩形选框工具创建一个选区，如图5-416所示。按下〈Q〉键进入快速蒙版编辑状态，如图5-417所示。

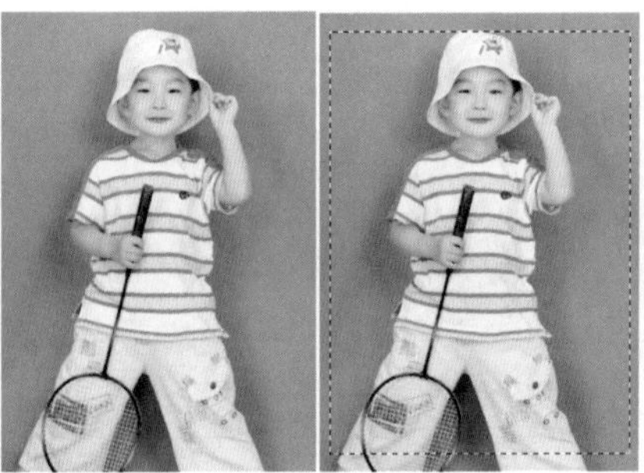

图5-415 图5-416 图5-417

03 执行“滤镜”→“画笔描边”→“喷色描边”命令，设置参数如图5-418所示，效果如图5-419所示。

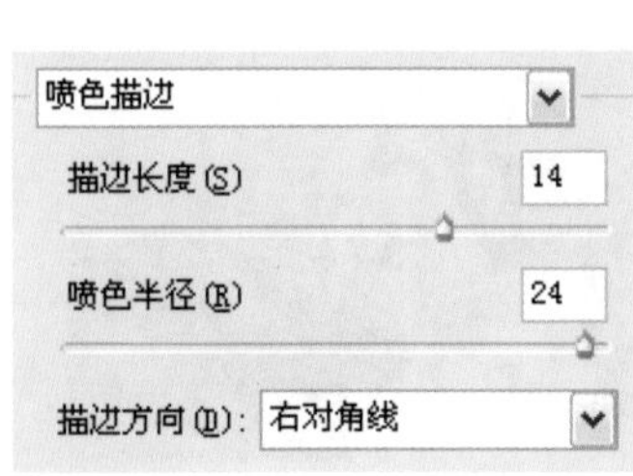

图5-418 图5-419

04 按下〈Q〉键退出快速蒙版，得到如图5-420所示的选区。

05 按住〈Alt〉键双击“背景”图层，如图5-421所示，将它转换为普通图层。单击添加蒙版按钮，添加图层蒙版，如图5-422、图5-423所示。

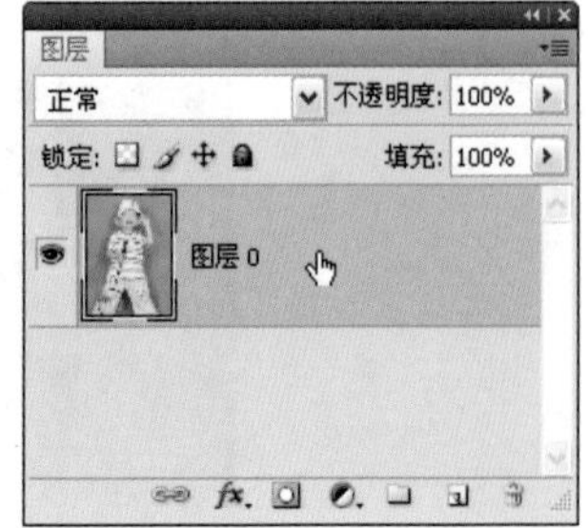

图5-420 图5-421

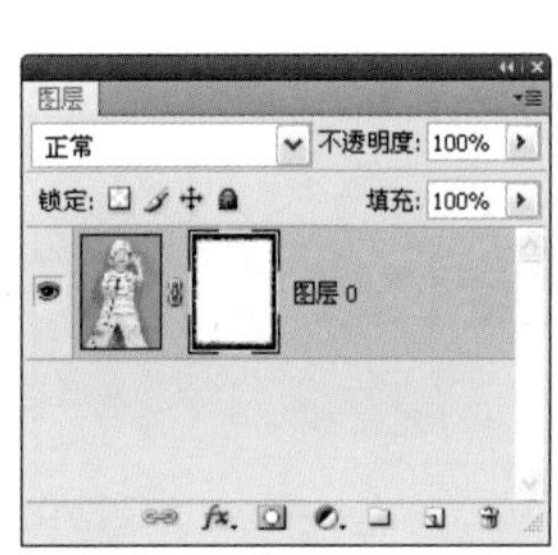

图5-422 图5-423

06 执行“图像”→“画布大小”命令，打开“画布大小”对话框，增加画布大小，如图5-424所示。

图5-424

07 按住〈Alt〉键单击“图层”面板中的创建新图层按钮，在当前图层下面新建一个图层，使用渐变工具填充灰色-白色的线性渐变，如图5-425、图5-426所示。

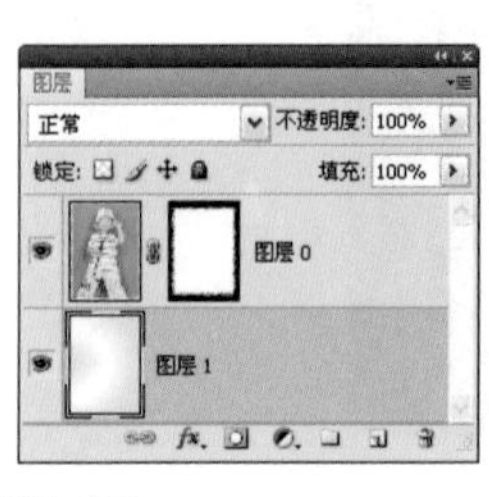

图5-425 图5-426

实例88 卡角效果像框

难度级别：★★★☆

学习目标：本实例学习如何制作一款立体的卡角效果相框。

技术要点：用“球面化”滤镜对照片的投影进行扭曲，表现出照片边角翘起的效果。

素材位置：素材/第5章/实例88

实例效果位置：实例效果/第5章/实例88

01 按下〈Ctrl+N〉快捷键打开“新建”对话框，创建一个18.5厘米×26厘米，120像素/英寸的RGB模式文档。

02 选择渐变工具，在工具选项栏中按下对称渐变按钮，单击渐变颜色条，打开“渐变编辑器”设置渐变颜色（白色-浅灰色），如图5-427、图5-428所示。

图5-427 图5-428

03 在画面中间单击并向右下角拖动鼠标，填充对称渐变，如图5-429所示。

04 打开一个文件，如图5-430所示。使用移动工具将它拖动到渐变背景文档中，如图5-431所示。

图5-429 图5-430

05 使用矩形选框工具创建一个选区，如图5-432所示。单击“图层”面板底部的按钮创建蒙版，将选区以外的图像隐藏，如图5-433、图5-434所示。

06 双击“图层1”，打开“图层样式”对话框，在左侧列表中选择“描边”效果，设置描边宽度为18像素，位置为“内部”，颜色为白色，如图5-435、图5-436所示。

图5-431 图5-432

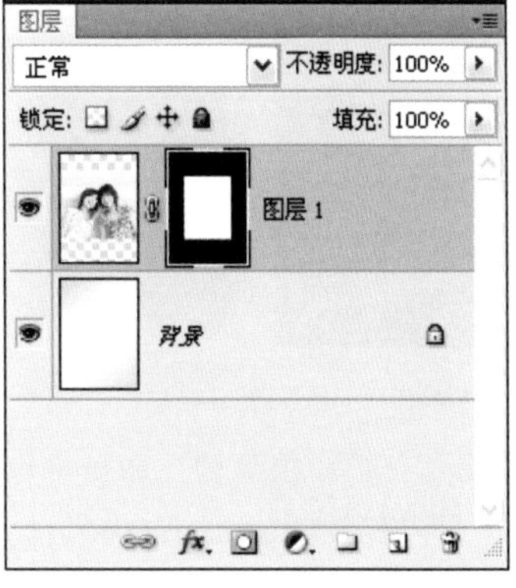

图5-433

图5-434

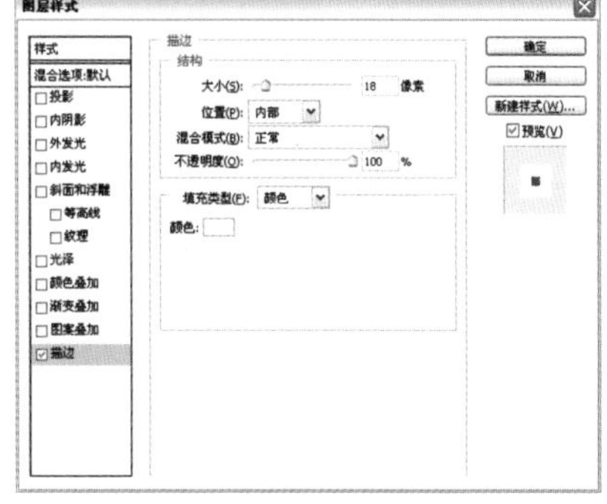

图5-435

图5-436

第5章 数码照片处理实例

07 单击“通道”面板底部的按钮，新建一个Alpha通道，如图5-437所示。使用矩形选框工具创建一个选区，如图5-438所示。

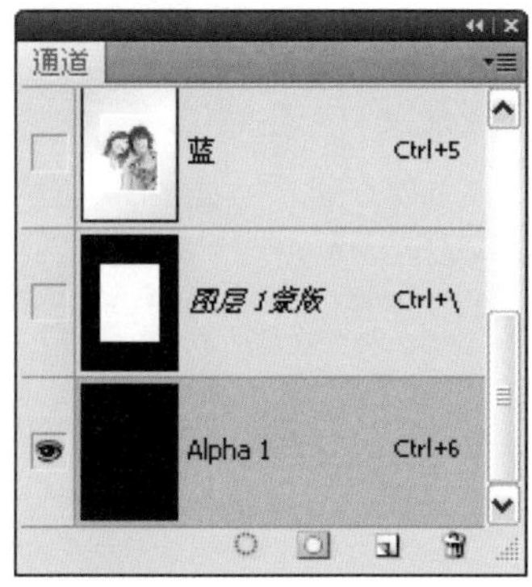

图5-437

图5-438

08 单击工具选项栏中的“调整边缘”按钮，打开“调整边缘”对话框，设置羽化为40像素，如图5-439所示，选区效果如图5-440所示。在选区内填充白色，然后按下〈Ctrl+D〉快捷键取消选择。.按下〈Ctrl+I〉快捷键将通道反相，如图5-441所示。

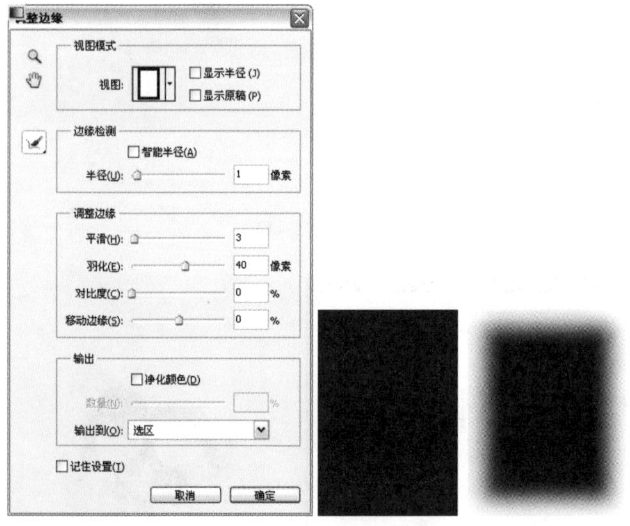

图5-439　图5-440　图5-441

09 执行“滤镜”→“像素化”→“彩色半调”命令，设置参数如图5-442所示，效果如图5-443所示。

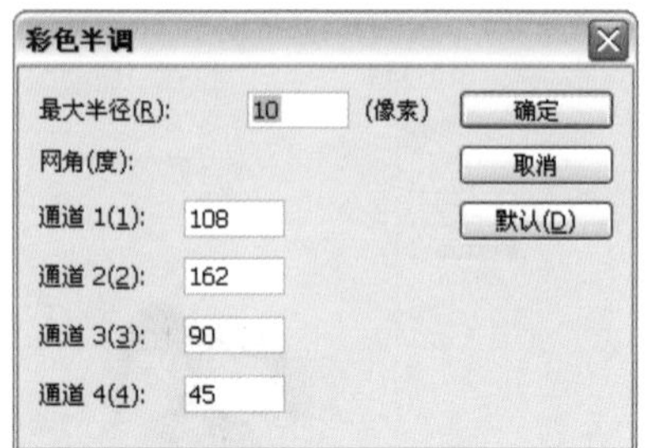

图5-442

图5-443

10 按下〈Ctrl+I〉快捷键将通道反相回来，如图5-444所示。单击“通道”面板底部的按钮，载入Alpha通道中的选区，按下〈Ctrl+2〉快捷键返回到彩色图像编辑状态，如图5-445所示。

图5-444

图5-445

11 按住〈Ctrl〉键单击“图层”面板底部的按钮，在“图层1”下面新建一个图层，如图5-446所示。将前景色设置为灰色（R：170，G：170，B：170），按下〈Alt+Delete〉快捷键在选区内填充前景色，然后按下〈Ctrl+D〉快捷键取消选择，如图5-447所示。

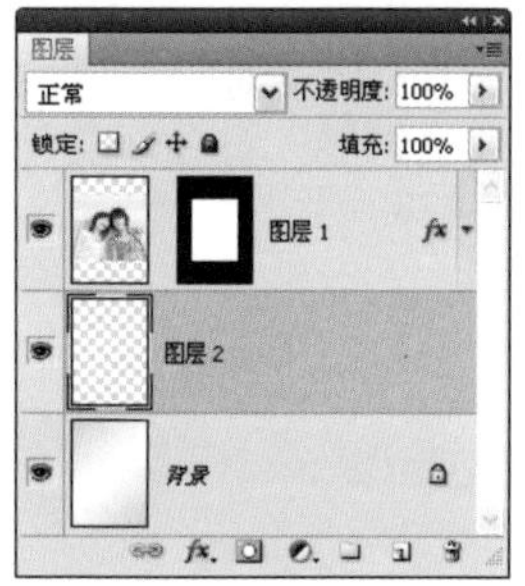

图5-446

图5-447

12 单击按钮，再新建一个图层，如图5-448所示。使用矩形选框工具创建一个选区，如图5-449所示。

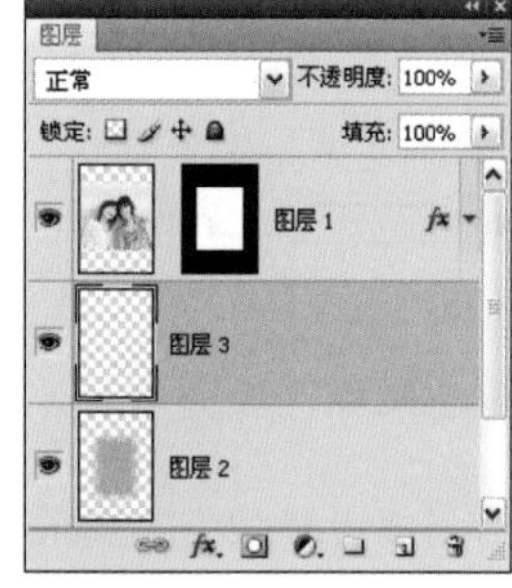

图5-448

图5-449

13 单击工具选项栏中的“调整边缘”按钮，打开“调整边缘”对话框，设置羽化为10像素，如图5-450所示，选区效果如图5-451所示。

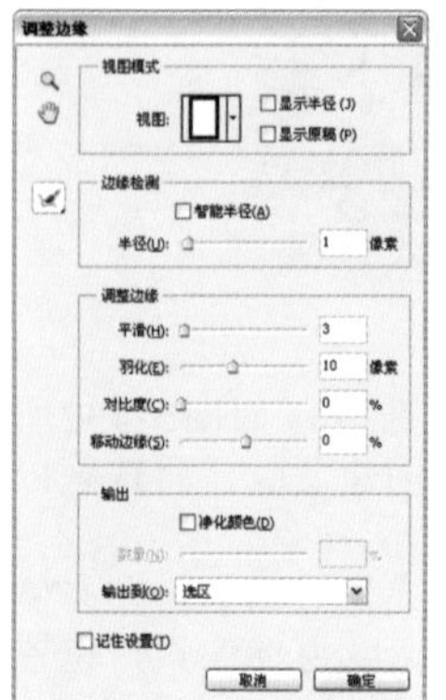

图5-450

图5-451

STEP 14 选择渐变工具，在工具选项栏的渐变下拉面板中选择前景-透明渐变，如图5-452所示。在选区的左上角单击并向右下角拖动鼠标填充渐变，如图5-453所示。在选区右下角单击，并向左上角拖动鼠标填充渐变，如图5-454所示。

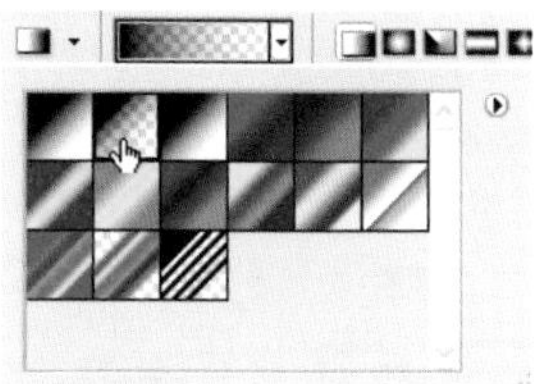

图5-452

图5-453

图5-454

STEP 15 按下〈Ctrl+D〉快捷键取消选择。执行“滤镜”→“扭曲”→“球面化”命令，设置数量为–15%，使图像向内收缩，如图5-455、图5-456所示。

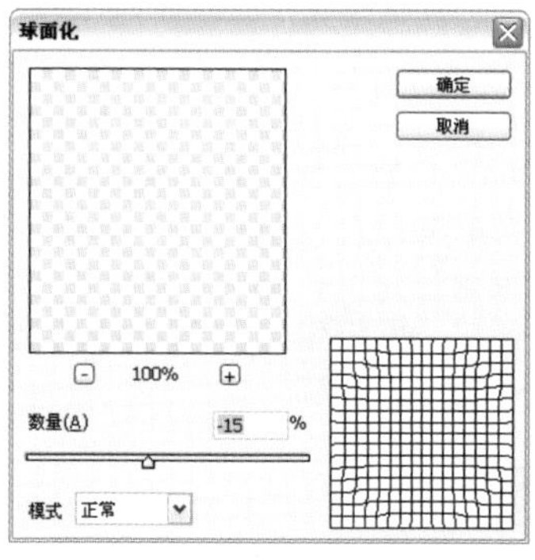

图5-455

图5-456

STEP 16 设置该图层的不透明度为30%，如图5-457所示。按下〈Ctrl+T〉快捷键显示定界框，拖动控制点，将图像缩小，按下回车键确认，效果如图5-458所示。

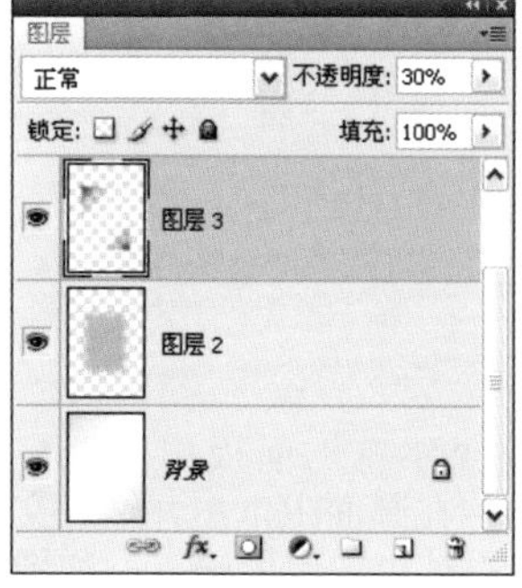

图5-457

图5-458

STEP 17 选择“图层1”，如图5-459所示。单击“图层”面板中的按钮，创建一个图层组，如图5-460所示。单击按钮，在组内新建一个图层，如图5-461所示。

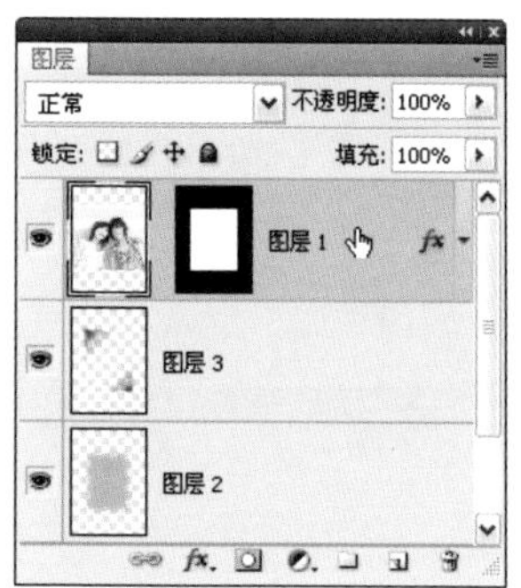

图5-459

图5-460

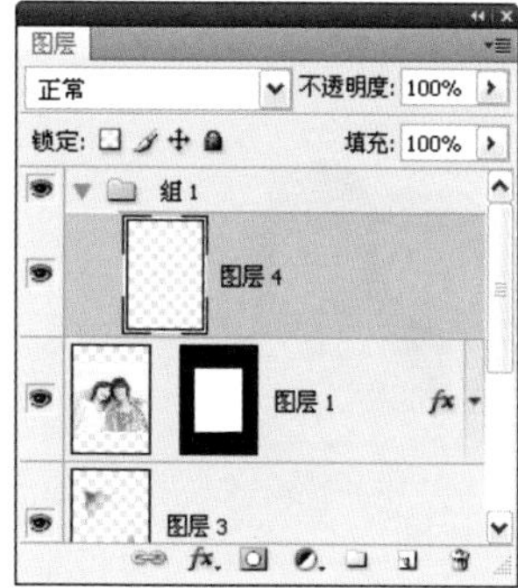

图5-461

STEP 18 下面来制作相框的卡角。选择椭圆选框工具，在工具选项栏中设置羽化为10px，创建一个选区，如图5-462所示。在选区内填充黑色，按下〈Ctrl+D〉快捷键取消选择，如图5-463所示。

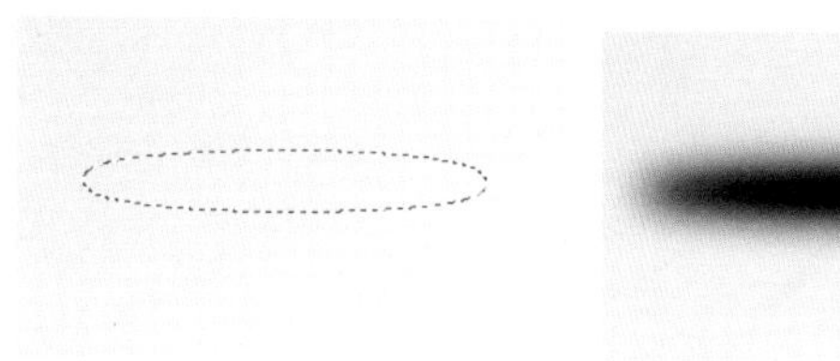

图5-462　　图5-463

STEP 19 使用矩形选框工具选择上半部分图像，如图5-464所示，按下〈Delete〉键删除，按下〈Ctrl+D〉快捷键取消选择，如图5-465所示。

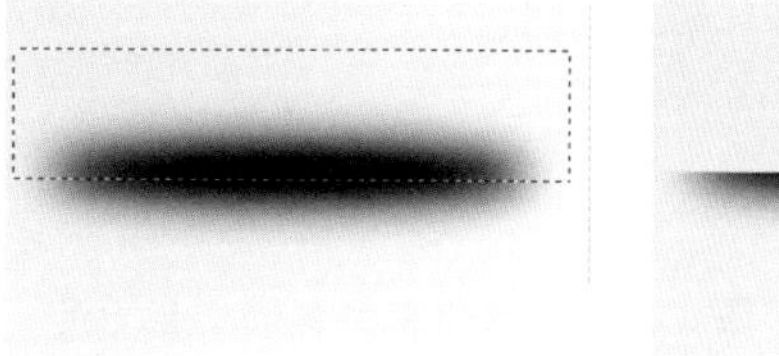

图5-464　　图5-465

STEP 20 设置该图层的不透明度为70%，如图5-466、图5-467所示。

STEP 21 按下〈Ctrl+T〉快捷键显示定界框，在工具选项栏中输入旋转角度为45度，如图5-468所示，按下回车键确认，再使用移动工具将制作的卡角投影移动到照片右上角，如图5-469所示。

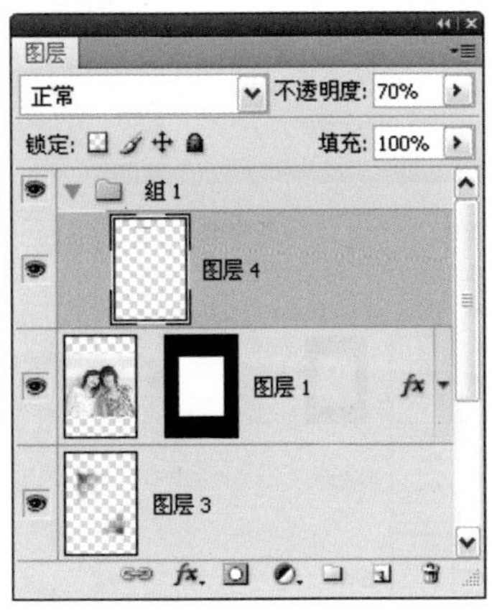

图5-466

图5-467

图5-468　　图5-469

22 选择多边形套索工具，按住〈Shift〉键创建一个三角形选区，如图5-470所示。

图5-470

提示

使用多边形选择工具时，可按下工具选项栏中的新选区按钮，这样在创建选区以后，将光标放在选区内，拖动鼠标移动选区，可以将它与卡角的投影对齐。

23 选择“背景”图层，如图5-471所示，按下〈Ctrl+J〉快捷键，将选区内的图像复制到一个新的图层中，如图5-472所示。

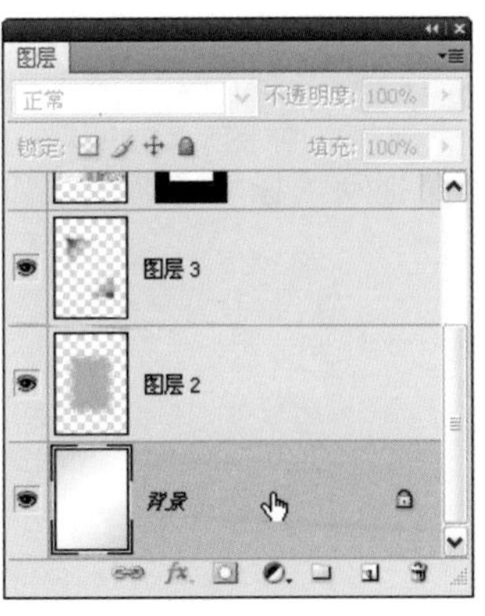

图5-471

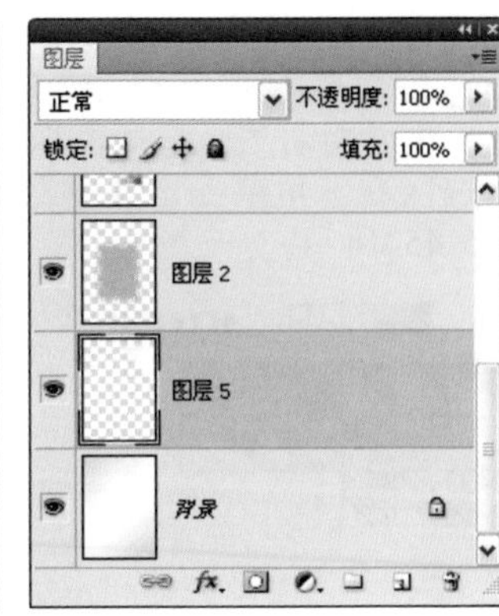

图5-472

24 将该图层拖动到“组1”中，如图5-473所示，这样就制作出一个完整的卡角，效果如图5-474所示。

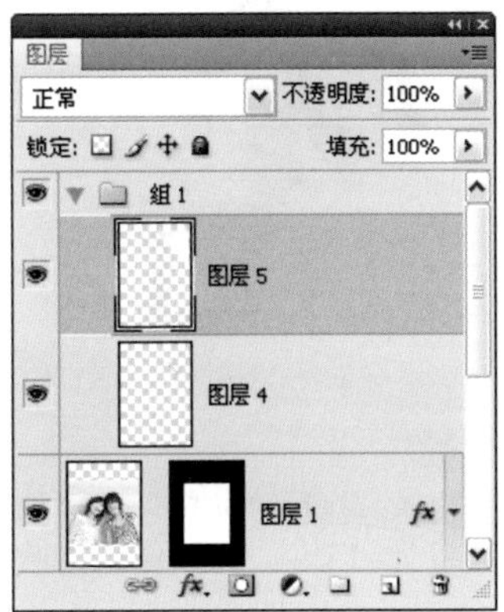

图5-473

图5-474

25 下面可以采用相同的方法来制作照片右下角的卡角。先复制卡角的投影图层，即复制“图层4”，然后按下〈Ctrl+T〉快捷键显示定界框，在工具选项栏中输入旋转角度为180度，将它旋转，放在照片右下角；再用多边形套索工具按住〈Shift〉键三角形选区，选择“背景”图层，按下〈Ctrl+J〉快捷键复制；再将生成的图层移动到“组1”中，如图5-475、图5-476所示。

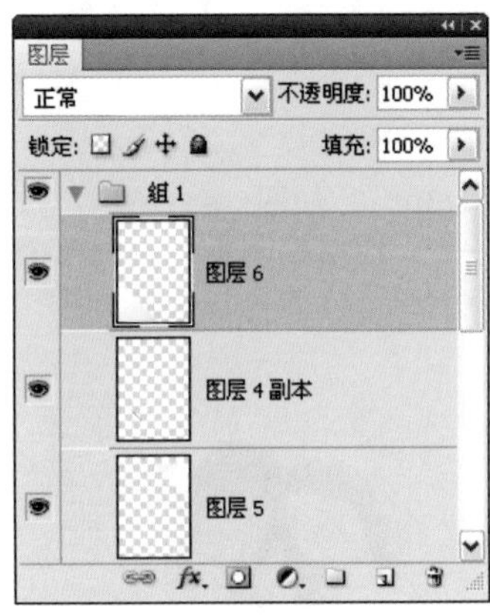

图5-475

图5-476

26 选择横排文字工具T，在“字符”面板中设置字体、大小和颜色，如图5-477所示，在画面中单击并输入文字，单击工具选项栏中的✓按钮，结束文字的输入，如图5-478所示。

图5-477

图5-478

STEP 27 再输入一段文字，然后在“字符”面板中修改字体大小和颜色，如图5-479、图5-480所示。

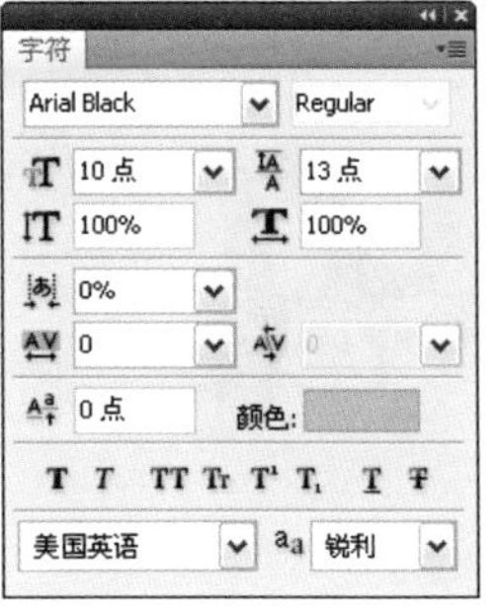

图5-479

图5-480

明信片效果

难度级别：★★

学习目标：本实例使用人像、花纹和光影素材制作一张青春靓丽的明信片。

技术要点：使用“色彩平衡”调整图层在中间调中增加黄色。

素材位置：素材/第5章/实例89-1～实例89-3

实例效果位置：实例效果/第5章/实例89

STEP 01 按下〈Ctrl+O〉快捷键打开两个文件，如图5-481、图5-482所示。

图5-481

图5-482

STEP 02 使用移动工具将人物图像拖到到花纹背景文档中，如图5-483、图5-484所示。

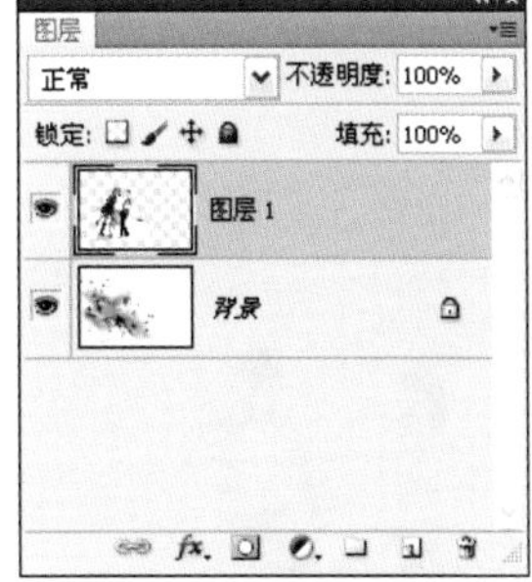

图5-483

图5-484

STEP 03 单击“图层”面板底部的按钮创建蒙版，使用柔角画笔工具在人物周围的背景上涂抹黑色，通过蒙版将其隐藏，如图5-485、图5-486所示。

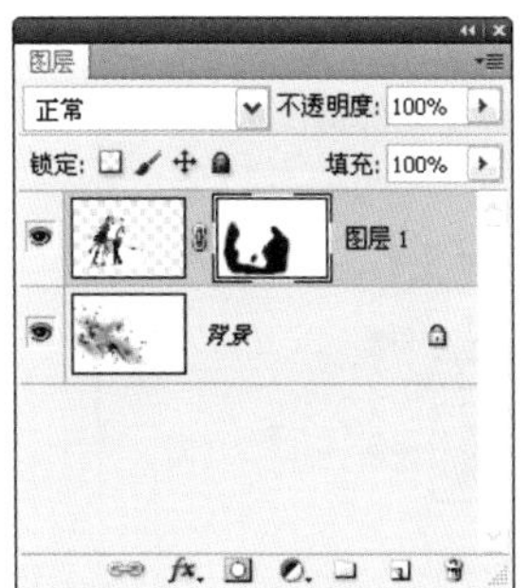

图5-485

图5-486

STEP 04 单击“调整”面板中的按钮，创建“色彩平衡”调整图层，将滑块拖向“黄色”一侧，在画面中增加黄色，让色调变暖，如图5-487、图5-488所示。

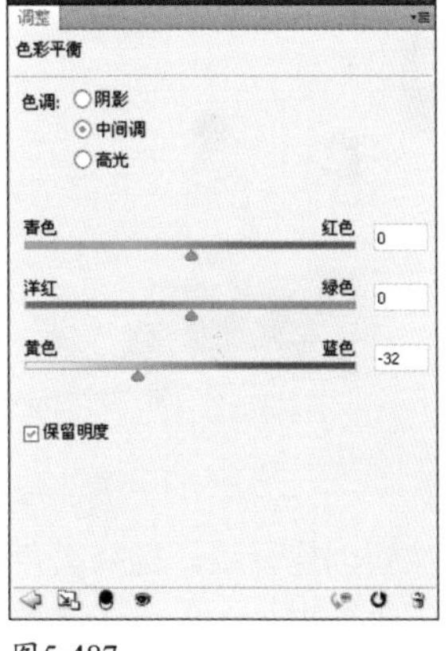

图5-487

图5-488

05 打开一个光影素材文件，使用移动工具将它拖入到人物文档中，如图5-489所示。最后，使用横排文字工具T在画面右侧输入一些文字，如图5-490所示。

图5-489

图5-490

Photoshop 实例90

邮票效果

难度级别：★★★

学习目标：本实例学习邮票效果的制作方法。首先将人像处理为柔光效果，再用画笔制作邮票齿孔。

技术要点：用画笔描边路径，制作出邮票的齿孔。画笔的间距需要设定为150%。

素材位置：素材/第5章/实例90-1～实例90-3

实例效果位置：实例效果/第5章/实例90

01 按下〈Ctrl+O〉快捷键打开一个文件，如图5-491所示。按下〈Ctrl+J〉快捷键复制“背景”图层，设置混合模式为“滤色”，如图5-492所示。

图5-491

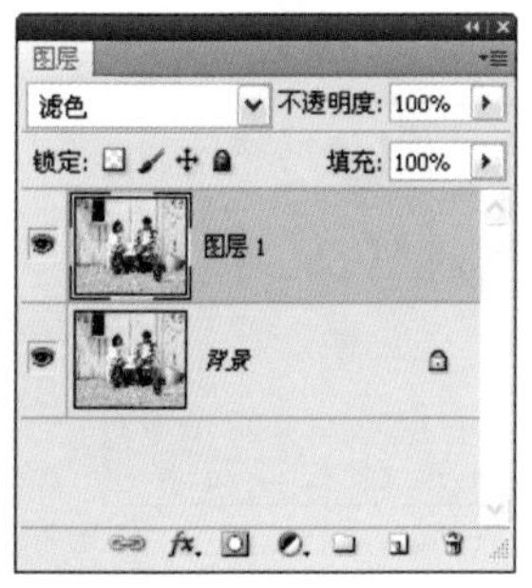

图5-492

02 执行“滤镜”→“模糊”→“高斯模糊”命令，对图像进行模糊处理，如图5-493、图5-494所示。

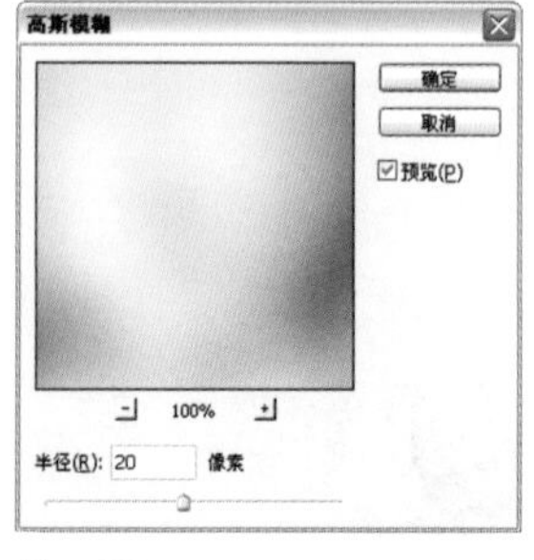

图5-493

图5-494

03 单击“图层”面板底部的按钮创建蒙版。选择柔角画笔工具，将工具的不透明度设置为50%，在人物身上涂抹，适当隐藏当前图层中的图像，让下面的图像显示出来，如图5-495、图5-496所示。

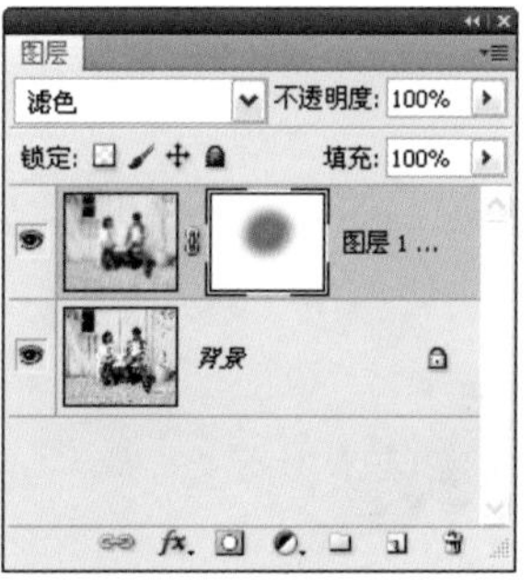

图5-495

图5-496

04 单击“调整”面板中的按钮，创建“色相/饱和度”调整图层，选择“黄色”，将明度调整为+100，如图5-497、图5-498所示。

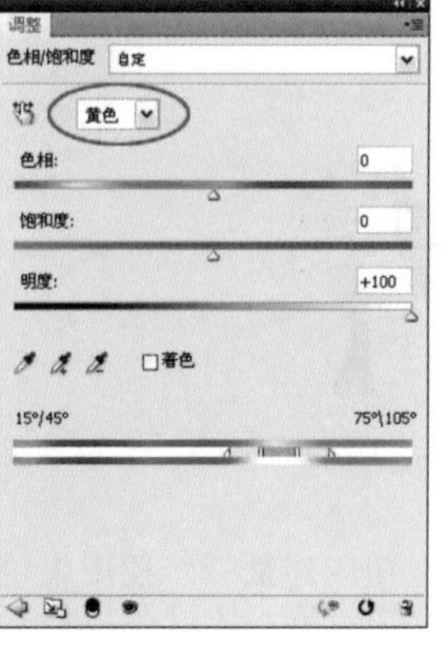

图5-497

图5-498

STEP 05 按下〈Alt+Shift+Ctrl+E〉快捷键，将图像盖印到一个新的图层中，如图5-499所示。打开一个文件，如图5-500所示。

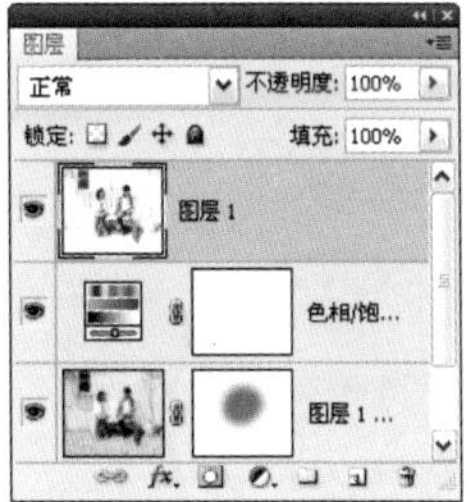

图5-499

图5-500

STEP 06 使用移动工具将盖印后的图像拖入到该文档中，生成“图层2”，将它放在“图层1”上面，如图5-501所示。单击“图层”面板底部的按钮创建蒙版，使用柔角画笔工具在人物周围涂抹黑色，将其隐藏，如图5-502、图5-503所示。

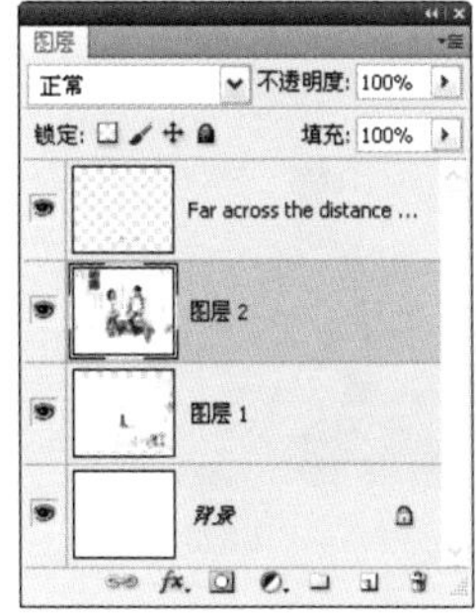

图5-501

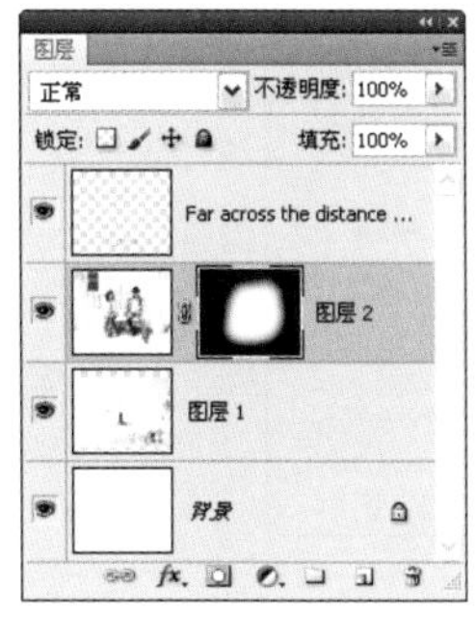

图5-502

STEP 07 使用矩形选框工具创建选区，如图5-504所示，按下〈Ctrl+J〉快捷键，将选中的人物复制到一个新的图层中，如图5-505所示。

图5-503　图5-504

STEP 08 双击“图层3”，打开“图层样式”对话框，添加“描边”效果，如图5-506、图5-507所示。

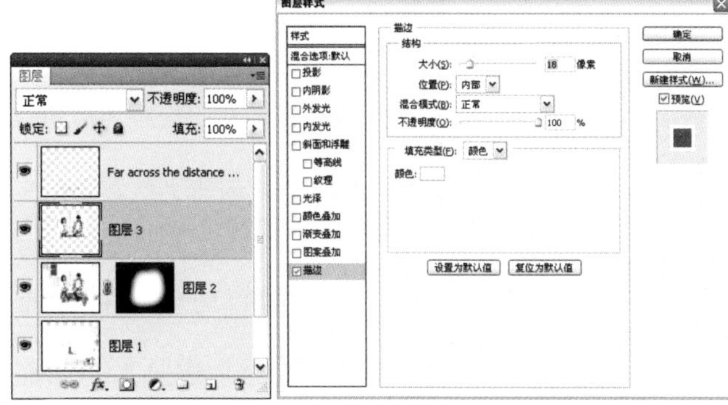

图5-505　图5-506

图5-507

STEP 09 单击“图层”面板底部的按钮，新建一个图层。按住〈Ctrl〉键单击“图层3”的缩览图，载入选区，如图5-508所示，单击“路径”面板底部的按钮，将选区转化为路径，如图5-509、图5-510所示。

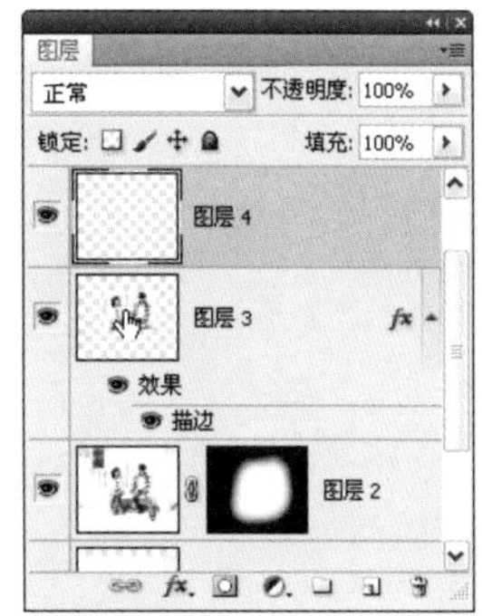

图5-508

图5-509

STEP 10 选择画笔工具，打开“画笔”面板设置参数如图5-511所示。将前景色设置为白色。单击“路径”面板中的按钮，用画笔工具描边路径，生成邮票齿孔，按下〈Ctrl+H〉快捷键隐藏路径，效果如图5-512所示。

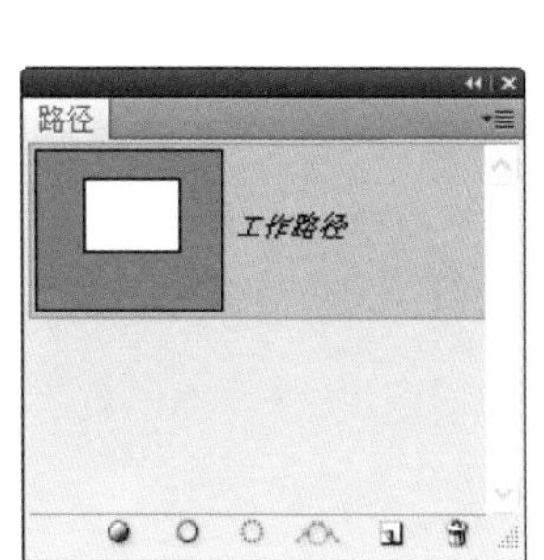

图5-510

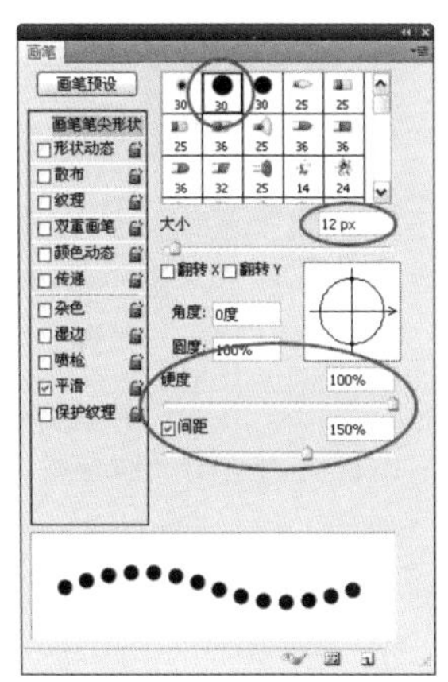

图5-511

图5-512

STEP 11 双击“图层2”，打开“图层样式”对话框，在左侧列表中选择“内阴影”效果，设置参数如图5-513所示，效果如图5-514所示。

图5-513

图5-514

12 选择横排文字工具T，在邮票齿孔内的画面中输入两行文字（字体为宋体），如图5-515所示。打开一个邮戳图像，如图5-516所示，使用移动工具将它拖入到邮票文档中。

图5-515

图5-516

13 设置邮戳图层的混合模式为“正片叠底”，如图5-517、图5-518所示。

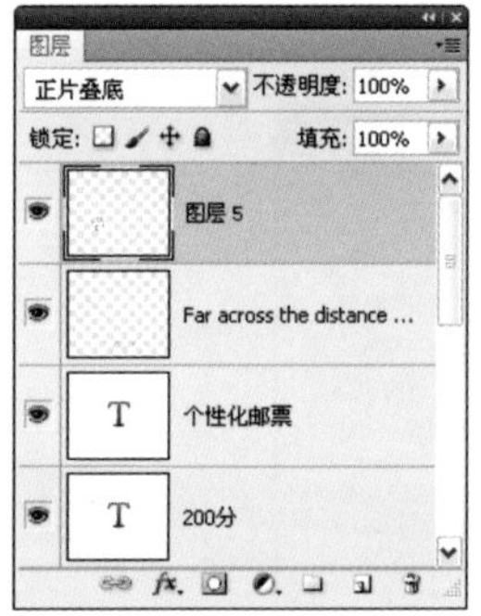

图5-517

图5-518

Photoshop 实例91 非主流效果

 难度级别：★★☆ 

学习目标：本实例学习非主流效果的调色方法。非主流是网络上少男少女们喜爱的一种风格，它强调个人感受，张扬个性，人物造型比较夸张，如表情颓废、少女通常都是大眼浓妆鼓腮，以及用各种手法制造出心形等。

技术要点：非主流的一个重要特征是照片的四周有暗角，本实例通过“镜头校正”滤镜制作暗角。

素材位置：素材/第5章/实例91

实例效果位置：实例效果/第5章/实例91

01 按下〈Ctrl+O〉快捷键打开一个文件，如图5-519所示。

图5-519

02 执行“滤镜”→“镜头校正”命令，打开“镜头校正”对话框，单击“自定”选项卡，显示具体的选项，然后拖动“晕影”选项组中的滑块，在图像四周添加暗角效果，如图5-520所示。

03 单击“调整”面板中的按钮，创建“色彩平衡”调整图层，拖动滑块，在图像中增加青色和蓝色，如图5-521、图5-522所示。

04 勾选“阴影”选项，然后拖动滑块，在阴影颜色中增加青色和蓝色，如图5-523、图5-524所示。

05 将调整图层的混合模式设置为“变暗”，如图5-525、图5-526所示。

图5-520

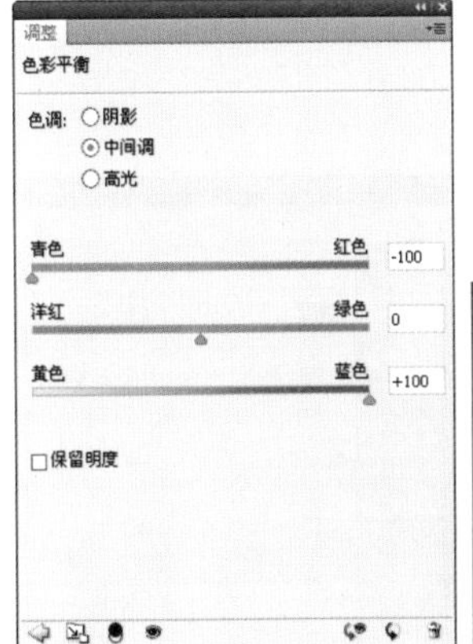

图5-521　图5-522

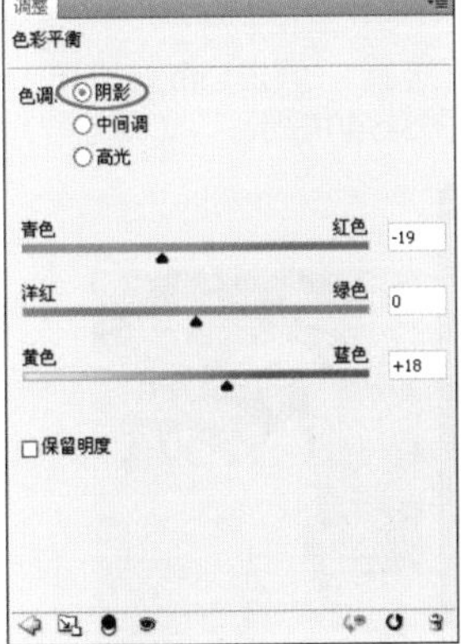

图5-523　图5-524

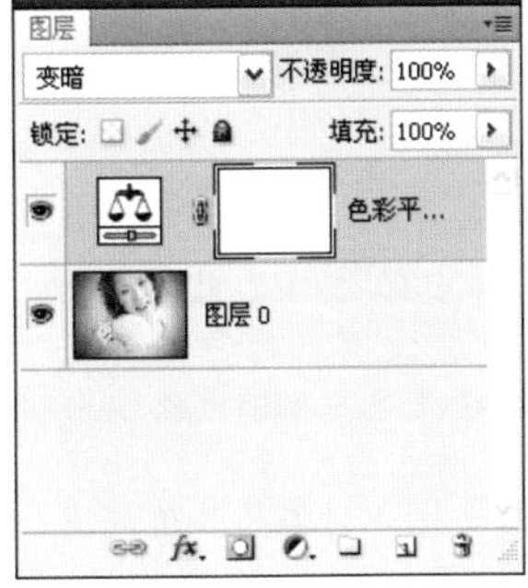

图5-525　图5-526

06 单击“调整”面板底部的按钮，重新显示各种调整工具，再单击按钮，创建“曲线”调整图层，拖动曲线，将色调调整得更加清晰，如图5-527、图5-528所示。

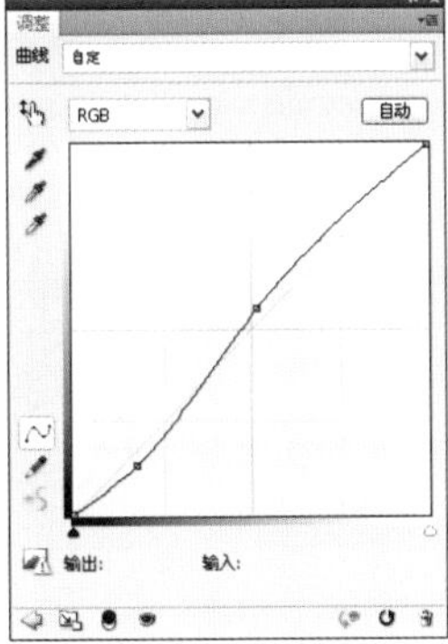

图5-527　图5-528

07 单击“图层”面板底部的按钮，新建一个图层，如图5-529所示。将前景色设置为洋红色，如图5-530所示。选择一个柔角画笔工具，将它的不透明度设置为4%，如图5-531所示，在女孩的脸颊上涂抹，施一层淡淡的粉色。按下〈X〉键，将前景色切换为白色，在女孩的额头和下巴上涂抹白色，效果如图5-532所示。

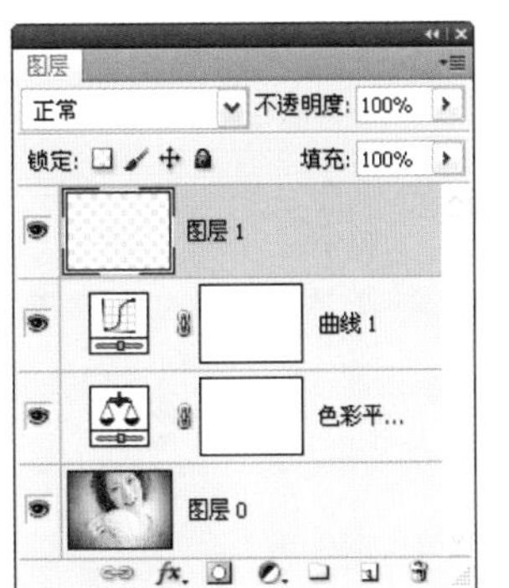

图5-529　图5-530

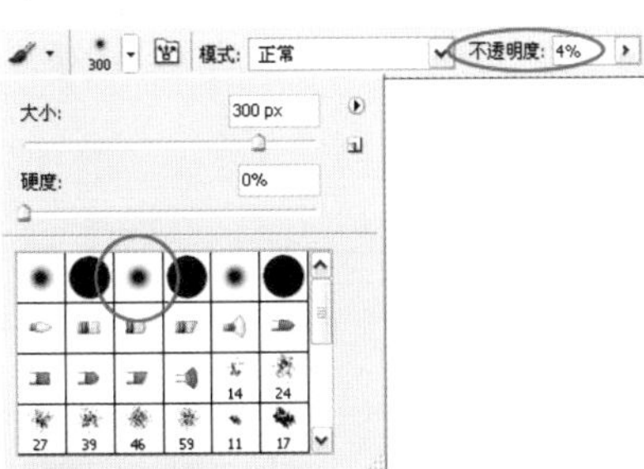

图5-531

图5-532

第5章 数码照片处理实例

实例92 Lab纯净蓝色

难度级别：★★

学习目标：Lab调色是当下非常流行的照片后期调色技术，它首先将图像转换为Lab模式，再对通道进行调整，从而修改颜色。Lab是一种特别的颜色模式，它可以将图像的亮度信息与颜色信息分离开来，因此，调整颜色的亮度时不会改变色相。如果使用RGB模式的通道调色，则不仅会影响色彩，还会改变颜色的明度。

技术要点：将a通道贴入b通道，可以生成纯净的蓝色，如果将b通道贴入a通道，则会生成暖暖的橙色。

素材位置：素材/第5章/实例92

实例效果位置：实例效果/第5章/实例92

01 按下〈Ctrl+O〉快捷键打开一个文件，如图5-533所示。执行“图像”→“模式”→“Lab颜色”命令，如图5-534所示，将图像转换为Lab模式。

图5-533　图5-534

02 打开“通道”面板，单击“a”通道，选择该通道，如图5-535所示，文档窗口中会显示该通道中的灰度图像，如图5-536所示。

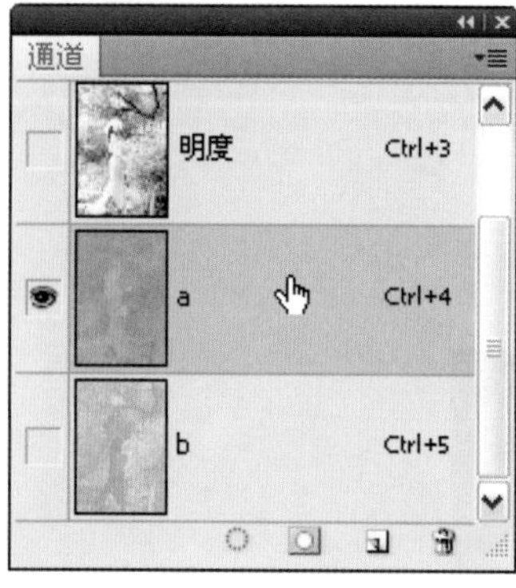

图5-535　图5-536

03 按下〈Ctrl+A〉快捷键全选，按下〈Ctrl+C〉快捷键复制。单击“b”通道，如图5-537所示，按下〈Ctrl+V〉快捷键，将复制的“a”通道粘贴到该通道中，如图5-538所示。

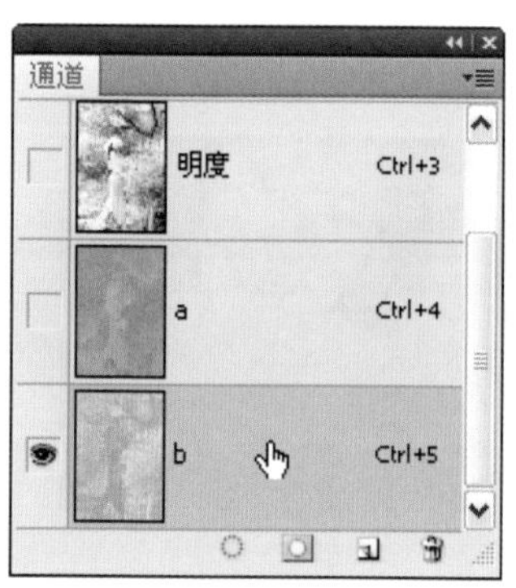

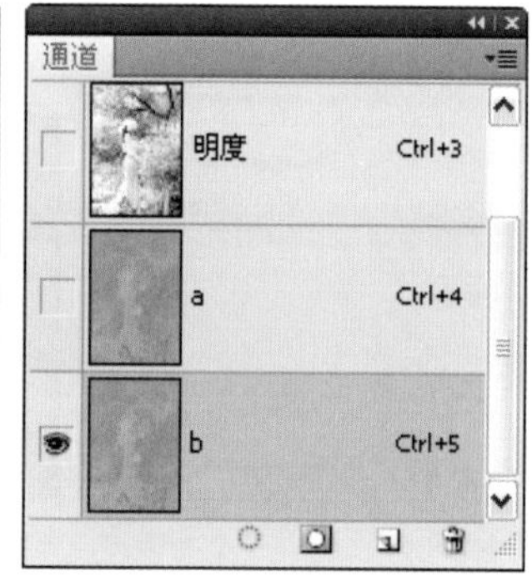

图5-537　图5-538

04 按下〈Ctrl+D〉快捷键取消选择。单击Lab主通道，重新显示彩色图像，如图5-539、图5-540所示。

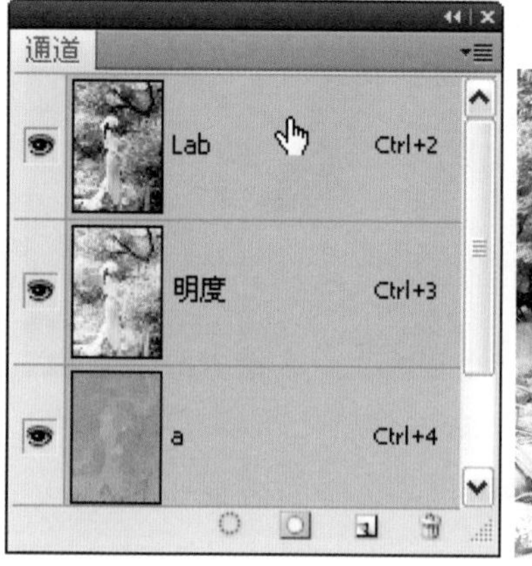

图5-539　图5-540

提示

Lab模式的明度通道（L）中保存的是明度信息（表示图像的亮暗程度），没有任何色彩。它的范围为0～100（0代表纯黑色，100代表纯白色）。a代表了由绿色到洋红色的光谱变化，b代表了由蓝色到黄色的光谱变化。它们的取值范围均为+127～–128。

实例93 阿宝色效果

难度级别：★★☆

学习目标：阿宝色是一位名为阿宝(网名：aibao) 的摄影师所创的一种特别的色彩。这种色彩主要以橘色的肤色和偏青色的背景色调为主，是现在非常流行的照片后期色彩效果。本实例介绍这种调色技术。

技术要点：在Lab模式下调整通道，增加色彩的饱和度。

素材位置：素材/第5章/实例93

实例效果位置：实例效果/第5章/实例93

STEP 01 按下〈Ctrl+O〉快捷键打开一个文件，如图5-541所示。执行“图像”→“模式”→“Lab颜色”命令，将图像转换为Lab模式。

图5-541

STEP 02 按下〈Ctrl+M〉快捷键，打开“曲线”对话框，选择“a”通道，在曲线上单击添加控制点，并拖动控制点调整曲线形状，如图5-542、图5-543所示。

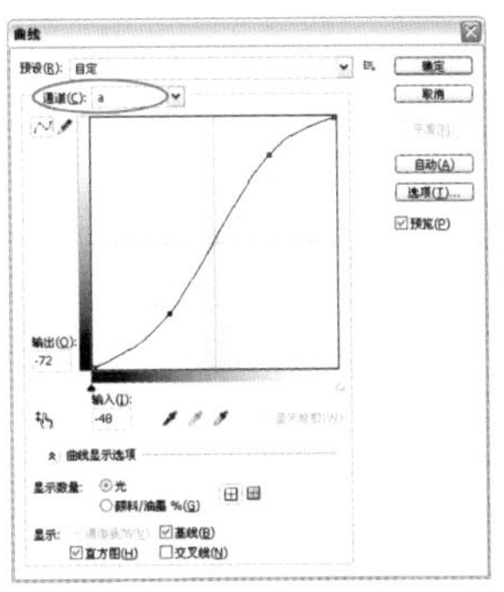

图5-542　图5-543

STEP 03 选择“b”通道，单击添加控制点，调整曲线形状，如图5-544、图5-545所示。

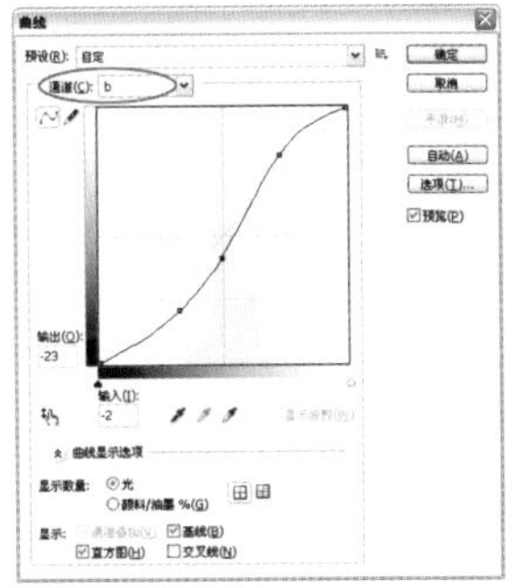

图5-544　图5-545

STEP 04 执行“图像”→“模式”→“RGB颜色”命令，将图像转换为RGB模式。单击“调整”面板中的按钮，创建“可选颜色”调整图层，选择“红色”进行调整，如图5-546、图5-547所示。

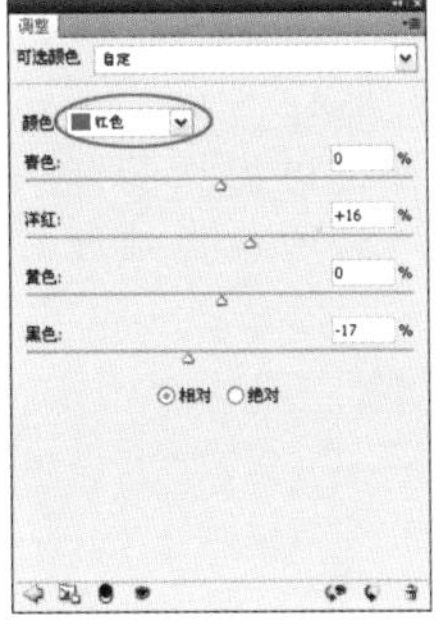

图5-546　图5-547

STEP 05 选择“黄色”，减少黑色的含量，如图5-548、图5-549所示。

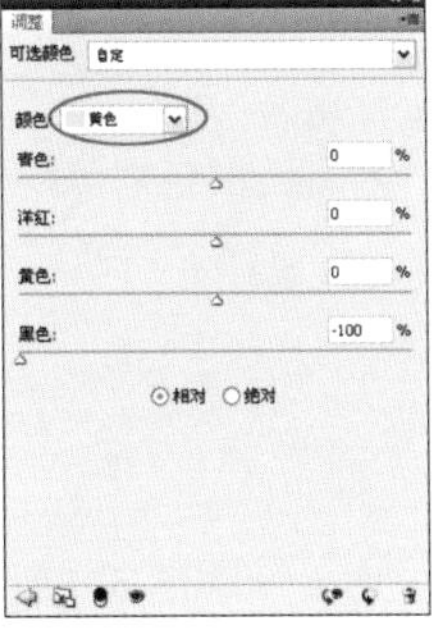

图5-548　图5-549

STEP 06 选择“中性色”进行调整，如图5-550、图5-551所示。

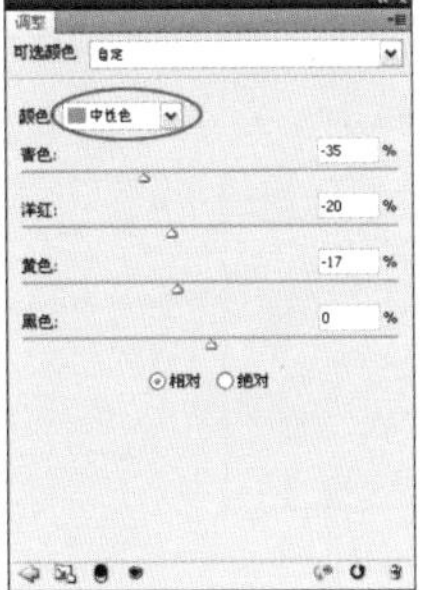

图5-550　图5-551

07 单击“调整”面板底部的按钮，重新显示各种调整工具，单击按钮创建“曲线”调整图层。在曲线上添加控制点并拖动曲线，让色调更加清晰，如图5-552、图5-553所示。

图5-552 图5-553

08 按下〈Ctrl+J〉快捷键复制曲线调整图层。按下〈Ctrl+I〉快捷键，将它的蒙版反相成为黑色，如图5-554、图5-555所示。

09 使用柔角画笔工具在人物面部涂抹白色，使该调整图层只对人物面部图像有效，这样可以提高面部的亮度。如图5-556所示为原图像，图5-557所示为处理后的效果。

图5-554

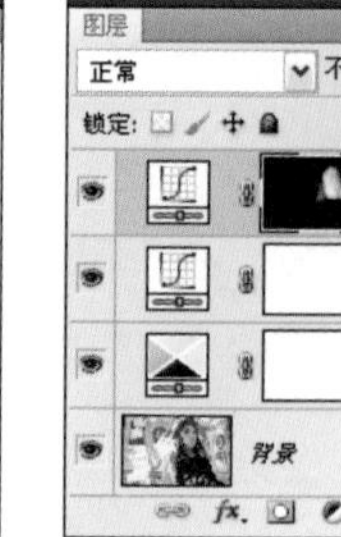

图5-555

图5-556

图5-557

Photoshop 实例94

反转负冲效果

难度级别：★★☆

学习目标：反转负冲是胶片拍摄中比较特殊的一种手法，它用负片的冲洗工艺来冲洗反转片，可得到比较诡异而且有趣的色彩。在人像照片上，可以表现出一种前卫的色彩风格。本实例学习反转负冲效果的制作方法。

技术要点：使用“应用图像”命令时，可通过“不透明度”值控制颜色浓度。

素材位置：素材/第5章/实例94

实例效果位置：实例效果/第5章/实例93

01 按下〈Ctrl+O〉快捷键打开一个文件，如图5-558所示。为了不破坏原图像，先按下〈Ctrl+J〉快捷键复制“背景”图层，如图5-559所示。

图5-558 图5-559

02 单击“通道”面板中的“蓝”通道，选择该通道，如图5-560所示，然后在RGB复合通道前单击，显示该通道，如图5-561所示。此时选择的虽然是蓝色通道，但在窗口中看到的却是彩色的图像。

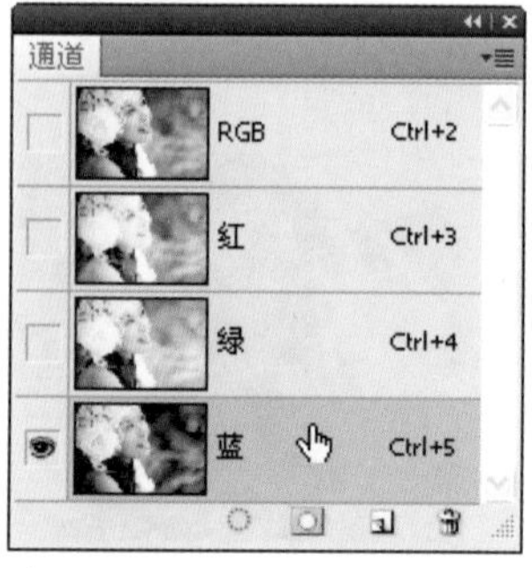

图5-560

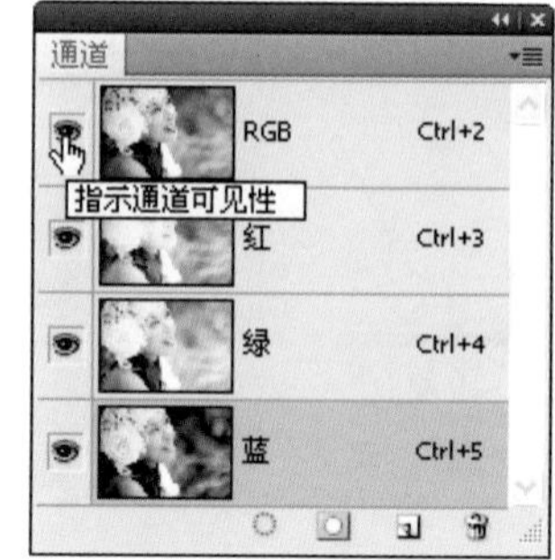

图5-561

03 执行“图像”→“应用图像”命令，打开“应用图像”对话框。设置混合模式为“正片叠底”，勾选“反相”选项，将不透明度为50%，如图5-562所示，图像效果如图5-563所示。单击“确定”按钮关闭对话框。

图5-562

图5-563

04 单击“绿”通道，选择该通道，如图5-564所示。

05 执行“图像”→“应用图像”命令，打开“应用图像”对话框。使用默认的混合模式，即“正片叠底”，勾选“反相”选项，将不透明度设置为50%，如图5-565所示，图像效果如图5-566所示。单击“确定”按钮关闭对话框。

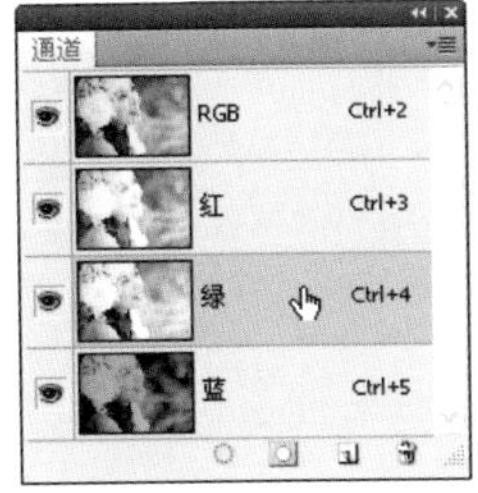

图5-564

图5-565

06 单击“红”通道，选择该通道，如图5-567所示。

图5-566

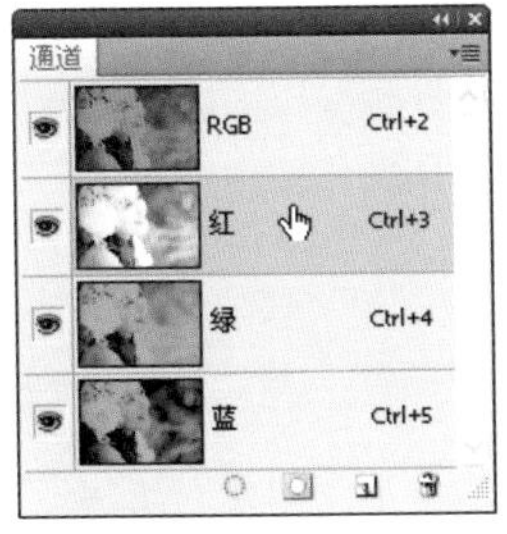

图5-567

07 执行“图像”→“应用图像”命令，打开“应用图像”对话框。将混合模式设置为“颜色加深”，不透明度为100%，如图5-568所示，图像效果如图5-569所示。单击“确定”按钮关闭对话框。

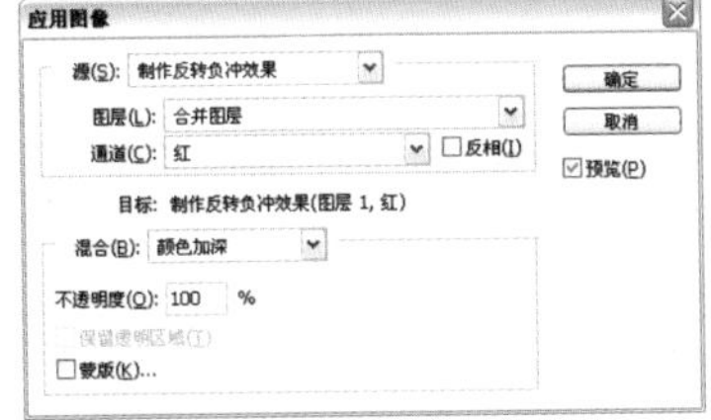

图5-568

图5-569

08 单击RGB主通道，选择该通道，如图5-570所示。单击“调整”面板中的按钮，创建“色阶”调整图层，如图5-571所示。

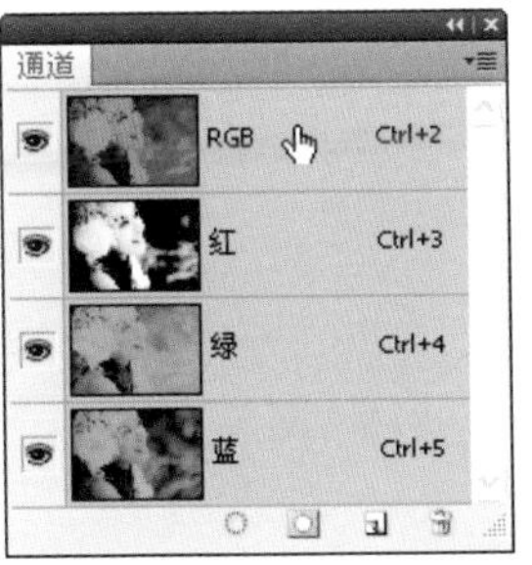

图5-570

图5-571

09 在“通道”下拉列表中选择“蓝”通道，拖动滑块调整，如图5-572、图5-573所示。

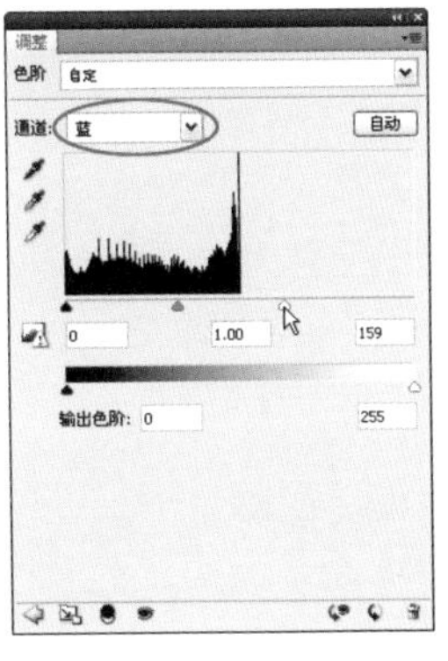

图5-572

图5-573

10 在“通道”下拉列表中选择“绿”通道，拖动滑块调整，如图5-574、图5-575所示。

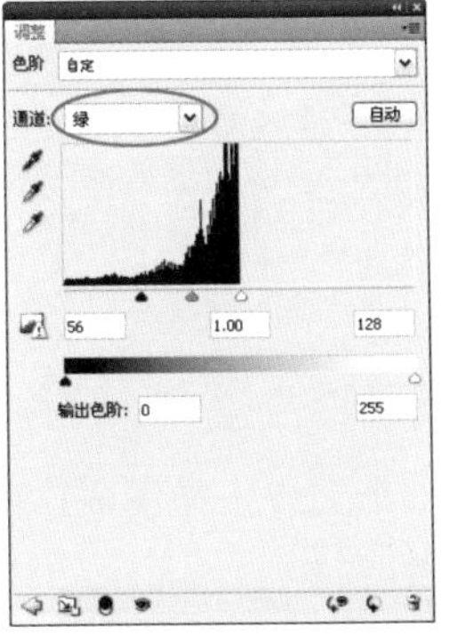

图5-574

图5-575

11 在“通道”下拉列表中选择“红”通道，拖动滑块调整，如图5-576、图5-577所示。调整各个颜色通道以后，可以改变颜色的平衡关系，得到翻转负冲效果。

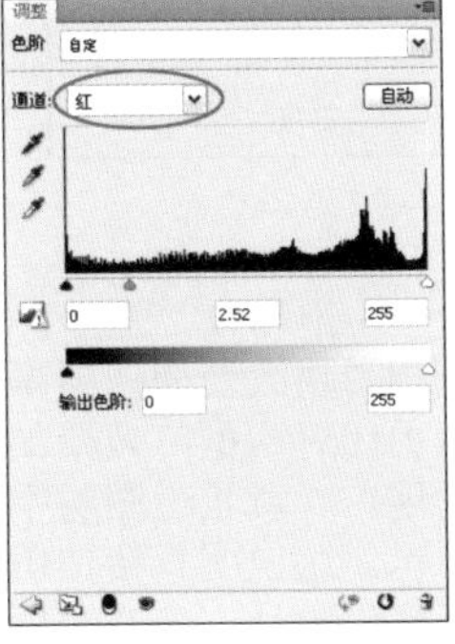

图5-576

图5-577

第6章　图像调色实例

学习要点：

- 调整图层的使用技巧
- 色阶和曲线的使用技巧
- 通过中性灰校正色偏
- 灵活使用“色相/饱和度”命令
- 调整可选颜色
- 特定颜色的调整技巧

案例数量：

- 16个图像调色应用实例

内容总览：

“图像”→“调整”下拉菜单中包含用于调整图像色彩和色调的各种命令，其中，“亮度/对比度”、“色阶”、“曲线”和“曝光度”命令用于调整图像的色调和对比度；“自然饱和度”、“色相/饱和度”、“色彩平衡”、“黑白”等命令可以调整色彩的饱和度，转换色彩或者将图像处理为黑白效果；“反相”、“色调分离”、“阈值”、“渐变映射”等命令可以将图像处理为各种特殊的色彩效果；“匹配颜色”、“替换颜色”等命令针对性更强，它们可以调整图像的指定色彩、处理图像的阴影和高光、分离色调等。本章介绍怎样使用这些命令，其中部分实例是调色命令在照片处理中的应用，如校正色偏、照片滤镜、制作黑白照片、制作旧新闻照片等。

使用调整命令和调整图层

难度级别：★★☆

学习目标：Photoshop的调整命令可以通过两种方式来使用，第一种方式是直接使用“图像”→“调整”菜单中的命令来调整图像；第二种则是通过调整图层来应用这些命令。本实例介绍这两种方法的区别。

技术要点：调整图层蒙版中的黑色可以遮盖调整图层，灰色会部分遮盖调整图层，即降低调整强度，白色不会遮盖调整图层。

素材位置：素材/第6章/实例95

01 按下〈Ctrl+O〉快捷键打开一个文件，如图6-1、图6-2所示。

图6-1

图6-2

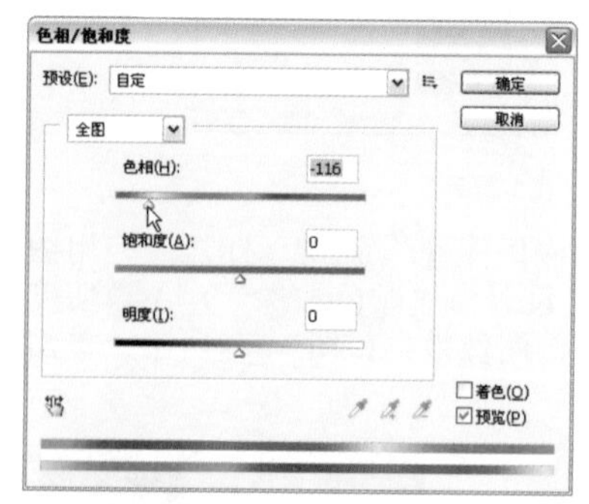

图6-3

02 执行“图像”→“调整”→“色相/饱和度”命令，打开“色相/饱和度”对话框，拖动色相滑块改变图像的颜色，如图6-3所示，单击“确定”按钮关闭对话框，效果如图6-4所示。观察“图层”面板可以发现，“背景”图层中的图像的颜色也被修改了，如图6-5所示，这说明直接使用“图像”→“调整”菜单中的命令调整图像时，会改变图像的颜色信息。

图6-4

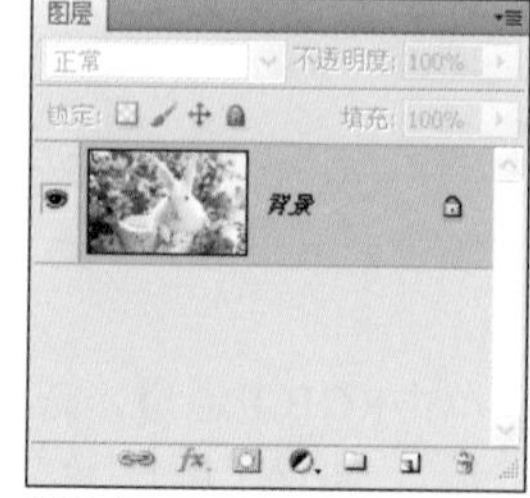

图6-5

03 下面再来使用调整图层调色，看一下有什么区别。按下〈Ctrl+Z〉快捷键撤销操作，将图像恢复为打开时的状态，如图6-6所示。单击"调整"面板中的按钮，显示"色相/饱和度"参数选项，拖动色相滑块调整颜色，参数与前面的步骤相同，如图6-7、图6-8所示。可以看到，当前效果也与使用"调整"→"色相/饱和度"命令调整时完全相同，但"图层"面板中生成了一个"色相/饱和度"调整图层，并且，"背景"图层中的原始图像没有任何变化，如图6-9所示。

图6-6

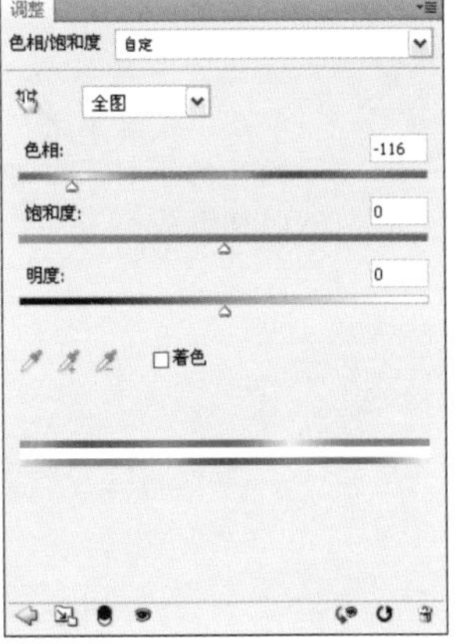

图6-7

图6-8

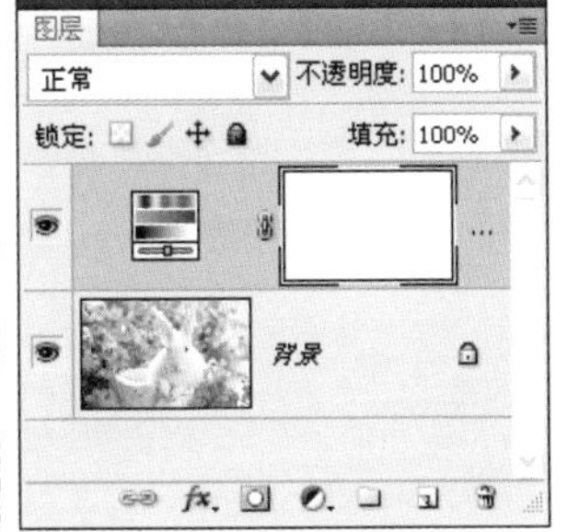

图6-9

04 调整图层有许多优点，首先，它是不含像素的透明图层，可以将颜色和色调调整应用于图像，但不会永久更改像素值，因此，不会对图像造成任何破坏。如果单击调整图层前面的眼睛图标，将其隐藏，图像就会恢复为原来的效果，如图6-10、图6-11所示。在调整图层的眼睛图标处再单击一下，即可将其重新显示出来。

图6-10

图6-11

05 调整图层还可以随时修改参数。操作方法是单击一个调整图层，将其选择，如图6-12所示，"调整"面板中就会显示它的参数，此时便可以修改参数，如图6-13、图6-14所示。

图6-12

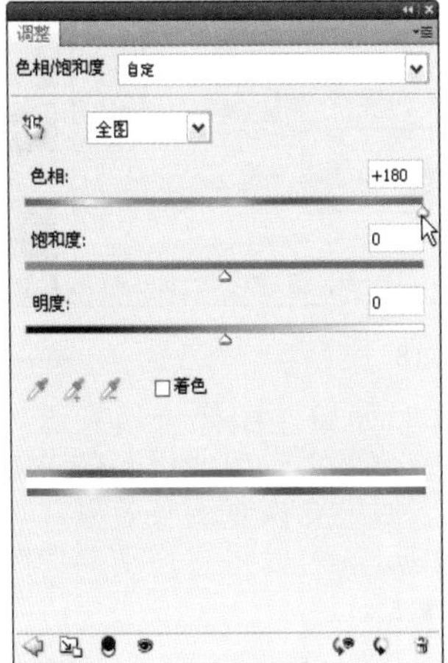

图6-13

图6-14

06 此外，创建调整图层时，会自动生成一个图层蒙版，如图6-15所示。蒙版中的白色代表了调整图层影响的区域，当使用画笔工具（或其他工具）在图像上涂抹黑色时，黑色区域会遮盖调整图层，使涂抹区域的图像恢复为调整前的状态，如图6-16、图6-17所示。

图6-15

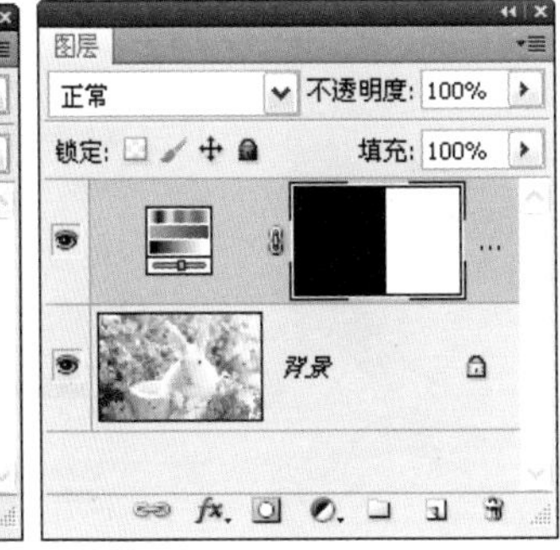

图6-16

图6-17

07 如果在画面中涂抹灰色，则灰色会使调整强度变弱，如图6-18、图6-19所示。

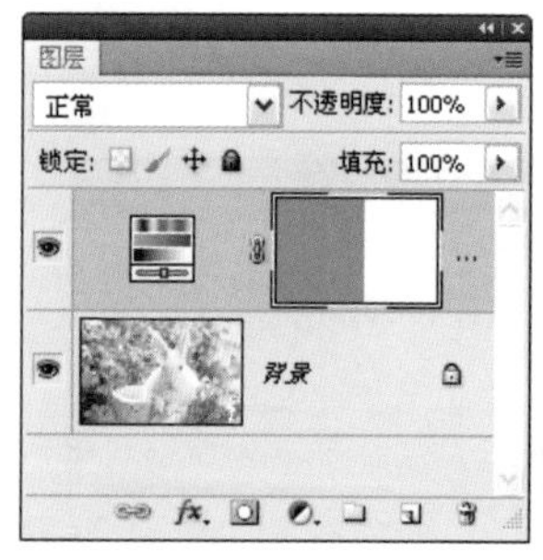

图6-18　　图6-19

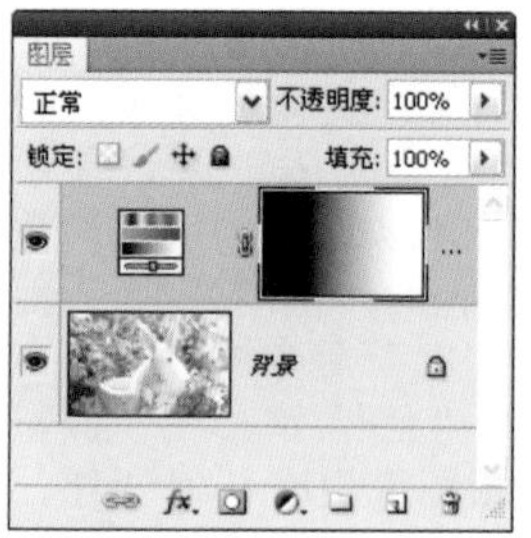

图6-20　　图6-21

08 如果在图像上填充黑-白渐变，则可以在原图像与调整效果之间生成柔和的过渡效果，如图6-20、图6-21所示。如果要恢复调整效果，可以涂抹白色。如果要删除调整图层，可以将它拖动到“图层”面板底部的删除图层按钮上。

提示

执行“图层”→“新建调整图层”下拉菜单中的命令，或者单击“图层”面板底部的按钮，在打开的下拉菜单中选择一个调整命令也可以创建调整图层。

色阶的使用技巧

难度级别：★★★

学习目标：“色阶”可以调整图像的阴影、中间调和高光的强度级别，校正图像的色调范围和色彩平衡，它是Photoshop中最重要的调整工具之一。本实例介绍“色阶”的使用方法。

技术要点：阴影滑块可以调整阴影色调，中间调滑块影响的是图像的中间调，高光滑块影响的是高光区域。

素材位置：素材/第6章/实例96

01 按下〈Ctrl+O〉快捷键打开一个文件，如图6-22所示。执行“图像”→“调整”→“色阶”命令，或按下〈Ctrl+L〉快捷键打开“色阶”对话框，如图6-23所示。

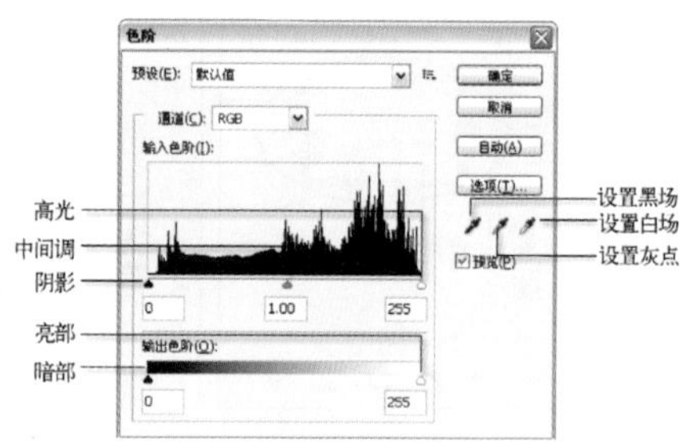

图6-22　　图6-23

02 默认情况下，阴影滑块位于色阶 0（像素为全黑）处，高光滑块位于色阶 255（像素为全白）处。如果移动阴影滑块，会将像素值映射为色阶 0，移动高光滑块则会将像素值映射为色阶 255，其余的色阶将在色阶 0 ～ 255 之间重新分布。例如，如果将阴影滑块向右移到色阶30处，Photoshop 会将位于或低于色阶30的所有像素都映射到色阶 0（黑）；同样，如果将高光滑块向左移到色阶 220 处，则会将位于或高于色阶 220 的所有像素都映射到色阶 255（白），这种重新分布情况会增强色调的对比度，如图6-24、图6-25所示。

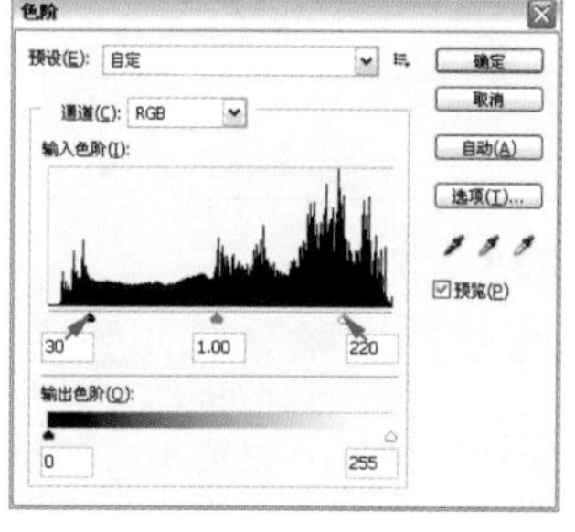

图6-24　　图6-25

03 中间调滑块用于调整图像的灰度系数，它会移动中间调（色阶 128），并更改灰色调中间范围的强度值，但不会明显改变高光和阴影。向左移动中间调滑块可使整个图像变亮，如图6-26、图6-27所示；向右移动则使图像变暗，如图6-28、图6-29所示。

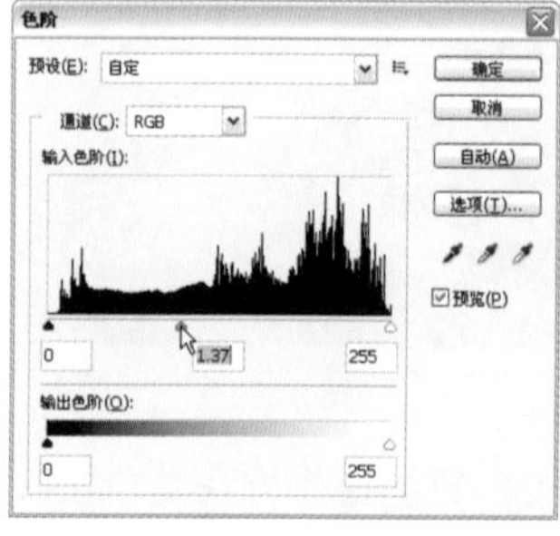

图6-26　　图6-27

提示 按住〈Alt〉键，对话框左侧的“取消”按钮就会变为“复位”按钮，单击该按钮复位滑块，以便进行下面的操作。

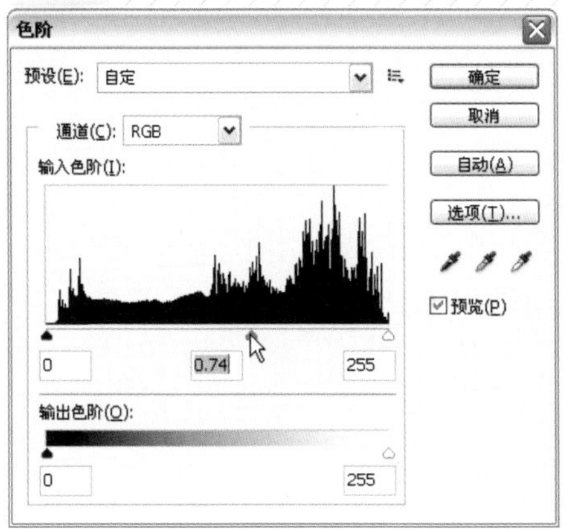

图6-28　　图6-29

04 亮部和暗部滑块用来限定图像的亮度范围，它们会减弱图像的对比度。默认情况下，黑色的暗部滑块位于色阶0（像素为全黑）处，白色亮部滑块位于色阶 255（像素为全白）处。向右拖动黑色滑块可以使暗部的像素变亮，如图6-30、图6-31所示；向左拖动白色滑块可以使亮部的像素变暗，如图6-32、图6-33所示。

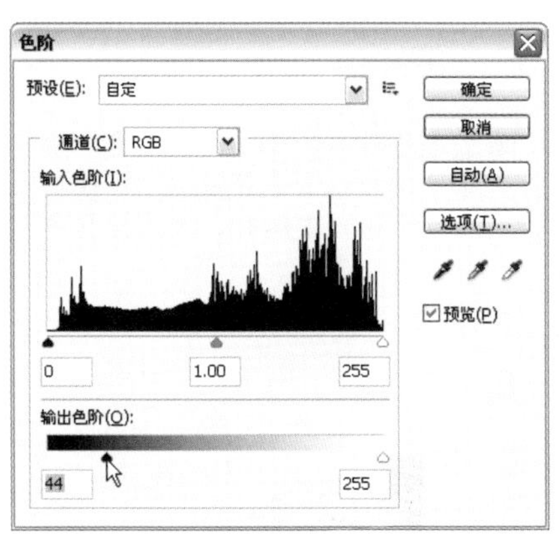

图6-30　　图6-31

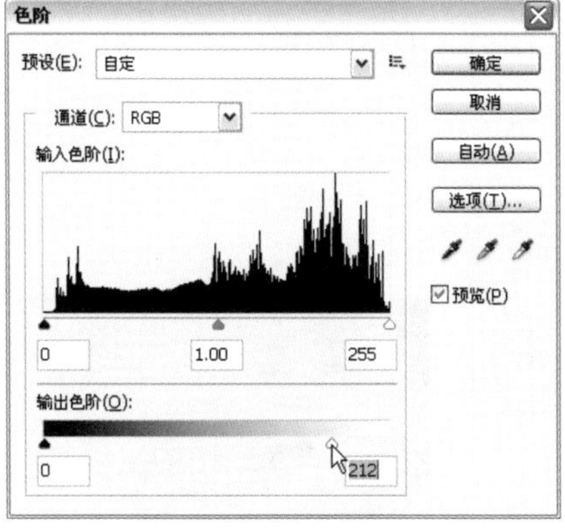

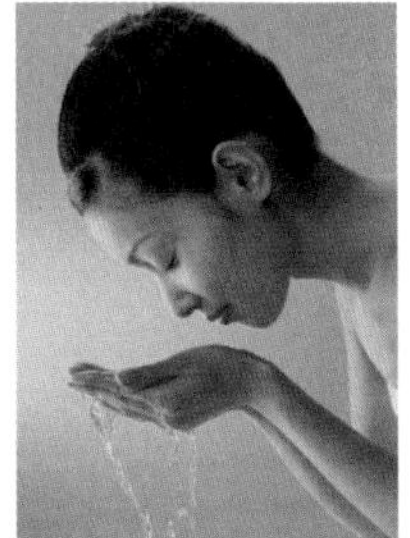

图6-32　　图6-33

05 对话框右侧有三个吸管工具，使用设置黑场工具在图像中单击，可将单击点的像素调整为黑色，图像中比该点暗的像素也会变为黑色，如图6-34、图6-35所示。使用设置灰点工具在图像中单击，可根据单击点的像素的亮度来调整其他中间色调的平均亮度，如图6-36、图6-37所示。使用设置白场工具在图像中单击，可将单击点的像素调整为白色，图像中比该点亮度值高的像素也都会变为白色，如图6-38、图6-39所示。

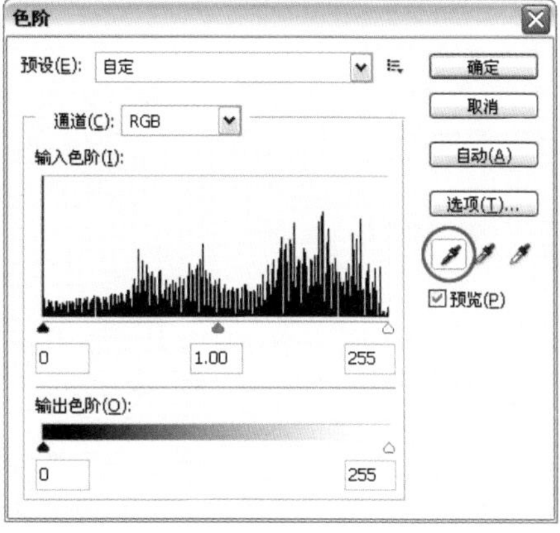

图6-34　　图6-35

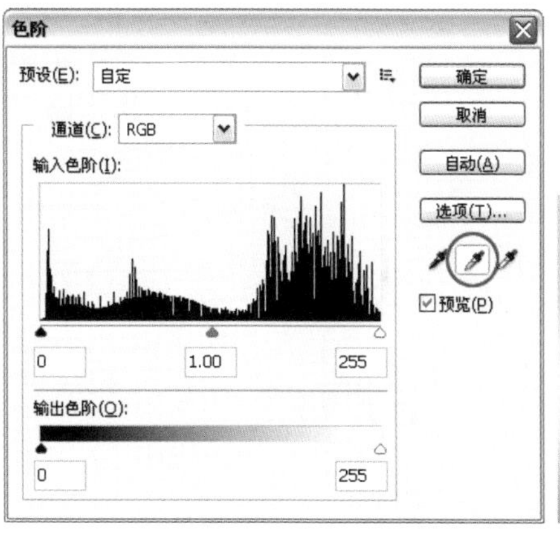

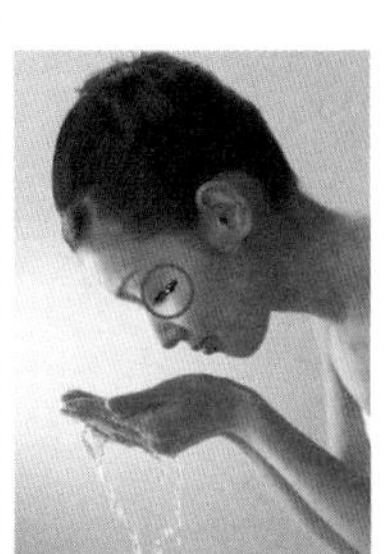

图6-36　　图6-37

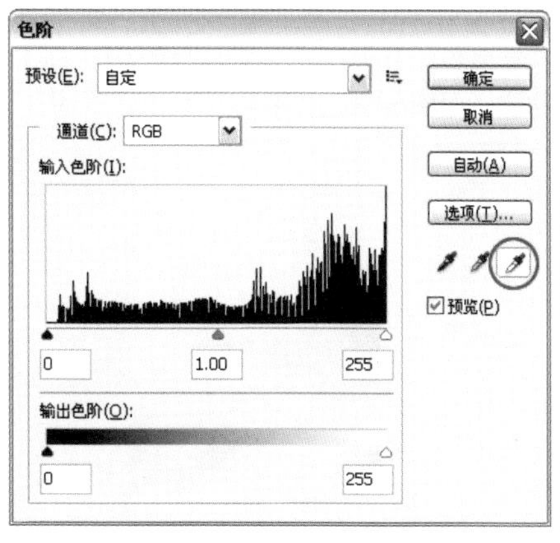

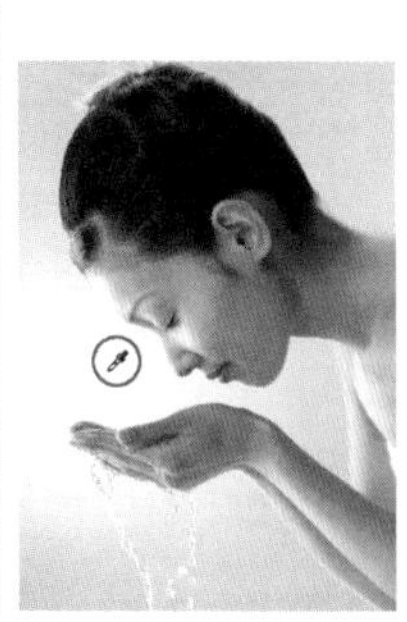

图6-38　　图6-39

提示 在“预设”选项下拉列表中可以选择一个Photoshop提供的预设参数来自动调整图像。此外，在“通道”下拉列表中选择一个颜色通道，单独调整该通道，从而影响图像的颜色。

曲线的使用技巧

 难度级别：★★★☆ 

学习目标：“曲线”是比“色阶”还要强大的调整工具，它可以在图像的整个色调范围内（从阴影到高光）最多调整14个点，而色阶只能调整3个点（白场、黑场和灰度系数）。

技术要点：曲线向上扬起，可以将色调调亮，向下弯曲，则将色调调暗，“S”形曲线可以增加对比度。

素材位置：素材/第6章/实例97

01 按下〈Ctrl+O〉快捷键打开一个文件，如图6-40所示。执行“图像”→“调整”→“曲线”命令，或按下〈Ctrl+M〉快捷键打开“曲线”对话框，如图6-41所示。曲线对话框底部提供了“通道叠加”、“基线”、“直方图”、“交叉线”等选项，对于更加精确地控制和调整曲线起到了很好的帮助作用。

图6-40

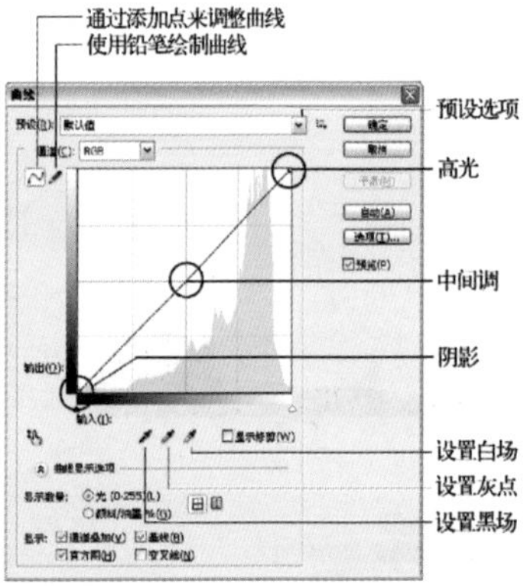

通过添加点来调整曲线
使用铅笔绘制曲线
预设选项
高光
中间调
阴影
设置白场
设置灰点
设置黑场

图6-41

02 默认情况下，曲线呈现为一条对角线状，在曲线上单击可以添加控制点（将控制点拖动到对话框外可将其删除），拖动控制点改变曲线的形状即可调整图像。将曲线向上移动时可以将图像调亮，如图6-42、图6-43所示；向下移动则可以将图像调暗，如图6-44、图6-45所示。

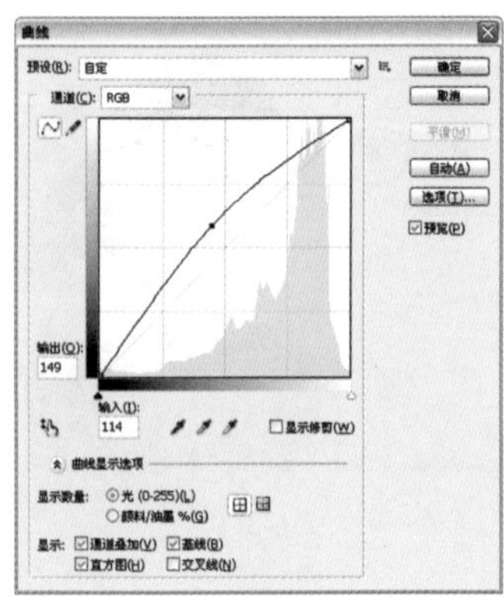

图6-42

图6-43

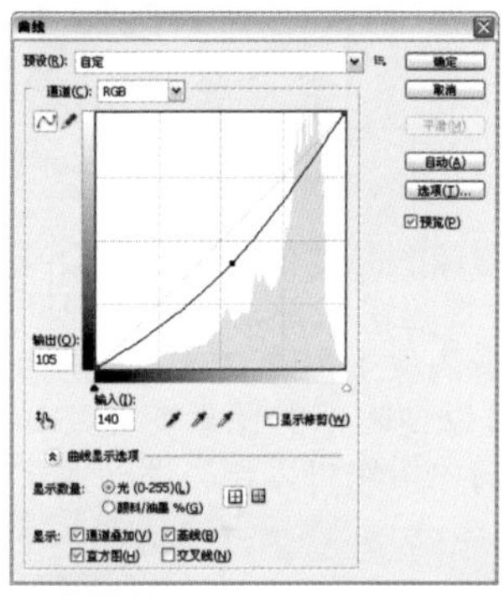

图6-44

图6-45

提示

当控制点位于曲线上半段时，可以控制图像中的高光色调；控制点位于曲线下半部时，可以控制阴影色调；控制点位于曲线中间时，可以控制中间色调。

03 将曲线调整为“S”形，可以增加对比度，如图6-46、图6-47所示；调整为反“S”形则降低对比度，使色彩变得灰暗，如图6-48、图6-49所示。

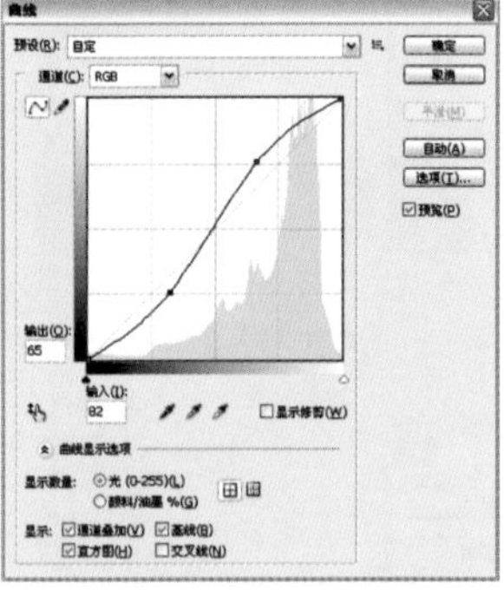

图6-46

图6-47

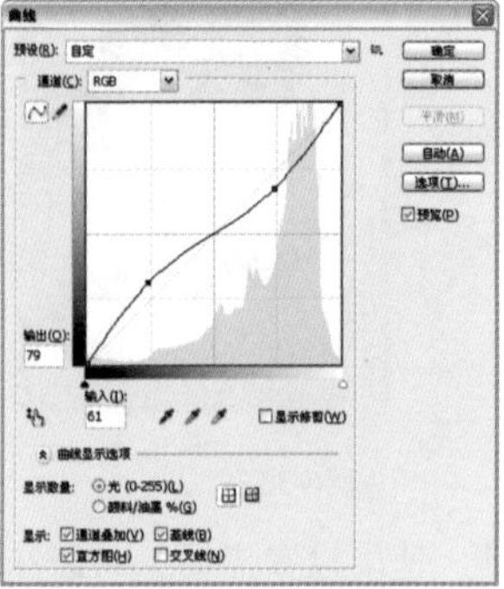

图6-48

图6-49

04 将曲线顶部的控制点向下移动，可以将高光调灰，将曲线底部的点向上移动，则可以将阴影调灰，如图6-50、图6-51所示。如果将曲线顶部的控制点移动到底部，将底部的控制点移动到顶部，则可以将图像反相（相当于执行“图像”→“调整”→“反相”命令），如图6-52、图6-53所示。

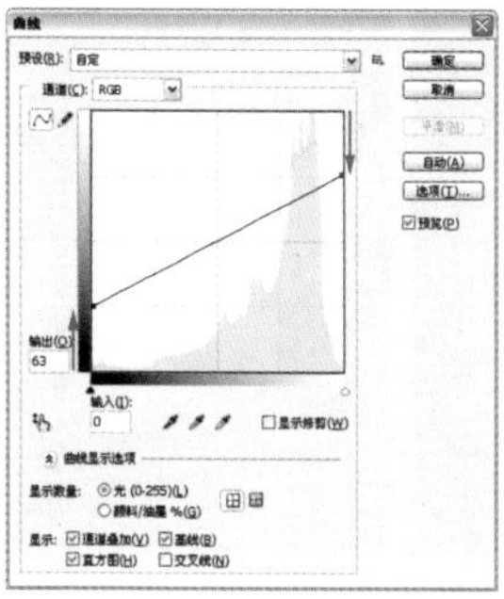

图6-50

图6-51

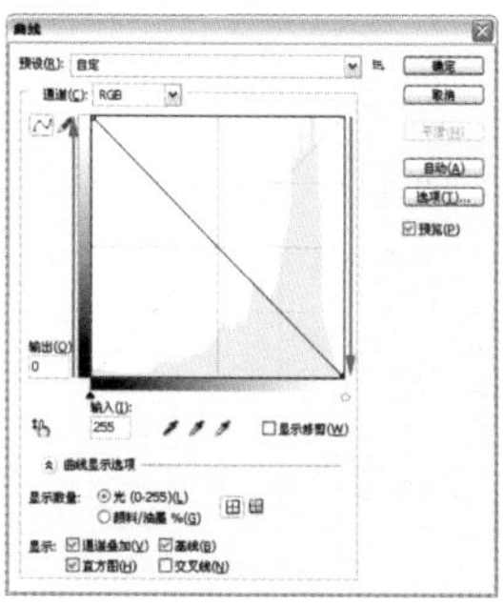

图6-52

图6-53

05 “曲线”对话框中有一个图像调整工具，选择该工具后，将光标放在图像上，如图6-54所示，曲线上会显示一个空心圆，如图6-55所示，它代表了光标下面的色调在曲线上的所处的位置。在画面中单击并拖动鼠标，即可调整单击点的色调，如图6-56、图6-57所示。

图6-54

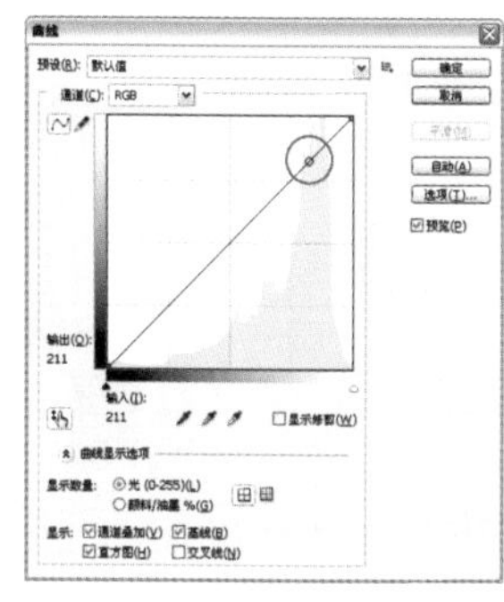

图6-55

图6-56

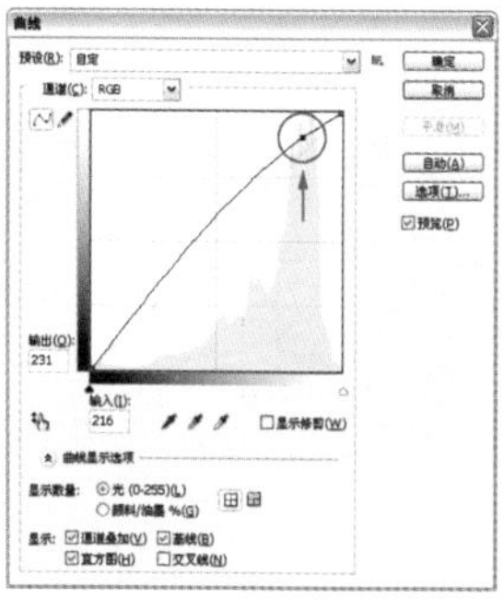

图6-57

提示 “曲线”对话框中的“通道”选项以及三个吸管工具与“色阶”对话框中相应的选项和工具的作用相同。

Photoshop 实例98 调整影调

难度级别：★★☆

学习目标：数码相机记录的明暗范围要比人眼睛看到的明暗范围小得多，因此，在实际拍摄中，往往会出现一部分图像曝光正常，而另一部分曝光不足或者曝光过度的现象。本实例介绍这种照片的调整方法。

技术要点：通过编辑调整图层的蒙版，控制照片中的局部曝光。

素材位置：素材/第6章/实例98

实例效果位置：实例效果/第6章/实例98

01 按下〈Ctrl+O〉快捷键打开一个文件，如图6-58所示。这张照片中，右上角图像的色调较暗，曝光有些不足，下面来进行校正。

02 单击“调整”面板中的按钮，创建“色阶”调整图层，如图6-59所示。向左侧拖动中间调滑块，同时观察图像，让右上角的图像显示出细节，如图6-60、图6-61所示。这时虽然其他图像的色调会过于明亮，但可以通过蒙版来进行修正。

图6-58

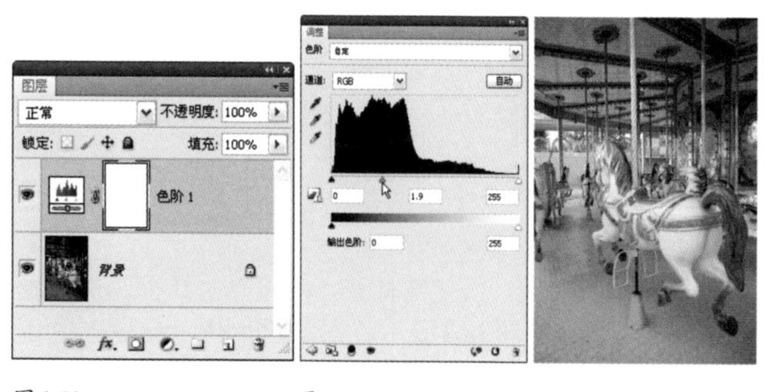

图6-59 图6-60 图6-61

03 选择渐变工具，在工具选项栏中按下线性渐变按钮，如图6-62所示，在画面右上角单击并向左下方拖动鼠标填充渐变，用蒙版遮盖调整图层，使它只对较暗的图像有效，如图6-63、图6-64所示。

图6-62

图6-63

图6-64

04 单击“调整”面板底部的按钮，重新显示各种调整工具，单击“调整”面板中的按钮，创建“色相/饱和度”调整图层。拖动“饱和度”滑块，增加饱和度，使色彩变得鲜艳，如图6-65所示。如图6-66所示为原图，图6-67所示为调整后的效果。

图6-65

图6-66

图6-67

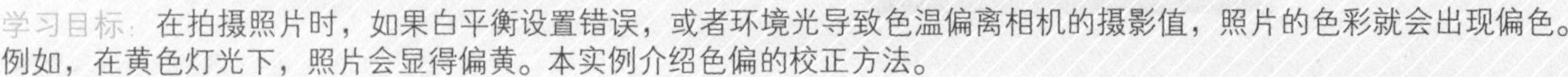

实例99 校正色偏

难度级别：★★

学习目标：在拍摄照片时，如果白平衡设置错误，或者环境光导致色温偏离相机的摄影值，照片的色彩就会出现偏色。例如，在黄色灯光下，照片会显得偏黄。本实例介绍色偏的校正方法。

技术要点：中性灰是不含任何色彩的纯灰色，校正时，如果单击点不是灰色（或白色），则可能导致出现新的或者更加严重的色偏。

素材位置：素材/第6章/实例99

实例效果位置：实例效果/第6章/实例99

01 按下〈Ctrl+O〉快捷键打开一个文件，如图6-68所示。要确认照片中有没有色偏，最简单的方法就是观察照片中应该是白色、接近于白色，或灰色区域，例如白色墙壁、灰色路面、石头等，如果这些区域带有蓝色、绿色、黄色等颜色，就可以判断出有色偏。观察这张照片可以看到，白色的衣服上出现绿色，说明这张照片的颜色偏绿。

图6-68

02 按下〈Ctrl+M〉快捷键打开“曲线”对话框，选择设置灰点工具，如图6-69所示。在图像上找一处原本应该是灰色的图像，将光标放在它上面，如图6-70所示。

03 单击鼠标，即可校正色偏，如图6-71、图6-72所示。

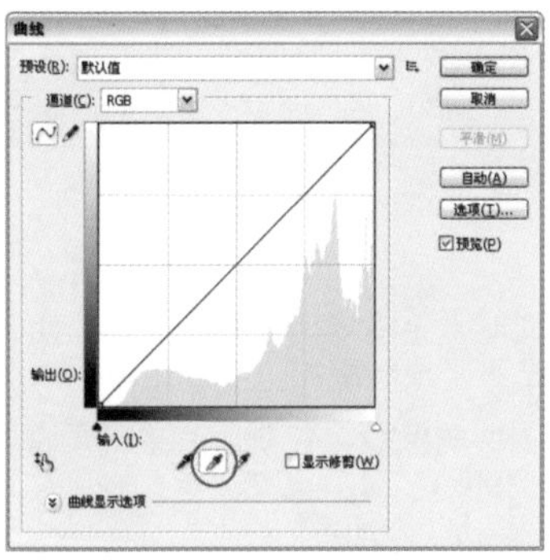
图6-69

图6-70

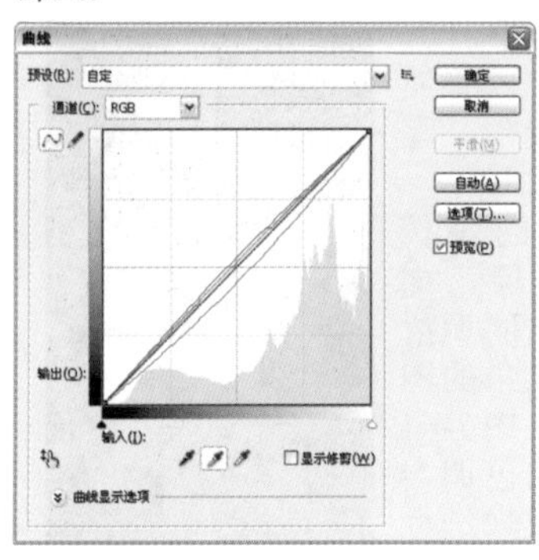
图6-71

图6-72

调整亮度和对比度

难度级别：★★

学习目标：“亮度/对比度”是用于调整图像亮度和对比度最为便捷的一种功能，对于快速校正曝光过度或曝光不足的照片非常有用。本实例介绍该命令的使用方法。

技术要点：“亮度/对比度”命令不会破坏色相关系，但使用时变化过于强烈，会给图像细节造成损失。

素材位置：素材/第6章/实例100

实例效果位置：实例效果/第6章/实例100

01 按下〈Ctrl+O〉快捷键打开一个文件，如图6-73所示。这是一张曝光不足的照片，可以看到，画面非常暗，灯光也不明亮。

图6-73

02 单击“调整”面板中的☀按钮，创建“亮度/对比度”调整图层。拖动“亮度”滑块，将画面调亮，如图6-74、图6-75所示，再拖动“对比度”滑块，让色调更加清晰，如图6-76、图6-77所示。

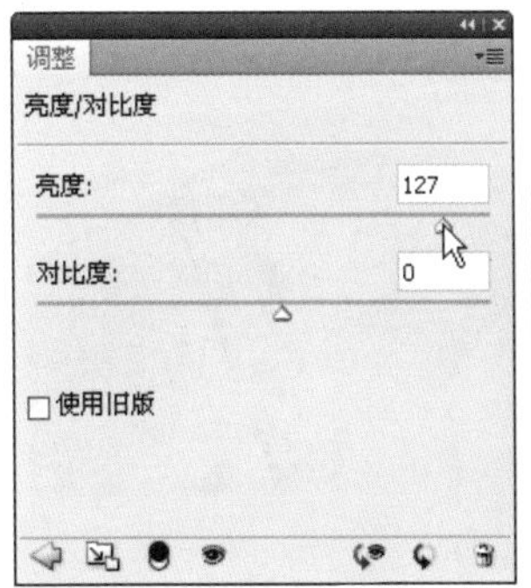

图6-74

图6-75

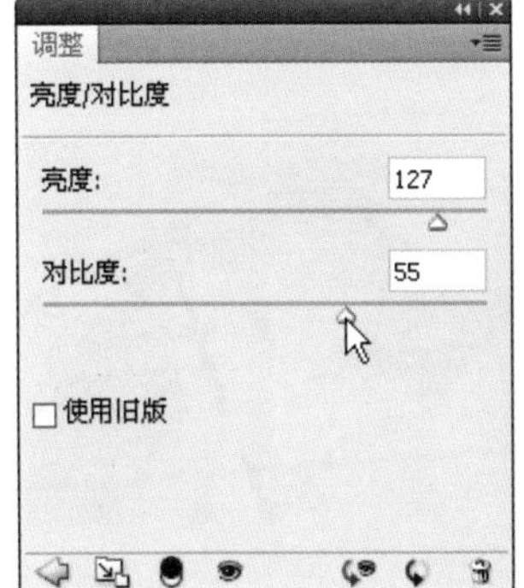

图6-76

图6-77

03 按下〈Ctrl+J〉快捷键复制调整图层，让色调更加明亮，如图6-78所示。

图6-78

04 使用渐变工具■在画面中填充黑-白线性渐变，通过蒙版将右下角的调整效果隐藏，如图6-79、图6-80所示。

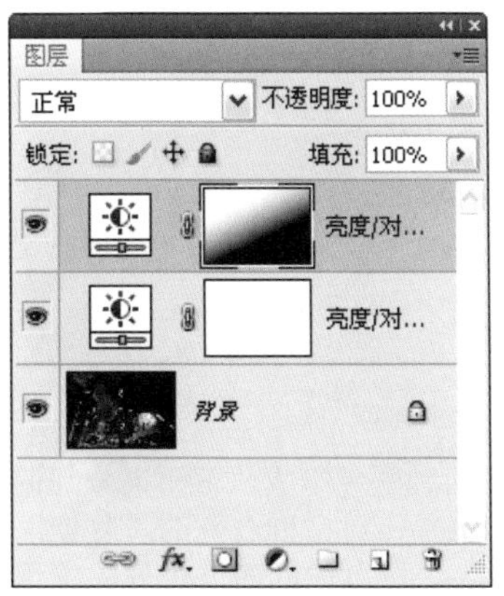

图6-79

图6-80

Photoshop 实例101 随心所欲调整颜色

难度级别：★★☆

学习目标：“色相/饱和度”是最常用的调色命令之一，它可以改变图像的整体颜色，也可以单独调整一种特定的颜色，或者创建黑白效果和单色效果。本实例介绍该命令的使用方法。

技术要点：选择“全图”选项时，可以调整图像中所有颜色的色相、饱和度和明度，如果选择“红色”、“黄色”等选项，则可以调整单一颜色的色相、饱和度和明度，而不会影响其他颜色。

素材位置：素材/第6章/实例101

01 按下〈Ctrl+O〉快捷键打开一个文件，如图6-81所示。

图6-81

02 执行“图像”→“调整”→“色相/饱和度”命令，打开“色相/饱和度”对话框，拖动色相滑块，可以改变图像的整体颜色平衡，如图6-82、图6-83所示。拖动饱和度和明度滑块，则可以改变图像中所有颜色的饱和度和明度。

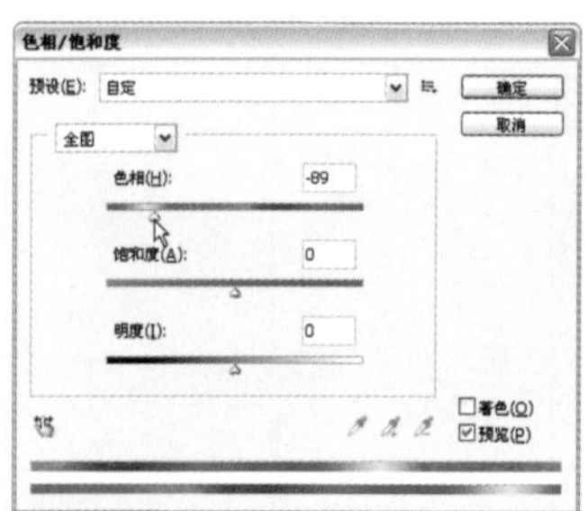

图6-82

图6-83

03 小姑娘的伞是由红、黄两种颜色组成，下面来分别调整这两种颜色。按住〈Alt〉键单击对话框右侧的“复位”按钮，撤销对参数做出的修改。在对话框的下拉列表中选择“红色”，然后拖动色相滑块，就可以单独调整红色，例如可以将它调整为橙色，如图6-84、图6-85所示。

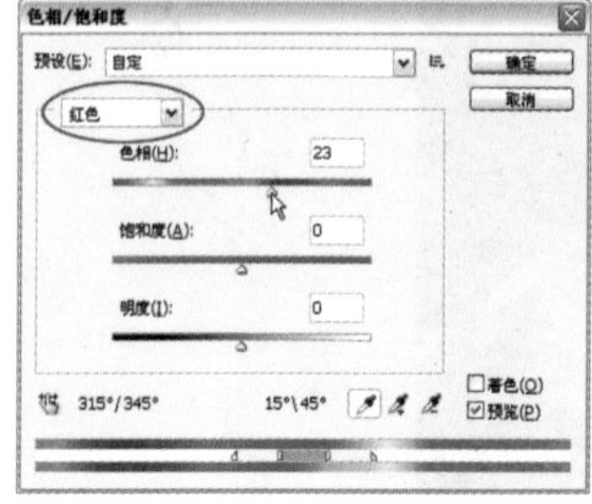

图6-84

图6-85

04 按住〈Alt〉键单击“复位”按钮，恢复为默认的参数。在下拉列表中选择“黄色”，拖动色相滑块，此时可将黄色调整为绿色，如图6-86、图6-87所示。

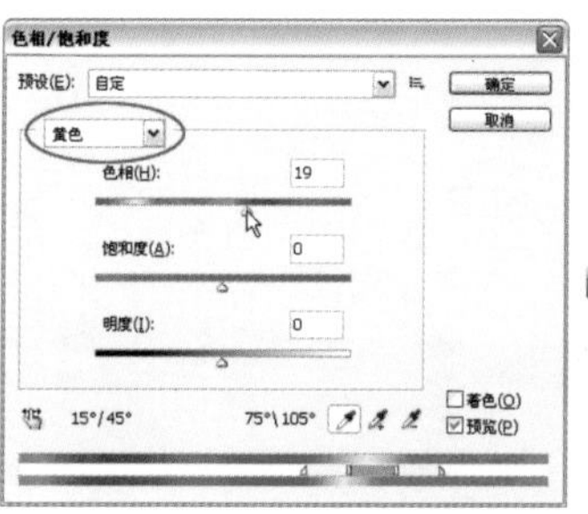

图6-86

图6-87

05 如果向左侧拖动饱和度滑块，则可降低当前选择的黄色的饱和度，使之变为灰色，如图6-88、图6-89所示。

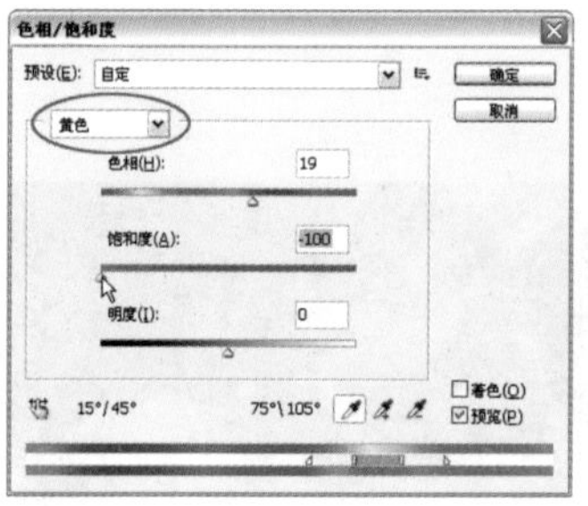

图6-88

图6-89

06 如果拖动明度滑块，可以调整当前选择的黄色的明度，使之变亮或者变暗，如图6-90、图6-91所示。

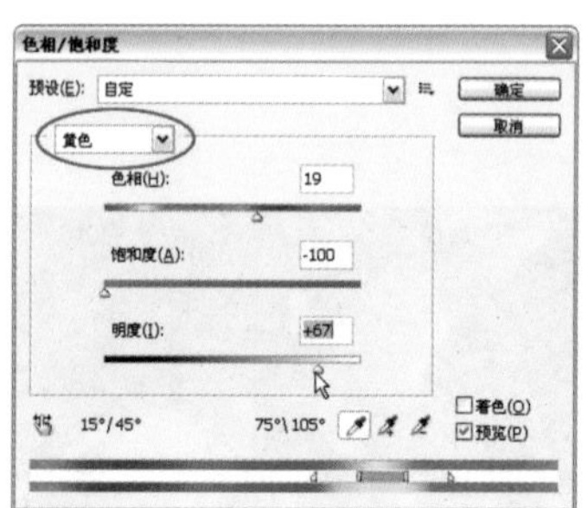

图6-90

图6-91

07 按住〈Alt〉键单击“复位”按钮，恢复为默认的参数。

勾选“着色”选项，将图像改为只有一种颜色的单色图像，此时可拖动色相滑块调整这种颜色，如图6-92、图6-93所示。

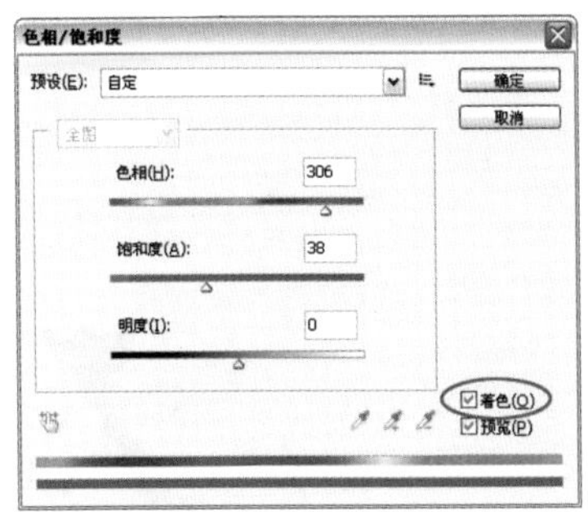

图6-92

图6-93

提示　选择对话框中的图像调整工具，然后在画面中单击并拖动鼠标，可调整单击点颜色的饱和度；按住〈Ctrl〉键拖动，可调整色相。

调整色彩平衡

难度级别：★★☆

学习目标：“色彩平衡”是用于调整颜色平衡的功能，它的特点是可以分别调整阴影、中间调和高光的色彩平衡。例如，调整阴影时，不会影响中间调和高光。本实例介绍该命令的使用方法。

技术要点：使用“色彩平衡”命令时，要保持色调不变，应勾选“保留明度”选项。

素材位置：素材/第6章/实例102

实例效果位置：实例效果/第6章/实例102

01 按下〈Ctrl+O〉快捷键打开一个文件，如图6-94所示。

图6-94

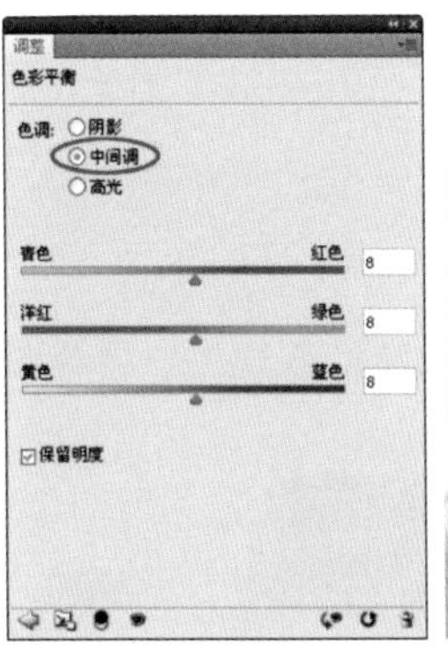

图6-95

图6-96

02 单击“调整”面板中的按钮，创建“色彩平衡”调整图层。勾选“保留明度”选项，以确保图像的整体色调不变，否则调整色彩平衡时，色调会变暗。默认情况下，“中间调”选项处于选中状态，拖动滑块或在滑块右侧的选项中输入数值即可调整中间调的色彩平衡，如图6-95、图6-96所示。

提示　滑块靠近哪种颜色，就会在图像中增加这种颜色，同时减少另一侧的颜色。例如，滑块靠近红色，会增加红色，同时减少青色。

03 选中“高光”选项，拖动滑块调整高光中的色彩，在高光中增加黄色和青色，如图6-97、图6-98所示。

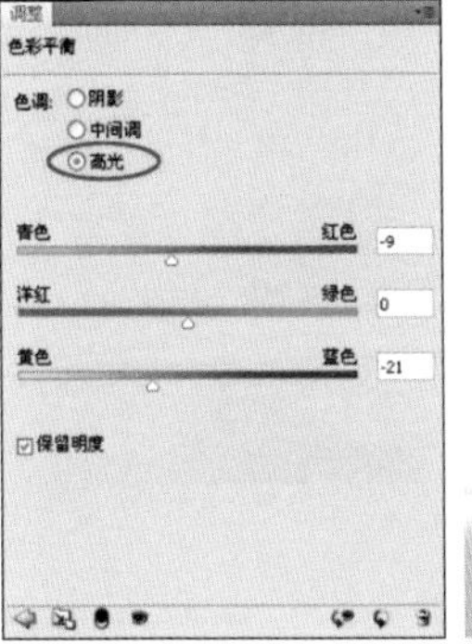

图6-97

图6-98

STEP 04 选中“阴影”选项，拖动滑块调整阴影中的色彩，增加冷色（青色、蓝色和绿色），如图6-99、图6-100所示。

STEP 05 单击“图层”面板底部的按钮，新建一个图层。将前景色设置为白色。使用套索工具创建一个选区，如图6-101所示。按下〈Shift+Ctrl+I〉快捷键反选，按下〈Alt+Delete〉快捷键填充白色，按下〈Ctrl+D〉快捷键取消选择。最后再使用横排文字工具T输入一些文字作为装饰，如图6-102所示。

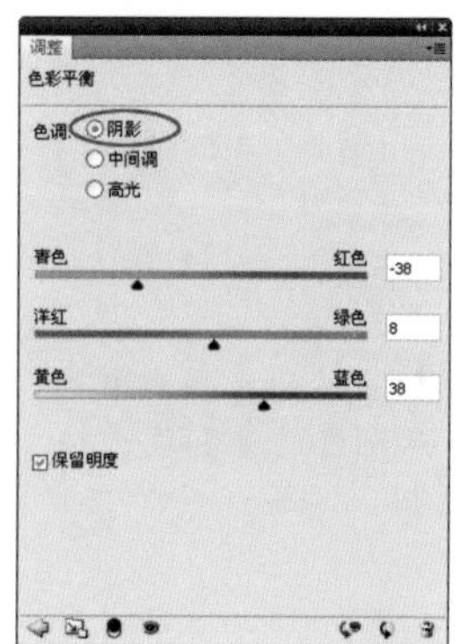

图6-99

图6-100

图6-101

图6-102

制作局部黑白效果

难度级别：★★★

学习目标：使用“黑白”命令可以将彩色图像转换为黑白效果，它的特点是可以保持对各颜色的转换方式的完全控制。例如，可单独让由绿色转换而来的灰色变深或者变浅，而不会影响其他色调。它也可以为灰度着色，创建单色的彩色图像。本实例介绍该命令的使用方法。

技术要点：黑白照片虽然不像彩色照片那么华丽，但却可以表现出别样的气氛和美感。在创建黑白效果时，应该让色调具有层次感，以表现更多的细节。

素材位置：素材/第6章/实例103-1~实例103-3

实例效果位置：实例效果/第6章/实例103

STEP 01 按下〈Ctrl+O〉快捷键打开一个彩色图像，如图6-103所示。单击“调整”面板中的按钮，创建黑白调整图层，图像效果如图6-104所示。

图6-103

图6-104

STEP 02 在“黑白”下拉列表中选择“较亮”，使用预设的调整参数调整图像，如图6-105、图6-106所示。

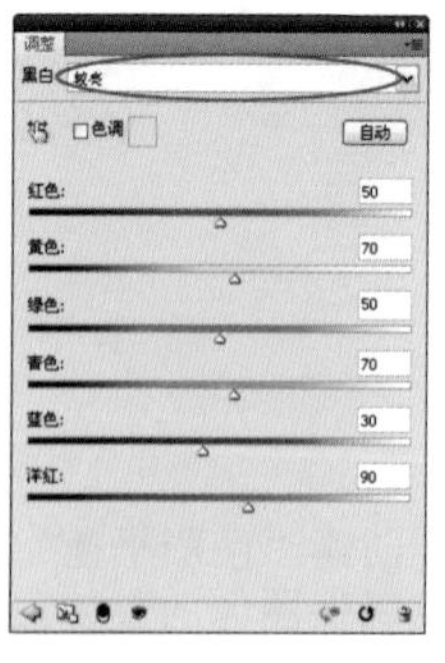

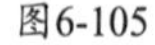
图6-105

图6-106

提示

拖动各个原色的滑块可调整图像中特定颜色的灰色调。例如，向左拖动黄色滑块时，可以使图像中由黄色转换而来的灰色调变暗；向右拖动，则使这样的灰色调变亮。如果要对某个颜色进行更加细致的调整，可以将光标定位在该颜色区域的上方，单击并拖动可移动该颜色的颜色滑块，从而使该颜色在图像中变暗或变亮。单击并释放可高亮显示选定滑块的文本框。

STEP 03 使用快速选择工具选中手套和手中的对象，如图6-107所示，按下〈Alt+Delete〉快捷键在选区内填充黑色，用蒙版隐藏调整图层，将此处图像恢复为彩色效果，如图6-108、图6-109所示。

图6-107

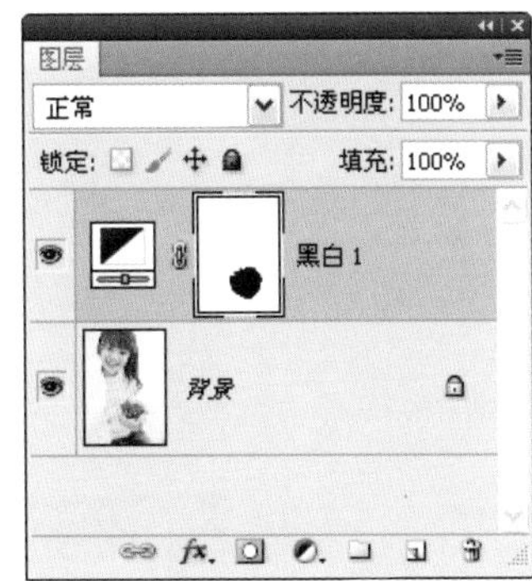

图6-108

STEP 04 单击“调整”面板中的按钮，创建“曲线”调整图层，将图像调暗，增加色调的对比度，如图6-110、图6-111所示。按下〈Alt+Shift+Ctrl+E〉快捷键，将图像盖印到一个新的图层中。

图6-109

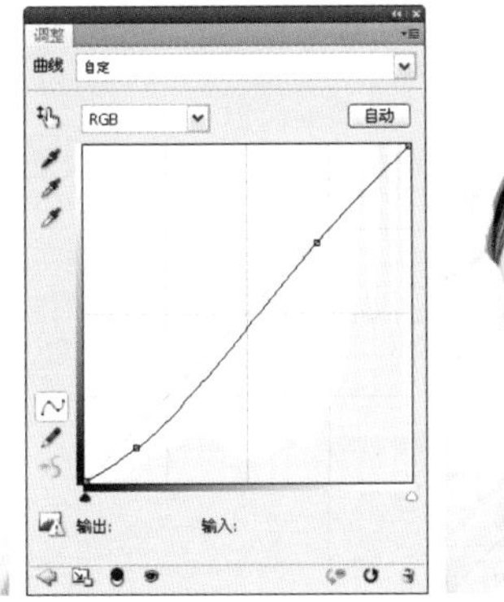

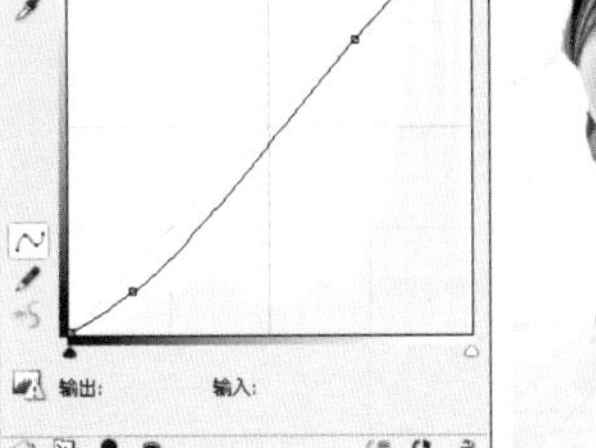

图6-110

图6-111

STEP 05 打开一个文件，如图6-112所示，使用移动工具将盖印后的图像拖入到该文档中，如图6-113所示。

图6-112

图6-113

STEP 06 单击“图层”面板底部的按钮，选择“投影”命令，打开“图层样式”对话框，添加“投影”效果，如图6-114所示。在左侧列表中分别选择“内阴影”和“描边”选项，添加这两种效果，如图6-115~图6-117所示。

图6-114

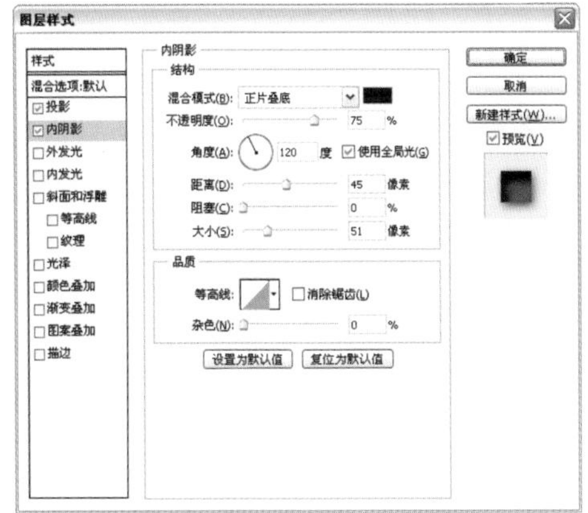

图6-115

图6-116

图6-117

07 打开一个文件，如图6-118所示。采用同样的方法将它也制作为局部黑白效果，如图6-119所示。

图6-118

图6-119

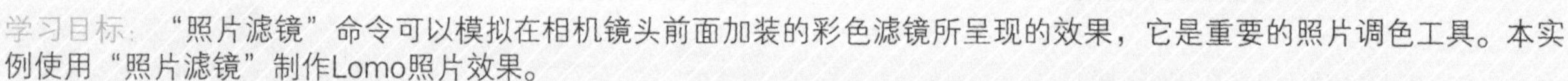

Photoshop 实例104 照片滤镜

难度级别：★★☆

学习目标：“照片滤镜”命令可以模拟在相机镜头前面加装的彩色滤镜所呈现的效果，它是重要的照片调色工具。本实例使用“照片滤镜”制作Lomo照片效果。

技术要点：Lomo照片是Lomo相机拍摄出来的照片，它的特点是具有梦幻般的神奇色彩，而且照片四周的光亮不足，因此，四周会呈现出暗角效果。

素材位置：素材/第6章/实例104

实例效果位置：实例效果/第6章/实例104

01 按下〈Ctrl+O〉快捷键打开一个文件，如图6-120所示。

图6-120

02 单击“调整”面板中的按钮，创建“照片滤镜”调整图层。先勾选“保持明度”选项，这样可以防止添加颜色时使图像变暗，然后在“滤镜”下拉列表中选择“深黄”滤镜，并设置“浓度”参数，该值越高，颜色越浓，如图6-121所示，效果如图6-122所示。

03 单击“调整”面板底部的按钮，重新显示各种调整工具，单击按钮，再创建一个“照片滤镜”调整图层。选择“水下”滤镜，设置参数如图6-123所示，效果如图6-124所示。

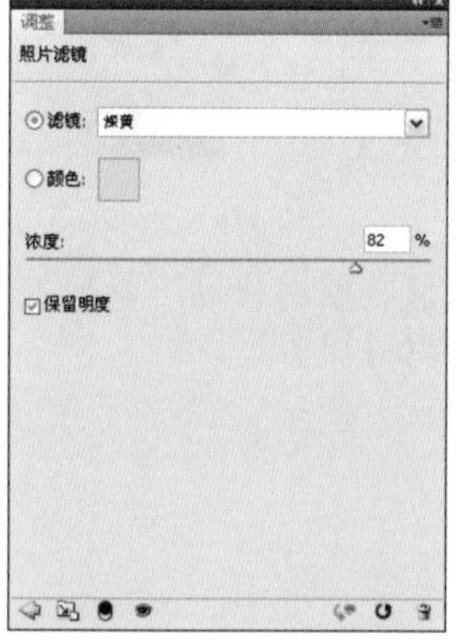

图6-121

图6-122

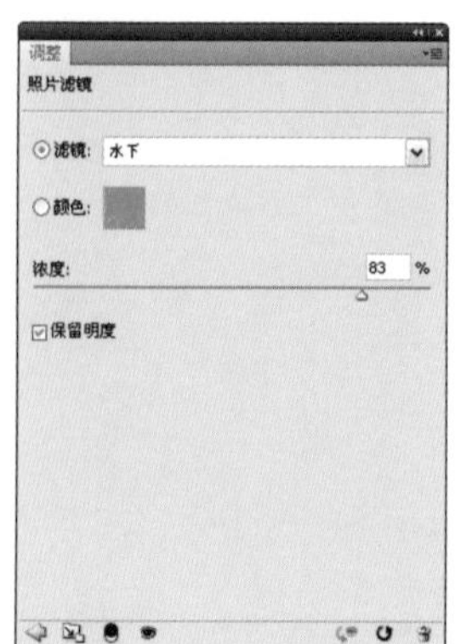

图6-123

图6-124

STEP 04 选择渐变工具▇，在画面中填充黑白线性渐变，用蒙版遮盖调整图层，将上半部分调整效果隐藏，如图6-125、图6-126所示。

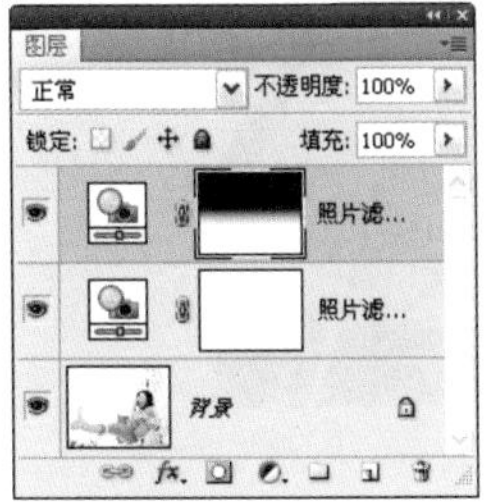

图6-125

图6-126

STEP 05 下面来为照片添加暗角效果。按下〈Alt+Shift+Ctrl+E〉快捷键，将图像盖印到一个新的图层中，如图6-127所示。执行“滤镜”→“镜头校正”命令，打开“镜头校正”对话框，单击“自定”选项卡，然后在“晕影”选项组中设置参数，即可使照片的四周变暗，如图6-128、图6-129所示。

图6-127

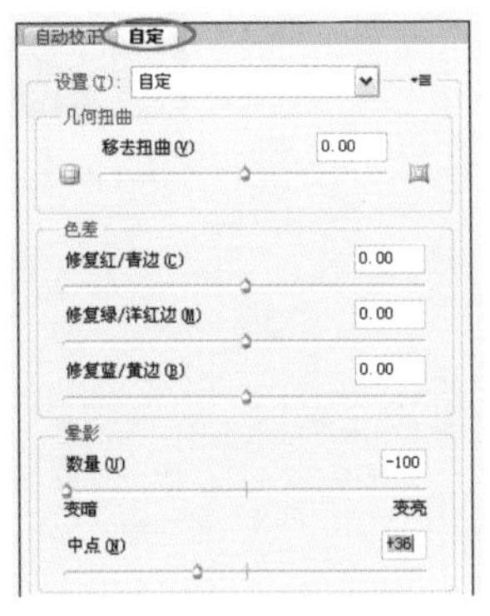

图6-128

图6-129

STEP 06 执行“编辑”→“渐隐镜头校正”命令，打开“渐隐”对话框，将应用的“镜头校正”滤镜的混合模式设置为“正片叠底”，使图像色彩更加鲜艳，如图6-130、图6-131所示。

图6-130

图6-131

提示 使用滤镜、画笔工具、进行填充或描边之后，可以执行“编辑”→“渐隐”命令，修改操作结果的不透明度和混合模式。

渐变映射

难度级别：★★☆

学习目标：“渐变映射”命令可以将图像转换为灰度，并用设定的渐变映射替换灰色。本实例使用“渐变映射”调整天空颜色，让天空显得更加晴朗。

技术要点：通过选区运算选中天空。

素材位置：素材/第6章/实例105

实例效果位置：实例效果/第6章/实例105

STEP 01 按下〈Ctrl+O〉快捷键打开一个文件，如图6-132所示。

STEP 02 使用快速选择工具选中如图6-133所示的天空；按住〈Shift〉键，在路灯与建筑合围区域内的天空上涂抹，将其也添加到选区中，如图6-134所示。

STEP 03 单击“调整”面板中的▇按钮，创建“渐变映射”调整图层，选区会转化到调整图层的蒙版中，如图6-135所示。单击渐变颜色条，如图6-136所示，打开“渐变编辑器”调整渐变颜色，如图6-137所示，效果如图6-138所示。

图6-132

图6-133

图6-134

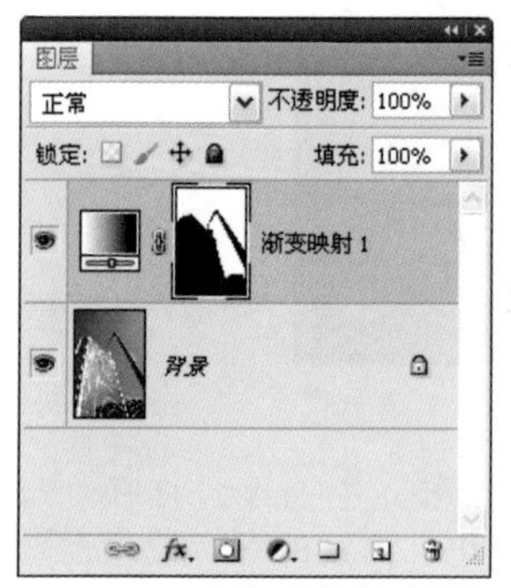

图6-135

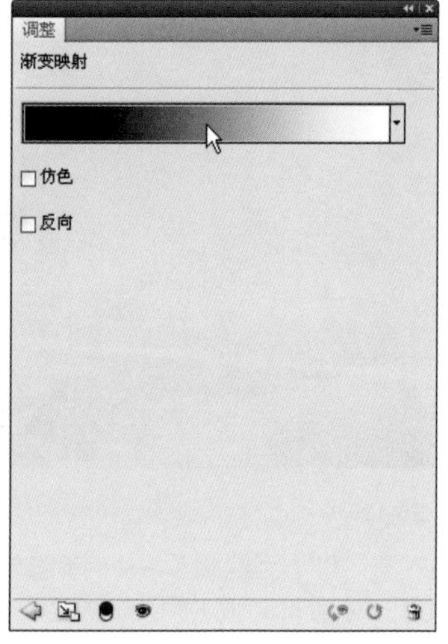

图6-136

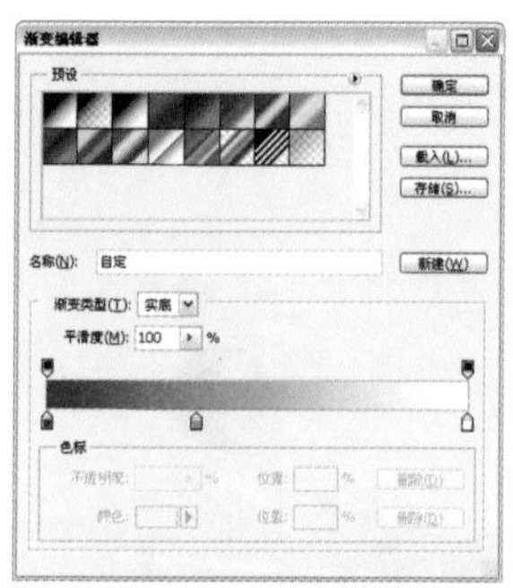

图6-137

图6-138

04 单击“调整”面板底部的按钮，重新显示各种调整工具，单击按钮，创建“色相/饱和度”调整图层，拖动“饱和度”滑块，提高色彩的饱和度，如图6-139所示。如图6-140所示为原图，图6-141所示为调整后的效果。

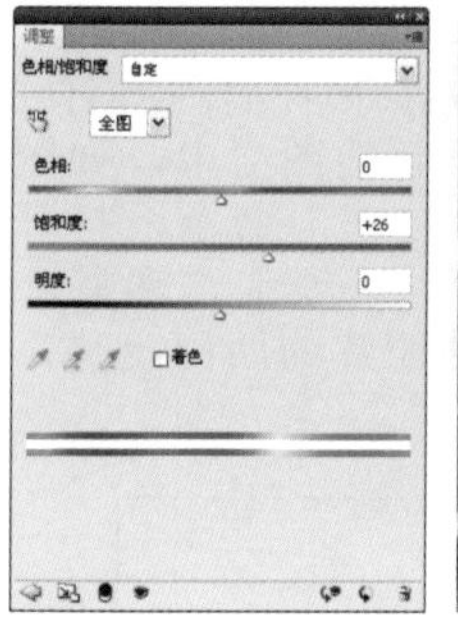

图6-139

图6-140

图6-141

实例106 可选颜色校正

难度级别：★★☆

学习目标：可选颜色校正是高端扫描仪和分色程序使用的一种技术，用于在图像中的每个主要原色成分中更改印刷色的数量。用户可以有选择地修改任何主要颜色中的印刷色数量而不会影响其他主要颜色。例如，可以显著减少图像绿色图素中的青色，同时保留蓝色图素中的青色不变。

技术要点：移动颜色滑块时，向右拖动滑块可以增加该颜色的含量，向左拖动则减少颜色含量。

素材位置：素材/第6章/实例106

实例效果位置：实例效果/第6章/实例106

01 按下〈Ctrl+O〉快捷键打开一个文件，如图6-142所示。

图6-142

02 单击“调整”面板中的按钮，创建“可选颜色”调整图层。在“颜色”下拉列表中选择“白色”，拖动黄色滑块，在白色中增加黄色，如图6-143、图6-144所示。

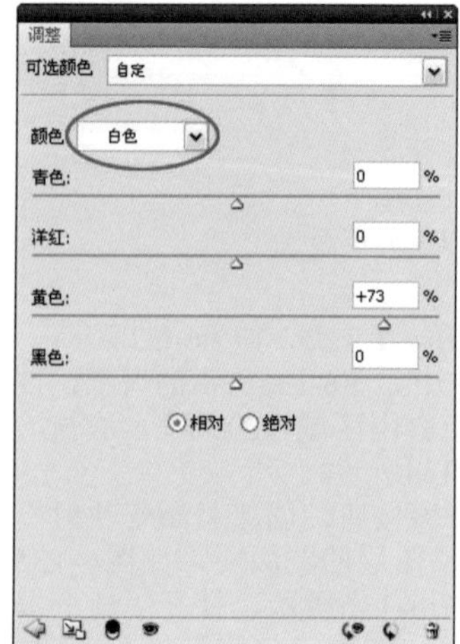

图6-143

图6-144

在“颜色”下拉列表中选择“中性色”，拖动青色滑块，在中性色中增加青色的含量，图像的整体颜色就会向青色转换，再拖动洋红和黄色滑块，适当增加这两种颜色，如图6-145、图6-146所示。

提示

“方法”用来设置色值的调整方式。选择“相对”，可按照总量的百分比修改现有的青色、洋红、黄色或黑色的含量。例如，如果从50%的洋红像素开始添加10%，结果为55%的洋红（50%+50%×10%= 55%）；选择“绝对”时，则采用绝对值调整颜色。例如，如果从50%的洋红像素开始添加10%，则结果为60%洋红。

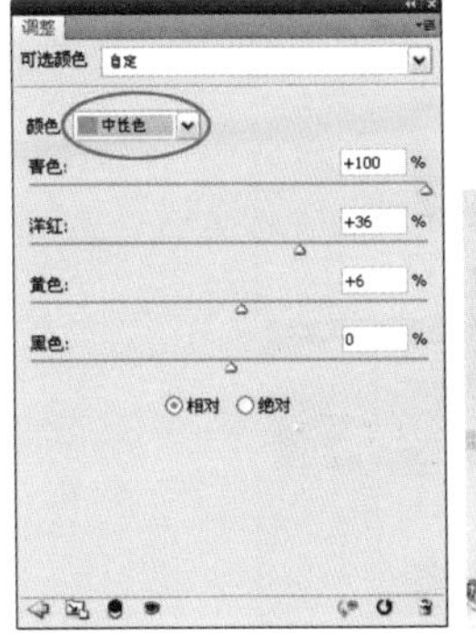

图6-145

图6-146

Photoshop 实例107 变化颜色

难度级别：★★

学习目标：“变化”命令可以调整图像的色彩平衡、对比度和饱和度。它的操作方法简单，而且非常直观，在不需要对颜色进行精确控制时，该命令最为方便。本实例介绍该命令的使用方法。

技术要点：了解溢色的概念及应对方法。

素材位置：素材/第6章/实例107

01 按下〈Ctrl+O〉快捷键打开一个文件，如图6-147所示。

图6-147

02 执行“图像”→“调整”→“变化”命令，打开“变化”对话框，如图6-148所示。

03 先在对话框顶部选择要调整的色调——“中间色调”，然后单击“加深红色”缩览图（可多次单击），这样就可以向图像中添加红色，如图6-149所示。如果要减少红色，则单击它对角线的缩览图，即“加深青色”缩览图，如图6-150所示。其他颜色的调整规律也是如此。

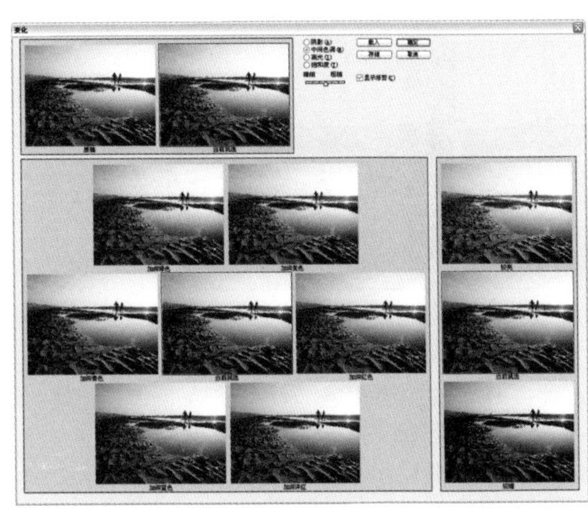

图6-148

图6-149

图6-150

04 对话框顶部的“原稿”与“当前挑选”缩览图分别代表了原始图像和当前的调整结果，如图6-151所示，“当前挑选”图像会随着调整的进行而实时显示当前的处理效果。如果单击“原稿”缩览图，则可将图像恢复为调整前的状态，如图6-152所示。

图6-151

图6-152

05 对话框右侧的三个缩览图用于调整图像的亮度，如图6-153所示。中间的缩览图显示了当前的调整结果，以方便用户对比原图像与调整结果之间的差异。单击其他两个缩览图可增加亮度，如图6-154所示，或者降低亮度，如图6-155所示。

06 如果要调整饱和度，可以选择对话框顶部的“饱和度”选项，如图6-156所示，对话框中间会出现三个缩览图，如图6-157所示，中间的缩览图显示了当前的调整结果，单击两侧的缩览图可减少或增加饱和度。如果勾选了“显示修剪”选项，则颜色过于饱和的区域就会变为全白或者全黑（这样的颜色称为“溢色”，它们是打印机无法打印的颜色），以便用户了解哪里出现了溢色，如图6-158所示。

图6-153　图6-154　图6-155

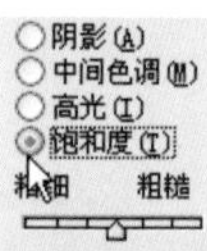

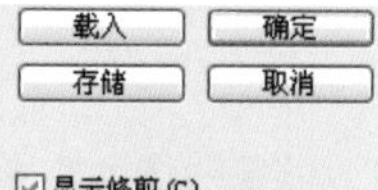

图6-156

图6-157

图6-158

提示

“变化”命令是基于色轮来进行颜色的调整的，增加一种颜色，会自动减少该颜色的补色。例如，增加红色会减少青色，增加青色则减少红色；增加绿色会减少洋红色，增加洋红色则减少绿色；增加蓝色会减少黄色，减少蓝色则增加黄色。

Photoshop 实例108 匹配不同图像的颜色

难度级别：★★☆

学习目标：“匹配颜色”命令可以使一个图像的颜色与另一个图像的颜色相匹配。在需要使不同照片中的颜色保持一致，或者一个图像中的某些颜色（如皮肤色调）必须与另一个图像中的颜色匹配时，该命令非常有用。本实例介绍该命令的使用方法。

技术要点：“匹配颜色”命令不适合处理色彩反差过大的图像。

素材位置：素材/第6章/实例108-1、实例108-2

实例效果位置：实例效果/第6章/实例108

01 按下〈Ctrl+O〉快捷键打开两个文件，如图6-159、图6-160所示。它们的色彩风格不一致，下面来匹配它们的颜色。

图6-159

图6-160

02 将泰姬陵照片设置为当前操作的文档，执行“图像”→“调整”→“匹配颜色”命令，打开“匹配颜色”对话框，在“源”选项下拉列表中选择另一个打开的图像，并调整“渐隐”和“颜色强度”值，如图6-161所示。

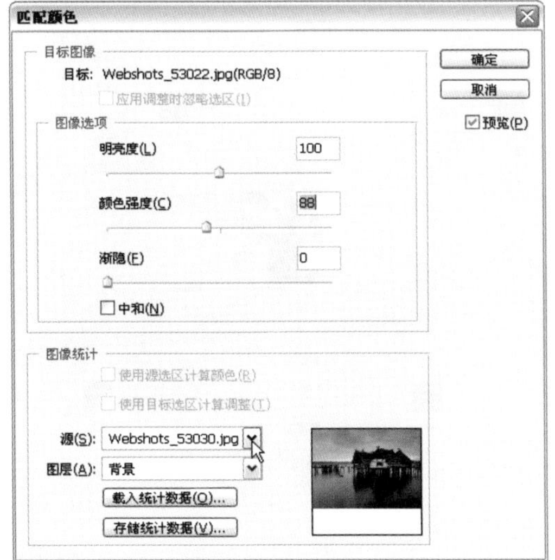

图6-161

03 单击“确定”按钮关闭对话框，即可使当前图像的颜色与另外一个图像的颜色相匹配，颜色会变得深沉而凝重，如图6-162所示。

图6-162

提示 “颜色强度”滑块可以控制色彩的饱和度；“渐隐”滑块可以控制颜色的调整强度，该值越高，调整强度越弱。

04 按下〈Ctrl+U〉快捷键打开“色相/饱和度”对话框，拖动色相滑块，适当提升色彩的鲜艳度，如图6-163、图6-164所示。

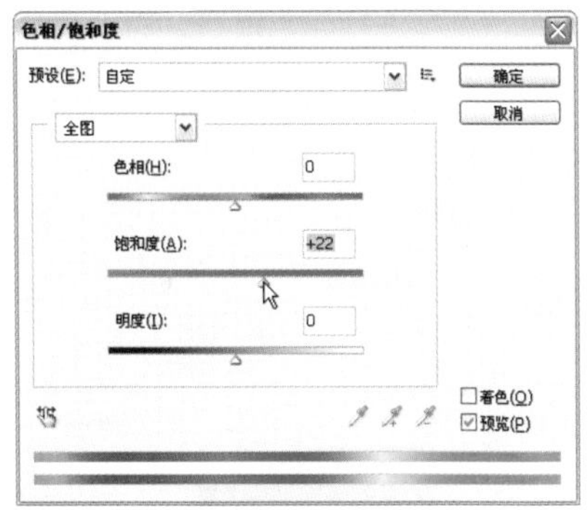

图6-163

图6-164

替换特定颜色

难度级别：★★★

学习目标：“替换颜色”命令与“色相/饱和度”命令类似，也可以改变图像中的特定颜色，但该命令在颜色的选择方式上更加灵活。本实例介绍该命令的使用方法。

技术要点：“替换颜色”命令的对话框中包含了颜色选择选项和颜色调整选项，其颜色选择方式与“色彩范围”命令基本相同，颜色的调整方式则与“色相/饱和度”命令相似。

素材位置：素材/第6章/实例109

实例效果位置：例效果/第6章/实例109

01 按下〈Ctrl+O〉快捷键打开一个文件，如图6-165所示。按下〈Ctrl+J〉快捷键复制“背景”图层，如图6-166所示。下面来将绿色的树叶替换为神秘的紫色。

图6-165

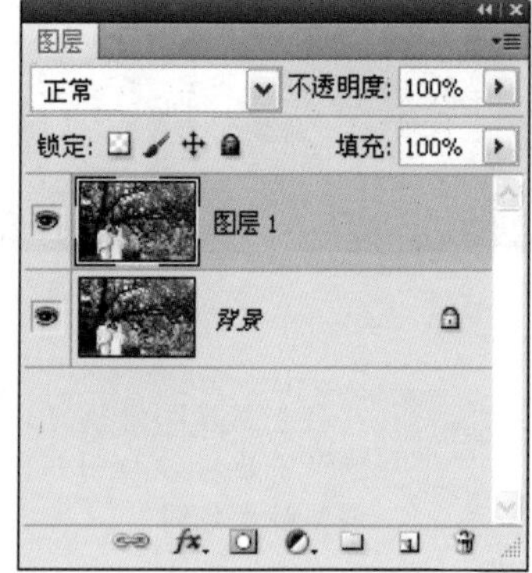

图6-166

02 执行“图像”→“调整”→“替换颜色”命令，打开“替换颜色”对话框，如图6-167所示。将光标放在树叶上，如图6-168所示，单击鼠标进行颜色取样，向右拖动“颜色容差”滑块，此时对话框中的颜色块会变为拾取的颜色，如图6-169所示。

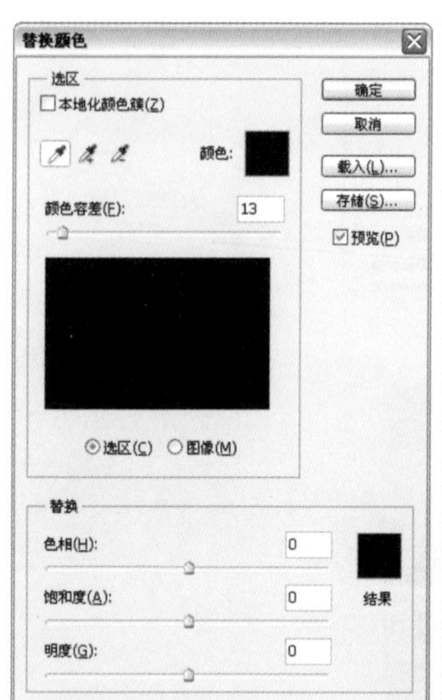

图6-167

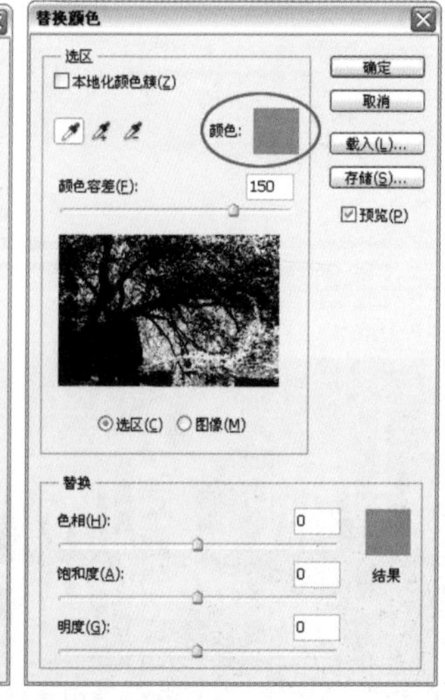

图6-169

图6-168

03 选择添加到取样工具，在未选中的树叶上单击并拖动鼠标，扩展选择范围（白色代表了选中的颜色），如图6-170、图6-171所示。

图6-170

图6-171

04 再向左侧拖动“颜色容差滑块”，将树枝排除到选区之外，如图6-172所示。再使用从取样减去工具在人物身体上单击，将人物排除到选区之外，如图6-173所示。

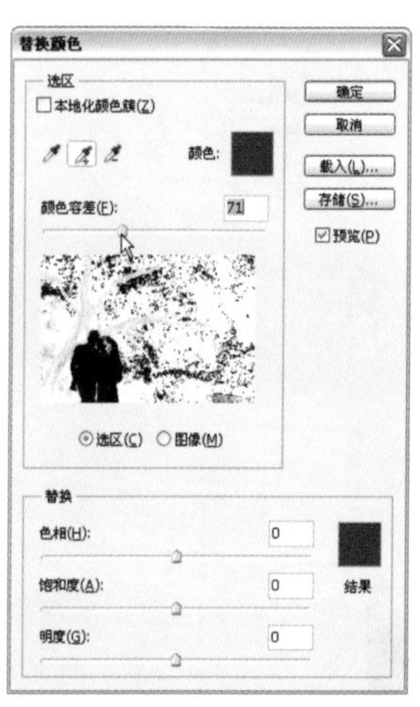

图6-172

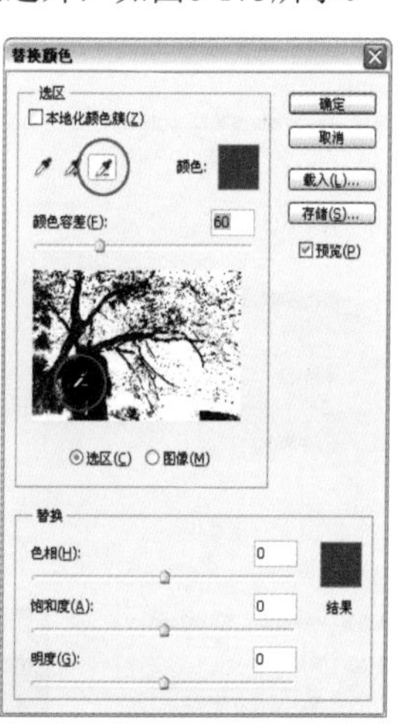

图6-173

05 拖动“色相”和“饱和度”的滑块，将选中的树叶调整为紫色，如图6-174、图6-175所示。按下回车键关闭对话框。

图6-174

06 设置图层的混合模式为“颜色”，如图6-176、图6-177所示。

图6-175

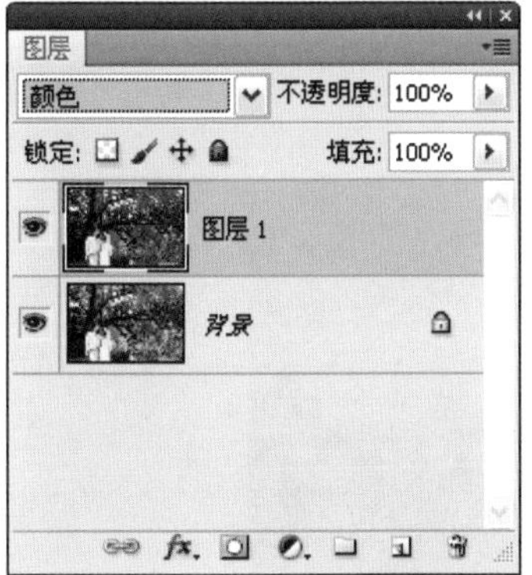

图6-176

图6-177

07 人物的肤色有些偏黄，需要处理一下。单击“调整”面板中的按钮，创建“可选颜色”调整图层，分别选择“红色”和“黄色”进行调整，对肤色进行校正，如图6-178、图6-179所示。如图6-180所示为原图，图6-181所示为调整后的效果。

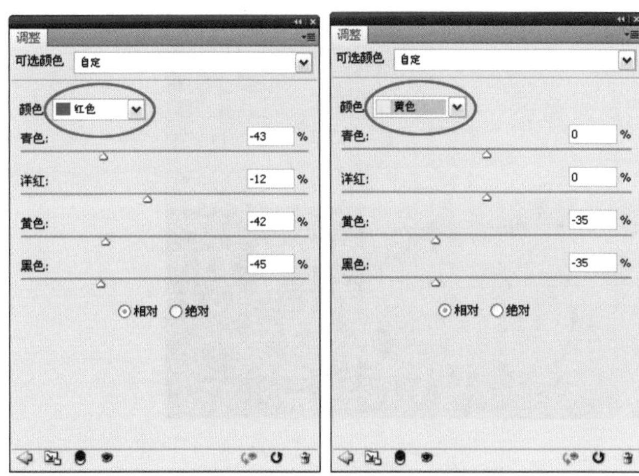

图6-178 图6-179

图6-180

图6-181

制作旧新闻照片

难度级别：★★

学习目标：本实例通过调色命令和滤镜制作一张旧新闻照片。
技术要点：通过添加杂色降低画质，通过调低饱和度制作出褪色效果。
素材位置：素材/第6章/实例110
实例效果位置：实例效果/第6章/实例110

STEP 01 按下〈Ctrl+O〉快捷键打开一个彩色图像，如图6-182所示。

图6-182

STEP 02 执行“滤镜”→“杂色”→“添加杂色”命令，在图像中添加杂色，生成颗粒感，如图6-183、图6-184所示。

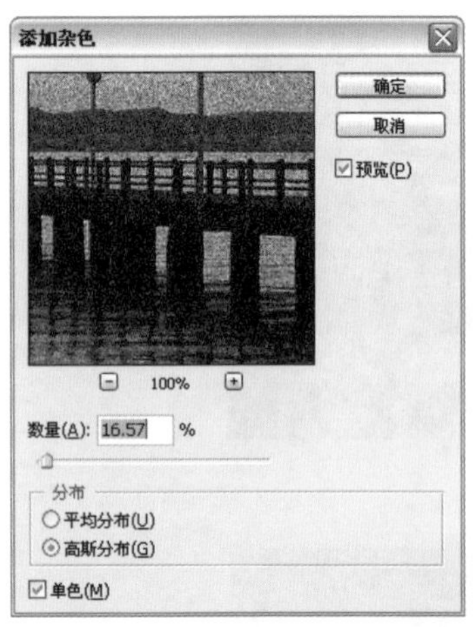

图6-183

图6-184

STEP 03 单击“调整”面板中的按钮，创建“色相/饱和度”调整图层，勾选“着色”选项，将照片改为单色，拖动色相滑块，将颜色调整为黄色，拖动饱和度滑块，降低色彩的饱和度，使图像显得陈旧，如图6-185所示，效果如图6-186所示。

STEP 04 单击“调整”面板中的按钮，创建“曲线”调整图层，在曲线上单击添加控制点，然后拖动控制点，将曲线调整为如图6-187所示的形状，增加图像的对比度，效果如图6-188所示。

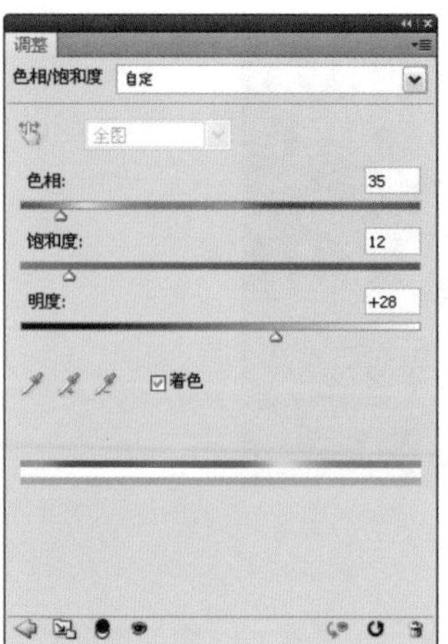

图6-185

图6-186

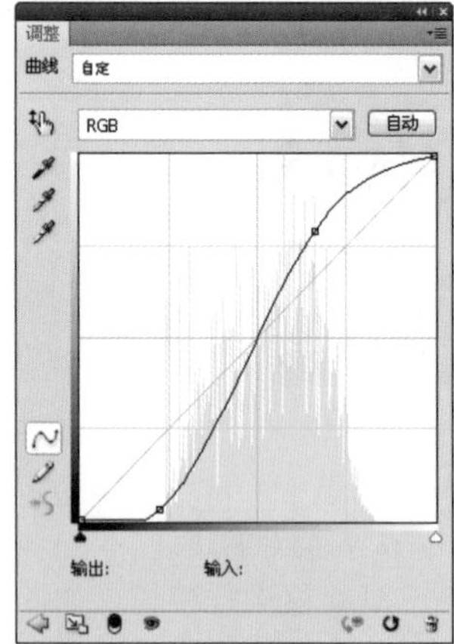

图6-187

图6-188

第7章　选区与抠图实例

学习要点：

- 使用魔棒工具
- 使用快速选择工具
- 使用钢笔工具抠图
- 使用“色彩范围”命令抠图
- 使用通道抠像
- 使用“抽出”滤镜抠像

案例数量：

6个抠图与合成图像应用实例

内容总览：

抠图是指将人物、动物或者需要使用的图像选中，再将其从背景中分离出来。抠图是一种比较难，而且很重要的技术，因为进行图像合成、照片处理、平面广告设计等都离不开它。本章详细介绍魔棒工具、快速选择工具、钢笔工具、色彩范围命令、抽出滤镜等抠图方法。

Photoshop 实例111　使用魔棒工具抠图

难度级别：★★

学习目标：魔棒工具可以选择颜色一致或颜色相近的区域。选择该工具后，在图像上单击即可选择与单击点颜色相近的颜色，单击的位置不同，选择的颜色范围也不相同。本实例学习怎样使用魔棒工具选取图像，制作一个广告牌。

技术要点：“容差”是魔棒工具最重要的选项，它决定了魔棒工具可选取的颜色范围。该值较小时，只能选择与单击点颜色非常相似的颜色，该值越高，选择的颜色范围越广。

素材位置：素材/第7章/实例111-1、实例111-2

实例效果位置：实例效果/第7章/实例111

01 按下〈Ctrl+O〉快捷键打开一个文件，如图7-1所示。按下〈Ctrl+A〉快捷键全选，按下〈Ctrl+C〉快捷键，将图像复制到剪贴板中。

图7-1

02 再打开一个文件，如图7-2所示。选择魔棒工具，在工具选项栏中设置容差为15，勾选“连续”选项，这样可以使魔棒工具只选择与单击点颜色连接的区域，如图7-3所示。

图7-2

容差：15　☑消除锯齿　☑连续　□对所有图层取样

图7-3

提示

如果文档中包含多个图层，勾选“对所有图层取样”时，可选择所有可见图层上颜色相近的区域；取消勾选，则仅选择当前图层上颜色相近的区域。

03 在广告牌上单击创建选区，如图7-4所示。执行“编辑”→“选择性粘贴” →“贴入”命令，将复制的图像粘贴到广告牌的选区内，Photoshop会为它添加一个蒙版，将选区以外的图像隐藏，如图7-5、图7-6所示。使用移动工具拖动图像，调整一下位置，将隐藏的人物显示出来，如图7-7所示。

图7-4

图7-5

图7-6

图7-7

实例112 使用快速选择工具抠图

难度级别：★★★★

学习目标：快速选择工具是比魔棒还要强大的选择工具，它能够利用可调整的圆形画笔笔尖快速“绘制”选区，选区会向外扩展并自动查找和跟随图像的边缘。本实例学习怎样使用快速选择工具选择图像，制作出一幅化妆品海报。

技术要点：按住〈Shift〉键在漏选的图像上拖动鼠标，可将其添加到选区中；按住〈Alt〉键在选中的图像上拖动鼠标，可将其排除到选区之外。

素材位置：素材/第7章/实例112-1、实例112-2

实例效果位置：实例效果/第7章/实例112

01 按下〈Ctrl+O〉快捷键打开一个文件，如图7-8所示。

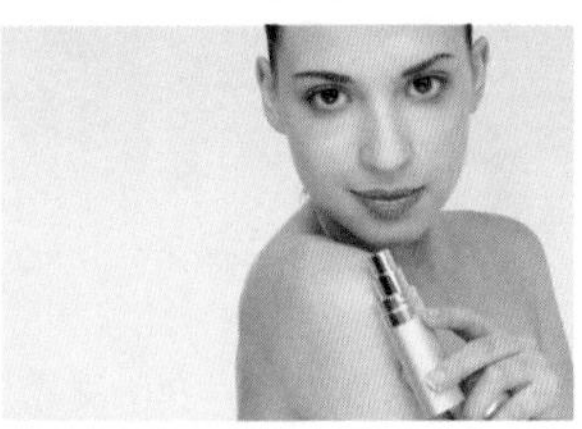
图7-8

02 选择快速选择工具，在工具选项栏中设置笔尖大小，如图7-9所示。在人物上单击并拖动鼠标创建选区，将人物选中，如图7-10所示。

图7-9

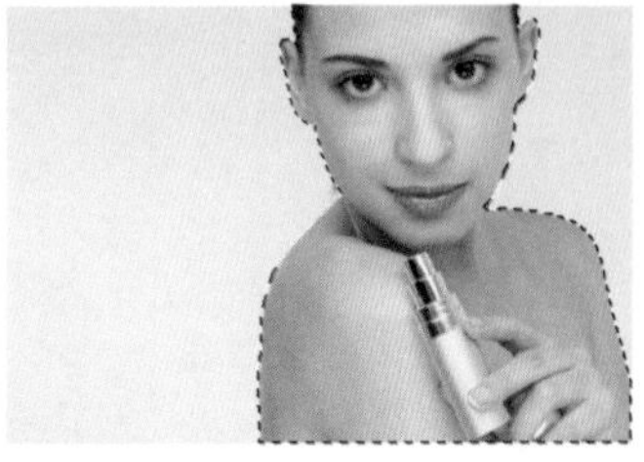
图7-10

03 按下〈Ctrl+J〉快捷键将人物复制到一个新的图层中，选择“背景”图层，如图7-11所示。将前景色设置为浅蓝色，按下〈Alt+Delete〉快捷键，为背景填色，如图7-12所示。

图7-11

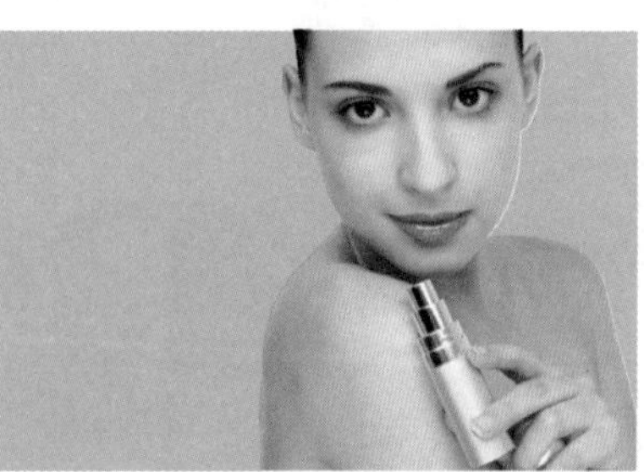
图7-12

04 打开一个花朵图像。按下〈[〉键，将快速选择工具的笔尖调小（按下〈]〉键可调大），选中一个花朵，如图7-13所示。使用移动工具将它拖入到人像文档中，如图7-14所示。

05 按住〈Alt〉键拖动鼠标复制花朵，同时生成一个新的图层。按下〈Ctrl+T〉快捷键显示定界框，拖动控制点调整它的大小（也可以适当旋转角度），如图7-15所示，按下回车键确认。通过这种方法复制出更多的花朵，如图7-16所示。

图7-13

图7-14

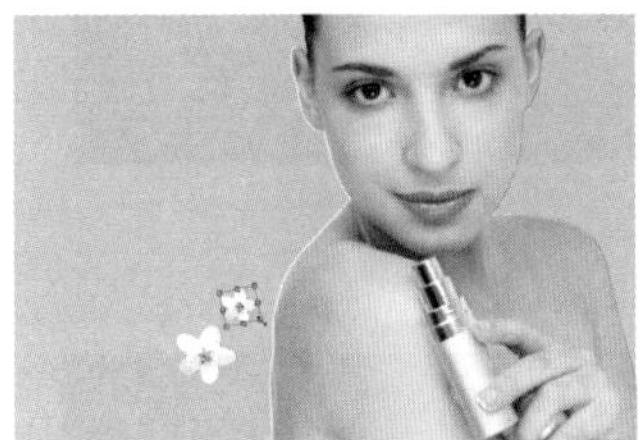

图7-15

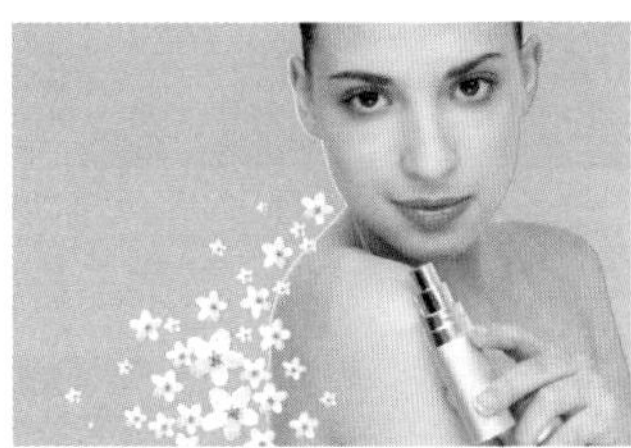

图7-16

06 在“图层”面板中，只有最顶层的花朵被选择，如图7-17所示，按住〈Shift〉键，单击最下面的花朵图层，将所有花朵图层都选中，如图7-18所示，按下〈Ctrl+G〉快捷键，将它们编入一个图层组中，如图7-19所示。

图7-17 图7-18 图7-19

07 按住〈Alt〉键将该组拖动到“背景”图层上面，如图7-20所示，放开鼠标以后，即可在“背景”图层上面复制出一个花朵图层组，如图7-21所示。

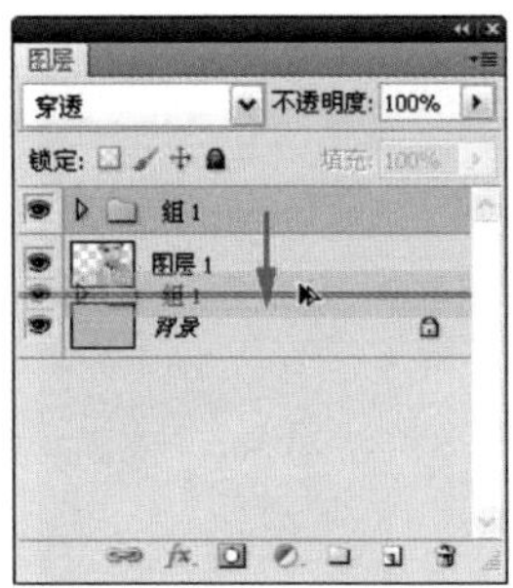

图7-20

图7-21

08 将该组图像拖动到人像后面，如图7-22所示。使用移动工具按住〈Alt〉键拖动鼠标复制出几个图层组，调整它们的位置，将人像后面的背景铺满花朵，如图7-23所示。

图7-22

图7-23

09 横排文字工具T，打开“字符”面板，设置字体、大小和颜色，如图7-24所示，在画面左侧单击并输入一行文字，如图7-25所示。

图7-24

图7-25

实例113 钢笔工具抠汽车

难度级别：★★★☆

学习目标：钢笔工具是矢量工具，它可以绘制光滑的曲线路径，将路径转换为选区以后就可以选取对象，因此，该工具是非常重要的抠图工具。钢笔工具适合选择汽车、电器、家具、建筑等边缘清晰、流畅的对象。本实例学习怎样使用钢笔工具抠汽车，并将其制作为一个立体图标。

技术要点：灵活地编辑锚点和路径，让路径光滑流畅，描摹出的轮廓准确、清晰。

素材位置：素材/第7章/实例113-1、实例113-2

实例效果位置：实例效果/第7章/实例113

01 按下〈Ctrl+O〉快捷键打开一个文件，如图7-26所示。选择钢笔工具，在工具选项栏中按下路径按钮，如图7-27所示。

图7-26

图7-27

02 按下〈Ctrl〉+〈+〉快捷键将窗口放大显示。将光标放在汽车轮廓边缘处，单击鼠标创建一个锚点，如图7-28所示，在转折处单击并拖动鼠标创建第二个锚点，并生成曲线路径，如图7-29所示。

图7-28

图7-29

03 采用同样的方法继续绘制路径，绘制到转折处时，可以按住〈Alt〉键单击锚点，将平滑点转换为角点，如图7-30、图7-31所示，然后再继续绘制路径。如图7-32所示为绘制完成的路径，此时"路径"面板中会生成一个工作路径层，如图7-33所示。

图7-30

图7-31

图7-32

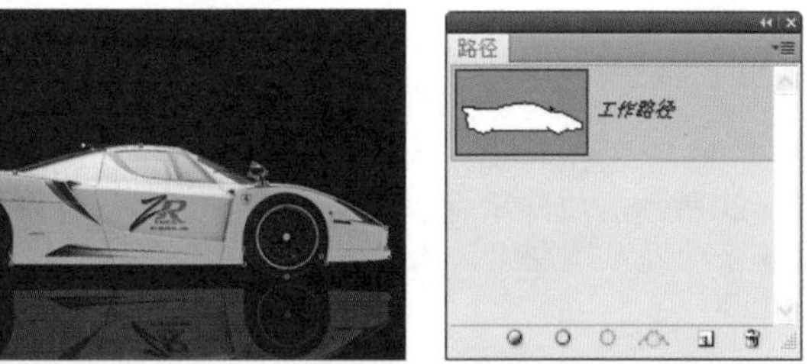

图7-33

04 按下〈Ctrl+回车键〉将路径转换为选区，选中汽车，如图7-34所示。打开一个文件，使用移动工具将汽车拖入到该文档中，如图7-35所示。

图7-34

图7-35

05 双击汽车所在的图层，打开“图层样式”对话框，添加“投影”、“斜面和浮雕”效果，如图7-36~图7-38所示。

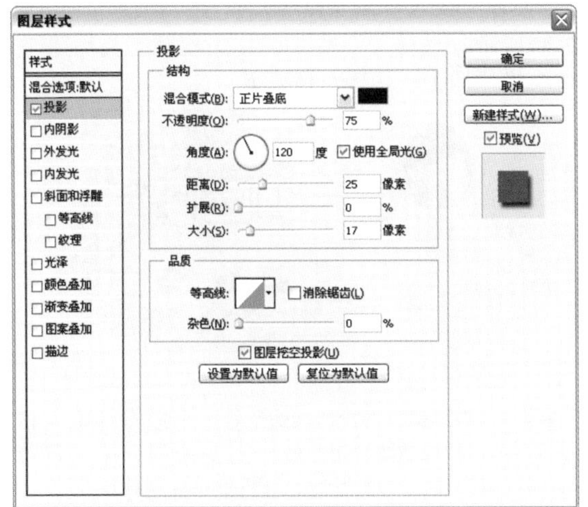

图7-36

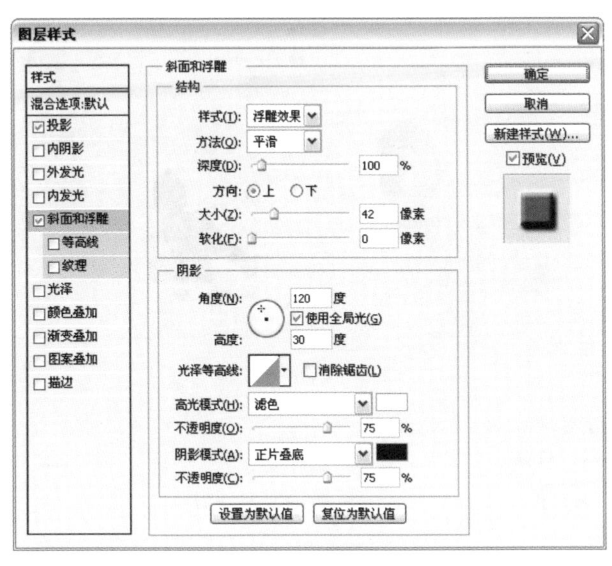

图7-37

图7-38

色彩范围命令抠像

难度级别：★★★

学习目标：“色彩范围”命令与魔棒和快速选择工具类似，也是根据图像的颜色范围创建选区的，但该命令提供了更多的控制选项，因此，它的功能更加强大，选择精度也更高。本实例学习“色彩范围”命令的使用方法。

技术要点：抠图之后还要仔细观察图像，对于不够精确的地方，可通过蒙版修正。

素材位置：素材/第7章/实例114-1、实例114-2

实例效果位置：实例效果/第7章/实例114

01 按下〈Ctrl+O〉快捷键打开一个文件，如图7-39所示。

02 执行“选择”→“色彩范围”命令，打开“色彩范围”对话框，取消“本地化颜色簇”选项的勾选，在背景上单击进行颜色取样，然后调整颜色容差，如图7-40所示。

03 按下添加到取样按钮，继续在背景处单击，将所有的背景都选中，如图7-41、图7-42所示。向左侧拖动颜色容差滑块，降低颜色容差值，如图7-43所示。

图7-39

图7-40

图7-41

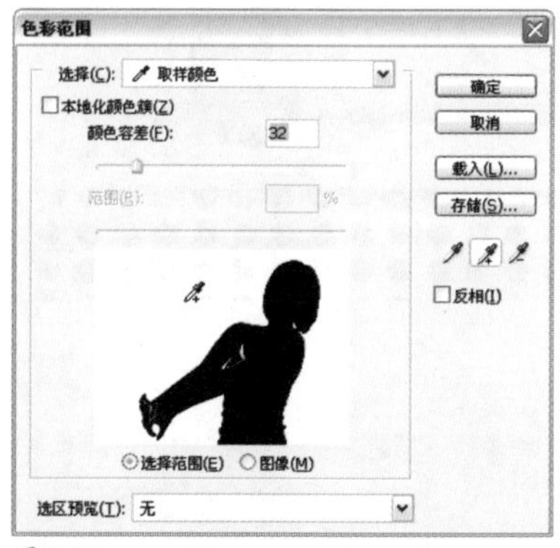

图7-42

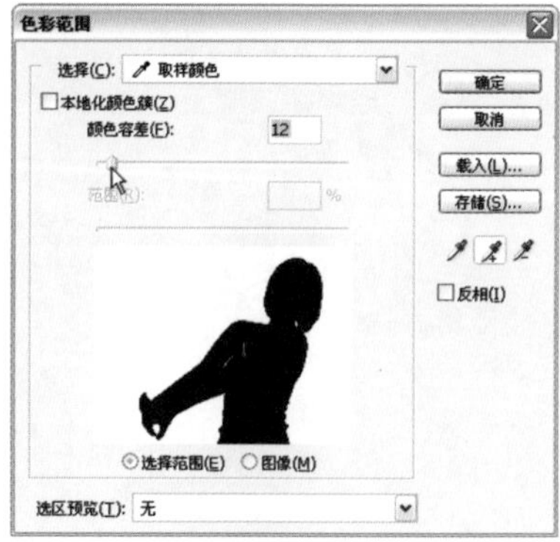

图7-43

04 单击“确定”按钮关闭对话框，创建选区，如图7-44所示。

05 现在女孩的手臂和衣服等处有被选择的区域，使用套索工具按住〈Alt〉键在这些区域拖动鼠标，将它们排除到选区之外，如图7-45、图7-46所示。

图7-44

图7-45

图7-46

06 执行“选择”→“反向”命令反转选区，即可选中女孩，如图7-47所示。打开一个文件，使用移动工具将选中的女孩拖入该文档中，如图7-48所示。

图7-47

图7-48

07 观察图像合成效果，如图7-49所示，可以发现，女孩的头发区域还保留有原图像的背景，需要处理一下。选择“图层1”，单击“图层”面板底部的按钮创建蒙版，如图7-50所示，选择一个柔角画笔工具，在女孩的头发区域涂抹黑色，将背景隐藏，如图7-51所示。

图7-49

图7-50

图7-51

通道抠婚纱

 难度级别：★★★ 

学习目标：抠图的方法有很多种，如前面介绍的钢笔工具、“色彩范围”命令，以及后面将要介绍的“抽出”滤镜等。通道也是一种抠图工具，它的特点是可以将选区保存在通道中，使之成为灰度图像，此后，用户就可以使用各种绘画工具、选择工具、滤镜等编辑这一通道，制作出精确的选区。本实例学习通道抠图方法。

技术要点：在通道中，白色代表了可以完全选中的区域，灰色代表了只能部分选中的区域（即羽化的区域），黑色代表了不能选中的区域。

素材位置：素材/第7章/实例115-1、实例115-2

实例效果位置：实例效果/第7章/实例115

step 01 按下〈Ctrl+O〉快捷键打开一个文件，如图7-52所示。打开“通道”面板，如图7-53所示。

图7-52

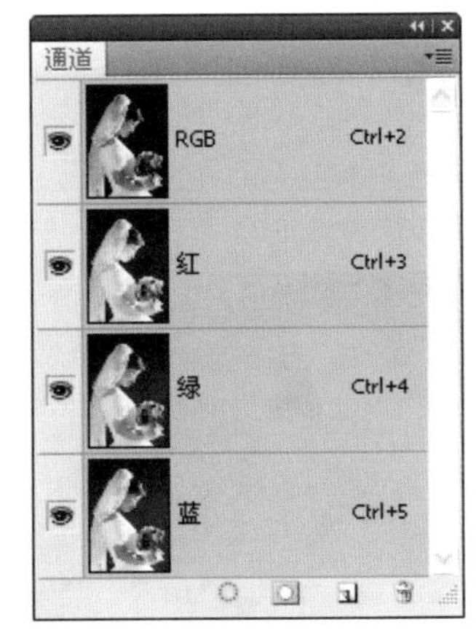

图7-53

step 02 单击面板中的“红”、“绿”和“蓝”通道，观察这三个通道，如图7-54～图7-56所示，可以发现，红色通道中人物婚纱部分的细节较少，并且与背景的差别最明显，它比较适合制作选区。

图7-54

图7-55

图7-56

step 03 将红色通道拖动到创建新通道按钮上复制，如图7-57所示。

step 04 选择魔棒工具，在工具选项栏中按下添加到选区按钮，设置容差为20px，在黑色的背景上单击创建选区，如图7-58所示，按下〈Shift+Ctrl+I〉快捷键反选，选中人物，如图7-59所示。

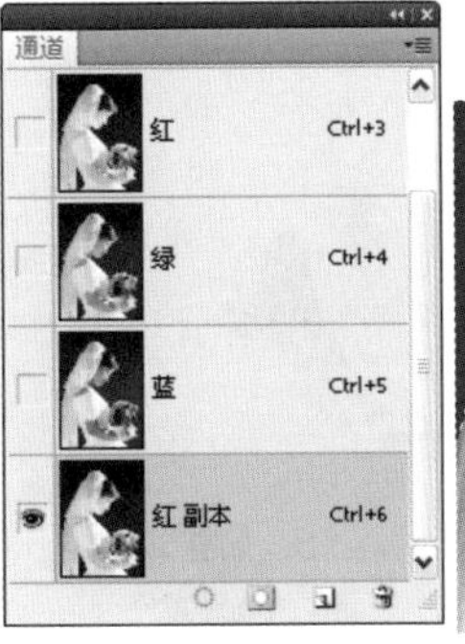

图7-57

图7-58

图7-59

step 05 由于通道中的白色区域才能载入为选区，因此，要选择人物就需要在通道中将人物处理为白色。按下〈Ctrl+L〉快捷键打开“色阶”对话框，向左侧拖动高光滑块，将婚纱、人物面部等处的灰色调整为白色，如图7-60、图7-61所示。

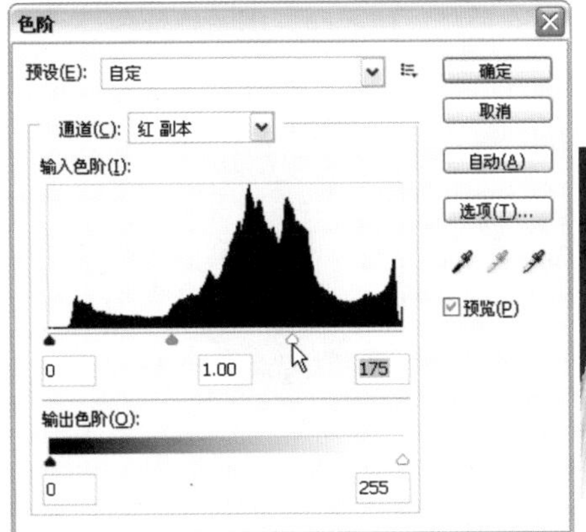

图7-60

图7-61

step 06 选择画笔工具，将前景色设置为白色，将人物的身体部分和手中的花束涂抹为白色，如图7-62所示。按下〈Ctrl+D〉快捷键取消选择。单击“通道”面板中的按钮，载入“红副本”通道的选区。按住〈Alt〉键双击“背景”图层，将它转换为普通图层，如图7-63所示。

图7-62

图7-63

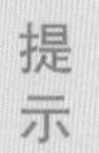

提示　由于头纱具有半透明的特征，因此，在通道中，它应该呈现为灰色，这样在选取后才能保持它的透明度。

07 单击添加图层蒙版按钮，从选区中创建蒙版，将黑色的背景图像隐藏，如图7-64、图7-65所示。

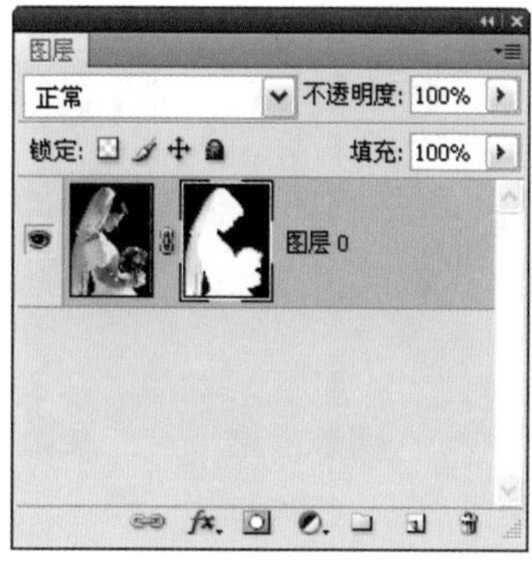

图7-64

图7-65

08 打开一个文件，使用移动工具将婚纱人像拖入该文档，如图7-66所示。

09 单击“调整”面板中的按钮，创建“曲线”调整图层，拖动曲线将图像调亮，如图7-67所示。单击面板底部的按钮，创建剪贴蒙版，使曲线只影响婚纱图层，如图7-68、图7-69所示。

图7-66

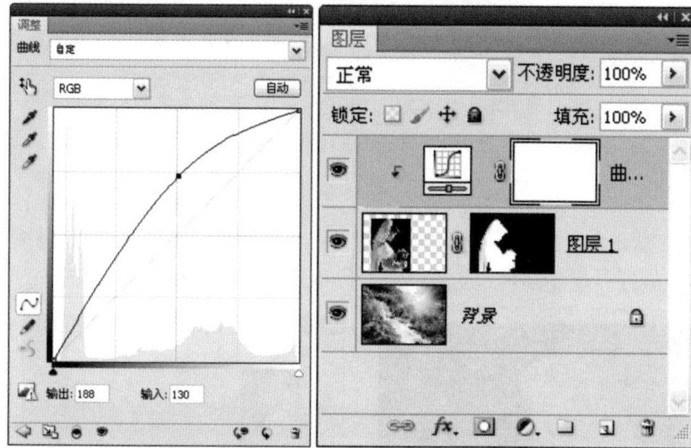

图7-67　图7-68

图7-69

抽出滤镜抠像

难度级别：★★★☆

学习目标：本实例学习怎样使用“抽出”滤镜抠像，制作出一个时尚杂志封面。抽出滤镜是专门用于抠图的插件，它需要下载并安装到Photoshop才能使用。该滤镜的下载地址是：http://www.adobe.com/support/downloads/detail.jsp?ftpID=4279。下载以后，将它复制到Photoshop CS5安装程序文件夹下面的“Plug-ins”文件夹中，然后重新启动Photoshop便可以使用了。

技术要点：“抽出”滤镜会删除图像的背景，因此，如果不想破坏图像，可以复制出一个图层，然后抽取副本图层上的图像。

素材位置：素材/第7章/实例116-1、实例116-2

实例效果位置：实例效果/第7章/实例116

step 01 按下〈Ctrl+O〉快捷键打开一个文件，如图7-70所示。按下〈Ctrl+J〉快捷键复制图像，然后将“背景”图层隐藏，如图7-71所示。

图7-70

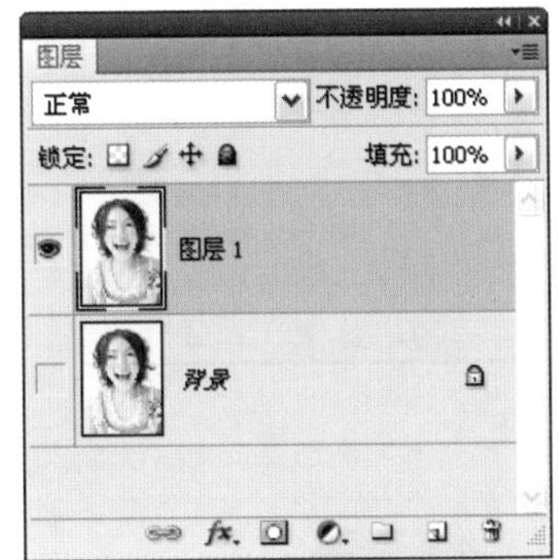

图7-71

step 02 执行“滤镜”→“抽出”命令，打开“抽出”对话框，如图7-72所示。选择边缘高光器工具，沿人物的边界绘制轮廓，对于边缘细节较多的头发区域，可以将笔尖调大，用绿色全部覆盖，如图7-73所示。如果有多绘制的区域，则可以使用橡皮擦工具擦除。

图7-72

图7-73

step 03 使用填充工具在边界内单击，填充蓝色，如图7-74所示，蓝色覆盖的区域是要保留的区域，其余的图像会被删除掉。单击“预览”按钮预览抽出的结果，如图7-75所示。

图7-74

图7-75

提示

如果边界以外的区域也被蓝色覆盖，则说明描绘的边界没有完全封闭，这时可以使用边缘高光器工具将边界的缺口封闭，然后用填充工具重新填充蓝色。

step 04 透明背景上不太容易观察抽取效果是否精确，在对话框右下角的“效果”选项中选择“灰色杂边”选项，将抽出的图像放在灰色背景上观察，如图7-76所示。

step 05 可以看到，人物身体和头发的边缘并不完整，存在大量的缺失，如图7-77所示。选择清除工具，按住〈Alt〉键在身体边缘涂抹，恢复图像，如图7-78所示。如果有多余的背景，则可放开〈Alt〉键涂抹，将背景擦除。如图7-79所示为最后的修饰结果。

step 06 单击“确定”按钮，抽出图像，如图7-80、图7-81所示。

图7-76

图7-77

图7-78

图7-79

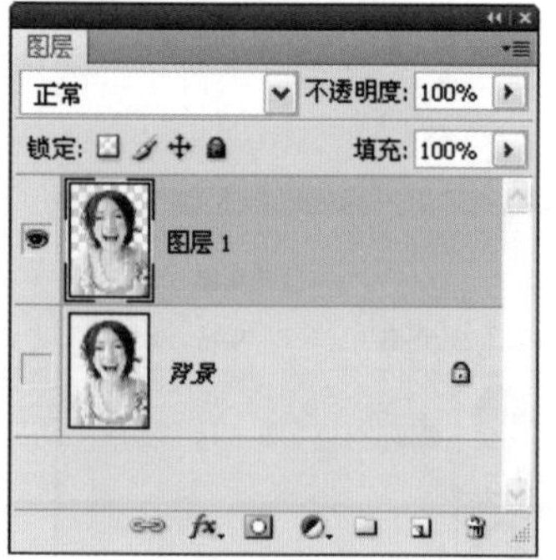

图7-80

图7-81

step 07 打开一个杂志封面的模板文件。将抽出的人像拖入该文档，放在“背景”图层上面，如图7-82、图7-83所示。

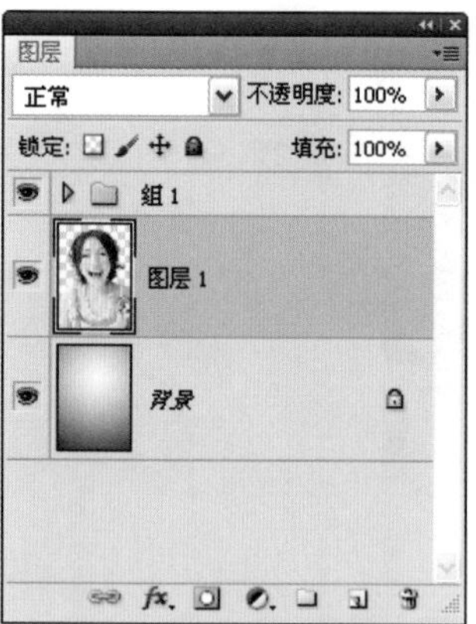

图7-82

图7-83

第8章　图像合成实例

学习要点：

- 图层蒙版的编辑技巧
- 画笔参数的设定技巧
- 对图像进行变换，调整透视关系
- 使用滤镜编辑图层蒙版
- 使用混合模式
- 使用画笔编辑蒙板

内容总览：

本章介绍怎样使用不同的素材合成新的图像，制作出海报、插画、写真，以及超现实主义风格的作品。Photoshop中的各种蒙版是用于合成图像的功能，其中图层蒙版功能最强、用途最广，它还可以用来控制调整图层、智能滤镜等；其次是剪贴蒙版，它可以控制多个图层内容的显示区域；矢量蒙版则可以进行任意缩放而不会出现锯齿。

案例数量：

6个图像合成应用实例

开心果

难度级别：★★★☆

学习目标：本实例学习怎样使用滤镜编辑蒙版，创建特殊的边缘效果。

技术要点：取消蒙板与图像的链接，单独对蒙版进行缩放。

素材位置：素材/第8章/实例117-1、实例117-2

实例效果位置：实例效果/第8章/实例117

01 按下〈Ctrl+N〉快捷键打开“新建”对话框，创建一个600×426像素，350像素/英寸的RGB模式文档，如图8-1所示。

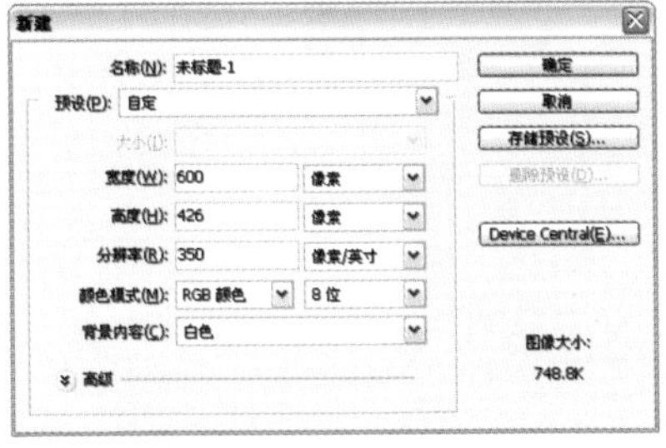

图8-1

02 打开一个文件，如图8-2所示，使用移动工具将它拖入新建的文档中，生成“图层1”。单击“图层”面板底部的按钮，为该图层添加图层蒙版，如图8-3所示。

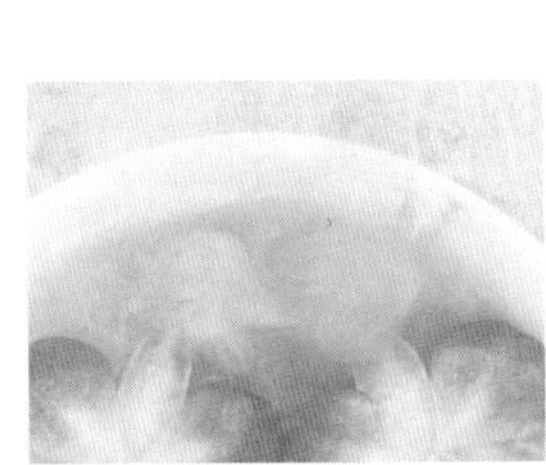

图8-2

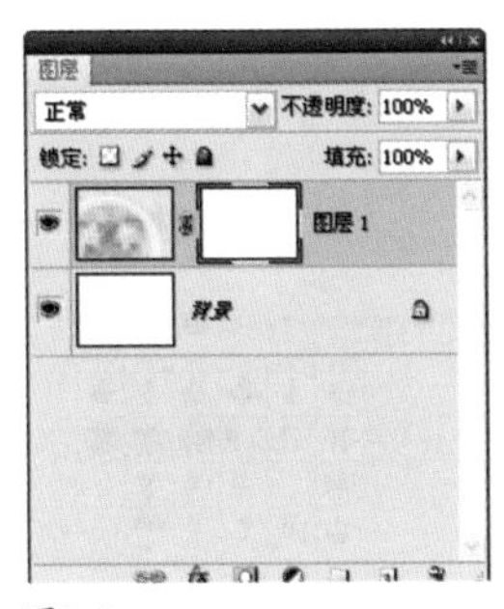

图8-3

03 使用矩形选框工具创建一个选区，如图8-4所示。在工具选项栏中按下从选区减去按钮，在当前选区的内部再创建一个选区，两个选区相减以后就形成了一个矩形选框，如图8-5所示。

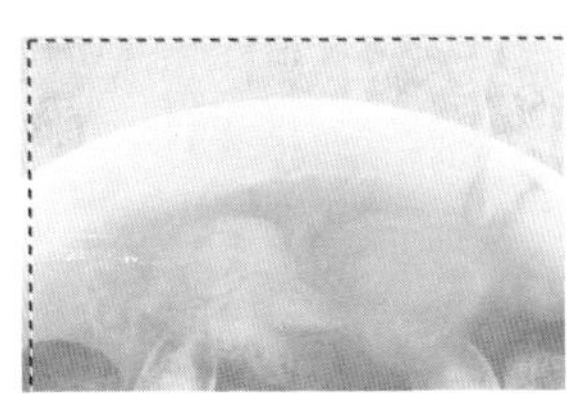

图8-4

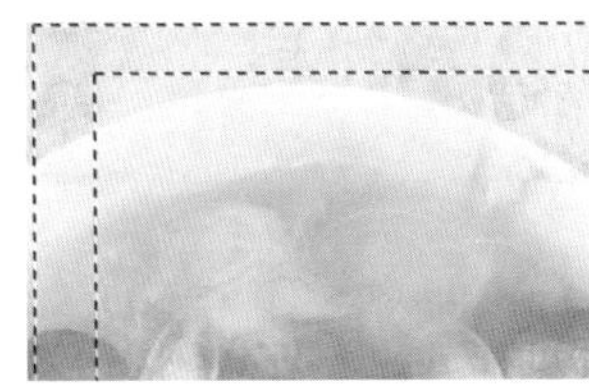

图8-5

04 按下〈D〉键将前景色设置为黑色，按下〈Alt+Delete〉快捷键在选区内填充黑色，按下〈Ctrl+D〉快捷键取消选择，如图8-6、图8-7所示。

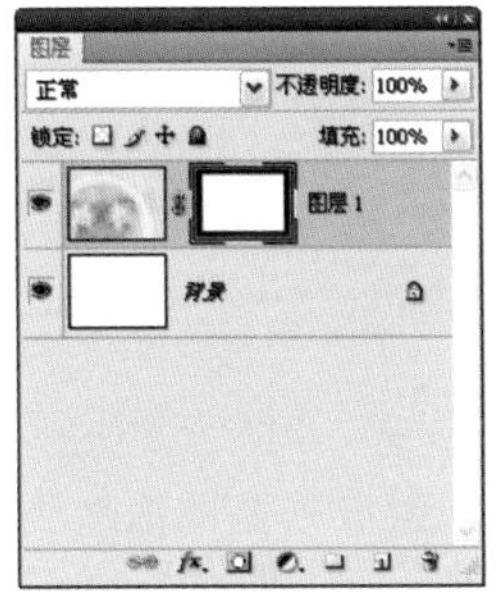

图8-6

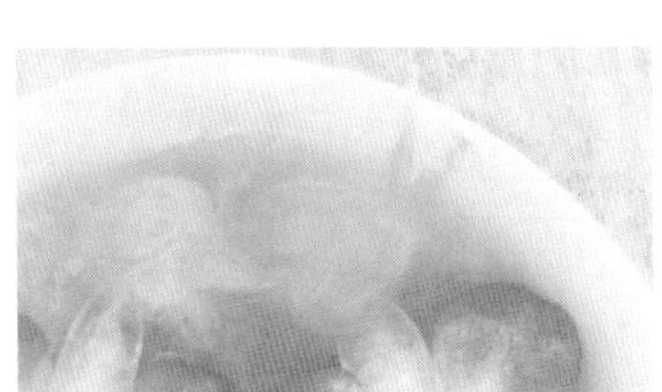

图8-7

05 执行“滤镜”→“画笔描边”→“喷溅”命令，打开“滤镜库”，设置参数如图8-8所示，在蒙版边缘生成破碎效果，如图8-9所示。

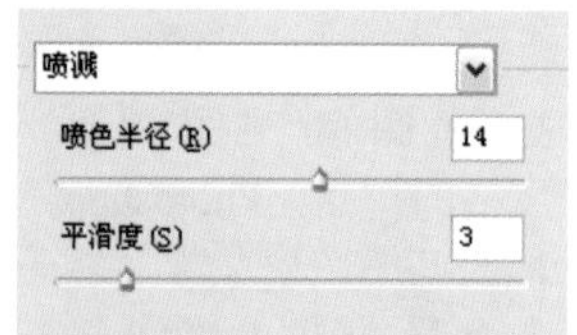

图8-8

图8-9

06 单击图像缩览图和蒙版缩览图中间的链接图标，解除它们的链接，如图8-10所示。按下〈Ctrl+T〉快捷键显示定界框，拖动控制点，将蒙版放大，如图8-11所示。按下回车键确认。

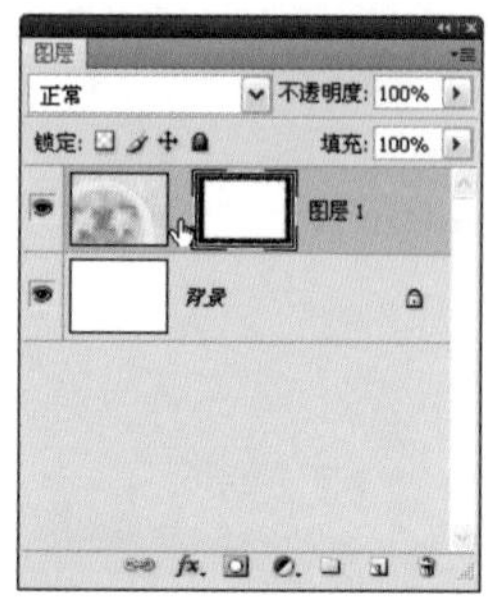
图8-10

图8-11

07 打开一个文件，使用快速选择工具在女孩身上单击并拖动鼠标绘制选区，如图8-12所示。对于多选的背景，可以按住〈Alt〉键在它们上面拖动鼠标，将其从选区中减去，如图8-13所示。

图8-12

图8-13

08 使用移动工具将女孩拖入新建的文档中，生成“图层2”，如图8-14、图8-15所示。

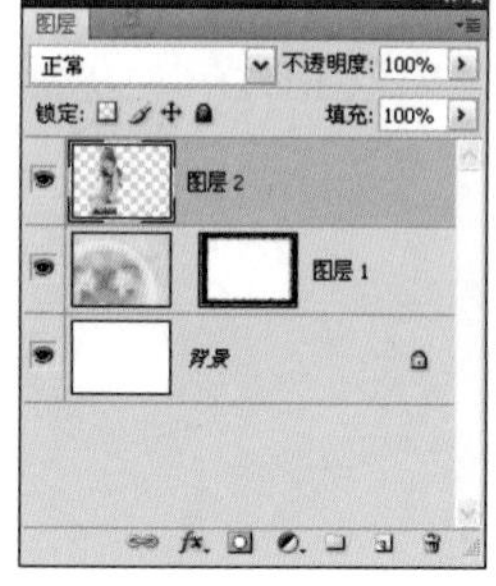
图8-14

图8-15

09 按住〈Alt〉键，将“图层1”的蒙版缩览图拖动到“图层2”上，为该图层复制相同的蒙版，如图8-16、图8-17所示。

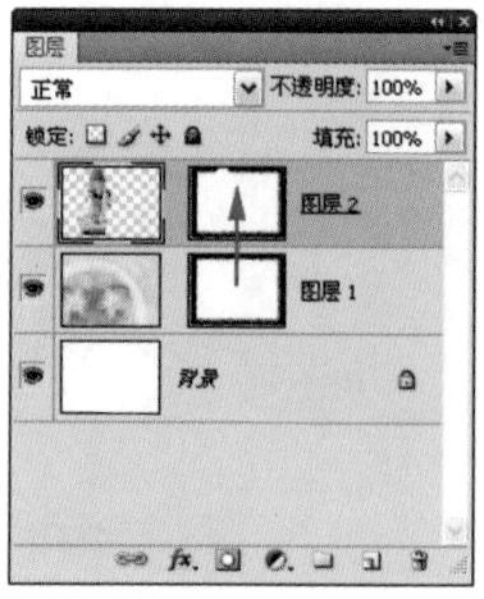
图8-16

图8-17

10 按下〈X〉键将前景色切换为白色，使用画笔工具在女孩的帽子上涂抹白色，使帽子尖显示出来，如图8-18所示。

图8-18

11 单击“调整”面板中的按钮，创建“色相/饱和度”调整图层，拖动饱和度滑块，增加颜色的饱和度，如图8-19所示。单击面板底部的按钮，创建剪贴蒙版，使调整图层只影响女孩，而不会影响背景，如图8-20、图8-21所示。

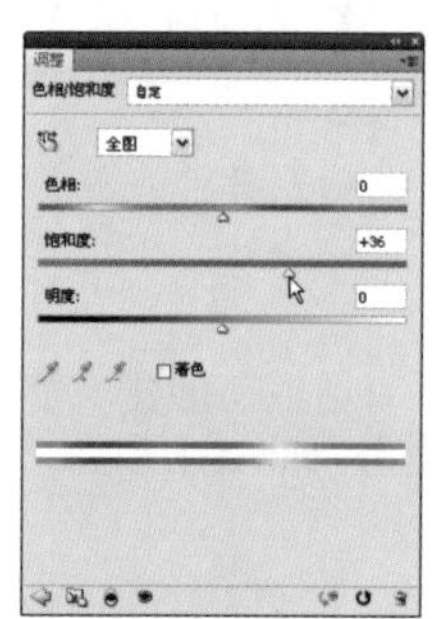
图8-19

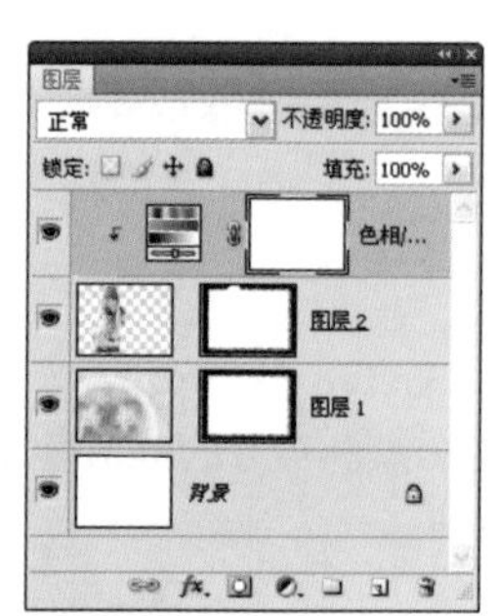
图8-20

图8-21

12 单击“图层”面板底部的按钮，新建一个图层。将前景色设置为粉色。选择自定形状工具，在工具选项栏按下填充像素按钮，在形状下拉面板中选择如图8-22所示的图形，按住〈Shift〉在画面中创建大小不同的图形，如图8-23所示。

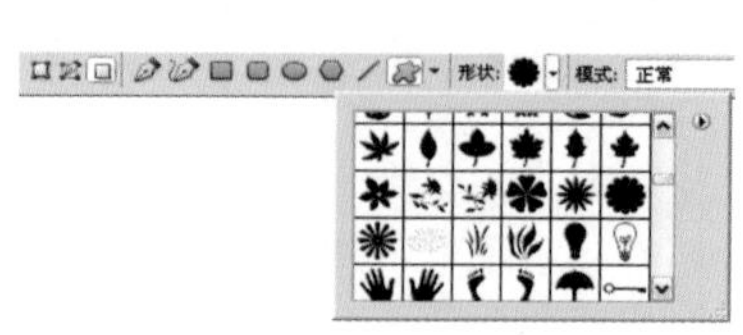
图8-22

图8-23

13 将前景色设置为白色，在最大的图形上面再绘制一个白色的图形，如图8-24所示。

图8-24

14 选择横排文字工具T，在“字符”面板中选择字体并设置大小，文字颜色与花朵图形颜色相同，如图8-25所示，在画面中单击并输入文字，如图8-26所示。

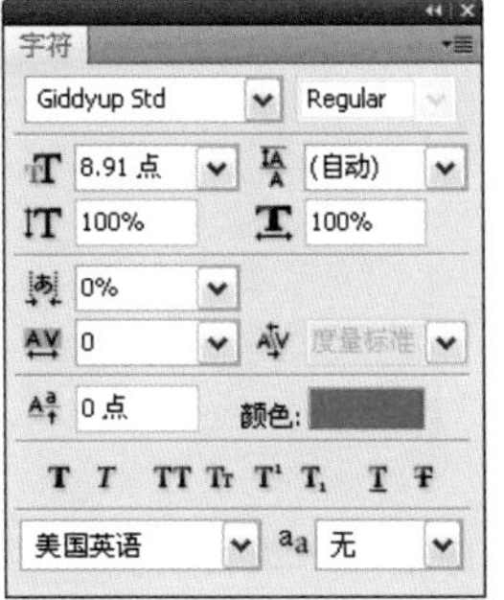

图8-25

图8-26

实例118 咖啡的诱惑

 难度级别：★★★★★

学习目标：本实例学习怎样通过复制、变换操作生成大量的图像副本，合成一幅构思奇妙的平面广告作品。

技术要点：将使用移动工具时，在画面中按住〈Ctrl〉键单击一个图像，即可选中它所在的图层。

素材位置：素材/第8章/实例118-1、实例118-2

实例效果位置：实例效果/第8章/实例118

01 按下〈Ctrl+O〉快捷键打开一个文件，如图8-27所示。单击“图层”面板底部的按钮，新建一个图层，如图8-28所示。

图8-27

图8-28

02 选择钢笔工具，在工具选项栏中按下路径按钮，绘制如图8-29所示的路径。将前景色设置为白色，选择尖角9像素画笔工具，如图8-30所示。

图8-29

图8-30

03 单击“路径”面板中的用画笔描边路径按钮，对路径进行描边，然后按下〈Ctrl+H〉快捷键将路径隐藏，如图8-31所示。这两条线将作为鱼儿排列的辅助线。打开一个文件，如图8-32所示。这是一个PSD分层文件，在“图层”面板中，“鱼”图层组中包含几十种鱼的图层，其中每一种鱼都处在一个单独的图层上。

图8-31

图8-32

04 使用移动工具将鱼儿图层组拖动到咖啡杯文档中，并放在“图层1”的下方，如图8-33所示。按住〈Ctrl〉键单击画面左上角的一条鱼，如图8-34所示，可以选中这条鱼所在的图层，如图8-35所示。

图8-33

图8-34

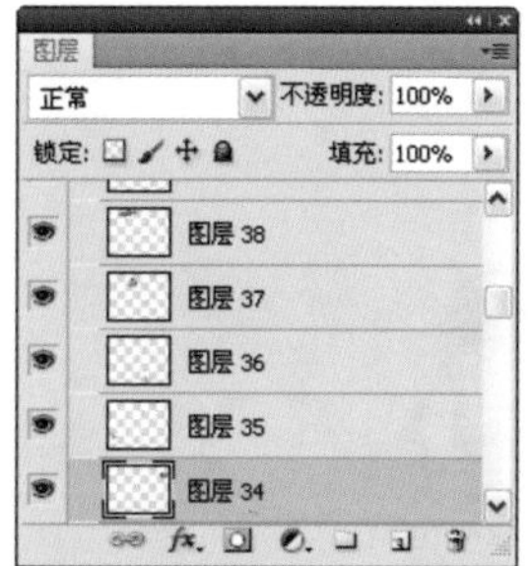

图8-35

05 按下〈Ctrl+T〉快捷键显示定界框，将鱼移动到辅助线的夹角处，如图8-36所示。按住〈Shift〉键拉动界定框的右上角等比缩放到适当大小，将鼠标一致界定框四角的任意一角，当鼠标显示双箭头时，按住鼠标旋转图形，到适当位置，如图8-37、图8-38所示，按下回车键确定变换。

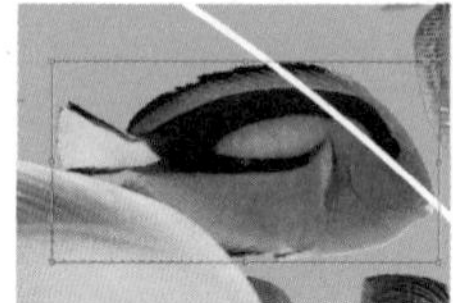

图8-36

图8-37

图8-38

06 采用同样的方法，调整其他鱼的位置及大小，使它们按照一定的秩序排列形成一种向杯子游动的态势，如图8-39所示。

图8-39

07 下面来复制出更多的鱼。首先确认当前使用的是移动工具，然后按住〈Ctrl〉单击一条鱼，如图8-40所示，这样可以选择它所在的图层，按住〈Alt〉键拖动鼠标进行复制，得到一个新的图层，按下〈Ctrl+T〉快捷键进行自由变换，适当调整鱼的大小和方向，如图8-41所示。

图8-40

图8-41

08 通过这种方法来增加鱼的数量，复制鱼后，可按下〈Ctrl+]〉快捷键向上调整图层的堆叠顺序，或按下〈Ctrl+[〉快捷键向下调整堆叠顺序，通过调整图层的顺序改变鱼在鱼群中的位置，如图8-42、图8-43所示。

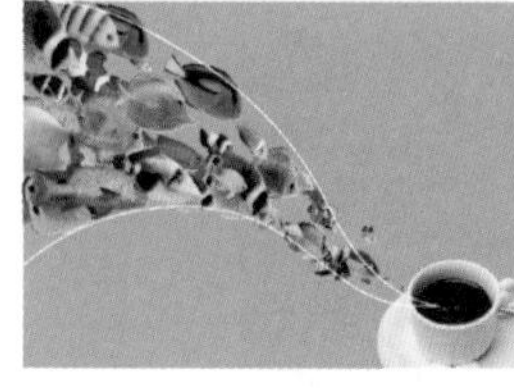

图8-42

图8-43

09 选择“图层1”，如图8-44所示，按下〈Delete〉键将它删除。按住〈Ctrl〉键单击一条较大的鱼，如图8-45所示，选中其所在的图层。

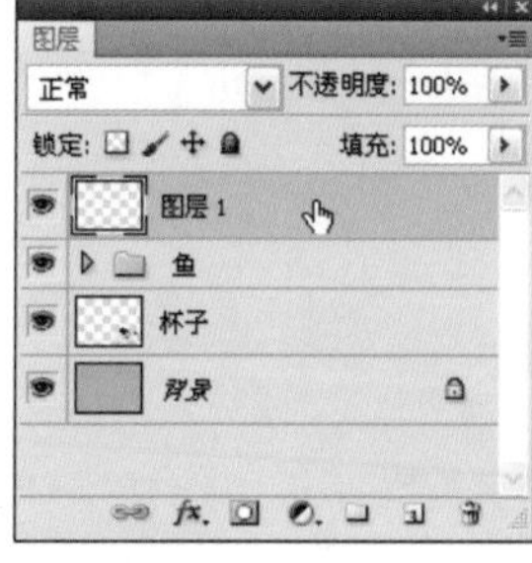

图8-44

图8-45

10 单击“图层”面板底部的fx按钮，在打开的菜单中选择“投影”命令，打开“图层样式”对话框，添加“投影”效果，如图8-46、图8-47所示。

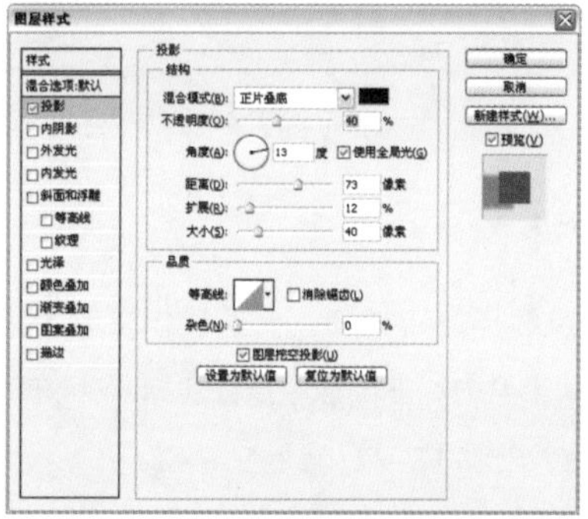

图8-46

图8-47

11 执行“图层”→“图层样式”→“拷贝图层样式”命令，复制该图层的效果，按住〈Ctrl〉键单击另一条鱼，如图8-48所示，选择它所在的图层，执行“图层”→“图层样式”→“粘贴图层样式”命令，将效果粘贴到该图层中，如图8-49所示。

图8-48

图8-49

提示

在“图层”面板中，按住〈Alt〉键键将一个图层的效果图标fx拖动到其他没有添加效果的图层上，也可以为其复制效果。复制效果以后，可以双击图层，打开“图层样式”对话框，适当调整效果参数。

12 采用同样的方法为其他一些鱼添加投影效果，使整个鱼群具有纵深的空间感，如图8-50所示。注意不要所有的图层都添加效果，要有选择性，适可而止，添加多了效果反而不好。

图8-50

STEP 13 单击“背景”图层，将它选中，如图8-51所示。单击“图层”面板底部的 按钮，在该图层上面新建一个图层，如图8-52所示。

图8-51

图8-52

STEP 14 将前景色设置为黑色，选择一个柔角画笔工具，设置它的不透明度为8%，绘制鱼群的投影，如图8-53所示。选择“杯子”图层，单击 按钮，在它上面新建一个图层，如图8-54所示。

图8-53

图8-54

STEP 15 将前景色设置为浅蓝 色（R：125，G：180，B：200），使用柔角画笔工具绘制一些光影，使鱼群与杯子的衔接处显得更加自然，如图8-55所示。最终效果如图8-56所示。

图8-55

图8-56

涂鸦风格插画

学习目标：本实例学习怎样通过混合模式、滤镜、画笔等制作涂鸦风格插画。

技术要点：画笔的应用，变形文字的制作方法。

素材位置：素材/第8章/实例119-1、实例119-2

实例效果位置：实例效果/第8章/实例119

STEP 01 按下〈Ctrl+O〉快捷键打开两个文件，如图8-57、图8-58所示。

图8-57

图8-58

STEP 02 使用移动工具按住〈Shift〉键将人像拖动到另一个文档中，按住〈Shift〉键操作可以使拖入的图像位于画面的中心，如图8-59所示。再按住〈Shift〉键（可以锁定水平或垂直方向）将图像拖到到画面右侧，设置图层的混合模式为“正片叠底”，使人像与背景相融合，效果如图8-60所示。

图8-59

图8-60

STEP 03 使用吸管工具在花纹上单击，拾取深棕色作为前景色，如图8-61所示。执行“滤镜”→“素描”→“绘图笔”命令，打开“滤镜库”，设置参数如图8-62所示，使人物图像与背景图像的风格相一致，如图8-63所示。

图8-61

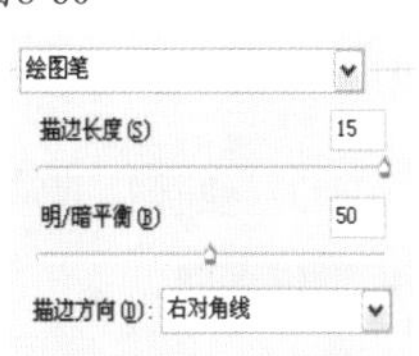

图8-62

图8-63

STEP 04 使用吸管工具拾取飞鸟的颜色，将前景色调整为洋红色，如图8-64所示。选择画笔工具，在工具选项栏的画笔下拉面板中选择“方头画笔”命令，加载该画笔库，如图8-65所示。

图8-64

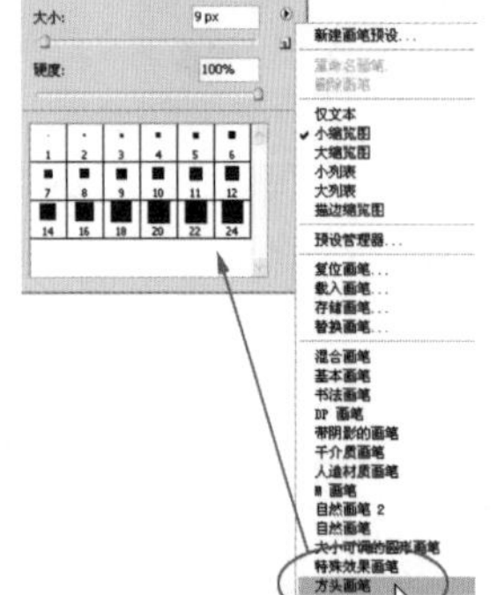

图8-65

STEP 05 打开“画笔”面板，选择“硬边方形24像素”画笔，调整它的直径为100px，间距为200%，如图8-66所示。单击“图层”面板中的按钮，新建一个图层，如图8-67所示。

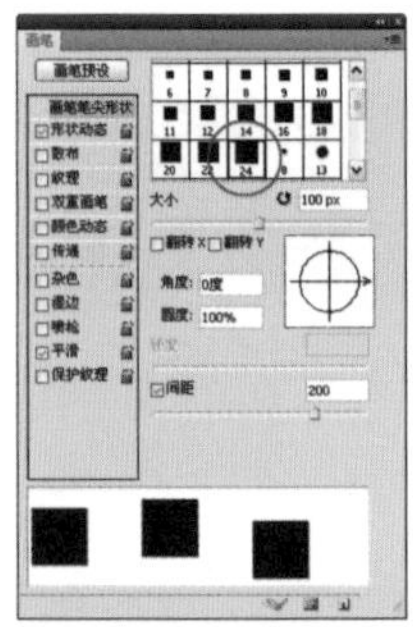

图8-66

图8-67

STEP 06 按住〈Shift〉键沿着窗口的上边缘向右水平拖动，绘制方块，如图8-68、图8-69所示。

图8-68

图8-69

STEP 07 按住〈Ctrl〉键单击方格图层的缩览图，载入方格选区，如图8-70所示；按住〈Alt+Shift〉键向下拖动图像，复制选区内图形，连续复制三次使方格图形扩大，如图8-71所示。按下〈Ctrl+D〉快捷键取消选择。

图8-70

图8-71

STEP 08 单击“图层”面板中的按钮，为图层添加蒙版。将前景色设置为黑色。选择渐变工具，在工具选项栏中按下线性渐变按钮，并选择前景-透明渐变，如图8-72所示；拖动鼠标分别自下而上、从左到右绘制渐变，将方格图形的左边和下边区域隐藏，如图8-73、图8-74所示。

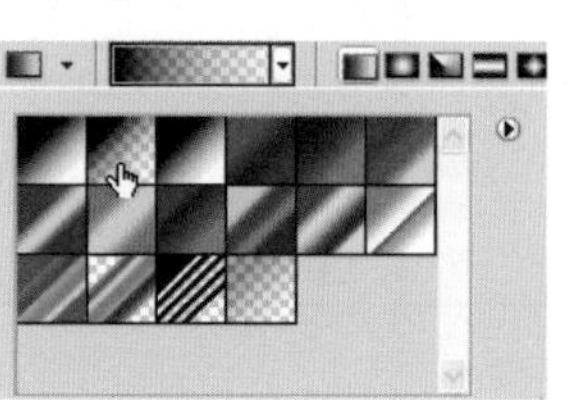

图8-72

图8-73

图8-74

STEP 09 将该图层的混合模式设置为“溶解”，如图8-75所示，使方格图形产生颗粒效果，可以更好地融入画面，如图8-76所示。

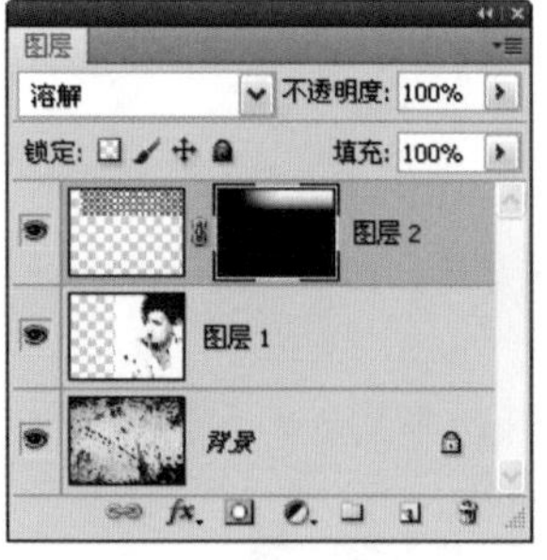

图8-75

图8-76

STEP 10 使用吸管工具在深棕色图像上单击，将前景色设置为深棕色。选择横排文字工具，在“字符”面板中设置字体和文字大小，如图8-77所示。在画面中单击并输入文字，如图8-78所示。

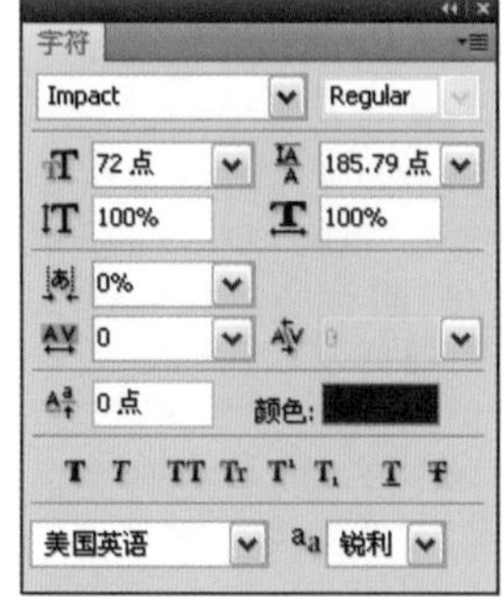

图8-77

图8-78

STEP 11 单击工具选项栏中的创建文字变形按钮，打开“变形文字”对话框，选择“旗帜”样式，设置参数如图8-79所示，对文字进行变形处理，如图8-80所示。

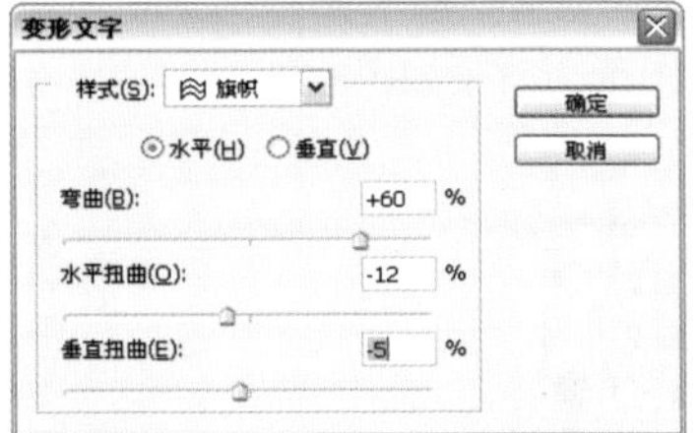

图8-79

图8-80

STEP 12 按下〈Ctrl+J〉快捷键复制该文字图层。选择下面的文字图层，如图8-81所示，执行“滤镜”→“模糊”→“动感模糊”命令，弹出一个提示对话框，单击“确定”按钮，将文字栅格化，然后对它应用“动感模糊”滤镜，制作成投影效果，如图8-82、图8-83所示。

图8-81

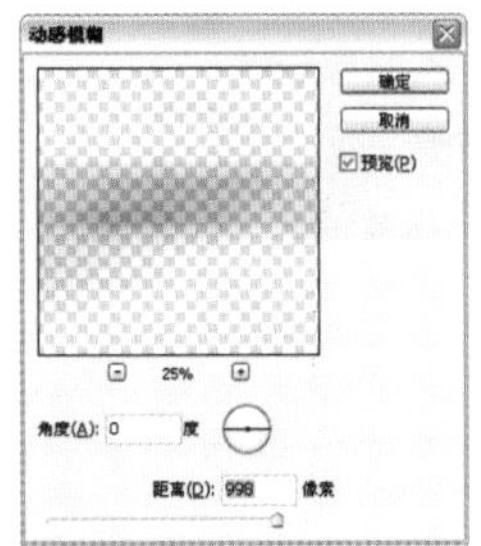

图8-82

图8-83

STEP 13 选择上面的文字图层，单击按钮为它添加蒙版，如图8-84所示。选择画笔工具，在工具选项栏中选择“干画笔”笔尖，如图8-85所示；适当调整画笔的大小，使用黑色在文字上单击，适当遮住文字的一些局部，使文字产生喷溅效果，如图8-86所示。

图8-84

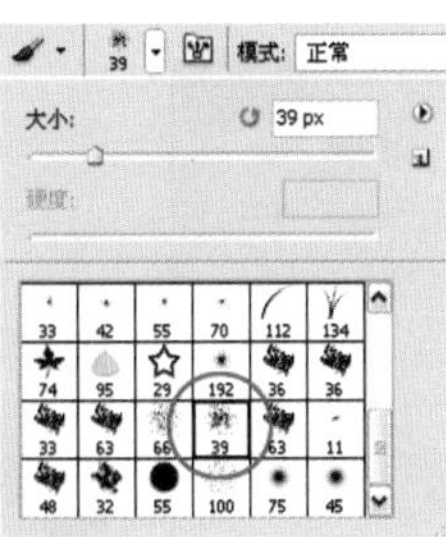

图8-85

图8-86

STEP 14 将前景色设置为洋红色。选择横排文字工具T，在“字符”面板中设置字体、大小及缩放比例，如图8-87所示。在画面中输入文字，然后按住〈Ctrl〉键显示定界框，拖动定界框的一角旋转文字，如图8-88所示。单击工具箱中的其他工具，结束文字的编辑状态。

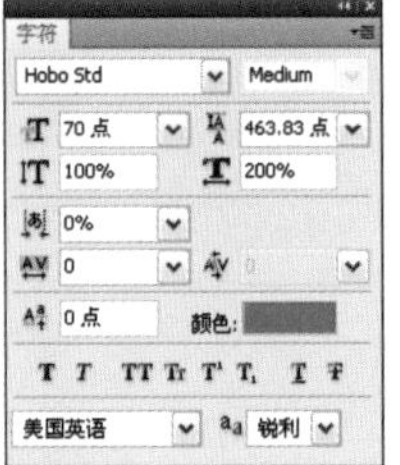

图8-87

图8-88

提示 如果面板中没有“干画笔”，可以执行画笔下拉面板中的“复位画笔”命令，将面板恢复为显示默认的画笔，就可以找到它了。

STEP 15 双击该文字图层，打开“图层样式”对话框，分别选择“投影”和“外发光”、“斜面和浮雕”效果，设置参数如图8-89~图8-92所示，效果如图8-93所示。

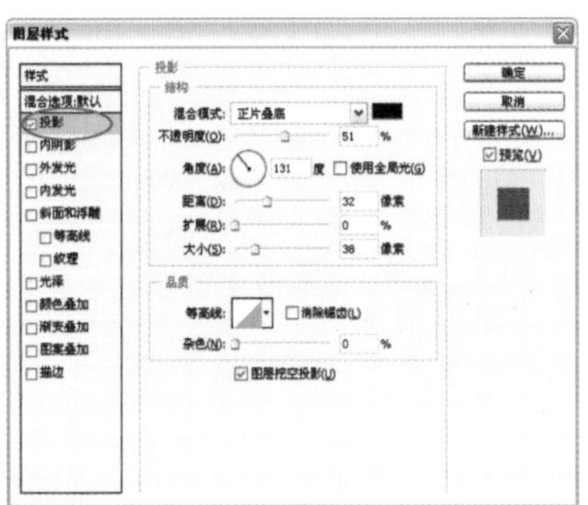

图8-89

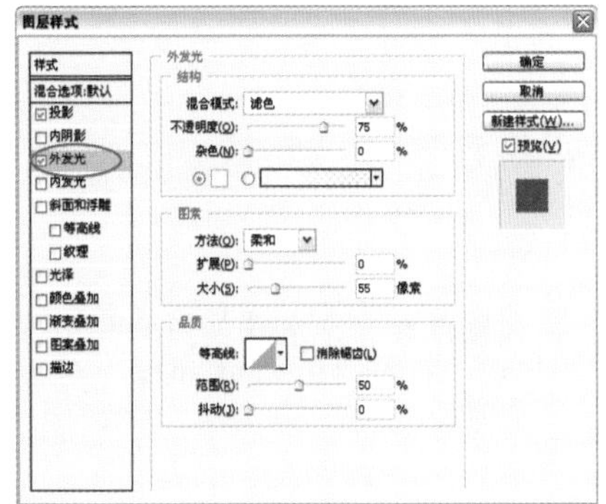

图8-90

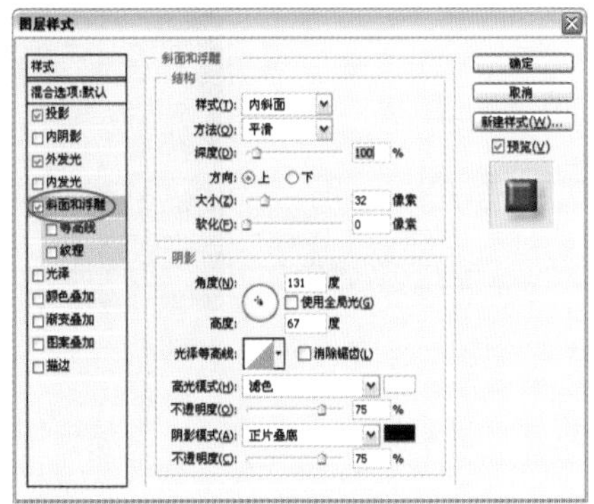

图8-91

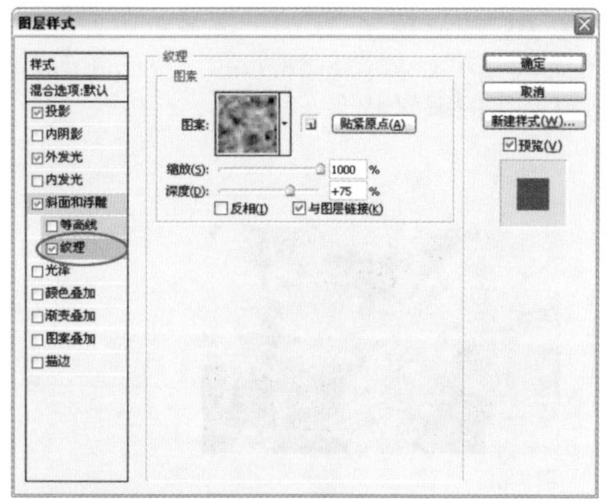

图8-92

图8-93

16 新建一个图层。选择自定形状工具，在工具选项栏中按下填充像素按钮，并选择五角星图形，如图8-94所示，在画面中绘制该图形。按住〈Alt〉键将文字图层的效果图标拖动到星形图层上，为它复制相同的效果。最后，可以再添加一些文字和图形，效果如图8-95所示。

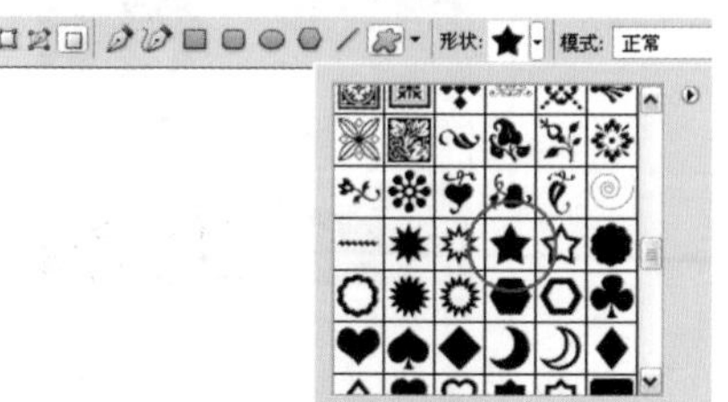

图8-94

图8-95

Photoshop 实例120

超现实主义图像合成

难度级别：★★★★

学习目标：超现实主义是在法国开始的艺术流派，它的主要特征是以所谓“超现实”的梦境、幻觉等作为艺术创作的源泉。本实例学习超现实主义图像的表现技法。

技术要点：使用载入的画笔绘制星星。

素材位置：素材/第8章/实例120-1~实例120-3

实例效果位置：实例效果/第8章/实例120

01 按下〈Ctrl+O〉快捷键打开一个文件，如图8-96所示。按下〈Ctrl+U〉快捷键，打开“色相/饱和度”对话框，将图像的颜色调淡，如图8-97、图8-98所示。

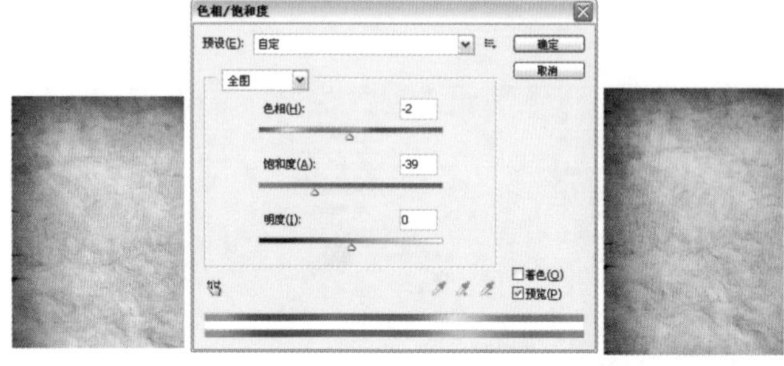

图8-96　图8-97　图8-98

02 打开一个PSD格式分层素材文件，选择“气球”图层，如图8-99所示；使用移动工具将它拖动到背景文档中，如图8-100所示。

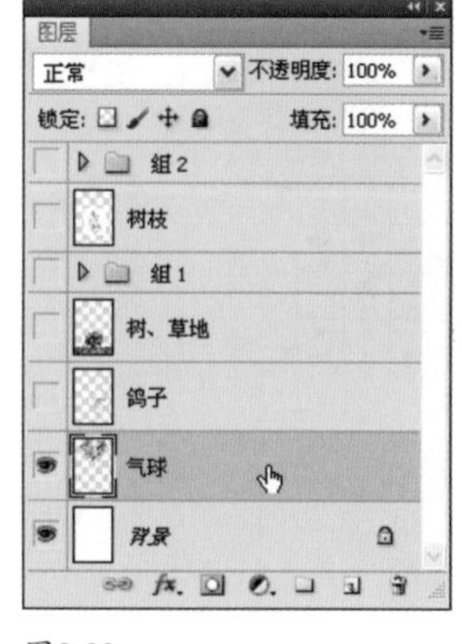

图8-99

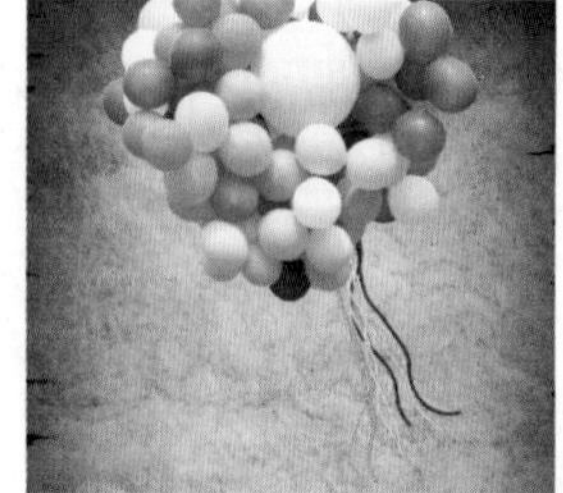

图8-100

03 单击“图层”面板底部的按钮，新建一个图层。选择渐变工具，在工具选项栏中按下线性渐变按钮，并选择前景-透明渐变，如图8-101所示。在画面顶部填充渐变，如图8-102所示。

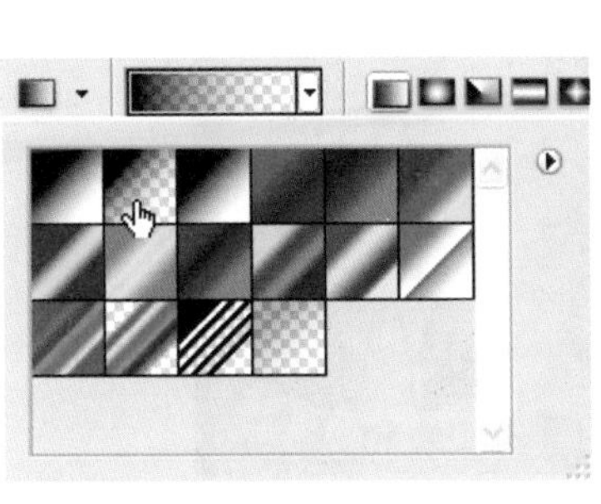

图8-101

图8-102

04 按下〈Alt+Ctrl+G〉快捷键创建剪贴蒙版，使渐变图层的显示范围限定在下面的气球范围内，设置该图层的混合模式为“柔光”，使气球的顶部变暗，如图8-103、图8-104所示。

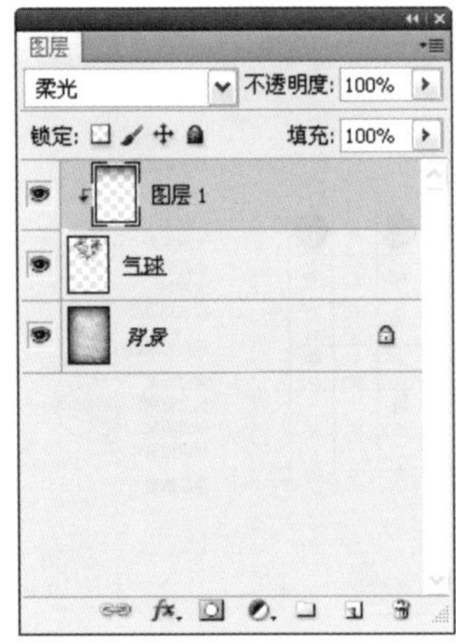

图8-103

图8-104

05 选择并显示PSD素材文档中的“鸽子”图层，如图8-105所示；使用移动工具将它拖动到气球文档中，如图8-106所示。

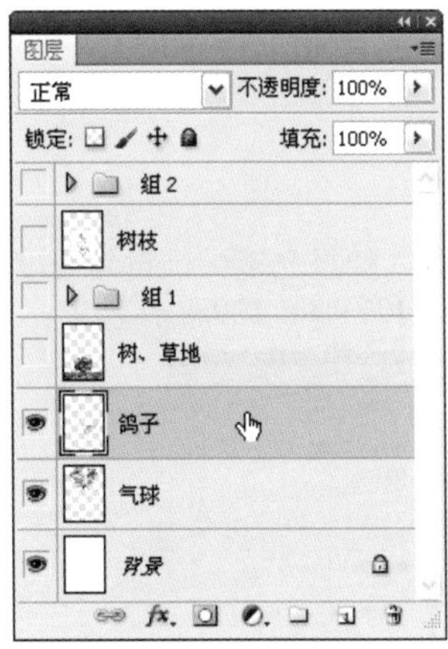

图8-105

图8-106

06 按住〈Alt+Shift〉键锁定水平方向向左侧拖动，复制出一个鸽子，如图8-107所示。按下〈Ctrl+T〉快捷键显示定界框，单击鼠标右键，在打开的下拉菜单中选择“水平翻转”命令，将图像翻转过去，如图8-108所示。按下回车键确认。

图8-107

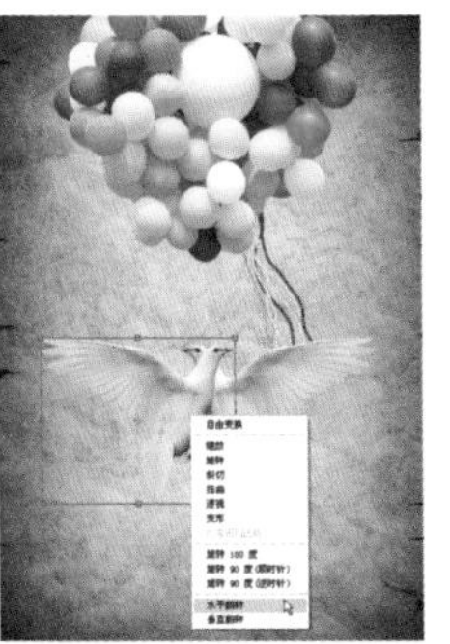

图8-108

07 选择并显示PSD文档中的“树、草地”图层，如图8-109所示，将它拖入到气球文档中，如图8-110所示。

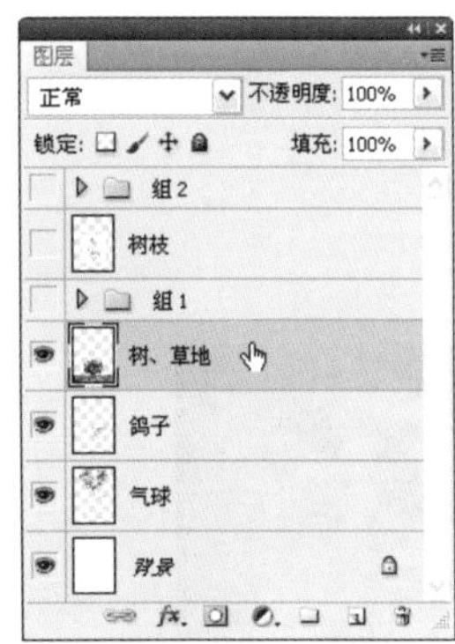

图8-109

图8-110

08 使用矩形选框工具选取草地上面的树木，如图8-111所示；单击“图层”面板底部的按钮，创建蒙版，将选区外的图像隐藏，如图8-112、图8-113所示。

图8-111

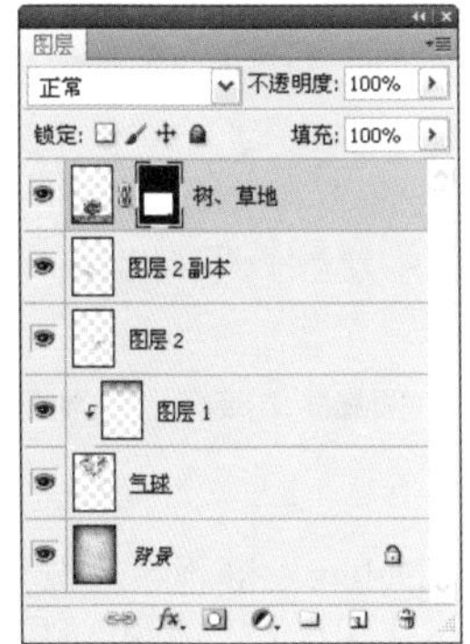

图8-112

图8-113

09 选择并显示PSD文档中的图层组，如图8-114所示；将它拖入到气球文档中，如图8-115所示。

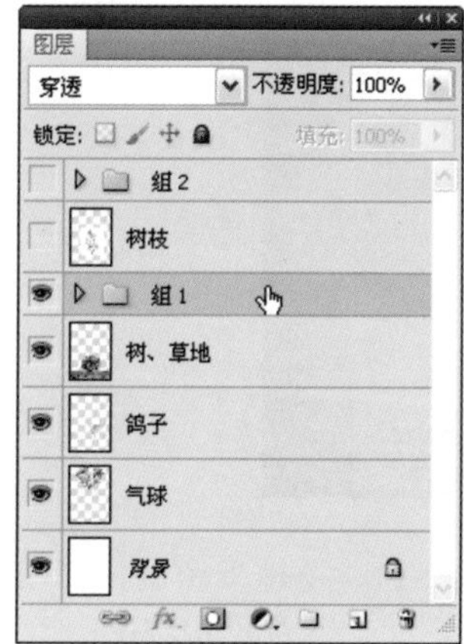

图8-114

图8-115

10 选择并显示PSD文档中“树枝”图层，如图8-116所示，将它拖入到气球文 档中，如图8-117所示。

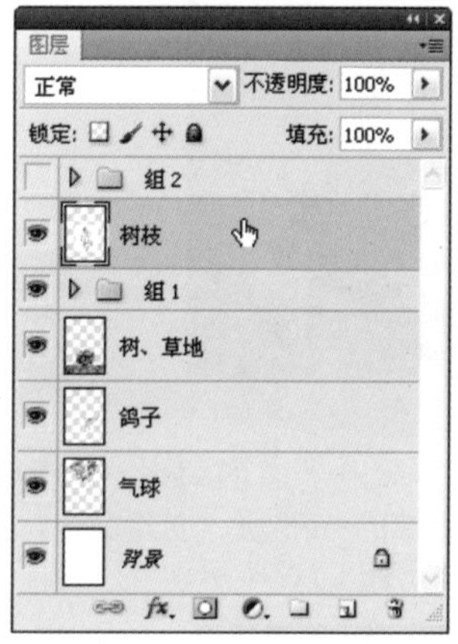

图8-116

图8-117

11 选择魔棒工具，在工具选项栏中设置“容差”为15，取消“连续”和“对所有图层取样”选项的勾选，如图8-118所示，在树枝的白色背景上单击，创建选区，如图8-119所示。

容差: 15 ☑消除锯齿 ☐连续 ☐对所有图层取样

图8-118

12 按下〈Delete〉键删除，按下〈Ctrl+D〉快捷键取消选择，如图8-120所示。按下〈Ctrl+T〉快捷键显示定界框，拖动控制点将图像缩小并放到瓶子上面，按下回车键确认，如图8-121所示。

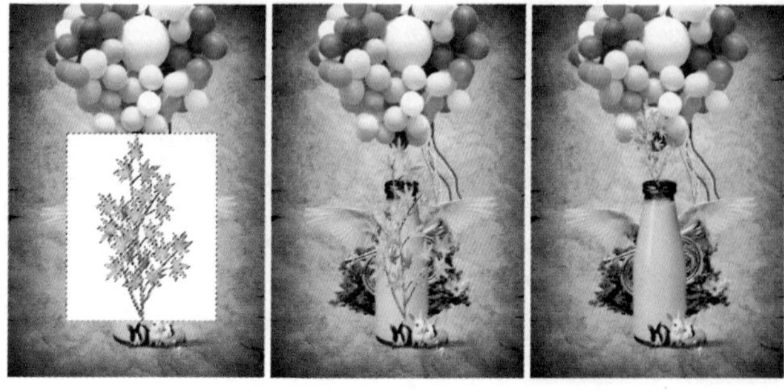

图8-119　　图8-120　　图8-121

13 选择并显示PSD文档中“组2”，如图8-122所示；将它拖入到气球文档中，如图8-123所示。

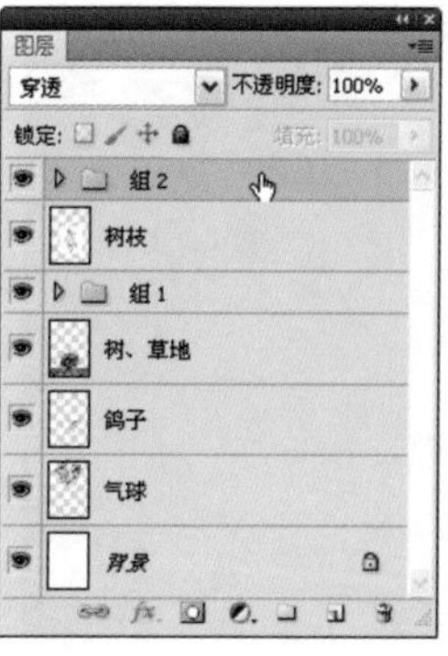

图8-122

图8-123

14 单击“图层”面板底部的按钮，新建一个图层，如图8-124所示。选择画笔工具，在工具选项栏的画笔下拉面板菜单中选择“载入画笔”命令，如图8-125所示，在弹出的对话框中选择光盘中的画笔库，如图8-126所示，单 击“载入”按钮将其载入。

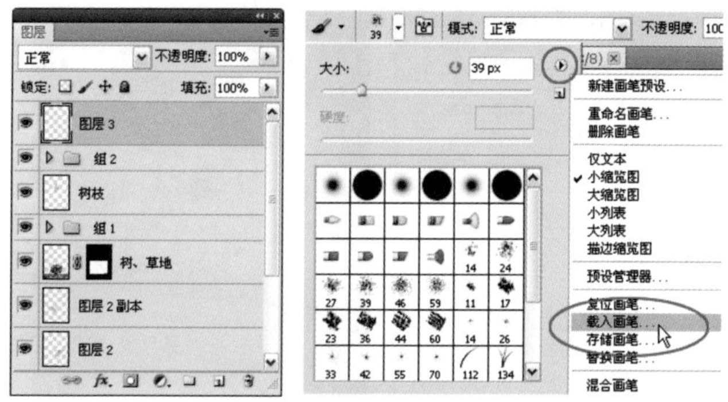

图8-124　　图8-125

图8-126

15 打开“画笔”面板，选择载入的星光笔尖，设置角度为45度，并调整其他参数，如图8-127~图8-129所示。

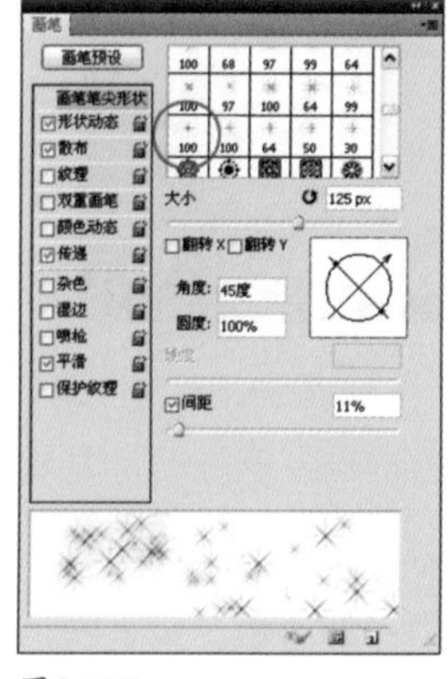

图8-127

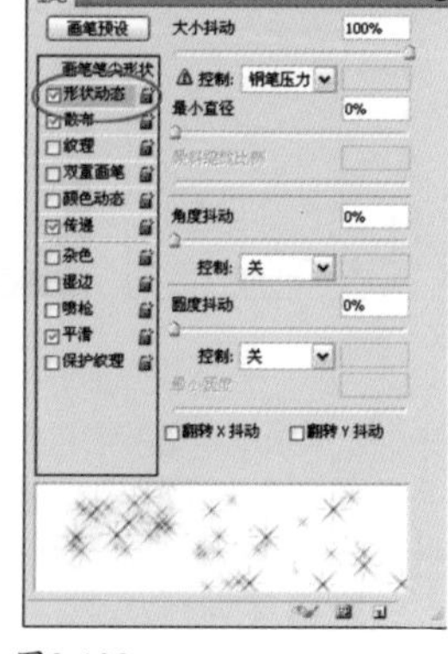

图8-128

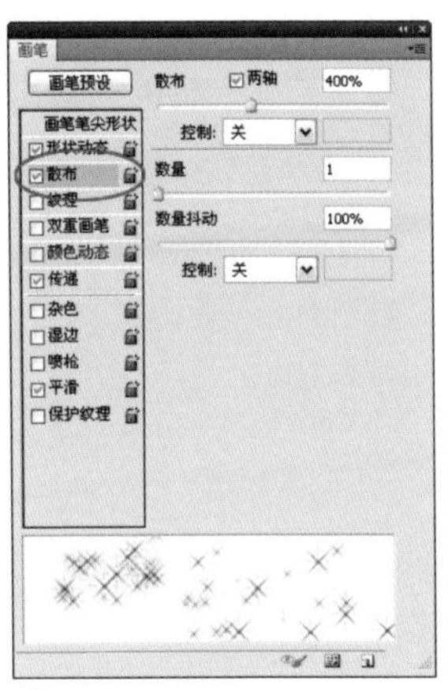

图8-129

16 将前景色设置为白色，在画面中绘制星星，如图8-130所示。按下〈] 〉键将画笔调大，再点几个大一点的星星，如图8-131所示。

图8-130

图8-131

Photoshop 实例121 优雅写真

难度级别：★★☆

学习目标：本实例学习怎样通过后期处理技术让人像照片呈现更加高雅的艺术品位。

技术要点：使用“可选颜色”命令调整肤色。

素材位置：素材/第8章/实例121-1、实例121-2

实例效果位置：实例效果/第8章/实例121

01 按下〈Ctrl+N〉快捷键打开“新建”对话框，创建一个30厘米×15厘米，200像素/英寸的RGB模式文档，如图8-132所示。将前景色设置为浅灰色，按下〈Alt+Delete〉快捷键，为“背景”图层填色，如图8-133所示。

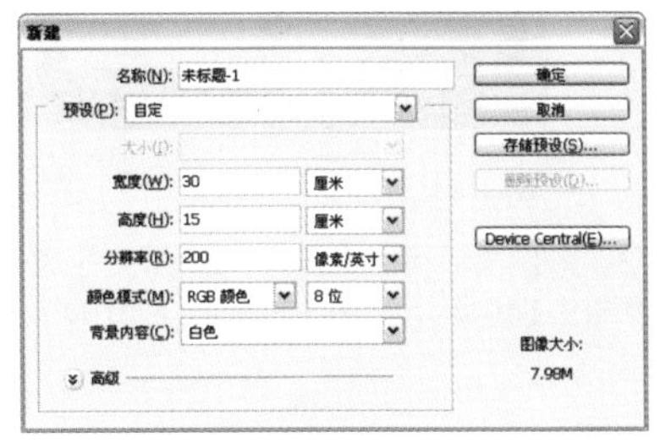

图8-132

图8-133

02 打开一个人像素材文件，使用移动工具拖入到背景文档中，如图8-134所示。

图8-134

03 单击“图层”面板底部的按钮创建蒙版，选择渐变工具，在人像右侧填充黑白线性渐变，将右侧边界图像隐藏，如图8-135、图8-136所示。

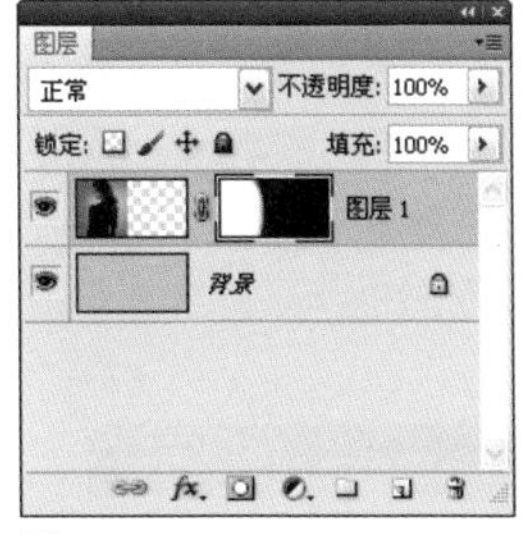

图8-135

图8-136

04 人物的皮肤颜色有些偏黄，需要调整一下。单击“调整”面板中的按钮，创建“可选颜色”调整图层，单击面板中的按钮，在下拉列表中分别选择“红色”和“黄色”，进行调整，让肤色变得红润，如图8-137~图8-139所示。

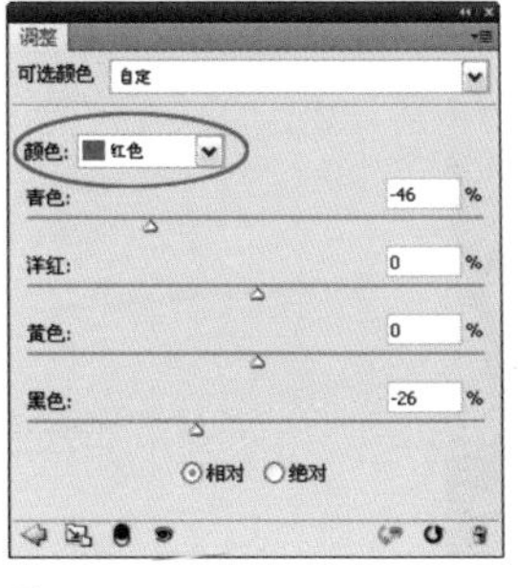

图8-137

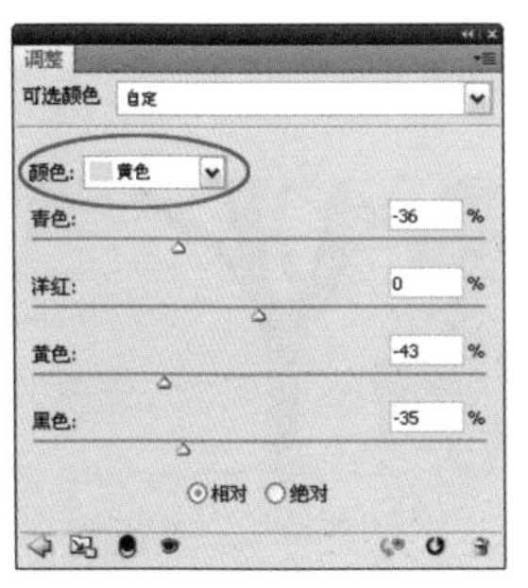

图8-138

图8-139

05 单击“调整”面板中的按钮，创建“色阶”调整图层，将直方图底部的两个滑块向中间拖动，如图8-140所示，增加色调的对比度，让图像更加清晰，如图8-141所示。

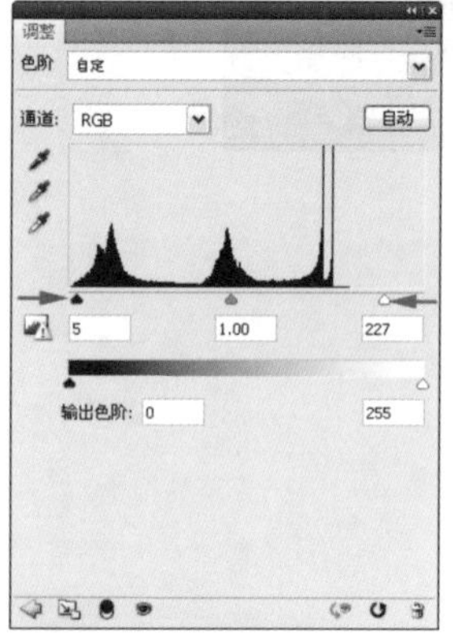

图8-140

图8-141

06 打开一个PSD格式分层素材文件，选择“图层1”，如图8-142所示；使用移动工具将它拖入到人像文档中，生成“图层2”，设置它的混合模式为“正片叠底”，如图8-143、图8-144所示。

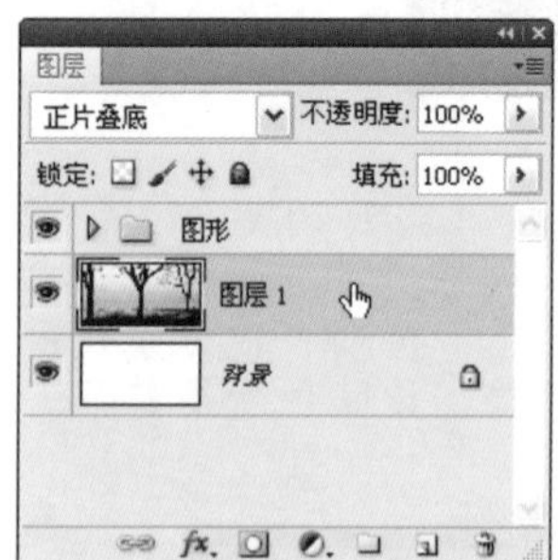

图8-142

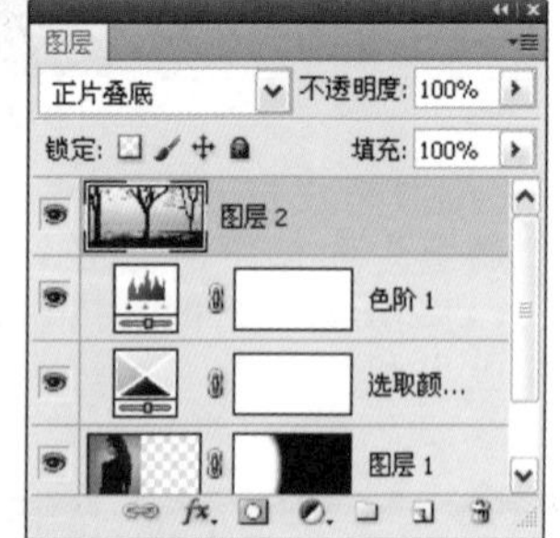

图8-143

图8-144

07 单击“图层”面板底部的按钮创建蒙版，选择画笔工具，在人物身上涂抹黑色，将遮挡住人物的图像隐藏，如图8-145、图8-146所示。

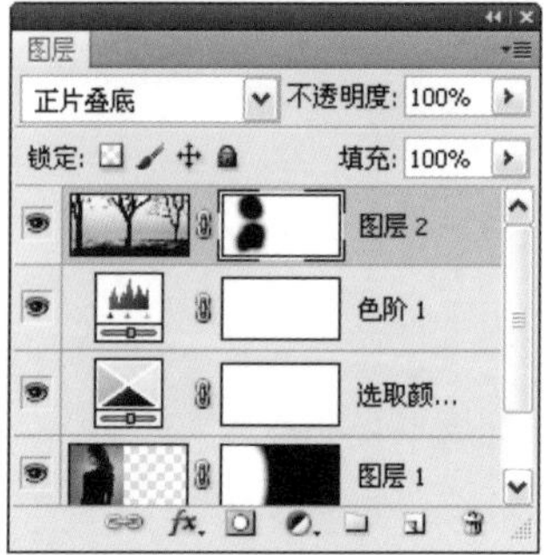

图8-145

图8-146

08 选择PSD素材中的“图形”图层组，如图8-147所示；将它拖入到人像文档中，为图像添加装饰图形，如图8-148所示。

图8-147

图8-148

09 选择横排文字工具T，在“字符”面板中设置文字颜色为灰色，字体及大小如图8-149所示，在画面右下角输入文字，如图8-150所示。

图8-149

图8-150

神奇气泡

难度级别：★★☆

学习目标：本实例学习透明气泡的制作方法，以及怎样将人物合成到气泡中。

技术要点：使用矩形选框、椭圆选框、套索、磁性套索等工具时，在工具选项栏中按下新选区按钮，将光标放在选区内部，单击并拖动鼠标可以移动选区。

素材位置：素材/第8章/实例122-1、实例122-2

实例效果位置：实例效果/第8章/实例122

01 按下〈Ctrl+O〉快捷键打开一个文件，如图8-151所示。按住〈Ctrl〉键单击“图层”面板中的按钮，在“人物”图层的下面创建一个图层，如图8-152所示。

图8-151

图8-152

02 将前景色设置为白色。选择椭圆工具，在工具选项栏中按下填充像素按钮，按住〈Shit〉键拖动鼠标绘制一个圆形，如图8-153所示。将图层的填充不透明度设置为0%，使圆形变为透明效果，如图8-154、图8-155所示。

图8-153

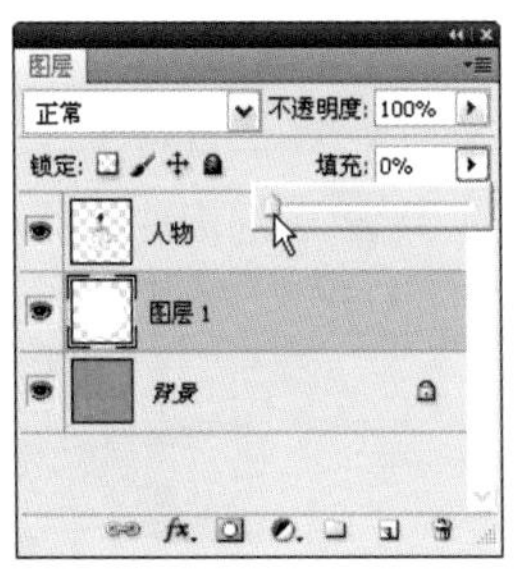

图8-154

图8-155

03 双击“图层1”，打开“图层样式”对话框，分别选择“外发光”、“内发光”和“渐变叠加选项，添加这几种效果，设置参数如图8-156~图8-158所示，图像效果如图8-159所示。

图8-156

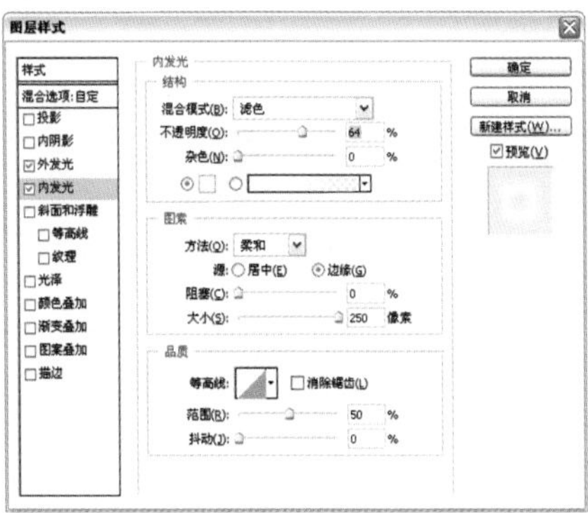

图8-157

图8-158

第8章 图像合成实例

图8-159

04 单击“图层”面板中的按钮，新建一个图层，如图8-160所示。使用柔角画笔工具在人物身体下方涂抹白色，如图8-161所示。

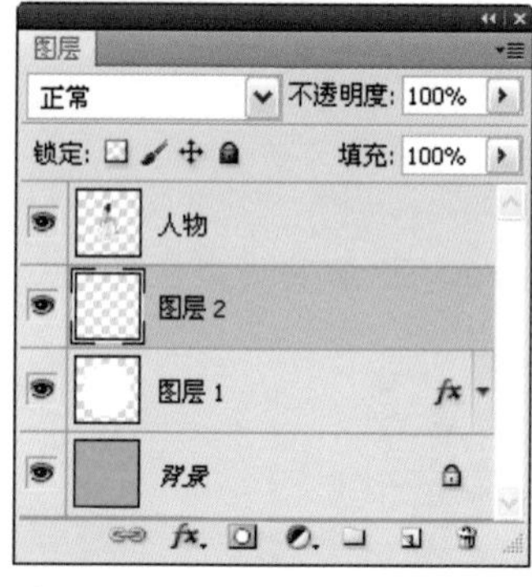

图8-160

图8-161

05 在“人物”图层上方新建一个图层，如图8-162所示。选择椭圆选框工具，在工具选项栏中按下新选区按钮，设置羽化为10px，按住〈Shift〉键拖动鼠标创建一个圆形选区，如图8-163所示；按下〈Alt+Delete〉快捷键填充前景色。

图8-162

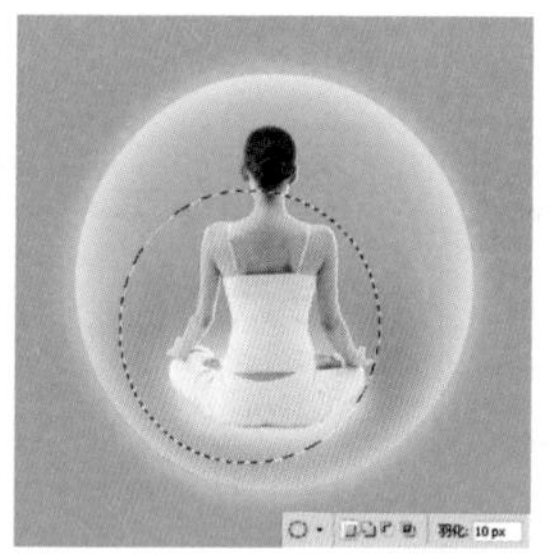

图8-163

06 将光标放在选区内，如图8-164所示，单击并向右上方拖动鼠标移动选区，如图8-165所示。按下〈Delete〉键删除图像，剩下一个白色圆弧，如图8-166所示。按下〈Ctrl+D〉快捷键取消选择。

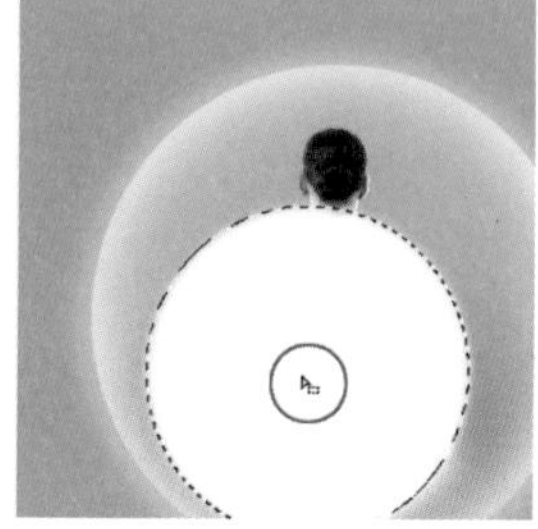

图8-164

图8-165

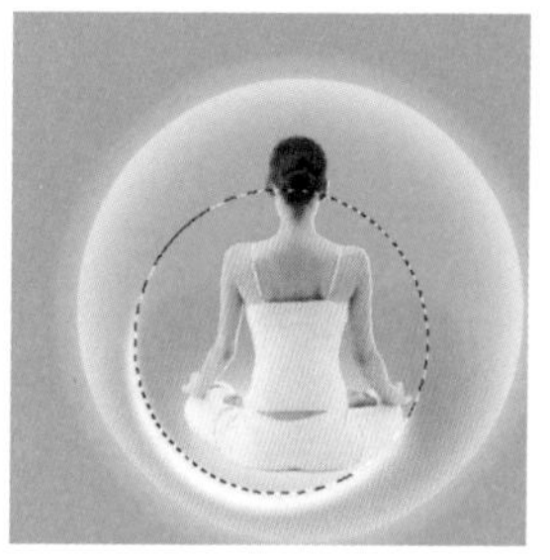

图8-166

07 使用橡皮擦工具（柔角，不透明度40%）处理白色弧线，如图8-167所示，使用画笔工具在弧线上单击，绘制光点，增加泡泡的立体感和透明度，如图8-168所示。

图8-167

图8-168

08 按住〈Ctrl〉键单击“图层1”的缩览图，如图8-169所示，载入泡泡的选区。按下〈Shift+F6〉快捷键打开“羽化选区”对话框，设置羽化半径为5像素，如图8-170所示。

图8-169

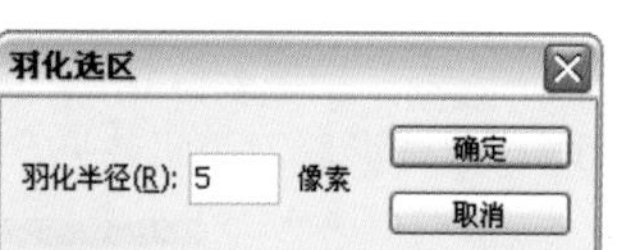

图8-170

09 使用画笔工具在泡泡的边缘处涂抹白色，绘制反光，如图8-171所示；按下〈Ctrl+D〉快捷键取消选择。单击鼠标绘制一些光点，如图8-172所示。

图8-171

图8-172

10 按住〈Shift〉键单击“图层1”，将该图层与当前图层（图层3）中间的所有图层都选中，如图8-173所示；按下〈Ctrl+G〉快捷键，将它们编入一个图层组中，如图8-174所示。

图8-173

图8-174

11 打开一个文件，如图8- 175所示。使用移动工具将制作的气泡拖入到该文档中，如图8-176所示。

图8-175

图8-176

第9章　动作与自动化实例

学习要点：

- 动作的录制和使用 方法
- 对文件进行批处理
- 拼接全景照片
- 合成HDR图像
- 用Adobe Bridge制作幻灯片
- 制作网络相册

案例数量：

- 6个动作与自动化处理实例

内容总览：

动作是指在单个文件或一批文件上播放的一系列任务。例如，将修改图像大小的操作录制为一个动作后，修改其他图像的大小时，播放该动作便可以自动完成处理。使用动作还可以对一批文件进行批处理，实现任务的自动化。本章介绍如何创建和使用动作。此外，还要介绍Photoshop中自动生成PDF幻灯片、Web照片画廊的功能。

创建调整照片大小的动作

难度级别：★★☆

学习目标：本实例学习动作的录制方法，以及怎样使用动作处理图像。

技术要点：在“动作”面板中双击动作组或动作的名称，可以在显示的文本框中修改动作组或动作的名称。

素材位置：素材/第9章/实例123-1、实例123-2

01 按下〈Ctrl+O〉快捷键打开一个文件，如图9-1所示。

图9-1

02 单击“动作”面板中的创建新组按钮，创建一个动作组。单击创建新动作按钮，打开“新建动作”对话框，输入动作的名称，如图9-2所示。单击“记录”按钮，开始记录动作，此时开始记录按钮会自动按下，并变为红色，如图9-3所示。下面进行的所有操作都会被该动作记录下来。

图9-2

图9-3

提示：创建动作组以后，新录制的动作就会放在该组中，以便与Photoshop自带的其他动作区分开。

03 执行“图像”→“图像大小”命令，打开“图像大小”对话框，如图9-4所示；取消“重定图像像素”选项的勾选，将分辨率设置为300像素/英寸，如图9-5所 示。单击“确定”按钮关闭对话框。

04 执行“文件”→“存储为”命令，打开“存储为”对话框，将图像文件保存，然后将其关闭。单击“动作”面板中的停止播放/记录按钮，完成该动作的录制，如图9-6所示。

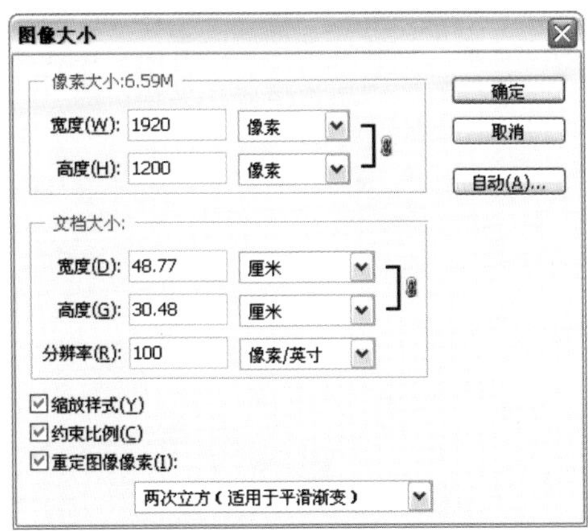

图9-4

图9-5

图9-6

05 下面来用该动作处理其他图像。打开一个文件，如图9-7所示。执行“图像”→“图像大小”命令，先看一下它的大小，如图9-8所示。关闭对话框。

图9-7

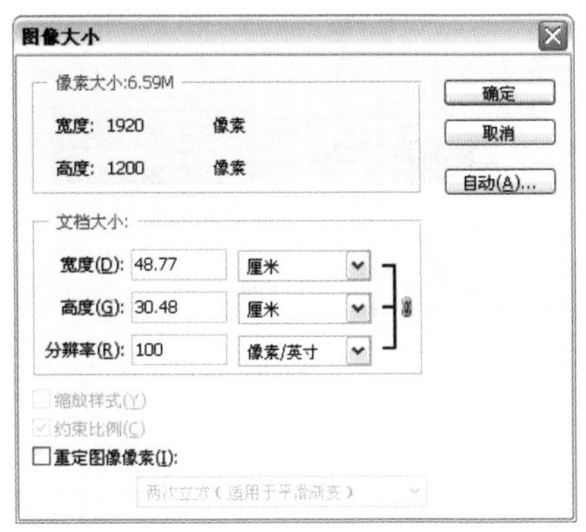

图9-8

06 选择录制的动作，如图9-9所示；单击播放选定的动作按钮▶播放该动作，即可自动修改该照片的像素尺寸。再执行“图像”→“图像大小”命令，看一下修改后它的大小，如图9-10所示。可以看到分辨率被修改为300像素/英寸。

图9-9

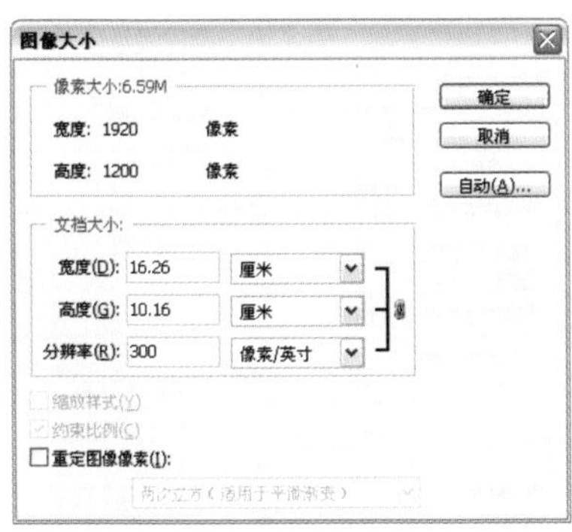

图9-10

批处理

难度级别：★★

学习目标：如果要对一大批图像文件进行相同的处理，可以先将其中一个图像的处理过程录制为动作，再通过批处 理将该动作应用于其他图像，从而实现任务的自动化。例如，如果想要对拍摄的一批照片应用相同的调整，使其呈现统一的效果，逐张处理比较麻烦，如果使用批处理的方法就简单多了。本实例学习这种批处理技术。

技术要点：用于批处理的图像必须放在同一个文件夹中。

素材位置：素材/第9章/实例124

01 下面来使用前面录制的调整照片大小的动作来处理其他图像。首先将所有要处理的图像放到一个文件夹中，如图9-11所示。

图9-11

02 执行“文件”→“自动”→“批处理”命令，打开“批处理”对话框，在“播放”选项中选择要播放的动作，如图9-12所示；单击“选择”按钮，打开“浏览文件夹”对话框，选择图像所在的文件夹，如图9-13所示。单击“确定”按钮关闭该对话框。

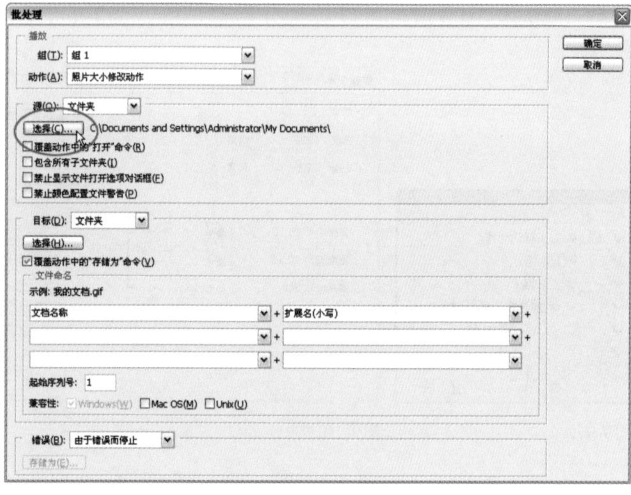

图9-12

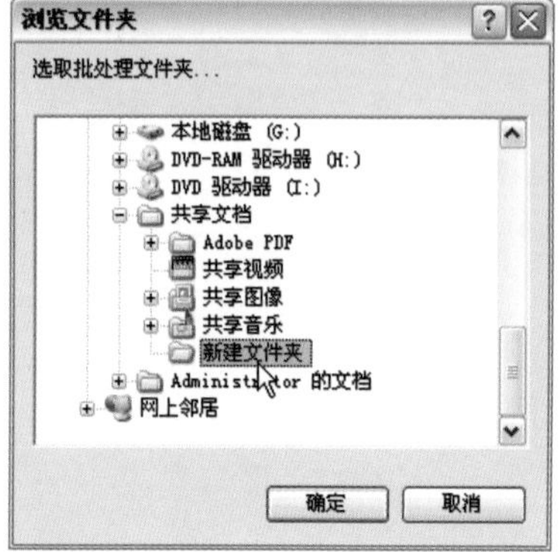

图9-13

03 勾选“覆盖动作中的存储为命令”选项。在“批处理”对话框的“目标”下拉列表中选择“文件夹”，然后单击该选项下面的“选择”按钮，如图9-14所示。在打开的对话框中为完成批处理后的图像指定保存位置，然后关闭该对话框，返回到“批处理”对话框。

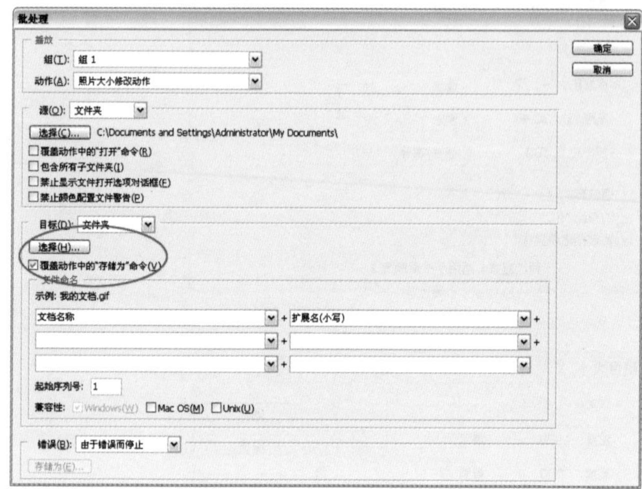

图9-14

04 再单击“确定”按钮，即可用照片处理动作对所选文件夹中的图像进行批处理，所有图像的分辨率都会改为300像素/英寸。如图9-15、图9-16所示为其中一个图像的分辨率修改结果。

图9-15

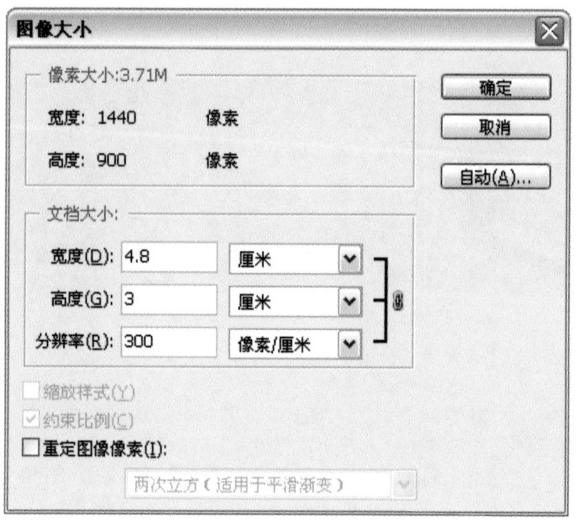

图9-16

拼接全景照片

难度级别：★★☆

学习目标：学Photoshop中包含一个非常好用的全景照片拼接工具——Photomerge，它可以将数码相机拍摄的多角度的场景拼合为一幅全景照片，而且可以自动校正晕影和扭曲。本实例学习Photomerge的使用方法。

技术要点：创用于拼接的各个照片需要有一定的重叠内容，一般来说，重叠处应占照片的10%左右，否则Photoshop无法识别该从哪里拼合。

素材位置：素素材/第9章/实例125-1~实例125-4

实例效果位置：实例效果/第9章/实例125

01 执行“文件”→“打开”命令，打开4张照片，如图9-17~图9-20所示。

图9-17

图9-18

图9-19

图9-20

02 执行“文件”→“自动”→“Photomerge”命令，打开“Photomerge”对话框，单击“添加打开的文件”按钮，将照片添加到对话框的列表中。在“版面”选项组中选择“自动”，让Photoshop自动调整照片的位置和透视角度，勾选“混合图像”、“晕影去除”、“几何扭曲校正”选项，如图9-21所示。单击“确定”按钮，Photoshop就会自动将这些照片合并到一个文档中，而且还会为各个照片图层添加蒙版，将它们重叠的部分遮挡，如图9-22、图9-23所示。

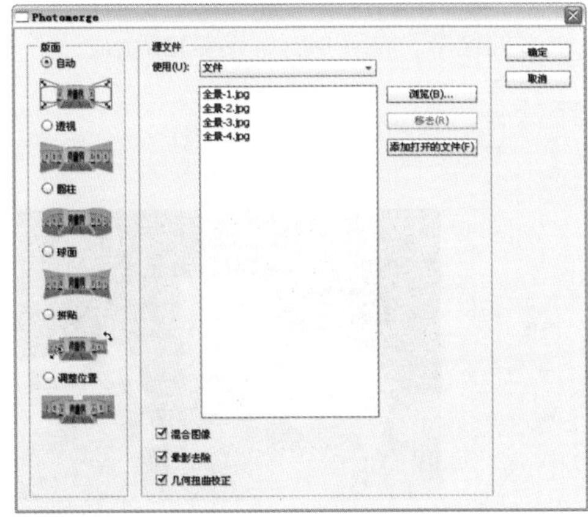

图9-21

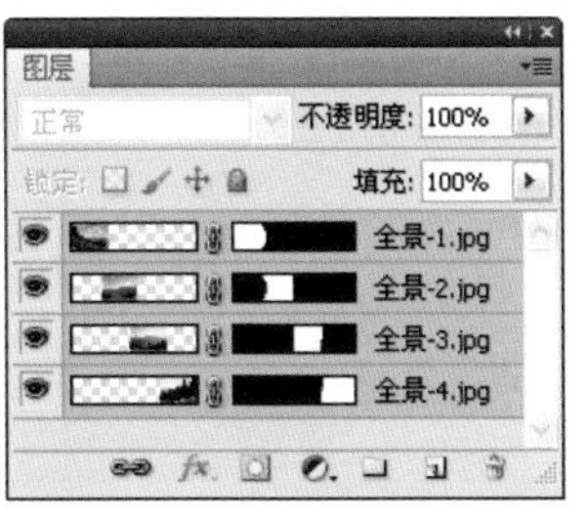

图9-22

图9-23

03 拼合照片以后，文档的边界会出现空隙，需要裁剪图像，将多出的空白内容删除。先执行“视图”→“对齐”命令，取消“对齐”命令前面的勾选状态，如图9-24所示；再使用裁剪工具在画面中单击并拖出裁剪框，定义要保留的图像，如图9-25所示。由于取消了对齐功能，就可以拖动裁剪框，将它准确定位到图像边缘，否则裁剪框会自动吸附到文档边界上。按下回车键，将空白图像裁剪掉，如图9-26所示。

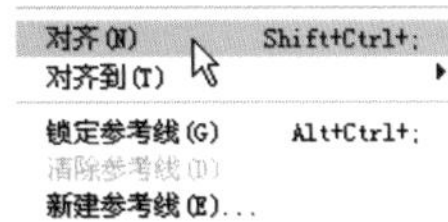

图9-24

图9-25

图9-26

Photoshop 实例126 合成HDR图像

难度级别：★★☆

学习目标：HDR是High Dynamic Range（高动态范围）的缩写。HDR图像可以按照比例存储真实场景中所有明度值，画面中无论高光还是阴影区域的细节都可以保留，色调层次非常丰富。Photoshop可以将几张照片合成为HDR照片，本实例介绍操作方法。

技术要点：创用于合成HDR图像的素材有一些要求，首先至少要拍摄3张不同曝光度的照片（每张照片的曝光相差一挡或两挡）；其次要通过改变快门速度（而非光圈大小）进行包围式曝光，以避免照片的景深发生改变，并且最好使用三脚架。

素材位置：素素材/第9章/实例126-1~实例126-3

实例效果位置：实实例效果/第9章/实例126

01 执行“文件”→“自动”→“合并到HDR Pro”命令，打开“合并到HDR Pro”对话框，单击“浏览”按钮，如图9-27所示；在弹出的对话框中选择光盘中的3张照片（按住〈Ctrl〉键单击照片），如图9-28所示。

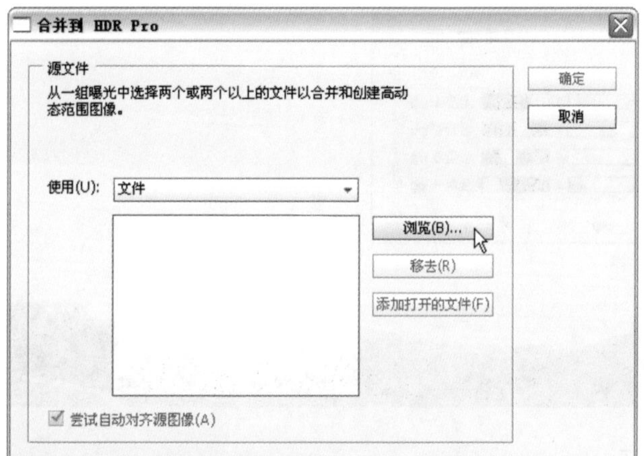

图9-27

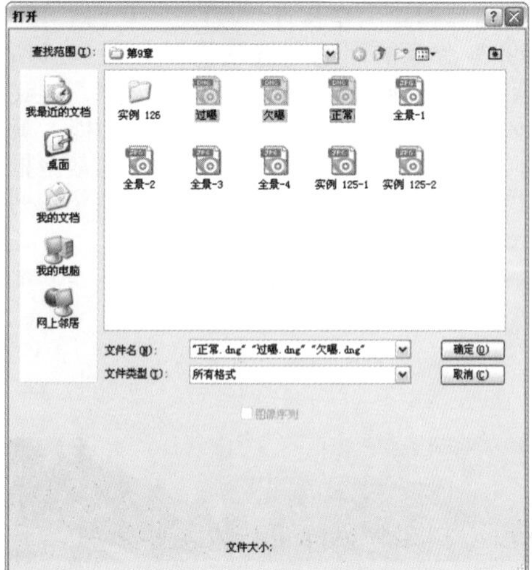

图9-28

02 单击“确定”按钮，返回到“合并到HDR Pro”对话框，如图9-29所示。可以看到这3张照片添加到了列表当中。单击“确定”按钮，弹出“手动设置曝光值”对话框，再单击“确定”按钮，打开如图9-30所示的对话框。

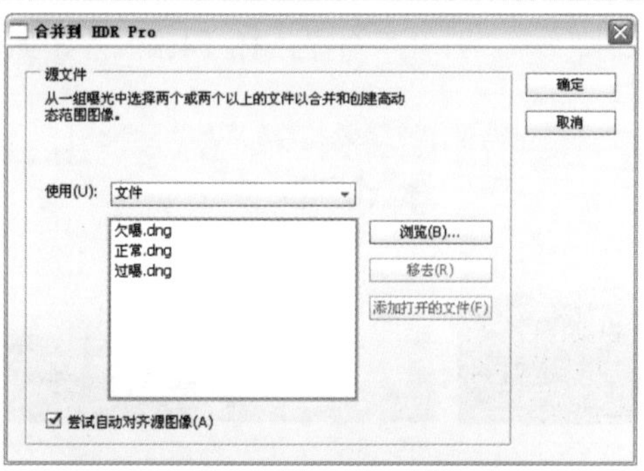

图9-29

图9-30

03 调整“边缘光”和“色调细节”选项组中的参数，让阴影区域显示出更多的细节，如图9-31、图9-32所示。

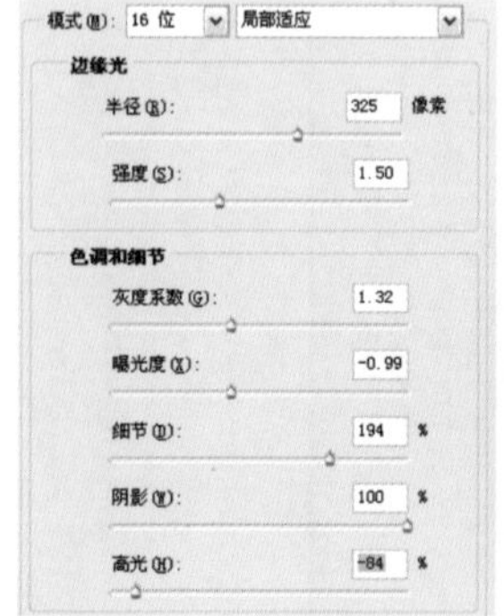

图9-31

图9-32

04 提高“自然饱和度”和“饱和度”值，让色彩鲜艳一些，如图9-33、图9-34所示。

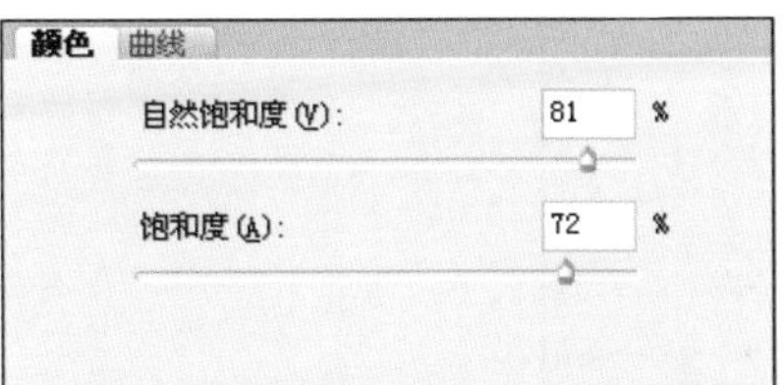

图9-33

图9-34

05 单击“确定”按钮，在Photoshop中打开处理后的图像。单击“调整”面板中的按钮，创建“曲线”调整图层，拖动曲线将图像调亮，如图9-35、图9-36所示。

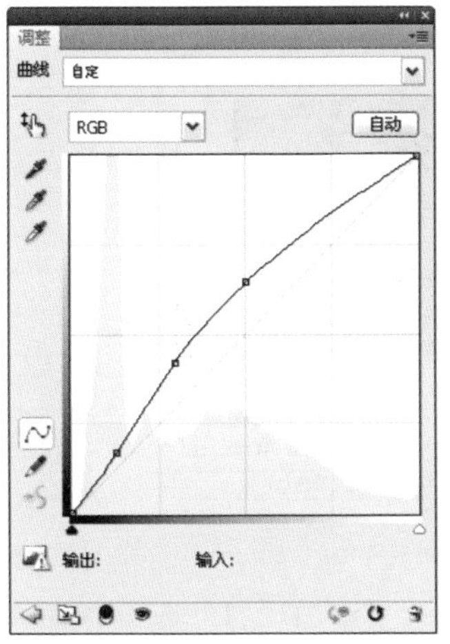

图9-35

图9-36

06 现在画面底部有些过于明亮，使用渐变工具在画面中填充黑-白线性渐变，通过蒙版将画面底部的调整效果遮盖起来，如图9-37、图9-38所示。

图9-37

图9-38

制作PDF幻灯片

难度级别：★★☆

学习目标：本实例学习怎样使用Adobe Bridge制作可以自动播放的PDF幻灯片。

技术要点：在Adobe Bridge中设定好PDF图片及其他选项后，可单击“刷新预览”按钮，在Adobe Bridge中先预览一下PDF文件的显示效果，以便根据情况进行修改，最后没有问题了再将文件输出。

素材位置：素材/第9章/实例127-1~实例127-6

实例效果位置：实例效果/第9章/实例127

01 在Photoshop中单击程序栏中的Br按钮，打开Adobe Bridge。导航到素材文件夹，如图9-39所示，单击“输出”选项卡，然后单击“PDF”按钮，显示设置选项，如图9-40所示。

图9-39

图9-40

02 按住〈Ctrl〉键单击“内容”列表中的图像，将它们选择，如图9-41所示。在“模板”下拉列表中选择“美术框”，如图9-42所示。

图9-41

图9-42

03 单击“背景”选项右侧的颜色块，如图9-43所示，打开“颜色”对话框，将背景颜色设置为灰色，如图9-44所示。

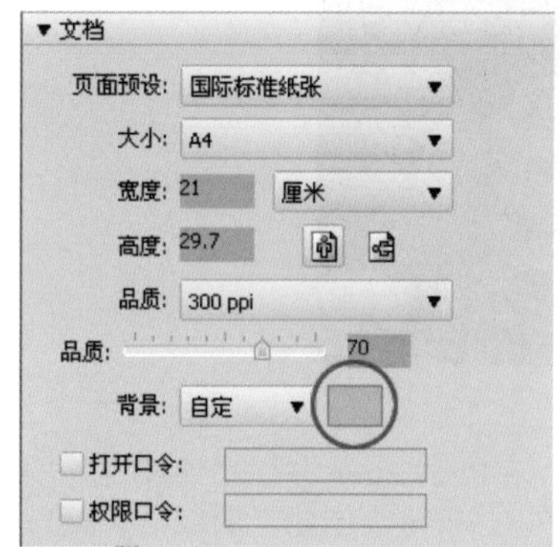

图9-43

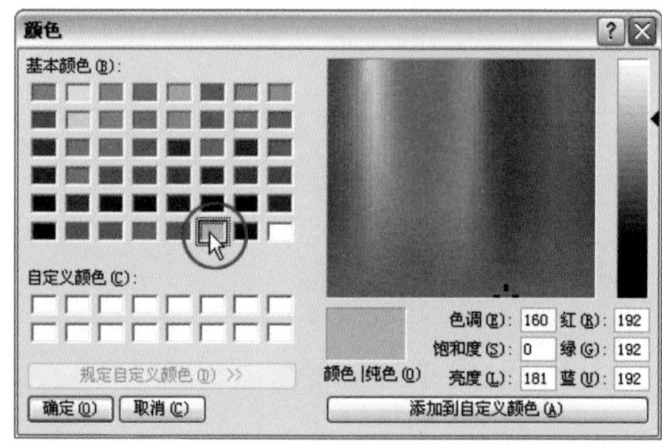

图9-44

04 在“页眉”选项组中勾选“添加页眉”选项，然后在“文本”选项中输入页眉文字，并设置文字颜色和分隔线，如图9-45所示。

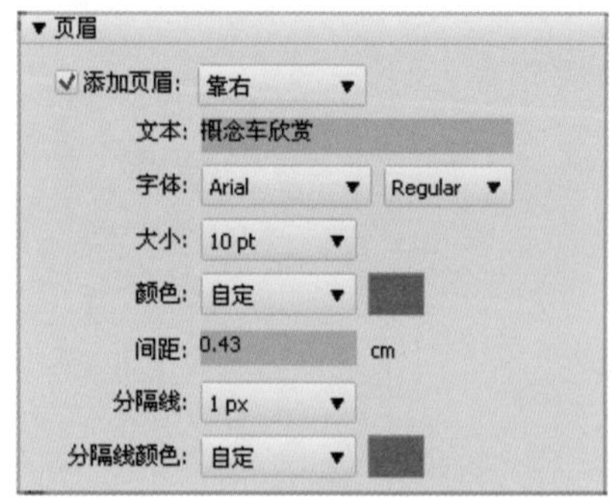

图9-45

05 在“播放”选项组中将“持续时间”设置为3秒，勾选“在最后一页之后循环”选项，这样可以循环播放演示文稿，将过渡效果设置为“随机”，如图9-46所示。

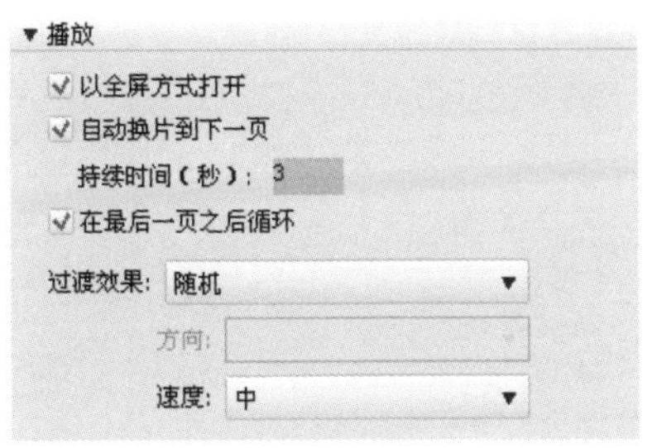

图9-46

提示 如果要为PDF文件加密，可勾选“打开口令”，并输入密码，或勾选“权限口令”，设置修改权限。此外，在“水印”选项组中可以为文件添加数字水印。

06 单击“刷新预览”按钮，在Adobe Bridge中先预览一下PDF文件的显示效果，如果没有问题了，就单击“存储”按钮将文件保存。PDF幻灯片文件的图标为状，双击该图标即可以幻灯片的形式播放图像，每隔3秒就会自动切换到下一个画面，而且切换效果还会随机变化，如图9-47、图9-48所示。

图9-47

图9-48

Photoshop 实例128 制作网络相册

难度级别：★★☆

学习目标：本实例学习怎样使用Adobe Bridge制作一个Web照片画廊。

技术要点：将“模板”选项下拉列表中包含很多种现成的模板，选择一种模板之后，还可以在“样式”下拉列表中选择一种样式风格。

素材位置：素材/第3章/实例38-1~实例38-3

实例效果位置：实例效果/第3章/实例38

01 单击程序栏中的Br按钮，运行Adobe Bridge。导航到光盘中的素材文件夹，然后单击“输出”按钮，再单击“Web照片画廊”按钮，显示选项，如图9-49所示。

图9-49

02 按住〈Ctrl〉键单击“内容”列表中的图像，将它们全部选择，它们会自动添加到“预览”框中，如图9-50所示。

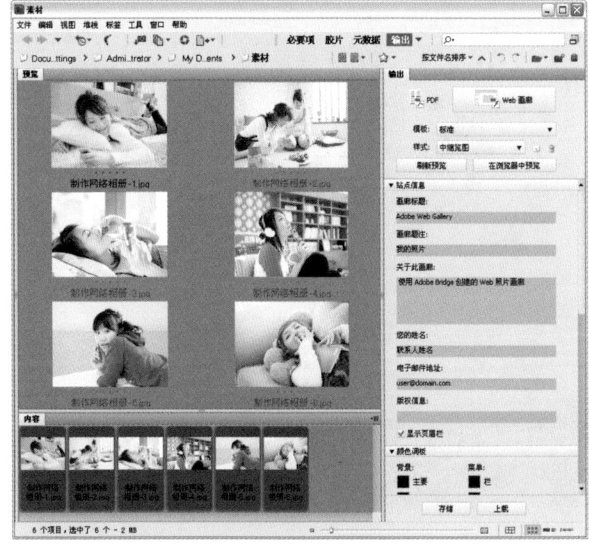

图9-50

03 在“模板”选项下拉列表中选择“Lightroom Flash画廊”，然后在“样式”下拉列表中选择“温暖”，如图9-51所示。在“站点信息”选项组中输入站点信息，包括画廊标题、邮箱等内容，如图9-52所示。

输出
PDF
Web 画廊
模板:
Lightroom Flash 画廊
样式:
温暖
刷新预览
在浏览器中预览

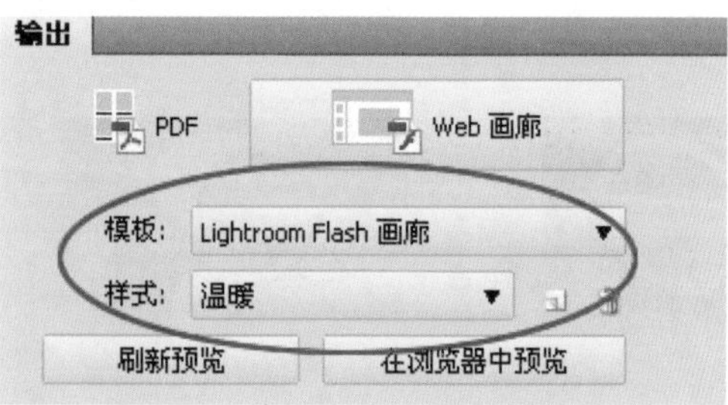

图9-51

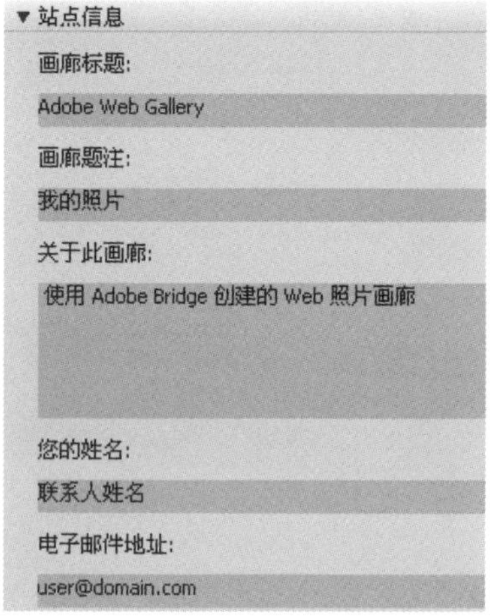

▼ 站点信息
画廊标题:
Adobe Web Gallery
画廊题注:
我的照片
关于此画廊:
使用 Adobe Bridge 创建的 Web 照片画廊
您的姓名:
联系人姓名
电子邮件地址:
user@domain.com

图9-52

04 设置完成后，可以单击“刷新预览”按钮，预览画廊效果，如图9-53所示。如果发现问题，比如文字颜色太暗，则可以重新调整颜色，然后再单击“刷新预览”按钮预览效果，没有问题了，就在“创建画廊”选项组中单击“浏览”按钮，如图9-54所示；设置画廊文件的保存保存位置，再单击“存储”保存文件。

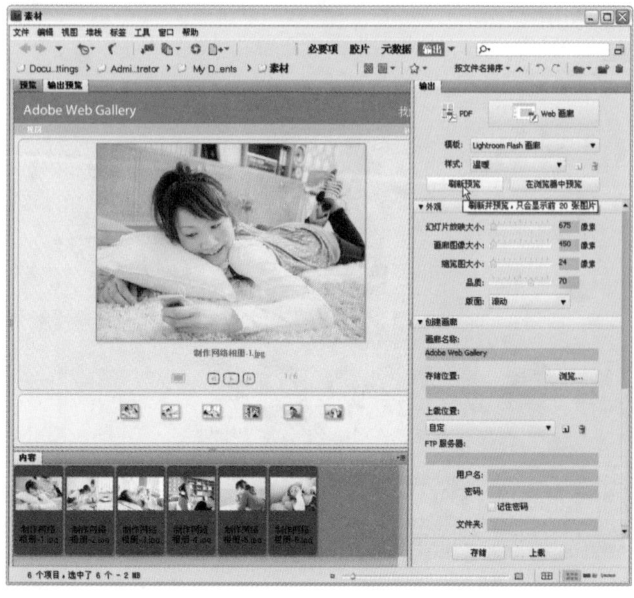

Adobe Web Gallery
刷新预览
在浏览器中预览
Lightroom Flash 画廊
温暖
▼ 创建画廊
Adobe Web Gallery
存储
上载

图9-53

▼ 创建画廊
画廊名称:
Adobe Web Gallery
存储位置:
浏览...
上载位置:
自定
FTP 服务器:
用户名:
密码:
记住密码
文件夹:
存储
上载

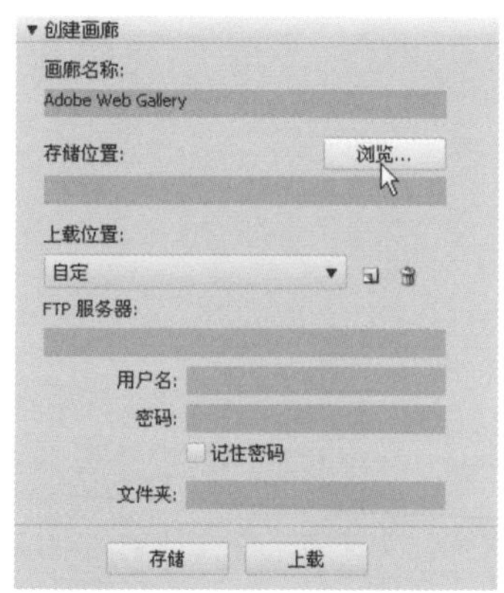

图9-54

05 在保存画廊的文件夹中双击图标，打开计算机中的浏览器即可登录到Web照片画廊浏览各个图像，如图9-55、图9-56所示。

Adobe Web Gallery - Firefox - 火狐中国版
Adobe Web Gallery
我的照片
完成

图9-55

Adobe Web Gallery - Firefox - 火狐中国版
Adobe Web Gallery
我的照片
完成

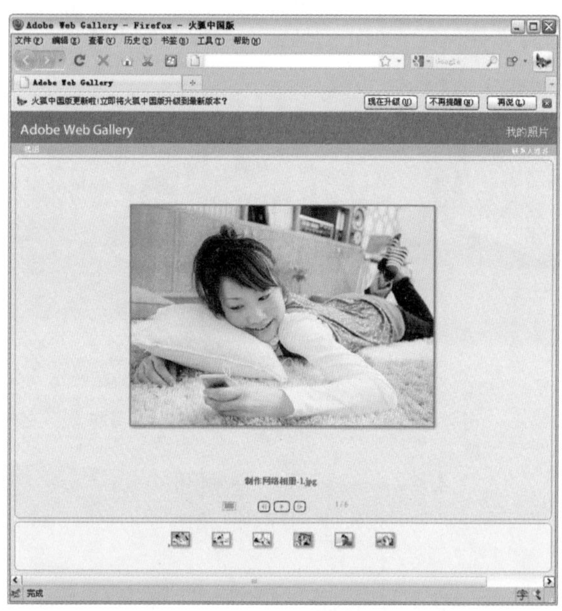

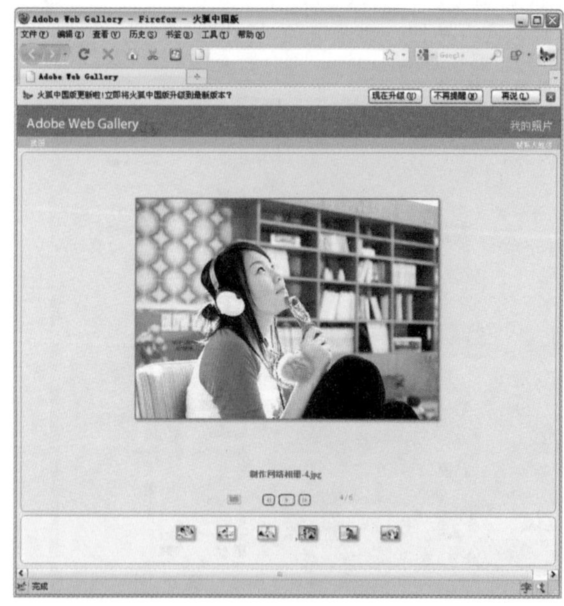

图9-56

第10章 视频、动画与3D实例

学习要点

- 在视频中添加特效
- 将图像合成到视频文件中
- 制作变形动画
- 制作发光动画
- 将3D对象与二维对象合成
- 在3D光盘上贴图

案例数量

7个视频、动画和3D实例

内容总览

Photoshop CS5 Extended可以打开和编辑视频文件，以及由Adobe Acrobat 3D Version 8、3D Studio Max、Alias、Maya 、GoogleEarth 等3D程序创建的 3D 文件。本章介绍怎样编辑视频，创建3D模型，以及怎样制作动画。

Photoshop 实例129 为视频添加特效

 难度级别：★★★☆ 

学习目标：本实例学习怎样使用Photoshop编辑视频帧，为视频文件添加效果。

技术要点：计算机上需要安装 QuickTime 7.1（或更高版本），才能在 Photoshop CS5 Extended 中处理视频文件。Apple Computer 网站上可以免费下载 QuickTime。

素材位置：素材/第10章/实例129

实例效果位置：实例效果/第10章/实例129

01 执行“文件”→“打开”命令，选择一个视频文件将其打开，如图10-1所示。“图层”面板中会出现一个视频图层，它右下角有一个连环缩览幻灯胶片图标，如图10-2所示。

图10-1

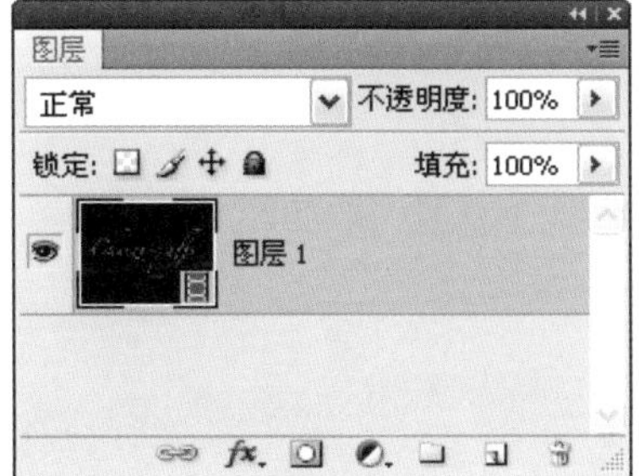

图10-2

02 打开“动画”面板，展开“图层1”的列表，如图10-3所示。在“样式”轨道前的时间-变化秒表上单击，添加一个关键帧，如图10-4所示。

图10-3

图10-4

03 将当前指示器拖动到如图10-5所示的位置，此时视频中显示的是如图10-6所示的画面。

图10-5

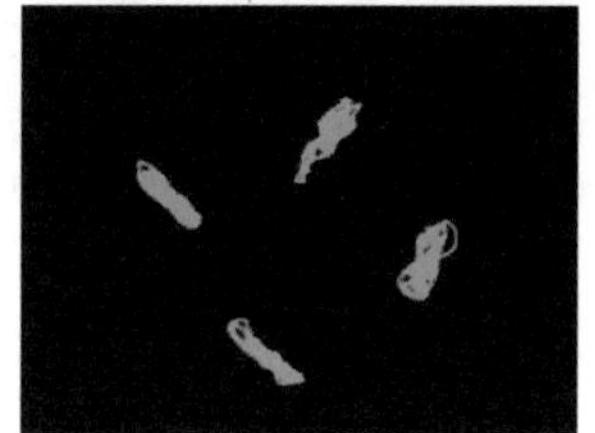

图10-6

04 执行“图层”→“图层样式”→“斜面和浮雕”命令，打开“图层样式”对话框，选择“浮雕效果”样式和一种等高线样式，设置参数如图10-7所示。单击对话框左侧列表中的“内发光”选项，再设置一种渐变样式的内发光效果，如图10-8所示。

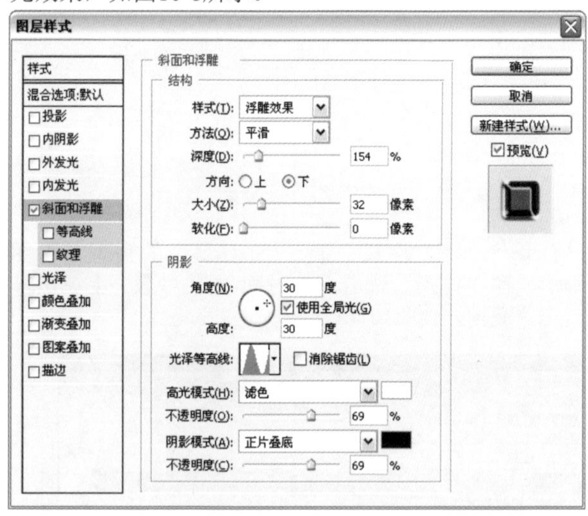

图10-7

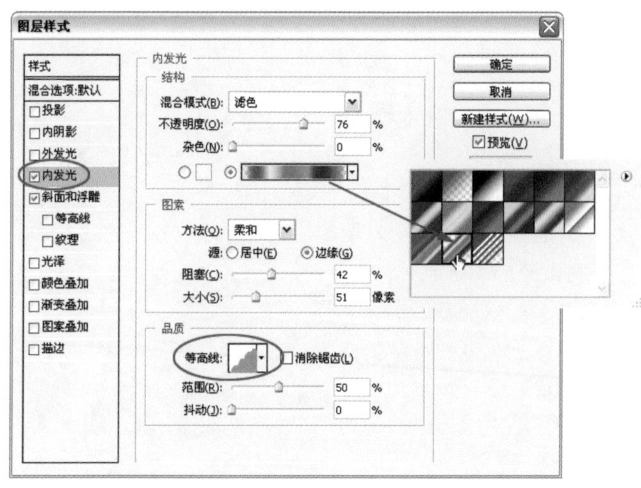

图10-8

05 单击“确定”按钮关闭对话框，为视频图层添加这两种效果，如图10-9、图10-10所示。

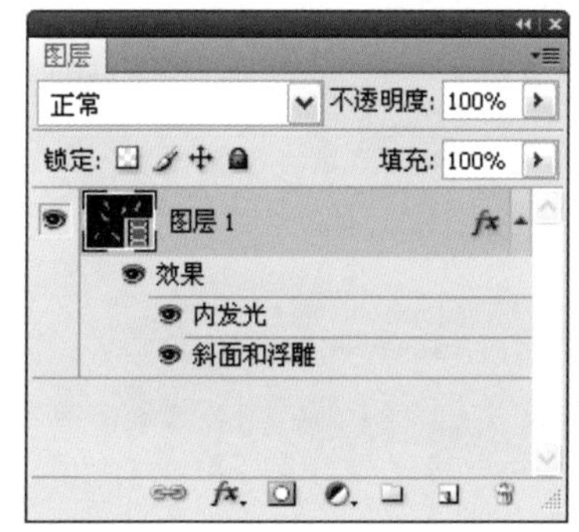

图10-9

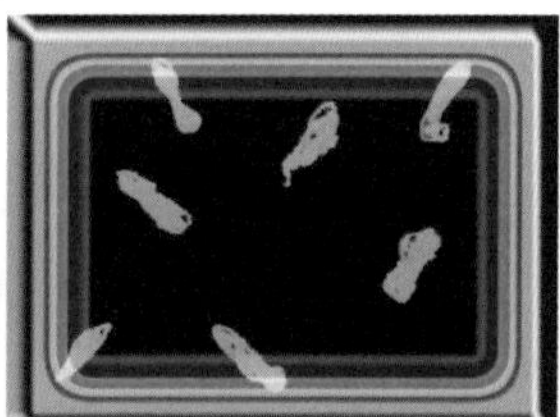

图10-10

06 按下“动画”面板中的播放按钮▶，或按下空格键播放视频文件，当播放到设置的关键帧处，画面中的图像就会变成立体按钮，并添加发光效果，直到整个视频播放完毕，如图10-11~图10-13所示。

图10-11 图10-12 图10-13

Photoshop 实例130

制作潜水视频

难度级别：★★☆

学习目标：本实例学习怎样将图像添加到视频文件中，制作出一个潜水视频动画。

技术要点：通过调色让视频中的气泡变为蓝色，使深水效果更加真实。

素材位置：素材/第10章/实例130-1、实例130-2

实例效果位置：实例效果/第10章/实例130

STEP 01 打开一个视频文件和一个图像文件，如图10-14、图10-15所示。

图10-14

图10-15

STEP 02 使用移动工具将小人拖动到视频文档中，如图10-16、10-17所示。

图10-16

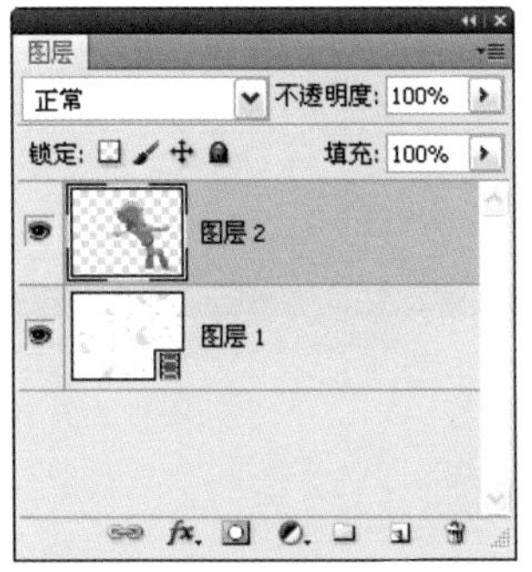
图10-17

STEP 03 单击“图层1”，选择该视频图层，如图10-18所示。单击“调整”面板中的按钮，创建“色相/饱和度”调整图层，勾选“着色”选项并设置参数如图10-19所示，将气泡调整为蓝色，如图10-20所示。

图10-18

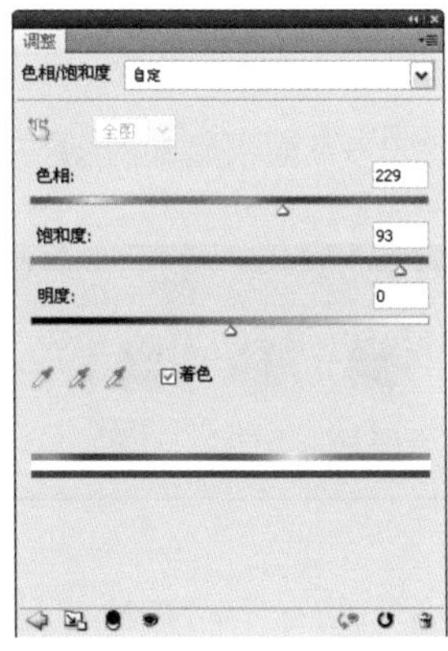
图10-19

图10-20

STEP 04 单击“图层”面板底部的按钮，新建一个图层。按下〈Shift+[〉快捷键，将它移到到最底层，如图10-21所示。暂时先将上面几个图层隐藏，如图10-22所示。

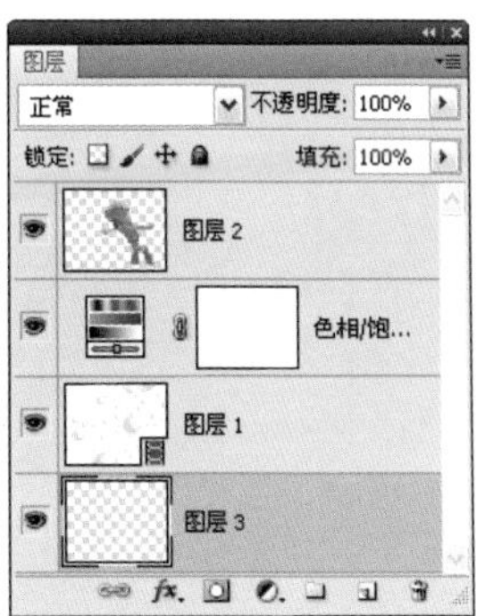
图10-21

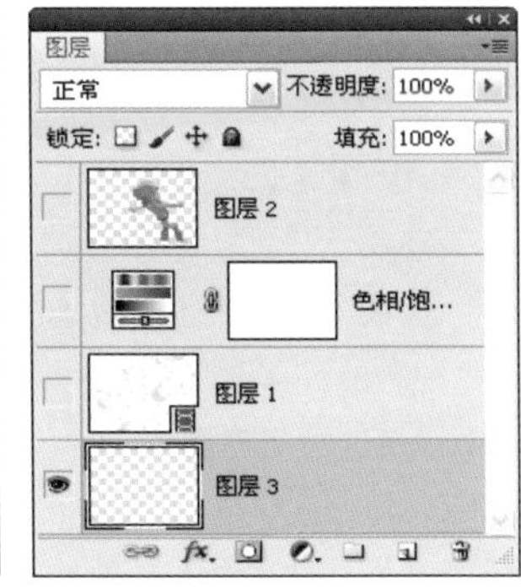
图10-22

STEP 05 选择渐变工具，在工具选项栏中按下径向渐变按钮，并调整渐变颜色，如图10-23所示；在画面中填充渐变，如图10-24所示。

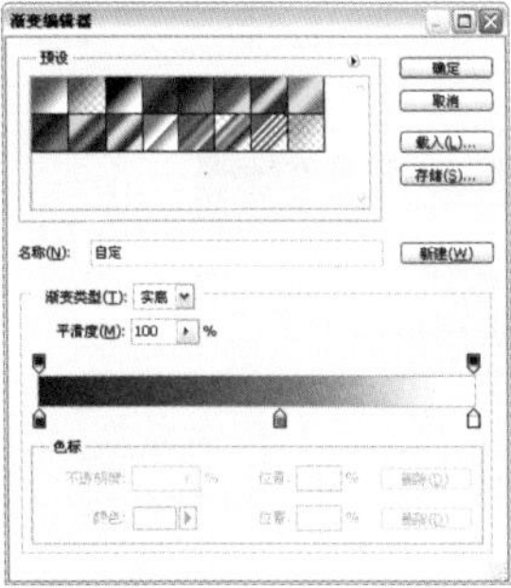
图10-23

图10-24

STEP 06 选择视频图层，即“图层1”，将它的混合模式设置为“正片叠底”，使视频图像叠加到渐变背景上，如图10-25、图10-26所示。

图10-25

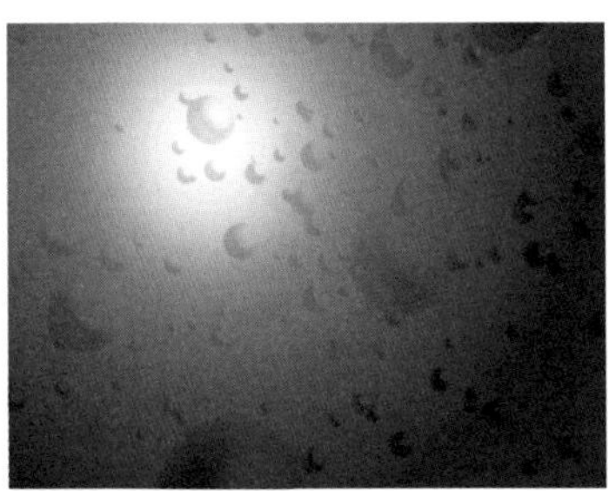
图10-26

STEP 07 将最上面的两个图层也显示出来，如图10-27所示。打开“动画”面板，按下空格键播放视频，就可以看到水珠在向右侧移动，使潜水员看起来像是在朝前方游动一样，如图10-28所示。

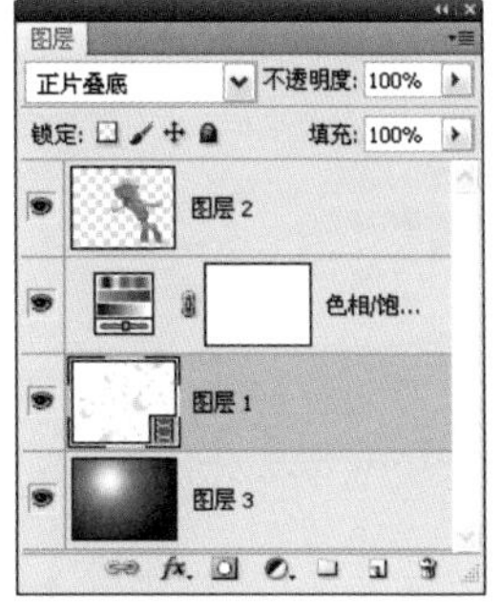
图10-27

图10-28

Photoshop 实例131 制作风车旋转动画

难度级别：★★★☆

学习目标：动画是在一段时间内显示的一系列图像或帧，每一帧较前一帧都有轻微的变化，当连续、快速地显示这些帧时就会产生运动或其他变化的错觉。本实例学习动画的制作方法。

技术要点：将动画文件保存为GIF格式后，可以将该文件插入到网页中，或者通过QQ发送。

素材位置：素材/第10章/实例131

实例效果位置：实例效果/第10章/实例131-1、实例131-2

01 打开一个文件，如图10-29所示。单击“图层1”，将它选择，如图10-30所示。

图10-29

图10-30

02 按下〈Ctrl+T〉快捷键显示定界框，如图10-31所示；在工具选项栏中输入旋转角度为90度，如图10-32所示。

图10-31

图10-32

03 按住〈Alt+Shift+Ctrl〉键，然后连按3下〈T〉键，可以旋转并复制出3个图像，如图10-33、图10-34所示。

图10-33

图10-34

04 打开“动画”面板，单击面板右下角的按钮，切换到帧模式，如图10-35所示。单击“0秒”选项右侧的三角按钮，在打开的菜单中选择“0.1秒”，将帧的延迟时间设置为0.1秒，单击“一次”选项右侧的三角按钮，在打开的菜单中将循环次数设置为“永远”，如图10-36所示。

图10-35

图10-36

05 单击3下面板底部的按钮，复制出3个动画帧，如图10-37所示。

图10-37

06 单击第一个动画帧，如图10-38所示，然后在“图层”面板中单击“图层1”上面几个图层的眼睛图标，将它们隐藏，如图10-39所示。此时动画帧状态如图10-40所示，图像状态如图10-41所示。

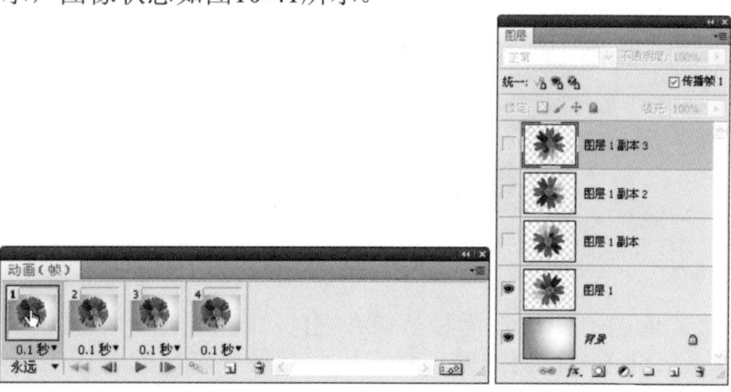

图10-38　图10-39

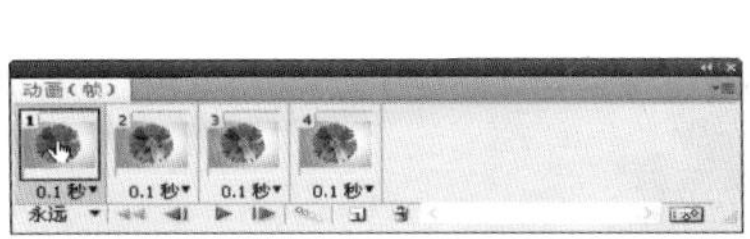

图10-40　　图10-41

step 07 单击第二个动画帧，如图10-42所示，然后在“图层”面板中隐藏“图层1”，显示出它上面的图层，如图10-43所示，让第二帧动画记录下当前的图像状态，即旋转90度后的图像效果。

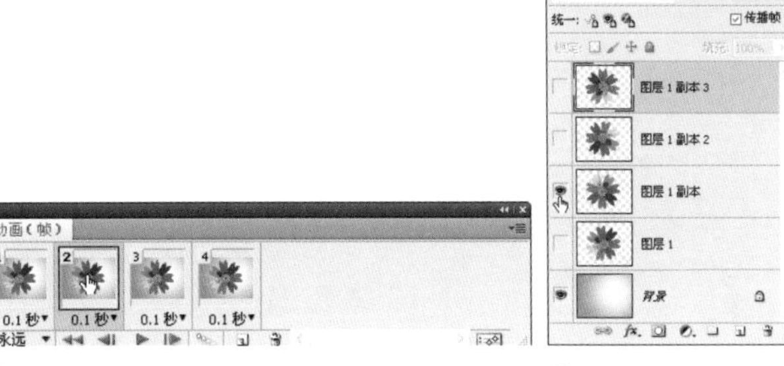

图10-42　　图10-43

step 08 再单击第三帧动画，如图10-44所示；显示“图层1副本2”，隐藏其他图层，如图10-45所示。

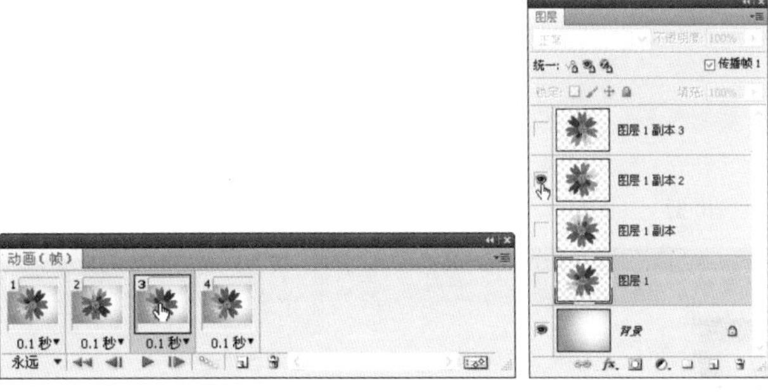

图10-44　　图10-45

step 09 最后，单击第四帧，如图10-46所示；显示“图层1副本3”，隐藏其他图层，如图10-47所示。设置完成后，按下空格键播放动画，风车就会旋转起来。

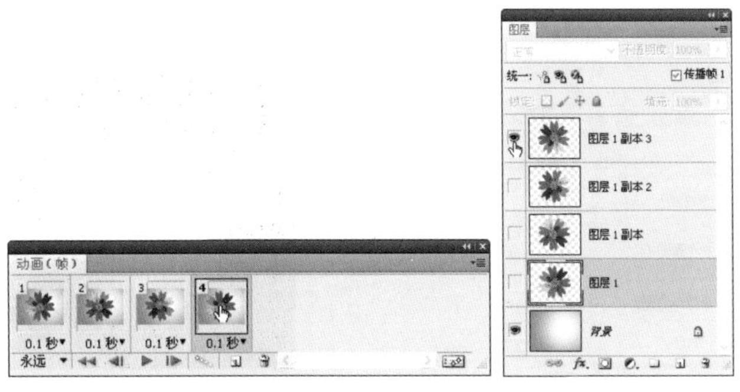

图10-46　　图10-47

step 10 下面来将该文件存储为一个GIF动画。执行“文件”→“存储为Web和设备所用格式”命令，在打开的对话框中选择“GIF”格式，如图10-48所示。单击“存储”按钮，弹出“将优化结果存储为”对话框，如图10-49所示。设置文件名和保存位置后，单击“保存”按钮关闭对话框。

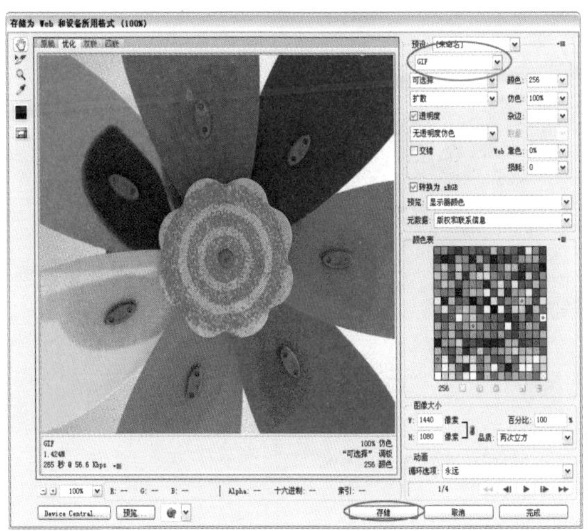

图10-48

图10-49

step 11 打开GIF文件所在的文件夹。在空白处单击鼠标右键，在弹出的快捷菜单中选择“查看”→“幻灯片”命令，如图10-50所示，以幻灯片形式显示图像，这时就可以看到风车的旋转效果了，如图10-51、图10-52所示。该文件还可以插入到网页中，或者通过QQ发送，让其他人也能够欣赏该动画。

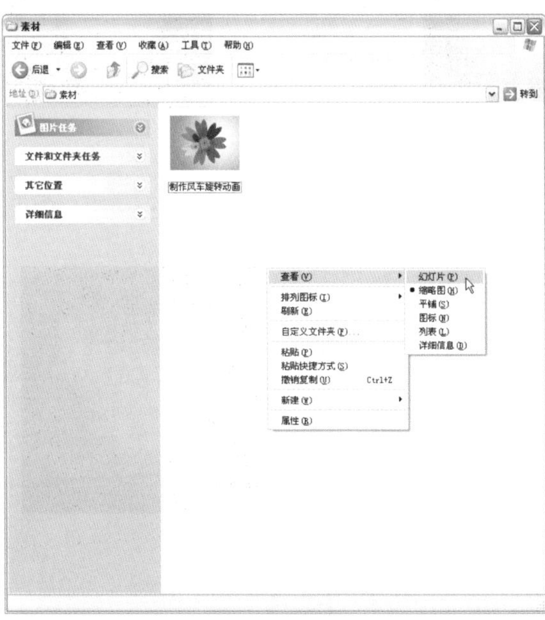

图10-50

图10-51

图10-52

制作文字变形动画

难度级别：★★★☆

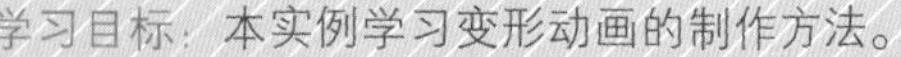

学习目标：本实例学习变形动画的制作方法。

技术要点：利用“变形文字”命令对文字进行扭曲，并记录下几个关键帧。

素材位置：素材/第10章/实例132

实例效果位置：实例效果/第10章/实例132-1、实例132-2

01 打开一个文件，如图10-53所示。使用横排文字工具T在画面中单击并输入文字，如图10-54、图10-55所示。

图10-53

图10-54

图10-55

02 单击工具选项栏中的按钮，打开“变形文字”对话框，选择“波浪”样式，如图10-56、图10-57所示，单击“确定”按钮关闭对话框。

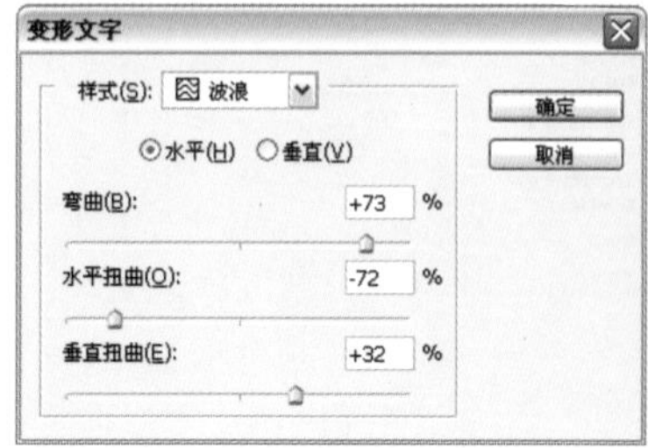

图10-56

图10-57

03 打开“动画”面板，将帧的延迟时间设置为0.2秒，循环次数设置为“永远”，如图10-58所示。单击复制所选帧按钮，添加一个动画帧。

图10-58

04 单击工具选项栏中的按钮，选择“鱼形”样式，如图10-59、图10-60所示，然后关闭对话框。

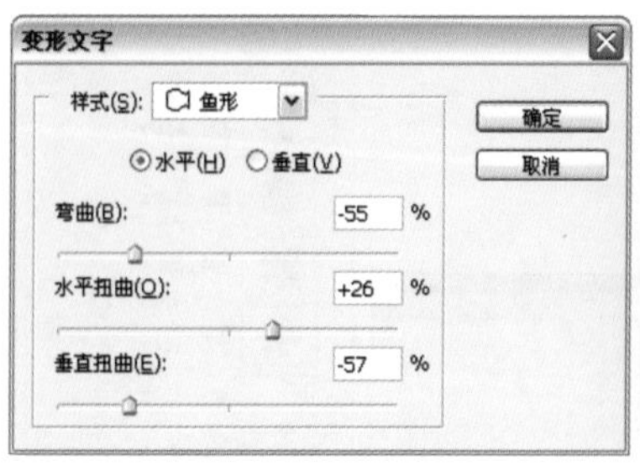

图10-59

图10-60

05 单击“动画”面板中的复制所选帧按钮，添加第三个动画帧。单击工具选项栏中的按钮，选择“花冠”样式，如图10-61、图10-62所示，关闭对话框。现在“动画”面板中的三个帧记录了文字的三种变形效果，如图10-63所示。

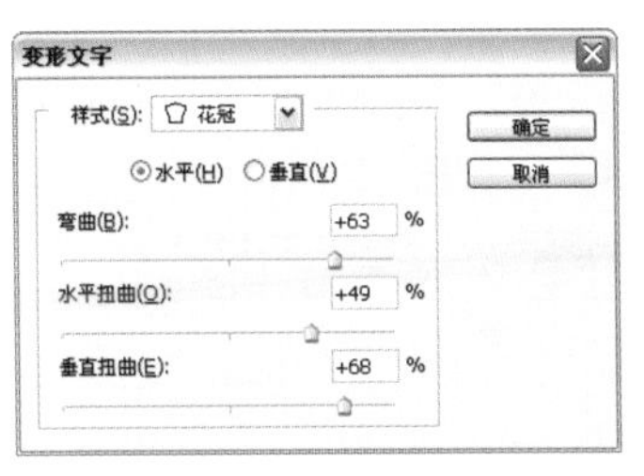

图10-61

图10-62

图10-63

06 按下空格键播放动画，文字就会产生变形效果，像是在跳舞一样，如图10-64~图10-66所示。最后，可以执行“文件”→“存储为Web和设备所用格式”命令，将文件保存为一个GIF格式动画。

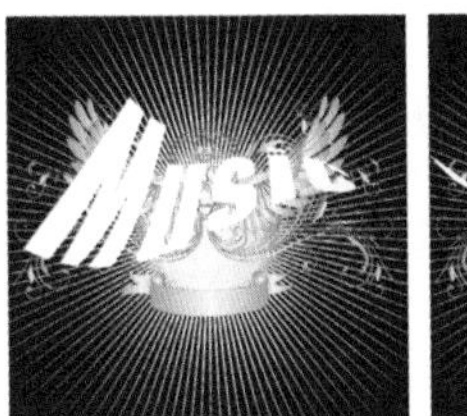
图10-64

图10-65

图10-66

制作会发光的文字动画

 难度级别：★★★☆ 

学习目标：本实例学习怎样使用图层样式为文字添加发光效果，制作出类似于霓虹灯般可以不断变换颜色的发光动画。

技术要点：可以根据文字颜色的特点，选择不同的发光颜色。

素材位置：素素材/第10章/实例133

实例效果位置：实例效果/第10章/实例133-1、实例133-2

01 按下〈Ctrl+O〉快捷键打开一个文件，如图10-67所示。

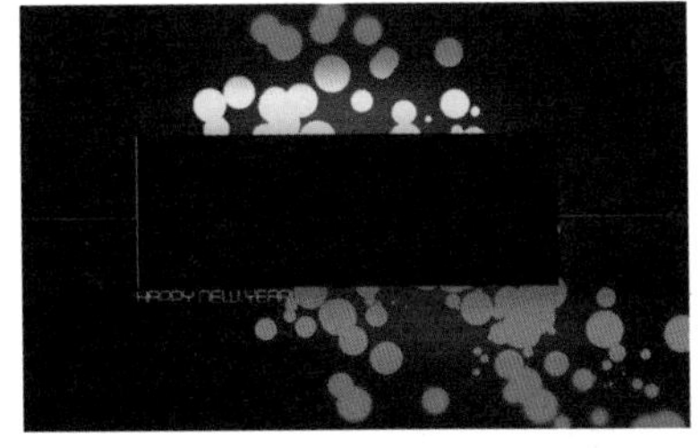
图10-67

02 选择横排文字工具T，在“字符”面板中选择字体，设置大小和颜色，如图10-68所示。在画面中输入文字，如图10-69所示。

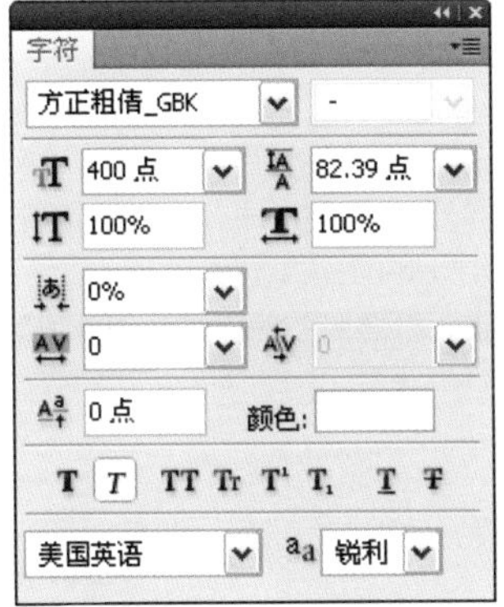

图10-68

图10-69

03 双击文字图层，打开“图层样式”对话框，添加“外发光”、“内发光”、“斜面和浮雕”、“渐变叠加”效果，设置参数如图10-70~图10-73所示，文字效果如图10-74所示。

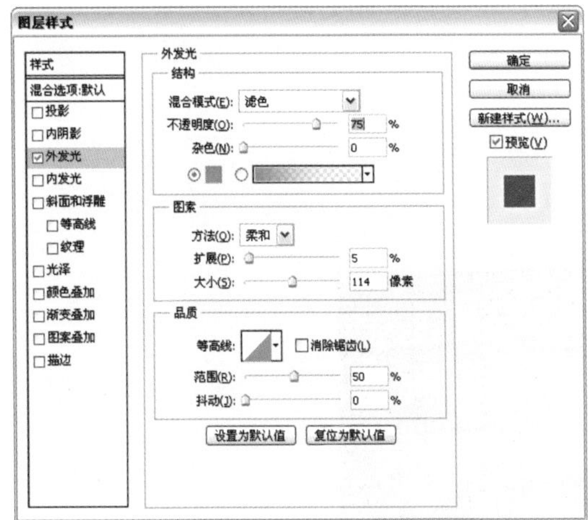

图10-70

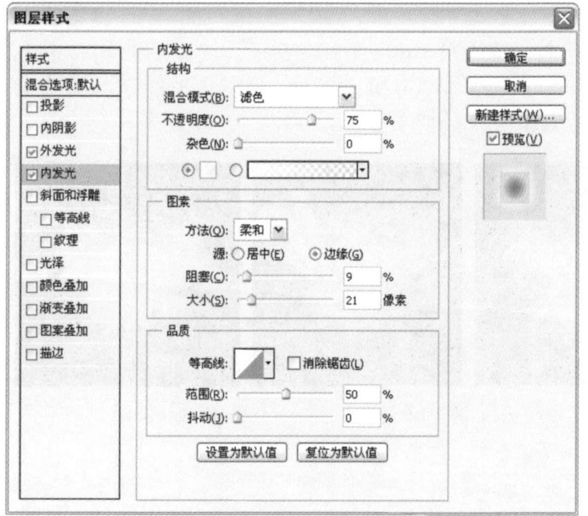

图10-71

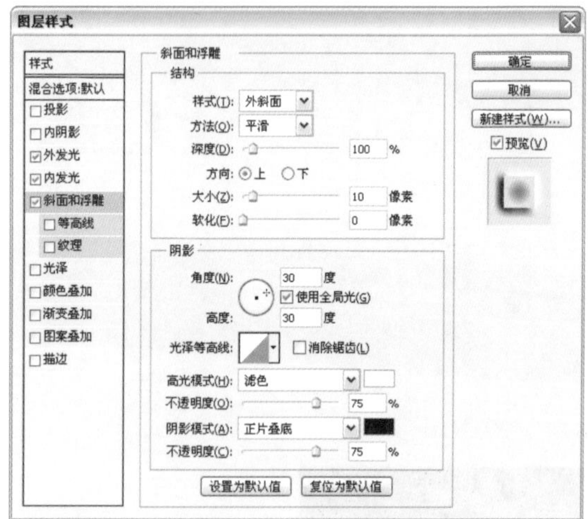

图10-72

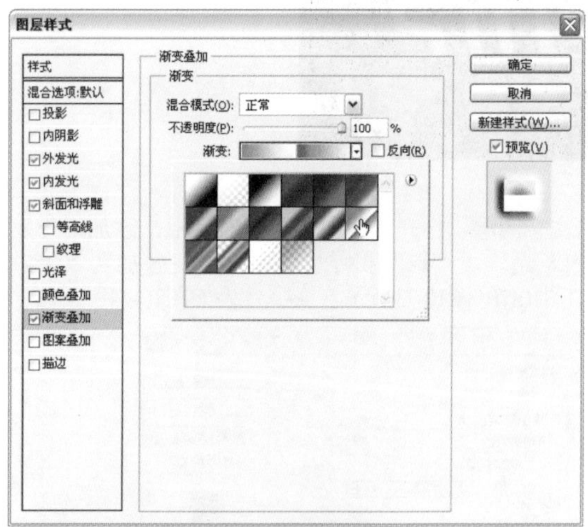

图10-73

图10-74

04 打开“动画”面板。将帧的延迟时间设置为0.2秒，循环次数设置为“永远”，如图10-75所示。单击两下复制所选帧按钮，添加两个动画帧，如图10-76所示。

图10-75

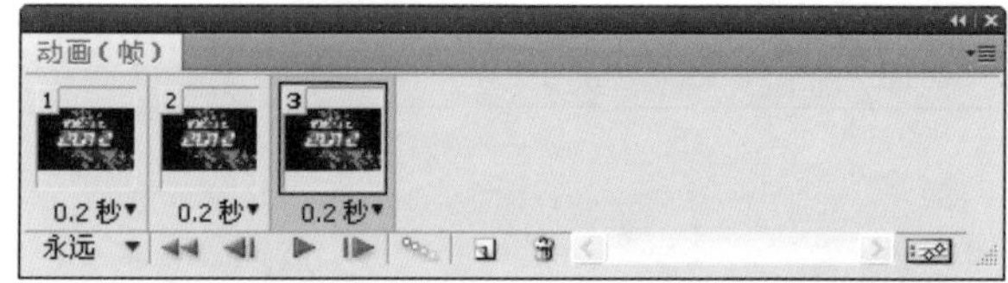

图10-76

05 单击第二帧，如图10-77所示。双击“外发光”效果，如图10-78所示。打开“图层样式”对话框，将发光颜色修改为绿色，如图10-79、图10-80所示。

图10-77

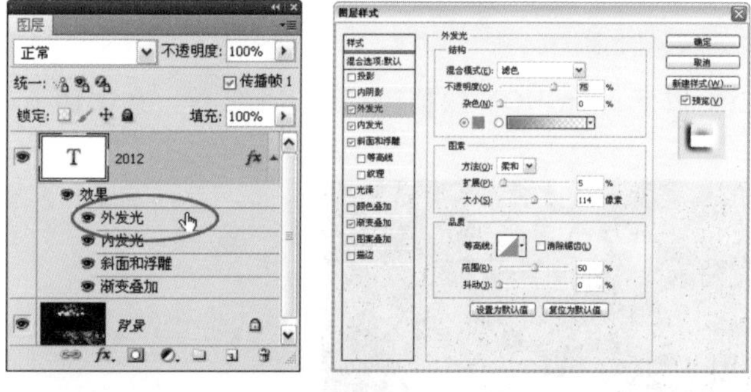

图10-78　　图10-79

图10-80

06 单击第三帧，如图10-81所示。双击“外发光”效果，如图10-82所示。打开“图层样式”对话框，将发光颜色修改为洋红色，如图10-83、图10-84所示。

图10-81

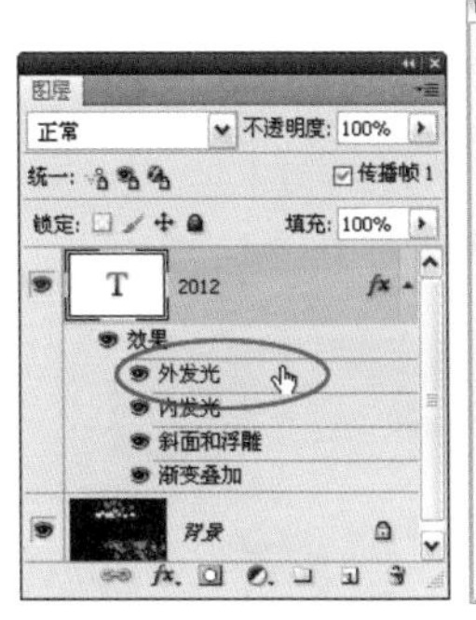
图10-82

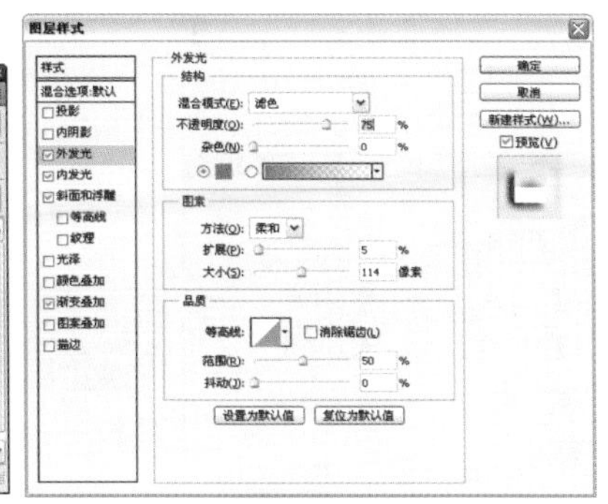
图10-83

 07 按下空格键播放动画，文字就会发出蓝、绿和洋红色的光，如图10-85～图10-87所示。最后，可以执行“文件”→“存储为Web和设备所用格式”命令，将文件保存为一个GIF格式动画。

图10-84

图10-85

图10-86

图10-87

Photoshop
实例134

制作3D易拉罐

难度级别：★★★★

学习目标：Photoshop可以基于2D对象，如图层、文字、路径等生成各种3D对象。创建3D对象以后，还可以在3D空间中 移动、旋转对象，为它添加光源以及设置纹理和贴图。本实例学习怎样使用一张图像素材制作出3D易拉罐模型，并将其合成到一个平面设计作品中。

技术要点：为了表现易拉罐的金属材质，需要提高模型和贴图的光泽度。

素材位置：素材/第10章/实例134-1~实例134-3

实例效果位置：实例效果/第10章/实例134

01 按下〈Ctrl+O〉快捷键打开一个文件，如图10-88所示。

图10-88

02 选择要转换为3D对象的图层，如图10-89所示；执行“3D”→“从图层新建形状”→“易拉罐”命令，即可创建3D易拉罐，如图10-90所示。在“图层”面板中，该图层下面会出现一个列表，显示了3D对象的材质和纹理，如图10-91所示。使用3D对象旋转工具旋转易拉罐，如图10-92所示。

图10-89

图10-90

图10-91

图10-92

03 打开“3D”面板。单击“盖子材质”，它代表的是易拉罐模型，调整“光泽”和“闪光”参数，增加模型表面的亮度和光泽度，如图10-93、图10-94所示。

04 单击“标签材质”，它代表的是贴图，调整“光泽”和“闪光”参数，增加贴图的亮度，如图10-95、图10-96所示。

05 选择“无限光2”，它代表的是应用于模型表面的光源，增加它的“强度”值，如图10-97、图10-98所示。可以看到，现在模型底部呈现出金属般的光泽感。

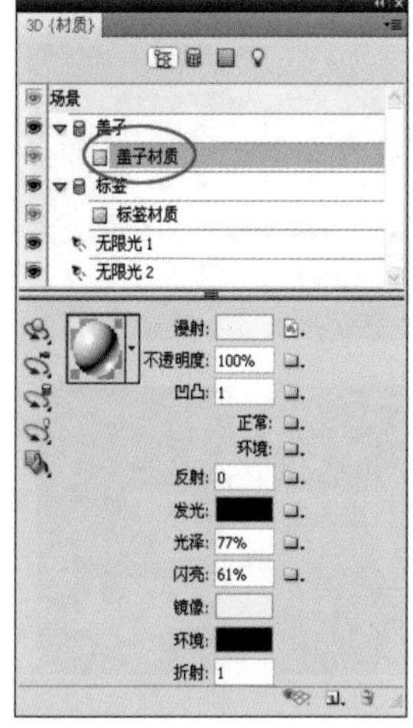
图10-93

图10-94

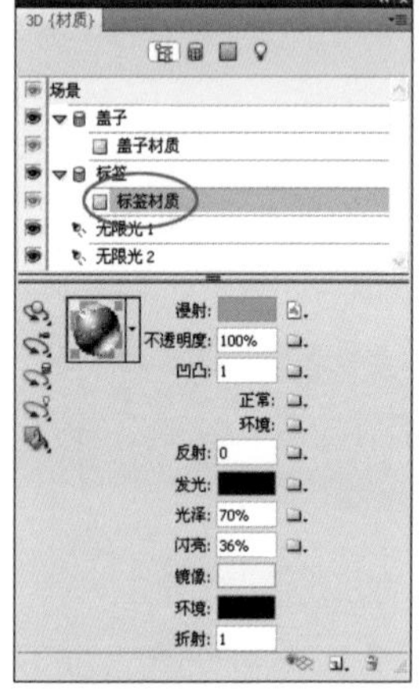
图10-95

图10-96

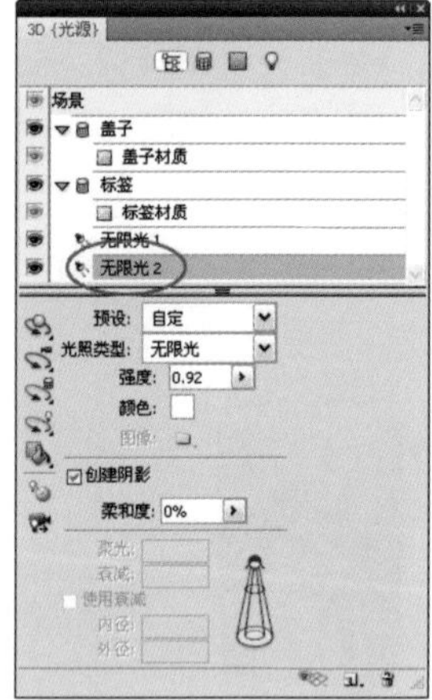
图10-97

图10-98

06 打开一个文件，如图10-99所示。使用移动工具将易拉罐拖入到该文档中，如图10-100所示。

图10-99

图10-100

07 选择横排文字工具T，打开“字符”面板设置字体、大小和颜色，如图10-101所示；在画面中单击并输入一行文字，如图10-102所示。

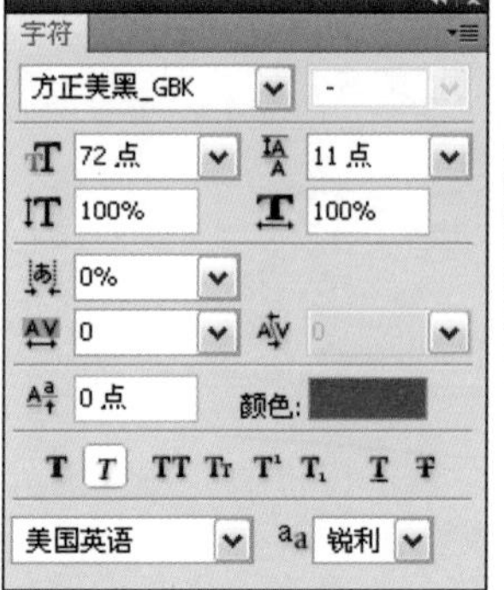
图10-101

图10-102

08 双击文字图层，打开“图层样式”对话框，为文字添加“投影”和“描边”效果，如图10-103~图10-105所示。

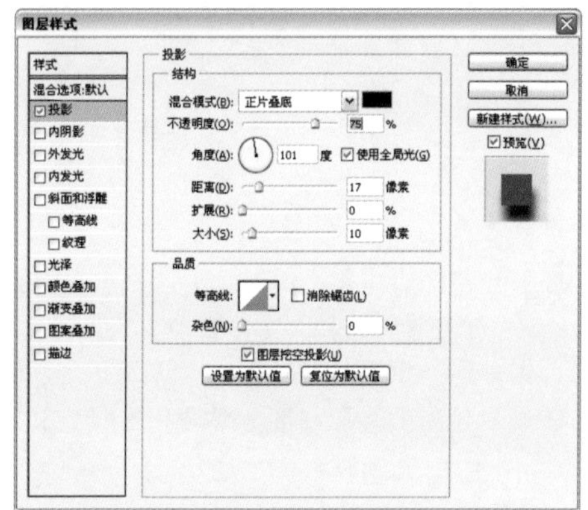
图10-103

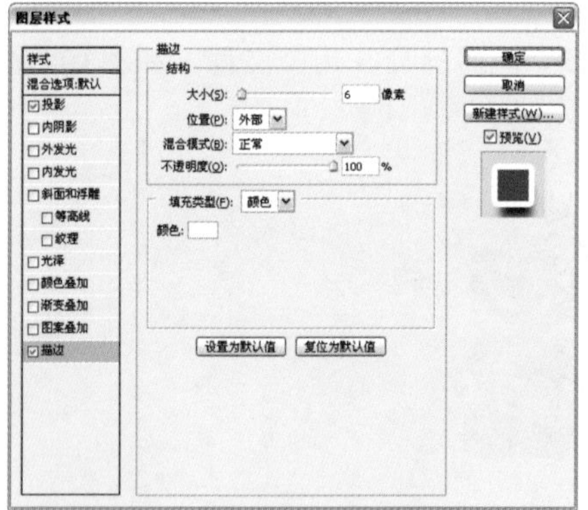
图10-104

图10-105

09 打开一个热气球文件，使用移动工具将它拖入到易拉罐文档中，如图10-106所示。单击“图层”面板底部的按钮，在文字图层下面新建一个图层，如图10-107所示。

图10-106

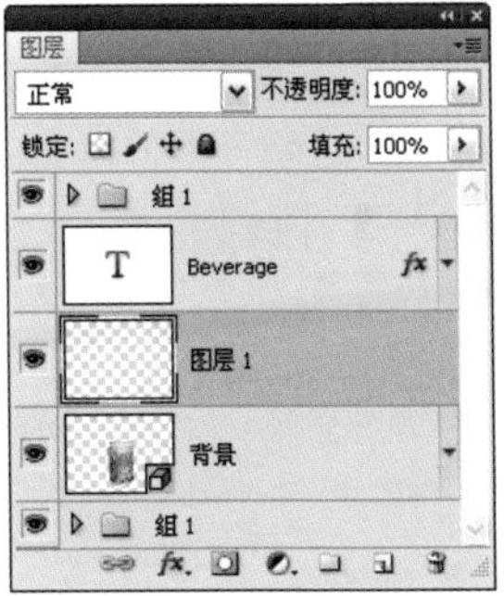
图10-107

10 选择直线工具，在工具选项栏中按下填充像素按钮□，设置“粗细”为1px，如图10-108所示。将前景色设置为黑色，在热气球与文字之间绘制两条直线，如图10-109所示。

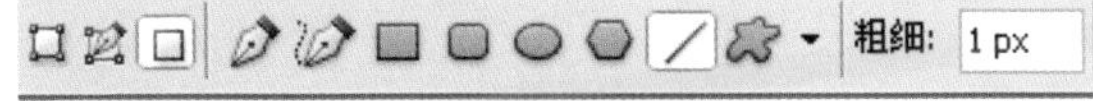
图10-108

图10-109

Photoshop 实例135 制作3D光盘

难度级别：★★★★

学习目标：本实例学习怎样在3D模式表面贴图，以及替换和编辑贴图文件。

技术要点：要改变3D对象的颜色，需要使用调整图层，而不能用调整命令操作。

素材位置：素材/第10章/实例135-1~实例135-4

实例效果位置：实例效果/第10章/实例135

01 执行“文件”→“打开”命令，打开一个3D文件，如图10-110所示。单击“3D”面板顶部的材料按钮▦，再单击一个3D材料，如图10-111所示。

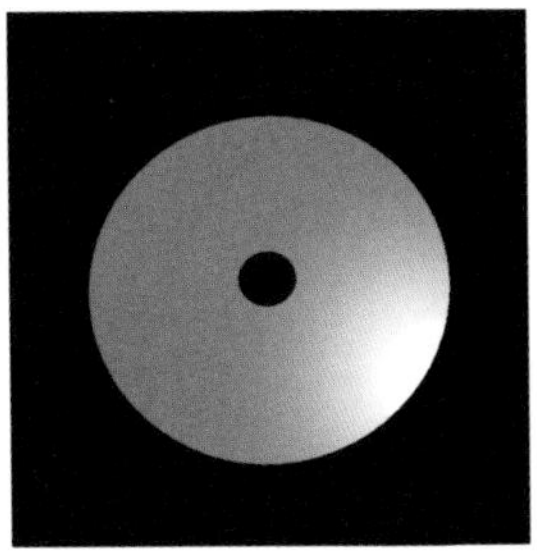

图10-110

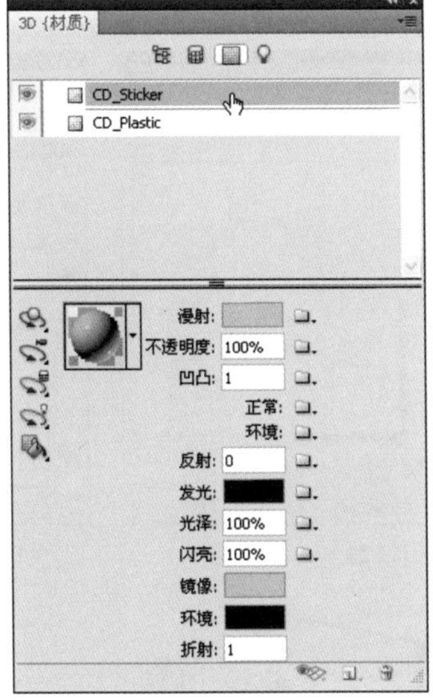
图10-111

02 单击“漫射”选项右侧的□按钮，选择“载入纹理”命令，如图10-112所示；在打开的对话框中选择光盘中的纹理文件，将它贴到DVD模型表面，如图10-113、图10-114所示。

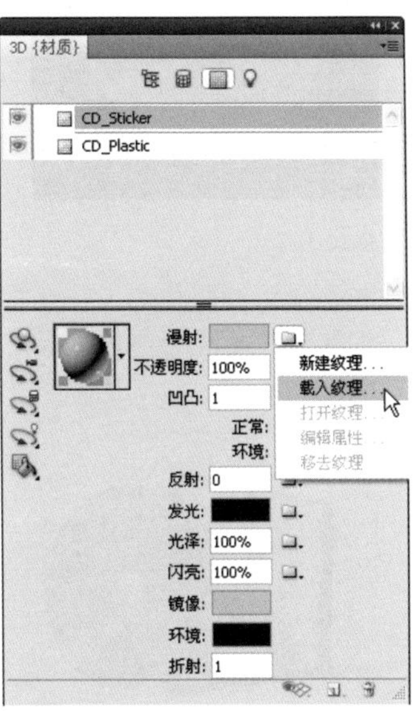
图10-112

提示

如果要修改贴图，可单击“漫射”选项右侧的□按钮，选择“打开纹理”命令，打开该贴图文件进行编辑、如果要删除贴图，可单击“漫射”选项右侧的按钮，选择“移去纹理”命令。

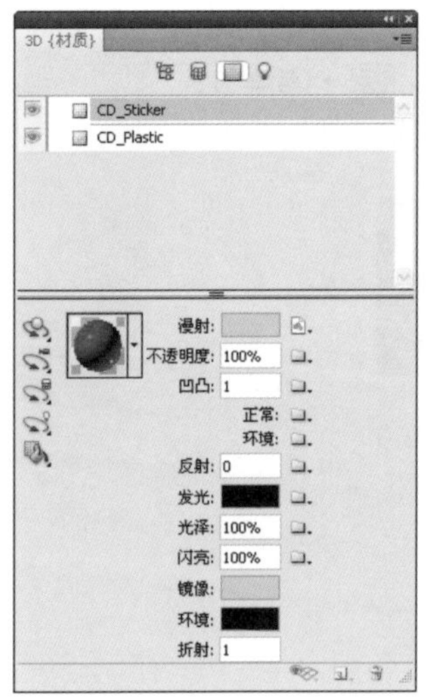

图10-113

图10-114

03 如果要使用其他图像替换原有的贴图，可以单击“漫射”选项右侧的按钮，选择“载入纹理”命令，如图10-115所示，在打开的对话框中选择所需图像即可，效果如图10-116所示。

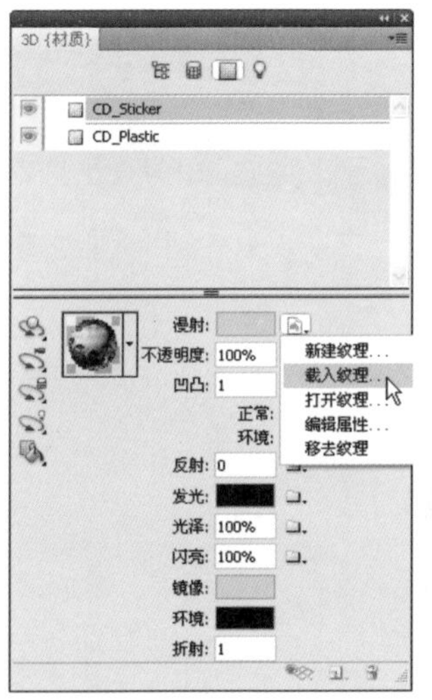

图10-115

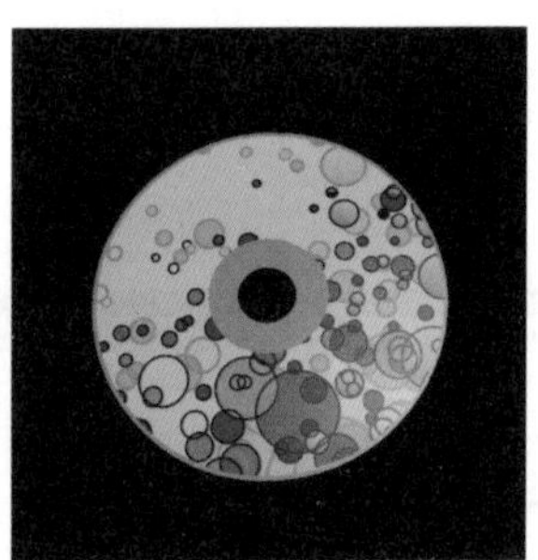

图10-116

04 打开一个文件，如图10-117所示；使用移动工具将光盘拖入到该文档中，使用3D对象旋转工具旋转角度，如图10-118所示。

图10-117

图10-118

05 使用多边形套索工具在光盘与光盘盒相交处创建选区，如图10-119所示。按住〈Alt〉键单击“图层”面板底部的按钮，为3D图层添加蒙版，将选中的图像隐藏，如图10-120、图10-121所示。

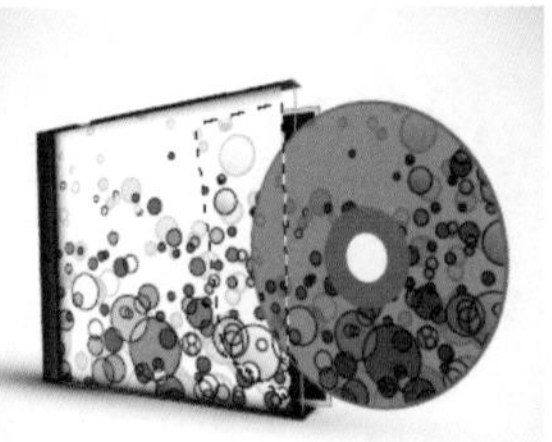

图10-119

图10-120

图10-121

06 使用多边形套索工具选中光盘与透明盒之间的图像，如图10-122所示。将前景色设置为灰色（R：170，G：170，B：170），按下〈Alt+Delete〉快捷键，在选区内填充灰色，让选中的图像呈现出透明效果，如图10-123所示。

图10-122

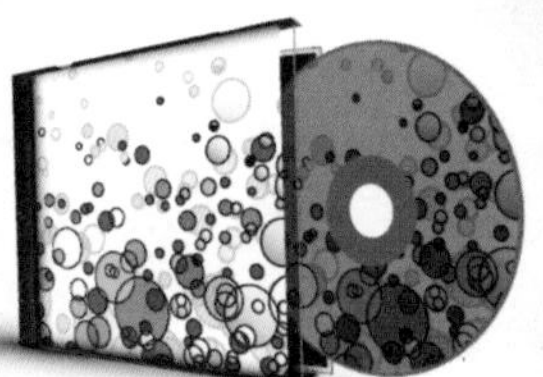

图10-123

07 单击“调整”面板中的按钮，创建“曲线”调整图层，向上拖动曲线，如图10-124所示；将图像调亮，按下面板底部的按钮，创建剪贴蒙版，使调整图层只对光盘有效，如图10-125、图10-126所示。

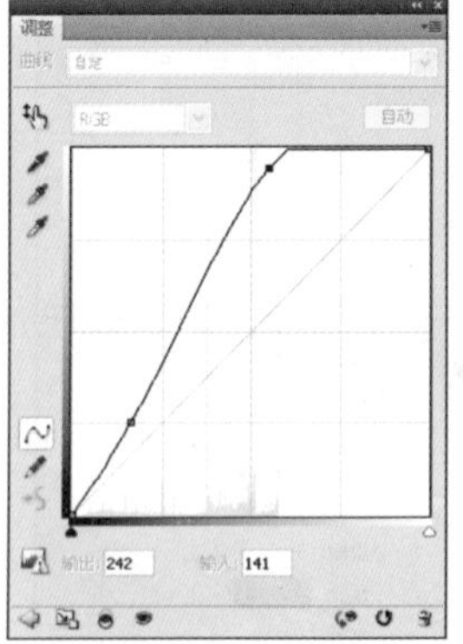

图10-124

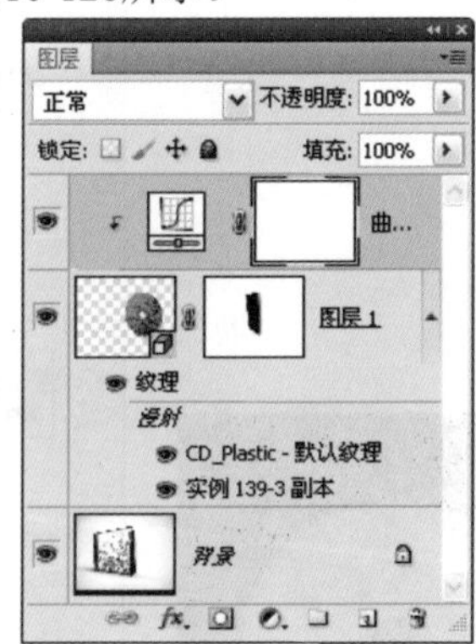

图10-125

图10-126

第11章 外挂滤镜实例

学习要点：

- 外挂滤镜的安装方法
- 使用KPT滤镜制作分形图案
- 使用Xenofex滤镜制作特效
- 使用Eye Candy 4000制作特效
- 选区在外挂滤镜中的应用

案例数量：

8个外挂滤镜应用实例

内容总览：

外挂滤镜是由第三方厂商或者个人开发的滤镜，也称为第三方滤镜，它们种类繁多，功能也十分强大。在众多的外挂滤镜中，Meta Tools公司的KPT滤镜和Alien Skin公司的Eye Candy 4000、Xenofex滤镜是最具代表性的外挂滤镜。本章介绍几款最常用的外挂滤镜的安装和使用方法。

Photoshop 实例136 安装外挂滤镜

难度级别：★★

学习目标：购买或在网上下载外挂滤镜后，需要安装才能使用。外挂滤镜与一般程序的安装方法基本相同，需要注意的是应将其安装到Photoshop CS5程序文件夹中的“plug-in”子文件夹内。本实例介绍一种通过复制的方式安装外挂滤镜的方法。

技术要点：安装外挂滤镜时一定要将其安装在“plug-in”内，然后重新启动Photoshop。

01 有一些滤镜下载以后只有一个文件夹，而没有提供相应的安装程序。对于这样的滤镜，可单击其所在的文件夹，将其选择，如图11-1所示，然后按下〈Ctrl+C〉快捷键复制。

02 打开本地硬盘的Photoshop CS5安装文件夹，如图11-2所示；双击“plug-in”子文件夹，如图11-3所示，进入该文件夹。

图11-1

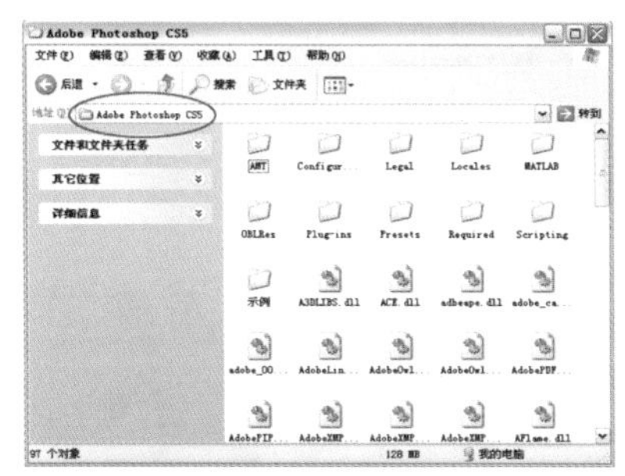

图11-2

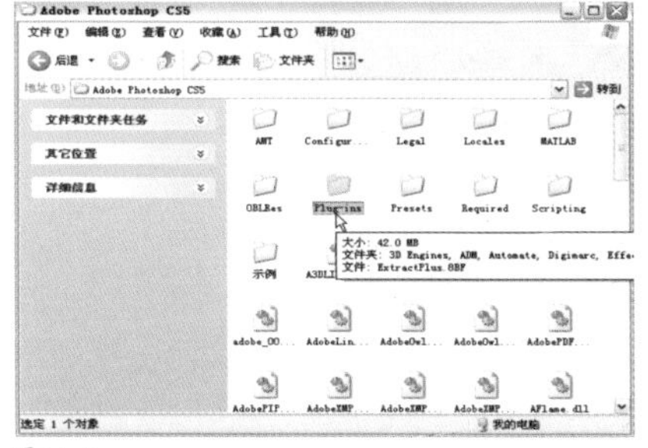

图11-3

03 按下〈Ctrl+V〉快捷键，将复制的滤镜粘贴到该文件夹内，如图11-4所示，然后重新启动Photoshop，即可在“滤镜”菜单底部找到外挂滤镜，如图11-5所示。

图11-4

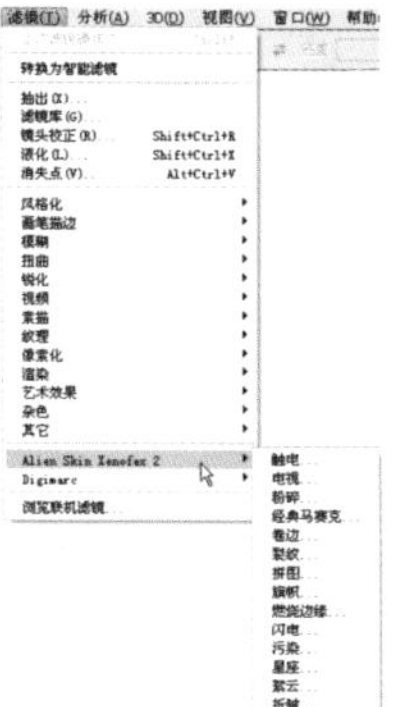

图11-5

Photoshop 实例137 制作分形图案

难度级别：★★★☆

学习目标：分形图案也称分形艺术（Fractal Art），它是数学、计算机与艺术的完美结合。本实例使用KPT滤镜制作分形图案。KPT是最著名的外挂滤镜，它是一组滤镜，包含KPT3、KPT5、KPT6和KPT7。本实例要用到的是KPT5中的FraxPlorer滤镜。

技术要点：选择KPT预设的图案样式以后，只需进行简单的参数调整，就可以生成无数种变化样式。

实例效果位置：实例效果/第11章/实例137

STEP 01 按下〈Ctrl+N〉快捷键打开“新建”对话框，创建一个100毫米×100毫米，分辨率为300像素/英寸的文件。

STEP 02 执行“滤镜”→“KPT5”→“KPT5 FraxPlorer”命令，打开滤镜对话框。单击左下角的Preset按钮，显示预设的图案样式，选择其中的一种图案，如图11-6所示。按下应用按钮，或者双击该图案，“Preview”窗口中会显示预览效果，如图11-7所示。

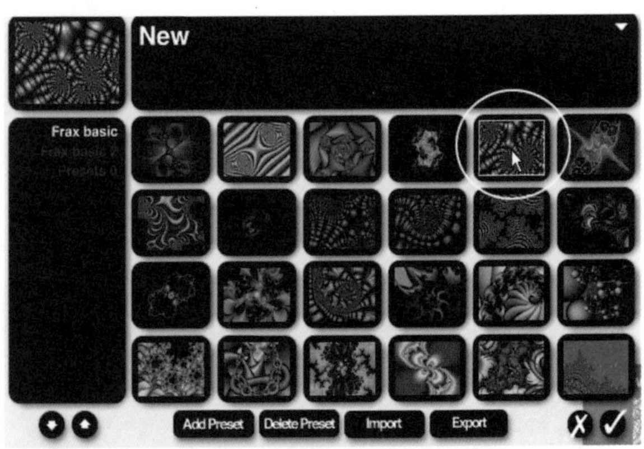

图11-6

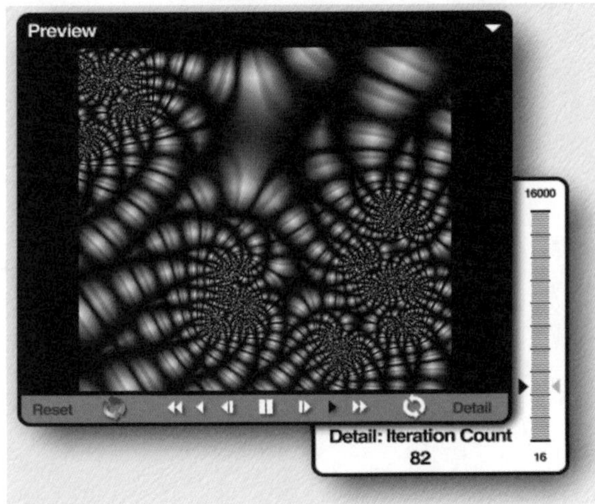

图11-7

STEP 03 在“Frax Style”面板的图案视窗上单击，改变图案样式，如图11-8所示；“Preview”窗口中生成的图案效果如图11-9所示。

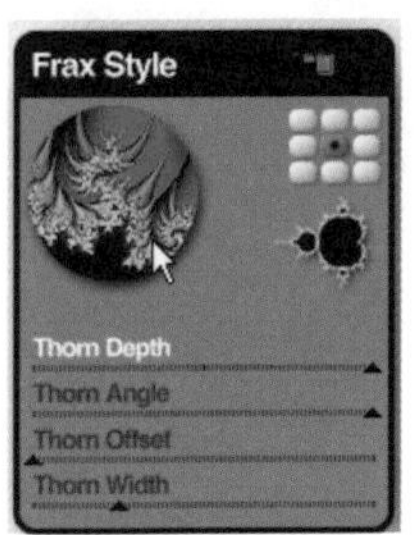

图11-8

图11-9

STEP 04 调整出满意的效果后，就可以按下回车键生成分形图案，如图11-10所示。

图11-10

制作循环特效

难度级别：★★☆

学习目标：本实例制作一幅循环特效图案，需要使用KPT7中的Hypertiling（高级贴图）滤镜。该滤镜可以将图像中相同的元素重复排列，产生类似瓷砖贴壁的效果。

技术要点：Hypertiling预设的图案效果非常丰富，可以尝试使用其他样式制作循环特效。

素材位置：素材/第11章/实例138

实例效果位置：实例效果/第11章/实例138

STEP 01 按下〈Ctrl+O〉快捷键打开一个文件，如图11-11所示。

STEP 02 执行“滤镜”→“KPT7”→“KPT Hypertiling”命令，打开滤镜对话框，如图11-12所示。

STEP 03 单击对话框左下角的按钮，显示系统预设的滤镜样式，双击其中的一种样式，如图11-13所示，使用该样式，单击对话框右下角的按钮，应用滤镜，效果如图11-14所示。

图11-11

图11-12

图11-13

图11-14

制作太空星云效果

难度级别：★★☆

学习目标：本实例使用KPT7中的KPT FraxFlame Ⅱ（捕捉）滤镜制作太空星云效果。

技术要点：将滤镜应用在中性色图层上，就可以通过蒙版控制滤镜效果的显示范围。

素材位置：素材/第11章/实例139

实例效果位置：实例效果/第11章/实例139

STEP 01 按下〈Ctrl+O〉快捷键打开一个文件，如图11-15所示。

图11-15

STEP 02 按住〈Alt〉键单击“图层”面板底部的按钮，弹出“新建图层”对话框，在“模式”下拉列表中选择“强光”，勾选“填充强光中性色”选项，如图11-16所示；新建一个中性色图层，如图11-17所示。

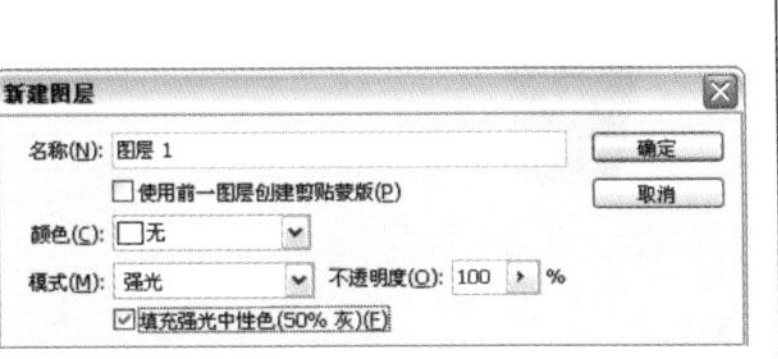

图11-16

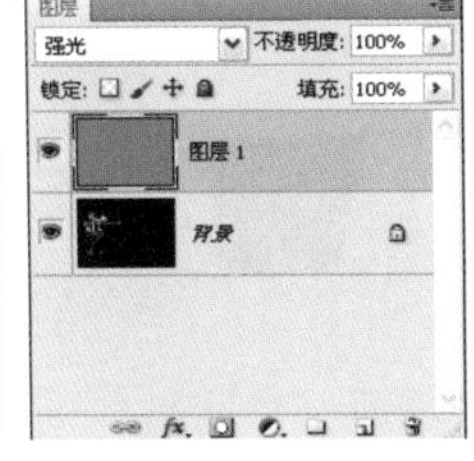

图11-17

提示

中性色图层是一种填充了中性色（黑、白或50%灰）的特殊图层。在混合模式的作用下，填充的中性色不会对图像产生任何影响。中性色图层可以用于添加滤镜效果，也可以进行加深和减淡处理，从而使位于它下方的图像变暗或者变亮。

step 03 执行“滤镜”→“KPT7”→“KPT FraxFlame Ⅱ”命令，打开滤镜对话框，单击左下角的按钮，显示系统预设的滤镜样式，双击其中的一种样式，如图11-18所示，使用该样式，单击对话框右下角的按钮应用滤镜，效果如图11-19所示。

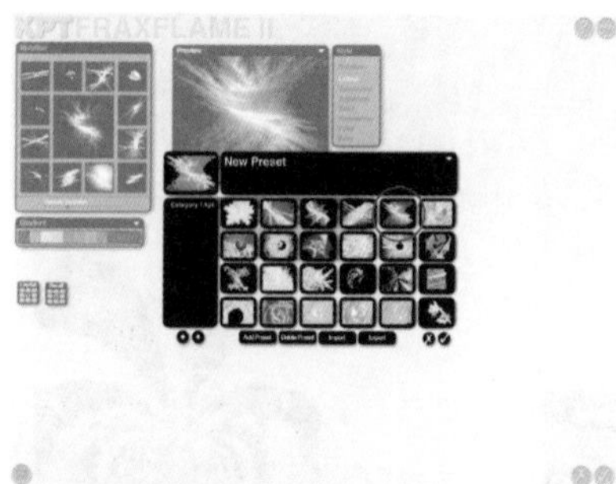

图11-18

图11-19

step 04 单击“图层”面板底部的按钮，为中性色图层添加蒙版，使用渐变工具为蒙版填充黑白线性渐变，如图11-20所示，将人物面部的星云隐藏起来，如图11-21所示。

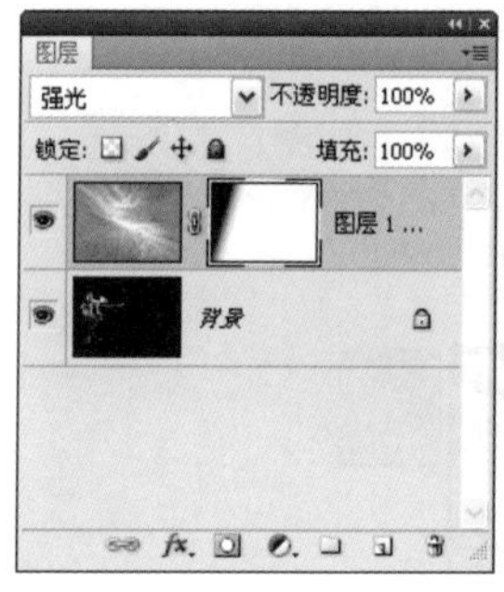

图11-20

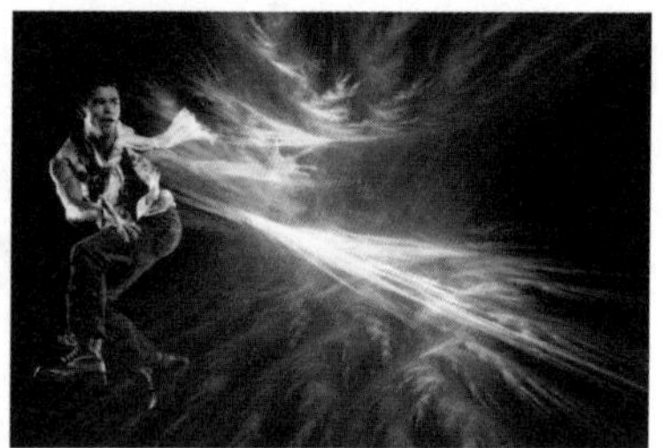

图11-21

Photoshop
实例140

制作卷边效果

难度级别：★★★☆

学习目标：本实例使用Xenofex中的卷边滤镜制作卷边效果。Xenofex一共包含包含14种滤镜，可以制作燃烧、卷边、闪电、触电、旗帜、拼图等特效。

技术要点：使用“贴入”命令将图像粘贴到文档中，Photoshop会为它添加一个蒙版，此时图像与蒙版之间没有建立链接，因此，移动图像时，不会改变蒙版的位置。

素材位置：素材/第11章/实例140-1、140-2

实例效果位置：实例效果/第11章/实例140

step 01 按下〈Ctrl+O〉快捷键打开一个文件，如图11-22所示。使用套索工具创建选区，如图11-23所示。

图11-22　　图11-23

step 02 执行“滤镜”→“Xenofex”→“卷边”命令，打开Xenofex滤镜对话框，设置参数如图11-24所示，单击“确定”按钮关闭对话框，按下〈Ctrl+D〉快捷键取消选择，效果如图11-25所示。

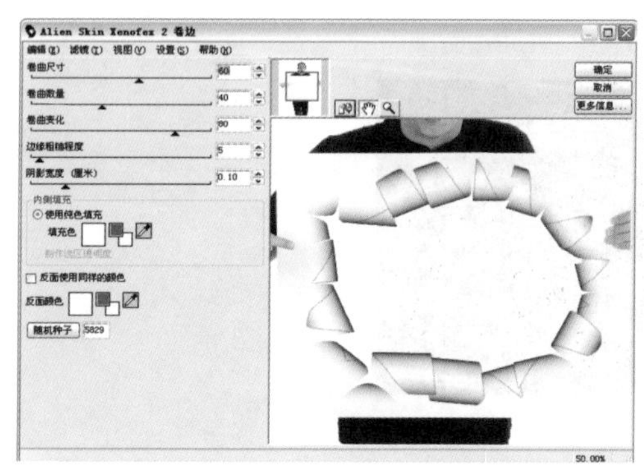

图11-24

03 选择魔棒工具，在工具选项栏中设置容差为1px，并勾选“连续”选项，在卷边图像内部单击，创建选区，如图11-26所示。打开一个文件，如图11-27所示。按下〈Ctrl+A〉快捷键全选，按下〈Ctrl+C〉快捷键复制。

图11-25　　图11-26

图11-27

04 切换到卷边图像文档，执行“编辑”→“选择性粘贴”→“贴入”命令，将图像粘贴到该文档中，Photoshop会为它添加一个蒙版，将选区以外的图像隐藏，如图11-28、图11-29所示。最后，可以使用移动工具拖动图像，调整它的位置，如图11-30所示。

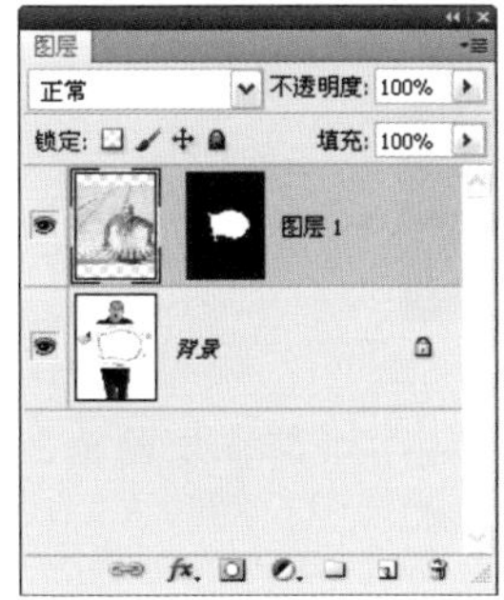

图11-28

图11-29　　图11-30

制作编织效果

难度级别：★★★

学习目标：本实例使用Eye Candy 4000中的编织滤镜制作特效编织图像。

技术要点：用蒙版控制滤镜效果的显示范围。

素材位置：素材/第1章/实例141

实例效果位置：实例效果/第11章/实例141

01 按下〈Ctrl+O〉快捷键打开一个文件，如图11-31所示。按下〈Ctrl+J〉快捷键复制“背景”图层，如图11-32所示。

图11-31　　图11-32

02 执行“滤镜”→“Eye Candy 4000”→“编织”命令，打开Eye Candy 4000滤镜对话框，设置参数如图11-33所示，单击“确定”按钮关闭对话框，效果如图11-34所示。

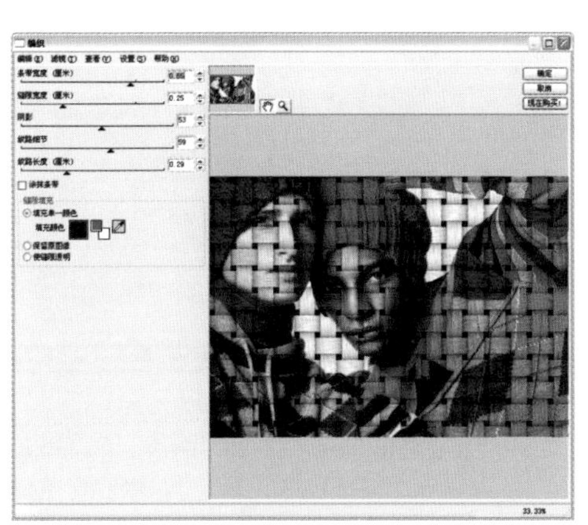

图11-33

图11-34

03 在“图层1”的眼睛图标上单击，将该图层隐藏，如图11-35所示。使用快速选择工具选中左侧的人物，如图11-36所示。

图11-35

图11-36

04 再在“图层1”的眼睛图标处单击一下，将该图层显示出来，如图11-37、图11-38所示。

图11-37

图11-38

05 按住〈Alt〉键单击“图层”面板底部的按钮，创建一个反相的蒙版，将选中的图像隐藏，显示出“背景”图层中没有处理过的图像，如图11-39、图11-40所示。

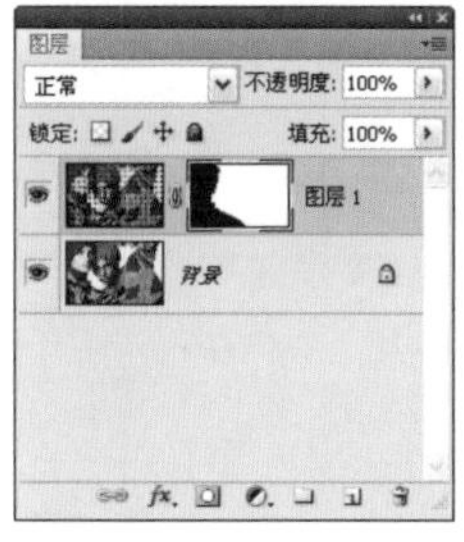
图11-39

图11-40

制作拼图

难度级别：★★★

学习目标：本实例使用Xenofex中的拼图滤镜制作一幅由拼贴块组成的人像。

技术要点：为拼贴块添加效果，使其呈现立体感。

素材位置：素材/第11章/实例142

实例效果位置：实例效果/第11章/实例142

01 按下〈Ctrl+O〉快捷键打开一个文件，如图11-41所示。按下〈Ctrl+J〉快捷键复制“背景”图层，如图11-42所示。

图11-41

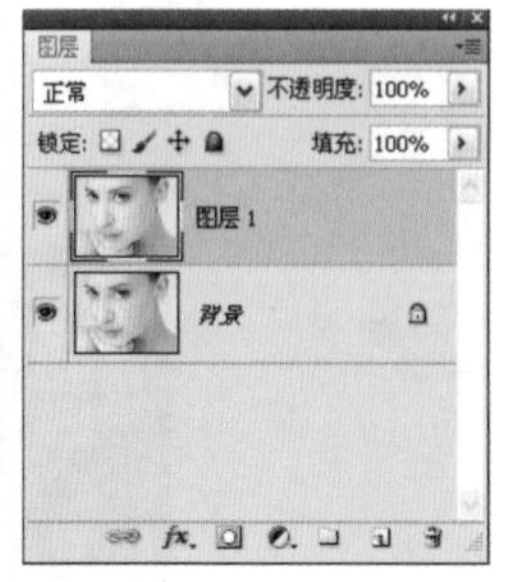
图11-42

02 执行“滤镜”→“Xenofex”→“拼图”命令，打开Xenofex对话框，设置拼图参数如图11-43所示，将光标放在拼图块上，如图11-44所示；单击鼠标将其删除，如图11-45所示。采用同样的方法，再删除一些拼图块，如图11-46所示。

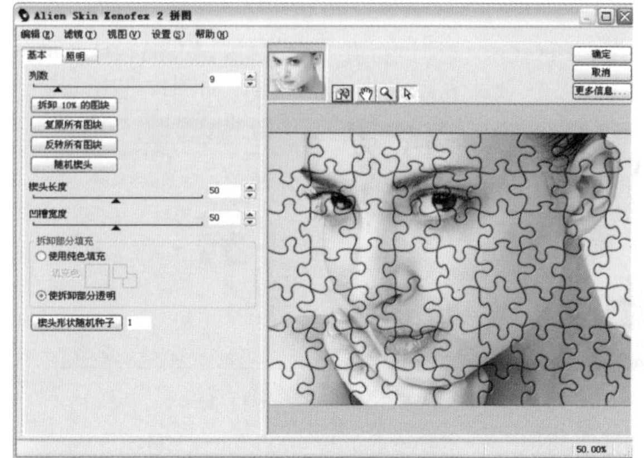

图11-43

图11-44

图11-45

03 单击“确定”按钮关闭对话框，效果如图11-47所示。双击“图层1”，打开“图层样式”对话框，添加“投影”、“斜面和浮雕”效果，设置参数如图11-48、图11-49所示，效果如图11-50所示。

图11-46

图11-47

图11-48

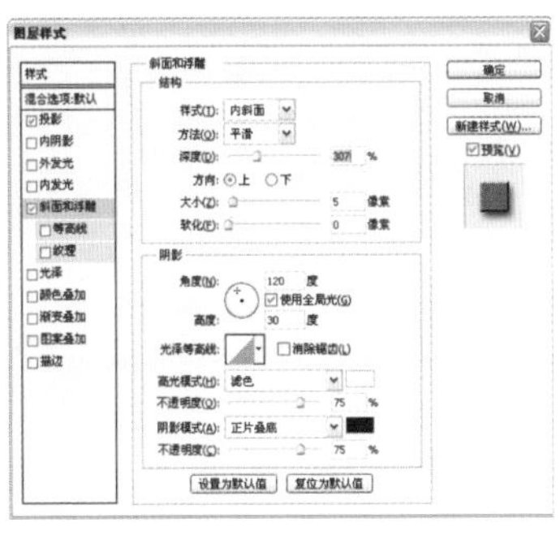

图11-49

图11-50

制作燃烧火焰

难度级别：★★★☆

学习目标：本实例使用Eye Candy 4000中的火焰滤镜在人的手臂上添加火焰效果。

技术要点：使用选区定义火焰的燃烧范围。

素材位置：素材/第11章/实例143

实例效果位置：实例效果/第11章/实例143

01 按下〈Ctrl+O〉快捷键打开一个文件，如图11-51所示。

02 选择魔棒工具，在工具选项栏中设置容差为20，在黑色的背景上单击，选取背景，按下〈Shift+Ctrl+I〉快捷键反选，选择手臂，如图11-52所示。执行“选择”→“修改”→“收缩”命令，打开“收缩选区”对话框，设置收缩量为1像素。

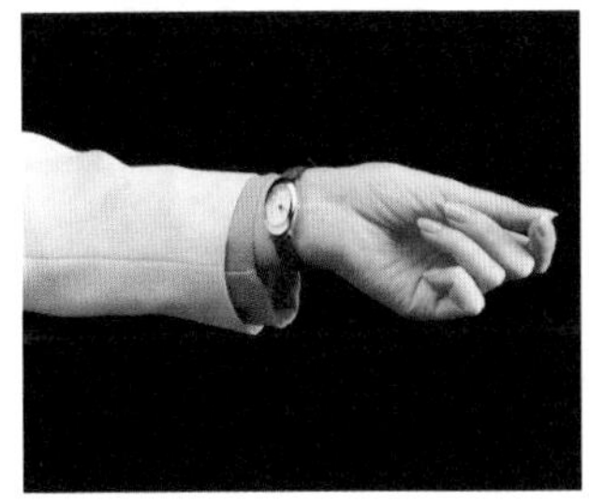

图11-51

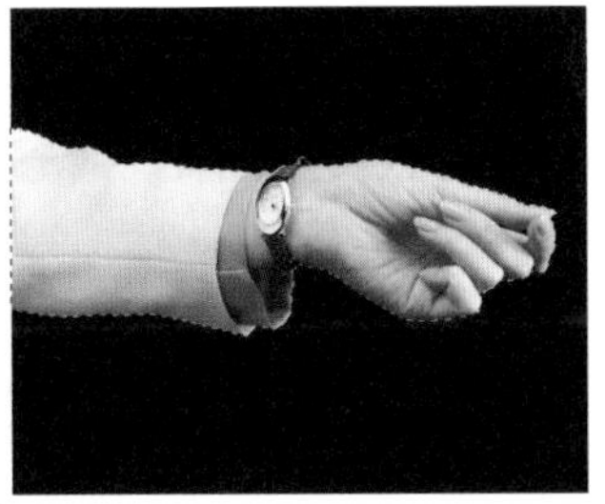

图11-52

03 执行“滤镜”→“Eye Candy 4000”→“火焰”命令，打开Eye Candy 4000滤镜对话框，设置参数如图11-53所示，单击“确定”按钮关闭对话框。

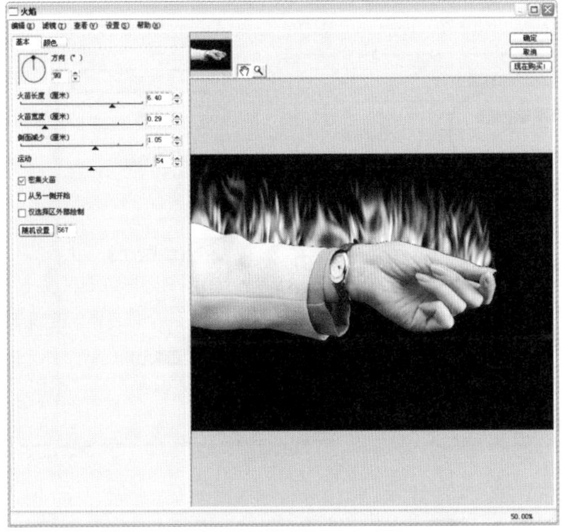

图11-53

第12章　平面设计实例

学习要点：

- 使用预设尺寸创建网页文件
- 使用通道提取灯光
- 使用透明渐变填充图像
- 使用预设样式
- 缩放图层效果
- 用“波浪”滤镜制作彩条

内容总览：

平面设计是Photoshop最主要的应用领域之一，本章通过制作商业海报、设计网站页面、制作UI手机、制作卡通形象、设计插画等实例解析平面设计制作流程和表现技巧。

案例数量：

7个平面设计应用实例

制作商业海报

难度级别：★★★★☆

学习目标：海报是指张贴在公共场所的告示和印刷广告，从用途上分为三类：商业海报、艺术海报和公共海报。商业海报是最为常见的海报形式，也是广告的主要媒介之一，它包括各种商品的宣传海报、服务类海报、旅游类海报、文化娱乐类海报、展览类海报和电影海报等。本实例学习商业海报的制作规范和技巧。

技术要点：在通道中提取灯光的选区。

素材位置：素材/第12章/实例144-1~实例144-3

实例效果位置：实例效果/第12章/实例144

01 按下〈Ctrl+N〉快捷键打开“新建”对话框，在“预设”下拉列表中选择“国际标准纸张”，在“大小”下拉列表中选择“A4”，新建一个A4大小（海报标准尺寸）的文件，Photoshop会自动给出相应的文件尺寸和分辨率，如图12-1所示。

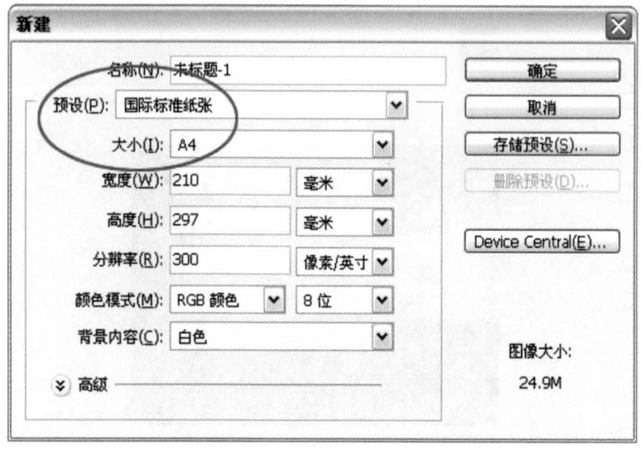

图12-1

02 选择渐变工具，在工具选项栏中按下线性渐变按钮，单击渐变颜色条，打开“渐变编辑器”调整颜色，如图12-2所示；按住〈Shift〉键在画面中由上至下拖动鼠标填充线性渐变，如图12-3所示。

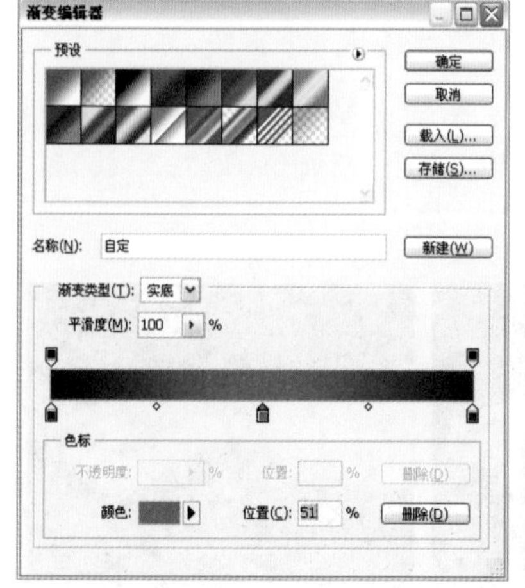

图12-2　　图12-3

03 打开一个文件，如图12-4所示，使用移动工具将它拖动到海报文档中，设置混合模式为“明度”，不透明度为70%，如图12-5、图12-6所示。

图12-4

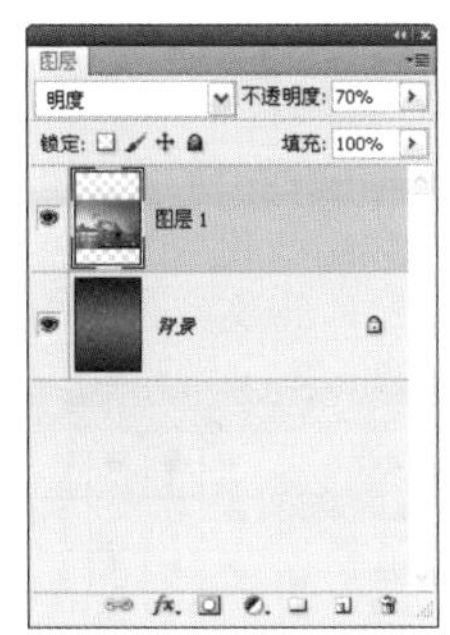

图12-5

04 单击“图层”面板中的按钮添加蒙版。选择渐变工具，为蒙版填充黑白线性渐变，如图12-7、图12-8所示。

图12-6

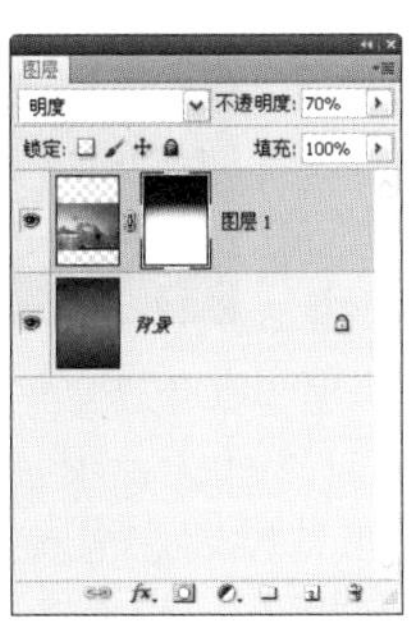

图12-7

图12-8

05 下面来处理灯光，让灯光更加明亮。打开“通道”面板，将对比度最鲜明的红色通道拖动到面板底部的按钮上进行复制，得到“红副本”通道，如图12-9所示。按下〈Ctrl+L〉快捷键打开“色阶”对话框，拖动滑块，将背景调暗，只保留灯光和天空的亮色，如图12-10、图12-11所示。选择画笔工具，将除灯光之外的白色区域都涂黑，如图12-12所示。按下〈Ctrl+A〉快捷键全选，按下〈Ctrl+C〉快捷键复制。

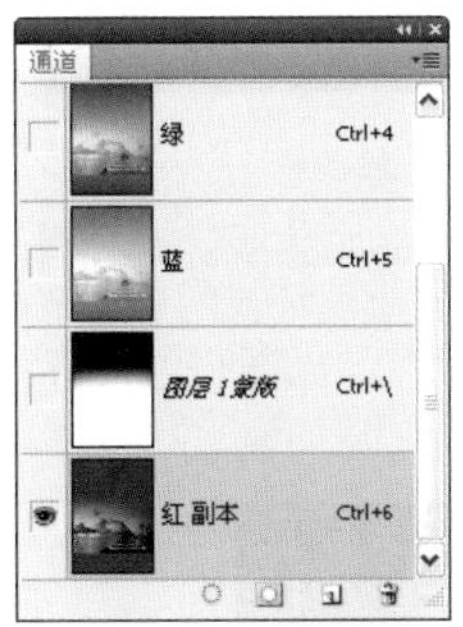

图12-9

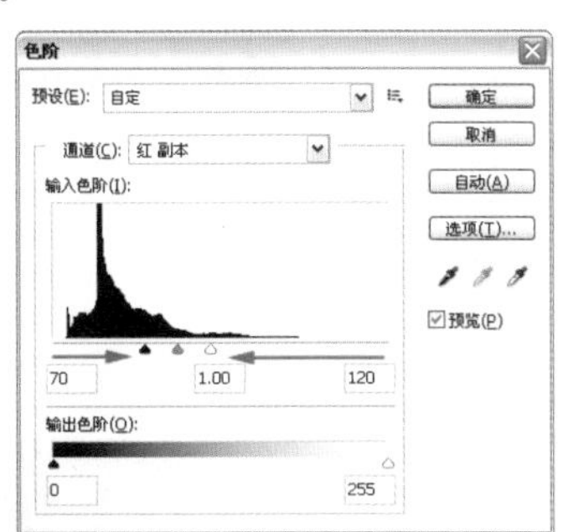

图12-10

图12-11

图12-12

06 将“图层1”拖动到“图层”面板底部的按钮上进行复制，修改新图层的混合模式为“叠加”，不透明度恢复为100%，如图12-13所示。按住〈Alt〉键单击图层蒙版缩览图，如图12-14所示，进入蒙版编辑状态，此时文档窗口中会显示蒙版图像，按下〈Ctrl+V〉快捷键，将复制的图像粘贴到蒙版中，如图12-15所示，然后单击图层缩览图退出蒙版编辑模式，按下〈Ctrl+D〉快捷键取消选择，效果如图12-16所示。

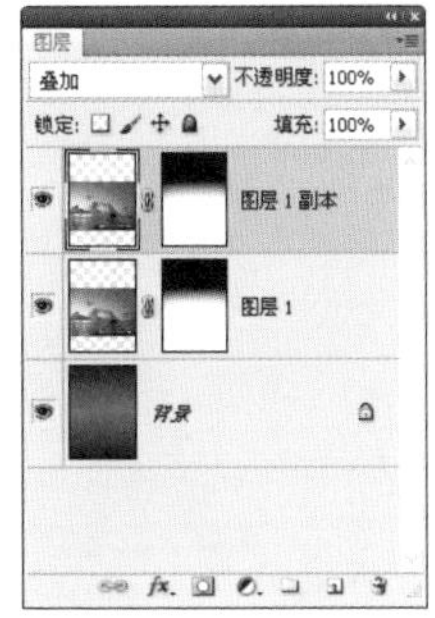

图12-13

图12-14

图12-15

图12-16

07 选择横排文字工具，在控制面板中设置文字的大小和颜色，在画面左上角单击鼠标，输入文字，如图12-17所示；按下回车键换行，继续输入文字，如图12-18所示；按下〈Esc〉键，结束文字的输入。调整字体、大小、行距和字距，继续输入其他文字，如图12-19所示。

图12-17

图12-18

图12-19

08 下面来创建区域文本。使用横排文字工具在画面右下角单击并拖出一个矩形框，定义文字区域，如图12-20所示，放开鼠标输入文字，文字会限定在矩形框的范围内，且自动换行，如图12-21所示。使用以上的方法为画面添加其他文字，如图12-22所示。

图12-20

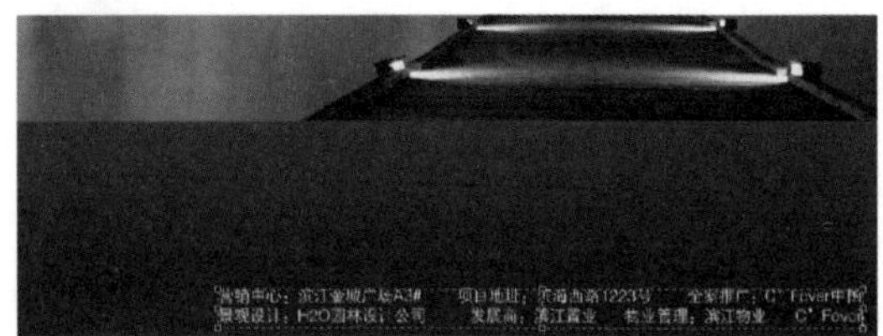

图12-21

图12-22

提示 按住〈Ctrl〉键单击各个文字图层，将它们选择，然后按下〈Ctrl+G〉快捷键编入一个图层组中，可以减少占用的面板空间，让“图层”面板结构更加合理，查找图层时更加方便。

09 打开一个花纹图形文件，如图12-23所示，使用移动工具将它拖入到海报文档中。按下〈Ctrl+T〉快捷键显示定界框，在工具选项栏中输入旋转角度为-90°，再按住〈Shift〉键拖动控制点，将图形等比缩小，如图12-24所示。按下回车键确认。

图12-23

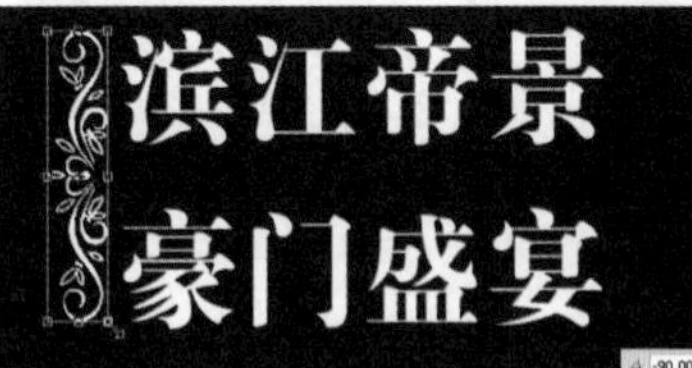

图12-24

10 选择移动工具，按下〈Alt+Shift〉键锁定水平方向向右拖动进行复制，执行“编辑→变换→水平翻转”命令，将对象副本翻转，如图12-25所示。

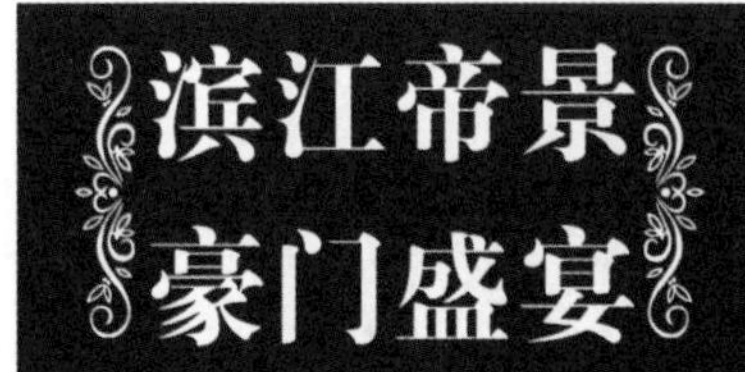

图12-25

11 新建一个图层。选择画笔工具，将前景色设置为白色。打开“画笔”面板，选择一个尖角笔尖，设置参数如图12-26所示。在文字“滨”下方单击一下，然后按住〈Shift〉键在文字“景”下方单击一下，即可绘制出一条直线，为文字添加分割线，如图12-27所示。

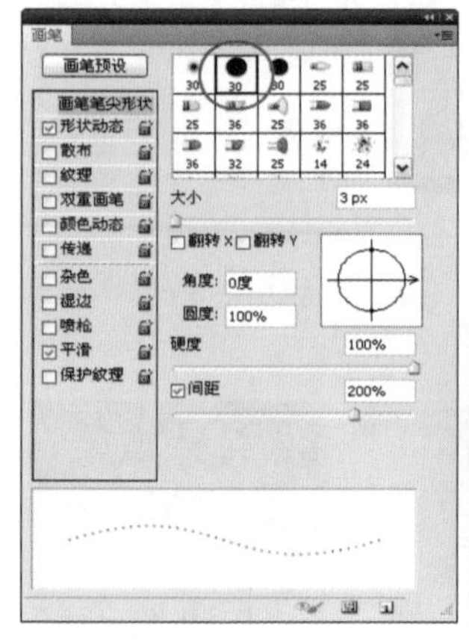

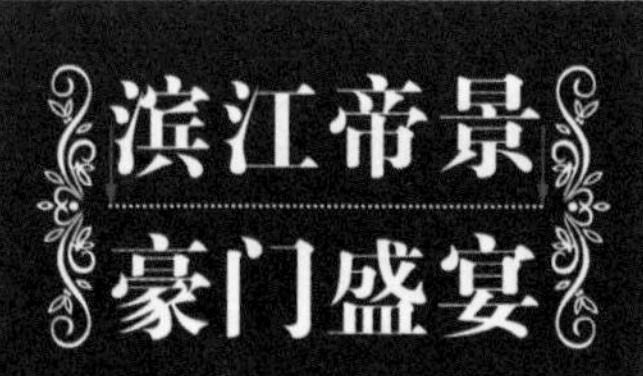

图12-26 图12-27

12 打开一个PSD素材文件，选择“地图”图层，如图12-28所示。使用移动工具将它拖入到海报文档中，放在画面右下角，如图12-29所示；再选择“花纹”图层，也将它拖入海报文档，如图12-30所示。

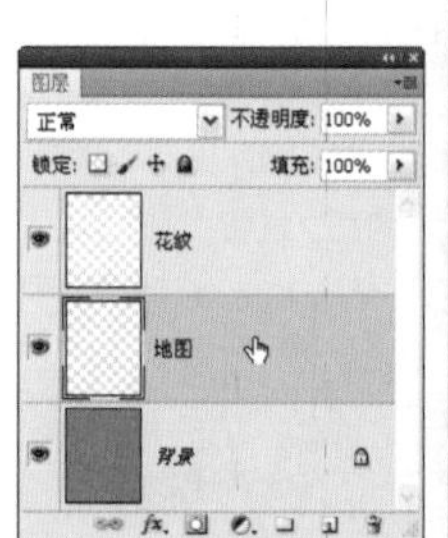

图12-28 图12-29 图12-30

13 单击“图层”面板底部的按钮添加蒙版。选择渐变工具，为蒙版填充黑白线性渐变，将下面的花纹隐藏，再将图层的混合模式设置为“叠加”，如图12-31、图12-32所示。

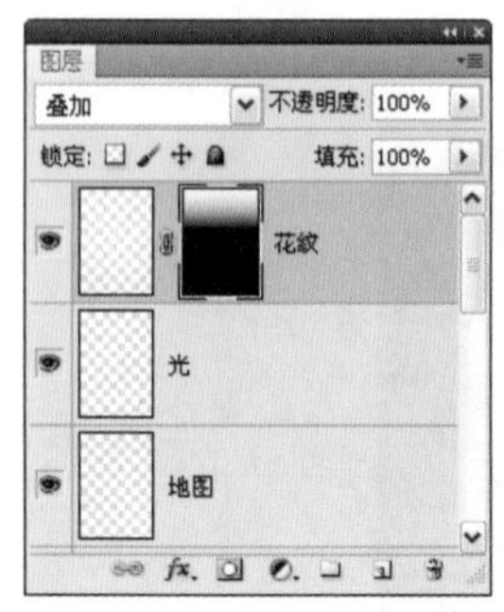

图12-31 图12-32

14 单击“图层1副本”的图层缩览图，选择该图层，如图12-33所示。使用矩形选框工具选取一处灯光，如图12-34所示。

图12-33

图12-34

15 按下〈Ctrl+J〉快捷键复制到新的图层中，设置混合模式为“变亮”，如图12-35所示。使用移动工具将它移动到风景与文字的衔接处，按下〈Ctrl+T〉快捷键显示定界框，拖动控制点将图像拉长，成为画面的分割线，按下回车键确认，如图12-36所示。

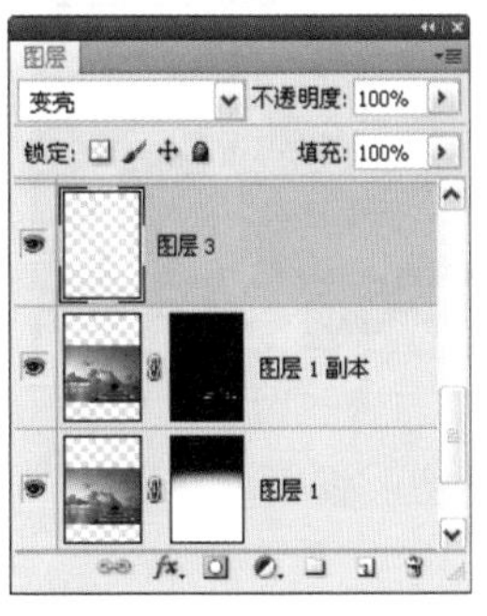
图12-35

图12-36

Photoshop 实例145 设计网站页面

难度级别：★★★☆

学习目标：网页的设计与制作需要用到很多种软件，如Photoshop、Fireworks、Dreamweaver、Flash等。本实例主要讲解怎样在Photoshop中制作一个网页的页面布局。

技术要点：“新建”对话框中提供了标准网页的预设尺寸，文档大小、分辨率、颜色模式等都是设定好的，不会出现偏差。

素材位置：素材/第12章/实例145-1~实例145-3

实例效果位置：实例效果/第12章/实例145

01 按下〈Ctrl+N〉快捷键打开“新建”对话框，在“预设”下拉列表中选择“Web”选项，在“大小”下拉列表中选择“1024×768”选项，如图12-37所示，使用预设尺寸创建一个网站页面文档。按下〈D〉键，将前景色设置为黑色，按下〈Alt+Delete〉快捷键，将“背景”图层填充为黑色。

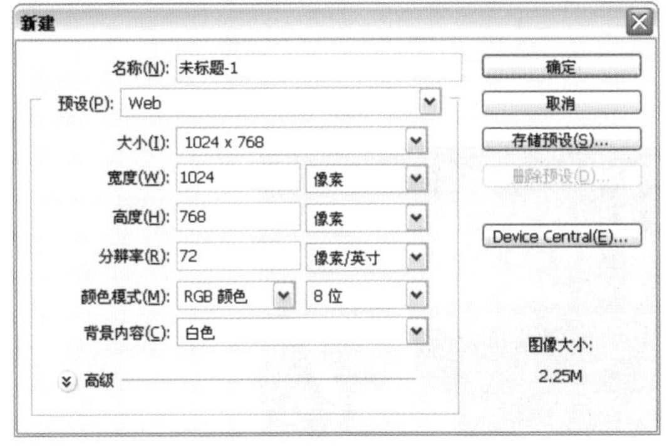

图12-37

02 打开一个PSD格式的分层文件，这里面有一些由矢量图形转换而来的图像，可作为页面的装饰图形。按住〈Ctrl〉键单击如图12-38所示的几个图层，将它们选中。使用移动工具拖入到网页文档中，如图12-39所示。

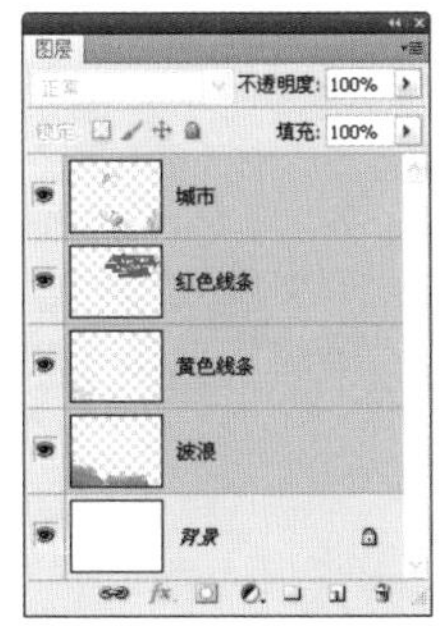

图12-38

图12-39

03 打开一个人物素材文件，如图12-40所示。使用多边形套索工具沿人物轮廓创建选区，选区与人物保持一定的距离，头顶处可以靠近一些，如图12-41所示。

图12-40

图12-41

04 选择移动工具，将光标放在选区内，单击并将人物拖动到网页文档中，生成“图层1”。按下〈Ctrl+[〉键，将它向下调整一个堆叠顺序，放在“城市”图层下面，如

图12-42、图12-43所示。

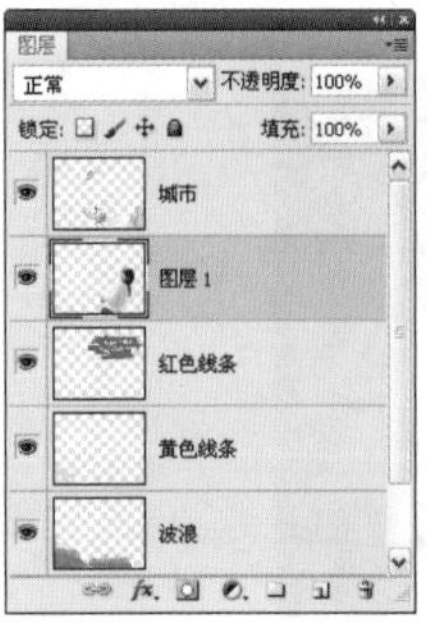

图12-42

图12-43

05 再打开一个人物图像，如图12-44所示。使用快速选择工具选中人物，如图12-45所示。

图12-44

图12-45

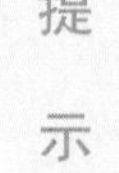

提示 如果有漏选的地方，可按住〈Shift〉键在其上拖动鼠标，将其添加到选区中；如果有多选的地方，可按住〈Alt〉键在其上拖动鼠标，将其排除到选区之外。

06 单击工具选项栏中的“调整边缘”按钮，在“视图”下拉列表中选择“黑底”，将选中的图像放在黑色背景上观察效果，然后再对选区进行平滑和羽化处理，并适当向内收缩一些，如图12-46所示。图12-47所示为修改前的选区，图12-48所示为修改后的选区。单击“确定”按钮关闭对话框。

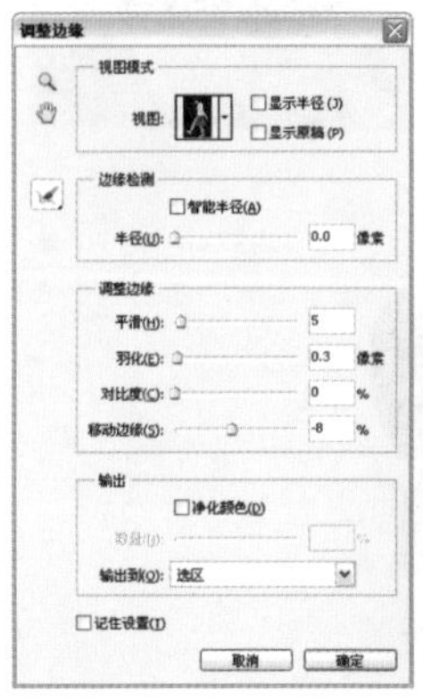

图12-46

图12-47

图12-48

07 使用移动工具将人物拖动到网页文档中。按下〈Ctrl+T〉快捷键显示定界框，按住〈Shift〉键拖动控制点将图像等比缩小，如图12-49所示。单击鼠标右键，在快捷菜单中选择“水平翻转”命令，翻转图像，如图12-50所示。按下回车键确认。

图12-49

图12-50

08 选择横排文字工具T，在“字符”面板中设置字体、大小和颜色，如图12-51所示；在画面顶部输入文字，如图12-52所示。

图12-51

图12-52

09 执行“文件”→“存储为”命令，将页面存储起来，格式选择PSD格式。将PSD文件导入到Dreamweaver、Fireworks等网页编辑软件中，进行页面分割或添加交互内容时，文件中的图层、文字等都可以编辑。

制作iphone手机

难度级别：★★★★★

学习目标：本实例要完成的是一个UI设计作品——iphone手机。UI即User Interface（用户界面）的简称。UI设计是指对软件的人机交互、操作逻辑、界面美观的整体设计。好的UI设计不仅是让软件变得有个性有品位，还能让软件的操作变得舒适、简单、自由,充分体现软件的定位和特点。

技术要点：使用“Web样式”库中的效果时，通过“缩放效果”命令对效果做出调整，使效果的比例与手机边框相匹配。

素材位置：素材/第12章/实例146

实例效果位置：实例效果/第12章/实例146

01 按下〈Ctrl+N〉快捷键打开“新建”对话框，创建一个29.7厘米×21厘米，分辨率为150像素/英寸的文件，如图12-53所示。使用渐变工具填充灰色-黑色渐变，如图12-54所示。

图12-53 图12-54

02 选择圆角矩形工具，在工具选项栏中按下形状图层按钮，将半径设置为45px。打开“样式”下拉面板，执行面板菜单中的“Web样式”命令，载入该样式库，选择如图12-55所示的样式，绘制一个圆角矩形，如图12-56所示。

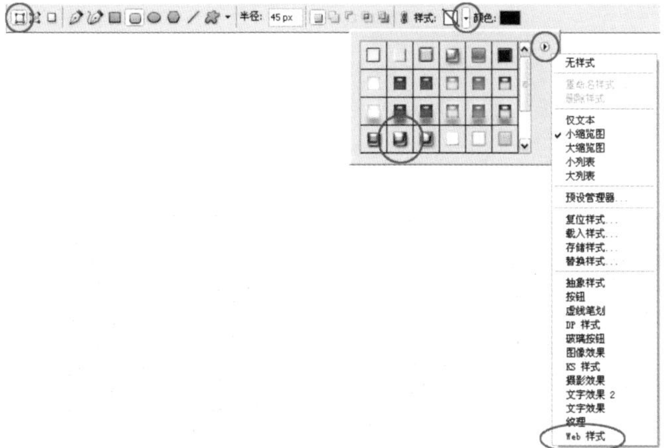

图12-55

03 在工具选项栏中将圆角矩形的半径设置为65px，然后按下从形状区域减去按钮，在当前圆角矩形的内部绘制一个圆角矩形，形成一个金属边框，如图12-57所示。

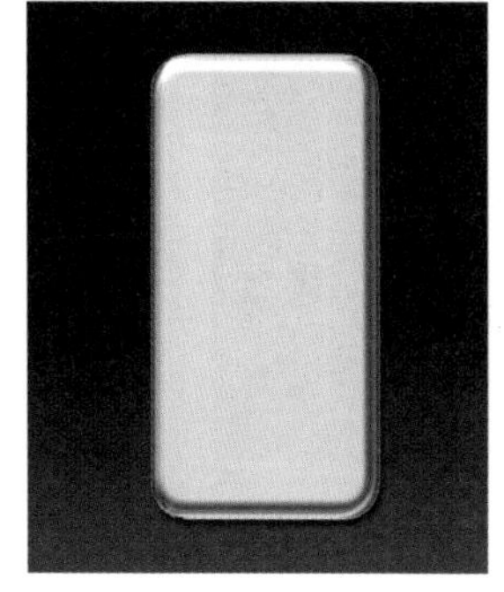

图12-56 图12-57

04 执行“图层”→“图层样式”→“缩放效果”命令，打开“缩放图层效果”对话框，将样式缩小，如图12-58所示，使金属边框变得圆滑，如图12-59所示。

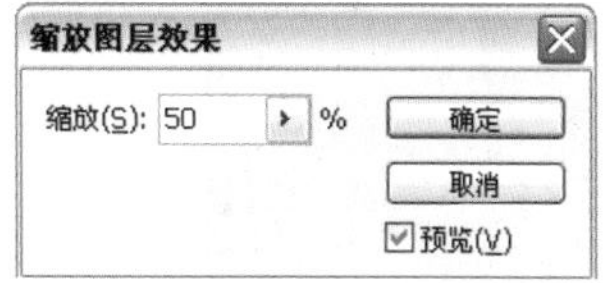

图12-58

05 按住〈Ctrl〉键单击形状图层的缩览图，如图12-60所示，载入选区。单击“调整”面板中的按钮创建“色阶”调整图层，拖动滑块，增加金属的亮度，如图12-61、图12-62所示。

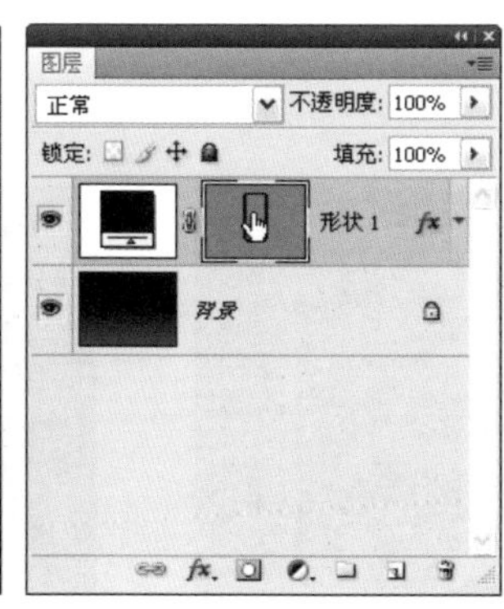

图12-59 图12-60

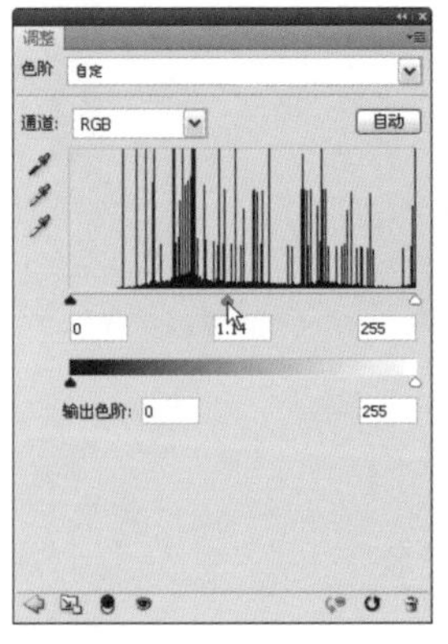

图12-61　　图12-62

06 在工具选项栏中设置填充颜色为黑色，无样式，在金属边框的中间处绘制一个圆角矩形，然后将该形状图层拖动到“背景”图层上面，如图12-63、图12-64所示。

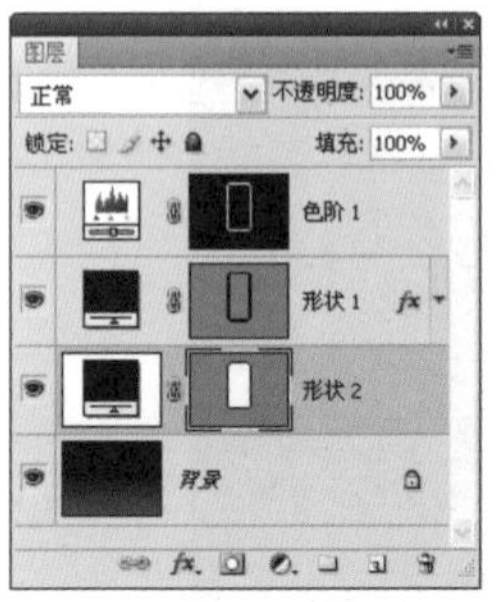

图12-63　　图12-64

07 单击“图层”面板底部的按钮，新建一个图层。按住〈Ctrl〉键单击“形状2”的缩览图，载入选区，如图12-65、图12-66所示。

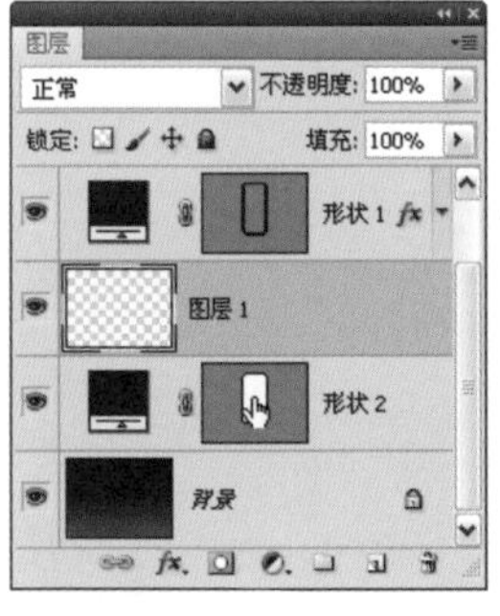

图12-65　　图12-66

08 将前景色设置为白色，选择渐变工具，将工具的不透明度设置为75%，在渐变下拉面板中选择“前景到透明渐变”，在图像的左上角和右侧填充渐变，如图12-67、图12-68所示。按下〈Ctrl+D〉快捷键取消选择。

图12-67　　图12-68

09 按住〈Ctrl〉键单击创建新组按钮，在当前图层下面新建一个图层组，如图12-69所示。用圆角矩形工具创建一个小的圆角矩形，如图12-70所示。

图12-69　　图12-70

10 双击该图层，打开“图层样式”对话框，添加“斜面和浮雕”效果，如图12-71、图12-72所示。

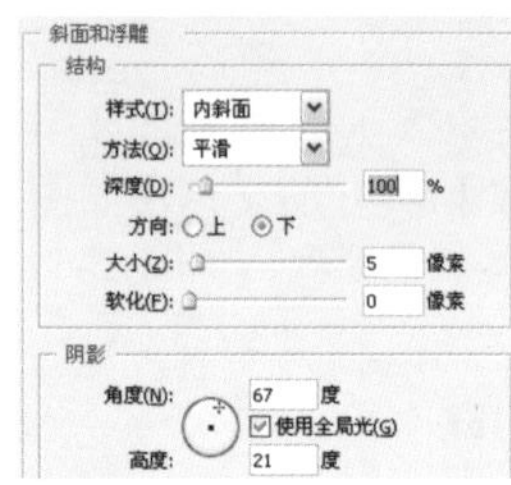
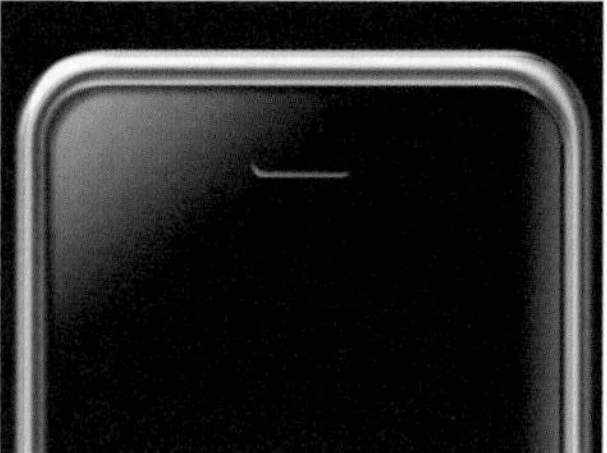

图12-71　　图12-72

11 用矩形工具和椭圆工具绘制一些信号和电池容量的图形，放射状的信号图形可以用形状下拉调板中的“靶心”图形形状：绘制，然后再通过路径运算得到需要的形状，如图12-73所示。再输入两组文字，如图12-74所示。

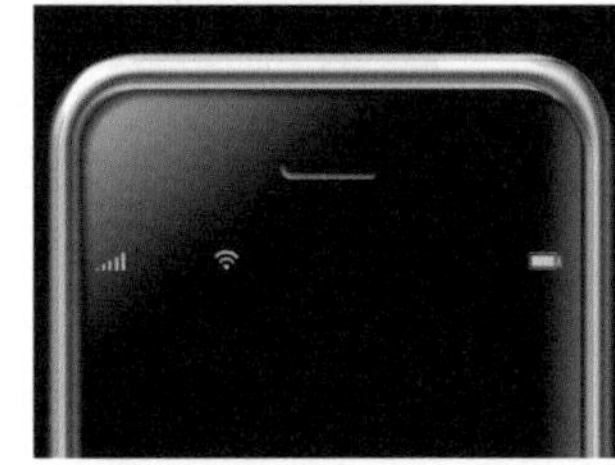
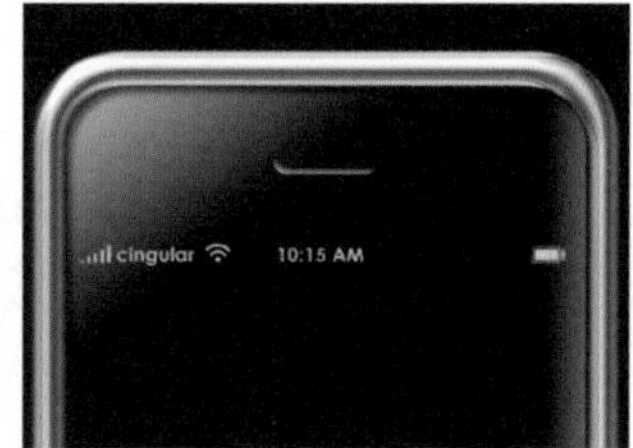

图12-73　　图12-74

12 在“图层组1”上面新建一个图层组。选择椭圆选框工具，按住〈Shift〉键创建一个圆形选区，如图12-75所示；按住〈Alt〉键在它上面绘制一个选区，两个选区相减后可以得到一个月牙状选区，如图12-76所示。

图12-75　　图12-76

13 新建一个图层，在选区内填充渐变，然后取消选择，如图12-77所示。

14 用圆角矩形工具创建一个圆角矩形路径，然后按下〈Ctrl〉+回车键将路径转换为选区，如图12-78所示。

图12-77

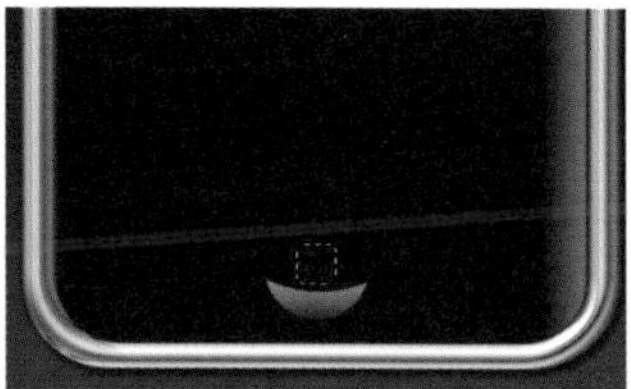
图12-78

step 15 新建一个图层。执行“编辑”→“描边”命令，打开“描边”对话框，用白色描边选区，如图12-79所示，然后按下〈Ctrl+D〉快捷键取消选择，如图12-80所示。

图12-79

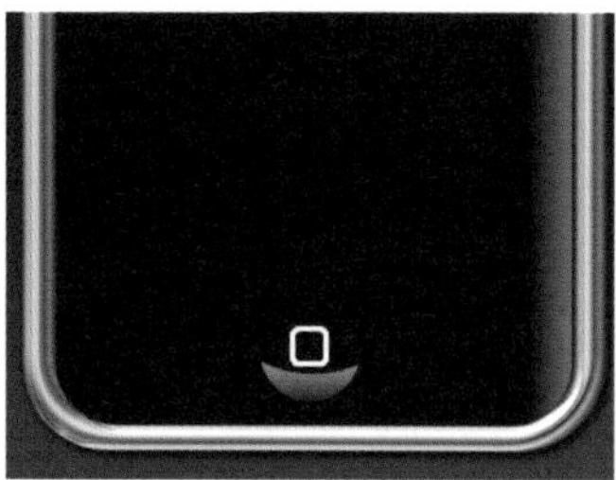
图12-80

step 16 单击“样式”面板中的“铬合金”样式，为图形添加该样式，如图12-81、图12-82所示。

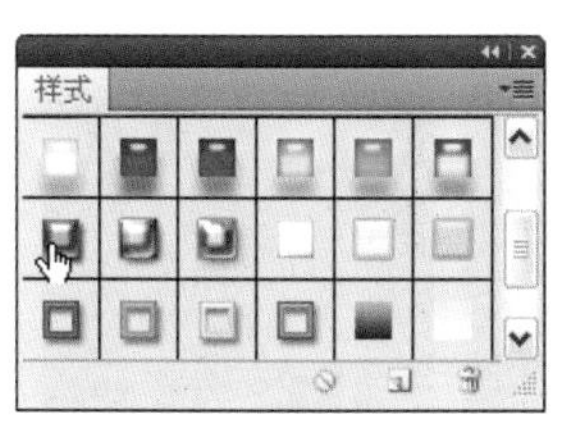

图12-81

图12-82

step 17 执行“图层”→“图层样式”→“缩放效果”命令，将效果的比例缩小，如图12-83、图12-84所示。

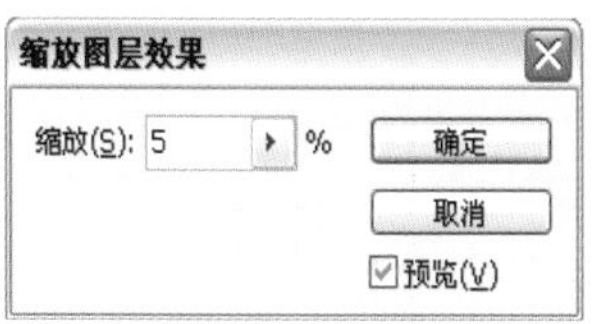

图12-83

图12-84

step 18 新建一个图层。使用矩形选框工具创建一个矩形选区，在选区内填充灰色，如图12-85所示。用加深工具和减淡工具涂抹，增强它的立体感。按下〈Ctrl+D〉快捷键取消选择，如图12-86所示。

图12-85

图12-86

step 19 再新建一个图层，创建一个矩形选区，填充浅灰色，如图12-87所示。使用加深工具和减淡工具处理该图像，如图12-88所示。

图12-87

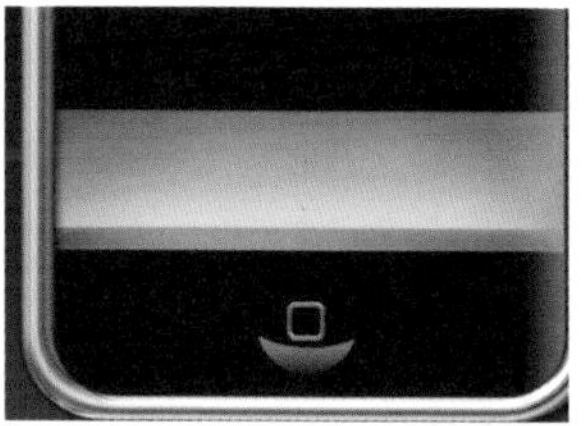
图12-88

step 20 使用横排文字工具T输入一些文字，如图12-89所示。

图12-89

step 21 打开一个文件，如图12-90所示，将这些图标拖入手机文档，放在手机屏幕上，如图12-91所示。

图12-90

图12-91

step 22 将“背景”图层隐藏，如图12-92、图12-93所示，按下〈Shift+Ctrl+Alt+E〉快捷键盖印可见图层，得到一个新的没有背景的手机图像，如图12-94所示。

图12-92

图12-93

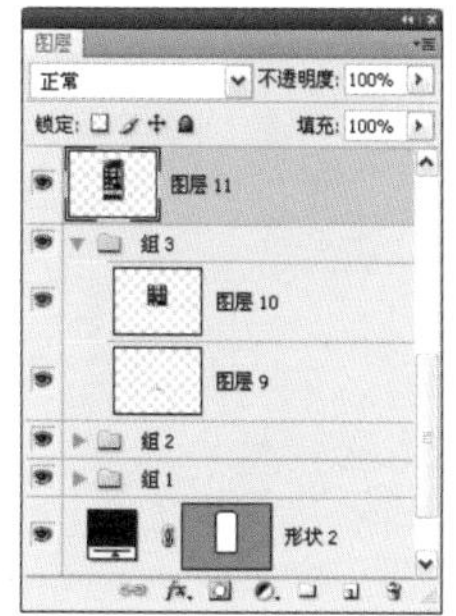

图12-94

23 执行“编辑”→“变换”→“垂直翻转”命令，翻转图像，将它移动到手机下面，按下回车键确认，如图12-95所示。显示“背景”图层，如图12-96所示。

图12-95

图12-96

24 单击“图层”面板底部的按钮，为该图层添加蒙版。使用渐变工具填充黑白线性渐变，对图像进行遮盖，让它成为手机的倒影，如图12-97、图12-98所示。

25 选择横排文字工具T，在“字符”面板中设置字体及大小，如图12-99所示，输入一行黑色的文字，如图12-100所示。

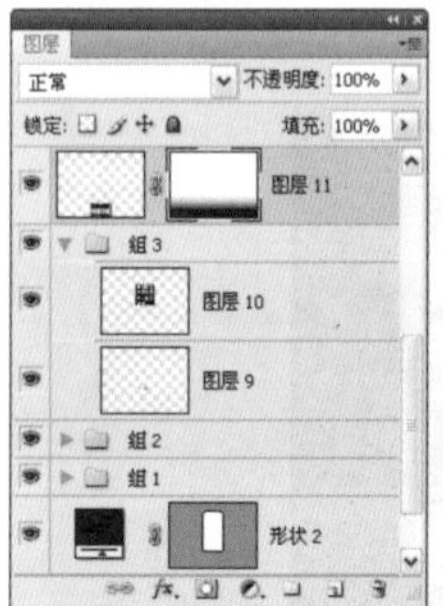
图12-97

图12-98

图12-99

图12-100

26 双击该文字图层，打开“图层样式”对话框，在左侧列表中选择“外发光”选项，为文字添加外发光效果，如图12-101、图12-102所示。在这个手机的基本框架中添加其他的图形，还可以制作出不同的手机界面效果，如图12-103、图12-104所示。

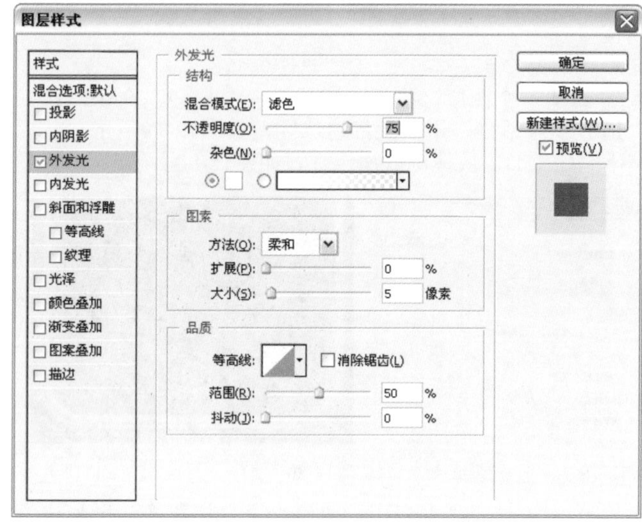
图12-101

图12-102　图12-103　图12-104

Photoshop 实例147 制作Q版卡通形象

难度级别：★★★★☆

学习目标：本实例制作一个可爱的Q版卡通形象。

技术要点：按住〈Alt〉键，将一个图层的效果图标fx拖动到其他图层上，可以将效果复制给该图层。如果没有按住〈Alt〉键操作，则会将效果转移到另外一个图层中，原图层将不再有效果。

实例效果位置：实例效果/第12章/实例147

01 按下〈Ctrl+N〉快捷键打开“新建”对话框，创建一个12.5厘米×12.5厘米，150像素/英寸的RGB模式文件。

02 选择椭圆工具，在工具选项栏中按下形状图层按钮，绘制一个白色的圆形。单击“图层”面板底部的按钮fx，选择“描边”命令，打开“图层样式”对话框，设置参数如图12-105所示。用直接选择工具拖动锚点和方向线，将圆形修改为如图12-106所示的形状。

图12-105

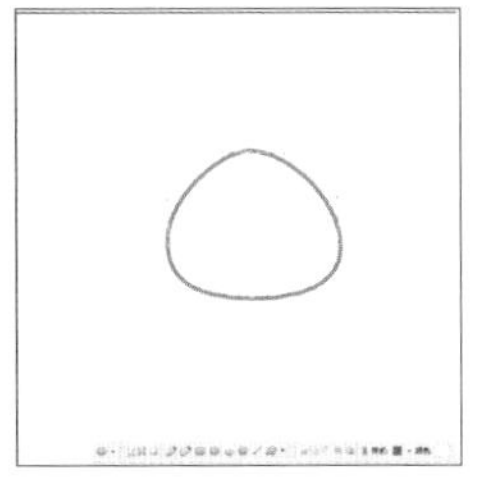

图12-106

03 按下〈Ctrl+J〉快捷键复制图层，如图12-107所示。按下〈Ctrl+T〉快捷键显示定界框，按住〈Shift+Alt〉键拖动控制点将副本对象适当缩小，如图12-108所示。

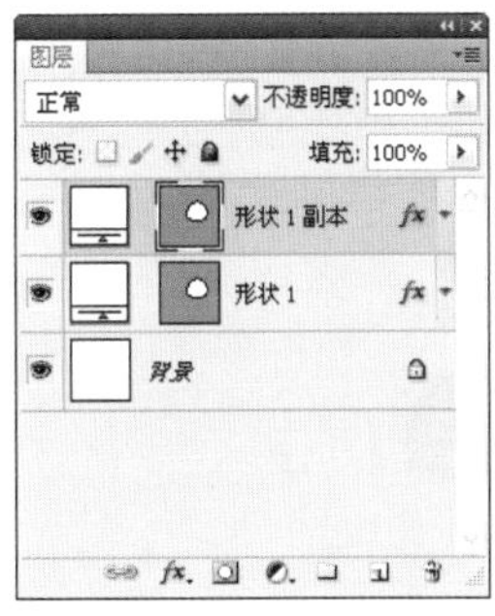

图12-107

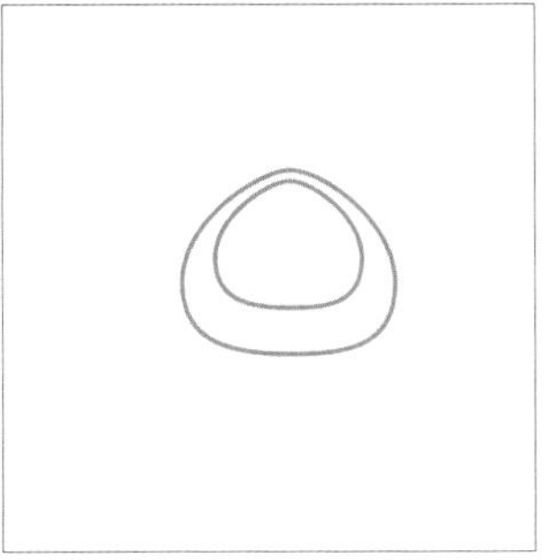

图12-108

04 将前景色设置为深蓝色，按下〈Alt+Delete〉快捷键为图形填充蓝色，如图12-109所示。双击该图层，重新打开“图层样式”对话框，将描边颜色改为浅蓝色，效果如图12-110所示。用椭圆工具绘制一个白色圆形作为高光，如图12-111所示。

图12-109

图12-110

05 用钢笔工具绘制出面罩的呼吸器部分，如图12-112所示。新建一个图层。将前景色设置为灰色。选择尖角7px的画笔，单击“路径”面板中的用画笔描边路径按钮，对路径进行描边，如图12-113所示。将画笔大小改为4px，用相同的方法制作出头盔上的天线轮廓，如图12-114所示。

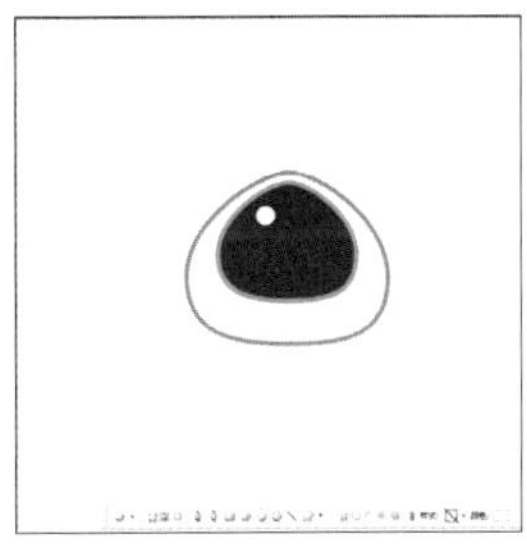

图12-111

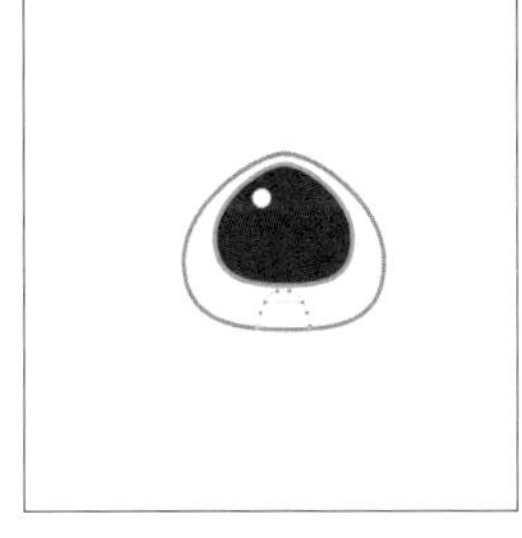

图12-112

图12-113

图12-114

06 将前景色设置为白色。选择钢笔工具，在工具选项栏中按下形状图层按钮，绘制一个图形，如图12-115所示。用路径选择工具选取这个图形，按住〈Alt〉键拖动进行复制。执行“编辑”→“变换路径”→“水平翻转”命令，将图形翻转，用两个图形组成人物的身体，如图12-116所示。用路径选择工具将两个图形全部选取，单击工具选项栏中的添加到形状区域按钮，再单击“组合”按钮，将两个图形组合在一起。

图12-115

图12-116

07 按住〈Alt〉键，将“形状1”的效果图标拖动到新绘制的形状图层上，为它复制“描边”效果，如图12-117、图12-118所示。

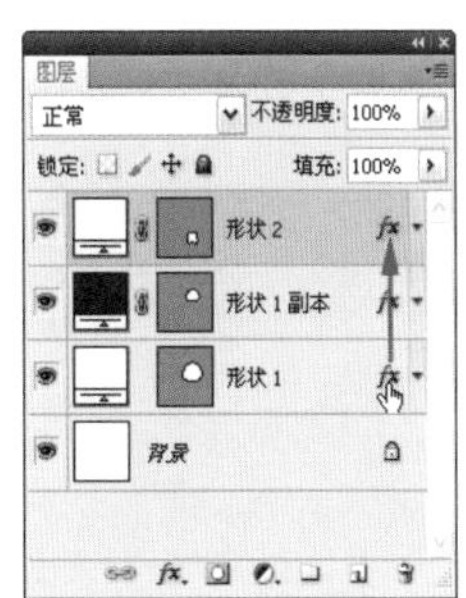

图12-117

图12-118

08 单击“图层”面板底部的按钮，创建一个图层组，如图12-119所示。选择椭圆工具，在工具选项栏中按下形状图层按钮，绘制一个圆形，将“描边”效果也复制给它，如图12-120所示。

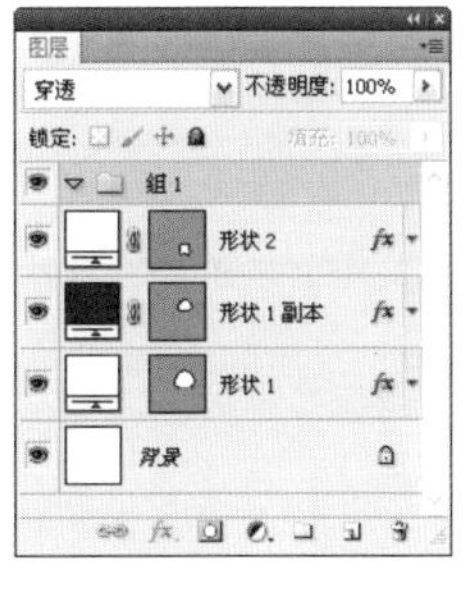

图12-119

图12-120

09 按下〈Ctrl+J〉快捷键复制该图形，按下〈Ctrl+T〉快捷键显示定界框，拖动控制点将第二个圆形适当放大。用相同的方法画出第3个圆形，如图12-121所示。按住〈Ctrl〉键，依次单击3个圆形的图层，将它们全部选中，如图12-122所示，选择移动工具，按住〈Shift+Alt〉键向右拖动进行复制，如图12-123所示。执行“编辑”→“变换”→“水平翻转”命令将图形翻转，制作成人物的左手，如图12-124所示。

图12-121

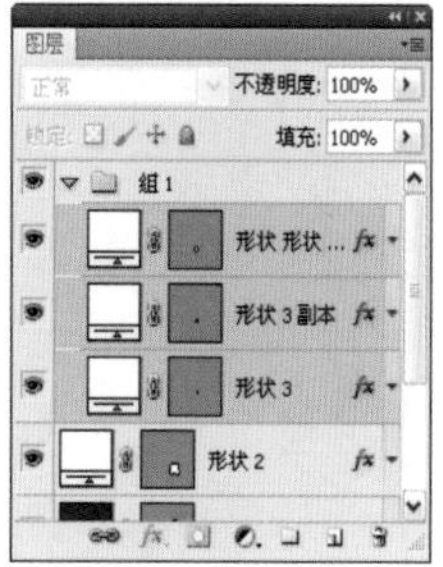
图12-122

图12-123

图12-124

10 选择钢笔工具，在工具选项栏中按下路径按钮，如图12-125所示，绘制出腰带、上身和鞋的纹理图形，如图12-126所示。

图12-125

图12-126

11 新建一个图层，将前景色设置为灰色。选择尖角4px的画笔工具，如图12-127所示，单击“路径”面板底部的 按钮，对路径进行描边，如图12-128所示。

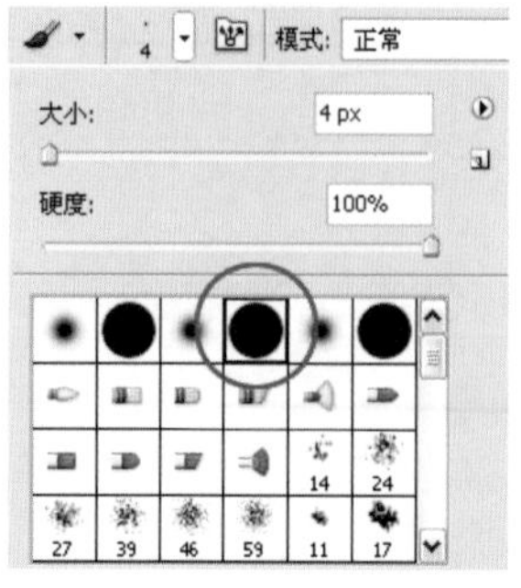

图12-127

图12-128

12 选择圆角矩形工具，在工具选项栏中按下形状图层按钮，绘制腰带扣和上身的接线盒，将“描边”效果复制给它，效果如图12-129所示。使用钢笔工具和圆角矩形工具等形状工具制作出飞船，如图12-130所示。用这种方法可以绘制其他样式的Q版人物，如图12-131所示。

图12-129

图12-130

图12-131

Photoshop
实例148

制作包装盒

难度级别：★★★★

学习目标：包装作为实现商品价值和使用价值的手段，在生产、流通、销售和消费领域中，发挥着极其重要的作用，是企业界、设计界关注的重要课题。本实例学习怎样制作包装展开图和立体效果图。

技术要点：制作包装盒立体效果时，应遵守透视规范，以便使效果真实可信。

素材位置：素材/第12章/实例148-1~实例148-3

实例效果位置：实例效果/第12章/实例147

STEP 01 首先制作包装盒平面图。按下〈Ctrl+O〉快捷键，打开一张包装展开图的线稿，如图12-132所示。双击"图层1"，如图12-133所示，打开"图层样式"对话框，选择"图案叠加"选项，然后单击"图案"选项右侧的三角按钮，打开下拉面板，在面板菜单中选择"图案"命令，加载图案库，再选择一个图案纹样，如图12-134所示。效果如图12-135所示。

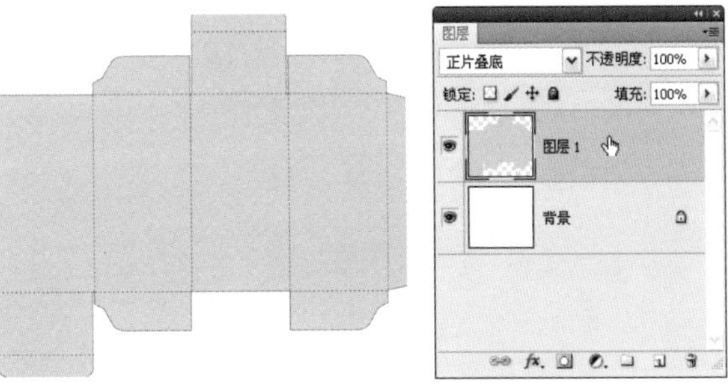

图12-132　　图12-133

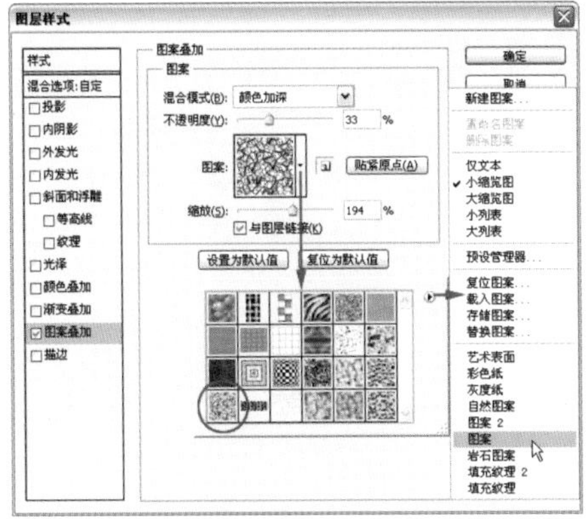

图12-134

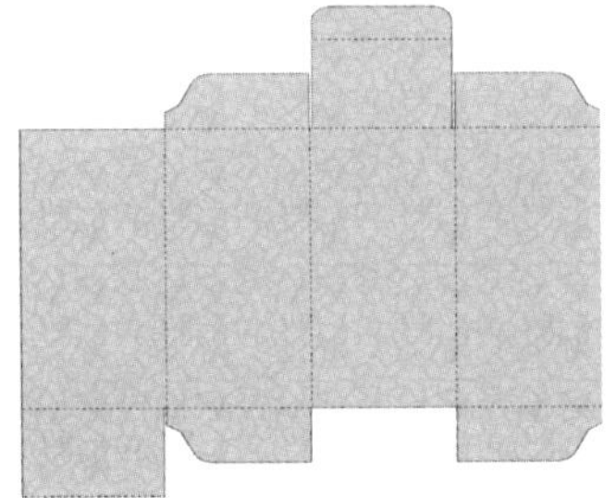

图12-135

STEP 02 选择圆角矩形工具，在工具选项栏中按下路径按钮，绘制两个圆角矩形，如图12-136所示。在工具选项栏中按下按钮，再绘制两个小一些的圆角矩形，通过图形的运算，生成两个缺口，如图12-137所示。

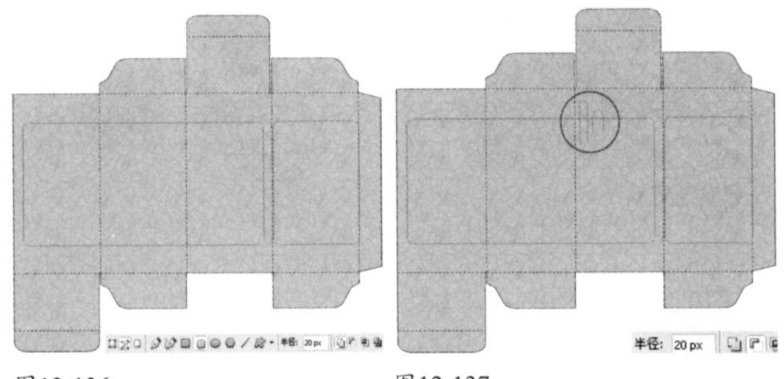

图12-136　　图12-137

STEP 03 单击"图层"面板底部的按钮，在打开的下拉菜单中选择"渐变"命令，弹出"渐变填充"对话框，单击渐变颜色条，如图12-138所示；打开"渐变编辑器"设置颜色，如图12-139所示，为图形添加渐变，如图12-140、图12-141所示。

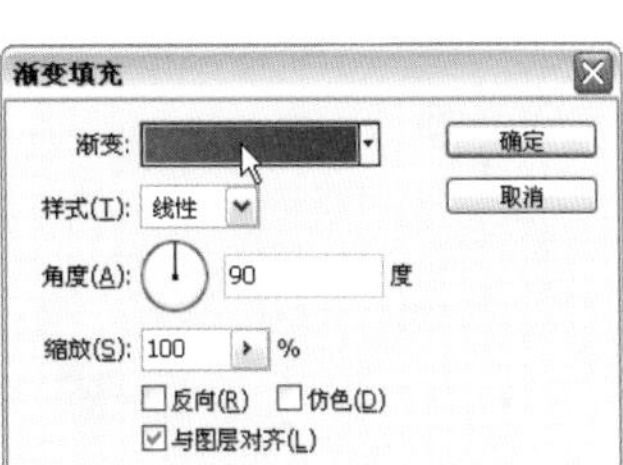

图12-138

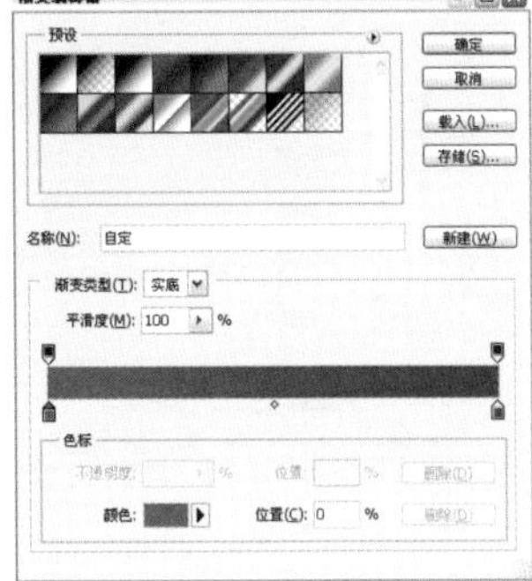

图12-139

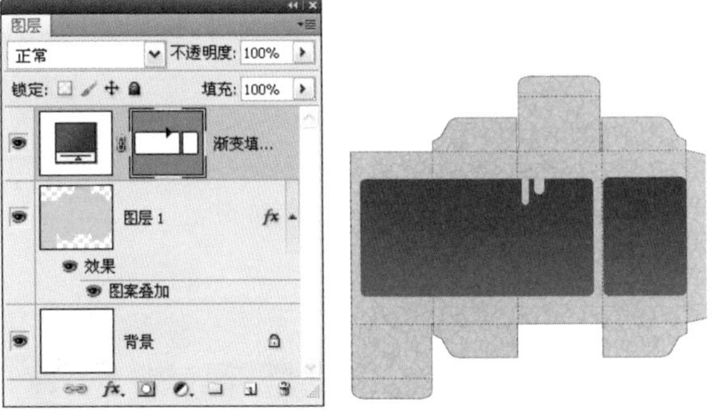

图12-140　　图12-141

STEP 04 双击该图层，打开"图层样式"对话框，添加"描边"效果，如图12-142、图12-143所示。

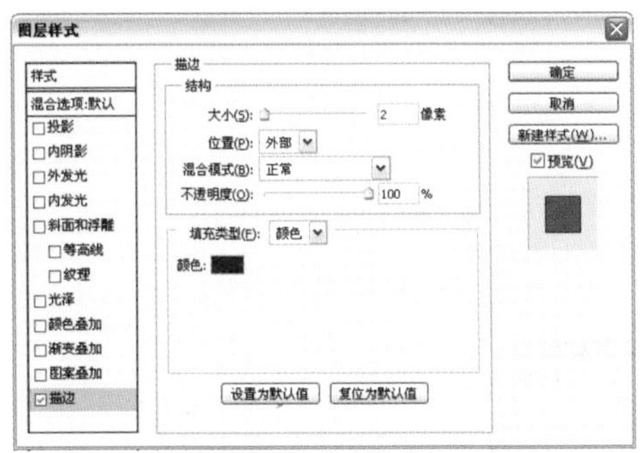

图12-142

STEP 05 选择画笔工具，打开"画笔"面板设置参数，如图12-144～图2-146所示。

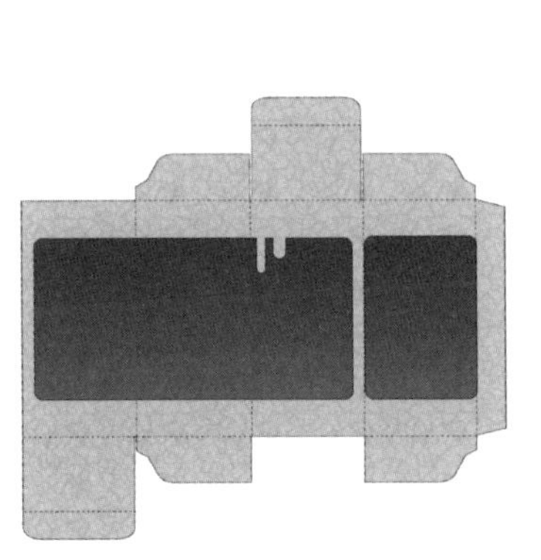

图12-143

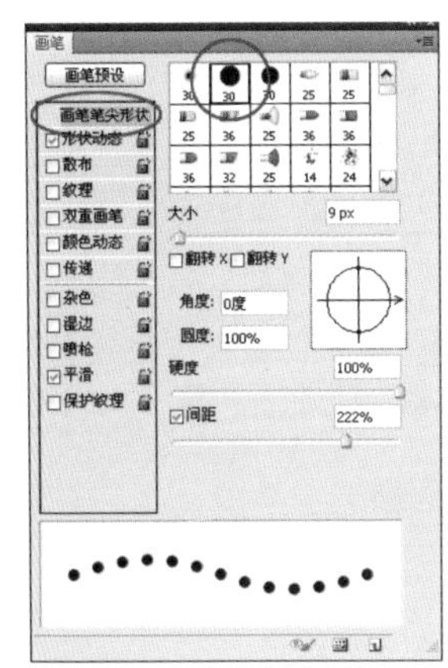

图12-144

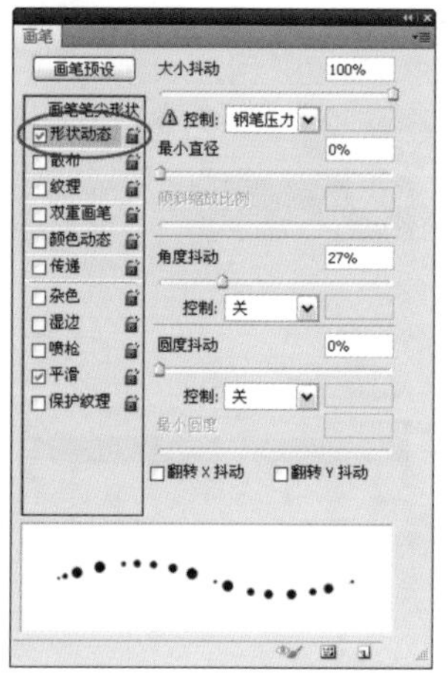
图12-145

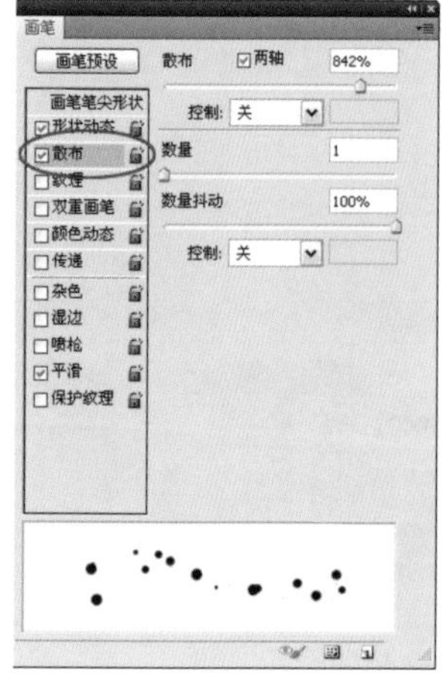
图12-146

06 新建一个图层。将前景色设置为白色，在包装盒上绘制白色星点，绘制时可以改变画笔的大小，使星星的大小有所变化，如图12-147所示。用椭圆选框工具绘制两个圆形选区，分别填充黄色-橙黄色和白色-黄色的径向渐变（渐变的中心点偏左上），如图12-148所示。

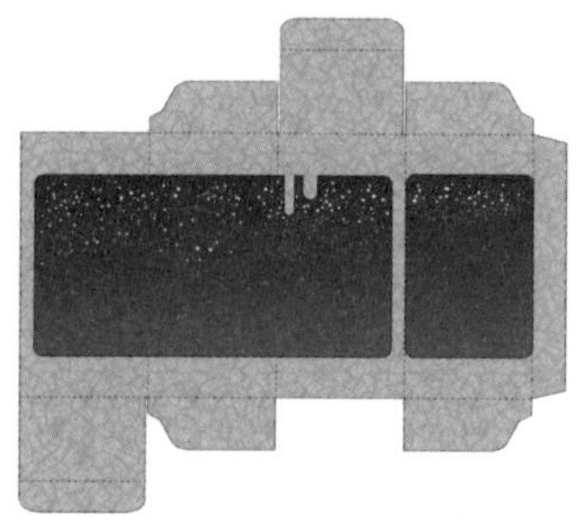
图12-147

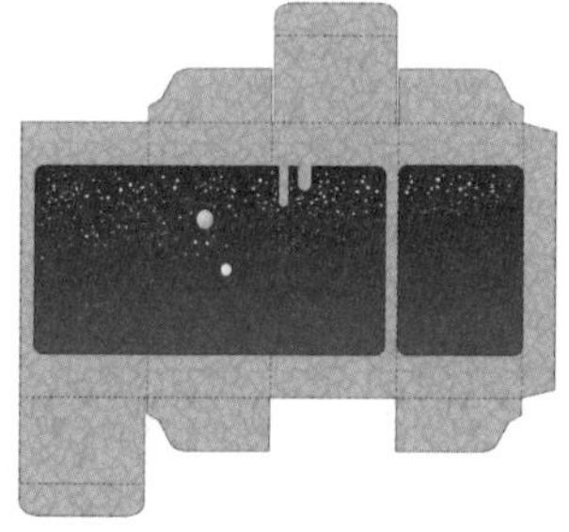
图12-148

07 打开一个PSD分层文件，这里面有前一个实例制作的Q版卡通形象。在“图层”面板中单击“文字”和“图案”层，将它们选中，如图12-149所示；使用移动工具将它们拖入到包装文档中，如图12-150所示。

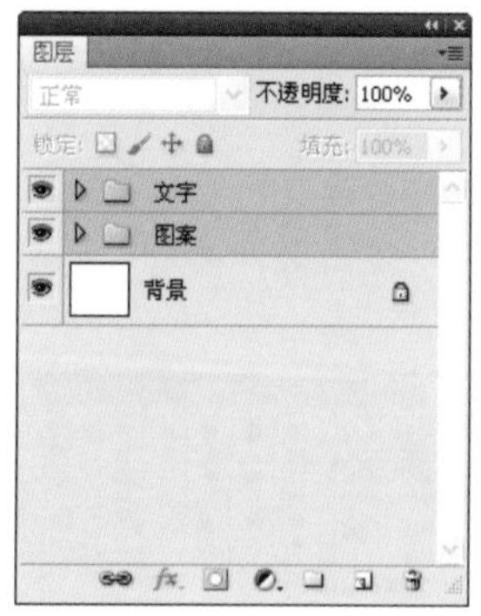
图12-149

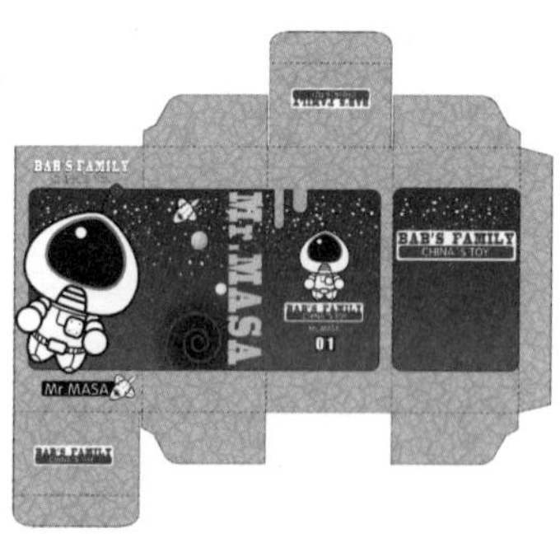
图12-150

08 下面来制作包装盒的立体效果图。按下〈Ctrl+N〉快捷键打开“新建”对话框，创建一个15厘米×15厘米，分辨率为150像素/英寸的文件。为背景填充浅灰色渐变。选择钢笔工具，在工具选项栏中按下路径按钮，绘制立方体图形，如图12-151所示。绘制时纵线垂直于水平线，上下横线延长线的交点处在水平线上，两个交点位于同一条水平线，这样才能使物体更符合透视原理，才更有立体感，如图12-152所示。

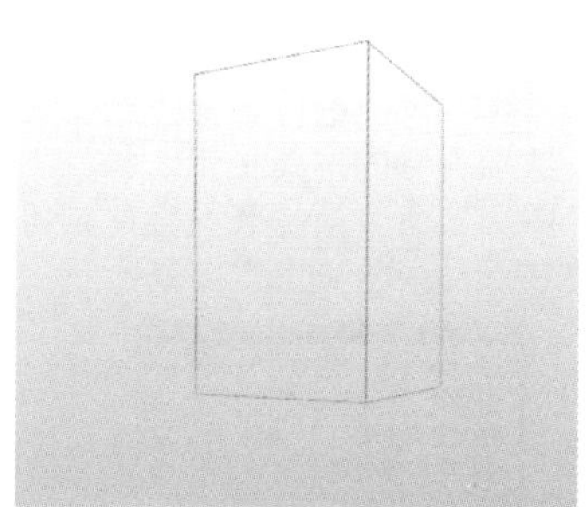
图12-151

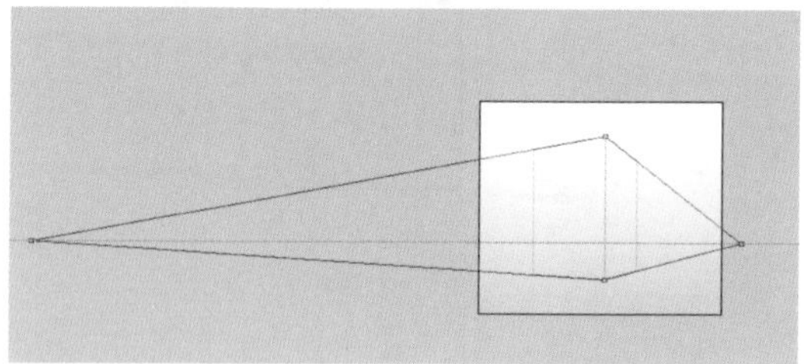
图12-152

09 新建一个图层。选择2px的尖角画笔工具，如图12-153所示。将前景色设置为蓝色，单击“路径”面板中的按钮，用画笔描边路径，绘制出立方体轮廓，如图12-154所示，以便基于它对图像进行变形处理。

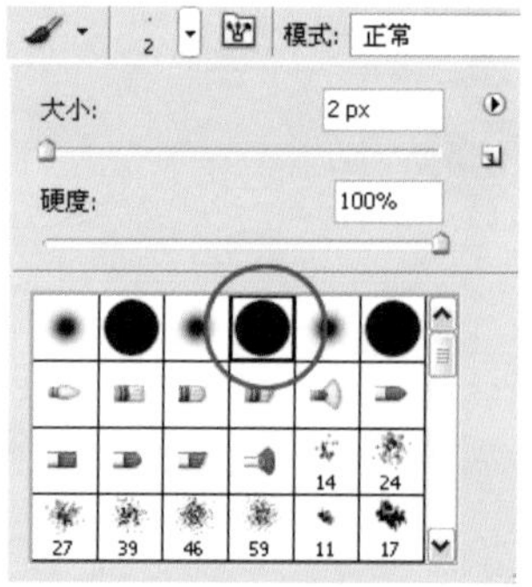
图12-153

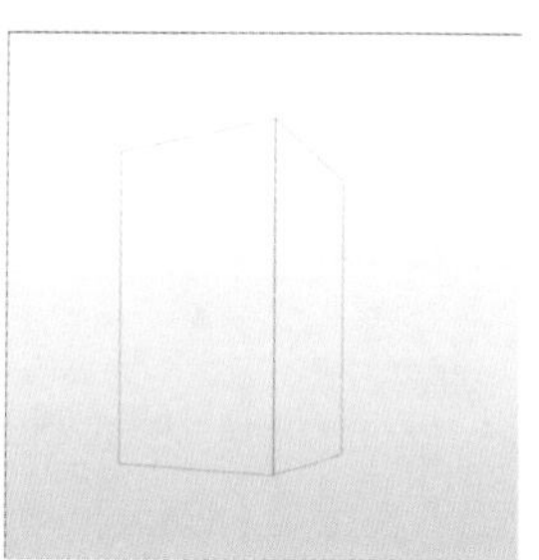
图12-154

10 打开一个文件，如图12-155所示。这是截取的包装平面图的两个面，因为立方体只用到这两个面。使用移动工具将它们拖入到立体包装文档中，如图12-156所示。

图12-155

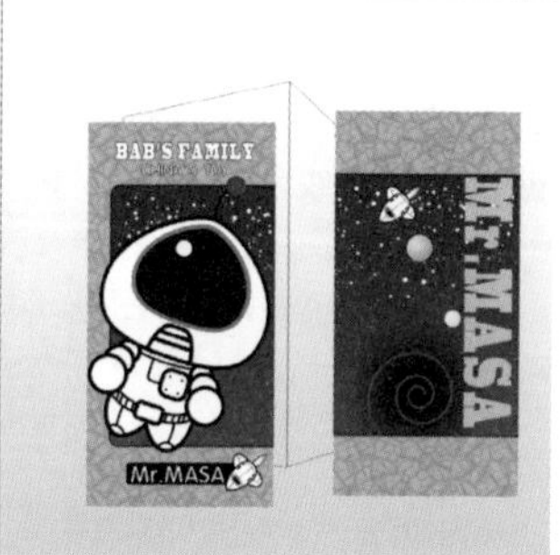
图12-156

11 按下〈Ctrl+T〉快捷键显示定界框，按住〈Ctrl〉键拖动控制点，对图形进行扭曲，让图像的边角对齐到立体包装盒的辅助线上，如图12-157所示。另一个侧面的图像也采用相同的方法处理，如图12-158所示。完成后可以将立体盒的辅助线图层删除。

图12-157　　图12-158

12 新建一个图层，将前景色设置为白色。按住〈Ctrl〉键单击正面宇航员图层的缩览图，如图12-159所示，载入该图层的选区；使用渐变工具在侧面填充白色-透明的线性渐变，如图12-160、图12-161所示。在左上角再填充渐变，如图12-162所示。

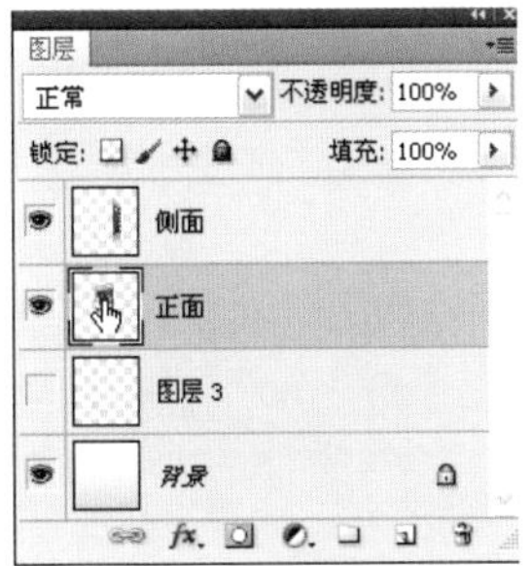

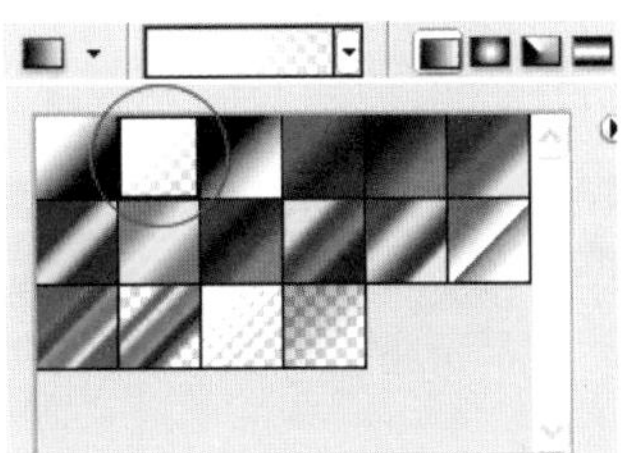

图12-159　　图12-160

图12-161　　图12-162

13 新建一个图层。按住〈Ctrl〉键单击侧面宇航员图层的缩览图，载入侧面选区，如图12-163所示。将前景色设置为黑色，使用渐变工具在侧面和右上角填充黑色-透明的线性渐变，如图12-164所示。

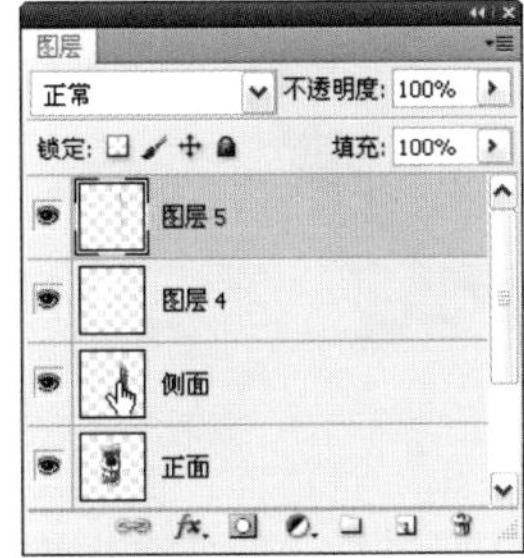

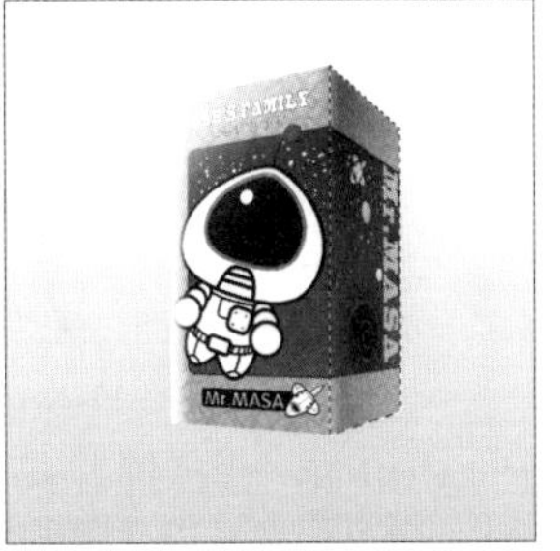

图12-163　　图12-164

14 在“正面”图层下方新建一个图层，如图12-165所示。使用多边形套索工具绘制投影轮廓，如图12-166所示，用柔角画笔工具涂抹深灰色，然后取消选择，如图12-167所示。

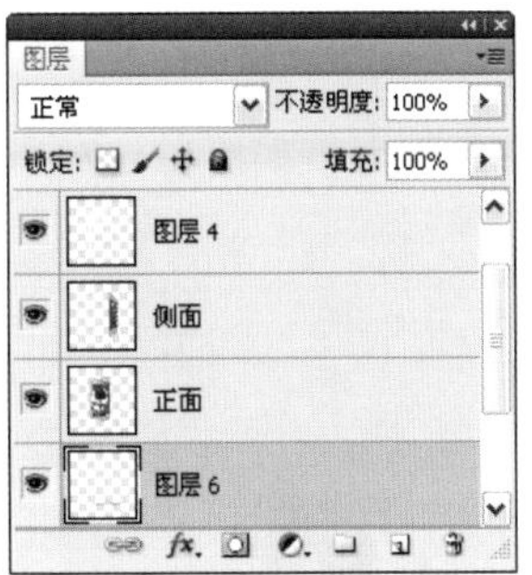

图12-165　　图12-166

15 在“图层”面板中将背景、投影所在的图层隐藏，如图12-168、图12-169所示。按下〈Alt+Shift+Ctrl+E〉快捷键，将图像盖印到一个新的图层中，如图12-170所示。

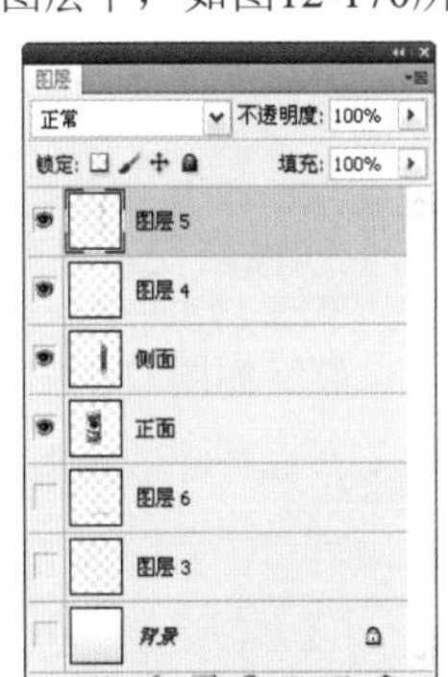

图12-167　　图12-168

图12-169　　图12-170

16 按下〈Ctrl〉+〈-〉快捷键，将窗口中的图像缩小显示。按下〈Ctrl+T〉快捷键显示定界框，单击右键，选择“垂直翻转”命令，翻转图像并拖动到下方，如图12-171所示。按住〈Shift+Ctrl〉键将左侧的控制点对齐到包装盒左下角，如图12-172所示。按下回车键确认。

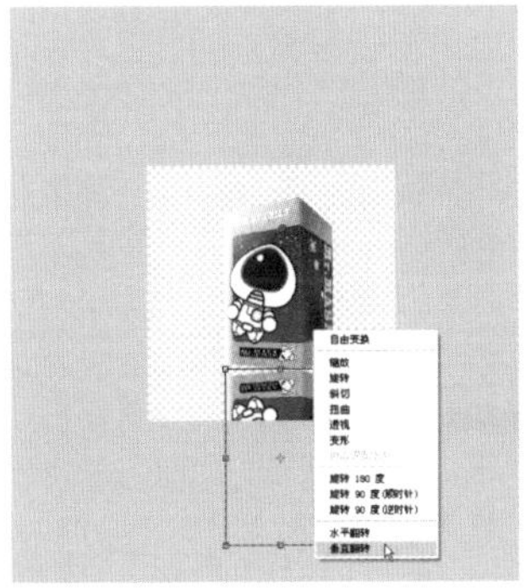

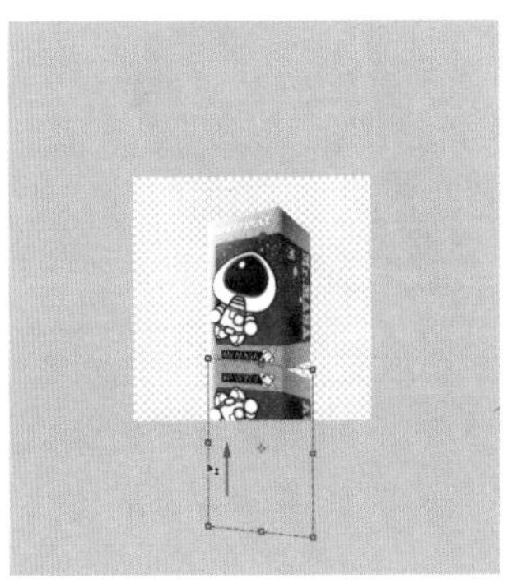

图12-171　　图12-172

17 使用矩形选框工具选择右侧面，如图12-173所示，按下〈Ctrl+T〉快捷键显示定界框，按住〈Shift+Ctrl〉键向上拖动，对齐到立体包装盒的侧面上，如图12-174所示。按下回车键确认，然后取消选择。

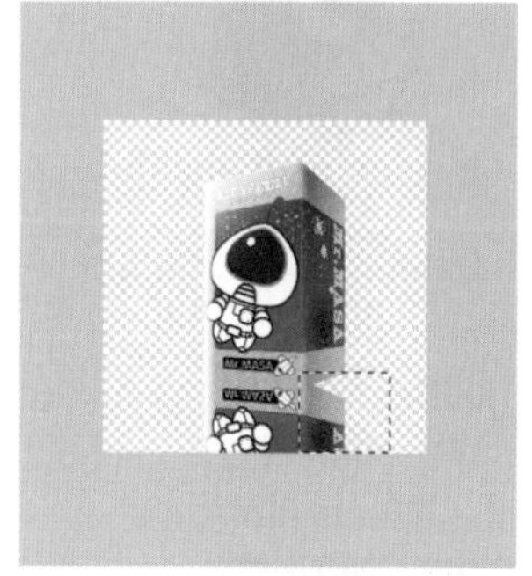
图12-173

图12-174

18 单击“图层”面板中的按钮添加蒙版，用渐变工具填充黑白色线性渐变，将图层的不透明度设置为50%，如图12-175、图12-176所示。将该图层移动到最底层，再显示其他图层，最终如图12-177所示。

图12-175

图12-176

图12-177

Photoshop 实例149 特效设计

难度级别：★★★☆

学习目标：本实例学习怎样使用滤镜制作彩条，并将人物融入到其中，形成有趣的视觉特效。

技术要点：按住〈Alt〉键单击面板底部的按钮，从选区中创建蒙版一个反相的蒙版，将选中的图像隐藏。

素材位置：素材/第12章/实例149

实例效果位置：实例效果/第12章/实例149

01 按下〈Ctrl+O〉快捷键打开一个文件，如图12-178所示。选择魔棒工具，在工具选项栏中设置选项，如图12-179所示。

图12-178

容差: 30 ☑消除锯齿 ☑连续

图12-179

02 在背景上单击，选取背景，如图12-180所示；按下〈Shift+Ctrl+I〉快捷键反选，选择人物，如图12-181所示。

图12-180

图12-181

03 按下〈Ctrl+N〉快捷键打开“新建”对话框，创建一个A4大小的文档，如图12-182所示。使用移动工具将选取的人物拖入新建的文档，生成“图层1”。选择“背景”图层，如图12-183所示。

04 选择渐变工具，单击工具选项栏中的渐变颜色条，打开“渐变编辑器”编辑渐变颜色，如图12-184所示，在画面中填充线性渐变，如图12-185所示。

图12-182

图12-183

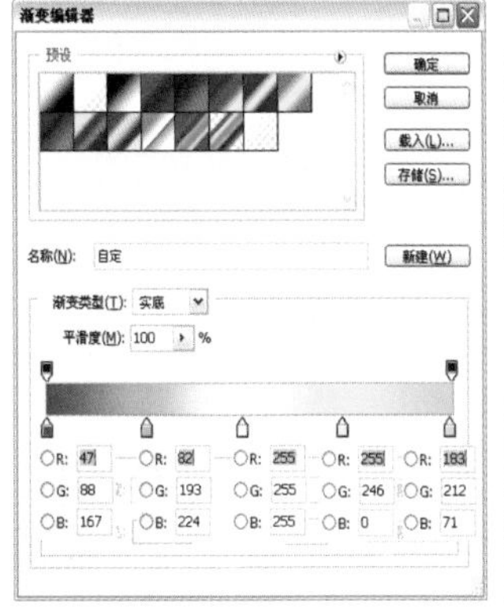
图12-184

图12-185

05 执行“滤镜”→“扭曲”→“波浪”命令，打开“波浪”对话框，设置参数如图12-186所示，对背景进行扭曲生成条纹，如图12-187所示。

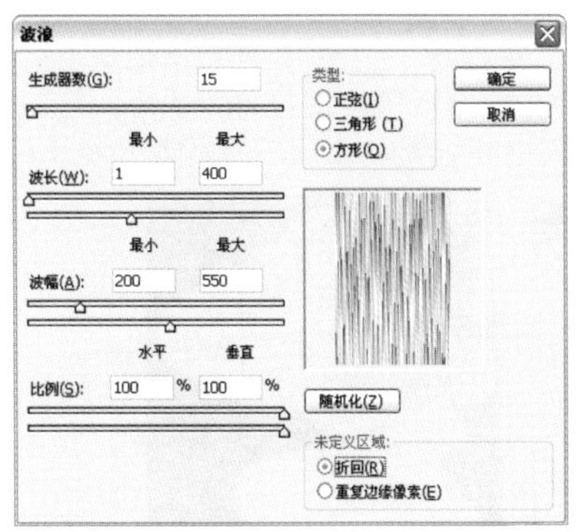
图12-186

图12-187

06 选择“图层1”，如图12-188所示，使用魔棒工具选择人物的衣服，如图12-189所示。

07 按住〈Alt〉键单击面板底部的按钮，从选区中创建蒙版，将选中的衣服隐藏，如图12-190、图12-191所示。

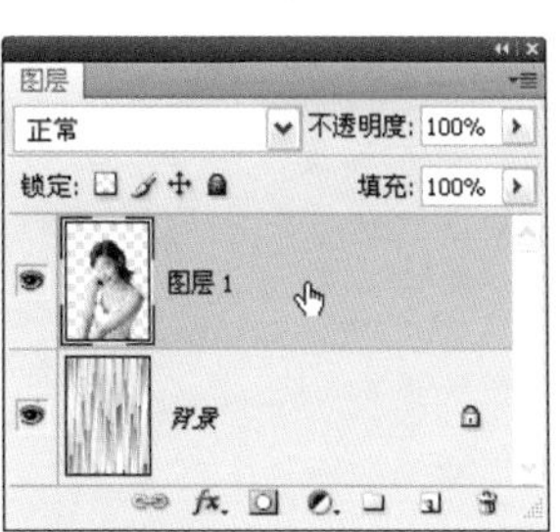
图12-188

图12-189

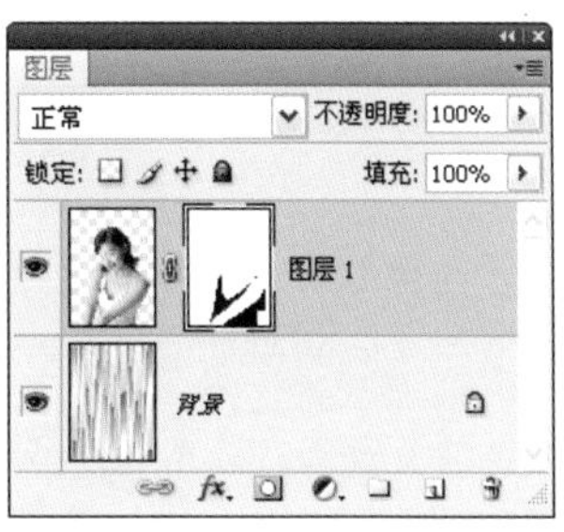
图12-190

图12-191

08 单击“图层”面板底部的按钮，新建一个图层。使用矩形选框工具创建一个选区，如图12-192所示；在选区内填充白色，如图12-193所示，按下〈Ctrl+D〉快捷键取消选择。

图12-192

图12-193

09 选择横排文字工具T，在“字符”面板中设置字体、大小和颜色，如图12-194所示，在画面中单击并输入文字，完成制作，如图12-195所示。

图12-194

图12-195

实例150 时尚插画设计

难度级别：★★★★★

学习目标：插画作为一种重要的视觉传达形式，以其直观的形象性、真实的生活感和艺术感染力，在现代设计中占有特殊的地位。在欧美国家，插画已被广泛地运用于广告、传媒、出版、影视等领域，而且细分为儿童类、体育类、科幻类、食品类、数码类、纯艺术类、幽默类等多种专业类型。本实例学习怎样制作一幅时尚插画。

技术要点：将图层设置为“变亮”模式，用画笔绘制彩点，营造绚丽的光影效果。

素材位置：素材/第12章/实例150-1~实例150-3

实例效果位置：实例效果/第12章/实例150

01 按下〈Ctrl+N〉快捷键打开“新建”对话框，在“预设”下拉列表中选择“国际标准纸张”，然后在“大小”下拉列表中选择“A4”，创建一个A4大小的文件。

02 按下〈D〉键将前景色和背景色设置为默认的黑色和白色。使用渐变工具填充渐变，如图12-196所示。新建一个图层。按下〈X〉键将前景色切换为白色。选择椭圆工具，在工具选项栏中按下填充像素按钮，绘制几个圆形，组成为一朵白云，如图12-197所示。

图12-196

图12-197

03 双击该图层，打开“图层样式”对话框，选择“描边”选项，添加黑色描边，如图12-198、图12-199所示。

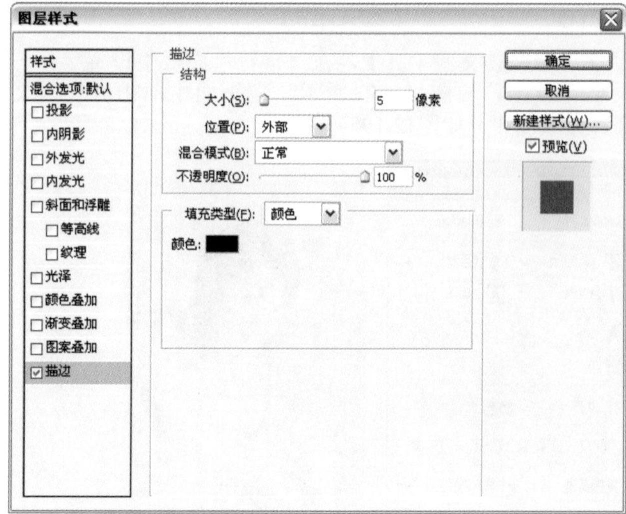

图12-198

图12-199

04 单击“图层”面板顶部的锁定透明像素按钮，锁定图层的透明区域。选择柔角画笔工具，将不透明度设置为40%左右，在白云的上面涂上青色和浅洋红颜色，如图12-200、图12-201所示。

图12-200

图12-201

05 按下两次〈Ctrl+J〉快捷键，复制出两个云朵图层，如图12-202所示。按下〈Ctrl+T〉快捷键显示定界框，适当调整这两个复制图像的大小和位置，如图12-203所示。

图12-202

图12-203

06 打开一个人物素材，使用移动工具将它拖入到插画文档中，如图12-204所示。再打开一个PSD格式的分层文件，将它拖入到插画文档中。将“蓝色花纹”移动到“背景”图层上方，使它显示在图像的最后面，其他花纹的位置，如图12-205所示，效果如图12-206所示。

图12-204　图12-205

图12-206

07 将“绿色花纹”的混合模式设置为“颜色加深”，增强画面的层次感，如图12-207、图12-208所示。

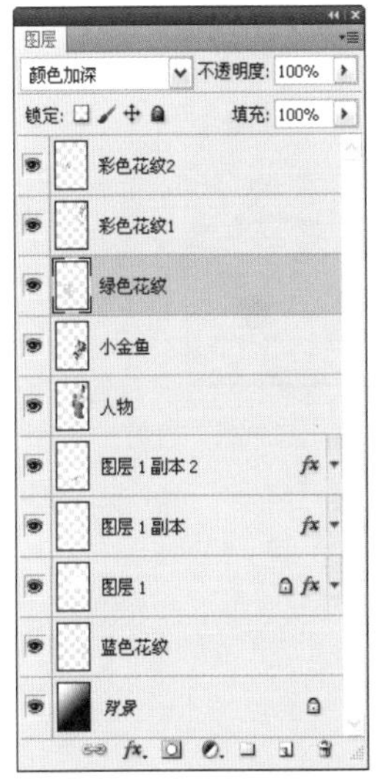

图12-207

图12-208

08 选择“彩色花纹1”图层，单击 按钮为它添加蒙版。使用柔角画笔工具 在遮盖人像的花纹上涂抹黑色，使人物图像完整地显示出来，如图12-209、图12-210所示。

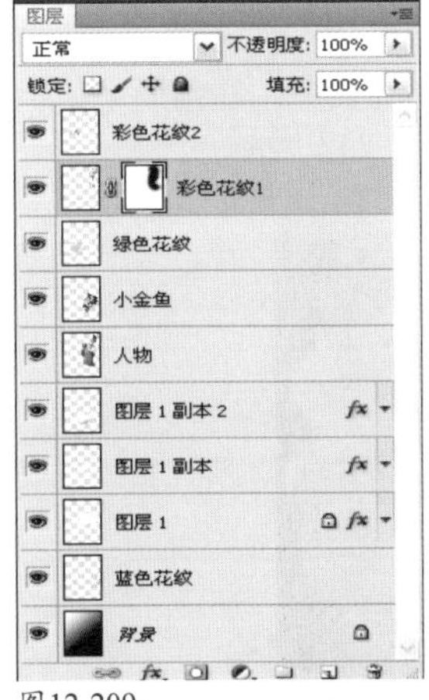

图12-209

图12-210

09 选择“人物”图层，单击 按钮为它添加蒙版。在裤脚处涂抹，将其隐藏，如图12-211、图12-212所示。

图12-211

图12-212

10 在“图层”面板顶部新建一个图层，如图12-213所示。按下〈D〉键将前景色和背景色设置为默认的黑色和白色。按下〈Ctrl+Delete〉快捷键填充背景色（白色）。执行“滤镜”→“素描”→“半调图案”命令，生成条纹，如图12-214、图12-215所示。

图12-213

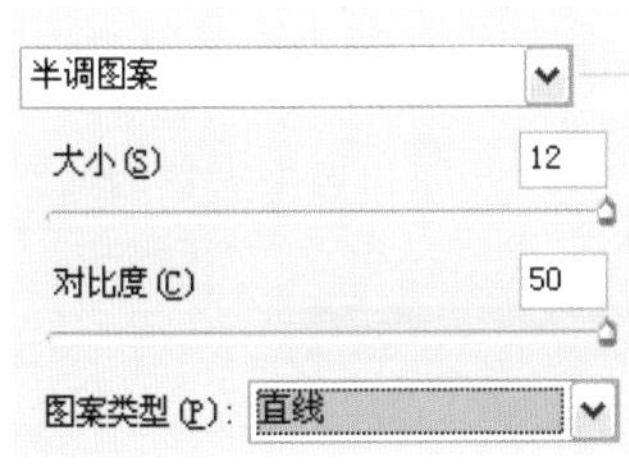

图12-214

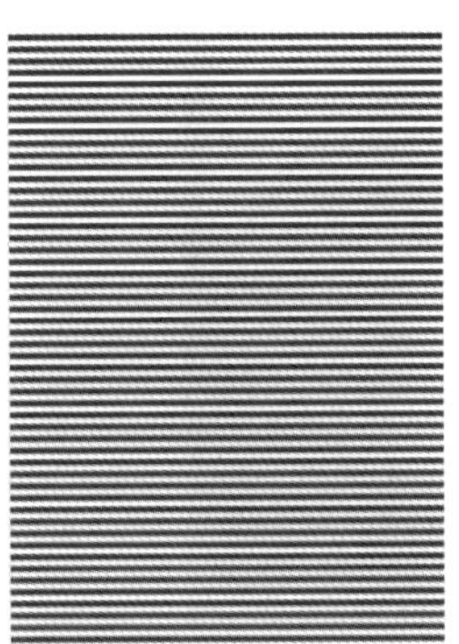

图12-215

11 按下〈Ctrl+T〉快捷键显示定界框，适当旋转条纹图像，如图12-216所示。使用椭圆选框工具 按住〈Shift〉键绘制两个圆形选区，单击“图层”面板中的 按钮，为图层添加蒙版，将选区以外的图像隐藏，如图12-217、图12-218所示。

图12-216

图12-217

图12-218

12 将该图层的混合模式设置为“变暗”，将条纹中的白色隐藏。按下〈Shift+Ctrl+［〉快捷键，将图层移动到最下层，并适当调整图像的位置，如图12-219、图12-220所示。

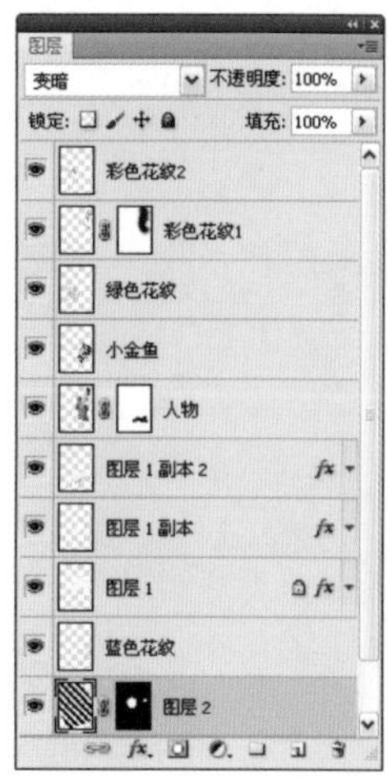
图12-219

图12-220

13 在“图层”面板顶部新建一个图层，设置混合模式为“变亮”，如图12-221所示。使用柔角画笔工具在画面中点一些洋红色和黄色的彩点，如图12-222所示。

14 打开“画笔”面板，调整画笔参数，如图12-223～图12-225所示。

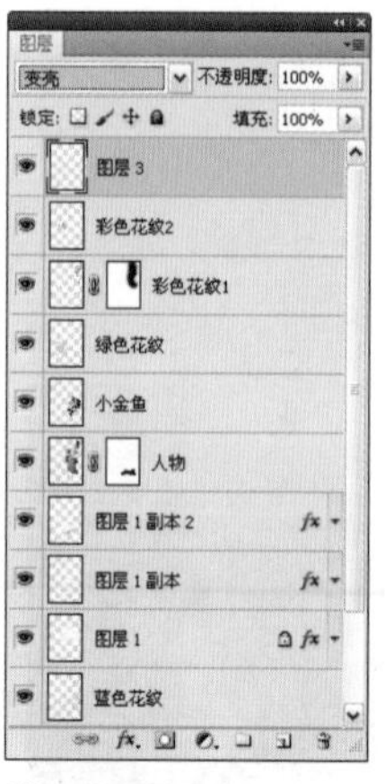
图12-221

图12-222

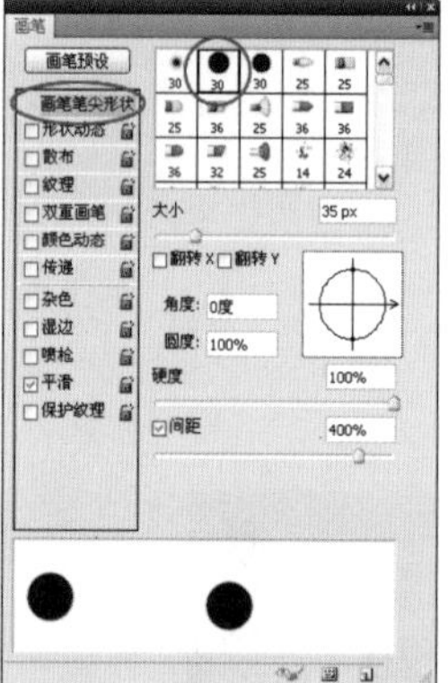
图12-223

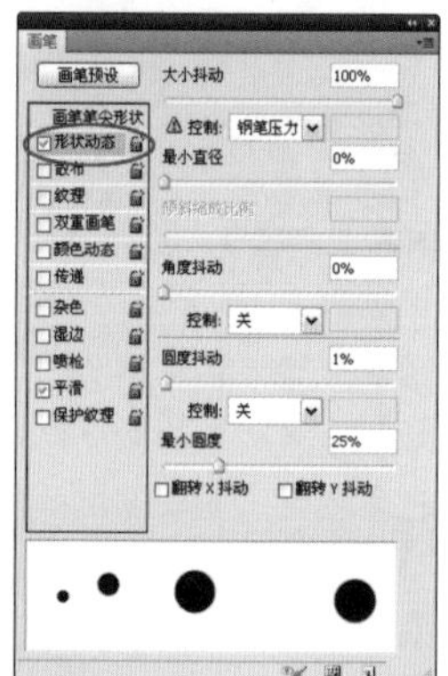
图12-224

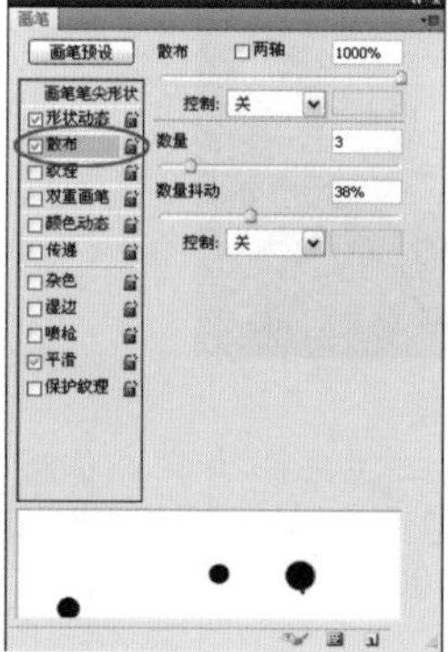
图12-225

15 新建一个图层。将前景色设置为白色，在画面中绘制水泡状白色小点，如图12-226、图12-227所示。

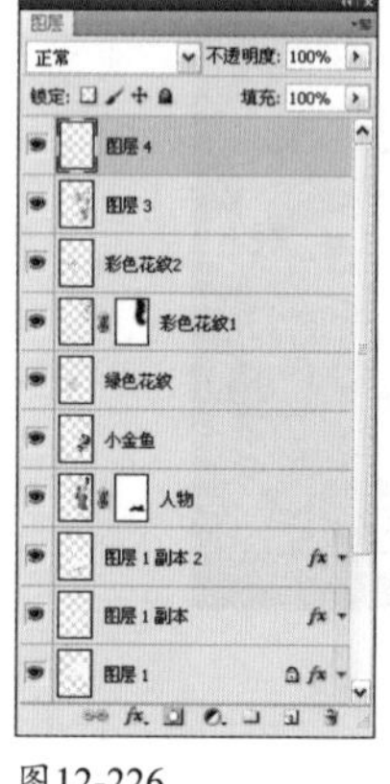
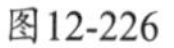
图12-226

图12-227

16 打开一个光线素材，将它拖入到插画文档中，放在“背景”图层上面，如图12-228、图12-229所示。

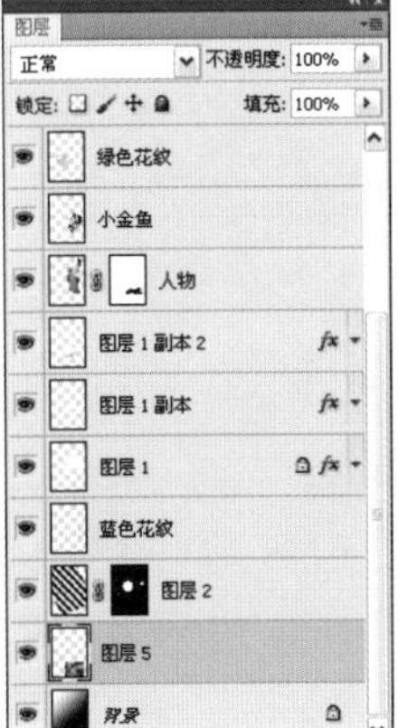

图12-228

图12-229

17 将该图层的不透明度设置为60%，让色彩变淡。单击按钮添加图层蒙版，使用画笔工具在图像边缘涂抹黑色，使图像自然地融入到画面中，如图12-230、图12-231所示。

图12-230

图12-231

18 选择横排文字工具**T**，打开“字符”面板设置字体、大小和颜色，如图12-232所示；在画面中输入一行文字，按下〈Shift+Ctrl+［〉快捷键，将文字图层移动到最顶层，效果如图12-233所示。

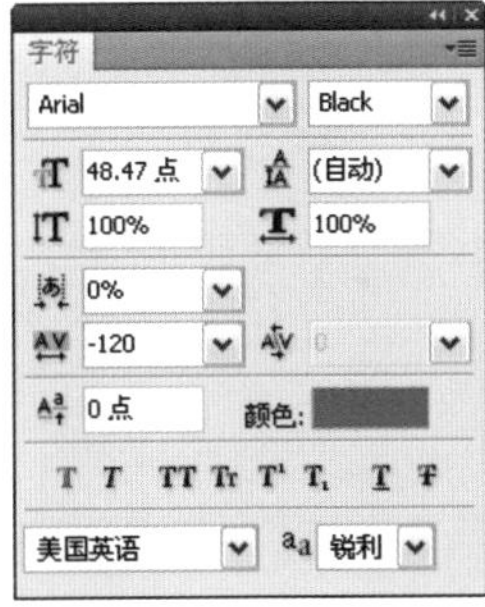

图12-232

图12-233

19 按下工具选项栏中的按钮，打开“变形文字”对话框，对文字进行变形处理，如图12-234、图12-235所示。

20 双击该文字图层，打开“图层样式”对话框，添加“渐变叠加”和“描边”效果，如图12-236、图12-237所示。最后再将文字稍微旋转一下，如图12-238、图12-239所示。

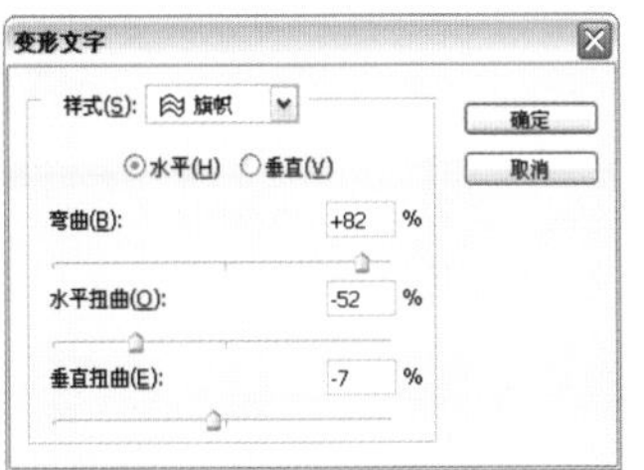

图12-234

图12-235

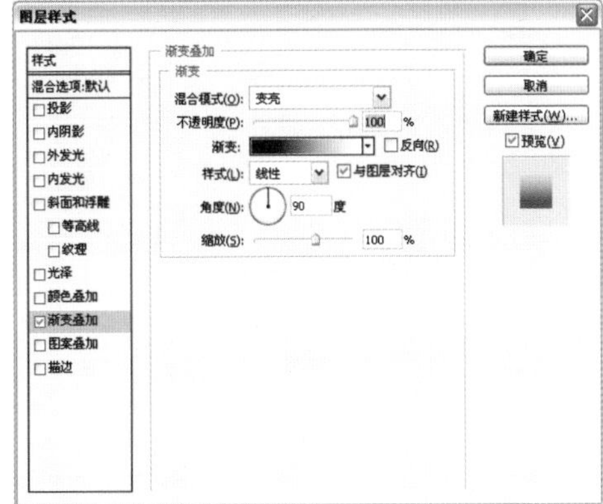

图12-236

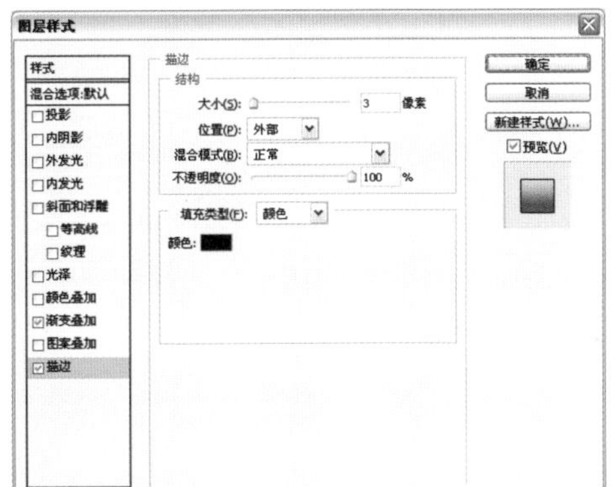

图12-237

图12-238

图12-239